全国高职高专教育规划教材

JIXIE SHEJI JICHU

机械设计基础

徐起贺 刘静香 程鹏飞 主编

高等教育出版社·北京

内容提要

本书是根据教育部制定的《高职高专教育机械设计基础课程教学基本要求》，结合面向21世纪课程体系和教学内容改革的成果编写而成的，在内容安排上体现了高职高专教育的特色，满足了高职高专教育培养高技能应用型人才的需要。

本书将机械原理与机械设计课程的内容有机地结合在一起，主要阐述一般机械中常用机构和通用零部件的结构、运动特性、工作原理及有关的设计计算，简单介绍机械动力学的一些基本知识和机械传动系统设计的一般方法。考虑到高职高专的教学实际，本书在编写时精选内容，突出教材实用性与针对性，加强应用性和设计技能培养，反映了近年来一些高职高专院校的教学改革经验，应用了最新的国家标准，适应了当前教学改革的需要。全书共分18章，包括机械设计基础概论，平面机构的结构分析，平面连杆机构，凸轮机构，齿轮机构，轮系，间歇运动机构，带传动，链传动，齿轮传动，蜗杆传动，滚动轴承，滑动轴承，轴和轴毂连接，联轴器、离合器、制动器与弹簧，螺纹连接与螺旋传动，机械运转的平衡与调速及机械传动系统设计等内容。

本书可作为高职高专院校机械类、机电类及近机类各专业机械设计基础课程的教材(推荐教学时数为80~110学时)，也可供非机械类各专业师生及有关工程技术人员参考。

图书在版编目（CIP）数据

机械设计基础／徐起贺，刘静香，程鹏飞主编. --北京：高等教育出版社，2014.8（2016.1重印）

ISBN 978-7-04-040179-0

Ⅰ. ①机… Ⅱ. ①徐… ②刘… ③程… Ⅲ. ①机械设计-高等职业教育-教材 Ⅳ. ①TH122

中国版本图书馆CIP数据核字(2014)第128842号

策划编辑 李文轶　　责任编辑 李文轶　　封面设计 杨立新　　版式设计 余 杨
插图绘制 杜晓丹　　责任校对 胡美萍　　责任印制 韩 刚

出版发行 高等教育出版社
社　　址 北京市西城区德外大街4号
邮政编码 100120
印　　刷 北京东君印刷有限公司
开　　本 787mm×1092mm 1/16
印　　张 25
字　　数 600千字
购书热线 010-58581118
咨询电话 400-810-0598
网　　址 http://www.hep.edu.cn
　　　　 http://www.hep.com.cn
网上订购 http://www.landraco.com
　　　　 http://www.landraco.com.cn
版　　次 2014年8月第1版
印　　次 2016年1月第2次印刷
定　　价 43.80元

物 料 号 40179-00

前言

为了迎接新世纪的挑战，突出高职高专教育的特色，满足社会对具有创新意识和创新能力的高技能应用型人才的需要，本书根据教育部制定的高职高专教育“机械设计基础课程教学基本要求”，结合面向21世纪课程体系和教学内容改革的成果，并吸取了兄弟院校多年来教学改革的成功经验编写而成。

本书从高职高专教育培养生产一线高技能应用型人才的总目标出发，在编写过程中注意精选内容，精心编排，基础理论做到以“必需、够用”为度，适当增加新知识，突出了教学内容的实用性，便于培养学生理论联系实际的工作能力。针对高职高专教育的培养目标，对基本理论及有关设计计算公式，加强应用性，减少理论推导，结合生产实际，突出工程应用，注重培养创新设计能力；在阐述问题时，着重讲清基本概念、基本理论和基本方法，力求做到层次分明，循序渐进，通俗易懂，符合学生认知规律，以使学生易于理解和掌握；在内容的编排上，从机械设计整体出发，将机械原理与机械设计相关内容融为一体，增设了机械传动系统设计的内容，力求给学生一个比较完整的机械设计概念和知识体系，使学生具有设计简单机械传动装置的能力。为了使学生了解现代机械设计的发展情况，增加了现代设计方法的相关内容，使学生在已有设计知识的基础上对新的设计思想和设计方法有所了解；为了加强计算机应用能力的培养，在一些机构分析与设计方面加强了解析法的论述；对典型传动、重要零部件增加了维修的有关知识，突出了技术实用性和职业教育的特点。

使用本书作为教材时，应在更新教学观念、改变教育思想的前提下，努力运用现代教学手段与方法。只有这样，才能在有限的学时内，达到理想的教学效果。考虑到教材的先进性，本书中的术语、单位、符号及标准，尽量引用了较新的标准、规范和资料，并遵循现有的国家标准(GB)及国际标准化组织(ISO)的标准。考虑到教材的易学性，力求使用成熟的、简便易行的设计方法与设计资料。

参加本书编写的人员有：河南机电高等专科学校徐起贺(第一章、第二章、第六章、第八章、第九章、第十二章)、刘静香(第十章、第十四章、第十七章)、程鹏飞(第十一章、第十五章、第十八章)、付靖(第五章)、刘永勋(第三章、第四章、第七章)，本书其他部分由浙江台州学院赵晓运等编写。本书由徐起贺、刘静香、程鹏飞担任主编，并由徐起贺负责对本书进行统稿。

本书承郑州大学秦东晨教授和国家级教学名师杨占尧教授精心审阅，他们对本书提出了许多宝贵的意见和建议，在体现高职高专特色和提高本书的编写质量方面给予了很大帮助；本书的编写得到了河南机电高等专科学校教学改革立项项目“基于TRIZ理论的岗位技能型人才创新能力培养的研究与实践”的资助；同时也得到了现代机械设计系列课程教学团队全体成员的大力支持和帮助，在此谨向他们表示衷心的感谢。

本教材的配套课件可通过邮件：songchen@ hep. com. cn 索取。

由于编者水平所限及编写时间仓促，误漏欠妥之处恳请广大教师、读者给予批评、指正。

编　者

2014 年 1 月

目录

第一章　机械设计基础概论 …… 1
第一节　机械设计的研究对象及基本概念 …… 1
第二节　本课程的内容、任务和学习方法 …… 5
第三节　机械设计的基本要求和一般程序 …… 6
第四节　机械零件设计的基本要求和一般步骤 …… 8
第五节　机械中的摩擦、磨损和润滑简介 …… 10
第六节　现代机械设计方法简介 …… 15
习题 …… 17
第二章　平面机构的结构分析 …… 18
第一节　平面机构的基本组成 …… 18
第二节　平面机构的运动简图 …… 21
第三节　平面机构的自由度计算 …… 25
第四节　用速度瞬心法分析机构的速度 …… 31
第五节　运动副中的摩擦与机械效率 …… 33
习题 …… 38
第三章　平面连杆机构 …… 40
第一节　平面连杆机构的基本概念及特点 …… 40
第二节　铰链四杆机构的基本型式及演化 …… 40
第三节　平面四杆机构的基本特性 …… 49
第四节　平面四杆机构的设计 …… 55
习题 …… 59
第四章　凸轮机构 …… 62
第一节　凸轮机构的应用和分类 …… 62
第二节　从动件常见的运动规律 …… 65
第三节　用图解法设计凸轮轮廓曲线 …… 71
第四节　用解析法设计凸轮轮廓曲线 …… 75
第五节　凸轮机构基本尺寸的确定 …… 77
第六节　凸轮机构的结构和材料 …… 82
习题 …… 83
第五章　齿轮机构 …… 85
第一节　齿轮机构的特点与基本类型 …… 85
第二节　渐开线齿廓的啮合及其特性 …… 87
第三节　标准直齿圆柱齿轮的基本参数和尺寸 …… 91
第四节　渐开线标准直齿圆柱齿轮的啮合传动 …… 98
第五节　渐开线齿轮的加工方法及根切现象 …… 103
第六节　变位齿轮传动简介 …… 106
第七节　平行轴斜齿圆柱齿轮机构 …… 109
第八节　蜗杆蜗轮机构简介 …… 114
第九节　直齿锥齿轮机构 …… 116
习题 …… 120
第六章　轮系 …… 122
第一节　轮系及其分类 …… 122
第二节　定轴轮系的传动比计算与应用 …… 124
第三节　周转轮系与复合轮系的传动比 …… 128
第四节　周转轮系与复合轮系的应用 …… 133
第五节　其他类型行星传动简介 …… 135
习题 …… 138
第七章　间歇运动机构 …… 140
第一节　棘轮机构 …… 140
第二节　槽轮机构 …… 144
第三节　不完全齿轮机构和凸轮式间歇机构 …… 147
习题 …… 148
第八章　带传动 …… 149
第一节　带传动的工作原理和应用 …… 149
第二节　普通V带和V带轮的结构 …… 151

第三节 带传动的工作情况分析 …… 155
第四节 普通 V 带传动的设计计算 …… 158
第五节 带传动的张紧、安装与维护 …… 168
第六节 同步带传动简介 …… 172
习题 …… 173
第九章 链传动 …… 174
第一节 链传动的工作原理、特点和应用 …… 174
第二节 滚子链的结构、标准和链轮结构 …… 175
第三节 链传动的运动特性分析 …… 180
第四节 链传动的设计计算 …… 182
第五节 链传动的布置、张紧和润滑 …… 188
习题 …… 193
第十章 齿轮传动 …… 194
第一节 齿轮传动的失效形式与设计准则 …… 194
第二节 齿轮材料、许用应力和精度选择 …… 196
第三节 齿轮传动的受力分析和计算载荷 …… 202
第四节 标准直齿圆柱齿轮传动的强度计算 …… 206
第五节 标准斜齿圆柱齿轮传动的强度计算 …… 213
第六节 标准直齿锥齿轮传动的强度计算 …… 218
第七节 齿轮的结构设计及齿轮传动的润滑 …… 218
习题 …… 222
第十一章 蜗杆传动 …… 224
第一节 蜗杆传动的特点和类型 …… 224
第二节 蜗杆传动的主要参数和几何尺寸 …… 225
第三节 蜗杆传动的失效形式和设计准则 …… 230
第四节 蜗杆传动的材料和精度等级选择 …… 233
第五节 蜗杆传动的强度计算 …… 234
第六节 蜗杆传动的效率、润滑及热平衡计算 …… 238
第七节 蜗杆和蜗轮的结构设计 …… 240
习题 …… 246
第十二章 滚动轴承 …… 247
第一节 滚动轴承的基本结构和材料 …… 247
第二节 滚动轴承的主要类型及选择 …… 248
第三节 滚动轴承的受力分析、失效形式及计算准则 …… 256
第四节 滚动轴承的寿命计算 …… 258
第五节 滚动轴承的静强度计算 …… 264
第六节 滚动轴承的组合结构设计 …… 270
第七节 滚动轴承的维护和使用 …… 277
习题 …… 280
第十三章 滑动轴承 …… 281
第一节 滑动轴承的分类和结构 …… 281
第二节 轴瓦的结构和轴承材料 …… 284
第三节 滑动轴承的润滑方法 …… 288
第四节 非液体摩擦滑动轴承的设计计算 …… 292
第五节 液体动压和静压滑动轴承简介 …… 294
习题 …… 296
第十四章 轴和轴毂连接 …… 297
第一节 轴的分类和设计要求 …… 297
第二节 轴的材料及其选择 …… 299
第三节 轴的结构设计 …… 300
第四节 轴的强度计算 …… 308
第五节 轴毂连接 …… 315
习题 …… 323
第十五章 联轴器、离合器、制动器与弹簧 …… 324
第一节 联轴器 …… 324
第二节 离合器 …… 330

第三节 制动器 …………………………… 334
第四节 弹簧 ……………………………… 335
习题…………………………………………… 341
第十六章 螺纹连接与螺旋传动 ……… 342
第一节 螺纹的类型、特点和应用 …… 342
第二节 螺纹连接的基本类型及预紧和防松 …………………………… 344
第三节 螺栓组的结构设计和受力分析…… 351
第四节 单个螺栓连接的强度计算 …… 355
第五节 螺纹连接件的材料和许用应力…… 359
第六节 提高螺栓连接强度的措施 …… 362
第七节 螺旋传动 ……………………… 365
习题…………………………………………… 368
第十七章 机械运转的平衡与调速 …… 370
第一节 机械的平衡与调速概述 ……… 370
第二节 回转件的静平衡计算 ………… 370
第三节 回转件的动平衡计算 ………… 372
第四节 机器速度波动的调节 ………… 374
习题…………………………………………… 379
第十八章 机械传动系统设计 ………… 380
第一节 机械传动系统设计概述 ……… 380
第二节 机械传动机构的选择与组合……… 381
第三节 机械传动的特性和参数 ……… 384
第四节 机械传动系统运动方案的拟定…… 385
第五节 机械传动系统方案设计实例……… 387
习题…………………………………………… 390
参考文献 ……………………………………… 391

第一章 机械设计基础概论

第一节 机械设计的研究对象及基本概念

机械是人类改造自然、发展进步的主要工具，它是机器和机构的总称，机械设计的研究对象就是机器和机构。

一、机器和机构的概念

在现代社会中，人们在生产和生活中广泛使用着各种机器，以改善劳动条件，提高生活质量。在生产中常见的机器有起重机、电动机及各种机床；在生活中常见的机器有缝纫机、洗衣机和录音机等。所谓机器，是指根据某种使用要求而设计的一种执行机械运动的装置，可用来变换或传递能量、物料和信息。如电动机或发电机用来变换能量，各种加工机械用来变换物料的状态，录音机用来变换信息，起重运输机械用来传递物料等。通常把使用机器进行生产的水平作为衡量一个国家技术水平和现代化程度的重要标志之一。

机构也是一种执行机械运动的装置，如在工程力学等课程中已接触过的连杆机构和齿轮机构等。此外常用的机构还有凸轮机构、螺旋机构、带传动机构、链传动机构及各种间歇运动机构等。

机器的种类繁多，其构造、性能和用途也各不相同，但就其组成来说，它们都是由各种机构组合而成的，具有共同的特征。例如图 1－1 所示的内燃机，包含着由曲轴 1、连杆 3、活塞 4 和气缸 5 组成的连杆机构；由齿轮 12、13 组成的齿轮机构；以及由凸轮 10、11 和阀杆 9 组成的凸轮机构等。其中连杆机构将活塞的往复移动转换为曲轴的回转运动；齿轮机构与凸轮机构的协调动作则确保内燃机的进、排气阀按工作要求有规则的启闭。通过燃气在气缸内的进气—压缩—爆燃—排气过程，使其燃烧的热能转变为曲轴转动的机械能。又如图 1－2 所示的颚式破碎机，由电动机 1、带轮 2、V 带 3、带轮 4、偏心轴 5、动颚板 6、定颚板 7、肘板 8 及机架等组成。电动机通过带传动带动偏心轴转动，进而使动颚板产生平面运动，与定颚板一起实现压碎物料的功能。从上述实例可以看出，

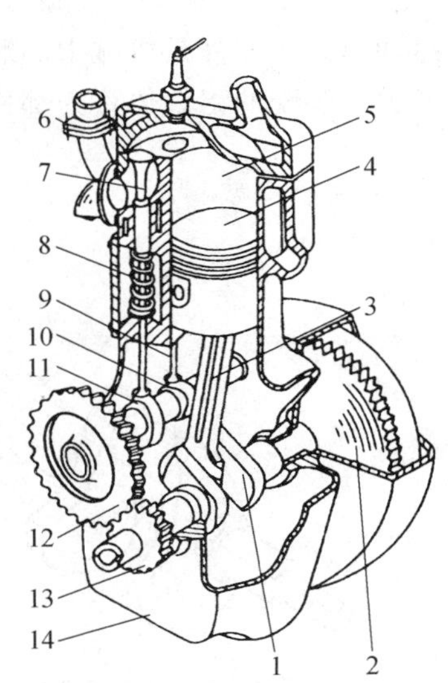

图 1－1 单缸四冲程内燃机

1—曲轴；2—飞轮；3—连杆；4—活塞；5—气缸（体）；6—螺母、螺栓；7—气阀；8—弹簧；9—阀杆；10、11—凸轮；12、13—齿轮；14—机座

机器具有3个共同的特征：①它们都是一种人为的实物组合；②各部分之间具有确定的相对运动；③能够代替或减轻人类的劳动，实现能量转换或完成有用的机械功。仅具备前两个特征的称为机构。

由此可见，机构只能用来传递运动和动力或改变运动形式。因此，从运动的观点来看，机构与机器并无差别。但从研究的角度来看，尽管机器的种类极多，但机构的种类却有限。将机构从机器中单列出来，对机构，着重研究它们的结构组成、运动与动力性能及尺度设计等问题；对机器，则着重研究它们变换或传递能量、物料和信息等方面的问题，这便是机构与机器的根本区别。

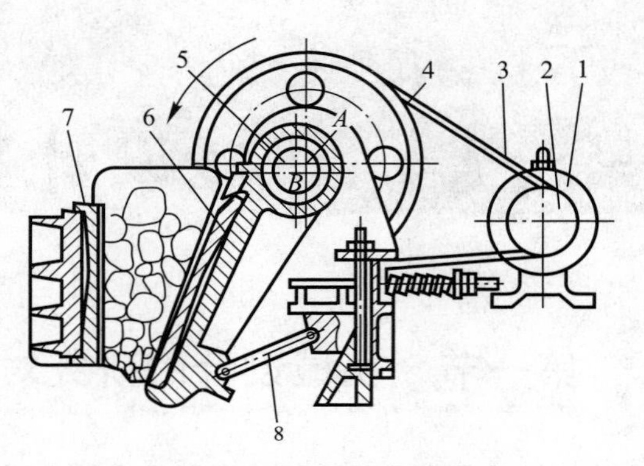

图1-2 颚式破碎机

1—电动机；2、4—带轮；3—V带；5—偏心轴；6—动颚板；7—定颚板；8—肘板

二、零件、构件和部件

从制造与装配的角度来看，机器是由机械零部件或构件组成的。组成机械的各个相对运动的运动单元称为构件，机械中不可拆的制造单元称为零件。构件可以是单一的零件，如内燃机的曲轴(图1-3)；也可以是多个零件组成的刚性整体，如内燃机的连杆(图1-4)，就是由连杆体1、连杆盖3、螺栓2及螺母4等几个零件刚性连接而成的。由此可见，构件是机械中独立的运动单元，零件是机械中的制造单元。另外，还常把由一组协同工作的零件所组成的独立制造或独立装配的组合体称为部件，例如滚动轴承、联轴器和减速器等均为部件。

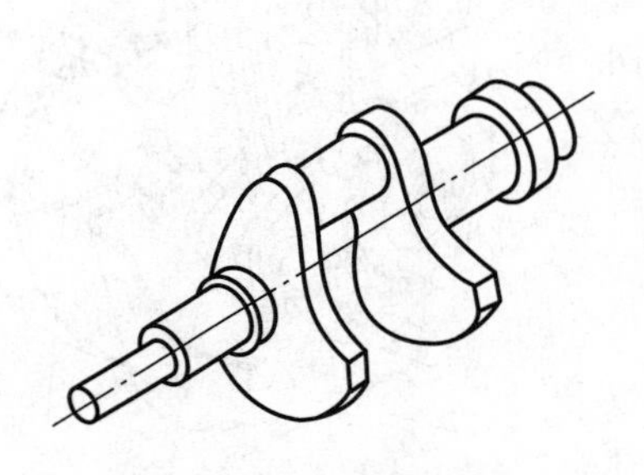

图1-3 整体式曲轴

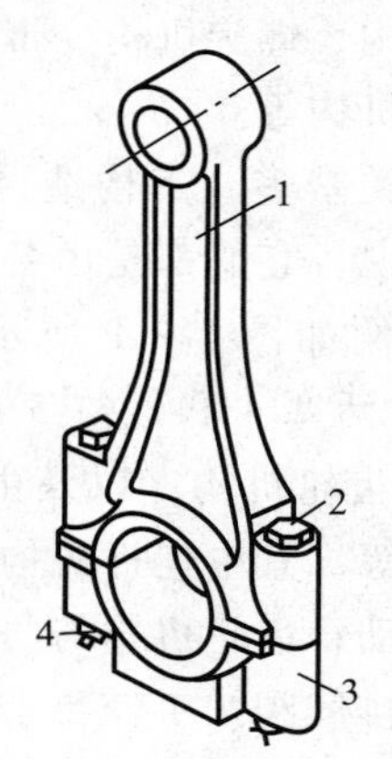

图1-4 刚性组合式连杆

1—连杆体；2—螺栓；3—连杆盖；4—螺母

机械零件又可分为两大类：一类是在各种机器中都经常用到的零件，叫做通用零件，如螺栓、齿轮和弹簧等；另一类则是在特定类型机器中才能用到的零件，叫做专用零件，如上述的曲轴和船舶中的螺旋桨等。

三、机器的基本组成

机器的种类很多，形式各异，但就其功能而言，一部完整的机器主要有以下 5 个部分组成，如图 1 - 5 所示。

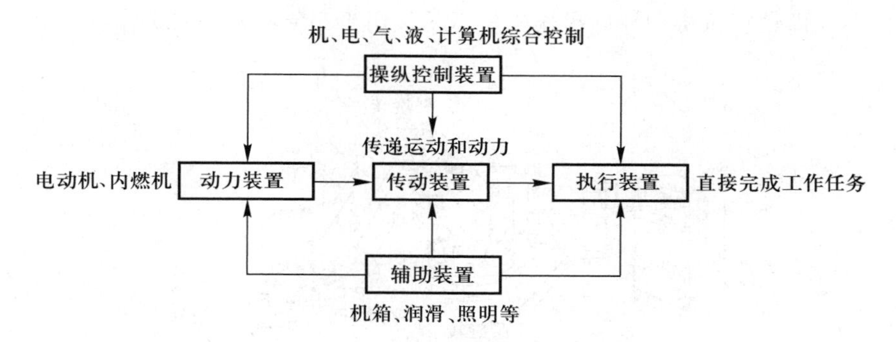

图 1 - 5　机器的组成

（1）动力装置。它是驱动整个机器完成预定功能的动力源，常用的动力装置有电动机和内燃机两大类，此外还有液压马达或气动马达等。

（2）执行装置。处于整个机械传动路线的终端，是机器中直接完成工作任务的部分，如起重机的吊钩、洗衣机的滚筒、颚式破碎机的动颚板等。

（3）传动装置。介于动力装置和执行装置之间，把动力装置的运动和动力传递给执行部分，用以完成运动和动力的传递及转换。利用它可以减速、增速、调速、改变转矩及分配动力等，从而满足执行部分的各种要求。

（4）操纵控制装置。它是控制机器各部分进行工作的装置，如控制机器的起动、停车、正反转、运动和动力参数的改变以及各执行装置间动作的协调等。现代机器的控制系统，一般既包含机械控制系统，又包含电子控制系统，其作用包括监测及信号拾取、调节、计算机控制等。

（5）辅助装置。主要有照明、润滑及冷却、机箱和支架等。

动力、执行和传动装置为机器的基本组成部分。

综上所述，机械设计基础是一门以机构和机器为对象，研究常用机构、通用零部件以及一般机器的设计理论和方法的课程。

四、现代机器简介

随着伺服驱动技术、检测传感技术、自动控制技术、信息处理技术、材料及精密机械技术以及系统总体技术等的飞速发展，使传统机械在产品结构和生产系统结构等方面发生了质的变化，形成了一个崭新的现代机械工业。现代机器已经成为一个以机械技术为基础，以电子技术为核心的高新技术综合系统。

1. 现代机器的组成简介

图 1 - 6 所示的焊接机器人就是典型的现代机器，它的执行系统是操作机 4，该系统可以实

现6个独立的回转运动，完成焊接操作。驱动系统按动力源的不同可分为电动、液动或气动，其驱动机为电动机、液压马达、液压缸、气缸及气马达。传动系统可以是齿轮传动、谐波传动、带传动或链传动等，也可以将上述驱动机直接与执行系统相连。控制系统是控制装置2，它由计算机硬件、软件和一个专用电路组成。框架支承系统是机座1，另外还有焊接电源装置3等。焊接机器人由计算机协调控制操作机的运动，用于完成各种焊接工作。

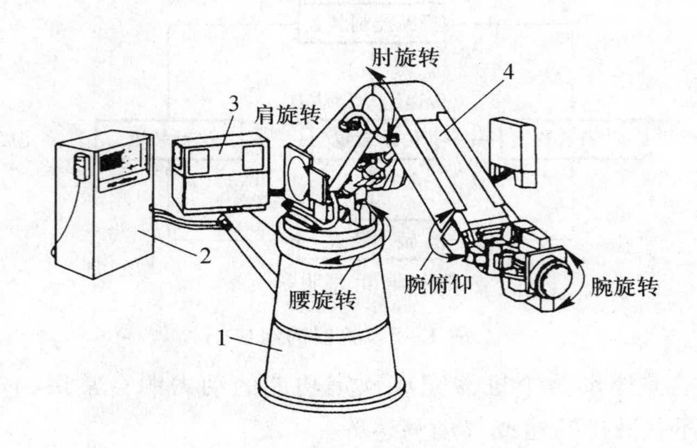

图1-6 焊接机器人

1—机座；2—控制装置；3—电源装置；4—操作机

2. 现代机器的主要特征

现代机器是由机械技术与电子技术有机结合的一个全新系统。它与传统机器比较，具有以下主要特征：

(1) 功能增加，柔性提高。如机械加工中心可以将在多台普通机床上完成的多道工序在一次装夹中完成。只要改变控制器的控制程序，加工中心就能改变加工工序，完成不同的工作，并且还具有自动检测、自动诊断、自动保护及自动显示等功能。它改变了普通机床功能单一、操作复杂等缺点，实现了多功能化和柔性化。

(2) 结构简化，精度提高。由于控制技术、驱动技术、检测传感技术及精密机械技术等的发展，现代机器的传动系统和执行系统在结构上得以大大简化。因此，现代机器的性能得到很大改善，使体积减小，重量减轻，精度提高，改善了工作的可靠性和稳定性，延长了机器的寿命等。如一台微机控制的精密插齿机，其机械零部件比普通插齿机减少了30%，精度提高了一个数量级。

(3) 效率提高，成本降低。例如，上述的焊接机器人如果再配置变位机（工作台）就可以组成焊接工作站。该工作站可以24小时连续自动焊接，提高生产率，降低成本。

必须指出，在现代机器中机械系统是不可缺少的重要组成部分，机械系统和电子系统在不同的场合具有不同的优势。因此，现代机器要求综合考虑机、电、硬件和软件等多方面的特性，使系统各部分合理匹配，实现整体的最佳化。

第二节　本课程的内容、任务和学习方法

一、本课程的内容、性质和任务

概括地说，本课程的主要内容包括以下几个方面：①常用机构的组成原理、运动分析、动力分析和设计计算。②通用零件的强度、刚度、寿命、结构及设计计算，包括零件的材料选择、工作情况分析、失效分析、设计准则的确定，以及润滑、密封方法与装置的选择和设计等。③通用零部件的一般使用维护知识。④简单机械运动方案设计的初步知识。

机械设计基础是一门机械类各专业必修的设计性课程，是介于基础课与专业课之间的一门主干技术基础课。机械设计基础的课程教学，应在学习了高等数学、机械制图、工程力学、机械工程材料、互换性与测量技术和机械制造基础等课程后进行，它又为以后学习有关专业课程以及掌握新的机械科学技术打下必要的理论基础。因此，这是一门在教学中起承上启下作用的课程。

本课程的主要任务是：通过课堂教学、习题、课程设计和实验等教学环节，使学生掌握机械设计的基本理论、基本知识和基本技能，具备分析和设计常用机构、通用零件和简单机器的基本能力，并得到对有关实验技能的基本训练。通过本课程的教学，将增强学生对机械技术工作的适应性并提高其开发创新能力，为培养机械类高技能应用型人才打下重要的基础。

二、本课程的学习方法简介

本课程是从理论性、系统性很强的基础课和技术基础课向实践性较强的专业课过渡的一个重要环节，课程的技术性较强。因此，学习本课程时必须在学习方法上有所转变和适应，现将学习中应注意的几个问题介绍如下。

（1）本课程将多门先修课程的基本理论应用到实际中去，解决有关实际问题。因此，在学习本课程的过程中要更加注意理论联系实际，做到多观察、多分析日常生活和工程实践中的机械实例，这样有利于开发智力和培养创造性思维。同时，在学习本课程知识的过程中应加强能力的培养，这样就可以用你的能力去获取新的知识。

（2）学生一接触到本课程就会产生“系统性差”、“逻辑性差”等错觉，这是由于学生习惯了基础课的系统性和逻辑性所造成的。本课程中，虽然不同研究对象所涉及的理论基础不相同，且相互之间也无多大的关系，但最终的目的只有一个，即设计出能用的机构和零部件等。本课程的主要设计内容都是按照工作原理、结构、强度计算和使用维护等的顺序来介绍，即有其自身的系统性，在学习时应注意这一特点。

（3）由于工程问题的复杂性，很难完全用纯理论的方法来解决，因此在实际设计工作中往往还要借助类比和实验等经验性的设计手段，或者使用经验公式和由实验提供的设计数据等，这一点应该在学习过程中逐步适应。因为是联系实际的设计性课程，所以计算步骤和计算结果不像数学课那样具有唯一性。

(4) 理论计算对解决设计问题是很重要的，但并不是唯一的。必须逐步培养把理论计算和结构设计、工艺设计等结合起来解决设计问题的能力，尤其应重视结构设计在确定零件形状和尺寸方面的重要作用。

(5) 在本课程的学习中，必须注意培养和建立整机设计的概念，从产品开发设计的高度来对待机械零部件的设计问题。要结合产品的制造与装配工艺、市场前景及产品的经济性来考虑机械零部件的设计问题。此外，在市场竞争日趋激烈的今天，产品的开发设计离不开改进与创新，因此应努力增强创新意识及培养创新能力，只有这样才能将所学的知识真正变成推动社会进步的力量。

第三节　机械设计的基本要求和一般程序

一、机械设计的基本要求

机械设计的最终目的是为市场提供高效且物美价廉的机械产品，在市场竞争中赢得优势，取得良好的经济效益。因此，设计机器应满足的基本要求如下。

1. 功能性要求

人们为了生产和生活上的需要才设计和制造各式各样的机器，因此机器必须具有预定的使用功能。这主要靠正确选择机器的工作原理，正确设计或选用原动机、传动机构和执行机构，以及合理配置辅助系统来保证。

2. 可靠性要求

机器在预定工作期限内必须具有一定的可靠性，机器的可靠性用可靠度 R 来衡量。机器的可靠度 R，是指机器在规定的工作期限内和规定的工作条件下，无故障地完成规定功能的概率。而机器在规定期限和条件下不能完成规定功能的概率则称为不可靠度，或称破坏概率，用 F 表示。

设有 N_T 个零件，在预定的时间 t 内有 N_f 个零件不能正常工作，剩下 N_s 个零件仍继续工作，则可靠度为 $R=N_s/N_T$，不可靠度为 $F=N_f/N_T$。显然，可靠度与破坏概率间应满足：$R=1-F$。

提高机器可靠度的关键是提高其组成零、部件的可靠度。此外，从机器设计的角度，确定适当的可靠性水平，力求结构简单，减少零件数目，尽可能选用标准件及等可靠度的零件，合理设计机器中的组件和部件，以及选取较大安全系数等，对提高机器可靠度也是十分有效的。

3. 经济性要求

机器的经济性体现在设计、制造和使用的全过程中，包括设计制造经济性和使用经济性。设计制造经济性表现为设计制造的成本降低；使用经济性表现为高效率、低消耗(能源及材料)，以及较低的管理和维护费用等。设计机器时应最大限度地考虑其经济性。

提高设计制造经济性的主要途径有：①尽量采用先进的设计理论和方法，力求参数最优化，以及应用 CAD 技术，加快设计进度，降低设计成本；②合理地组织设计和制造过程；③最大限度地采用标准化、系列化及通用化的零部件；④合理地选用材料，努力改善零件的结构工艺性，尽可能采用新材料、新工艺和新技术，使其用料少、质量轻且加工费用少；⑤尽力注意机器的造型设计，扩大销售量。

提高机器使用经济性的主要途径有：①提高机械化和自动化水平；②选用高效率的传动系统和支承装置；③注意采用适当的防护、润滑和密封装置等。以提高生产率，降低能源消耗和延长机器使用寿命等。

4. 劳动保护要求

设计机器时应对劳动保护要求给予极大的重视，一般可以从以下两方面着手。

（1）注意操作者的操作安全，减轻操作时的劳动强度。具体措施有：对外露的运动件加设防护罩；设置保险、报警装置以消除和避免不正确操作等引起的危害；操作应简便省力，简单而重复的劳动要利用机械本身的机构来完成。

（2）改善操作者及机器的环境。具体措施是：降低机器工作时的振动与噪声；防止有毒、有害介质渗漏；治理废水、废气和废液；美化机器的外形及外部色彩。总之，所设计的机器应符合劳动保护法规的要求。

5. 标准化、系列化和通用化

标准化就是制定标准和使用标准。标准分为国家标准(GB)、行业标准、地方标准和企业标准。我国参加了国际标准化组织(ISO)，出口产品应采用国际标准。

与标准化密切相关的是零部件的通用化。通用化是最大限度地减少和合并产品的型式、尺寸和材料品种等，使零部件尽量在不同规格的同类产品甚至不同类产品上通用互换。

系列化是指将产品尺寸和结构按大小分档，按一定规律优化成系列。工程上系列化数值是采用几何级数作为优先数列的基础，目的是用较少的品种规格满足国民经济的广泛需要。

零件的标准化、部件的通用化和产品的系列化通称为“三化”，它是我国现行的一项重要技术经济政策。主要任务是研究用最少的劳动消耗和物质消耗，取得最好的经济效益。

6. 其他特殊要求

有些机器还各自具有其特殊的要求。例如：对食品、药品及纺织机械等有保持清洁和不能污染产品的要求；对机床有长期保持精度的要求；对经常搬动的机器(如塔式起重机或钻探机等)，要求便于安装、拆卸和运输；对飞机有质量小和飞行阻力小等要求。设计机器时，不仅要满足前述共同的基本要求，还应满足其他特殊要求。

二、机械设计的一般程序

机械设计是研制新产品的重要环节，在机械工业进行产品更新换代和工艺装备设计中占有突出的地位。机械产品设计有 3 种类型：①开发性设计，即按需求进行的全新设计；②适应性设计，即设计原理和方案不变，只对结构和零部件重新设计；③变参数设计，即仅改变部分结构尺寸而形成系列产品。其中开发性设计新产品，从提出任务到投放市场，要经过调查研究、设计、试制、运行考核和定型设计等一系列过程。目前机械设计尚无一个通用的固定程序，须视具体情况而定，较为典型的一般程序如下。

1. 产品规划阶段

在产品规划阶段，要根据市场需要和使用要求，确定机器的功能范围和性能参数，明确设计需要解决的关键问题；根据现有的技术和成果，分析其实现的可能性；编制出完整的设计任务书。任务书中应该包括：机器的功能、技术经济指标、主要参考资料和样机、制造技术关键、工作环境条件、有关特殊要求、预期成本范围、设计完成期限等。

2. 方案设计阶段

在方案设计阶段，应按照设计任务书的要求，确定机器的工作原理和技术要求，拟定机器的总体布置、原动机方案、传动系统方案和执行机构方案，并绘制出机构运动简图等。首先应分析机器的总功能，为实现总功能机器必须有若干个部分，每部分具有一定的分功能，对各个分功能逐项进行计算和实验，探索实现各个分功能的方案，即为功能分析。在功能分析的基础上，对各个分功能的方案加以综合，选定合适的综合设计方案，即为功能综合。在方案设计阶段，往往要进行多种方案的全面分析对比和技术经济评价，从中选定一个综合性能最佳的设计方案。

3. 技术设计阶段

根据选定的最佳设计原理方案，以功能要求确定结构设计为出发点，本着简单、实用、经济和美观等原则，对零部件进行技术设计。技术设计的目标是给出正式的机器总装配图、部件装配图和零件工作图。

4. 施工设计阶段

在施工设计阶段，应根据确定的技术设计，编制设计计算说明书，机器使用说明书，标准件及外购件明细表，易损件(或备用件)清单，完成制造、装配和实验所需的全部工艺文件等，为生产提供必备的条件。

在实际设计工作中，上述设计步骤往往是相互交叉或相互平行的，例如计算和绘图、装配图和零件图绘制，就常常是相互交叉、互为补充的。整个设计过程的各个阶段是互相紧密联系的，某一阶段中发现的问题和不当之处，有时必须返回到前面有关阶段去修改。因此设计过程是一个不断反复、不断完善并逐渐接近最优结果的过程。

此外，从产品设计开发的全过程来看，完成上述设计工作后，接着是样机试制，这一阶段随时都会因为工艺原因修改原设计。甚至在产品推向市场一段时间后，还会根据用户反馈意见修改设计或进行改型设计。作为一个合格的设计工作者，完全应该将自己的设计视野延伸到制造和使用的全过程中，这样才能不断地改进设计和提高机器质量，更好地满足生产和生活的需要。

第四节　机械零件设计的基本要求和一般步骤

一、机械零件设计的基本要求

机器是由零件组成的，因此设计的机器是否满足前述基本要求，零件设计的好坏将起着决定性的作用。设计机械零件时，应在实用可靠的前提下，最大限度地谋求经济合理，具体要求取决于零件在机器中所处的地位、作用及工作条件。一般来说，机械零件设计应满足以下几个基本要求。

1. 预定功能的要求

每一个零件，在不同的机器或在一台机器的不同部分中工作，这就决定了对该零件的具体功能要求。不同的功能要求，就有不同的设计要求。例如在某些机器中所用的蜗杆传动要求具有自锁功能，则它在参数选择，以及相应的效率、材料选择等一系列设计问题上，就与不要求自锁的蜗杆传动有所不同。

2. 预定寿命内不发生失效的要求

如果零件发生失效，就会导致丧失预定功能，影响机器正常工作。防止零件失效，保证它在预定寿命内具有预定的工作能力，这是机械零件设计的重要内容。

3. 结构工艺性要求

零件应具有良好的结构工艺性。这就是说，在一定的生产条件下，所设计的零件应能方便而经济地生产出来，并便于装配成机器。为此应从零件的毛坯制造、机械加工及装配等几个生产环节综合考虑，对零件的结构设计予以足够重视。设计时的结构工艺性要求，不是靠理论计算实现的，而是由设计人员运用工艺知识，在结构设计及制定技术要求等过程中进行设计考虑，并反映到零件工作图和技术文件中。

4. 经济性要求

零件的经济性主要取决于零件的材料和加工成本。因此，提高零件的经济性主要从零件的材料选择和结构工艺性设计两个方面加以考虑。如采用廉价材料代替贵重材料，只在零件的关键部位使用优质贵重的材料；采用轻型的零件结构和少余量、无余量毛坯；简化零件结构和改善零件结构工艺性，以及尽可能采用标准化的零部件等。

5. 质量小的要求

尽可能减小质量对绝大多数机械零件都是必要的。减小质量首先可节约材料，另一方面对运动零件可减小其惯性力，从而改善机器的动力性能。对运输机械，减小零件质量就可减小机械本身的质量，从而可增加运载量。要达到零件质量小的目的，应从多方面采取设计措施。

二、机械零件设计的一般步骤

机械零件设计是机器设计中极其重要且工作量较大的设计环节，一般可按下列步骤来进行：

（1）根据零件的使用要求，选择零件的类型与结构。通常应经过多方案比较后择优确定。

（2）根据机器的工作要求，分析零件的工作情况，确定作用在零件上的载荷及应力。

（3）根据零件的工作条件对其特殊要求，选择合适的材料及热处理方法。

（4）根据工作情况分析，判定零件的主要失效形式，从而确定其计算准则。

（5）根据计算准则计算并确定零件的主要尺寸和主要参数。

（6）根据零件的工艺性及标准化等原则进行零件的结构设计，确定其结构尺寸。

（7）对重要的零件，结构设计完成后，必要时应进行校核计算，若不合适应修改结构设计。

(8) 绘制零件工作图，制定技术要求，编写计算说明书及有关技术文件。

这些设计步骤，对于不同的零件和不同的工作条件，可以有所不同。此外在设计过程中有些步骤又是相互交叉、反复进行的。

第五节 机械中的摩擦、磨损和润滑简介

一、摩擦的种类及基本性质

相互接触的两个物体在力的作用下发生相对运动或有相对运动趋势时，在接触表面上就会产生阻碍物体运动的现象，这种现象称为摩擦。摩擦可分为两大类：一类是发生在物质内部，阻碍分子间相对运动的内摩擦；另一类是在接触表面上产生的阻碍两物体相对运动的外摩擦。根据两物体间相对运动的方式不同，摩擦又可分为滑动摩擦与滚动摩擦，在此仅讨论滑动摩擦。根据摩擦表面间存在润滑剂的情况，滑动摩擦可分为干摩擦、边界摩擦(又称边界润滑)、流体摩擦(又称流体润滑)及混合摩擦(又称混合润滑)，如图 1－7 所示。

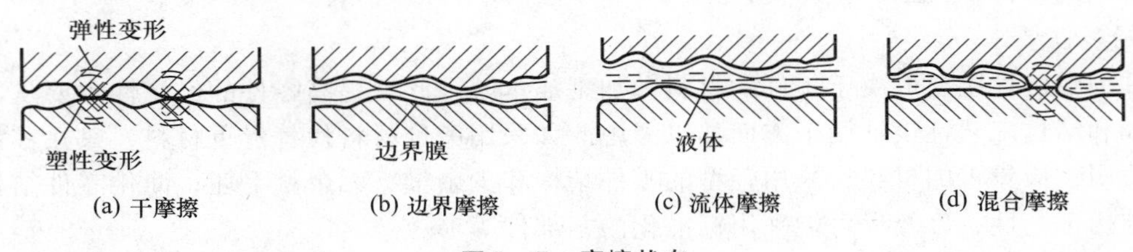

(a) 干摩擦 (b) 边界摩擦 (c) 流体摩擦 (d) 混合摩擦

图 1－7 摩擦状态

1. 干摩擦

两摩擦表面直接接触，不加入任何润滑剂的摩擦称为干摩擦。在工程实际中并不存在真正的干摩擦，因为在任何零件的表面上，不仅会因氧化而形成氧化膜，而且会被润滑油污染而形成污染膜，因此其摩擦系数要比真空下测定的纯净金属表面的摩擦系数小得多。在机械设计中，通常把不出现明显润滑现象的摩擦当做干摩擦处理。干摩擦的摩擦阻力最大，磨损最严重，零件使用寿命最短，应力求避免。

2. 边界摩擦(边界润滑)

在摩擦表面间加入润滑油，从而形成极薄的润滑油膜，这种摩擦状态称为边界摩擦。由于润滑油中的脂肪酸是一种极性化合物，它的极性分子能牢固地吸附在金属表面上形成定向排列，从而形成一层极薄的分子膜，通常称为边界膜。当摩擦副滑动时，表面吸附膜像两个毛刷子相互滑动，把金属表面隔开，起着润滑作用。由于边界膜厚度一般都比表面粗糙度值小，不能完全避免金属的直接接触。所以边界摩擦虽然可以降低摩擦系数，但仍会产生磨损，其摩擦和磨损均比干摩擦时小。

3. 流体摩擦(流体润滑)

两摩擦表面被一层具有压力的连续厚流体(液体或气体)膜隔开，这种摩擦状态称为流体

摩擦或流体润滑。流体摩擦的摩擦阻力很小，理论上没有磨损，零件使用寿命长，是理想的摩擦状态，但必须在一定工况（载荷、速度、流体粘度等）下才能实现。要实现流体摩擦状态，必须在两摩擦表面间建立具有足够厚度的压力油膜，建立压力油膜并实现流体润滑的主要方法有流体动力润滑和流体静力润滑。

4. 混合摩擦（混合润滑）

在实际应用中，有较多的摩擦副处于干摩擦、边界摩擦、流体摩擦的混合状态，称为混合摩擦。在这种摩擦状态下，由于表面凸峰的直接接触，摩擦副仍有磨损存在，但摩擦系数比边界摩擦小得多。

边界润滑和混合润滑有时统称为不完全液体润滑，它能有效地降低摩擦阻力、减小磨损、提高承载能力和延长零件使用寿命。设计时摩擦副应以维持这两种摩擦状态为最低要求。

二、磨损的过程及主要类型

由于零件的相对运动，使摩擦表面的材料不断损失的现象称为磨损。磨损会消耗能量，降低机械效率，改变零件的形状和尺寸，降低工作的可靠性，甚至使机器提前报废。因此在设计时必须预先考虑如何避免或减轻磨损，以保证机器达到预期的寿命。另外，磨损也有有益的方面，如精加工中的磨削及抛光、机器的磨合等。

1. 磨损的基本过程

图 1－8 所示为磨损过程图，由此可知磨损大致分为 3 个阶段，即磨合、稳定磨损和剧烈磨损。

（1）磨合磨损阶段。新零件开始运转时，由于零件表面的粗糙度，摩擦副的实际接触面积小，单位面积上的实际载荷大，因此磨损速度较快。随着磨合的进行，尖峰被磨掉，实际接触面积增大，磨损速度变慢，转入稳定磨损阶段。

磨合时应注意由轻至重且缓慢加载，并保持油的清洁，防止磨屑进入摩擦面而造成剧烈磨损和发热。磨合阶段结束后，润滑油应全部更新。

（2）稳定磨损阶段。该阶段是零件的正常工作阶段，这时零件的磨损速度缓慢而稳定，磨损率保持一定，这个阶段相应的时间就是零件的使用寿命。磨损率 ε 即单位时间内材料的磨损量，$\varepsilon = dq/dt =$ 常数，其中 q 为磨损量，t 为时间。磨损率也即磨损曲线的斜率，显然斜率越小，零件的使用寿命越长。

（3）剧烈磨损阶段。零件经若干时间使用后，精度下降，间隙增大，润滑状况恶化，温度升高，磨损速度急剧增大，使零件迅速失效。

在正常情况下，零件经短期磨合后即进入稳定磨损阶段，但若初始压力过大、速度过高或润滑不良时，则跑合期很短，并立即转入剧烈磨损阶段，使零件很快报废，如图 1－8 中虚线所示。

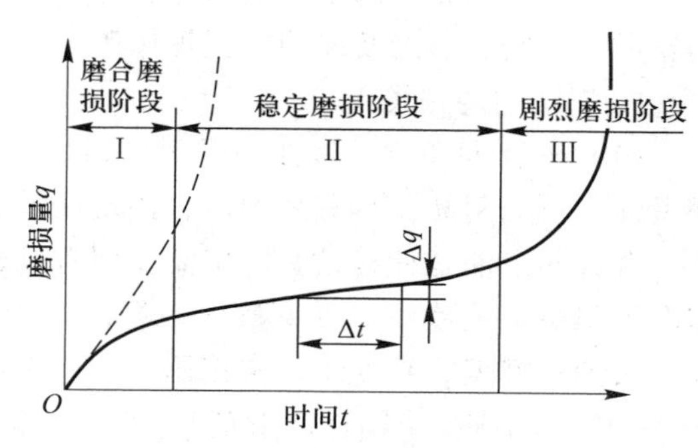

图 1－8　磨损过程

2. 磨损的主要类型

根据磨损机理不同，磨损主要有 4 种基本类型：粘着磨损、磨粒磨损、疲劳磨损和腐蚀磨损，磨损通常多以复合形式存在。

（1）粘着磨损。在高压和变形热量作用下，摩擦表面轮廓凸峰接触处产生粘着结点。摩擦副作相对运动时，由于剪切作用，一个表面的材料粘附到另一表面上，形成粘着磨损。如蜗轮齿圈上铜粘附到蜗杆齿面上，这是金属摩擦副中最普遍的一种磨损形式。粘着磨损一般有轻微粘着磨损、一般粘着磨损、擦伤磨损和胶合磨损等形式，其中胶合磨损多表现为接触擦伤或撕脱，是高速、重载传动中常见的破坏形式。

（2）磨粒磨损。硬质颗粒或摩擦表面上的硬质突起物的切削或刮擦作用，使零件表面材料脱落的现象称为磨粒磨损。这是一种常见的机械磨损，如开式齿轮的磨损。

（3）疲劳磨损。零件表面受交变接触应力的作用，使表面材料疲劳，出现材料损失的现象，称为表面疲劳磨损。这种疲劳磨损是由于接触应力超过材料的接触疲劳极限时，零件表面产生疲劳裂纹，继而扩展，最后使小块材料剥落，呈点蚀现象。

（4）腐蚀磨损。零件表面在摩擦过程中，金属与周围介质发生化学反应或电化学反应，以致产生材料损失的现象，称为腐蚀磨损。

3. 减少磨损的措施

减少磨损的措施主要有以下几种：

（1）合理选择摩擦副材料。选异种金属配对，或选不同硬度的同一种金属配对，都能提高抗胶合能力。

（2）合理选择表面硬度。受一般载荷的零件，提高表面硬度有利于提高耐磨性；对于受重载的零件，应首先考虑韧性，再考虑适当提高硬度，以防零件折断。

（3）适当降低零件的表面粗糙度值。

（4）合理选择润滑剂和添加剂。粘度低的油容易渗入裂纹，加速裂纹扩展；粘度高的油有利于接触应力均布，提高抗疲劳磨损的能力。采用含有油性和极压添加剂的润滑剂，可提高摩擦副抗粘着磨损的能力。

（5）控制 pv 值（轴承的平均压力 p 与轴颈的滑动速度 v 的乘积之值）以防止胶合的发生。

（6）定期更换润滑油，以减轻磨粒磨损。

三、润滑剂的类型及其性能

润滑剂的主要作用是减小摩擦和磨损，降低工作表面温度。此外润滑剂还有传递动力、减小噪声、防锈、密封及缓冲减振等作用。

1. 润滑剂的种类

（1）液体润滑剂。液体润滑剂包括矿物润滑油、合成润滑油、动物油和植物油等。矿物润滑油是石油制品，具有品种多、挥发性低、惰性良好、防腐性强、价格便宜等特点，应用最广。合成润滑油是针对某些特定需要用有机合成方法制成的，其适用面窄且成本很高，故一般情况下很少单独使用，可少量加入润滑油中作为添加剂。动物油和植物油是最早使用的润滑油，其油性好但容易变质，常作添加剂使用。

（2）润滑脂（半固体润滑剂）。它是在液态润滑剂中加入稠化剂而制成的膏状混合物。稠化剂多是金属皂类（如钙、钠、锂的金属皂），也有非金属皂类如石墨、二硫化钼和硅石粉等。

此外还常加入一些添加剂，以增加抗氧化性及油膜强度。润滑脂常用于在低速下工作、受冲击载荷或间歇运动零件的润滑。

（3）固体润滑剂。在摩擦表面间加入固体粉末代替流体膜来润滑，称为固体润滑剂。固体润滑剂有无机化合物、有机化合物和软金属等。无机化合物有石墨和二硫化钼等，它们的热稳定性好；有机化合物有金属皂、动物蜡和油脂等；软金属有铅、锡和铟等。固体润滑剂主要用于载荷极高、速度极低、高温或低温等特殊的工况，它的适用温度范围广，但润滑膜不易保持，摩擦系数较高。

2. 润滑剂的主要性能指标

润滑剂的主要性能指标有粘度、油性、闪点、凝点、酸值和极压性等，下面分别介绍。

（1）粘度。流体抵抗流动的体积性能称为粘度，它是反映流体内摩擦性能的指标。粘度越大，内摩擦力越大，流动性越差。因此粘度是选择润滑油的主要依据。流体粘度常用的表示方法有如下 3 种：

① 动力粘度 η。长、宽各为 1 m 的两块平板相距 1 m 远，若使其产生 1 m/s 的相对速度所需的力为 1 N，则规定该润滑油的粘度为 1 Pa · s 或 1 N · s/m^2，它是国际单位制(SI)的粘度单位。

在物理单位制(C、G、S)中，动力粘度 η 的单位是 1 dyn · s/cm^2，称为泊(P)，通常用它的百分之一作粘度单位，称为厘泊(cP)，1 P = 100 cP(厘泊)。单位间的换算关系为 1 Pa · s = 10 P = 1 000 cP。

② 运动粘度 ν。工程上常用动力粘度 η 与同温度下该油液密度 ρ 的比值来表示粘度，称为运动粘度，即 $\nu=\eta/\rho$，矿物油的密度 $\rho=850\sim900$ kg/m^3。

在 C、G、S 单位制中，若使上式中 $\eta=1$ Pa · s，$\rho=1$ g/cm^3，则 $\nu=1$ cm^2/s，单位 cm^2/s 称为 St(斯)，1 St = 100 cSt(厘斯)。

在国际单位制中，若使上式中 $\eta=1$ Pa · s，$\rho=1$ kg/m^3，则 $\nu=1$ m^2/s。单位换算关系为：1 m^2/s = 10^4 St = 10^6 cSt。

③ 条件粘度。我国常用恩氏粘度(°E_t)作为条件粘度的单位。这是把 200 ml 待测定的油，在规定的温度(常用 50 ℃或 100 ℃，这时恩氏粘度分别用°E_{50}或°E_{100}表示)时流过恩氏粘度计的时间与同体积蒸馏水在 20 ℃时流过粘度计的时间之比。

GB/T 314—1994 规定，采用润滑油在 40 ℃时的运动粘度中心值作为润滑油的牌号，共有 20 个。牌号数字越大，粘度越高，即油越稠。润滑油实际运动粘度值在相应中心粘度值的 ±10% 偏差以内。例如牌号为 L－AN10 的全损耗系统用油在 40 ℃时运动粘度中心值为 10 mm^2/s，实际运动粘度范围为 9.00～11.0 mm^2/s。

润滑油的粘度受温度的影响较大，它随温度的升高而降低。粘度随温度变化越小的油品质越高。压力升高时润滑油的粘度加大，但压力在 50 MPa 以下时，粘度变化极小，可忽略不计。

（2）油性。油性是润滑油湿润或吸附于摩擦表面的性能。油性好的润滑油，其油膜吸附力大且不易破裂，对于低速、重载或润滑不充分的场合具有重要意义。

（3）闪点。润滑油在标准容器中加热所蒸发出的油气，遇到火焰即能发出闪光的最低温度，称为闪点，它是衡量润滑油易燃性的指标。通常应使润滑油的工作温度比闪点低

30～40℃。

（4）凝点。润滑油在规定条件下冷却至不能自由流动时的最高温度，称为油的凝点。它表示润滑油在低温下工作的性能，直接影响到机器在低温下的起动性能和磨损情况。

（5）酸值。中和 1 g 润滑油内的有机酸所需氢氧化钾的毫克数，称为酸值。润滑油在使用过程中会逐渐氧化，酸值会不断升高，酸值过高时对金属腐蚀较重，选择润滑油应限制酸值，使用过程中的润滑油也应定期化验酸值。

（6）极压性。极压性是指润滑油中的活性分子与摩擦表面形成抗磨耐高压化学反应膜的性能。它是在重载、高速和高温条件下，影响边界润滑的重要性能。为了提高普通润滑油的极压性，常添加硫、磷和氯等有机极性化合物。

（7）锥入度。在 25 ℃恒温时，使重量为 1.5 N 的标准锥体自润滑脂表面经 5 s 内沉入润滑脂的深度（以 0.1 mm 为单位），称为锥入度，它标志着润滑脂内的阻力大小和流动性的强弱。锥入度越小，润滑脂越不易从摩擦表面被挤出，所以承载能力强，密封性好，但同时摩擦阻力也大。国产润滑脂按锥入度大小编号，号数越大，锥入度越小，润滑脂越稠，一般常用 2、3、4 号。

（8）滴点。润滑脂受热熔化后，从标准测量杯中滴下第一滴时的温度，称为滴点，它标志着润滑脂耐高温的能力。使用润滑脂时，必须使其滴点高于工作温度 20～30 ℃。

3. 添加剂

在润滑剂中加入添加剂可以改善润滑剂的性能，以适应机械中高速、重载、极高或极低温度等特殊要求。添加剂种类很多，大致可以分为两大类：一类是影响润滑剂物理性能的，如各种降凝剂、增粘剂和消泡剂等；另一类是影响润滑剂化学性能的，如各种抗氧化剂、极压抗磨剂、油性剂和抗腐剂等。使用添加剂是改善润滑剂性能的重要手段，所以其品种和产量发展迅速。

4. 选择润滑剂的原则

（1）考虑工作载荷。对承受大载荷（或压强大）的边界摩擦副，应选用粘度高、油性和极压性好的润滑油；对受冲击载荷或往复运动的零件，因不易形成液体膜，可选润滑脂或固体润滑剂；在液体润滑中，润滑油粘度越高，其油膜的承载能力越高。

（2）考虑相对滑动速度。对相对滑动速度较高的运动副，因易形成油膜，宜选粘度较小的润滑油，以减小油膜间由于内摩擦而引起的功率损耗。

（3）考虑工作温度。对在低温下工作的机械，应选粘度较小和凝点较低的润滑油；对在高温下工作的机械，应选粘度较大和闪点较高的润滑油；对在特低温度下工作的机械，可选用有抗凝添加剂的润滑油或固体润滑剂；对工作温度变化大的机械，应选用温度变化对粘度影响较小的润滑油。

（4）考虑特殊工作环境。对在多尘环境中工作的机械，可选用润滑脂以利于密封。对有火花产生的场合，应采用高闪点的润滑油。

第六节　现代机械设计方法简介

机械设计的方法通常可分为两类：一类是过去长期采用的常规(或传统的)设计方法，另一类是近几十年来发展起来的现代设计方法。

一、常规设计方法介绍

常规设计方法是以经验总结为基础，综合运用力学和数学等学科知识形成经验公式、图表和设计手册作为设计的依据，通过经验公式、近似系数或类比进行设计的方法。这是一种以静态分析、近似计算、经验设计和人工劳动为特征的设计方法。常规设计方法可分为以下三种。

1. 理论设计

根据长期研究和实践总结出来的设计理论及实验数据所进行的设计，称为理论设计。理论设计的计算过程又可分为设计计算和校核计算。前者是指按照已知的运动要求、载荷情况及零件的材料特性等，运用一定的理论公式设计零件尺寸和形状的设计过程，如转轴的强度和刚度计算等；后者是指先根据类比法和实验法等方法初步定出零件的尺寸和形状，再用理论公式进行精确校核的计算过程，如转轴的精确校核等。理论设计可得到比较精确而可靠的结果，重要的零部件大都应该选择这种方法。

2. 经验设计

根据经验公式或设计者的经验用类比法所进行的设计，称为经验设计。对于一些次要零件如受力不大的螺钉等；或者对于一些理论上不够成熟或虽有理论方法但没有必要进行复杂且精确计算的零部件，如机架或箱体等，通常采用经验设计方法。

3. 模型实验设计

把初步设计的零部件或机器做成小模型或小样机，经过实验手段对其各方面的性能进行检验，再根据实验结果对原设计进行逐步的修改，从而获得尽可能完善的设计结果。这样的设计过程称为模型实验设计。对于一些尺寸巨大、结构复杂而又十分重要的零部件，如新型飞机的机身或新型舰船的船体等，常采用这种设计方法；对于大量生产的机器(如汽车)，则常用实物进行实验。

二、现代设计方法介绍

由于现代科学技术的迅猛发展，特别是计算机的广泛应用、现代信息科学技术的发展和计算技术的不断完善，近年来在机械设计常规设计方法的基础上，又发展形成了一系列新兴的现代设计方法。现代设计方法是综合应用现代各个领域的科研成果于设计领域所形成的设计方法，这些方法有机械优化设计、可靠性设计、有限元分析方法、计算机辅助设计、模块化设计、并行设计、虚拟设计、智能设计、绿色设计、创新设计等。现代设计方法种类极多，内容十分丰富，现简要介绍几种在机械设计中应用较为成熟的方法。

1. 机械优化设计方法

在机械设计中，往往要满足一系列要求，诸如承载能力要求、重量要求、体积要求及经济性要求等，此外在设计中还有一系列限制条件。在传统设计时，往往是针对上述一个方面的要求进行设计计算，然后对其他方面进行验算或考虑，但是缺乏严密且科学的方法。优化设计是将最优化数学理论应用于设计领域而形成的一种设计方法，它提供了一个科学且综合地解决这些要求和限制的方法。该方法先将设计问题的物理模型转化为数学模型，再选用适当的优化方法并借助计算机求解该数学模型，从而在满足各种约束的条件下，使得机械的结构参数或性能参数获得最优解，极大地提高了设计质量。

2. 机械的可靠性设计

按常规设计观点，一批材料、受载、加工及名义尺寸相同的零件，只要满足计算准则就被认为是安全的，都能在规定工况和规定使用期限内实现规定的功能。但是实际情况并非如此，由于这批零件的材料、受载、加工及尺寸总是存在或多或少的差异，亦即存在一定的离散性，因此都是随机变量，在规定工况和规定使用期限内，总有一定数量的零件会先期失效。这就提出了需要研究零件在规定工况和规定使用期限内实现规定功能的概率问题，也就是可靠性问题。机械可靠性设计是将概率论、数理统计、失效物理和机械学相结合而形成的一种设计方法，其主要特点是将常规设计方法中视为单值而实际上具有多值性的设计变量作为服从某种分布规律的随机变量，用概率统计方法设计出符合机械产品可靠性指标要求的零部件和整机的主要参数及结构尺寸。因此可靠性设计是常规设计方法的补充、发展和深化，是一种更加接近真实情况的现代设计方法。

3. 模块化设计方法

模块化设计是在对一定应用范围内的不同功能或相同功能不同性能、不同规格的机械产品进行功能分析的基础上，划分并设计出一系列功能模块，然后通过模块的选择和组合构成不同产品的一种设计方法。该方法的主要目标是以尽可能少的模块种类和数量组成尽可能多的产品种类和规格。与常规设计相比，模块化设计具有产品设计与制造时间短、利于产品更新换代和新产品开发、方便维修、利于提高产品质量和降低成本等优点，从而增强了产品的市场竞争能力和企业对市场的应变能力。

4. 计算机辅助设计

计算机辅助设计(CAD)是利用计算机快速准确、存储量大和逻辑判断功能强等特点进行设计信息处理，并通过人机交互作用完成设计工作的一种设计方法。一个完备的CAD系统，由科学计算、图形系统和数据库3方面组成。与传统设计方法相比，CAD具有以下优点：①显著提高设计效率，缩短设计周期，有利于加快产品更新换代，增强市场竞争能力。②能获得一定条件下的最佳设计方案，提高了设计质量和经济效益。③能充分应用其他各种先进的现代设计方法。④把设计人员从繁琐的重复性工作中解脱出来，以便从事更富创造性的构思工作。⑤可与计算机辅助制造(CAM)结合形成CAD/CAM系统，还可进一步与计算机辅助检测(CAT)和计算机管理自动化结合形成计算机集成制造系统(CIMS)，综合进行市场预测、产品设计、生产计划、制造和销售等一系列工作，实现人力、物力和时间等各种资源的有效利用，使企业总效益最高。CAD技术的进一步发展，要求建立一个具有专家级解决问题水平的计算机系统，能模拟专家们工作中的思维过程，运用所积累的知识和经验进行分析、推理和决策，来解决设计中的问题，称为专家系统或智能设计。这对于创造性地提高设计质量和设计效率具有重要的应用价值。

5. 机械产品绿色设计

绿色设计是“清洁化生产”出“绿色产品”的设计，是20世纪80年代以来，全世界旨在保护环境的“绿色”行动在机械设计中的反映。绿色设计用系统的观点将产品寿命循环周期中的各个阶段(包括设计、制造、使用、回收处理及再生等)看成一个有机的整体，在产品概念设计和详细设计的过程中运用并行工程的原理，在保证产品的功能、质量和成本的前提下，充分考虑产品寿命循环周期各个环节中资源、能源的合理利用以及环境保护和劳动保护等问题。绿色设计能够实现经济增长与环境保护的协调，满足人类社会可持续发展战略的要求，从而达到资源和能源的优化利用。

6. 机械产品创新设计

机械创新设计是指充分发挥设计者的创造力，利用人类已有的相关科学技术成果(含理论、方法、技术和原理等)，进行创新构思，设计出具有新颖性、创造性及实用性的机械产品的一种实践活动。它包含两个部分：一是改进完善生产或生活中现有机械产品的技术性能、可靠性、经济性和适用性等；二是创造设计出新机器和新产品，以满足新的生产或生活的需要。因此创新设计是机械设计的灵魂。机械创新设计的一个核心内容就是要探索机械产品创新发明的机理、模式及方法，具体描述机械产品创新设计过程，并将它程式化和定量化，乃至符号化和算法化。爱因斯坦曾经说过：“想象力比知识更重要，因为知识是有限的，而想象力概括着世界的一切，推动着进步，而且是知识的源泉。”所以一个人的想象力决定了他的创新能力。为了提高自己的创新设计能力，应该培养自己的创新思维，并进行创新技法的学习。

习　题

1－1　机械设计的研究对象是什么？零件、构件和部件有何不同，请举例予以说明。

1－2　一部完整的机器由哪些部分组成？各部分的作用是什么？试以汽车为例说明这些组成部分各主要包括什么。

1－3　机械设计的基本要求是什么？请以一种机器为例(如汽车、电风扇或其他机器)说明设计时应考虑哪些要求。

1－4　机械设计的过程通常分为哪几个阶段？各阶段的主要内容是什么？

1－5　自己选择一种机械装置(如机床、自行车或卷扬机等)分析它的功能、原理和结构。

1－6　什么是现代设计方法？现代设计方法主要有哪些？举例说明创新设计的应用。

第二章　平面机构的结构分析

机构是具有确定相对运动的构件组合，若组成机构的所有构件都在同一平面或相互平行的平面内运动，则称为平面机构，否则称为空间机构。机构结构分析的目的是：研究机构运动的可能性及其具有确定运动的条件；研究机构运动简图的绘制方法，为机构的运动分析打下基础，为设计和创造新机构开辟途径。

第一节　平面机构的基本组成

一、运动副的概念及约束

机构是由许多构件以一定的方式连接而成的。构件之间的连接不是刚性连接，而是能产生一定相对运动的连接。这种使两构件直接接触，并能产生一定相对运动的连接称为运动副。如连杆与曲轴间的连接、活塞与气缸间的连接，以及齿轮与齿轮之间的连接等都构成运动副。

两构件上直接参与接触而构成运动副的部分称为运动副元素。如轴颈的外圆柱面与轴承的内圆柱面、参与接触的齿廓曲面等都是运动副元素。

两构件组成运动副后，其独立运动将受到一定的限制，通常将运动副对构件独立运动的限制称为约束，所限制的独立运动数目称为约束数。

二、运动副的分类及符号

按组成运动副的两构件之间的相对运动为平面运动或空间运动，将运动副分为平面运动副和空间运动副两类。

按组成运动副两构件间的接触特性，即点接触、线接触或面接触，可将运动副分为低副和高副两类。

1. 低副

两构件之间通过面接触组成的运动副称为低副。平面低副有转动副和移动副两种。

（1）转动副。若组成运动副的两构件之间只能在一个平面内相对转动，这种运动副称为转动副(也可称为铰链)。如图 2－1 所示，轴承 1 与轴颈 2 的内、外圆柱面接触，构成转动副。它限制了轴颈 2 沿 x 轴和 y 轴的两个相对移动，只允许轴颈 2 绕垂直于 xOy 平面的轴转动，故转动副的约束数为 2。

转动副可用图 2－2 所示的符号表示。图 2－2a 表示转动副的轴线与纸面垂直且位于小圆的中心；图 2－2b 表示转动副的轴线位于纸面内。图中带有斜线的构件为固定构件(机架)。

（2）移动副。若组成运动副的两构件只能沿某一轴线相对移动，这种运动副称为移动副。

如图 2-3 所示，滑块 2 与导杆 1 以平面接触构成移动副。它限制了滑块 2 沿 y 方向的移动和在 xOy 平面内的转动，只允许滑块 2 沿 x 轴做相对移动，故其约束数也为 2。

移动副可用图 2-4 所示的符号表示。

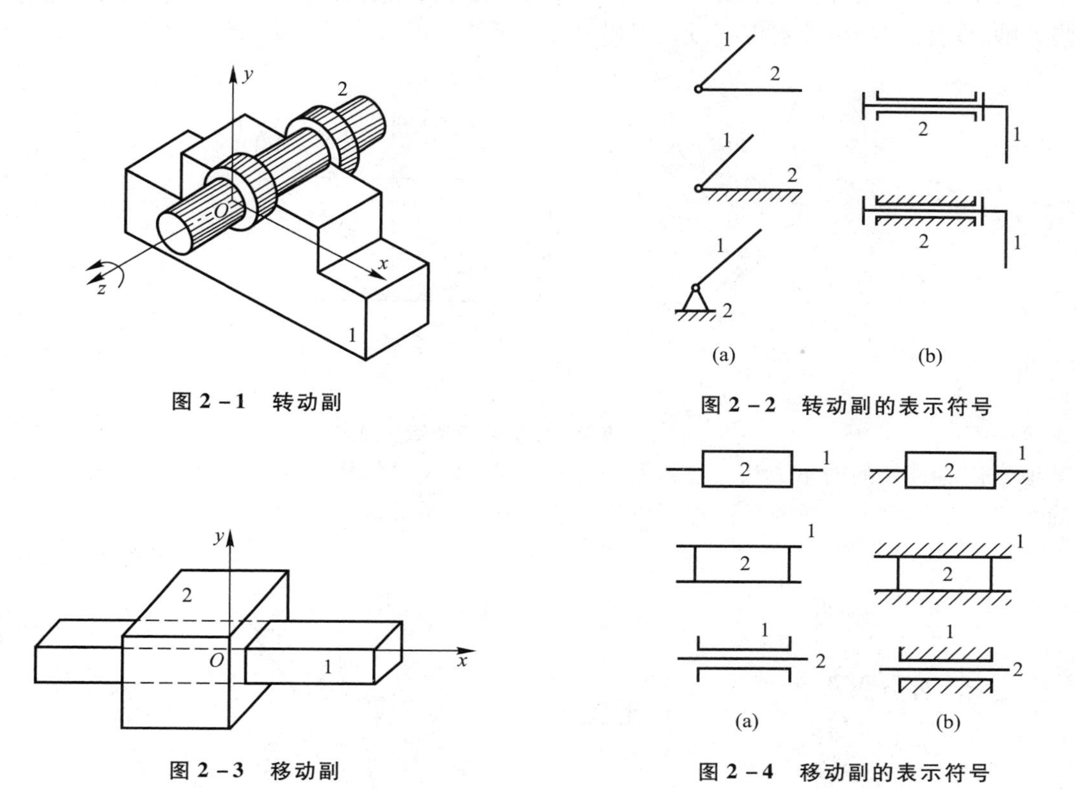

图 2-1　转动副

图 2-2　转动副的表示符号

图 2-3　移动副

图 2-4　移动副的表示符号

2. 平面高副

两构件之间通过点接触或线接触而构成的运动副，称为高副。如图 2-5a 所示，凸轮 1 与从动件 2 之间为点接触；图 2-5b 中齿轮 1 与 2 的啮合齿廓之间为线接触，分别构成了高副。

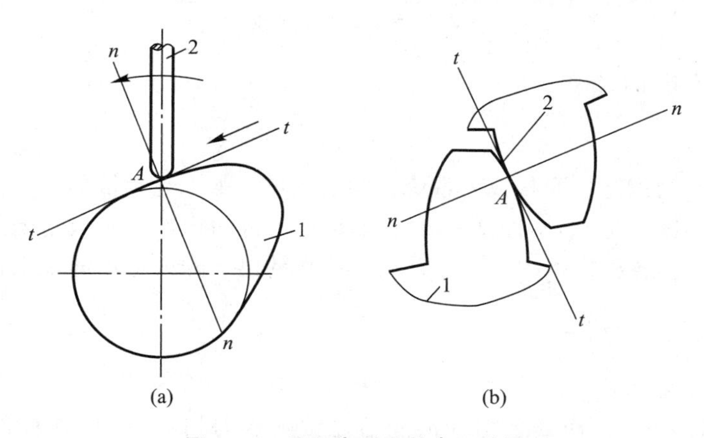

图 2-5　平面高副及其表示符号

在凸轮高副中，从动件 2 沿接触点法线 *nn* 方向的相对移动被约束，只能沿接触点切线 *tt* 方向相对移动并绕 *A* 点相对转动。齿轮高副也可作同样分析。故平面高副的约束数为 1。

平面高副可用两构件在接触处的轮廓曲线表示(图 2 -5)，但对于齿轮与齿轮啮合以及齿轮与齿条啮合的高副，可按规定符号，即用一对节圆或节圆与节线表示(图 2 -6)。

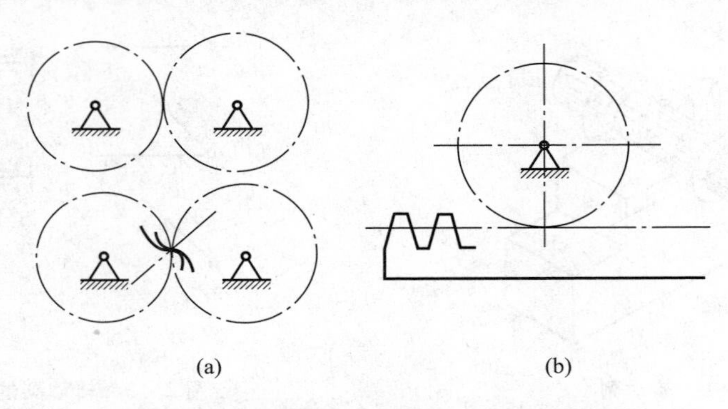

图 2 -6　齿轮与齿轮、齿轮与齿条啮合的高副

其他常用零部件的表示方法，可参看下节中表 2 -1 中对机构运动简图符号的规定。

除了平面运动副外，常见的空间运动副有图 2 -7 所示的螺旋副和球面副。

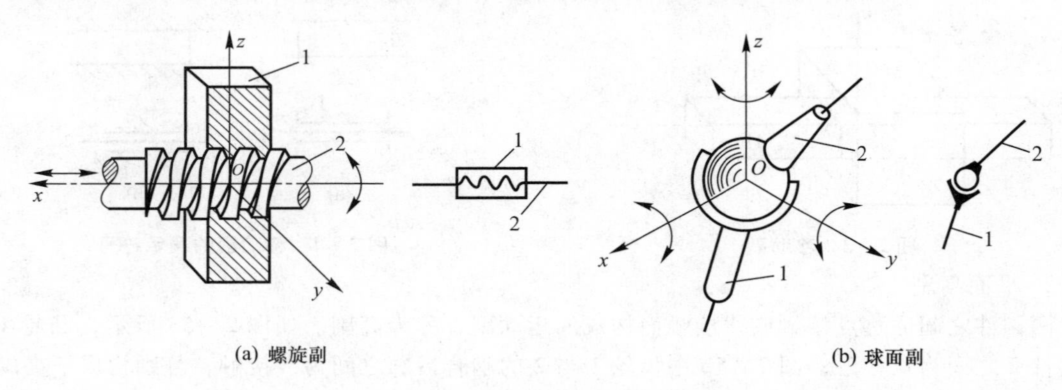

图 2 -7　空间运动副

三、运动链与机构

1. 运动链

若干构件通过运动副连接而构成的系统称为运动链。如果运动链的各构件构成了首末相连的封闭系统，则称为闭式运动链(图 2 -8a)；如果运动链的构件未构成封闭系统，则称为开式运动链(图 2 -8b)。在各种机械中，一般采用闭式运动链，开式运动链多用在机械手和挖掘机等机械中。

2. 机构

在运动链中，如果将某一构件固定而成为机架，使另一个或几个构件按给定的运动规律运动(这种构件称为原动件)，而其余构件都能随之做确定的相对运动(这种构件称为从动件)，则这种运动链便称为机构。由此可见，机构是由原动件、从动件和机架 3 部分组成的。

在图 2－9 所示的机构中，标有箭头的构件 1 为原动件，带有斜线的构件 4 为机架，其余构件为从动件。

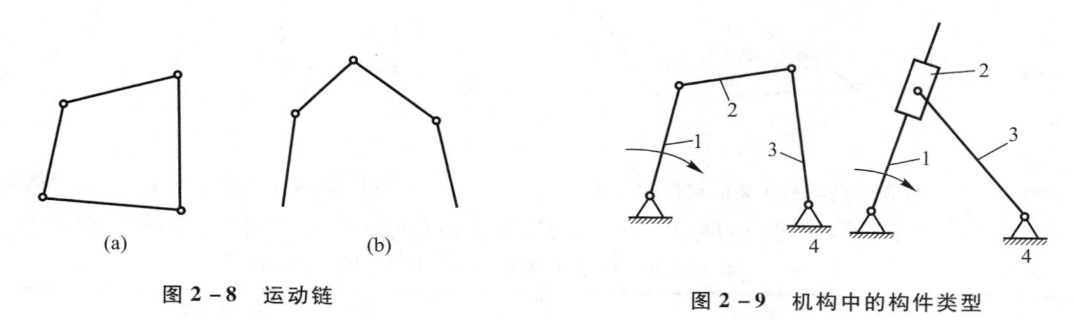

图 2－8 运动链

图 2－9 机构中的构件类型

第二节 平面机构的运动简图

一、机构运动简图的概念

在对现有机械进行分析或设计新机械时，都需要运用既能表示机构的运动情况，绘制时又简单方便的图形。由于机构各部分的运动，是由其原动件的运动规律、机构中各运动副的类型和机构的运动尺寸（确定各运动副相对位置的尺寸）来决定的，而与构件的外形、截面尺寸、组成构件的零件数目和运动副的具体构造等无关。因此，可以根据机构的运动尺寸，按一定的长度比例尺确定各运动副的位置，并用规定的符号及简单线条绘制出图形，这种表示机构运动特征的简单图形称为机构运动简图。

机构运动简图与原机械具有完全相同的运动特征，因而可根据该图对机构进行运动分析及受力分析。

有时只需表明机构运动的传递情况和构造特征，而不需要求机构的真实运动情况，也可不严格按比例来绘制简图，通常把这种简图称为机构示意图。

二、机构中构件的表示方法

在机构运动简图中，表示参与构成不同类型的若干运动副的构件，应用规定的符号将运动副画在相应的位置上，再用线条将这些符号连成一体即可。在图 2－10、图 2－11 和图 2－12 中分别表示了包含 2 个、3 个和 4 个运动副元素的构件的画法。

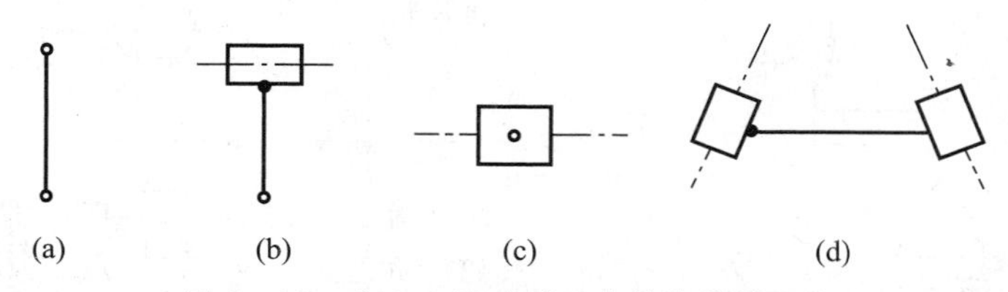

图 2－10 含 2 个运动副元素的构件的画法

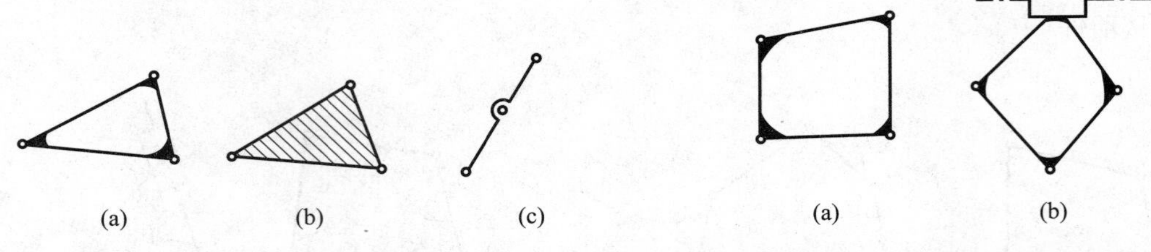

图 2-11 含 3 个运动副元素的构件的画法

图 2-12 含 4 个运动副元素的构件的画法

表 2-1 摘录了国标所规定的部分常用机构运动简图符号，供绘制机构运动简图时参考。

表 2-1 部分常用机构运动简图符号（GB/T 4460—1984）

名称		代表符号	
构件固定连接			
零件与轴的固定			
轴承	向心轴承	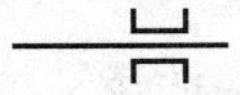 普通轴承	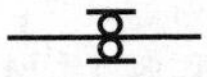 滚动轴承
	推力轴承	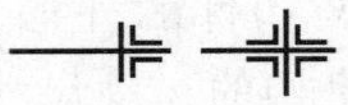 单向推力　双向推力	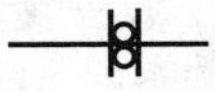 推力滚动轴承
	向心推力轴承	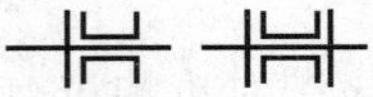 单向向心推力　双向向心推力	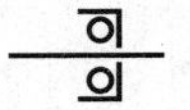 向心推力滚动轴承
联轴器		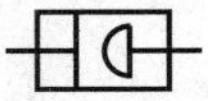 可移式联轴器	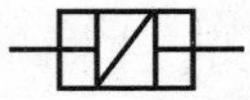 弹性联轴器
离合器		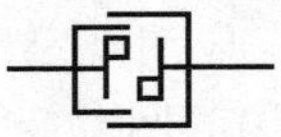 啮合式	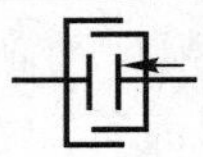 摩擦式
制动器		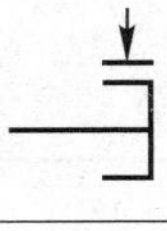	
在支架上的电动机		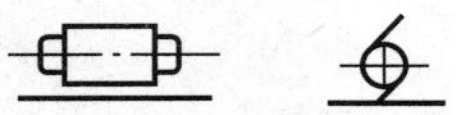	

名称	代表符号
带传动	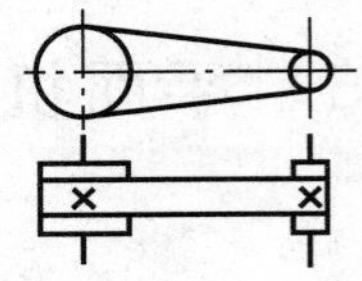
链传动	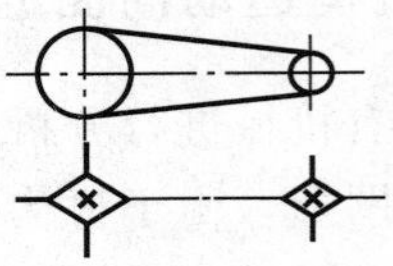
外啮合圆柱齿轮机构	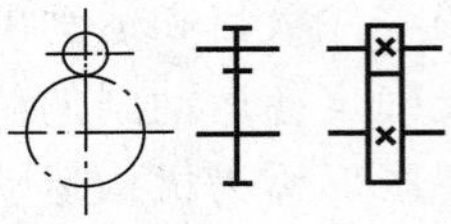
内啮合圆柱齿轮机构	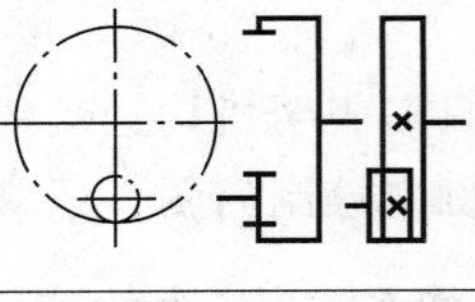
齿轮齿条传动	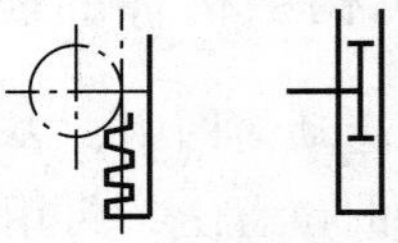
锥齿轮机构	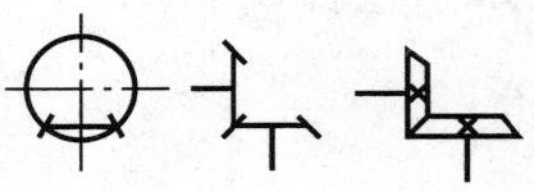
蜗杆蜗轮传动	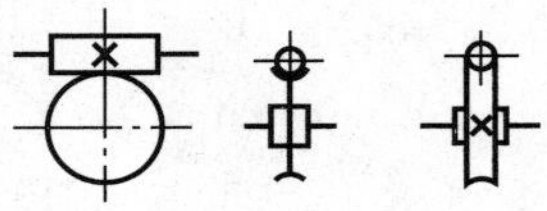

续表

名称	代表符号	名称	代表符号
棘轮机构	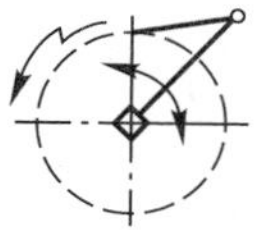 （外啮合）	槽轮机构	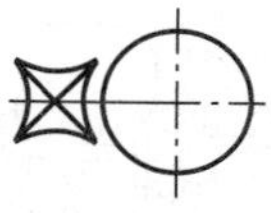 （外啮合）

三、机构运动简图的绘制

在绘制机构运动简图时，首先必须分析该机构的实际组成和运动情况，分清机构中的原动件、从动件和机架；然后从原动件开始，沿着运动传递路线，仔细分析各构件之间的相对运动情况；从而确定组成该机构的构件数、运动副数及类型。在此基础上按一定比例及规定的构件和运动副符号，选择恰当的视图平面和原动件位置，正确绘制出机构运动简图。现通过实例介绍机构运动简图及机构示意图的绘制方法和步骤。

例 2－1 试绘制图 2－13a 所示的颚式破碎机主体机构的运动简图。

解 （1）分析机构的组成及运动情况。在颚式破碎机中，带轮 5 与偏心轴 2 固结在一起绕轴心 A 转动，为原动件。偏心轴 2 带动动颚 3 做平面运动时将矿石粉碎。1 为机架。动颚与机架之间连有肘板 4，动颚和肘板为从动件。由此可知，机架 1、原动件 2(偏心轴)、从动件 3(动颚)和肘板 4 这 4 个构件组成四杆机构。

（2）确定运动副的类型及数目。原动件与机架构成转动副，其中心为 A。偏心轴与动颚构成转动副，其中心为 B。动颚与肘板构成转动副，其中心为 C。肘板与机架构成转动副，其中心为 D。

（3）选择视图平面。在绘制机构运动简图时，一般选多数构件的运动平面为视图平面。由于颚式破碎机为平面机构，故选构件运动平面为视图平面。

（4）选择比例尺、绘制机构运动简图。根据实际机构及图样大小，以清楚表达机构为目的，选择比例尺为

$$\mu_1=\frac{\text{构件的实际长度}}{\text{构件的图示长度}}\quad(\text{单位 m/mm})$$

在图样上适当位置选一点 A 代表转动副小圆，建立坐标系 Axy，量出运动尺寸 l_{AB}、l_{BC}、l_{CD}、l_{DA}，并计算各运动尺寸的图示长度为

$$\overline{AB}=\frac{l_{AB}}{\mu_1},\quad \overline{AD}=\frac{l_{AD}}{\mu_1},\quad \overline{BC}=\frac{l_{BC}}{\mu_1},\quad \overline{CD}=\frac{l_{CD}}{\mu_1}$$

根据运动尺寸的图示长度在图样上依次确定转动副 B(φ 角可任选)、C 及 D 的位置并画出代表转动副的小圆，用线条连接 AB、BC、CD 及 DA 分别代表构件 2、3、4 及 1。在原动件 2 上标注带箭头的圆弧，在机架 1 上画出斜线，便可得到图 2－13b 所示的机构运动简图。

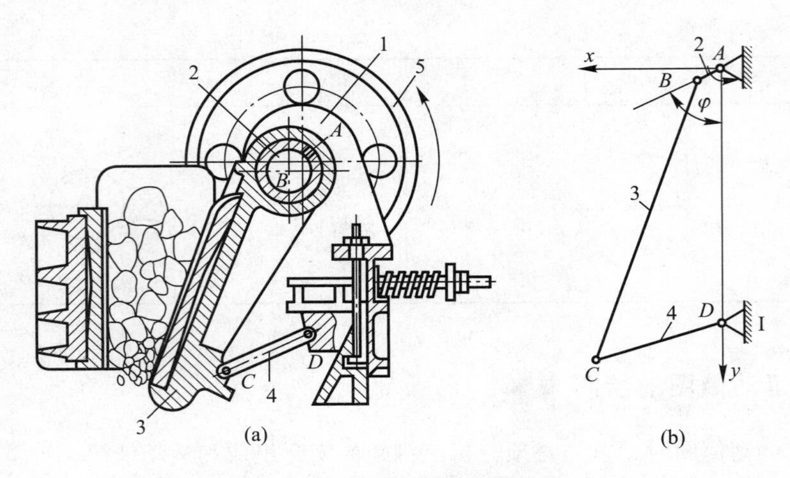

图 2-13　颚式破碎机主体机构

例 2-2　试绘制图 2-14a 所示的小型压力机的机构示意图。

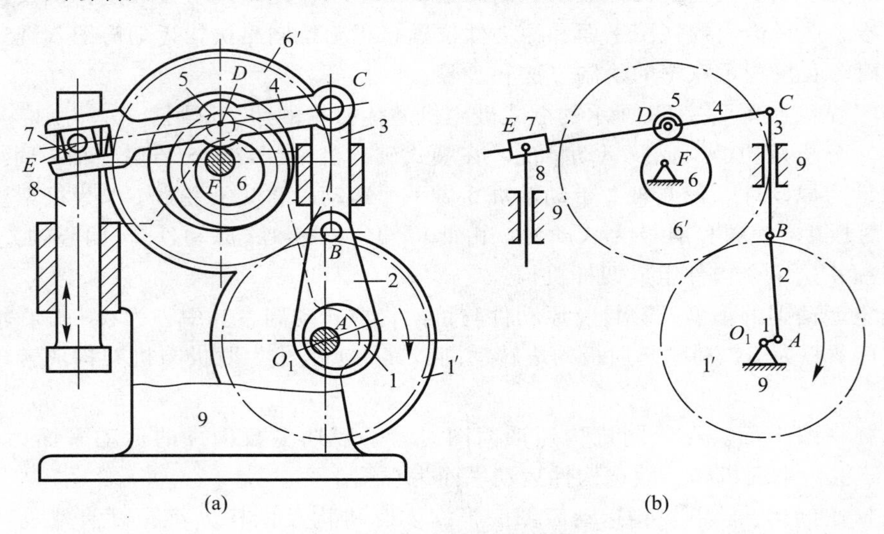

图 2-14　小型压力机主体机构

解　(1) 分析机构的组成及运动情况。在小型压力机中，偏心轮 1 与齿轮 1′固结为原动构件，绕固定轴心 O_1 转动；压杆 8 为执行构件，实现冲压运动。运动分两路来传递：一路由偏心轮 1 经连杆 2 传至构件 3；另一路由齿轮 1′传给齿轮 6′和凸轮 6(在齿轮 6′上开有凹槽形成凸轮 6)。两路运动通过构件 4 和 7 传给压杆 8。构件 4 通过铰接在其上的滚子 5 保持与凸轮槽的接触。

(2) 确定运动副的类型及数目。偏心轮 1 与机架 9、偏心轮 1 与连杆 2、连杆 2 与构件 3、构件 3 与构件 4、构件 4 与滚子 5、滑块 7 与压杆 8 及凸轮 6 与机架 9 分别构成转动副，各转动副的中心分别在 *A*、*B*、*C*、*D*、*E*、*F* 点。滑块 7 与构件 4 形成移动副；构件 3 和压杆 8 分别与机架 9 构成移动副，其移动方向均为铅垂方向。凸轮 6 与滚子 5 及齿轮 1′与齿轮 6′分别构成高副。

（3）选择视图平面绘制机构示意图。选择该机构的运动平面为视图平面，用规定的符号代表运动副和特定构件绘制机构示意图，如图 2-14b 所示。

第三节 平面机构的自由度计算

一、平面运动构件的自由度

构件所具有的独立运动的数目，称为构件的自由度。在三维空间内自由运动的构件有 6 个自由度，即沿 3 个坐标轴的移动和绕 3 个坐标轴的转动。作平面运动的构件（图 2-15）只有 3 个自由度，即沿 x 轴和 y 轴方向的移动及在 xOy 平面内的转动。这 3 个自由度可用 3 个独立参数 x、y 和角度 θ 表示。

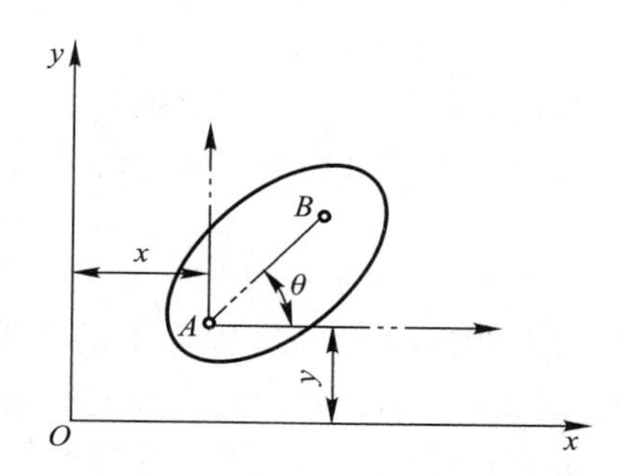

图 2-15 平面运动构件的自由度

二、平面机构的自由度计算

机构具有确定运动时所必须给定的独立运动的数目，称为机构的自由度。如图 2-16 所示的四杆机构，若给构件 1 一个独立运动，则构件 2 和构件 3 的运动也相应地确定，这说明四杆机构的自由度为 1。又如图 2-17 所示的五杆机构，若给构件 1 一个独立运动，则构件 2、3、4 的运动不能确定，既可处于 $ABCDE$ 位置，也可处于 $ABC'D'E$ 位置；若再给构件 4 一个独立运动，该构件的运动才能确定，这说明五杆机构的自由度为 2。

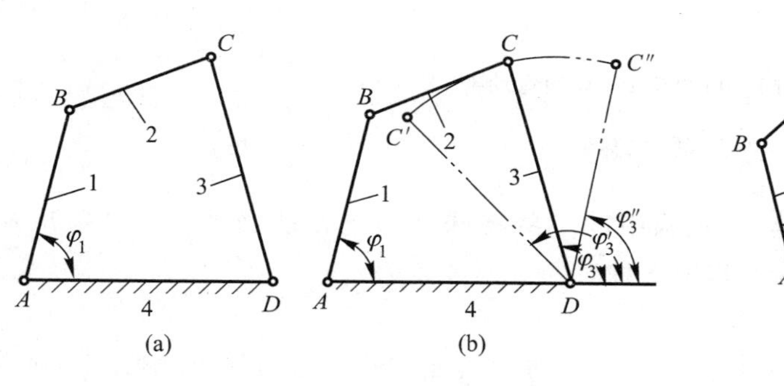

图 2-16 铰链四杆机构

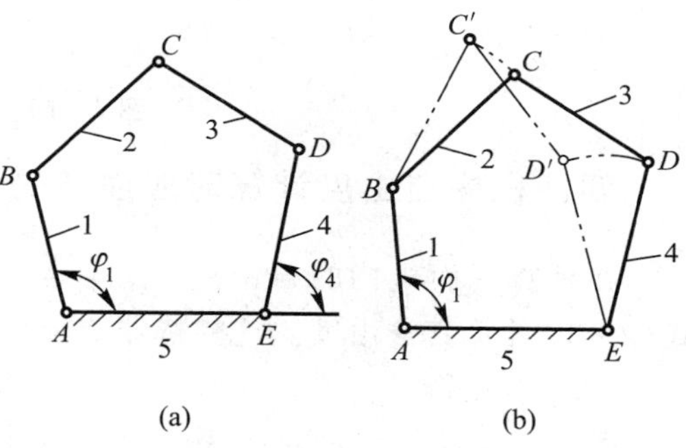

图 2-17 铰链五杆机构

当机构比较复杂时，可用平面机构自由度的计算公式来确定其自由度。设某一平面机构由 N 个构件组成，其中包含 P_L 个低副和 P_H 个高副。假定其中某一构件为机架，则余下的可动构件数为 $n=N-1$。这些可动构件在未组成运动链之前共有 $3n$ 个自由度，当组成运动链之后，受到运动副所产生的 $(2P_L+P_H)$ 个约束，必将减少同样数目的自由度，故平面机构的自由度为

$$F=3n-(2P_L+P_H) \tag{2-1}$$

现用上式来计算图 2-14 中小型压力机的机构自由度，由于 $n=7$，$P_L=9$，$P_H=2$。所以

$$F=3\times7-(2\times9+2)=1$$

三、机构具有确定运动的条件

根据前面分析可知，对于自由度等于 1 的机构，只要给定一个独立运动，其所有构件的运动便可完全确定。而对于自由度为 2 的机构，则必须同时给定 2 个独立运动，其所有构件的运动才可完全确定，其余类推。

在机构中，从动件不能独立运动，只有原动件才能独立运动。通常原动件与机架相连且每个原动件只能有一个独立运动。因此，为使机构具有确定的运动，则机构的原动件数应等于机构的自由度数。

若原动件数不等于机构的自由度数，如图 2-16 所示的四杆机构中，使原动件数为 2（大于机构自由度数），构件 1 和 3 同时为原动件，当构件 1 的位置确定后，构件 3 可独立处于 $C'D(\varphi_3')$、$C''D(\varphi_3'')$ 等任一位置（图 2-16b），这时杆 2 要同时满足杆 1 和杆 3 的给定运动，必将被破坏。又如图 2-17 所示的五杆机构中，若使原动件数为 1（小于机构自由度数），仅使构件 1 为原动件，则机构可处于 $ABCDE$ 或 $ABC'D'E$ 位置（图 2-17b），即运动不确定。

图 2-18a、b、c 所示的运动链，其自由度分别为 0 或 -1。它们的各构件之间不能产生相对运动。

由以上分析可知：机构具有确定运动的条件是 $F>0$，且 F 等于原动件数。

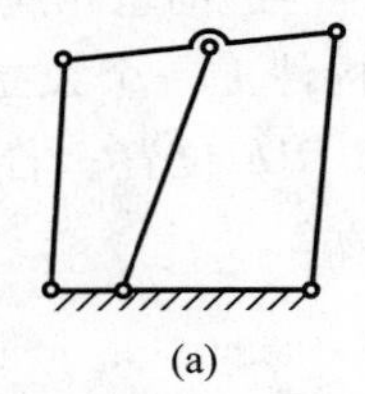
(a)

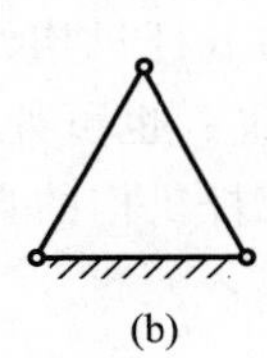
(b)

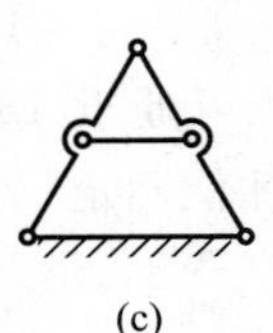
(c)

图 2-18 自由度 $F\leqslant0$ 的运动链

四、机构自由度计算时应注意的问题

在计算平面机构的自由度时，还需对机构中的一些特殊结构进行适当处理，才能应用式(2-1)计算其自由度。这些特殊结构有以下 3 种。

1. 复合铰链

图 2-19a 所示的平面机构，当构件 1 绕 E 点转动时，其他构件的运动都随之确定，显然该机构的自由度为 1。但在计算自由度时，容易误认为：$n=5$，$P_L=6$，$P_H=0$，因而 $F=3n-$

$(2P_L + P_H) = 3\times5 - (2\times6+0) = 3$，所计算的自由度与实际不符。

在此机构中，有3个构件在B处形成转动副，其实际构造如图2－19b所示，它由构件4与2、3组成两个转动副。这种由两个以上的构件在一处组成的轴线重合的多个转动副称为复合铰链。

由m个构件以复合铰链相连接时构成的转动副数应为$(m-1)$个。

因此在图2－19a所示的机构中：$n=5$，$P_L=7$，$P_H=0$，则$F=3\times5-(2\times7+0)=1$，与实际相符。

2. 局部自由度

图2－20a所示的平面凸轮机构中，当凸轮1绕固定轴O顺时针转动时，将通过滚子2，迫使从动件3在固定导路中作有规律的上下往复移动，可见该机构的自由度为1。但在计算自由度时，容易误认为：$n=3$，$P_L=3$，$P_H=1$，则$F=3n-(2P_L+P_H)=3\times3-(2\times3+1)=2$，计算结果又与实际不符。

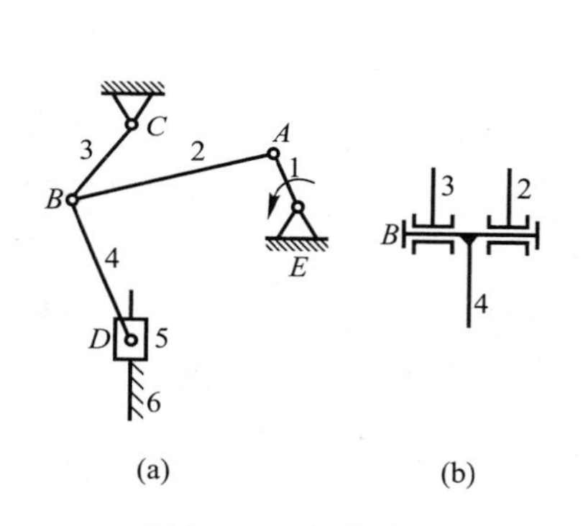

图2－19　复合铰链

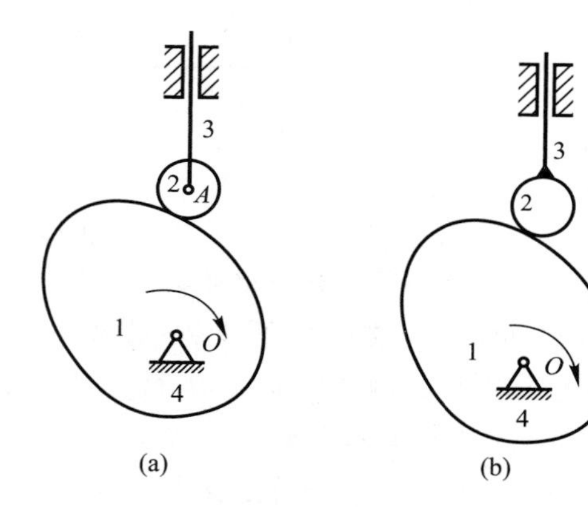

图2－20　平面凸轮机构

在此机构中滚子2绕其自身轴线的转动并不影响整个机构的运动。如图2－20b所示，假想将滚子和从动件焊在一起，机构的运动并不发生改变。这种不影响机构运动关系的个别构件所具有的独立运动自由度称为局部自由度。在计算机构自由度时，应当预先去除局部自由度。

因此在图2－20a所示的机构中：$n=2$，$P_L=2$，$P_H=1$，则$F=3\times2-(2\times2+1)=1$，计算结果与实际相符。

一般在高副接触处，若有滚子结构存在，则滚子绕自身轴线转动的自由度属于局部自由度。采用滚子结构的目的在于以滚动摩擦代替滑动摩擦，减少高副元素间的磨损，改善机构的工作状况。

3. 虚约束

图2－21a所示的椭圆仪机构中，当构件1绕A点转动时，其他构件的运动随之确定，可见其自由度为1。但在计算时，容易误认为：$n=4$，$P_L=6$，$P_H=0$，则$F=3n-(2P_L+P_H)=3\times4-(2\times6+0)=0$，计算结果也与实际不符。

在此机构中，因为$\angle CAD=90°$，$AB=BC=BD$，在机构的运动过程中，构件2上的D点和滑块4上的D点轨迹都是AD直线，因此构件2与滑块4在D点铰接与否，并不影响整个机构的运动。由前面计算可知其自由度为零，这是因为在机构中加入一个构件 4，虽然引入了 3 个自由度，但却因增加了一个转动副和一个移动副而引入了 4 个约束，即多引入了一个约束的缘故。由以上分析，该约束对机构的运动并不起独立限制作用。这种在机构中与其他运动副的作用重复而对构件的相对运动不起独立限制作用的约束，称为虚约束。在计算机构自由度时，应将虚约束解除(即将引入虚约束的构件 4 和转动副 D、移动副 D 一并解除掉)。

因此，将图 2－21a 所示的机构视为图 2－21b 所示机构，则 $n=3$，$P_L=4$，$P_H=0$，则 $F=3\times3-(2\times4+0)=1$，计算结果与实际相符。

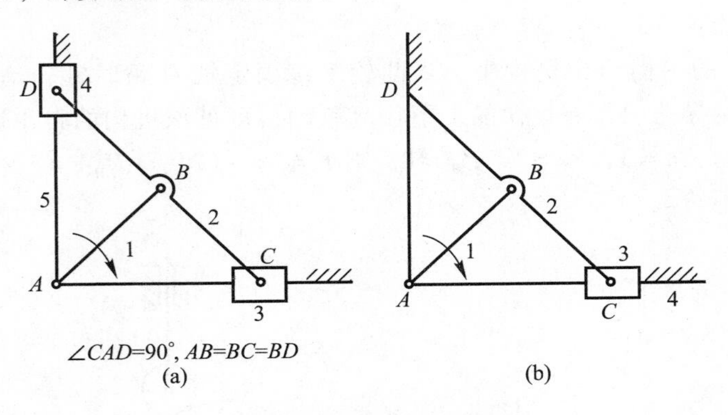

图 2－21　椭圆仪机构

在平面机构中，虚约束常出现于下列情况中：

(1) 两构件在多处配合形成转动副，且各转动副的轴线重合(如图 2－22 所示，轴与轴承在同一轴线上形成两个转动副)；两构件在多处接触形成移动副，且各移动副的相对移动方向平行或重合(如图 2－23 所示，形成多个移动副)。在此情况下，计算机构自由度时，只考虑一处运动副引入的约束，其余各运动副引入的约束为虚约束。

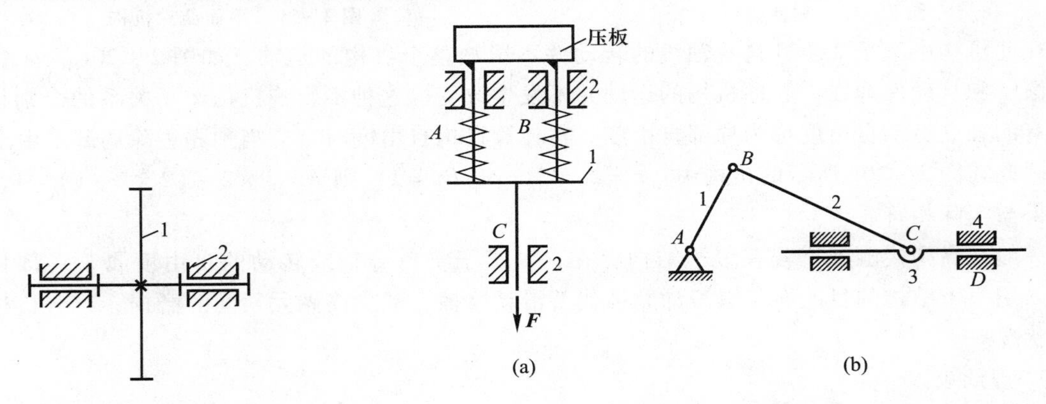

图 2－22　虚约束之一

图 2－23　虚约束之二

(2) 用一个构件和两个转动副去连接两构件上距离始终不变的两个动点，引入一个虚约束。如图 2－24 所示机构中，$AB \underline{\underline{/\!/}} CD$，$AE \underline{\underline{/\!/}} DF$，构件 1 上的 E 点与构件 3 上 F 点间的距离始终保持不变，若用构件 5 和两个转动副连接 E、F 点时，将引入一个虚约束。

(3) 在机构中如果有两构件相连接，若将此机构在连接处拆开，两构件上连接点的轨迹是重合的，则该连接引入一个虚约束。图 2 - 21 椭圆仪中的虚约束就属这种情况。又如图 2 - 25 所示的机构，因 $AB\underline{\parallel}CD\underline{\parallel}EF$，若将构件 2 和 5 的铰接点 E 拆开，两构件上的连接点 E 的轨迹重合，都是以 F 为圆心，以 EF 为半径的圆弧，故构件 5 与转动副 E、F 引入虚约束。

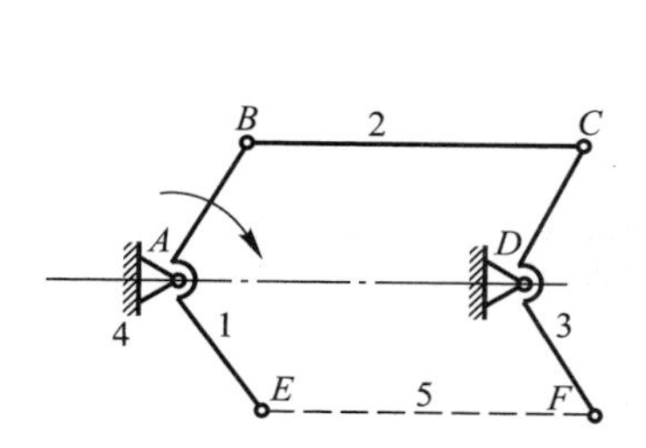

图 2 - 24　虚约束之三

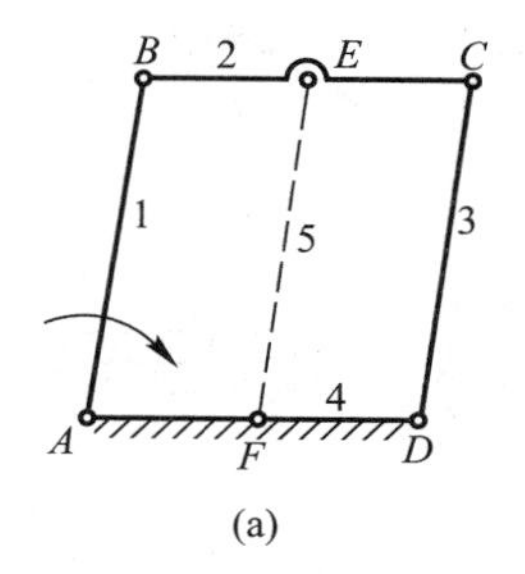

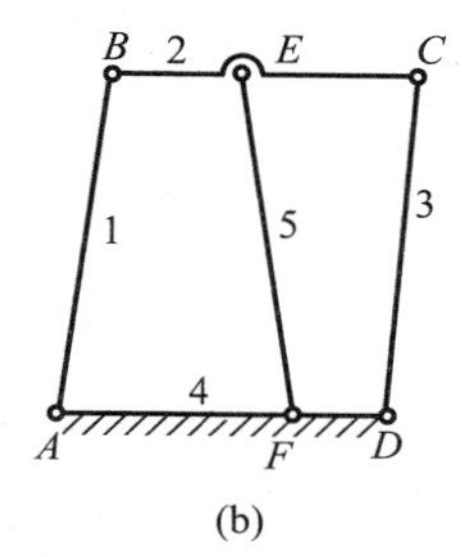

图 2 - 25　虚约束之四

(4) 对机构运动不起作用的对称部分引入的虚约束。图 2 - 26 所示的周转轮系，实际上只需一个行星齿轮 2，便可满足运动要求。但为了平衡行星齿轮的惯性力，采用了两个对称布置的小齿轮 2 和 2′。2′对轮系的运动不起独立作用，但却使机构增加一个虚约束。

(5) 两构件间形成多处接触点公法线重合的高副(图 2 - 27)，同样应只考虑一处高副，其余为虚约束。

根据以上分析可知，机构中的虚约束都是在特定几何条件下形成的。若不满足这些几何条件，虚约束将变成实际有效的约束，而使机构的自由度减少。如图 2 - 25b 所示，当 EF 不与 AB 平行时，运动链的自由度为零。在实际机构中，虚约束虽对机构的运动不起约束作用，但却可以保证机构顺利运动，并可增加机构刚性，改善机构受力情况，因此虚约束的应用是相当广泛的。

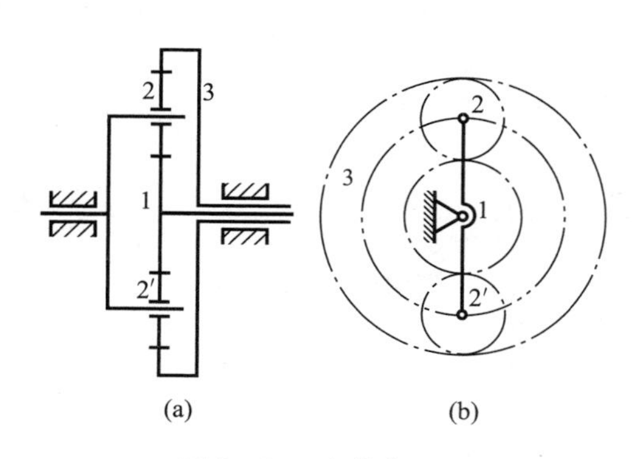

图 2 - 26　虚约束之五

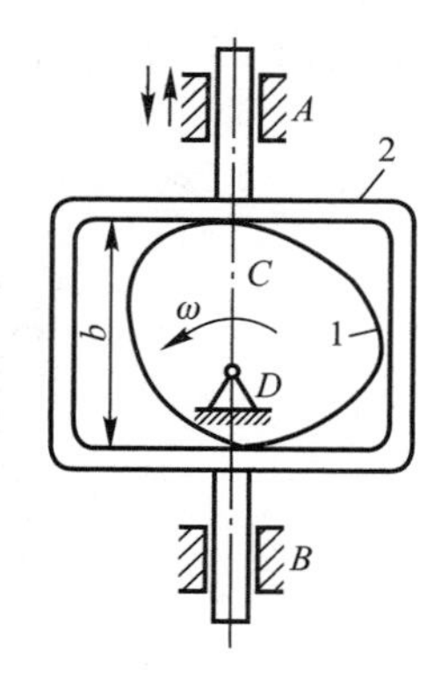

图 2 - 27　虚约束之六

例 2 - 3　计算图 2 - 28 所示筛料机机构的自由度，并判断其运动是否确定？

解　(1) 分析机构的结构后，可知 C 处是复合铰链，滚子 F 的自由度是局部自由度，移动副 E 与 E'之一为虚约束。在计算时，应去除局部自由度与虚约束。则机构中活动构件数 $n=7$，低副数 $P_L=9$，高副数 $P_H=1$，机构自由度 $F=3n-(2P_L+P_H)=3\times7-(2\times9+1)=2$。

（2）由机构运动简图可知，该机构有两个原动件 1 和 2，原动件数与机构自由度数相等，故该机构的运动是确定的。

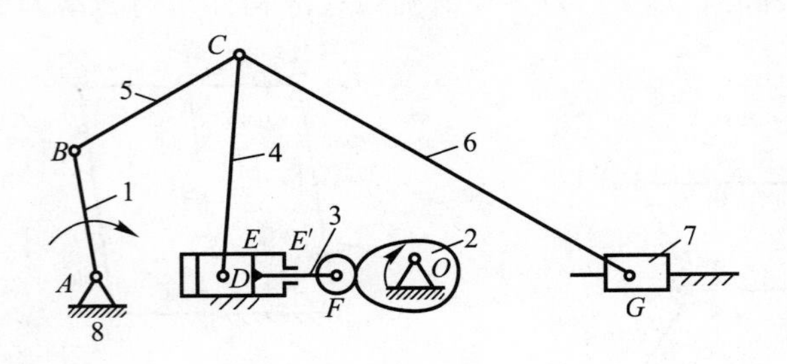

图 2－28　筛料机机构

五、计算平面机构自由度的意义

1. 判定机构运动方案设计是否合理

对于在设计或革新中制定出的平面机构的运动设计方案，可用平面机构自由度公式判断其能否运动，如果能够运动（即 $F>0$），则应根据计算所得的自由度来检验原动件的选择是否合理，原动件的数目是否正确，从而判断是否具有运动的确定性，进而得出其运动设计方案是否合理的结论。

2. 改进不合理的运动设计方案，使之具有确定的相对运动

图 2－29a 所示为一简易冲床设计方案简图，计算所得机构的自由度 $F=0$，设计不合理。这时可在冲头 4 与构件 3 连接处 C 增加一滑块及一移动副即可解决，如图 2－29b 所示。改进后机构的自由度 $F=1$，其原因在于增加一构件有 3 个自由度，但增加一移动副引入两个约束，因此实际上增加了一个自由度，从而改变了原来不能运动的状况，使设计方案合理。

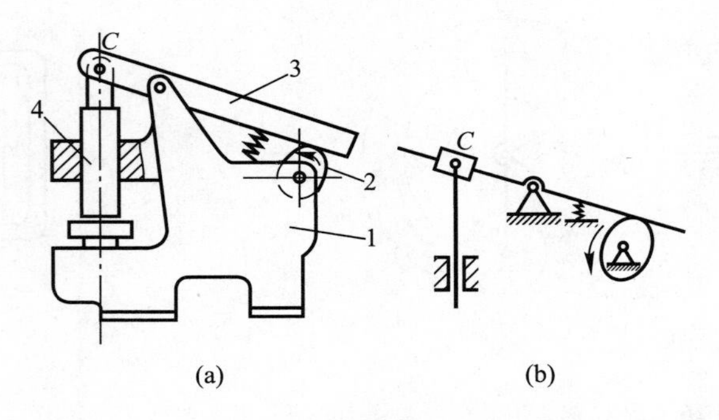

图 2－29　简易冲床

3. 判定测绘的机构运动简图是否正确

可通过计算测绘机构的自由度与实际机构原动件数是否相等，来判断其运动的确定性与测绘的机构运动简图的正确性。

第四节 用速度瞬心法分析机构的速度

一、速度瞬心的概念

两构件(刚体)作相对平面运动时，在任一瞬时，两构件上相对速度为零的重合点称为速度瞬心，简称瞬心。如图 2－30 所示，设构件 2 相对构件 1 作平面运动，在任一瞬时的速度瞬心，用 P_{12}表示。由于瞬心是两构件上相对速度为零的重合点，所以瞬心也就是两构件在该瞬时具有相同绝对速度的重合点。因此，两构件的相对运动，在任一瞬时，都可看做绕瞬心的相对转动。

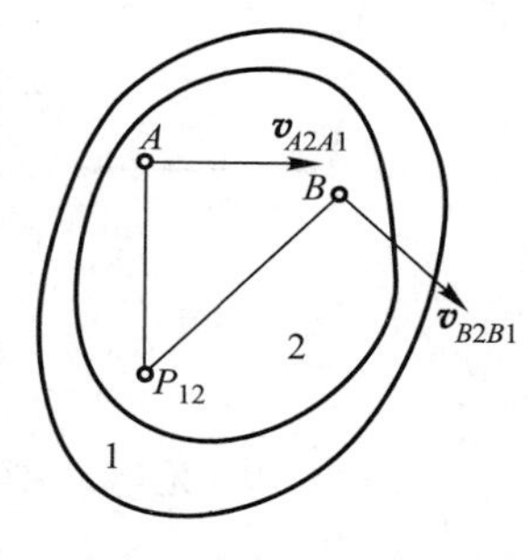

图 2－30 速度瞬心

如果两构件之一是静止的，则其瞬心称为绝对速度瞬心，简称绝对瞬心。显然，绝对瞬心是运动构件上瞬时绝对速度为零的一点(因静止构件上各点的绝对速度始终等于零)；如果两构件都是运动的，则其瞬心称为相对速度瞬心，简称相对瞬心。利用瞬心来分析机构速度的方法称为速度瞬心法。

二、机构的瞬心数目

每两个相对运动的构件，都有一个瞬心。如果机构由 k 个构件组成，则根据排列组合的原理，可求得机构具有瞬心的总数为

$$N=\frac{k(k-1)}{2} \tag{2-2}$$

对于构件不太多的机构，用画图的方法求机构瞬心的总数更为简明。例如由构件 1、2、3 组成的三杆机构，可选择 3 个点 1、2、3 代表相应的构件(图 2－31a)，将此 3 点之间用直线连接，则所得的 3 直线分别代表机构相应的 3 个瞬心 P_{12}、P_{23}和 P_{13}。同理，由构件 1、2、3、4 组成的四杆机构，可选择 4 个点 1、2、3、4 代表相应的构件，如图 2－31b 所示。将此 4 点之间用直线连接，则所得的 6 条直线分别代表机构的 6 个瞬心 P_{12}、P_{23}、P_{34}、P_{14}、P_{13}、P_{24}。

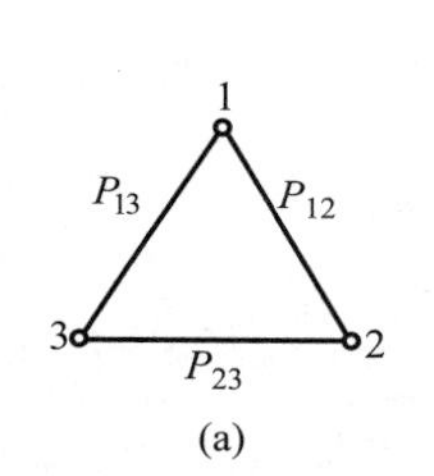

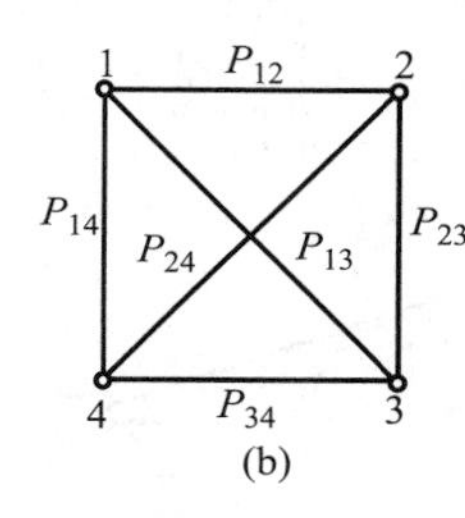

图 2－31 瞬心的数目

三、瞬心位置的确定

1. 已知两构件重合点相对速度的方向

若已知两构件 1、2 在重合点 A 和 B 的相对速度$\boldsymbol{v}_{A2A1}$和$\boldsymbol{v}_{B2B1}$的方向(图 2－30)，则过 A、B 两点分别作两相对速度矢量的垂线，其交点就是构件 1 和 2 的瞬心 P_{12}。

2. 两构件间直接以运动副相连

(1) 若两构件 1、2 以转动副相连，则瞬心 P_{12}位于转动副的中心，如图 2－32a 所示。

（2）若两构件 1、2 以移动副相连，则瞬心 P_{12} 位于垂直于导路方向的无穷远处，如图 2－32b 所示。

（3）若两构件 1、2 以高副相连，且在接触点 M 处有相对滑动，则瞬心 P_{12} 位于过接触点 M 的公法线 nn 上，如图 2－32c 所示；如果在接触点 M 处是纯滚动，则接触点 M 就是它们的瞬心 P_{12}，如图 2－32d 所示。

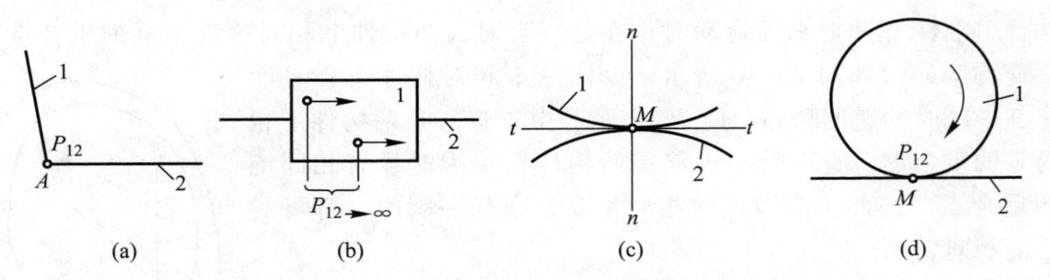

图 2－32　瞬心的位置

3. 两构件间无运动副直接相连

当两构件间无运动副直接相连，可应用三心定理来确定瞬心位置。该定理可叙述为：相互作平面运动的 3 个构件，它们的 3 个瞬心必位于同一直线上。因为只有 3 个瞬心位于同一直线上，才有可能满足瞬心为等速重合点的条件。根据三心定理，可以比较方便地确定未知瞬心的位置。

四、用瞬心法分析机构的速度

例 2－4　在图 2－33a 所示的四杆机构中，已知各构件的长度、原动件 1 的位置 φ_1 及角速度 ω_1，试确定机构在图示位置时的瞬心 P_{13}，并求出 C 点的速度 v_C。

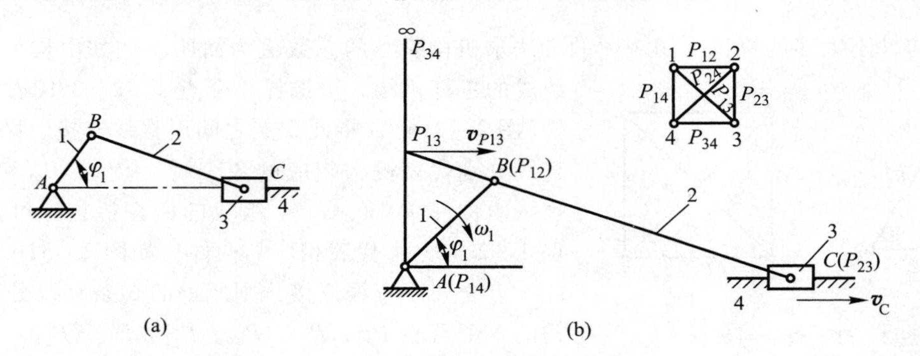

图 2－33　四杆机构

解　（1）取长度比例尺 μ_l，按原动件位置 φ_1 及构件长度，做出机构位置图，如图 2－33b 所示。

（2）选择四点 1、2、3、4，每两点之间用直线连接，得 6 个瞬心 P_{12}、P_{23}、P_{34}、P_{14}、P_{13}、P_{24}。

（3）根据 ω_1 求构件 3 上 C 点的速度。先求构件 1、3 的瞬心 P_{13}。转动副中心 A、B、C 分

别为瞬心 P_{14}、P_{12}、P_{23}。瞬心 P_{34} 在垂直于移动副导路的直线上无穷远处。构件 1、3 之间无运动副相连接，根据三心定理，由△123 可知，P_{13} 在直线 $P_{12}P_{23}$ 上；另由△143 可知，P_{13} 也在直线 $P_{14}P_{34}$ 上，故 P_{13} 必为两直线的交点，为此作 $B(P_{12})C(P_{23})$ 的延长线和作过 $A(P_{14})$ 点且垂直于导路的直线 $P_{14}P_{34}$，两直线的交点便是瞬心 P_{13}。

按瞬心性质，构件 1 上 P_{13} 点的速度为 $\omega_1\overline{P_{13}P_{14}}\mu_l$，它与构件 3 上 P_{13} 点的速度相等；而构件 3 作直线运动，其上各点速度相同，自然也与 v_C 相同，即

$$v_C = v_{P13} = \omega_1 \overline{P_{13}P_{14}}\mu_l$$

速度方向如图 2－33b 所示。

例 2－5　图 2－34 所示的平底从动件凸轮机构，已知各构件的尺寸，凸轮转动的角速度为 ω_1，试确定该机构的全部瞬心，并求图示位置时从动件 2 的速度 v_2。

解　该机构中，凸轮 1、从动件 2 和机架 3 之间共有 3 个瞬心，即 P_{12}、P_{13} 和 P_{23}。显然，P_{13} 为转动副的回转中心，P_{23} 在垂直于导路的无穷远处，P_{12} 位于凸轮与从动件在接触点 K 的公法线 nn 上，具体位置待定。因为 P_{23} 在垂直于导路的无穷远处，所以过 P_{13} 作导路的垂线，即为 P_{13}、P_{23} 的瞬心连线，它与过 K 点的法线 nn 的交点，即为 P_{12}。

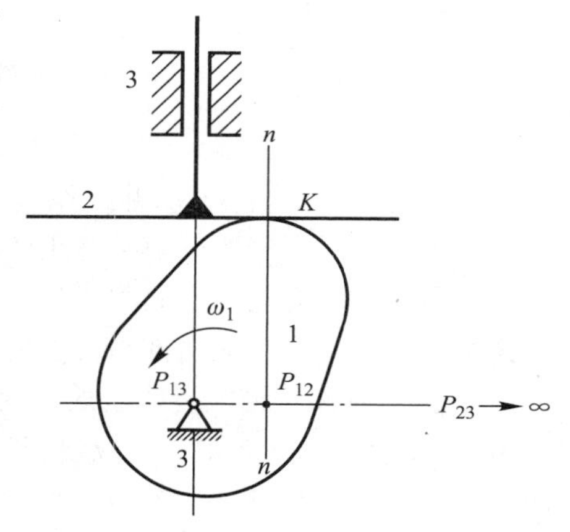

图 2－34　平底从动件凸轮机构

由图可知 P_{12} 为两构件的瞬心，即等速重合点，所以从动件 2 的移动速度为

$$v_2 = v_{P12} = \omega_1 \overline{P_{12}P_{13}}\mu_l$$

此时，平底从动件向上运动。

对于构件少的机构，且瞬心离机构位置不太远时，用瞬心法求解速度比较方便。对于构件较多的机构，由于瞬心较多，求解速度就显得麻烦，如果瞬心离机构位置很远时，就很难确定瞬心的位置。此外，瞬心法不便用于求解机构的加速度。

第五节　运动副中的摩擦与机械效率

一、运动副中的摩擦

1. 移动副中的摩擦力

(1) 平面摩擦。如图 2－35 所示，滑块 1 和平面 2 组成移动副，设 $\boldsymbol{F}$ 为作用在滑块 1 上的所有作用力的合力，它与接触面法线间的夹角为 β。将力 $\boldsymbol{F}$ 分解为沿接触面的切向分力 $\boldsymbol{F}_t$ 和垂直于接触面的法向分力 $\boldsymbol{F}_n$，于是滑块 1 将在 $\boldsymbol{F}_t$ 的作用下向左运动或具有相对运动的趋势。由图 2－35 可得

$$\tan\beta = \frac{F_t}{F_n} \tag{2-3}$$

平面 2 对于滑块 1 的反作用力有两部分：其一为正压力 $\boldsymbol{F}_N$，它与分力 $\boldsymbol{F}_n$ 大小相等而方向相反；另一为摩擦力 $\boldsymbol{F}_f$，它的方向与滑块 1 相对于平面 2 的运动方向(或相对运动趋势方向)相反，根据库仑定律，最大静摩擦力大小为 $F_f=fF_N$，$\boldsymbol{F}_N$ 与 $\boldsymbol{F}_f$ 的合力即为平面 2 对于滑块 1 的总反力，它和 $\boldsymbol{F}_N$ 之间的夹角为 φ，φ 角称为摩擦角。由图可得

$$\tan\varphi=\frac{F_f}{F_N}=f \qquad (2-4)$$

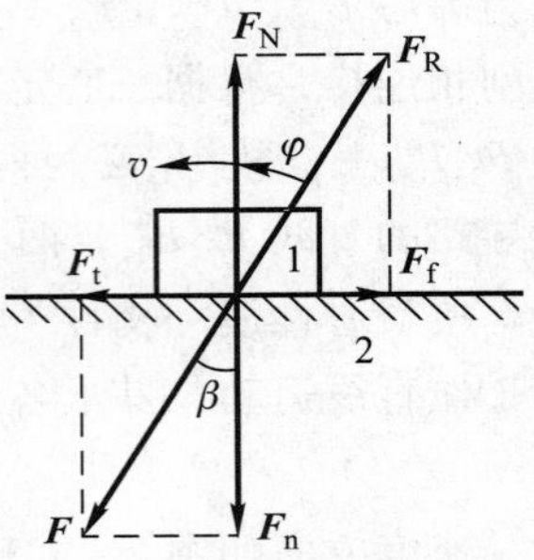

图 2-35 平面摩擦

式中，f 为摩擦系数。上式表明，φ 角的大小取决于摩擦系数。又由以上所述可知，总反力的方向恒与运动方向(或相对运动趋势方向)成一钝角($90°+\varphi$)。

由上述两式可得

$$F_t=F_n\tan\beta=F_N\tan\beta=F_f\frac{\tan\beta}{\tan\varphi} \qquad (2-5)$$

由此式可知：①当 $\beta>\varphi$ 时，外力 $\boldsymbol{F}$ 的作用线在摩擦角所包围的区域之外，此时 $F_t>F_f$，滑块作加速运动。②当 $\beta=\varphi$ 时，外力 $\boldsymbol{F}$ 的作用线在摩擦角所包围区域的面上，此时 $F_t=F_f$，滑块作等速运动。若滑块原来是静止的，则保持静止不动。③当 $\beta<\varphi$ 时，外力 $\boldsymbol{F}$ 的作用线在摩擦角所包围区域的里面，此时 $F_t<F_f$，滑块作减速运动，直到静止。若滑块原来静止不动，则不论用多大的外力都无法推动滑块使其运动，这种现象称为自锁。

(2) 槽面摩擦。两个滑块组成槽面移动副时，其摩擦情况如图 2-36 所示。楔形滑块 1 置于夹角为 2θ 的楔形槽 2 中，形成双面接触，如机床上常用的导轨及 V 带传动。$\boldsymbol{F}_r$ 为作用在其上的铅直力，假设沿槽轴线方向施加一驱动力 $\boldsymbol{F}$，滑块在槽内作等速运动。滑块两侧同时受正压力 F_{N21} 和摩擦力 F_f 的作用，根据平衡条件可得

在 z 方向 $\qquad F=2F_f=2fF_{N21}$

在 xOy 平面内 $\qquad F_r=2F_{N21}\sin\theta$

解以上两式得 $\qquad F_f=fF_r/2\sin\theta$

$$F=fF_r/\sin\theta=f_vF_r \qquad (2-6)$$

式中，$f_v=f/\sin\theta$，称为当量摩擦系数，其值始终大于 f。因此，在铅直力 F_r 及 f 相同的情况下，槽面移动副比平面移动副可产生更大的摩擦力。引入当量摩擦系数后，槽面摩擦可简化成平面摩擦来处理。

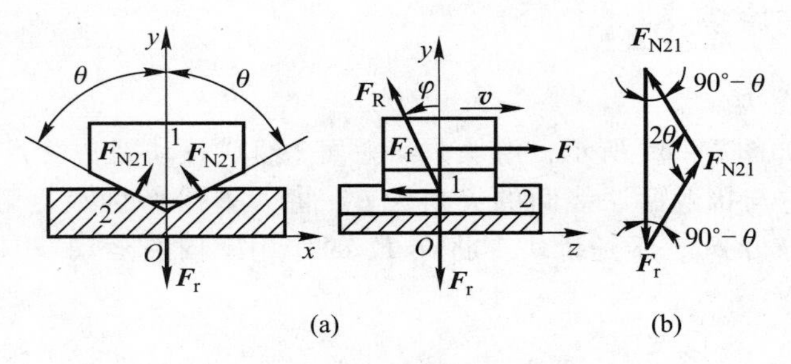

图 2-36 槽面摩擦

2. 转动副中的摩擦力

（1）径向轴颈摩擦。图 2－37 所示为转动副中摩擦力的情况。轴颈 1 与轴承 2 组成转动副，$\boldsymbol{F}_r$ 为作用在轴颈上的径向载荷。轴颈在力矩 M 的作用下相对轴承以角速度 ω_{12} 转动。当轴颈作等速转动时，由平衡条件可知，轴承对轴的法向力 $\boldsymbol{F}_N$ 和摩擦力 $\boldsymbol{F}_f$ 合成后的总反力 $\boldsymbol{F}_{R21}$ 与载荷 $\boldsymbol{F}_r$ 大小相等、方向相反，且构成一个阻力矩 M_f 与外力矩 M 平衡。由图 2－37 可见，$M_f = F_{R21}\rho$，ρ 的值由轴颈半径 r 和当量摩擦系数 f_v 决定：

$$\rho = rf_v \tag{2-7}$$

总反力 $\boldsymbol{F}_{R21}$ 的方向随外载荷 $\boldsymbol{F}_r$ 方向的改变而改变，但无论 $\boldsymbol{F}_{R21}$ 的方向如何，它与轴心的距离始终等于 ρ。以轴心为圆心、ρ 为半径所作的圆称为摩擦圆。显然，总反力的作用线始终与摩擦圆相切。转动副中的摩擦与移动副中的摩擦十分相似，据此可以得到：①总反力 $\boldsymbol{F}_{R21}$ 与转动中心的距离始终为摩擦圆的半径 ρ，$\rho = rf_v$，其中 f_v 为当量摩擦系数。②总反力阻止相对转动。$\boldsymbol{F}_{R21}$ 与摩擦圆相切的位置取决于两构件的相对转动方向，$\boldsymbol{F}_{R21}$ 产生的摩擦力矩与 ω_{12} 的转向相反。③当主动力作用线作用在摩擦圆外时，构件作加速转动。④当主动力作用线与摩擦圆相切时，构件作等速转动。⑤当主动力作用线作用在摩擦圆内时，构件作减速转动，直至静止，机构自锁。

（2）推力轴颈摩擦。推力轴承的轴颈与轴承也构成转动副，其接触面可以是任意旋转体的表面，如球面、圆锥面和平面等。常见的接触面是一个或几个圆环面，如图 2－38 所示。$\boldsymbol{F}_a$ 为轴向载荷，r 和 R 分别为圆环面的内、外半径，f 为滑动摩擦系数，则摩擦力矩 M_f 为

$$M_f = F_a r' f \tag{2-8}$$

式中，r' 为当量摩擦半径。

对于非跑合轴颈：$r' = \dfrac{2}{3}\dfrac{R^3 - r^3}{R^2 - r^2}$；对于跑合的轴颈：$r' = \dfrac{1}{2}(R + r)$。

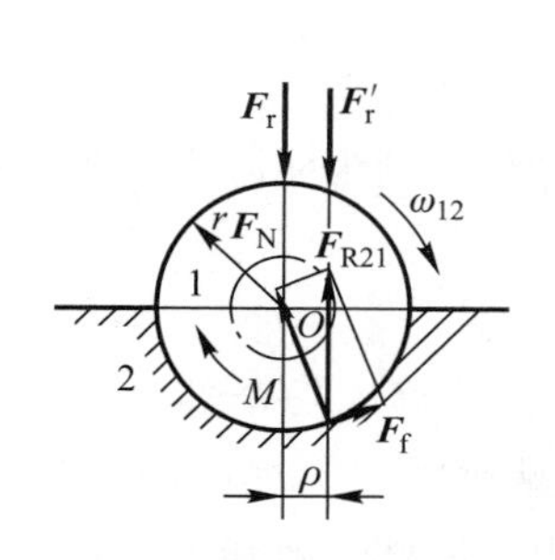

图 2－37　轴颈的摩擦和摩擦圆

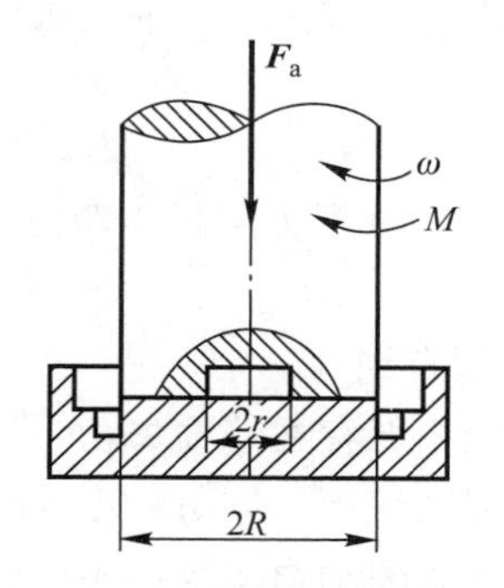

图 2－38　推力轴颈的摩擦

二、机械效率和自锁

1. 机械效率的计算

机械在稳定运转的一个周期内，驱动力所做的功 W_d 等于工作阻力所做的功 W_r 和有害阻力所做的功 W_f 之和，即 $W_d = W_r + W_f$。

通常用 η 来表示机械对能量的利用程度，称为机械效率。可得

$$\eta=\frac{W_{r}}{W_{d}}=\frac{W_{d}-W_{f}}{W_{d}}=1-\frac{W_{f}}{W_{d}} \tag{2-9}$$

将上式中的功除以时间 t，就可以得到用功率表示的机械效率，即为

$$\eta=\frac{P_{r}}{P_{d}}=1-\frac{P_{f}}{P_{d}} \tag{2-10}$$

式中，P_d、P_r 和 P_f 分别为输入功率、输出功率和损耗功率。

机械效率也可以用力或力矩的形式来表示。图 2-39 为一机械传动示意图。设 $\boldsymbol{F}_d$ 为驱动力，$\boldsymbol{F}_r$ 为生产阻力，$\boldsymbol{v}_d$ 和 $\boldsymbol{v}_r$ 分别为在 $\boldsymbol{F}_d$ 和 $\boldsymbol{F}_r$ 的作用点处沿其作用线方向上的速度。由式(2-10)可得

$$\eta=\frac{P_{r}}{P_{d}}=\frac{F_{r}v_{r}}{F_{d}v_{d}} \tag{2-11}$$

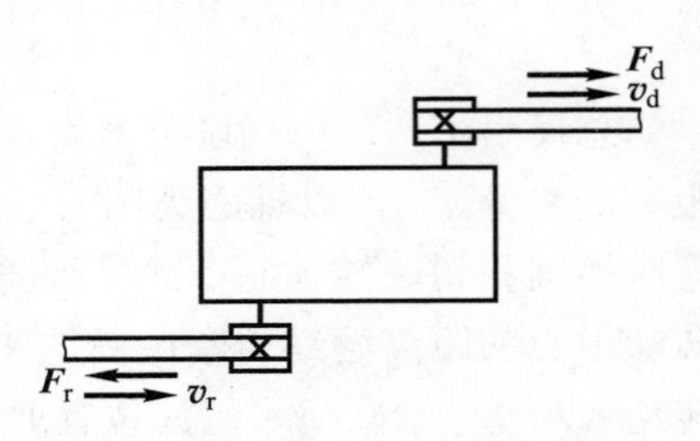

图 2-39　机械传动示意图

假设机械中不存在摩擦(即理想机械)，并用 $\boldsymbol{F}_{d0}$ 表示理想驱动力，此时输入功率与输出功率相等，即

$$F_{r}v_{r}=F_{d0}v_{d}$$

将上式代入式(2-11)可得

$$\eta=\frac{P_{r}}{P_{d}}=\frac{F_{d0}v_{d}}{F_{d}v_{d}}=\frac{F_{d0}}{F_{d}} \tag{2-12}$$

上式表明，机械效率可用克服相同生产阻力所需的理想驱动力 $\boldsymbol{F}_{d0}$ 与实际驱动力 $\boldsymbol{F}_d$ 的比值来表示。同理，机械效率也可以用实际生产阻力 $\boldsymbol{F}_r$ 与理想生产阻力 $\boldsymbol{F}_{r0}$ 的比值来表示，即 $\eta=F_r/F_{r0}$。

同样，用上述方法可以推出机械效率用力矩形式表示的公式，即为

$$\eta=\frac{M_{d0}}{M_{d}}=\frac{M_{r}}{M_{r0}} \tag{2-13}$$

式中，M_d 和 M_{d0} 分别为实际驱动力矩和理想驱动力矩；M_r 和 M_{r0} 分别为实际生产阻力矩和理想生产阻力矩。

2. 机械的自锁

由于机械中总存在着损失功，所以机械效率 $\eta<1$。若机械的输入功全部消耗于摩擦，结果就没有有用功输出，则 $\eta=0$。若机械的输入功不足以克服摩擦阻力消耗的功，则 $\eta<0$。在这种情况下不管驱动力多大都不能使机械运动，机械发生自锁。因此，机械自锁的条件是 $\eta\leqslant 0$，其中 $\eta=0$ 为临界自锁状态，并不可靠。

三、螺旋机构的效率和自锁

图 2-40a 所示为一矩形螺纹，设其螺母上承受一轴向载荷 $\boldsymbol{F}_a$。根据螺纹形成原理，可将其沿中径 d_2 展成一升角为 λ 的斜面，如图 2-40b 所示。

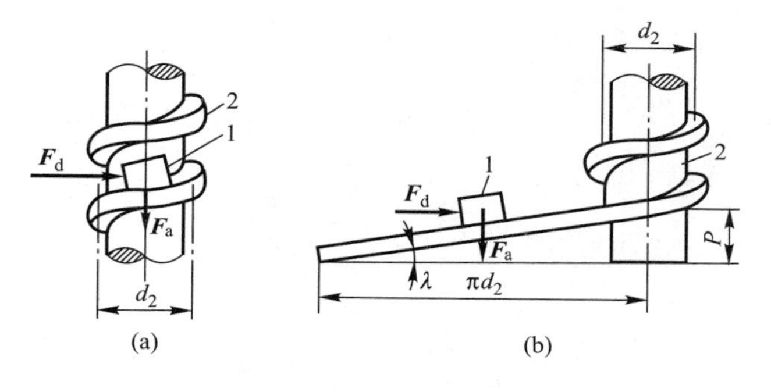

图 2-40　矩形螺纹

（1）当以力矩 M_d 拧紧螺母时，相当于滑块在驱动力 $\boldsymbol{F}_d$ 作用下克服阻力 $\boldsymbol{F}_a$ 沿斜面等速上升，如图 2-41a 所示。$\boldsymbol{F}_d$ 为作用在螺母中径 d_2 上的圆周力，设此时斜面对滑块的总反作用力为 $\boldsymbol{F}_{R21}$，则根据滑块的力平衡方程可得

$$\boldsymbol{F}_d+\boldsymbol{F}_a+\boldsymbol{F}_{R21}=0$$

作力多边形如图 2-41b 所示，由图可得

$$F_d=F_a\tan(\lambda+\varphi)$$

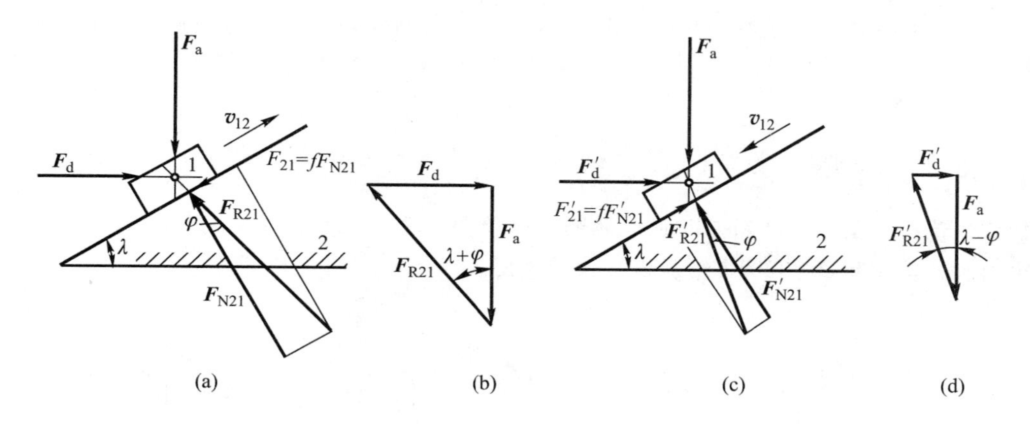

图 2-41　受力分析

则拧紧螺母的驱动力矩为　　$M_d=F_d\dfrac{d_2}{2}=F_a\dfrac{d_2}{2}\tan(\lambda+\varphi)$

若不考虑摩擦力，即令 $\varphi=0$，则由上式可得理想驱动力矩为

$$M_{d0}=F_a\frac{d_2}{2}\tan\lambda$$

由式(2-13)得其效率为

$$\eta=\frac{M_{d0}}{M_d}=\frac{\tan\lambda}{\tan(\lambda+\varphi)} \tag{2-14}$$

（2）当螺母沿轴向作与 $\boldsymbol{F}_a$ 相同的移动时，相当于滑块在力 $\boldsymbol{F}_a$ 作用下受 $\boldsymbol{F}'_d$ 的支持作等速

下滑，$\boldsymbol{F}_{\mathrm{a}}$ 为驱动力，$\boldsymbol{F}'_{\mathrm{d}}$为支持力(阻力)，受力情况如图 2-41c 所示，力的多边形如图 2-41d 所示。则支持力 $\boldsymbol{F}'_{\mathrm{d}}$、支持阻力矩 M'_{d}分别为

$$F'_{\mathrm{d}} = F_{\mathrm{a}}\tan(\lambda - \varphi)\text{，}M'_{\mathrm{d}} = F_{\mathrm{a}}\frac{d_2}{2}\tan(\lambda - \varphi)$$

若不考虑摩擦，即令 $\varphi=0$，由上式可得理想支持阻力矩为

$$M'_{\mathrm{d0}} = F_{\mathrm{a}}\frac{d_2}{2}\tan\lambda$$

此时效率为

$$\eta' = \frac{M'_{\mathrm{d}}}{M'_{\mathrm{d0}}} = \frac{\tan(\lambda - \varphi)}{\tan\lambda} \qquad (2-15)$$

如果要求螺母在力 $\boldsymbol{F}_{\mathrm{a}}$ 作用下不会自动松脱，即要求螺旋副自锁，必须使 $\eta'\leqslant 0$，故螺纹自锁的条件为

$$\lambda \leqslant \varphi \qquad (2-16)$$

与矩形螺纹类似，三角形螺纹相当于楔形滑块在楔形槽面内滑动，只需将上述的摩擦角 φ 改成当量摩擦角 φ_{v} 即可。

$$\varphi_{\mathrm{v}} = \arctan f_{\mathrm{v}} = \arctan\left(\frac{f}{\cos\beta}\right)$$

式中，β 为三角形螺纹的牙型斜角，见第十六章。由于 $\cos\beta<1$，则 $\varphi_{\mathrm{v}}>\varphi$，所以三角形螺纹的摩擦阻力大、效率低，易发生自锁，常用作连接螺纹；而矩形螺纹效率高，常用作传动螺纹。

习　题

2-1　试绘制图 2-42 所示平面机构的运动简图，要求机构运动简图与结构示意图选择相同的比例尺，其中图 2-42c 只绘制出机构示意图。

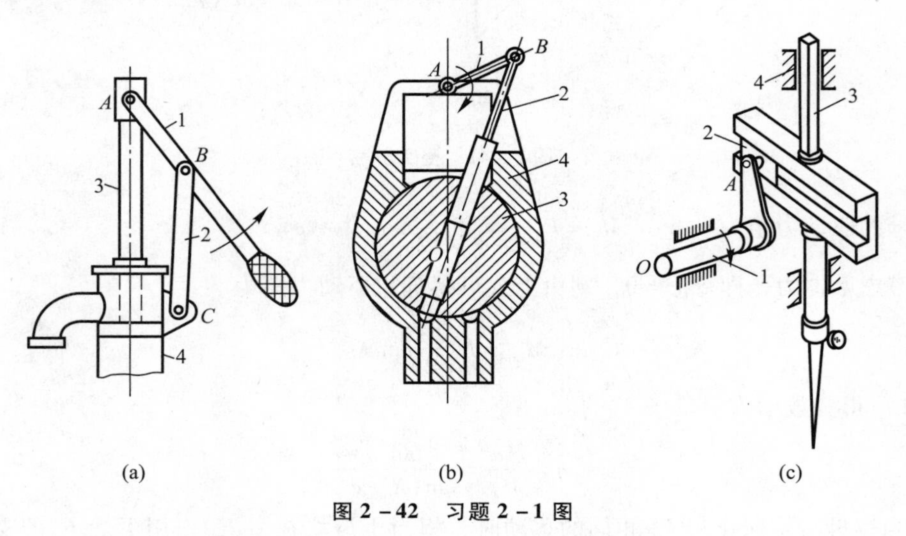

图 2-42　习题 2-1 图

2－2　试求图2－43中所示各平面机构的自由度，并指出其中的复合铰链、局部自由度及虚约束。

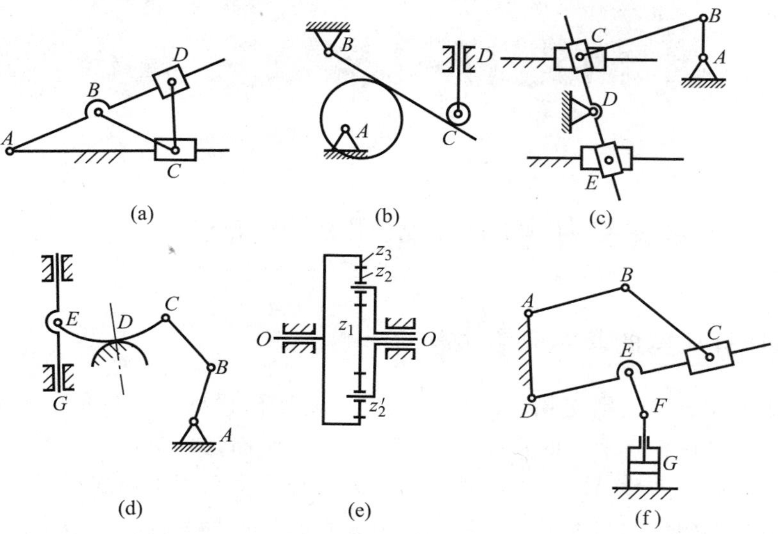

图2－43　习题2－2图

2－3　在图2－44所示的各机构中，已知AB为原动件，试计算各机构的自由度。

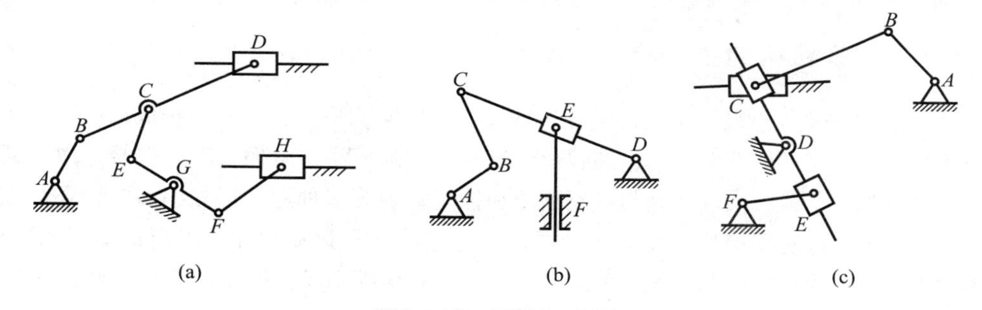

图2－44　习题2－3图

2－4　计算图2－45中所示各平面高副机构的自由度。

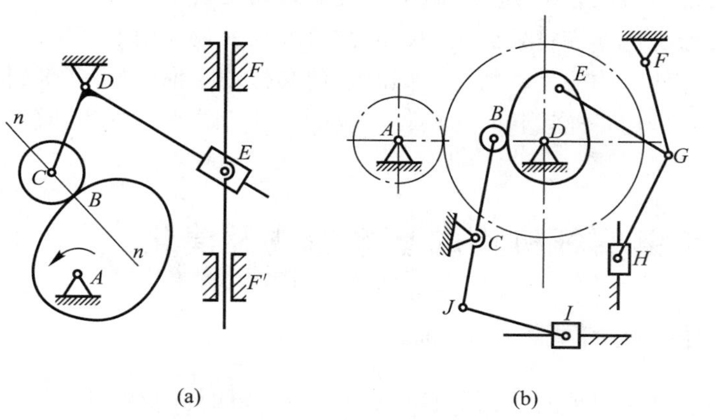

图2－45　习题2－4图

第三章 平面连杆机构

第一节 平面连杆机构的基本概念及特点

一、平面连杆机构的基本概念

若干个刚性构件通过低副连接而组成的机构称为连杆机构，又称低副机构。在连杆机构中，若各运动构件均在相互平行的平面内运动，则称为平面连杆机构；若各运动构件不都在相互平行的平面内运动，则称为空间连杆机构，一般机械中多采用平面连杆机构。

平面连杆机构中构件的基本形状是杆状，故常将其构件称为杆。一般平面连杆机构以其所含杆的数目而命名，如含有 4 个构件(包括机架)的机构称为平面四杆机构，含有 6 个构件的机构称为平面六杆机构。机械中应用最广的是平面四杆机构，因此本章着重讨论平面四杆机构。

二、平面连杆机构的主要特点

平面连杆机构主要优点是：①机构中各构件间以圆柱面或平面相接触而构成低副，即运动副两元素为面接触，易于制造和润滑。当传递载荷一定时，压强较小，摩擦及磨损较轻，故承载能力较大，使用寿命较长；②能够实现转动与往复摆动和往复移动等多种运动形式的转换，还能在原动件等速转动时，使从动件实现等速、变速运动或间歇运动等多种运动规律，以满足不同的运动要求；③机构中的连杆作平面运动，其上各点的运动轨迹曲线有多种多样，可以满足不同的工作要求。

平面连杆机构的主要缺点是：①组成机构的构件多，设计中待定尺寸参数多。若已知条件较多时，难于求出精确的设计结果，一般只是近似地满足要求。因此只适用于对运动要求不太严格的场合；②机构的构件多将导致运动副的数目增加，运动副的间隙及其累积误差增大和磨损增加等，不仅会降低机构的运动精度，同时也使其传动效率降低；③机构中多数构件的质心不在其回转轴线上，机构高速运转时，构件产生的惯性力较大，平衡比较困难，因此平面连杆机构不宜在高速下工作。

第二节 铰链四杆机构的基本型式及演化

一、铰链四杆机构的基本型式

构件间全部由转动副组成的平面四杆机构称为铰链四杆机构(图 3-1)。铰链四杆机构是平面四杆机构的基本型式，在此机构中，构件 4 为机架，直接与机架相连的构件 1 和 3 称为连架杆，不直接与机架相连的构件2称为连杆。连杆是作平面复杂运动的构件，以实现运动和动力的传递。能作整周回转的连架杆称为曲柄，如构件1；仅能在某一角度范围内往复摆动的连架杆称为摇杆，如构件3。

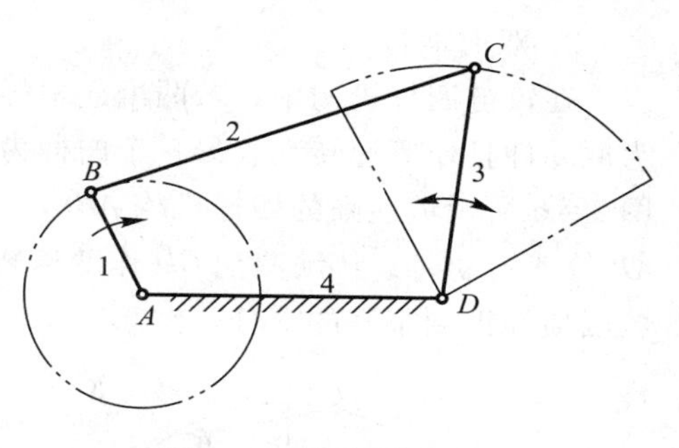

图3-1　铰链四杆机构

根据曲柄和摇杆的数目不同，铰链四杆机构可分为3种基本型式：曲柄摇杆机构、双曲柄机构和双摇杆机构。

1．曲柄摇杆机构

在铰链四杆机构中，若两连架杆中一个为曲柄，另一个为摇杆，则此机构称为曲柄摇杆机构。在使用中，若取曲柄为原动件，可将曲柄的转动转变为摇杆的往复摆动；若取摇杆为原动件，则可将摇杆的往复摆动转变为曲柄的整周转动。

图3-2所示的搅拌器机构和图3-3所示的雷达天线机构，都是以曲柄为原动件的曲柄摇杆机构的应用实例。前者利用连杆2上E点的轨迹（点画线所示的曲线）以及容器绕$z-z$轴的转动而将溶液搅拌均匀；后者利用主动曲柄1带动与天线固接的从动件3摆动，以达到调节天线角度的目的。

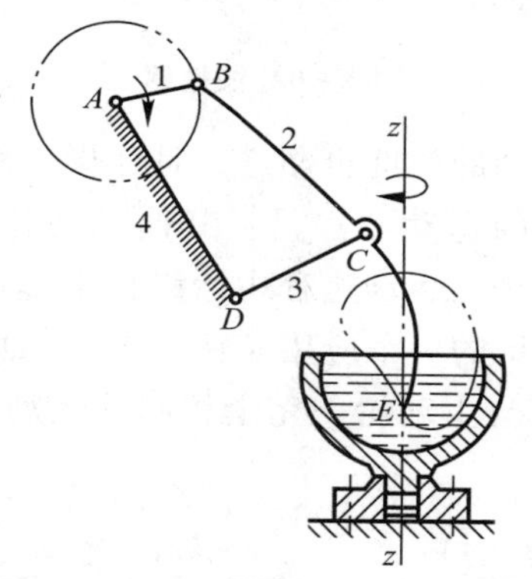

图3-2　搅拌器机构

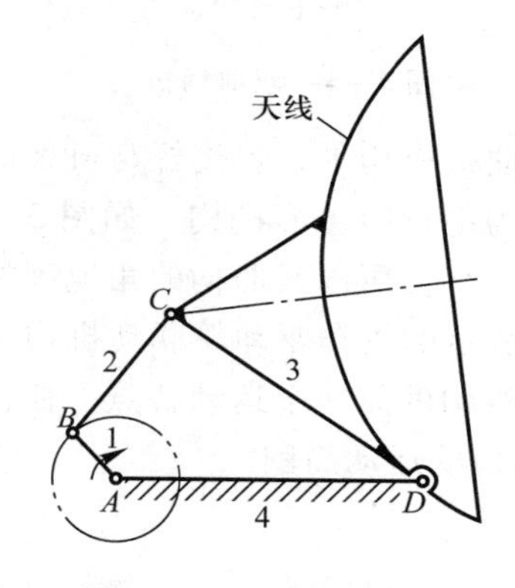

图3-3　雷达天线机构

图3-4a所示为缝纫机脚踏驱动机构，它是以摇杆为原动件的曲柄摇杆机构。脚踏板1（摇杆）作往复摆动，通过连杆2使带轮3（固接在曲柄上）转动。图3-4b为该机构的运动简图。

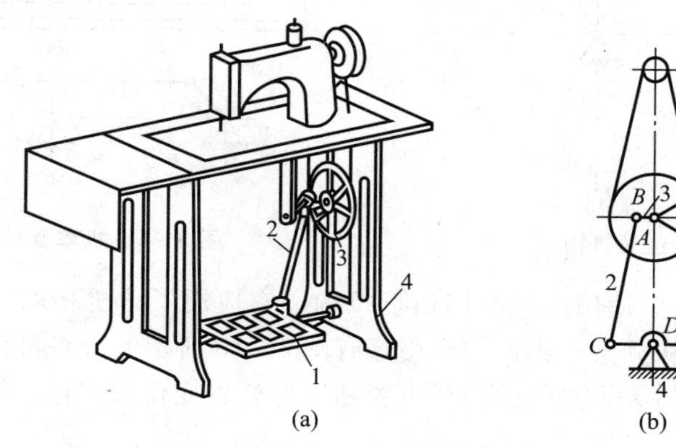

图3-4　缝纫机脚踏驱动机构

2. 双曲柄机构

在铰链四杆机构中，若两个连架杆均为曲柄，则此机构称为双曲柄机构。通常一个曲柄取为原动件且作等速转动，另一个曲柄为从动件作变速转动(也可作等速转动)，如图 3 – 5 所示。图 3 – 6 所示惯性筛的四杆机构 *ABCD* 便是双曲柄机构的应用实例。在此机构中，当原动曲柄 *AB* 等速转动时，从动曲柄 *CD* 作变速转动，从而使筛子 6 具有较大的加速度，使被筛的物料颗粒因惯性得到很好的筛分。

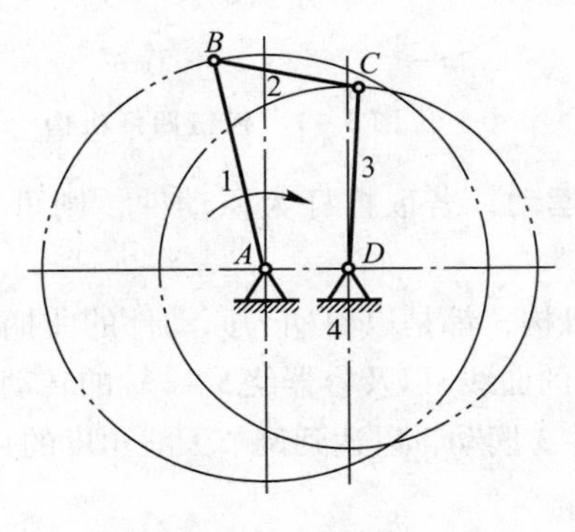

图 3 – 5　双曲柄机构

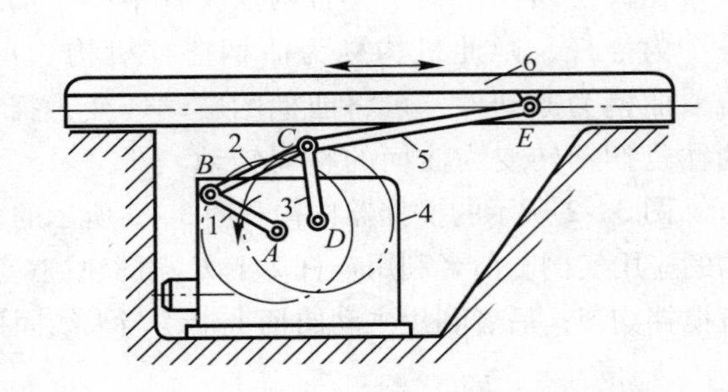

图 3 – 6　惯性筛

在双曲柄机构中，若连杆与机架的长度相等，两个曲柄的长度也相等，且作同向转动，则该机构称为平行四边形机构，如图 3 – 7 所示。这种机构的运动特点是：其曲柄在任何位置，总是保持平行，所以两曲柄的角速度始终相等且同向；连杆在运动过程中始终作平移运动。如图 3 – 8a 所示的机车驱动轮联动机构，便是平行四边形机构的一个应用实例，该机构应用了平行四边形机构的前一个运动特点，使被联动的各车轮具有与主动轮 1 完全相同的运动。图 3 – 8b 为该机构的运动简图。

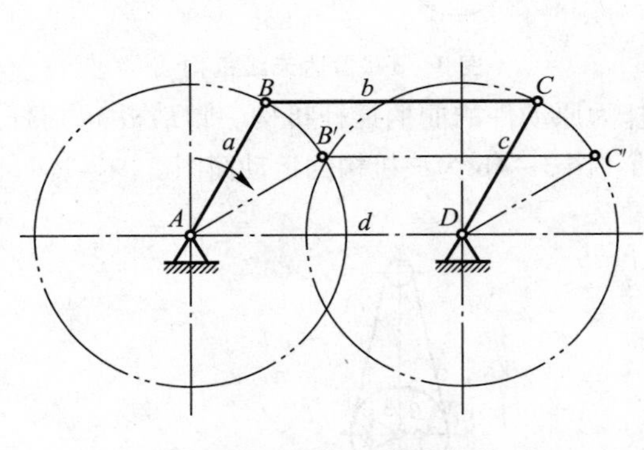

图 3 – 7　平行四边形机构

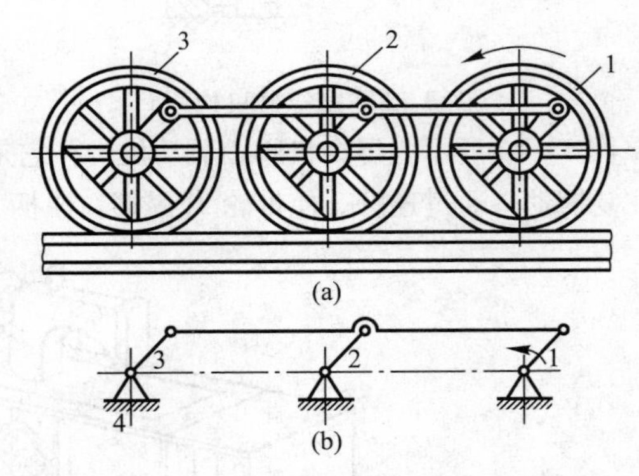

图 3 – 8　机车驱动轮联动机构

图 3 – 9 所示为挖掘机中使用的平行四边形机构，它应用了该机构的后一个运动特点，使铲斗保持水平，以防止土块洒落；类似的应用还有图 3 – 10 所示的天平机构，两个天平盘分别与两个连杆垂直固连，虽然天平盘间的相对位置随连杆位置变化而变化，但它们始终都能保持水平。

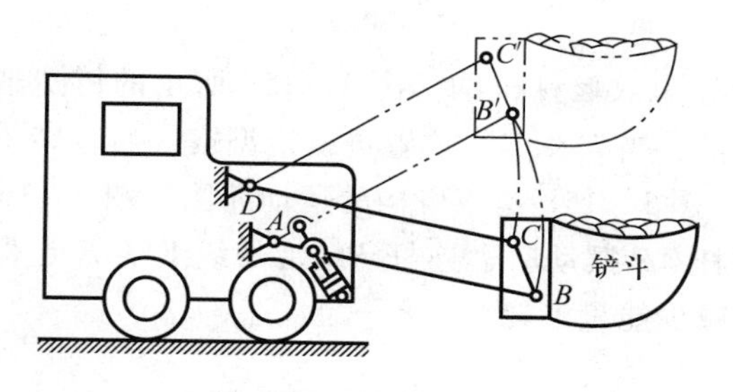

图 3-9　挖土机机构

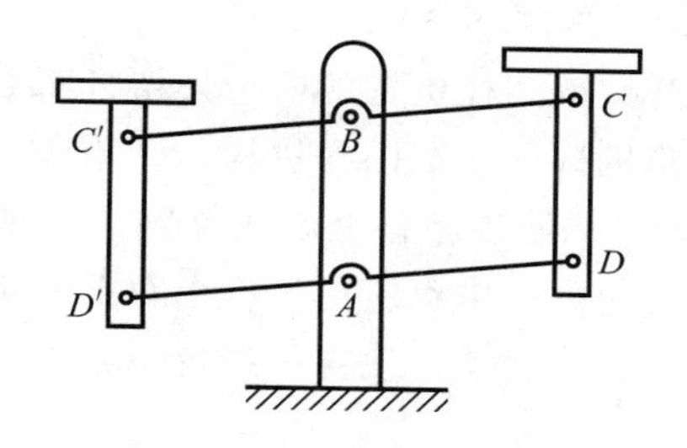

图 3-10　天平机构

如图 3-11 所示，平行四边形机构在曲柄转动一周时，机构的 4 个杆有两次重叠在一起的位置（AD 线上），在此位置时主动曲柄转向不变，从动曲柄有正、反两个方向转动的可能，这种现象称为运动不确定。机构产生运动不确定对传动是有害的，为了防止从动曲柄反向转动可采取如下措施：①在从动曲柄上加装飞轮靠惯性引导保证转向不变；②在机构中增添辅助杆构成虚约束使从动曲柄不能反向运动（图 3-8 所示的机车驱动轮联动机构，图中杆 2（车轮）与两个转动副一起构成虚约束，从而防止从动曲柄反向转动）；③采用错位排列的两个机构联动。图 3-12 中两机构四杆共线的位置错开，彼此互相引导，确保机构运动确定。

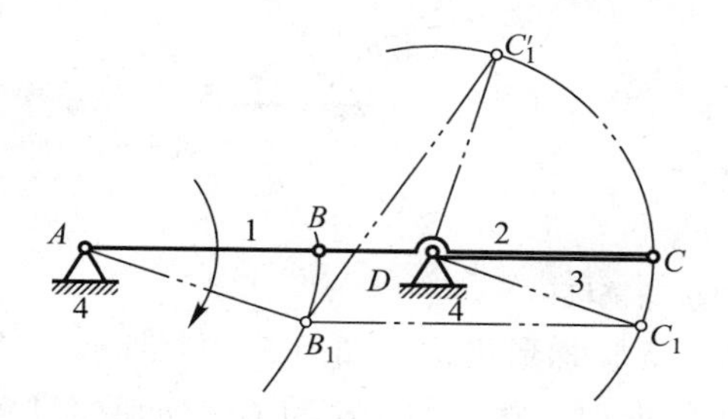

图 3-11　平行四边形机构运动不确定

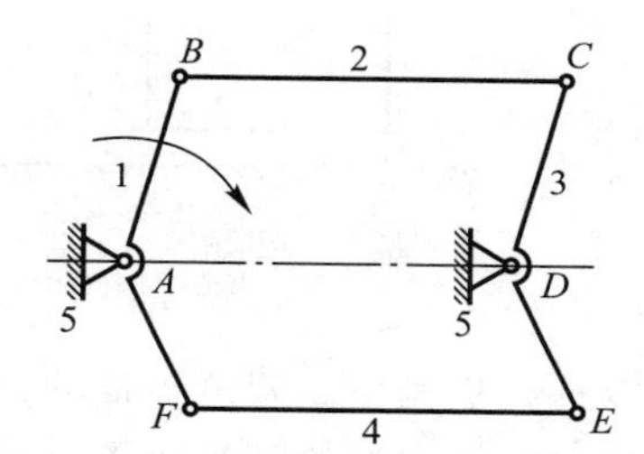

图 3-12　两平行四边形机构联动

图 3-13 所示双曲柄机构的两个曲柄转动方向相反，机构的相对两组杆长度相等，但位置不平行（四杆重合的位置除外），这种双曲柄机构称为逆平行四边形机构。图 3-14 所示的车门启闭机构是逆平行四边形机构应用的实例，两扇车门分别与两个曲柄固连在一起，当两个曲柄反向转动时带动两扇车门反向转动以实现车门的开和闭。

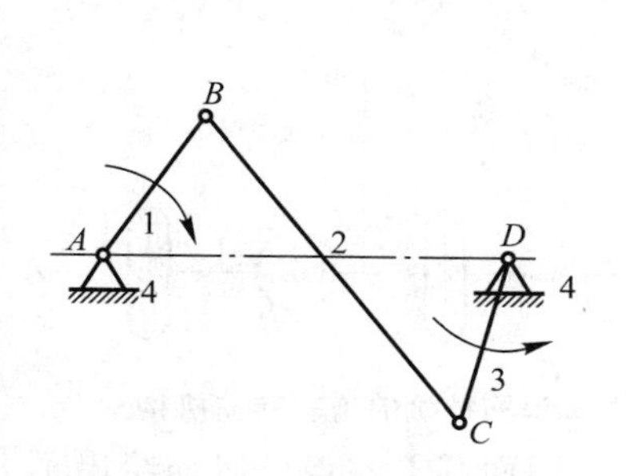

图 3-13　逆平行四边形机构

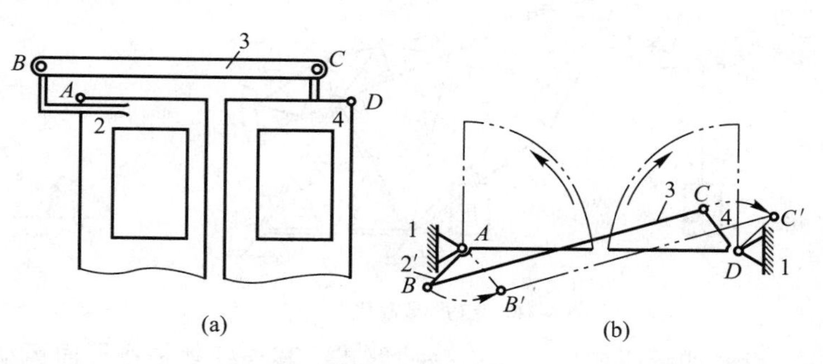

图 3-14　车门启闭机构

3. 双摇杆机构

若铰链四杆机构的两个连架杆都是摇杆，则称为双摇杆机构。图 3－15a 所示的铸造造型机翻箱机构就是双摇杆机构，砂箱 2′与连杆 2 固接，当它在实线位置进行造型震实后，转动主动摇杆 1，使砂箱移至虚线位置，以便进行拔模，图 3－15b 是该机构的运动简图。图 3－16 所示鹤式起重机中也应用了一个双摇杆机构，当摇杆 AB 摆动时，连杆 BC 延长线上的 E 点作近似水平直线运动，使重物避免不必要的升降，以减少能量消耗。

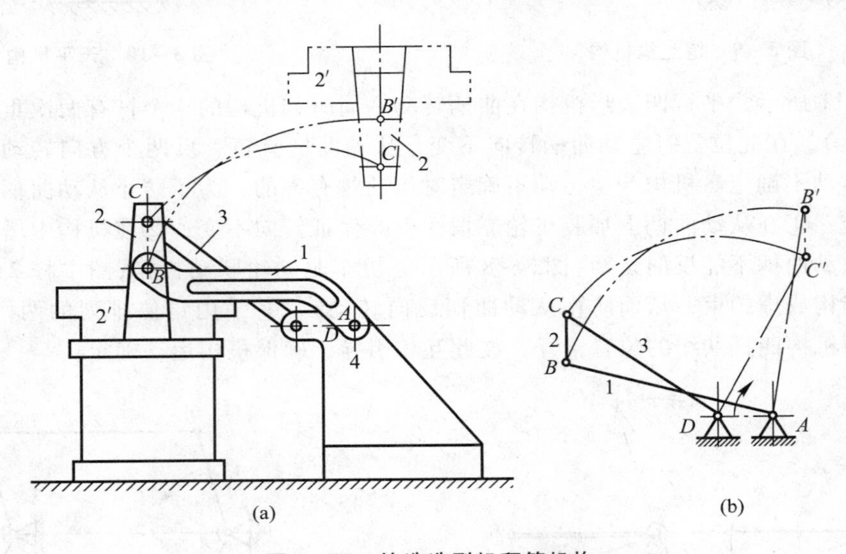

图 3－15　铸造造型机翻箱机构

在双摇杆机构中，若两摇杆的长度相等，则称为等腰梯形机构。如图 3－17 所示，汽车和拖拉机的前轮转向机构就采用了这种机构。当汽车转向时，两摇杆 AB 和 CD 分别摆过角度 β 和 α，且 $\alpha<\beta$，以使两前轮轴线的交点 O 落在后轮轴线的延长线上。这时整个车身绕 O 点转动，使 4 个车轮都能在地面上作纯滚动，从而避免轮胎因滑动而产生磨损。

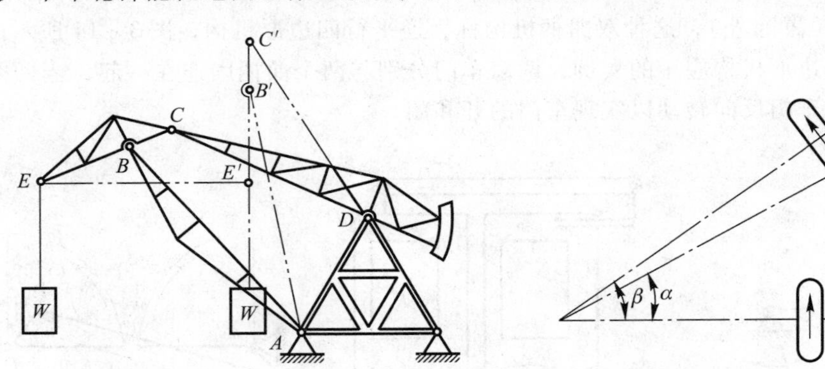

图 3－16　鹤式起重机

图 3－17　汽车和拖拉机的前轮转向机构

铰链四杆机构中，无论哪种形式，其连杆都是作平面运动的，因而其上各点可以描绘出不同形状的代数曲线轨迹，这些轨迹称为连杆曲线，如图 3－18 所示。工程上常利用整个连杆曲线或其中某一区段来完成预期的工艺动作或运动规律。图 3－19 所示的压包机就是这方面的一个应用实例。在图示压包机中，当连杆上的 C 点经过连杆曲线上近似圆弧段 C_1CC_2 时，滑块 D 停止移动，以便装料。

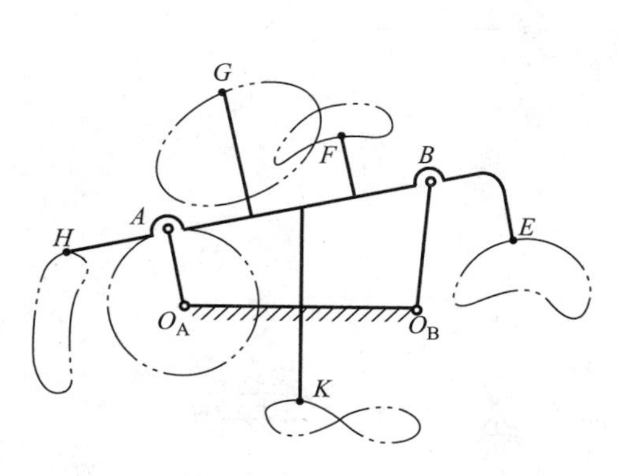

图 3－18　连杆曲线

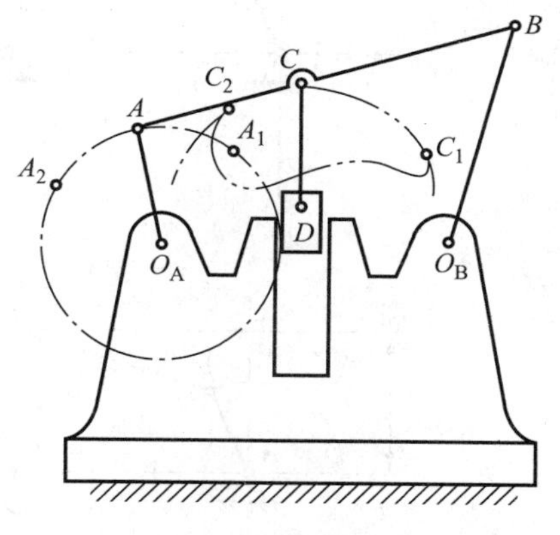

图 3－19　连杆轨迹的应用

二、铰链四杆机构的演化

铰链四杆机构的演化是指在机构运动特性保持相同的条件下，对某些构件的形状、构件的相对长度、某些运动副的尺寸及机架等进行变换，以得到其他类型和形式的平面四杆机构。通过演化不仅能更好地满足运动方面的要求，而且还可以改善构件的受力状况，满足运动副结构设计上的需要。

铰链四杆机构演化的方法有：转动副转化为移动副、取不同的构件为机架及扩大转动副等。

1. 转动副转化为移动副

（1）铰链四杆机构中一个转动副转化为移动副。

图 3－20a 所示的曲柄摇杆机构中，摇杆 3 上 C 点的轨迹是以 D 为圆心，杆 3 的长度 L_3 为半径的圆弧 $\widehat{mm}$。如将转动副 D 的半径扩大，使其半径等于 L_3，并在机架上按 C 点的轨迹 $\widehat{mm}$ 做成一弧形槽，摇杆 3 做成与弧形槽相配的弧形块，如图 3－20b 所示。此时，虽然转动副 D 的外形改变，但机构的运动特性并没改变。若将弧形槽的半径增至无穷大，则转动副 D 的中心移至无穷远处，弧形槽变为直槽，转动副 D 则转化为移动副，构件 3 由摇杆变成了滑块。这时，曲柄摇杆机构就演化为曲柄滑块机构，如图 3－20c 所示。由于移动方位线 mm 不通过曲柄回转中心，故称为偏置曲柄滑块机构。曲柄转动中心至其移动方位线 mm 的垂直距离称为偏距 e，当移动方位线 mm 通过曲柄转动中心 A 时（即 $e=0$），则称为对心曲柄滑块机构，如图 3－20d 所示。

曲柄滑块机构广泛应用于活塞式内燃机、空气压缩机及冲床等机械中。图 3－21 所示为曲柄滑块机构在自动送料机构中的应用，当曲柄 AB 转动时，通过连杆 BC 使活塞作往复移动。曲柄每转动一周，滑块则往复移动一次，即推出一个工件，实现自动送料。

（2）铰链四杆机构中两个转动副转化为移动副。

图 3－22 所示的机构中，将转动副 C 的半径扩大，则图 3－22a 所示的曲柄滑块机构可等

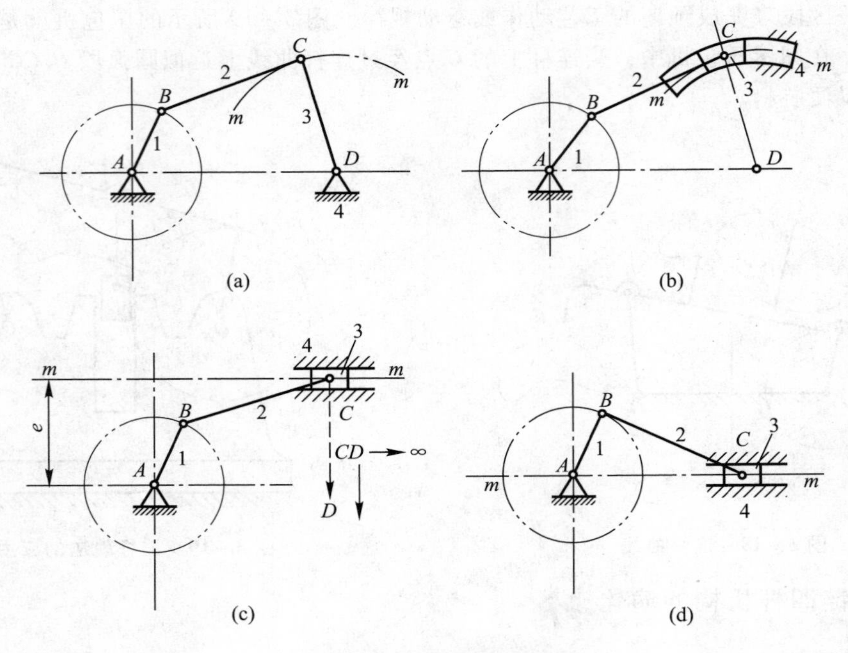

图 3－20　曲柄滑块机构

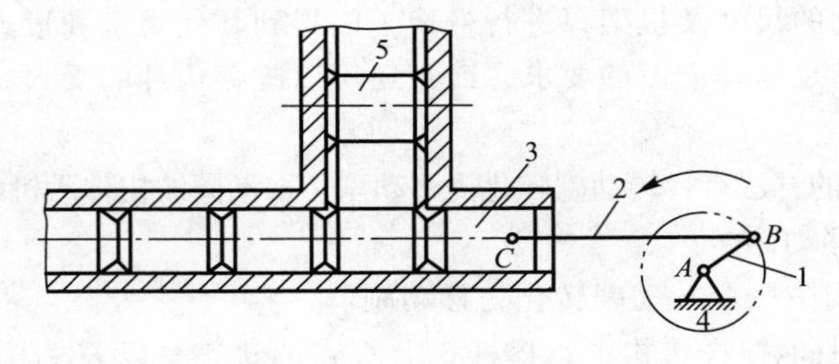

图 3－21　自动送料机构

效为图 3－22b 所示的机构。若将圆弧槽$\widehat{mm}$的半径逐渐增加至无穷大时，则图 3－22b 所示机构就演化为图 3－22c 所示的机构。此时，连杆 2 转化为沿直线 *mm* 移动的滑块 2；转动副 *C* 则变为移动副，滑块 3 转化为移动导杆。曲柄滑块机构便演化为具有两个移动副的四杆机构，此机构称为曲柄移动导杆机构，是含有两个移动副四杆机构的基本型式之一。

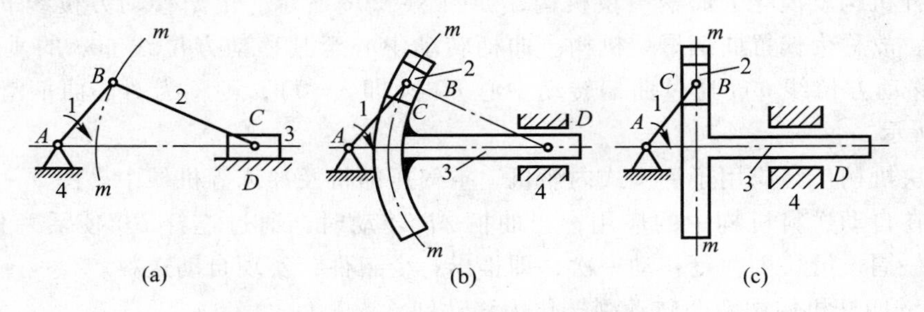

图 3－22　曲柄移动导杆机构

由于此机构当主动曲柄 1 等速回转时，从动导杆 3 的位移为简谐运动规律，故又称为正弦机构。图 3 – 23 所示缝纫机引线机构为正弦机构应用的一个实例。

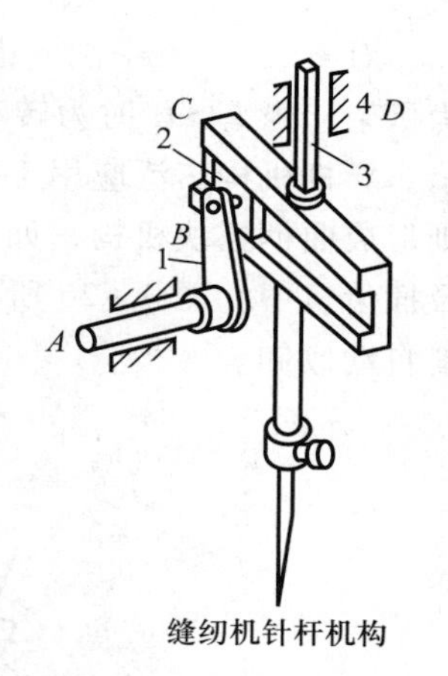

缝纫机针杆机构

图 3 – 23　正弦机构的应用

2. 取不同的构件为机架

对于任意一个机构，如果取不同的构件为机架，将演化得到不同的新机构。当以铰链四杆机构中的曲柄摇杆机构、含有一个移动副中的曲柄滑块机构以及含有两个移动副四杆机构中的正弦机构为基础时，通过分别选取此 3 种机构中的不同构件为机架，可得到表 3 – 1 所列的各种派生的四杆机构(表中有阴影线者为选取机架的构件)。由表可知，铰链四杆机构的 3 种基本形式实际上是由一种形式通过取不同构件为机架演化而来的，对于其中的曲柄摇杆机构，如何选取不同构件为机架而形成双曲柄或双摇杆机构的情况，将在后面研究曲柄存在条件时再讨论。

表 3 – 1　四杆机构取不同构件为机架的派生型式

铰链四杆机构	含有一个移动副的四杆机构	含有两个移动副的四杆机构
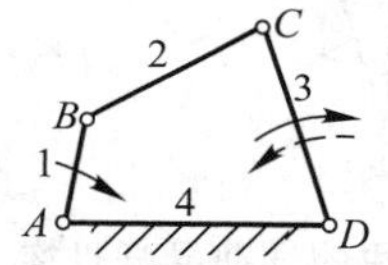 (a) 曲柄摇杆机构	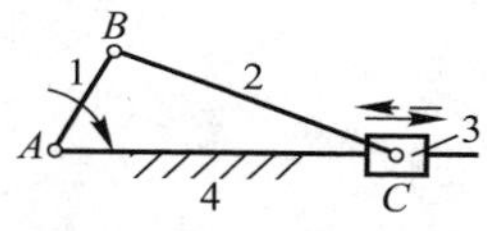 (e) 曲柄(摇杆) 滑块机构	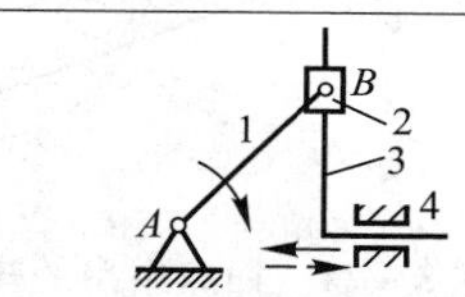 (i) 曲柄移动导杆机构
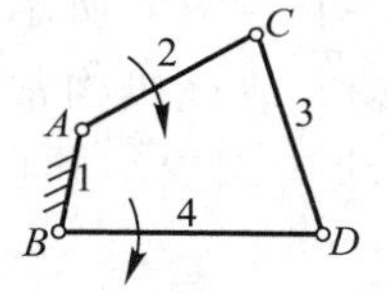 (b) 双曲柄机构	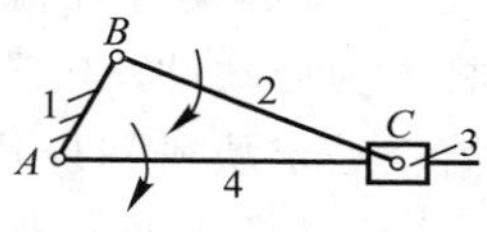 (f) 曲柄转动导杆机构	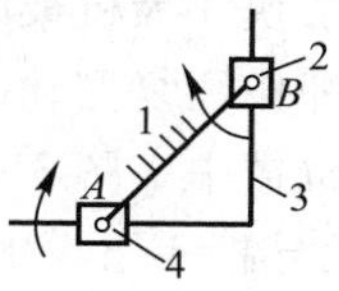 (j) 双转块机构
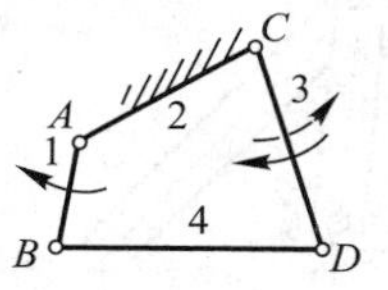 (c) 曲柄摇杆机构	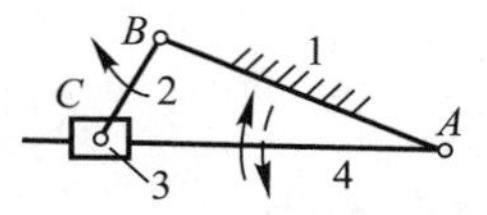 (f′) 曲柄摆动导杆机构 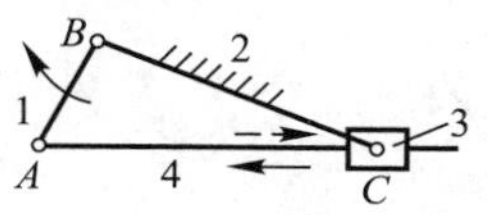 (g) 曲柄摇块机构	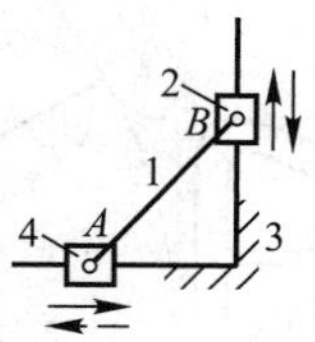 (k) 双滑块机构
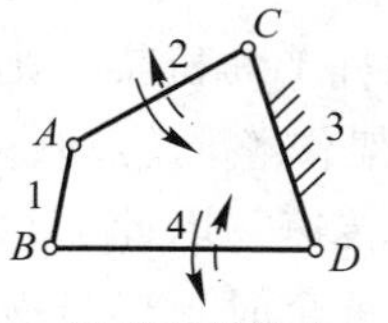 (d) 双摇杆机构	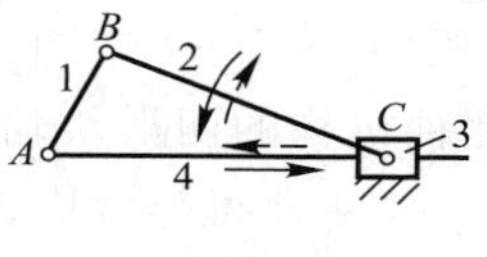 (h) 定块机构	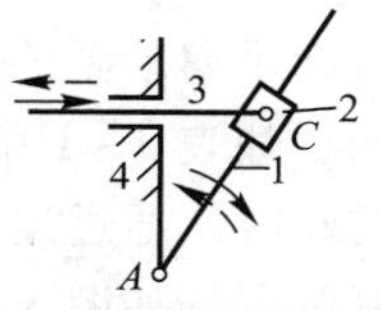 (l) 摆动导杆滑块机构

对于表 3-1 中图 e 中的曲柄滑块机构，设杆 1、2、4 的长度分别为 l_1、l_2、l_4，若选杆 1 为机架，当 $l_2 > l_1$ 时为转动导杆机构；当 $l_2 < l_1$ 时为摆动导杆机构，如表 3-1 中图 f 与图 f′所示。导杆机构广泛应用于插床和牛头刨床(图 3-24 和图 3-25)等机器中。若选杆 2 为机架，则形成曲柄摇块机构，如表 3-1 中图 g 所示。这种机构广泛应用于摆缸式原动机、液压传动及插齿机中。图 3-26 所示为卡车自动卸料机构，当高压油进入油缸 3 中时，将使卡车上的物料自动倾卸。

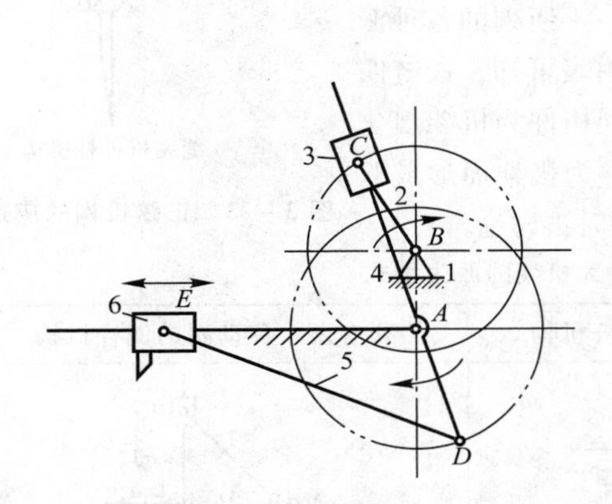

图 3-24　插床中用的转动导杆机构

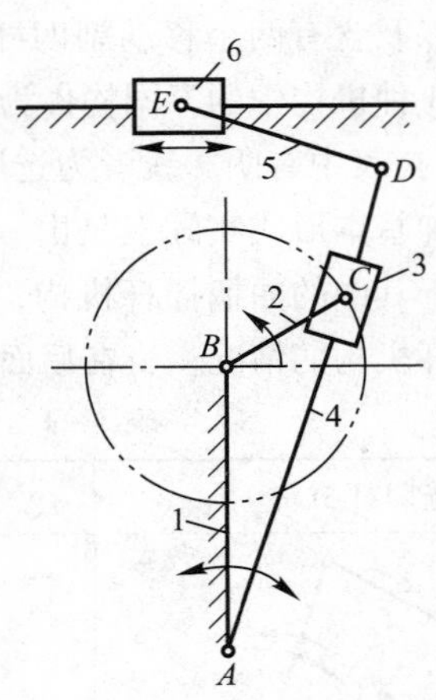

图 3-25　刨床中用的摆动导杆机构

若选滑块 3 为机架时，则形成定块机构(即移动导杆机构)，如表 3-1 中图 h 所示。该机构的连架杆作往复摆动，使用中常取连杆 1 为原动件。因连杆作平面运动，故该机构常用于人力驱动的机械中。图 3-27 所示手摇唧筒就是定块机构应用的实例，定块 3 制成缸体(唧筒外壳)，移动导杆 4 下端的活塞在缸体中上下移动把水抽上来。

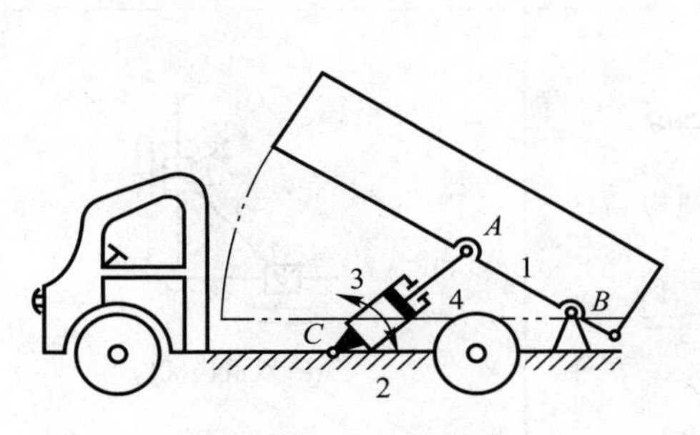

图 3-26　卡车的自动卸料机构

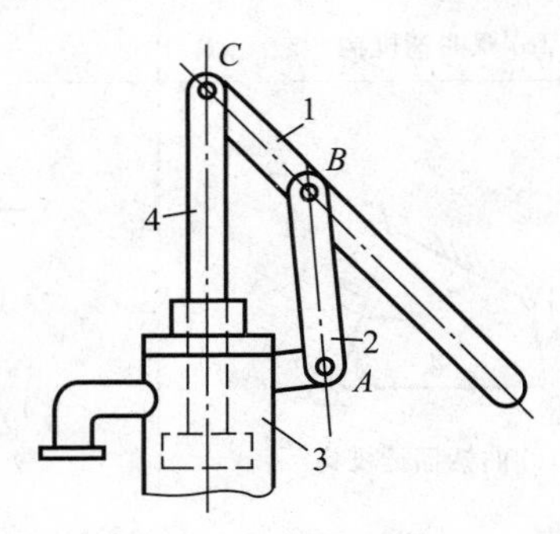

图 3-27　手摇唧筒

在含有两个移动副的曲柄移动导杆机构(表 3-1 中图 i)中，若选用杆 1 为机架，则可形成双转块机构，如表 3-1 中图 j 所示。此种机构的两滑块均能相对于机架作整周转动，当其主动滑块 2 转动时，通过连杆 3 可使从动滑块 4 获得与滑块 2 完全同步的转速。因此，它可用作十字滑块联轴器，如图 3-28 所示。当其主动轴 2 和从动轴 4 的轴线不重合时，仍可保证两轴转速同步。在图 j 中若选构件 3 为机架，则可形成双滑块机构，如表 3-1 中图 k 所示。一般两滑块移动方向垂直，其连杆 AB(或其延长线)上的任一点 M 的轨迹必为椭圆，故常用作椭圆绘图仪，如图 3－29 所示。

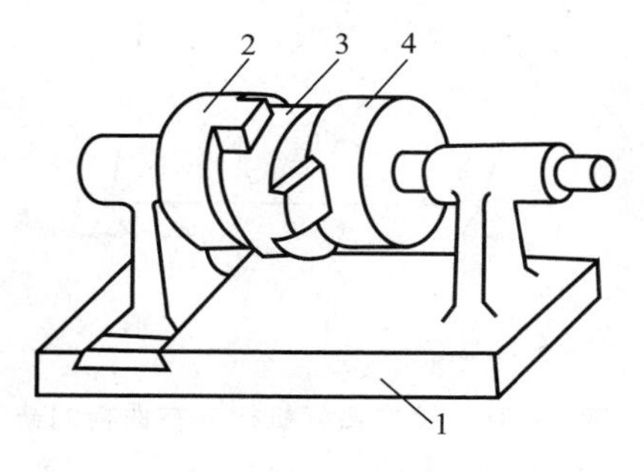

图 3－28 十字滑块联轴器

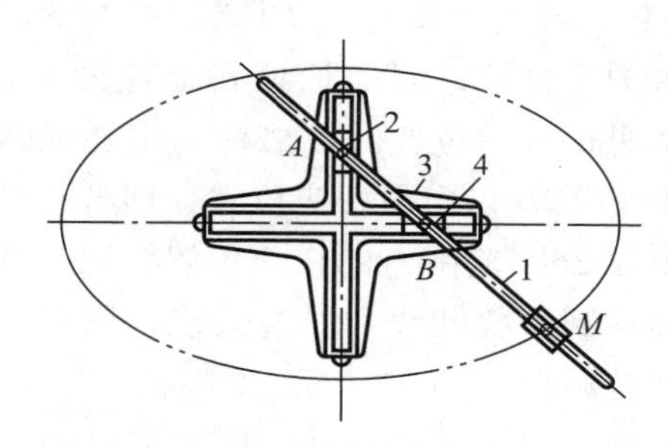

图 3－29 椭圆绘图仪

3. 扩大转动副

在图 3－30a 所示的机构中，若曲柄 1 的长度很短，那么在曲柄两端做两个转动副将造成加工和装配的困难，还会影响构件的强度。为此，通常将曲柄做成偏心轮形式，这种机构称为偏心轮机构，如图 3－30b 所示。偏心轮 1 是一个几何中心 B 与回转中心 A 不相重合的圆盘，AB 之间的距离称为偏心距，它等于曲柄的长度。偏心轮可视为将转动副 B 的半径扩大，使其能包容转动副 A 的一个构件。由于只将转动副的尺寸变大，并未改变构件与运动有关的尺寸，所以偏心轮机构与图 3－30a 所示的曲柄滑块机构的运动特性完全相同。这种偏心轮机构常用于小型往复泵、冲床和颚式破碎机等机器中。

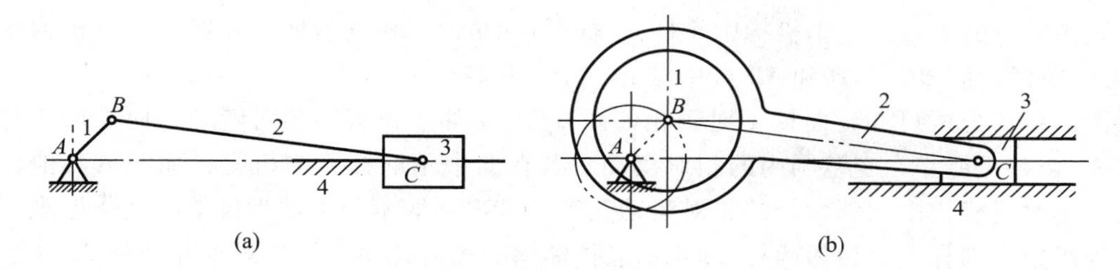

图 3－30 偏心轮机构

第三节 平面四杆机构的基本特性

在设计平面四杆机构时，通常需要考虑其某些工作特性，因为这些特性不仅影响机构的运动性质和传力情况，而且还是一些机构设计的主要依据。

一、铰链四杆机构存在曲柄的条件

由前述分析可知，铰链四杆机构的 3 种基本型式是曲柄摇杆机构、双曲柄机构和双摇杆机构，其主要区别在于是否存在曲柄及存在几个曲柄。下面来分析铰链四杆机构存在曲柄的条件。

图 3－31 所示的铰链四杆机构中，杆 1、2、3、4 的长度分别以 a、b、c、d 表示。设杆 1

为曲柄，杆 3 为摇杆，则当曲柄 1 与连杆 2 重叠共线时(AB_1C_1)，摇杆 3 处于左极限位置 C_1D；当曲柄 1 与连杆 2 拉直共线时(AB_2C_2)，摇杆 3 处于右极限位置 C_2D。显然，当曲柄处在上述两个位置(AB_1、AB_2)以外的任一位置时，摇杆一定能在两个极限位置 C_1D 和 C_2D 以内的相应位置，即各杆的长度能满足杆 1 在 360°范围内的任一位置。因此如果杆 1 和杆 2 能达到重叠共线和拉直共线，则杆 1 就一定能作整周转动。

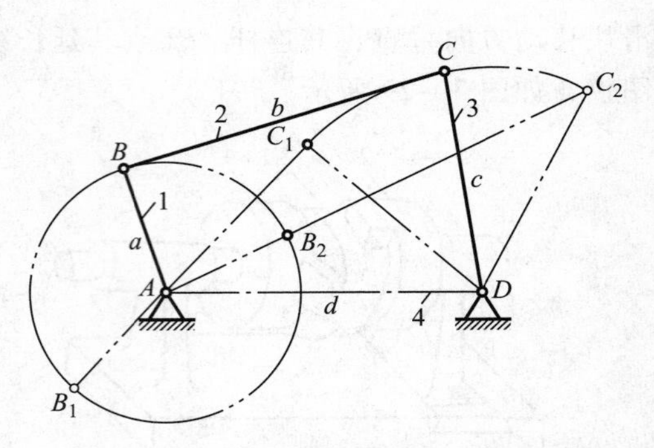

图 3-31　铰链四杆机构存在曲柄的条件

当杆 1 和杆 2 拉直共线时，铰链四杆机构构成三角形 AC_2D。根据三角形两边之和大于第三边可得

$$a+b \leqslant c+d \tag{3-1}$$

当杆 1 和杆 2 重叠共线时，铰链四杆机构构成三角形 AC_1D。根据三角形两边之差小于第三边可得

$$c-d \leqslant b-a \text{ 及 } d-c \leqslant b-a$$

即

$$a+c \leqslant b+d \tag{3-2}$$

$$a+d \leqslant b+c \tag{3-3}$$

将式(3-1)、式(3-2)和式(3-3)分别两两相加并化简可得

$$a \leqslant b,\ a \leqslant c,\ a \leqslant d \tag{3-4}$$

上述各式中的等号对应于机构中 4 杆共线的特殊情况。由此说明，在曲柄摇杆机构中曲柄 AB 必为最短杆，而 BC、CD 和 AD 杆中必有一个最长杆。

由图 3-31 分析可知，曲柄 1 对于相邻两杆 2、4 都能作整周相对转动，而摇杆 3 对于相邻两杆 2、4 都只能作一定范围内的相对摆动。若在图中不取杆 4 为机架，而改取其他杆为机架，则并不改变机构中相邻两杆的相对运动关系。考虑到取不同构件为机架的演化原理，如改取杆 2 为机架，则杆 1 对相邻两杆 2、4 仍能作整周的相对转动，杆 3 对相邻两杆 2、4 也保持原来在一定范围内的相对摆动，该机构仍为曲柄摇杆机构；如改取杆 1 为机架，则相邻两杆 2、4 相对杆 1 仍能作整周的相对转动，从而得到双曲柄机构。

根据上述分析可知，铰链四杆机构存在曲柄的条件为：

(1) 曲柄或机架为最短杆；

(2) 最短杆与最长杆的长度之和，小于或等于其他两杆长度之和。

综上所述，可以归纳出判断铰链四杆机构类型的准则如下：

(1) 如果最短杆与最长杆的长度之和，小于或等于其他两杆长度之和，则有以下三种情形。

① 若取与最短杆相邻的杆为机架，则此机构为曲柄摇杆机构，其中最短杆为曲柄，最短杆对面的杆为摇杆；

② 若取最短杆为机架，则此机构为双曲柄机构；

③ 若取最短杆对面的杆为机架，则此机构为双摇杆机构。

(2) 如果最短杆与最长杆的长度之和，大于其他两杆长度之和，则不论取哪一个杆为机架，均为双摇杆机构。

二、急回特性和行程速度变化系数

在工程上，往往要求作往复运动的从动件，在工作行程时的速度慢些，而空回行程时的速度快些，以缩短非生产时间，提高生产效率，这种运动性质称为急回特性。在具有急回特性的机构中，原动件作等速回转时，从动件在空回行程中的平均速度(或角速度)与工作行程中的平均速度(或角速度)之比，称为行程速度变化系数，以 K 表示。

现以图 3-32 所示的曲柄摇杆机构为例来分析讨论。曲柄 AB 以等角速度 ω_1 按顺时针方向转动，它在转动一周的过程中，有两次与连杆 BC 共线(B_1AC_1 和 AB_2C_2)，这时摇杆达到极限位置 DC_1 和 DC_2。摇杆处于两极限位置时，对应的曲柄两位置 AB_1 与 AB_2 之间所夹的锐角，称为极位夹角，以 θ 表示。摇杆 DC_1 与 DC_2 之间的夹角称为从动件的摆角，以 ψ 表示。摇杆从 DC_1 摆到 DC_2(工作行程)所对应的曲柄转角 $\varphi_1=180°+\theta$，所需的时间 $t_1=\varphi_1/\omega_1$，故摇杆在工作行程中的平均角速度 ω_W 为

$$\omega_W=\frac{\psi}{t_1}=\frac{\psi}{\frac{\varphi_1}{\omega_1}}=\frac{\psi\omega_1}{\varphi_1} \tag{3-5}$$

同理，摇杆从 DC_2 摆回到 DC_1(空回行程)所对应的曲柄转角 $\varphi_2=180°-\theta$，所需的时间 $t_2=\varphi_2/\omega_1$，故摇杆在空回行程中的平均角速度 ω_R 为

$$\omega_R=\frac{\psi}{t_2}=\frac{\psi}{\frac{\varphi_2}{\omega_1}}=\frac{\psi\omega_1}{\varphi_2} \tag{3-6}$$

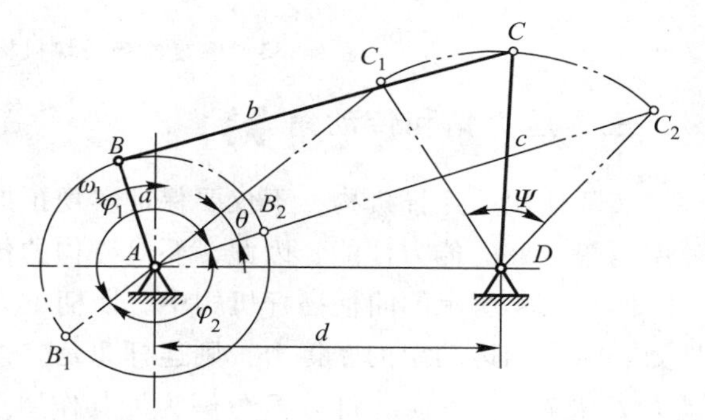

图 3-32 曲柄摇杆机构的急回特性

由于 $\varphi_2<\varphi_1$，根据式(3-5)和式(3-6)可知 $\omega_R>\omega_W$，因此该机构具有急回特性。摇杆的行程速度变化系数为

$$K=\frac{\text{摇杆空回行程的平均角速度}}{\text{摇杆工作行程的平均角速度}}=\frac{\omega_R}{\omega_W}=\frac{\frac{\psi\omega_1}{\varphi_2}}{\frac{\psi\omega_1}{\varphi_1}}=\frac{\varphi_1}{\varphi_2}$$

所以

$$K=\frac{\varphi_1}{\varphi_2}=\frac{180°+\theta}{180°-\theta} \tag{3-7}$$

由上式可知，当极位夹角 θ 越大时，K 也越大，它表示急回程度越大；当 $\theta=0°$时，$K=1$，则机构无急回作用。因此行程速度变化系数 K 表示急回运动的特性。

偏置曲柄滑块机构和摆动导杆机构亦有急回特性，它们的极限位置、极位夹角分别见图 3-33a 和 b。图 3-33a 中，滑块极限位置间的距离 $\overline{C_1C_2}$ 称为滑块的行程，以 h 表示。图 3-33b 中，

根据几何关系，摆动导杆机构的极位夹角 θ 与导杆的摆角 ψ 相等。导杆的摆角一般比较大，因此导杆机构常用于要求急回特性较显著的机器中，如牛头刨床的主运动机构。

在设计具有急回特性的机构时，通常根据工作要求先选定 K 值，然后由下式求出极位夹角 θ 为

$$\theta = \frac{K-1}{K+1}180° \tag{3-8}$$

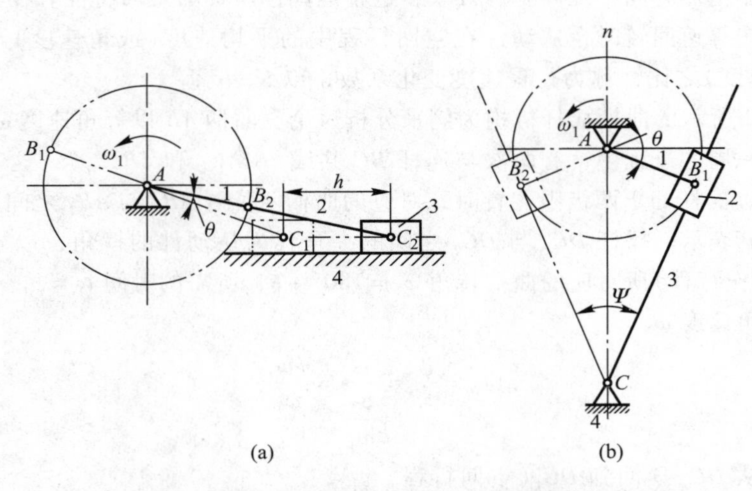

图 3－33 偏置曲柄滑块机构和摆动导杆机构的急回特性

三、压力角和传动角

实际使用的连杆机构，不仅要保证实现预期的运动，而且还要求传动时，具有轻便省力和效率高等良好的传力性能。因此，要对机构的传力情况进行分析。

图 3－34 所示的曲柄摇杆机构中，曲柄 1 为原动件，摇杆 3 为从动件。如果不计构件的惯性力、重力和运动副的摩擦力，则连杆 2 是二力杆。因此，通过连杆 2 作用在从动件 3 上的驱动力 $\boldsymbol{F}$ 沿着 BC 方向。将力 $\boldsymbol{F}$ 分解为沿其作用点 C 的速度 $\boldsymbol{v}_C$ 方向的分力 $\boldsymbol{F}_t$ 和垂直于 $\boldsymbol{v}_C$ 方向的分力 $\boldsymbol{F}_n$，设 $\boldsymbol{F}$ 与 $\boldsymbol{v}_C$ 之间的夹角为 α，则由图 3－34 可知：$F_t = F\cos\alpha$，$F_n = F\sin\alpha$。分力 $\boldsymbol{F}_t$ 是使从动件转动的有效分力，而 $\boldsymbol{F}_n$ 不仅对从动件没有转动效应，而且还会引起转动副 D 中产生附加径向压力和摩擦阻力，所以它是有害分力。由上式可知，α 的大小直接影响 $\boldsymbol{F}_t$ 和 $\boldsymbol{F}_n$ 的大小，α 愈小，则 $\boldsymbol{F}_t$ 愈大，而 $\boldsymbol{F}_n$ 愈小。从动摇杆上的力 $\boldsymbol{F}$ 与其作用点 C 的速度 $\boldsymbol{v}_C$ 之间所夹的锐角，称为机构在此位置时的压力角，机构在运转过程中，α 是不断变化的。显然压力角愈小，传力性能愈好，对机构工作愈有利。

压力角 α 的余角 γ 称为机构在此位置的传动角。如图 3－34 所示，连杆 BC 与从动件 CD 之间所夹的锐角 δ 也等于传动角 γ。γ 愈大，对传力愈有利。由于传动角易于观察和测量，因此工程上常以传动角 γ 来衡量连杆机构的传力性能。为了使传动角不致过小，常要求其最小值 $\gamma_{\min}$ 大于许用传动角 $[\gamma]$，即 $\gamma_{\min} \geqslant [\gamma]$。$[\gamma]$ 一般取为 40°，对于高速、大功率机械取为 50°。

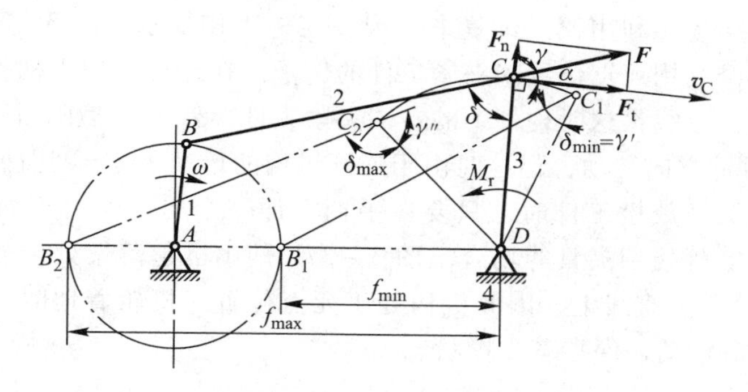

图 3-34 连杆机构的压力角和传动角

下面确定 γ_{min} 出现的位置。在图 3-34 所示的铰链四杆机构中，连杆 BC 与摇杆 CD 之间的夹角 δ 随转动副 B 与 D 之间的距离 f 的变化而变化，f 愈短，δ 也愈小。当曲柄转到与机架重合的两个位置 AB_2 和 AB_1 时，f 分别达到最大值 f_{max} 和最小值 f_{min}，此时所对应的夹角分别为最大值 δ_{max} 和最小值 δ_{min}，相应的传动角分别为 γ'' 和 γ'。当 $\delta_{max}<90°$ 时，$\delta_{min}=\gamma'=\gamma_{min}$；当 $\delta_{max}>90°$ 时，其传动角 $\gamma''=180°-\delta_{max}$，也可能为最小值，所以应比较 γ' 和 γ''，取两者中较小值作为最小传动角 γ_{min}；当 $\delta_{min}>90°$ 时，$\gamma''=180°-\delta_{max}=\gamma_{min}$。至于 δ_{max} 和 δ_{min} 的值，可按图 3-34 中的几何关系，用余弦定理或图解法求得。

四、机构的死点位置

图 3-35 所示的曲柄摇杆机构中，若取摇杆 1 为原动件，当其处于两极限位置 C_1D 和 C_2D 时，连杆 2 传给从动曲柄 3 的驱动力 $\boldsymbol{F}$ 将通过曲柄的转动中心 A。此时传动角 $\gamma=0°$（或压力角 $\alpha=90°$），驱动力对从动件 3 的有效力矩为零，因而不能驱动机构；同时曲柄 AB 的转向也不能确定。机构的这种位置称为死点位置。对于传动机构来说，机构有死点位置是不利的，为了使机构能顺利地通过死点位置，通常在曲柄轴上安装飞轮，利用飞轮的惯性来渡过死点位置。如缝纫机上的大带轮就起到了飞轮的作用。另外，还可以利用机构错位排列的方法渡过死点位置，如图 3-36 所示的机车车轮联动机构，当一个机构处于死点位置时，可借助另一个机构来越过死点位置。

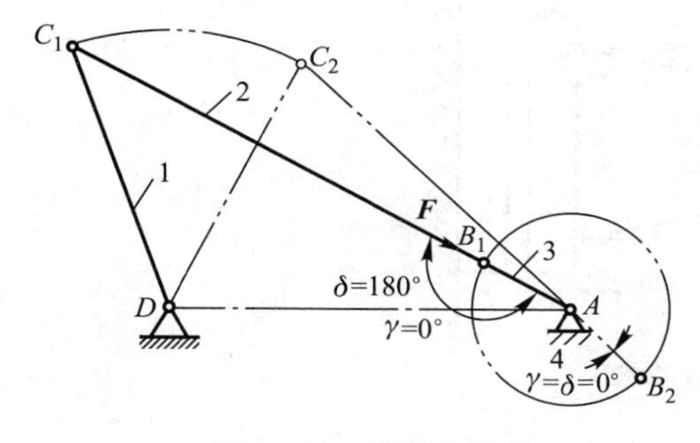

图 3-35 死点位置

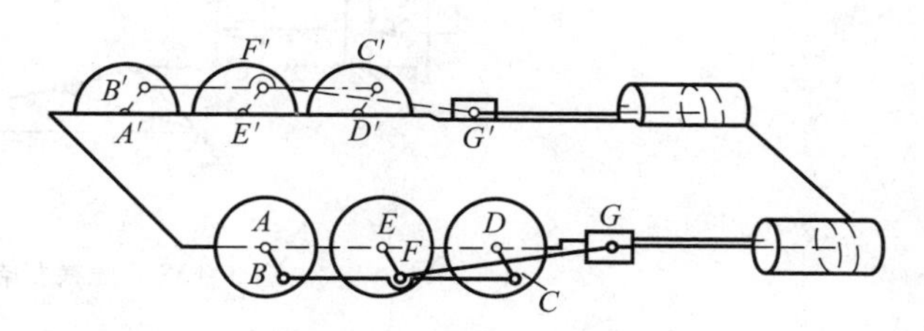

图 3-36 车轮联动机构

在工程上，有许多场合利用死点位置来实现一定的工作要求。图 3－37a 所示为一种连杆式快速夹具，它是一个利用死点位置来夹紧工件的例子。在连杆 2 的手柄处施以作用力 **F**，使连杆 2 与连架杆 3 成一直线，这时构件 1 的左端夹紧工件。外力 **F** 撤除后，工件给构件 1 的反力 **N** 欲使构件 1 顺时针方向转动，但这时由于连杆机构的传动角 $\gamma=0°$ 而处于死点位置，从而保持了工件上的夹紧力。放松工件时，只要在手柄上加一个向上的力 **F** 即可。这种夹紧方式广泛地应用于钻夹具和焊接用夹具等场合。图 3－37b 是飞机起落架处于放下机轮的位置，连杆 *BC* 与从动件 *CD* 位于一直线上，因此机构处于死点位置。机轮着地时，承受很大的地面反力而不致使从动件 *CD* 转动，保持着支撑状态。

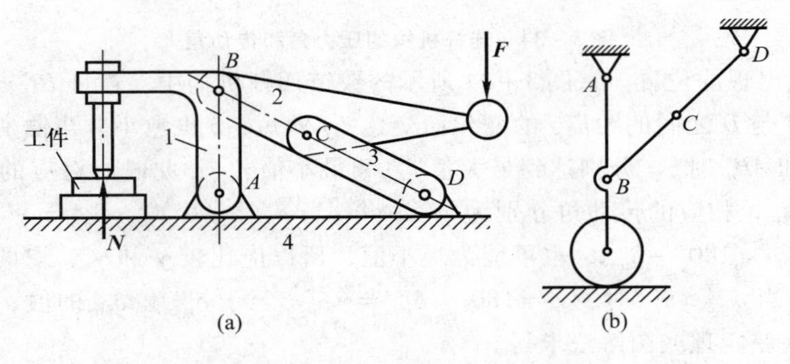

图 3－37　死点位置的应用

图 3－38 所示为一压铸机合模机构，是机构死点位置应用的又一实例。它由两套对称的连杆机构所组成，由于作用力对称分布，故只需分析其中一套机构（如 *FCBAB′DG*）。当动力由液压缸左方输入时，曲柄 *ABB′* 驱动动模 DD_1 到达最右的极限位置（合模位置）。在压铸过程中，为了安全可靠，要求铸模始终保持合模压力，而不能自行松开，否则金属液经分模面喷射而出，将造成事故。图中所示为过渡位置，待合模后，*A*、*B′*、*D* 三点将会共线，使机构处于死点位置。**P** 力除去后，动模 DD_1 虽受到注入模腔内的金属液之巨大压力，但因其力线通过铰链 *A*（因机构处于死点位置，*B′* 恰在 *AD* 线上），对曲柄 *ABB′* 的力矩为零，所以曲柄即使无 **P** 力推动也不致反转。

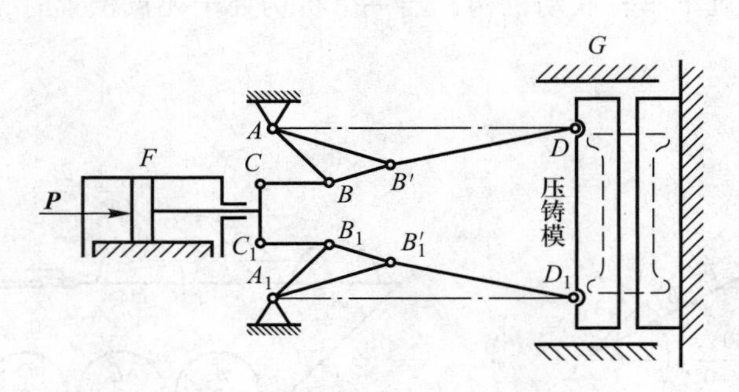

图 3－38　压铸机合模机构

第四节 平面四杆机构的设计

平面四杆机构应用很广泛，在使用中其运动要求是多种多样的。在设计中一般可将其归纳为两类基本要求：①满足给定的运动规律。构件的位置、构件之间的相对位置或运动规律满足或近似满足所给定的要求。②满足给定的运动轨迹。连杆上某点的运动轨迹满足或近似满足给定的要求。已知条件中除运动要求外，往往还有几何条件和动力条件。

平面四杆机构的设计方法有图解法、解析法和实验法 3 种。图解法简明易懂，设计简单易行，但精度稍差；解析法比较抽象，精度高，便于计算机求解；实验法直观性强，计算和作图量少，但精度不高。由于图解法在平面四杆机构的设计中起着重要作用，因此下面将重点介绍图解法，对实验法和解析法只作简单介绍。

一、按给定连杆的位置设计四杆机构

如图 3－39 所示，已知连杆长度 l_{BC} 及 3 个给定的位置 B_1C_1、B_2C_2、B_3C_3，设计该四杆机构。

1. 设计分析

该设计问题需确定其他三杆的长度及连架杆回转中心 A 和 D 的位置，而关键问题在于求 A 和 D 的位置。由于四杆机构的铰链中心 B 和 C 的运动轨迹分别是以 A 和 D 为圆心的圆弧，所以由 B_1、B_2、B_3 可求 A 点；由 C_1、C_2、C_3 可求 D 点。

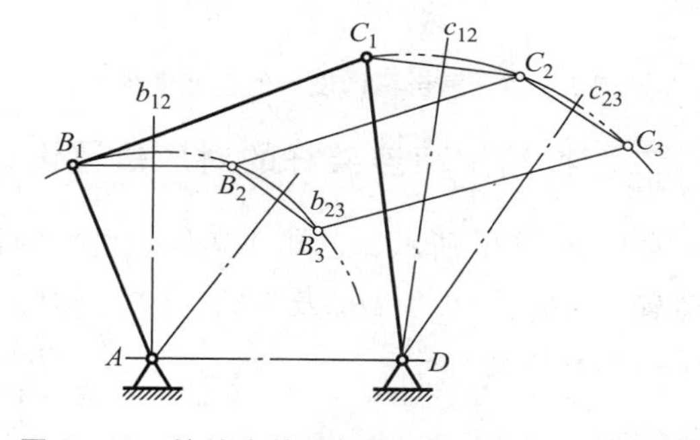

图 3－39 按给定的连杆位置设计平面四杆机构

2. 设计步骤

(1) 选取适当的比例尺 μ_1，根据 $BC = l_{BC}/\mu_1$，画出给定的连杆位置；

(2) 连接 B_1 与 B_2、B_2 与 B_3、C_1 与 C_2、C_2 与 C_3，并分别作它们的垂直平分线得：b_{12}、b_{23}、c_{12}、c_{23}，则 b_{12}与 b_{23}、c_{12}与 c_{23}的交点分别为所求铰链中心 A、D；

(3) 连接 AB_1、DC_1 得到所要设计的四杆机构 AB_1C_1D，可得两连架杆和机架的实际长度分别为：$l_{AB}=\mu_1 AB_1$，$l_{CD}=\mu_1 C_1D$，$l_{AD}=\mu_1 AD$，其设计结果是唯一的。

若给定连杆两个位置，则 A、D 不能唯一确定，设计结果有无穷多。这时需附加其他条件，如最小传动角要求、杆长范围或机架位置等条件，方可使 A、D 唯一确定。

例 3－1 图 3－40 所示为造型机翻台机构翻台的两个给定位置Ⅰ、Ⅱ，Ⅰ为砂箱振实位置，转动 180°到Ⅱ为砂箱起模位置。翻台固定在铰链四杆机构的连杆 BC 上。已知尺寸如图所示，单位为 mm，比例尺 $\mu_1=0.025$ m/mm。要求机架上铰链中心 A、D 点在图中 x 轴上，试设计此机构。

解 (1) 按比例尺 $\mu_1=0.025$ m/mm 作出连杆的两个位置 B_1C_1、B_2C_2 以及 x 轴，如图 3－41 所示。

（2）连接 B_1、B_2 和 C_1、C_2，并分别作它们的垂直平分线 b_{12}、c_{12}，则 b_{12}、c_{12} 与 x 轴相交于 A、D 两点。

（3）连接 B_1、A 和 C_1、D，可得所求四杆机构 AB_1C_1D。由图可量出 AB_1、C_1D、AD 的长度分别为 56 mm、58 mm 和 12 mm，于是可知各杆长度为

$$l_{AB}=\mu_1 AB_1=0.025\times 56\ \text{m}=1.4\ \text{m}=1\ 400\ \text{mm}$$

$$l_{CD}=\mu_1 C_1D=0.025\times 58\ \text{m}=1.45\ \text{m}=1\ 450\ \text{mm}$$

$$l_{AD}=\mu_1 AD=0.025\times 12\ \text{m}=0.3\ \text{m}=300\ \text{mm}$$

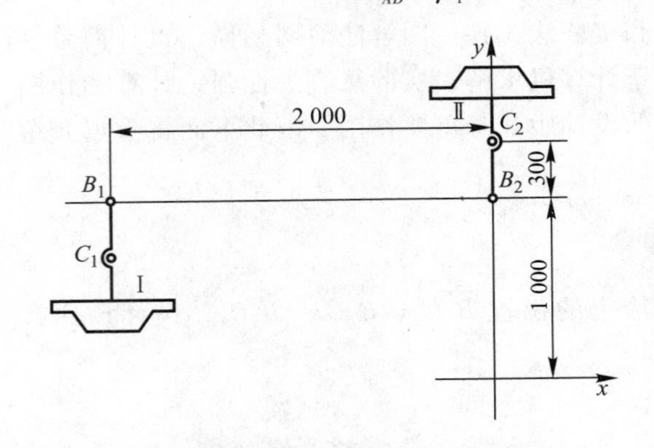

图 3－40 翻台机构设计的已知条件

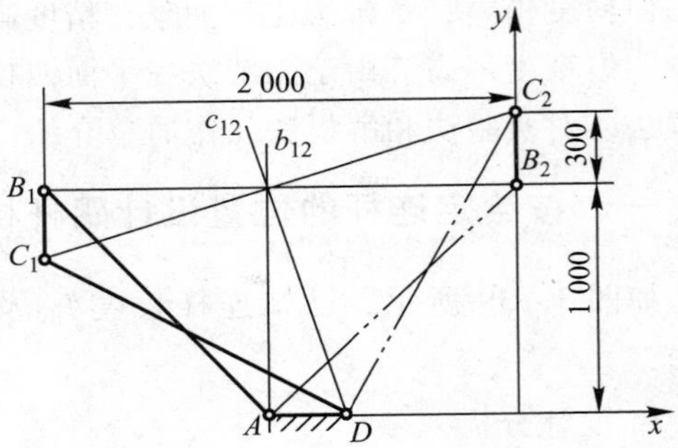

图 3－41 翻台机构设计

二、按给定两连架杆的对应位置设计四杆机构

如图 3－42a 所示，已知连架杆和机架的长度分别为 l_{AB}、l_{AD}，两连架杆 AB、CD 的 3 组对应位置为 AB_1、AB_2、AB_3 及 DE_1、DE_2、DE_3，相应转角为 φ_1、φ_2、φ_3 及 ψ_1、ψ_2、ψ_3，试设计该平面四杆机构。

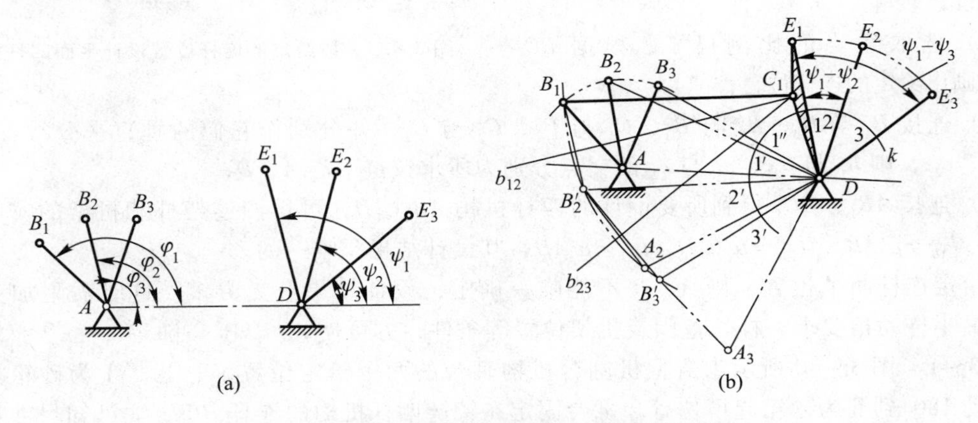

图 3－42 按连架杆对应位置设计平面四杆机构

1. 设计分析

连架杆 CD 上的铰链中心 C 点位置未知，故连架杆 CD 的位置用其上某一标线 DE 表示。由已知条件可知，确定铰链中心 C 是设计此机构的关键。确定 C 点位置可以假想 $DE(DC)$ 为机

架，AB 为连杆，将原已知条件转化为给定连杆（AB）3 个位置的设计问题，即将图 3－42a 中的B_2ADE_2、B_3ADE_3 绕铰链中心 D 逆时针分别转动$(\psi_1-\psi_2)$、$(\psi_1-\psi_3)$角，使 DE_2、DE_3 转到 DE_1（为假想机架）位置，得 $B'_2A_2DE_1$、$B'_3A_3DE_1$（图 b 中双点画线），则转化所得连杆 AB 的 3 个位置为 AB_1、$A_2B'_2$、$A_3B'_3$。铰链中心 C 点可以根据 B_1、B'_2、B'_3 点求出。此法称为反转法。

2. 设计步骤

（1）取适当的比例尺 μ_l，按给定条件画出两连架杆的 3 组对应位置，并连接 B_2、D 与 B_3、D；

（2）以 D 点为圆心，以适当长度为半径画圆弧 k 与 E_1D、E_2D、E_3D、B_2D 及 B_3D 线分别交于 1、2、3、1′及 1″点，圆弧$\overparen{12}$、$\overparen{13}$所对圆心角分别为$(\psi_1-\psi_2)$、$(\psi_1-\psi_3)$；

（3）在圆弧 k 上取$\overparen{1'2'}=\overparen{12}$、$\overparen{1''3'}=\overparen{13}$，得 2′、3′点，作过 D、2′与 D、3′的直线，并在其上取 $DB'_2=DB_2$、$DB'_3=DB_3$，得 B'_2、B'_3 点；

（4）连接 B_1、B'_2 及 B'_2、B'_3，并分别作它们的垂直平分线 b_{12}、b_{23}，得交点 C_1（C_1 点一般不在 DE_1 线上，这时可以把标线 DE_1 与 C_1 固连成一个构件 C_1DE_1）；

（5）连接 AB_1C_1D 得到所要设计的铰链四杆机构。连杆和摇杆的实际长度分别为 $l_{BC}=\mu_lB_1C_1$，$l_{CD}=\mu_lC_1D$。

对于给定两连架杆两组对应位置的设计问题，可按上述反转法转化为已知两连杆位置的设计问题求之，其结果为无穷多解。

例 3－2 如图 3－43a 所示，已知曲柄长度为 l_{AB}，其给定位置由转角 φ_1、φ_2、φ_3 确定，相应滑块 C 的位置标线为Ⅰ′、Ⅱ′、Ⅲ′，S_{12}、S_{13}为滑块的位移量。试设计此曲柄滑块机构。

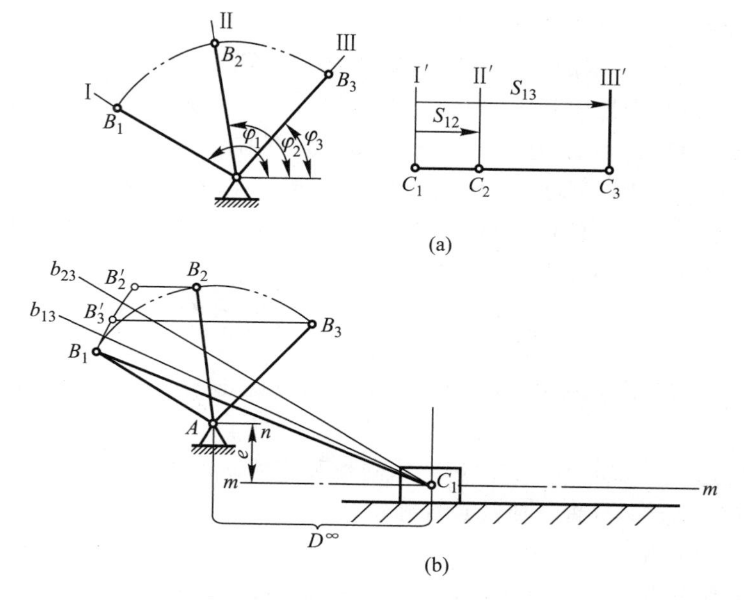

图 3－43　曲柄滑块机构设计

解 滑块 C 可以认为是铰链中心 D 点在无穷远的连架杆 CD，CD 杆反向转动可以认为是滑块 C 反向移动。故该机构设计类似于铰链四杆机构按给定两连架杆对应位置设计，其设计步骤如下：

（1）取适当的比例尺 μ_1，作水平线 An 及 $\angle nAB_1$、$\angle nAB_2$、$\angle nAB_3$ 分别为 φ_1、φ_2、φ_3，并取 $AB_1=AB_2=AB_3=AB=l_{AB}/\mu_1$；

（2）过 B_2、B_3 点分别作水平线，并取 $B_2B_2'=S_{12}/\mu_1$、$B_3B_3'=S_{13}/\mu_1$；

（3）连接 B_1B_3' 与 $B_2'B_3'$，并分别作它们的垂直平分线 b_{13}、b_{23} 交于 C_1；

（4）过 C_1 作水平线 mm，即为滑块的移动导路；

（5）连接 B_1C_1，可得所要设计的曲柄滑块机构 AB_1C_1。

连杆和偏距的实际长度分别为 $l_{BC}=\mu_1B_1C_1$，$e=\mu_1mn$。

三、按给定的行程速度变化系数 *K* 设计四杆机构

通常根据机械的工作性质和使用要求选取行程速度变化系数 K 值，使机构具有所需要的急回特性。设计时先根据 K 值计算出极位夹角 θ，然后利用机构在两极限位置时的几何关系，再结合其他条件，以确定机构运动简图的尺度参数。

1. 设计曲柄摇杆机构

已知行程速度变化系数 K，摇杆长度 l_{CD} 及其摆角 Ψ，试设计曲柄摇杆机构。

（1）设计分析。此设计问题的关键是确定铰链 A 的位置。图 3－44 所示曲柄摇杆机构中，AB_1C_1D、AB_2C_2D 是机构的两个极限位置，若连接 C_1、C_2 点得 $\triangle C_1AC_2$ 和 $\triangle C_1DC_2$。$\triangle C_1DC_2$ 可以依已知条件作出；以 C_1C_2 为弦（所对圆周角为 θ）作辅助圆，A 点必在该圆周上。

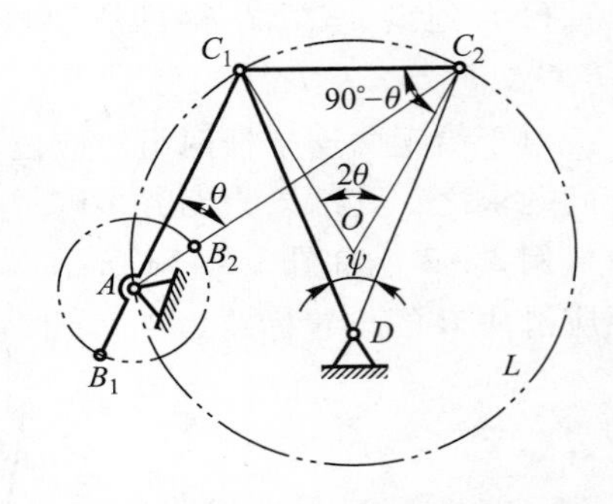

图 3－44 按 *K* 值设计曲柄摇杆机构

（2）设计步骤。①由给定的行程速度变化系数 K 计算极位夹角 θ；②选取适当的比例尺 μ_1，按已知摇杆长度 l_{CD} 和摆角 Ψ，以 C_1C_2 为底作顶角为 Ψ、腰长为 CD 的等腰 $\triangle C_1DC_2$；③作以 C_1C_2 为底，顶角为 2θ 的等腰 $\triangle C_1OC_2$。以 O 为圆心、$OC_1=OC_2$ 为半径作辅助圆 L。在该圆上允许范围内任选一点 A，则 $\angle C_1AC_2=\theta$；④因两极限位置曲柄与连杆共线，故有 $AC_1=BC-AB$；$AC_2=BC+AB$。由此可得

$$AB=\frac{AC_2-AC_1}{2},\quad BC=\frac{AC_1+AC_2}{2}$$

由上式求得 AB、BC 并由图中量取 AD 后，可得曲柄、连杆和机架的实际长度分别为

$$l_{AB}=\mu_1AB,\quad l_{BC}=\mu_1BC,\quad l_{AD}=\mu_1AD$$

由于 A 点为任选，所以可得无穷多解。当附加某些辅助条件，如给定机架长度或最小传动角 $\gamma_{\min}$ 等，即可确定 A 点的位置，使其具有确定解。

2. 设计摆动导杆机构

已知行程速度变化系数 K 及机架长度 $l_{AC}=d$，试设计摆动导杆机构。

设计步骤如下：①根据 K 值计算出 θ；②由图可知摇杆摆角 Ψ 等于极位夹角 θ，所以任选

一点 C 作 $\angle B_1CB_2=\Psi=\theta$ 及其平分线 Cn。选取适当的比例尺 μ_1，在 Cn 线上取 $CA=d/\mu_1$，得曲柄转动中心 A 点；③过 A 点作导杆极限位置 CB_1（或 CB_2）的垂线 AB_1（或 AB_2），则 AB_1 就是曲柄，其实际长度 $a=\mu_1 AB_1$。

四、用实验法设计实现给定运动轨迹的四杆机构

由前述可知，当平面四杆机构运转时，其连杆作平面运动，连杆上任一点的轨迹形成连杆曲线。连杆曲线的形状随连杆上点的位置及各杆相对尺寸的不同而变化。根据这一特点，可以用图谱法设计实现给定运动轨迹的四杆机构。

图 3－45 所示为描绘连杆曲线图谱的仪器模型，各杆的相对长度制成可调的。在连杆上固定一块不透明的多孔薄板，当机构运动时，板上每个孔的运动轨迹都是连杆曲线，孔的位置不同，连杆曲线形状也各异。利用光束照射的方法把这些曲线印在感光纸上，就可以得到一组连杆曲线。然后，按一定规律改变各杆的相对长度，就可作出许多形状不同的连杆曲线，按照顺序将连杆曲线整理汇编成册，即成连杆曲线图谱。图 3－46 所示即为图谱中的一张。

按给定运动轨迹设计时，先从图谱中查出形状与给定运动轨迹相似的连杆曲线，以及描绘该连杆曲线的四杆机构中各杆的相对长度和连杆上点（“孔”）的相对位置，然后用缩放仪求出图谱中的连杆曲线与给定运动轨迹之间相差的倍数，最后将查出的尺寸与倍数相乘即得到机构各部分的尺寸。

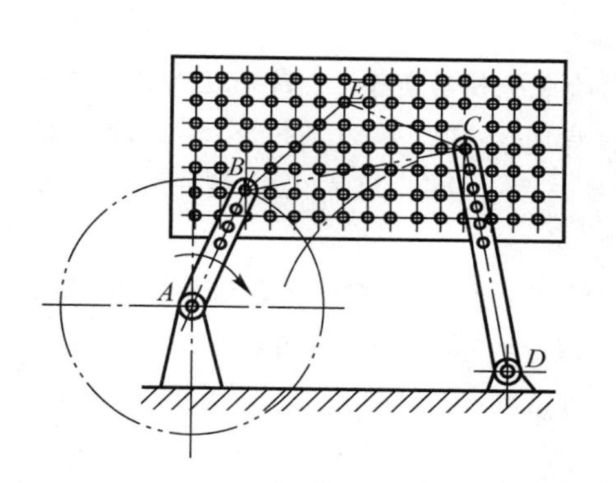

图 3－45 描绘连杆曲线的模型机构

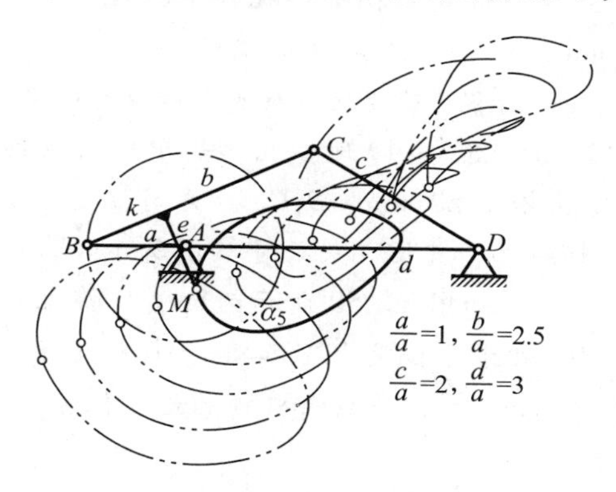

图 3－46 连杆曲线

习 题

3－1 试根据图 3－47 中注明的尺寸，判断各铰链四杆机构的类型。

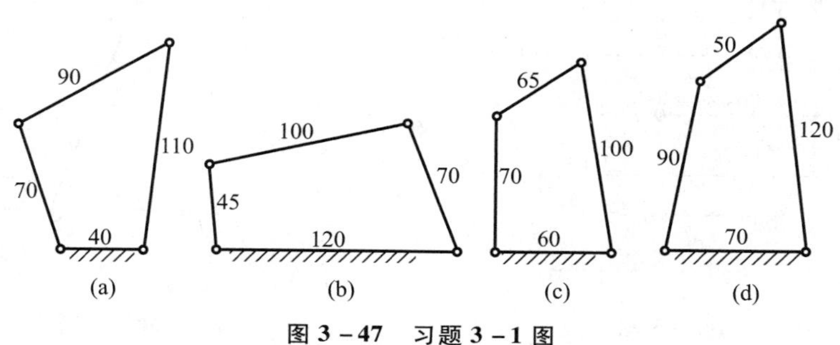

图 3－47 习题 3－1 图

3-2　图3-48所示的铰链四杆机构中，已知：$l_{BC}=50\ \text{mm}$，$l_{CD}=35\ \text{mm}$，$l_{AD}=30\ \text{mm}$，AD为机架。试求解下列问题：

（1）若得到曲柄摇杆机构，且AB为曲柄，求l_{AB}的最大值；

（2）若得到双曲柄机构，求l_{AB}的最小值；

（3）若得到双摇杆机构，求l_{AB}的取值范围。

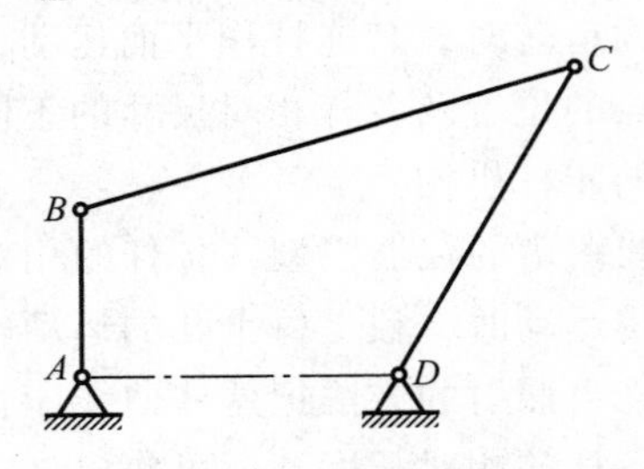

图3-48　习题3-2图

3-3　设曲柄摇杆机构$ABCD$中，杆AB、BC、CD、AD的长度分别为$a=80\ \text{mm}$，$b=160\ \text{mm}$，$c=280\ \text{mm}$，$d=250\ \text{mm}$，AD为机架。试求：

（1）行程速度变化系数K；（2）检验最小传动角$\gamma_{\min}$，许用传动角$[\gamma]=40°$。

3-4　偏置曲柄滑块机构中，设曲柄长度$a=120\ \text{mm}$，连杆长度$b=600\ \text{mm}$，偏距$e=120\ \text{mm}$，曲柄为原动件，试求：

（1）行程速度变化系数K和滑块的行程h；（2）检验最小传动角$\gamma_{\min}$，许用传动角$[\gamma]=40°$。

3-5　图3-49所示的加热炉门用铰链四杆机构启闭。炉门作为连杆，其上两铰链中心B、C点相距50 mm，B_1C_1为关闭位置，B_2C_2为开启位置，要求两固定铰链中心A、D点在$y-y$轴线上，其他相关尺寸如图所示。试设计此机构。

3-6　如图3-50所示为脚踏轧棉机的曲柄摇杆机构。铰链中心A、D在铅垂线上，要求踏板DC在水平位置上下各摆动10°，且$l_{DC}=500\ \text{mm}$，$l_{AD}=1\ 000\ \text{mm}$。试求曲柄AB和连杆BC的长度l_{AB}和l_{BC}，并画出机构的死点位置。

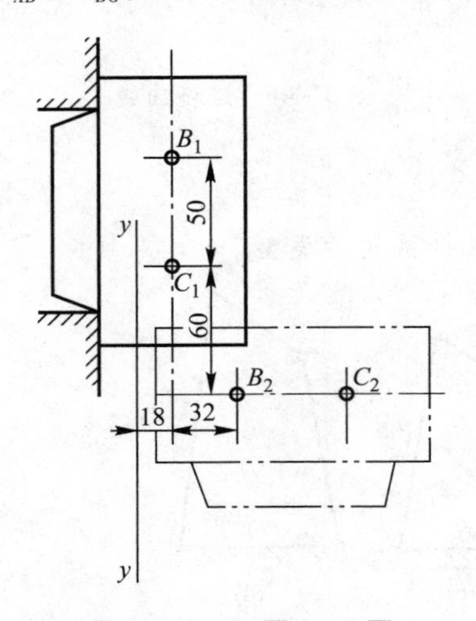

图3-49　习题3-5图

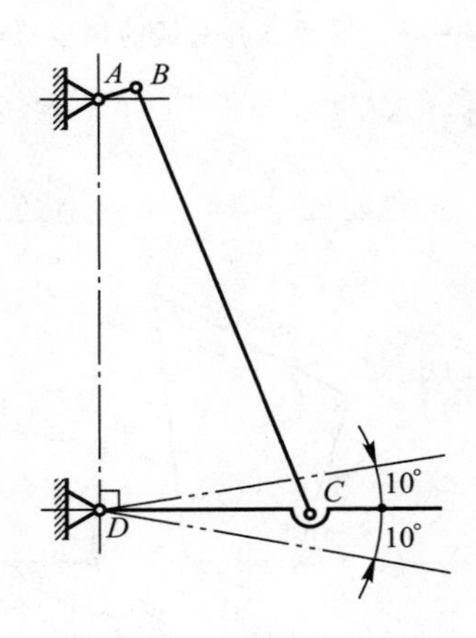

图3-50　习题3-6图

3－7　已知图3－51所示的铰链四杆机构中，$l_{AB}=58$ mm，$l_{AD}=70$ mm，原动件AB与从动件CD上某一直线DE之间的对应角位置如图所示，试用图解法设计此四杆机构。

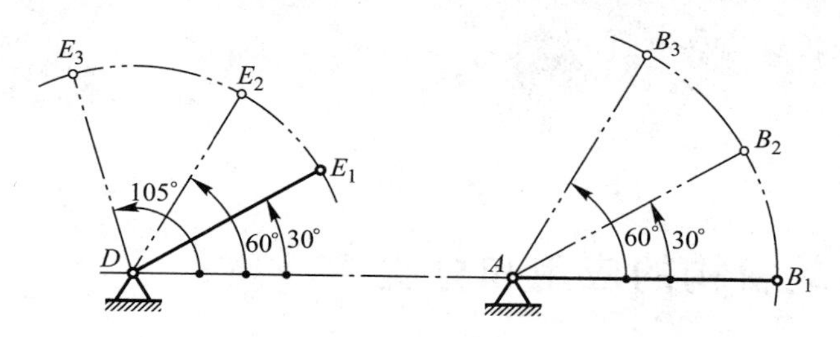

图3－51　习题3－7图

3－8　图3－52所示为一用于控制装置的摇杆滑块机构，若已知摇杆与滑块的对应位置为$\varphi_1=60°$、$s_1=80$ mm，$\varphi_2=90°$、$s_2=60$ mm，$\varphi_3=120°$、$s_3=40$ mm，偏距$e=20$ mm。试设计该机构。

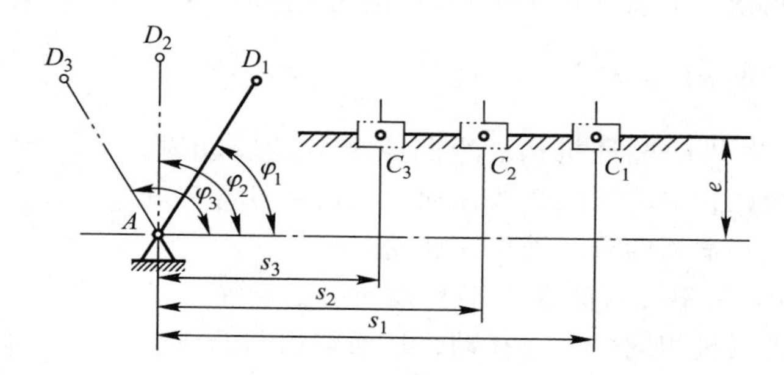

图3－52　习题3－8图

3－9　图3－53所示的颚式破碎机，设已知行程速度变化系数$K=1.25$，颚板CD(摇杆)的长度$l_{CD}=300$ mm，颚板摆角$\psi=30°$，试确定：

(1) 当机架AD的长度$l_{AD}=280$ mm时，曲柄AB和连杆BC的长度l_{AB}和l_{BC}；

(2) 当$l_{AB}=50$ mm时机架AD和连杆BC的长度l_{AD}和l_{BC}。并对此两种设计结果，分别检验它们的最小传动角$\gamma_{\min}$，取$[\gamma]=40°$。

3－10　设计一曲柄滑块机构，已知滑块的行程速度变化系数$K=1.5$，滑块行程$h=50$ mm，偏距$e=20$ mm，如图3－54所示。试求曲柄长度l_{AB}和连杆长度l_{BC}。

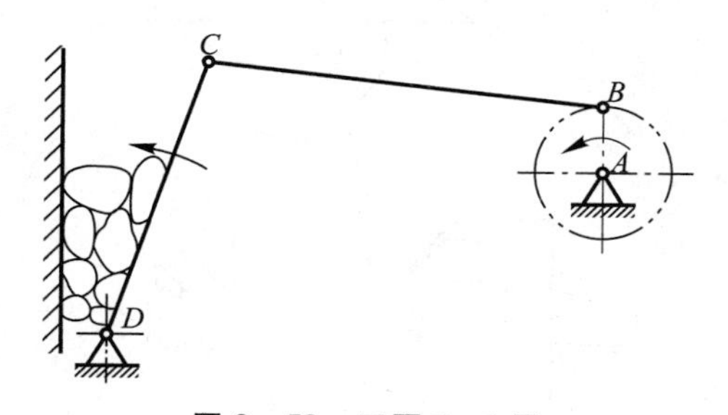

图3－53　习题3－9图

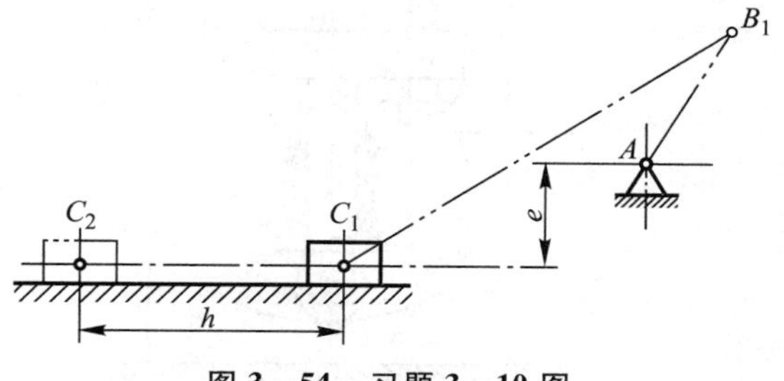

图3－54　习题3－10图

第四章 凸轮机构

第一节 凸轮机构的应用和分类

凸轮机构是含有凸轮的一种高副机构，广泛应用于各种机械和自动控制装置中。凸轮是一个具有曲面轮廓的构件，一般多为原动件(有时为机架)。当凸轮为原动件时，通常作等速连续转动或移动，而从动件则按预期输出特性要求作连续或间歇的往复摆动、移动或平面复杂运动。

一、凸轮机构的应用

图 4-1 所示为内燃机的配气机构。当凸轮 1 匀速转动时，利用凸轮轮廓向径的变化，迫使气阀 2 按预期的输出特性开启和关闭阀门，以控制燃气在适当的时间进入气缸或排出废气。

图 4-2 所示为仿形刀架。刀架 3 水平移动时，凸轮 1 的轮廓驱使从动件 2 带动刀头按相同的轨迹移动，从而切出与凸轮轮廓相同的旋转曲面。

图 4-3 所示为一自动机床的进刀机构。当具有凹槽的圆柱凸轮 1 回转时，其凹槽侧面将迫使摆杆 2 绕点 C 作往复摆动，从而控制刀架的进刀和退刀运动。

由上可知，凸轮机构一般是由凸轮、从动件和机架 3 个构件所组成的高副机构。

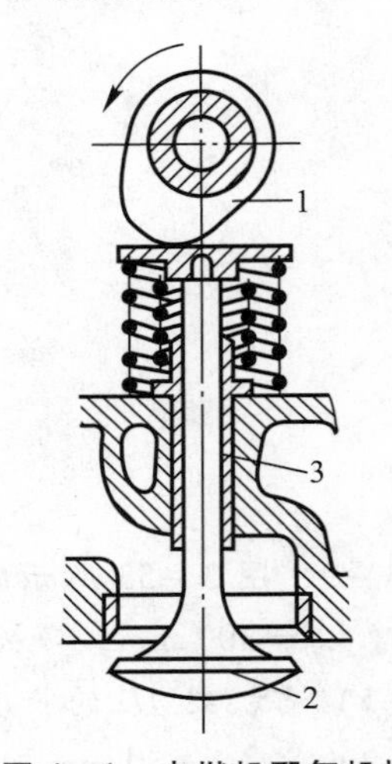

图 4-1 内燃机配气机构

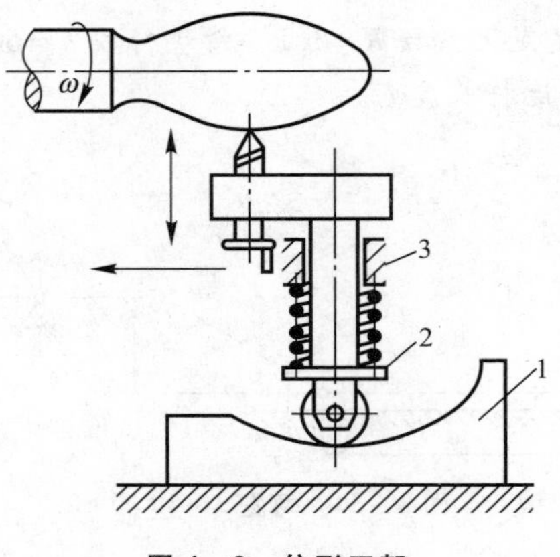

图 4-2 仿形刀架

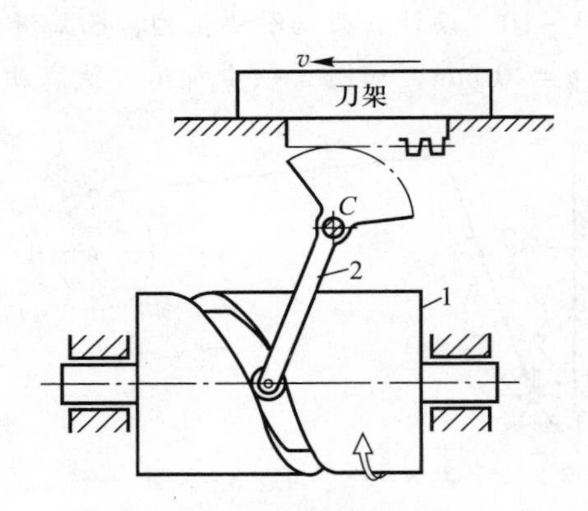

图 4-3 自动机床进刀机构

凸轮机构的优点是：只要选择适当的凸轮轮廓曲线，就可以使从动件实现任意预期的运动规律，并且结构简单、紧凑，工作可靠。其缺点是：凸轮轮廓形状复杂，加工比较困难，成本较高；且凸轮为高副接触，压强较大，易于磨损，故凸轮机构多用于传递动力不大的场合。

二、凸轮机构的分类

凸轮机构的种类很多，通常按以下几种方法分类。

1. 按凸轮的形状分类

（1）盘形凸轮。它是一个具有变化向径的盘形构件，是凸轮的基本型式。当其绕固定轴转动时，从动件可在垂直于凸轮轴线的平面内作往复直线运动或摆动，如图 4 – 1 所示。

（2）移动凸轮。当盘形凸轮的回转中心趋于无穷远时，凸轮的转动演化为相对机架的往复直线移动，即为移动凸轮。它是一个相对机架作直线移动或为机架且具有变化轮廓的构件，如图 4 – 2 所示。

（3）圆柱凸轮。它是一个在圆柱面上开有曲线凹槽，或者在圆柱端面上做出曲线轮廓的构件。当其转动时，可使从动件在平行于其轴线或包含其轴线的平面内运动，如图 4 – 3 所示。

盘形凸轮和移动凸轮与从动件之间的相对运动是平面运动，而圆柱凸轮与从动件之间的相对运动是空间运动。故前两种属于平面凸轮机构，后一种属于空间凸轮机构。

2. 按从动件的形状分类

（1）尖顶从动件。如图 4 – 4a 所示，它是最简单、最基本的型式。其优点是结构简单，不论凸轮轮廓曲线形状如何，尖顶总能保持与其接触，因而能实现任意预期的运动规律。缺点是尖顶与凸轮轮廓为点接触，易于磨损，故仅用于受力较小的低速凸轮机构中。

（2）滚子从动件。如图 4 – 4b 所示，这种从动件的一端装有可以自由转动的滚子。因滚子与凸轮轮廓之间为滚动摩擦，磨损较小，故可以承受较大的载荷，应用最广泛。

（3）平底从动件。如图 4 – 4c 所示，这种从动件的一端装有固定的平底。其优点是凸轮对从动件的作用力总是垂直于从动件的底面（忽略摩擦时），故受力较平稳，传动效率高。且平底与凸轮轮廓间易于形成油膜，可以减小摩擦及磨损，所以常用于高速凸轮机构中。其缺点是凸轮的轮廓曲线不能呈凹形，因此运动规律受到一定的限制。

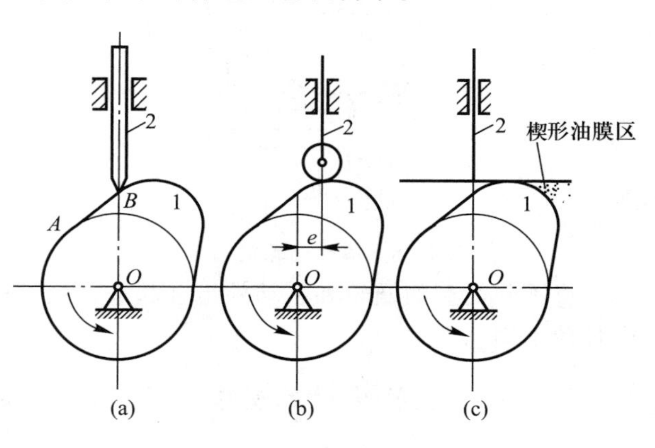

图 4 – 4　从动件的形状

以上 3 种从动件还可以按其相对机架的运动形式分为：作往复直线运动的从动件和作往复摆动的从动件两类。前者称为直动从动件，后者称为摆动从动件。在直动从动件中，如果从动件导路通过凸轮回转中心，称为对心直动从动件，如图 4 – 4a 所示；否则，称为偏置直动从动件，如图 4 – 4b 所示。其偏置量称为偏距，用 e 表示。

3. 按凸轮与从动件保持接触的方式分类

（1）力封闭的凸轮机构。利用重力、弹簧力或其他外力使从动件和凸轮始终保持接触（图 4－1）。

（2）形封闭的凸轮机构。利用特殊几何形状（虚约束）使组成凸轮高副的两构件始终保持接触。如图 4－3 所示，它是利用凸轮凹槽两侧壁间的法向距离恒等于滚子的直径来实现的。

图 4－5 所示的凸轮机构，是利用凸轮廓线上任意两条平行切线间的距离恒等于从动件框架内边的宽度 b 来实现的，称为等宽凸轮机构。

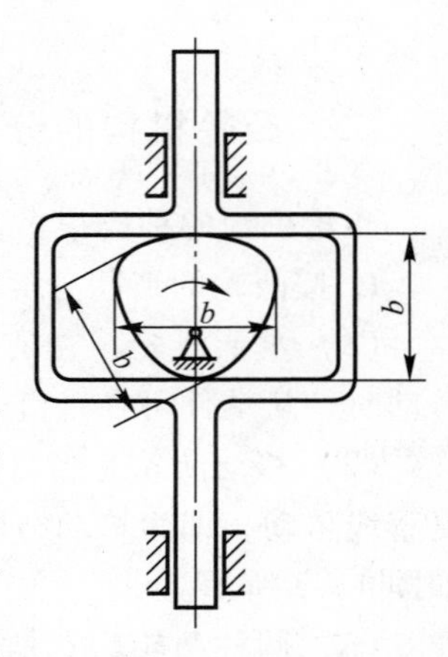

图 4－5 等宽凸轮机构

图 4－6 所示的凸轮机构，是利用凸轮理论廓线上相反两向径值之和恒等于从动件上两滚子的中心距 L 来实现的，称为等径凸轮机构。

图 4－7 所示的凸轮机构，是利用相互固连在一起的一对凸轮轮廓分别与同一从动件上的两个滚子接触来实现的，称为共轭凸轮机构。这种凸轮又称为主回凸轮。

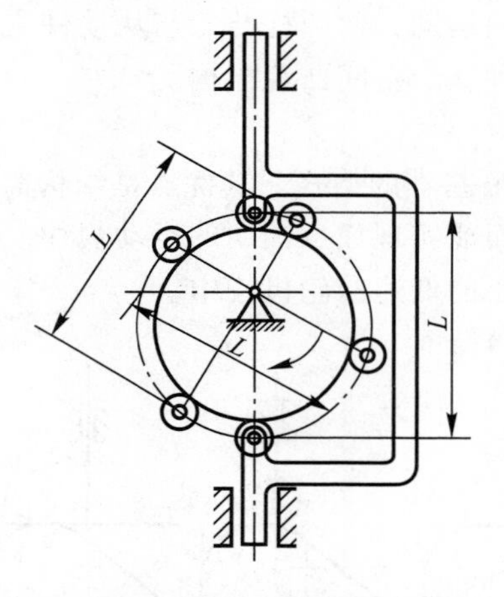

图 4－6 等径凸轮机构

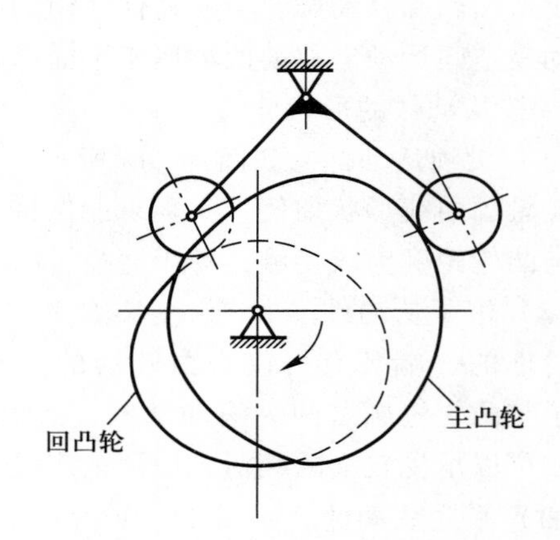

图 4－7 共轭凸轮机构

将不同类型的凸轮和从动件组合起来，就可得到各种不同型式的凸轮机构，从而满足生产中各种不同的要求。

三、凸轮机构设计的基本内容与步骤

凸轮机构设计的基本内容与步骤为：①根据工作要求，合理地选择凸轮机构的型式；②根据机构工作要求、载荷情况及凸轮转速等，确定从动件的运动规律；③根据凸轮在机器中安装位置的限制、从动件行程、许用压力角及凸轮种类等，初步确定凸轮基圆半径；④根据从动件的运动规律，用图解法或解析法设计凸轮轮廓曲线；⑤校核压力角及轮廓的最小曲率半径；⑥进行结构设计。

第二节　从动件常见的运动规律

一、凸轮机构基本名词术语

图 4－8a 所示为对心尖顶直动从动件盘形凸轮机构，以凸轮轮廓最小向径 r_0 为半径所作的圆称为基圆，r_0 称为基圆半径。在图示位置，从动件的尖顶与凸轮轮廓上 A 点相接触，从动件处于上升的起始位置。当凸轮以等角速度 ω 逆时针回转 Φ 角时，凸轮的曲线轮廓 $\overset{\frown}{AB}$ 部分将依次与从动件尖顶接触。由于这段轮廓的向径是逐渐增大的，故从动件尖顶被凸轮轮廓推动，以一定的运动规律由离回转中心最近位置 A 到达最远位置 B'，这个过程称为推程。它所走过的距离 AB' 即为从动件的最大位移，称为从动件的行程，以 h 表示。与推程相对应的凸轮转角 Φ 称为推程运动角，简称推程角。当凸轮继续回转 Φ_s 时，以 O 为圆心的一段圆弧 $\overset{\frown}{BC}$ 与从动件尖顶接触，从动件将停留在最高位置不动，与此对应的 Φ_s 称为远休止角。凸轮继续回转 Φ' 时，由向径逐渐减小的 $\overset{\frown}{CD}$ 段与尖顶依次相接触，从动件将按一定的运动规律从最高位置下降到最低位置，这一过程称为回程，相应的凸轮转角 Φ' 称为回程运动角，简称回程角。当凸轮继续回转 Φ'_s 时，基圆上的圆弧 $\overset{\frown}{DA}$ 与尖顶相接触，从动件在离回转中心最近的位置停留不动，Φ'_s 称为近休止角。当凸轮继续转动时，从动件将重复"升—停—降—停"的运动循环。

以直角坐标系的纵坐标代表从动件位移 s，横坐标代表凸轮转角 φ（因凸轮通常以等角速度转动，故也代表时间 t），则可以画出从动件位移 s 与凸轮转角 φ 之间的关系曲线，如图 4－8b 所示，称为从动件的位移线图。位移线图直观地表示了从动件的位移变化规律，它是设计凸轮轮廓的依据。

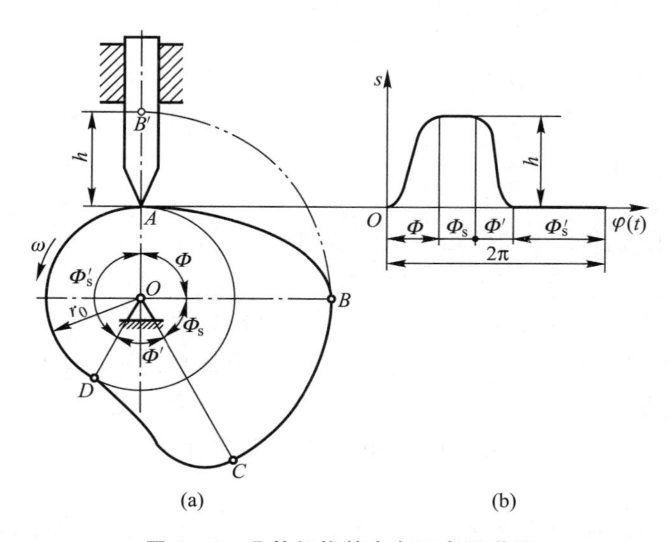

图 4－8　凸轮机构基本名词术语说明

由上述可知，凸轮的轮廓形状决定了从动件的运动规律。反之，从动件不同的运动规律要求凸轮具有不同的轮廓曲线形状。因此，在设计凸轮轮廓之前，应首先确定从动件的运动规律。

二、从动件常见的运动规律

从动件的运动规律，是指从动件在推程或回程中，其位移 s、速度 v 和加速度 a 随凸轮转角 φ（或时间 t）而变化的规律。下面介绍几种常见的运动规律。

1. 等速运动规律

从动件推程或回程的速度为常数时，称为等速运动规律。

设在推程阶段凸轮以等角速度 ω 转动，经过时间 T，凸轮转过推程角 Φ，从动件行程为 h。则从动件速度为

$$v=\frac{h}{T}=v_0\text{（常数）}$$

将速度 v 分别对时间求导和积分，可得从动件的加速度和位移的方程为

$$a=\frac{\mathrm{d}v}{\mathrm{d}t}=0$$

$$s=\int v\mathrm{d}t=v_0t+C=\frac{ht}{T}+C$$

依据边界条件：当 $t=0$ 时，$s=0$，则 $C=0$，于是得出

$$s=\frac{ht}{T}$$

因凸轮转角 $\varphi=\omega t$，$\Phi=\omega T$，则有 $t=\frac{\varphi}{\omega}$，$T=\frac{\Phi}{\omega}$。

将上式带入上述各方程，可得从动件的运动方程为

$$\left.\begin{aligned}s&=\frac{h}{\Phi}\varphi\\v&=\frac{h}{\Phi}\omega\\a&=0\end{aligned}\right\}\qquad(4-1)$$

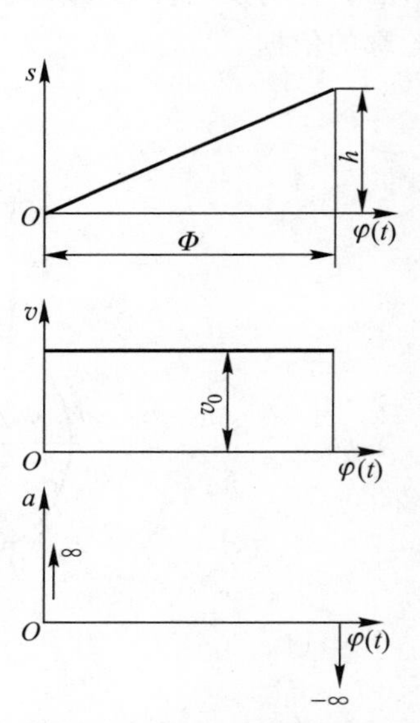

图 4－9　等速运动推程段从动件运动线图

根据上述运动方程作出的从动件运动线图如图 4－9 所示。由图可知，从动件在行程开始和结束的瞬间，速度有突变，其加速度在理论上分别达到正的无穷大和负的无穷大。因此在这两个位置上，从动件的惯性力理论上也为无穷大。虽然，由于材料的弹性变形等原因，加速度和惯性力不会达到无穷大，但其量值仍然很大，将在机构中产生强烈的冲击，称这样的冲击为刚性冲击。因此，等速运动规律只适用于低速轻载的场合。

回程时，凸轮转过回程角 Φ'，从动件相应从 $s=h$ 逐渐减小到零。通过类似的方法可得出回程时作等速运动的从动件的运动方程为

$$\left.\begin{aligned} s &= h - \frac{h}{\Phi'}\varphi \\ v &= -\frac{h}{\Phi'}\omega \\ a &= 0 \end{aligned}\right\} \tag{4-2}$$

2. 等加速等减速运动规律

所谓等加速等减速运动，是指从动件在一个行程 h 中，先作等加速运动，后作等减速运动。如果其加速运动段与减速运动段的时间相等，加速度和减速度的绝对值也相等，则从动件在每段时间中的位移也相等，各为 $h/2$。又因凸轮作等速转动，所以与每段时间相应的凸轮转角也相等，各为 $\Phi/2$ 或 $\Phi'/2$。

在推程等加速运动区间，设从动件加速度 $a=a_0=$ 常数，对加速度 a 进行时间的一次和两次积分，可得速度和位移方程为

$$v = \int a\mathrm{d}t = a_0 t + C_1$$

$$s = \int v\mathrm{d}t = \frac{1}{2}a_0 t^2 + C_1 t + C_2$$

依据边界条件：当 $t=0$ 时，$v=0$，$s=0$，得 $C_1=0$，$C_2=0$；当 $t=T/2$ 时，$s=h/2$。

又知 $t=\varphi/\omega$，$T=\Phi/\omega$，可得从动件推程等加速段运动方程为

$$\left.\begin{aligned} s &= \frac{2h}{\Phi^2}\varphi^2 \\ v &= \frac{4h\omega}{\Phi^2}\varphi \\ a &= a_0 = \frac{4h\omega^2}{\Phi^2} \end{aligned}\right\} \quad (0 \leqslant \varphi \leqslant \Phi/2) \tag{4-3a}$$

同理可得从动件推程等减速段运动方程为

$$\left.\begin{aligned} s &= h - \frac{2h}{\Phi^2}(\Phi - \varphi)^2 \\ v &= \frac{4h\omega}{\Phi^2}(\Phi - \varphi) \\ a &= -\frac{4h\omega^2}{\Phi^2} \end{aligned}\right\} \quad (\Phi/2 \leqslant \varphi \leqslant \Phi) \tag{4-3b}$$

根据上述运动方程可以作出从动件在推程作等加速等减速运动的运动线图，如图 4-10 所示。由运动线图可以看出，这种运动规律的位移线图由两段抛物线组成，而速度线图由两段斜直线组成；加速度曲线在 A、B、C 三处发生有限的突变，因而引起惯性力的突变也为有限值。所以在凸轮机构中存在有限的冲击，这种冲击称为柔性冲击。因此，这种运动规律适用于中速、轻载的场合。

由于从动件在作等加速等减速运动时，其位移曲线是由两条光滑相接的反向抛物线组成，

所以这种运动规律又称为抛物线运动规律。图 4－10 所示为其位移线图的简易画法：首先选取角度比例尺，在横坐标轴上作出推程运动角 Φ，将其分成相等的两部分；其次选取长度比例尺，在 $\Phi/2$ 处作长度为行程 h 的铅垂线段，并将其分成相等的两部分，再将其下半段 $0\sim h/2$ 分为若干等分(图中为四等分)，得 1′、2′、3′、4′各点，连接 $O1'$、$O2'$、$O3'$、$O4'$；最后将横坐标轴上代表 $\Phi/2$ 的线段分成同样等分得 1、2、3、4 各点，并过各点作铅垂线，与连线 $O1'$、$O2'$、$O3'$、$O4'$ 对应相交，将各交点用光滑曲线连接，即得前半个行程等加速运动的位移线图。对于后半个行程，从动件作等减速运动，由图 4－10 可知，其位移线图的画法与前半个行程等加速运动位移线图的画法基本相同。

用类似的方法可得从动件回程等加速、等减速段的运动方程为

$$
\left.\begin{aligned}
s &= h-\frac{2h}{\Phi'^2}\varphi^2\\
v &= -\frac{4h\omega}{\Phi'^2}\varphi\\
a &= -\frac{4h\omega^2}{\Phi'^2}
\end{aligned}\right\}\quad(\text{等加速段})\qquad(4-4\text{a})
$$

$$
\left.\begin{aligned}
s &= \frac{2h}{\Phi'^2}(\Phi'-\varphi)^2\\
v &= -\frac{4h\omega}{\Phi'^2}(\Phi'-\varphi)\\
a &= \frac{4h\omega^2}{\Phi'^2}
\end{aligned}\right\}\quad(\text{等减速段})\qquad(4-4\text{b})
$$

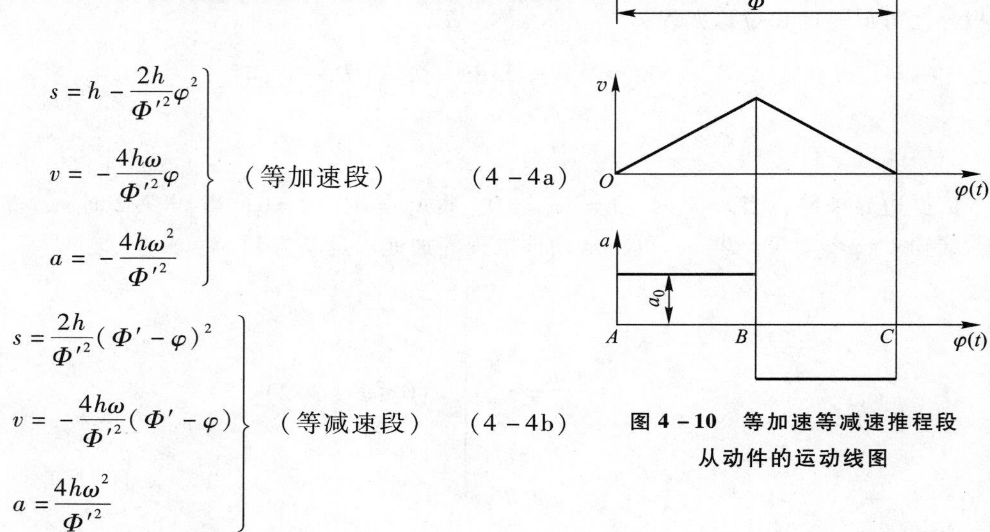

图 4－10　等加速等减速推程段从动件的运动线图

3. 简谐运动规律

当一个质点在圆周上作匀速运动时，它在这个圆的直径上的投影所构成的运动称为简谐运动。从动件作简谐运动时，其运动线图如图 4－11 所示。

由位移线图可以看出，其位移曲线方程为

$$s=R-R\cos\theta$$

式中 $R=h/2$，且当 $\varphi=0$ 时，$\theta=0$；$\varphi=\Phi$ 时，$\theta=\pi$，故得 $\theta=\pi\varphi/\Phi$。将 R 及 θ 值代入上式并对时间求导，可得从动件推程简谐运动方程为

$$
\left.\begin{aligned}
s &= \frac{h}{2}\left[1-\cos\left(\frac{\pi}{\Phi}\varphi\right)\right]\\
v &= \frac{\pi h\omega}{2\Phi}\sin\left(\frac{\pi}{\Phi}\varphi\right)\\
a &= \frac{\pi^2 h\omega^2}{2\Phi^2}\cos\left(\frac{\pi}{\Phi}\varphi\right)
\end{aligned}\right\}\qquad(4-5)
$$

由上式可知，从动件作简谐运动时，其加速度按余弦曲线变化，故又称为余弦加速度规律。由运动线图可知，这种运动规律在始末两点加速度有突变，故也存在柔性冲击，所以也只适用于中速场合。只有当从动件作无停留区间的“升—降—升”连续往复运动时，才可以获得连续的加速度曲线(图 4-11 中虚线所示)而用于高速传动。

这种运动规律位移曲线的画法如图 4-11 所示。以从动件的行程 h 为直径画半圆，将此半圆和横坐标上的推程角 Φ 对应分成相同等分(图中为 6 等分)，再过半圆周上各等分点作水平线与 Φ 中对应等分点的垂直线各交于一点，过这些点连成光滑曲线即为所画的推程位移曲线。

类似地，可得从动件回程简谐运动方程为

$$\left.\begin{aligned} s &= \frac{h}{2}\left[1+\cos\left(\frac{\pi}{\Phi'}\varphi\right)\right] \\ v &= -\frac{\pi h\omega}{2\Phi'}\sin\left(\frac{\pi}{\Phi'}\varphi\right) \\ a &= -\frac{\pi^2 h\omega^2}{2\Phi'^2}\cos\left(\frac{\pi}{\Phi'}\varphi\right) \end{aligned}\right\} \tag{4-6}$$

4. 摆线运动规律

如图 4-12 所示，当滚圆沿纵轴匀速纯滚动时，圆周上某定点 A 将描出一条摆线。A 点沿摆线运动时在纵轴上的投影即构成摆线运动规律，其运动线图如图 4-12 所示。由位移线图可知其位移曲线方程为

$$s = A_0B - R\sin\theta = R\theta - R\sin\theta$$

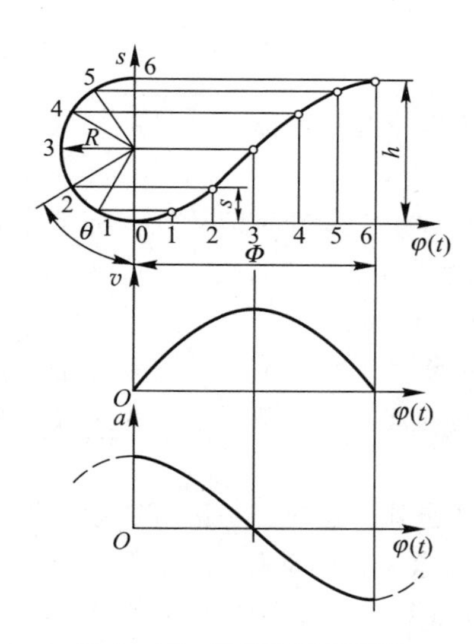

图 4-11　简谐运动推程段从动件的运动线图

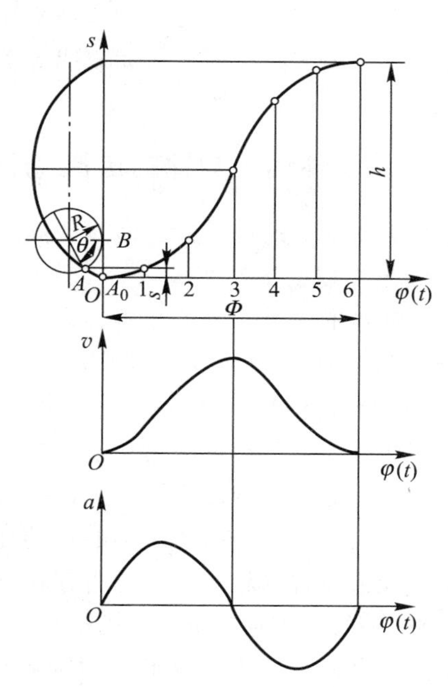

图 4-12　摆线运动推程段从动件的运动线图

因半径为 R 的圆滚动一周其圆心的行程 $h=2\pi R$，则 $R=h/2\pi$；又 $\theta/2\pi=\varphi/\Phi$，故 $\theta=2\pi\varphi/\Phi$。将 R 及 θ 代入上式并对时间求导，可得从动件推程摆线运动方程为

$$\left.\begin{aligned} s&=h\left[\frac{\varphi}{\Phi}-\frac{1}{2\pi}\sin\left(\frac{2\pi}{\Phi}\varphi\right)\right]\\ v&=\frac{h\omega}{\Phi}\left[1-\cos\left(\frac{2\pi}{\Phi}\varphi\right)\right]\\ a&=\frac{2\pi h\omega^{2}}{\Phi^{2}}\sin\left(\frac{2\pi}{\Phi}\varphi\right)\end{aligned}\right\}\tag{4-7}$$

由上式可知，当从动件按摆线运动规律运动时，从动件的加速度按正弦曲线变化，故又称为正弦加速度运动规律。从运动线图可知，这种运动规律的速度和加速度均是连续变化的，没有突变，所以机构中既没有刚性冲击又没有柔性冲击，可用于高速传动。

通过类似方法，可得从动件回程摆线运动方程为

$$\left.\begin{aligned} s&=h\left[1-\frac{\varphi}{\Phi'}+\frac{1}{2\pi}\sin\left(\frac{2\pi}{\Phi'}\varphi\right)\right]\\ v&=-\frac{h\omega}{\Phi'}\left[1-\cos\left(\frac{2\pi}{\Phi'}\varphi\right)\right]\\ a&=-\frac{2\pi h\omega^{2}}{\Phi'^{2}}\sin\left(\frac{2\pi}{\Phi'}\varphi\right)\end{aligned}\right\}\tag{4-8}$$

除了上述几种从动件常见的运动规律之外，还有其他形式的运动规律，如为了使加速度连续变化，可采用高次多项式运动规律等。此外，工程应用中还可将几种运动规律组合起来，以期实现不同的工程要求。

三、从动件运动规律的选择

选择从动件运动规律时，涉及的问题很多，主要考虑以下几个方面。

1. 满足机器的工作要求

即当机器工作时，要求凸轮在转过角 Φ 时，从动件严格按一定的运动规律完成一行程 h 或一最大摆角 Φ_{max}，所以必须严格按所要求的运动规律设计凸轮轮廓曲线。

2. 使凸轮机构具有良好的动力性能

对于高速凸轮机构，因运动速度高，从动件在工作中将产生很大的惯性力和冲击，从而使凸轮机构磨损加剧，寿命降低。因此，即使对从动件的运动规律无特殊要求，为了改善其动力性能，也必须选择适合高速运动的从动件运动规律。

在进行选择时，除了考虑是否存在刚性冲击和柔性冲击外，还应当考虑所选运动规律的最大速度 v_{max} 和最大加速度 a_{max} 对机构动力性能的影响。v_{max} 愈大，则动量 mv 愈大，当启动和停车时，会产生较大冲击。因此，对质量大的从动件，应选择 v_{max} 较小的运动规律；a_{max} 愈大，则惯性力愈大，由惯性力引起的动压力也就愈大，因而对机构的强度和磨损的影响也就愈大。因此，对高速运动的凸轮机构而言，a_{max} 不宜太大。

3. 使凸轮轮廓易于加工

在满足前两点的前提下，应尽量选用简单的运动规律，使凸轮轮廓易于加工。如图 4-13 所示夹紧工件的凸轮机构，只要求凸轮 1 转过 Φ 角时，构件 2 摆过 ψ 角夹紧工件，至于 ab 段曲线的形状则无严格要求，故可选用圆弧、直线或其他易于加工的曲线作为凸轮轮廓曲线，避免采用复杂的运动规律。

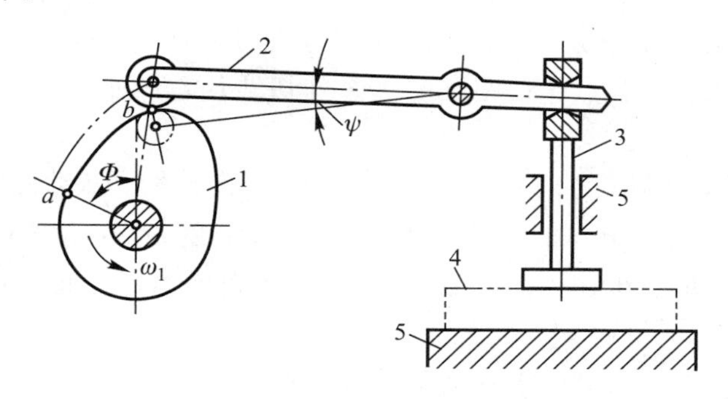

图 4-13　夹紧工件的凸轮机构

1—凸轮；2—摆杆；3—夹紧杆；4—工件；5—机架

第三节　用图解法设计凸轮轮廓曲线

根据机器的工作要求，确定了凸轮机构的型式，选定了从动件的运动规律，并决定了凸轮的基圆半径和转动方向之后，即可进行凸轮轮廓曲线的设计。凸轮轮廓曲线设计的方法分为图解法和解析法两种。用图解法绘制凸轮轮廓曲线所使用的方法是“反转法”，其原理为：如图 4-14 所示，若给整个机构加上一个与凸轮角速度 ω 大小相等、方向相反的公共角速度 $-\omega$，于是凸轮静止不动，而从动件和导路一方面以角速度 $-\omega$ 绕 O 点转动，另一方面从动件又以一定的运动规律相对导路往复运动。由于从动件尖顶始终与凸轮轮廓接触，所以在这种复合运动中从动件尖顶的运动轨迹即为凸轮的轮廓曲线。根据这一原理便可作出各种类型凸轮机构的轮廓曲线。

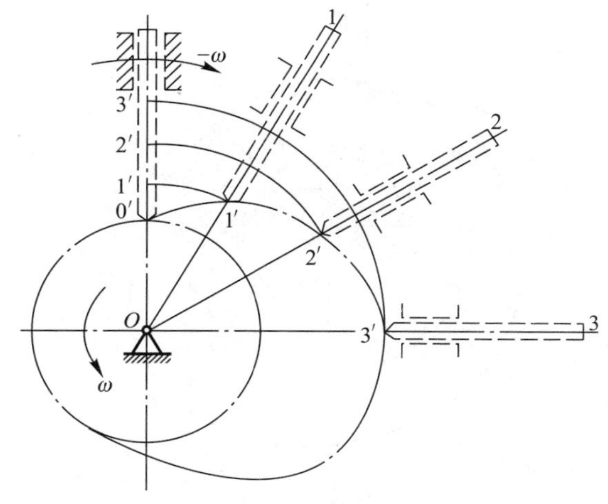

图 4-14　“反转法”作图原理说明

一、直动从动件盘形凸轮轮廓设计

1. 尖顶从动件

图 4-15a 所示为尖顶偏置直动从动件盘形凸轮机构，图 4-15b 为给定的从动件位移线图。设已知凸轮基圆半径 r_0，从动件导路与凸轮回转中心的偏距为 e，凸轮以等角速度 ω 顺时

针方向转动，求作凸轮轮廓曲线。作图步骤与方法如下：

（1）取与位移曲线相同的比例尺 μ_1 画出基圆和偏距圆。过偏距圆上任一点 K 作从动件导路与偏距圆相切。导路与基圆的交点 $B_0(C_0)$ 即是从动件尖顶的起始位置；

（2）将位移曲线的推程角和回程角分别作若干等分(图中各为 4 等分)；

（3）自 OC_0 开始，沿与 ω 相反的方向，取推程角 180°、远休止角 30°、回程角 90°和近休止角 60°。并将推程角和回程角分成与位移曲线相对应的等分，得点 C_1、C_2、C_3、…；

（4）过 C_1、C_2、C_3、…各点作偏距圆的一系列切线，它们便是反转后从动件在各个位置时的导路；

（5）沿以上各切线由基圆上各对应点 C_1、C_2、C_3、…向外量取从动件在各位置的位移量，即线段 $C_1B_1=\overline{11'}$、$C_2B_2=\overline{22'}$、$C_3B_3=\overline{33'}$、…，得出反转后尖顶的一系列位置点 B_1、B_2、B_3、…；

（6）将点 B_0、B_1、B_2、B_3、…连成光滑曲线(远休止段和近休止段用等径圆弧)，即得所求凸轮轮廓曲线。

以上当 $e=0$ 时，即得尖顶对心直动从动件盘形凸轮轮廓，这时偏距圆的切线即为过点 O 的径向线，其余设计方法及步骤与上述相同。

2. 滚子从动件

图 4-16 所示为滚子偏置直动从动件盘形凸轮机构。为讨论方便，仍采用上述的已知条件，只是在从动件端部加上一个半径为 r_T 的滚子。

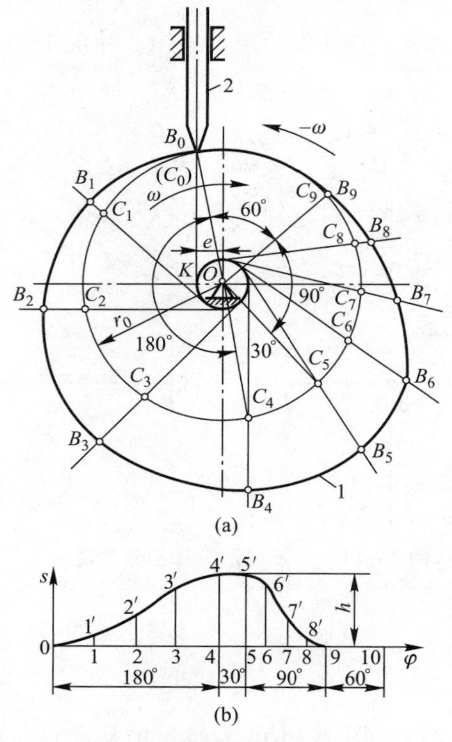

图 4-15　尖顶偏置直动从动件盘形凸轮轮廓图解设计

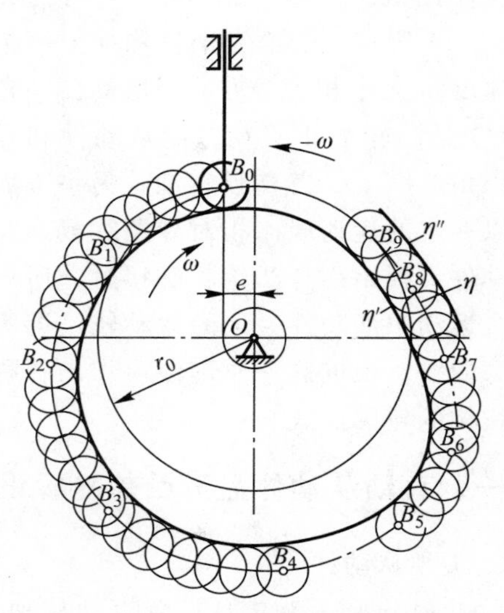

图 4-16　滚子偏置直动从动件盘形凸轮轮廓图解设计

由于滚子中心是从动件上的一个固定点，该点的运动就是从动件的运动，因此可取滚子中心作为参考点(相当于尖顶从动件的尖顶)，按设计尖顶从动件凸轮轮廓的方法绘出凸轮轮廓曲线 η，η 称为凸轮的理论轮廓曲线。由于滚子始终与凸轮轮廓保持接触，滚子中心与凸轮轮廓线沿法线方向的距离恒等于滚子半径 r_T。因此，以滚子半径为半径，以理论轮廓曲线上各点为圆心，作一系列滚子圆，最后作这些滚子圆的内包络线 η'(对于凹槽凸轮还应作外包络线 η'')，η' 即为滚子从动件盘形凸轮的实际轮廓。

应当指出，凸轮的基圆指的是其理论轮廓的基圆。凸轮的实际轮廓曲线与理论轮廓曲线间的法向距离始终等于滚子半径，所以它们互为等距曲线。

3. 平底从动件

图 4-17 所示为平底对心直动从动件盘形凸轮机构，其廓线求法也与上述相仿。首先将从动件导路中心线与平底的交点 B_0 视为尖顶从动件的尖顶。再按上述方法求出凸轮理论轮廓曲线上的一系列点 B_1、B_2、B_3、…，然后过这些点作一系列代表从动件平底位置的直线。最后，作此直线族的内包络线，即得到凸轮的实际廓线。

二、摆动从动件盘形凸轮轮廓设计

图 4-18a 所示为尖顶摆动从动件盘形凸轮机构。设已知凸轮基圆半径为 r_0，凸轮轴心与从动件摆动中心的中心距为 a，从动件长度为 l_{AB}，推程时从动件逆时针摆动，最大摆角为 ψ_{max}，

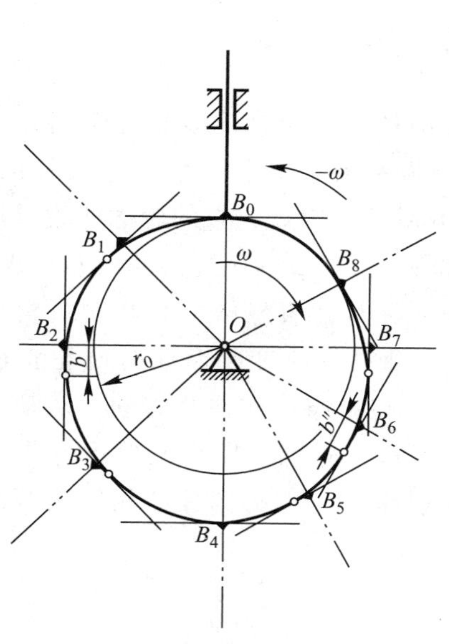

图 4-17 平底对心直动从动件盘形凸轮轮廓图解设计

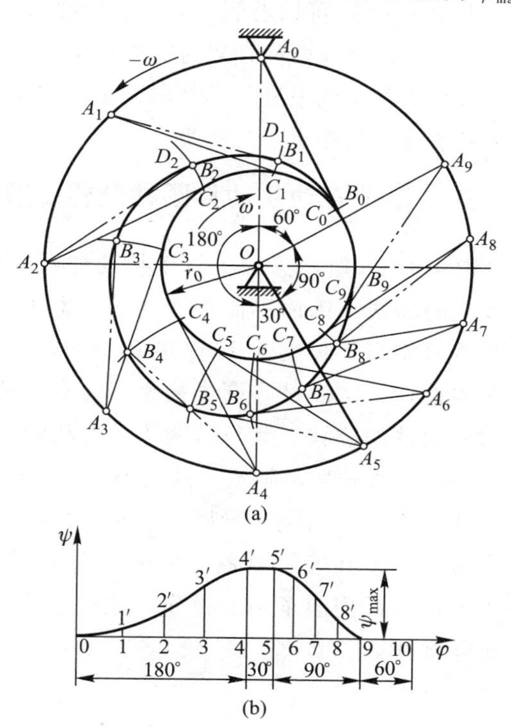

图 4-18 尖顶摆动从动件盘形凸轮轮廓图解设计

凸轮以等角速度 ω 顺时针转动。从动件位移线图如图 4－18b 所示，其中纵坐标表示从动件的角位移 ψ，它按角度比例尺 μ_ψ 画出。求作此凸轮的轮廓。

摆动从动件盘形凸轮轮廓的求法也是利用反转法，其作图步骤如下：

（1）选定适当的比例尺 μ_1，按给定的中心距 a/μ_1 定出 O、A_0 的位置，以 O 为圆心，r_0/μ_1 为半径作基圆，与以 A_0 为圆心、$AB = l_{AB}/\mu_1$ 为半径所作的圆弧交于 $B_0(C_0)$ 点，它便是从动件尖顶的起始位置。如果要求摆杆在推程中按顺时针方向摆动时，则应在 OA_0 的左侧取交点 B_0；

（2）将 $\psi-\varphi$ 线图的推程角和回程角分为若干等分(图中各为 4 等分)；

（3）以 O 为圆心、OA_0 为半径作圆。自 A_0 点开始，沿 $-\omega$ 方向顺次取推程角 180°、远休止角 30°、回程角 90°和近休止角 60°。再将推程角和回程角各分为与图 4－18b 相对应的等分，得点 A_1、A_2、A_3、…，它们便是反转后从动件在各位置的回转中心；

（4）分别以 A_1、A_2、A_3、…为圆心，以 AB 为半径作一系列圆弧与基圆交于点 C_1、C_2、C_3、…，再分别作 $\angle C_1A_1B_1 = \psi_1 = \mu_\psi\,\overline{11'}$、$\angle C_2A_2B_2 = \psi_2 = \mu_\psi\,\overline{22'}$、…，各个角的边 A_1B_1、A_2B_2、…与前面相应圆弧的交点为 B_1、B_2、…；

（5）将点 B_0、B_1、B_2、…连成光滑的曲线(远休止段和近休止段为等径圆弧)，即得该凸轮的轮廓曲线。

由图 4－18a 可以看到，此凸轮轮廓与直线 AB 在某些位置(如 A_2B_2、A_3B_3 等)已经相交。为此，应将摆杆做成弯杆，以避免发生干涉。

若采用滚子或平底从动件时，上面求得的轮廓曲线即为理论轮廓曲线，其相应的实际廓线可参照前述方法作出。

三、滚子直动从动件圆柱凸轮轮廓设计

图 4－19a 所示为滚子直动从动件圆柱凸轮机构。圆柱凸轮轮廓曲线是位于圆柱面上的一条空间曲线，因而不能直接在平面上表示。但若将此圆柱沿平均半径为 r_m 的圆柱面展开，展开后就相当于长度为 $2\pi r_m$ 的移动凸轮，如图 4－19b 所示。因此，它的轮廓曲线可用平面凸轮的设计方法设计。图中横坐标 x 表示移动凸轮的位移 $r_m\varphi$，φ 为圆柱凸轮转角；纵坐标 s 表示从动件的位移，其行程为 h。当凸轮移动速度 $v = r_m\omega$ 时，假想给整个凸轮机构加上一个 $-v$ 的公共速度。显然，这时从动件与凸轮的相对运动没有改变，而此时凸轮将静止不动，从动件一方面随其导路一起沿 $-v$ 方向移动，同时又在导路中作往复移动，从动件在此复合运动中，其滚子中心 B 的轨迹即为圆柱凸轮的展开理论轮廓。以理论轮廓 η 上各点为中心，作一系列滚子圆，再作一系列滚子圆的包络线 η' 和 η''，即得圆柱凸轮凹槽两侧的展开实际廓线。

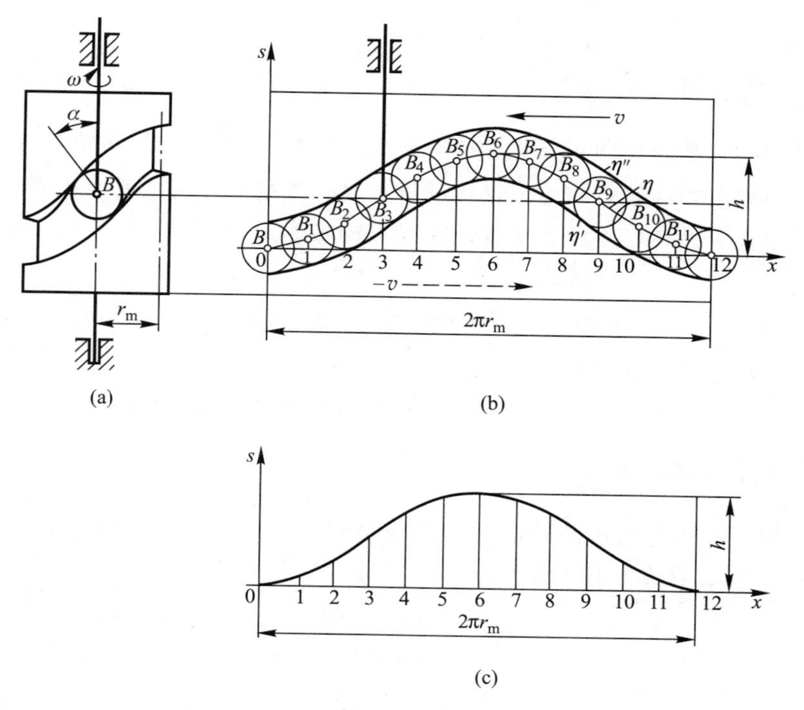

图 4－19 滚子直动从动件圆柱凸轮轮廓图解设计

第四节 用解析法设计凸轮轮廓曲线

利用图解法设计凸轮轮廓曲线，简便易行，而且直观，但误差较大，凸轮精度较低，只能用于低速或不重要的场合。对于高速或精度要求高的凸轮，如靠模凸轮、检验用的样板凸轮及高速凸轮等，则需要用解析法进行设计。

用解析法设计凸轮廓线的实质就是建立凸轮轮廓曲线的数学方程，进而准确地计算出凸轮廓线上各点的坐标值，以便据此加工和检验。另外，当在数控铣床上铣削或在凸轮磨床上磨削凸轮时，还要求出刀具中心轨迹方程。用解析法设计凸轮廓线分为直角坐标法和极坐标法，在此介绍直角坐标法。下面仅介绍滚子偏置直动从动件盘形凸轮轮廓的设计问题。

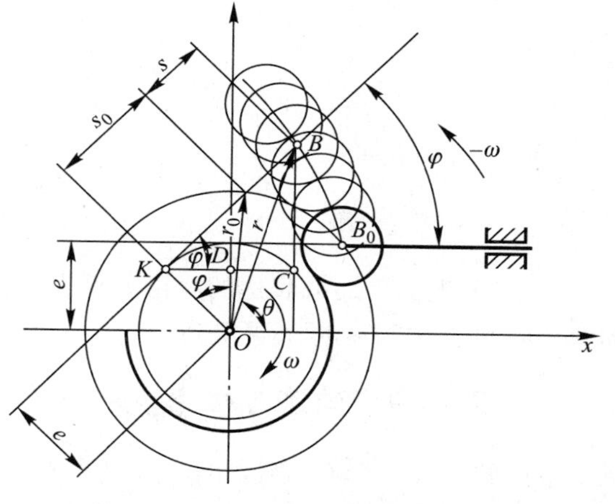

图 4－20 滚子偏置直动从动件盘形凸轮轮廓解析法设计

图 4－20 所示为滚子偏置直动从动件盘形凸轮机构。设凸轮基圆半径 r_0、偏距 e 及从动件运动规律 $s=s(\varphi)$ 均为已知，又已知凸轮以等角速度 ω 顺时针转动。试设计该凸轮的轮廓

曲线。

一、凸轮理论廓线方程

仍用反转法原理。选取如图 4－20 所示的直角坐标系，Ox 轴与导路中心线平行，B_0 点为滚子中心的初始位置。当凸轮自初始位置转过角 φ 时，根据反转法原理，从动件将沿 $-\omega$ 方向绕原点转过角度 φ，滚子中心将移至 B 点，则 B 点的坐标为

$$\left.\begin{aligned} x &= KC - KD = (s_0 + s)\cos\varphi - e\sin\varphi \\ y &= OD + CB = e\cos\varphi + (s_0 + s)\sin\varphi \end{aligned}\right\} \tag{4-9}$$

上式即为理论廓线的直角坐标参数方程，式中 $s_0 = \sqrt{r_0^2 - e^2}$。

若使上式中的 $e = 0$，可得滚子对心直动从动件盘形凸轮轮廓的直角坐标参数方程。

二、凸轮实际廓线方程

如前所述，滚子从动件盘形凸轮的实际廓线是圆心在理论廓线上的一系列滚子圆的包络线，以凸轮转角 φ 为参数的包络线方程为

$$f(X,Y,\varphi) = 0$$

$$\frac{\partial f(X,Y,\varphi)}{\partial \varphi} = 0$$

式中，$f(X,Y,\varphi) = 0$ 是产生包络线的曲线族方程，X、Y 是包络线上点的直角坐标。

对于滚子从动件盘形凸轮，由于产生包络线的曲线族是一系列半径为 r_T 的滚子圆，其圆心在理论廓线上，圆心坐标可由式(4－9)确定。所以有

$$f(X,Y,\varphi) = (X - x)^2 + (Y - y)^2 - r_T^2 = 0 \tag{a}$$

$$\frac{\partial f(X,Y,\varphi)}{\partial \varphi} = -2(X - x)\frac{dx}{d\varphi} - 2(Y - y)\frac{dy}{d\varphi} = 0 \tag{b}$$

联立式(a)和式(b)，即得滚子从动件盘形凸轮实际廓线的直角坐标参数方程为

$$\left.\begin{aligned} X &= x \pm r_T \frac{dy/d\varphi}{\sqrt{\left(\dfrac{dx}{d\varphi}\right)^2 + \left(\dfrac{dy}{d\varphi}\right)^2}} \\ Y &= y \mp r_T \frac{dx/d\varphi}{\sqrt{\left(\dfrac{dx}{d\varphi}\right)^2 + \left(\dfrac{dy}{d\varphi}\right)^2}} \end{aligned}\right\} \tag{4-10}$$

式中，X、Y 坐标用加减表达的两组方程表达，上一组属外包络线，下一组属内包络线。$dx/d\varphi$ 和 $dy/d\varphi$ 可由式(4－9)求导得到。

三、刀具中心轨迹方程

按凸轮廓线坐标在数控机床上加工凸轮时，通常需给出刀具中心的一系列坐标值。一般尽量采用直径和滚子相同的刀具，这时凸轮的理论廓线方程就是刀具中心轨迹方程，理论廓线的坐标值即为刀具中心的坐标值。然而，如果在切削机床上采用直径大于滚子的铣刀、砂轮等加

工凸轮轮廓（图 4 - 21a），或者在线切割机上用直径很小的钼丝等加工凸轮轮廓时（图 4 - 21b），刀具中心的运动轨迹曲线 η_C 为凸轮理论廓线 η 的等距曲线，或者说是一条与理论廓线相距 $|r_C - r_T|$ 的等距曲线。因此，当 $r_C > r_T$ 时，刀具中心轨迹是以理论廓线上各点为圆心，以$(r_C - r_T)$为半径的一系列滚子圆的外包络线。可见，只要将式(4 - 10)中的 r_T 用 $|r_C - r_T|$ 代替，就能求出外包络线或内包络线上各点的坐标值，即得到刀具中心轨迹的直角坐标参数方程。

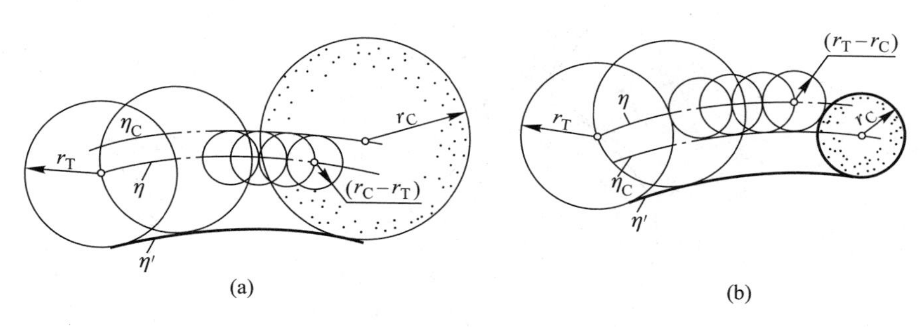

图 4 - 21　刀具中心轨迹

第五节　凸轮机构基本尺寸的确定

前面在讨论凸轮轮廓曲线设计时，基圆半径和滚子半径等基本尺寸都是预先给定的。在实际设计中，这些尺寸参数需由设计者综合考虑凸轮机构的受力情况、结构等因素后合理选定。下面讨论与此相关的几个问题。

一、压力角及其校核

1. 压力角和自锁

凸轮机构中，从动件的运动速度与从动件所受凸轮作用力方向之间所夹的锐角，称为凸轮机构的压力角。

图 4 - 22 所示为对心尖顶直动从动件盘形凸轮机构在推程中某一位置的受力情况，$\boldsymbol{F}_Q$ 为作用在从动件上的载荷，包括工作阻力、从动件重力、弹簧力和惯性力等。当不考虑摩擦时，凸轮作用在从动件上的法向力 $\boldsymbol{F}_n$ 将沿接触点处的法线 nn 方向，图中 α 角即为该位置的压力角。$\boldsymbol{F}_n$ 可分解为沿从动件运动方向的有效分力 $\boldsymbol{F}'$ 和垂直于导路方向的有害分力 $\boldsymbol{F}''$，$\boldsymbol{F}''$ 使从动件压紧导路而产生摩擦力，$\boldsymbol{F}'$ 推动从动件克服载荷 $\boldsymbol{F}_Q$ 及导路间的摩擦力向上移动。其大小分别为 $F' = F_n\cos\alpha$，$F'' = F_n\sin\alpha$。

显然，α 角越小，有效分力 $\boldsymbol{F}'$ 越大，凸轮机构的传力性能越好。反之，α 角越大，有效分力 $\boldsymbol{F}'$ 越小，有害分力 $\boldsymbol{F}''$ 愈大，机构的摩擦阻力增大，效率降低。当 α 角增大到某一数值时，有效分力 $\boldsymbol{F}'$ 会小于由 $\boldsymbol{F}''$ 所引起的摩擦阻力，此时无论凸轮给从动件多大的作用力，都无法驱动从动件运动，即机构处于自锁状态。因此，为保证凸轮机构正常工作，并具有良好的传力性能，必须对压力角的大小加以限制。一般凸轮轮廓线上各点的压力角是变化的，设计时应使最大压力角不超过许用压力角[α]。根据工程实践经验，推程压力角的许用值[α]推荐如下：对

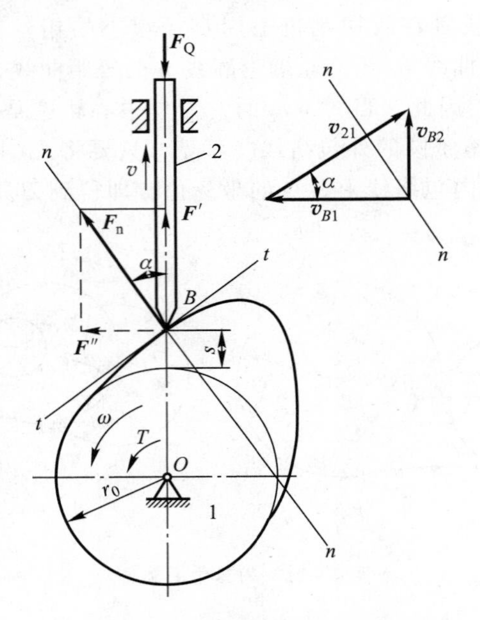

图 4－22　凸轮机构的受力分析

直动从动件，$[\alpha]=30°$；对摆动从动件，$[\alpha]=45°$。

回程时，从动件通常靠外力或自重返回，而不是由凸轮推动的，一般不会出现自锁。因此，回程压力角的许用值可以取大一些，推荐为$[\alpha]=70°\sim80°$。

对于平底从动件凸轮机构，凸轮对从动件的法向作用力始终与从动件的速度方向平行，故压力角恒等于0，机构的传力性能最好。

2. 压力角与基圆半径

如图 4－22 所示，从动件与凸轮在 B 点接触。设凸轮上 B 点的速度为$\boldsymbol{v}_{B1}$，则$\boldsymbol{v}_{B1}=\omega(r_0+s)$，方向垂直于 OB；从动件上 B 点的速度为$\boldsymbol{v}_{B2}$（$\boldsymbol{v}_{B2}=\boldsymbol{v}$），沿 OB 方向。凸轮和从动件在运动中始终保持接触，既不能脱开，又不能嵌入，所以两者接触点的速度在法线 nn 上的分量应相等，即 $\omega(r_0+s)\sin\alpha=v\cos\alpha$，则

$$\tan\alpha=\frac{v}{\omega(r_0+s)} \tag{4-11}$$

当给定运动规律后，ω、s、v 均为已知。由式（4－11）可知，增大基圆半径 r_0，可以减小压力角 α，从而改善机构的传力性能，但机构尺寸随之增大；反之，若减小基圆半径，机构尺寸减小，但其压力角增大，导致传力性能恶化。可见结构紧凑与改善传力性能互为矛盾。为此，通常采用的设计原则是：在保证机构的最大压力角 $\alpha_{max}\leqslant[\alpha]$的条件下，选取尽可能小的基圆半径。而 $\alpha_{max}=[\alpha]$时，对应的基圆半径为最小基圆半径。

3. 压力角的校核

设计出凸轮轮廓后，为确保传力性能，通常需进行推程压力角的校核，检验是否满足 $\alpha_{max}\leqslant[\alpha]$的要求。

凸轮机构的最大压力角 α_{max}，一般出现在理论廓线上较陡或从动件有最大速度的轮廓附

近。校核压力角时，可在此选取若干个点，然后作这些点的法线和相应的从动件速度方向线，量出它们之间的夹角，检验是否满足要求，图 4－23 所示为用量角器测量压力角的简易方法。当用解析法设计时，可运用式(4－11)校核轮廓上各个位置的压力角。

如果 $\alpha_{max} > [\alpha]$，可采用增大基圆半径或改对心凸轮机构为偏置凸轮机构的方法。如图 4－24 所示，在同样情况下，偏置式凸轮机构比对心式凸轮机构有较小的压力角，但应使从动件导路偏离的方向与凸轮的转动方向相反。若凸轮逆时针转动，则从动件导路应偏向轴心的右侧；若凸轮顺时针转动，则从动件导路应偏向轴心的左侧。偏距 e 的大小，一般取 $e \leq r_0/4$。

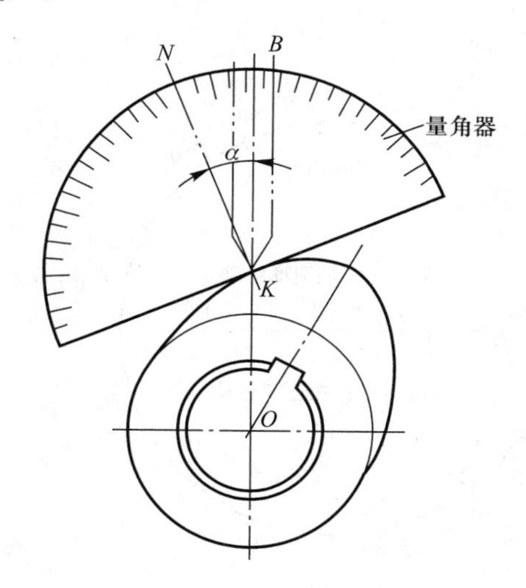

图 4－23　用量角器检验压力角

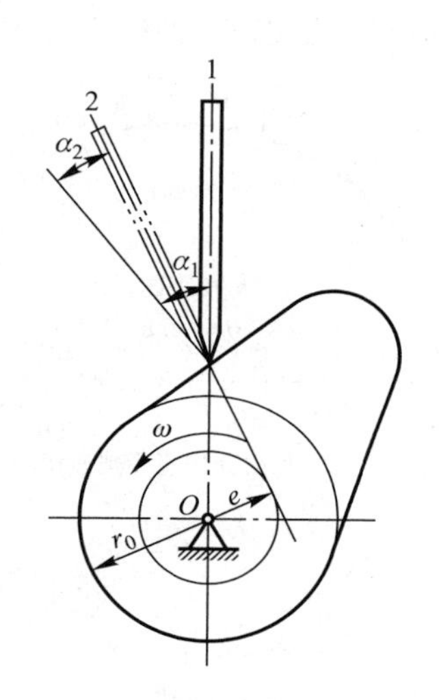

图 4－24　偏置从动件可减小压力角

二、基圆半径的确定

由前述可知，基圆半径是凸轮设计中的一个重要参数，它对凸轮机构的结构尺寸、运动性能和受力性能等都有重要影响。目前，在一般设计中，确定基圆半径的常用方法有下述两种。

1. 根据凸轮的结构确定基圆半径

如果对机构的尺寸没有严格要求，可将基圆半径选大些，以利于改善机构的传力性能，减轻磨损和减小凸轮轮廓线的制造误差。如果要求机构尺寸紧凑，若凸轮与轴做成一体，可取 r_0 略大于轴的半径；若凸轮单独制造，凸轮基圆半径 r_0 应大于轮毂外径，一般取 $r_0=(1.6\sim2)r$（r 为轴的半径）。这是一种较为实用的方法，确定基圆半径 r_0 后，再对所设计的凸轮轮廓校核压力角。

2. 根据诺模图确定最小基圆半径

工程上已经制备了根据从动件常用运动规律确定最大压力角与凸轮基圆半径关系的诺模图，这种图有两种用法：既可以根据工作要求的许用压力角近似地确定凸轮的最小基圆半径，也可以根据所选用的基圆半径来校核最大压力角是否超过了许用值。对于从动件按几种基本运动规律运动的对心直动从动件盘形凸轮机构，可用图 4－25 所示的诺模图来确定最小基圆半径。图中上半圆标尺代表凸轮推程角 Φ 或回程角 Φ'，下半圆标尺代表最大压力角 $\alpha_{\max}$，直径标尺代表各从动件运动规律的行程 h 与基圆半径 r_0 的比值。设计时已知从动件运动规律，推程角 Φ(或回程角 Φ')、行程 h 及许用压力角$[\alpha]$。用诺模图近似确定 $r_{0\min}$ 时，取 $\alpha_{\max}=[\alpha]$，则由图上 Φ、$\alpha_{\max}$ 两点间连线与直径标尺的交点，可读出 h/r_0 的值，从而可以得到 $r_{0\min}$。

例如，要设计一对心尖顶直动从动件盘形凸轮机构，已知从动件推程按正弦加速度运动规律运动，推程角 $\Phi=45°$，行程 $h=13$ mm，许用压力角$[\alpha]=30°$。用诺模图确定最小基圆半径时，应选图 4－25b。取 $\alpha_{\max}=30°$，用虚线连接图上 $\Phi=45°$及 $\alpha_{\max}=30°$的两点，由该直线与直径标尺(对应正弦加速度)的交点可得 $h/r_0=0.26$，于是 $r_{0\min}=13/0.26=50$ mm。

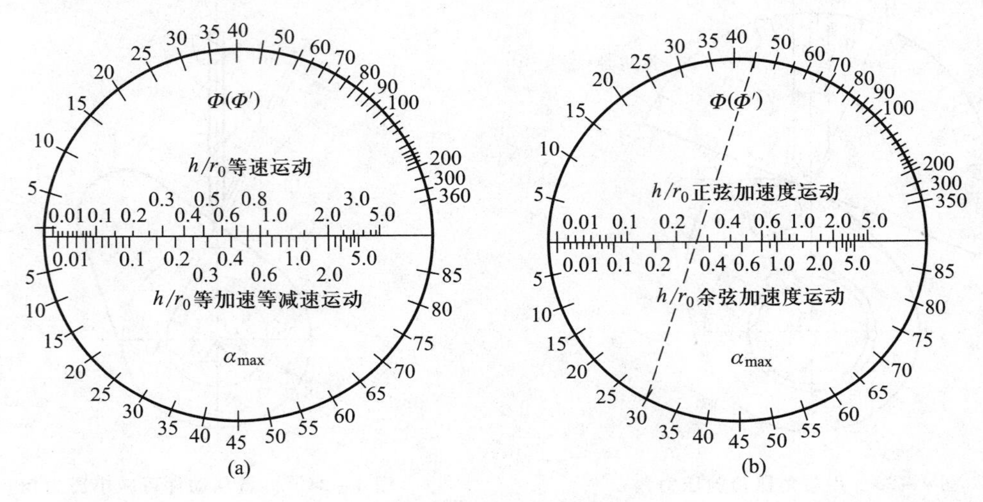

图 4－25　诺模图

三、滚子半径的选择

采用滚子从动件时，滚子半径的选择要考虑滚子的结构、强度及凸轮廓线的形状等多种因素。

(1) 当理论轮廓曲线内凹时。图 4－26a 所示为内凹的凸轮轮廓曲线，η'为实际廓线，η 为理论廓线。实际廓线的曲率半径 ρ'等于理论廓线曲率半径 ρ 与滚子半径 r_T 之和，即 $\rho'=\rho+r_T$。此时，不论滚子半径大小如何，实际廓线总可以作出。

(2) 当理论轮廓曲线外凸时。图 4－26b、c、d 所示为外凸的凸轮轮廓曲线，其实际廓线的曲率半径 ρ'等于理论廓线的曲率半径 ρ 与滚子半径 r_T 之差，即 $\rho'=\rho-r_T$。如果 $\rho>r_T$，则 $\rho'>0$，实际廓线为一光滑曲线，如图 4－26b 所示；如果 $\rho=r_T$，则实际廓线的曲率半径 ρ'为零，于是实际廓线出现尖点(图 4－26c)，凸轮轮廓很容易磨损；如果 $\rho<r_T$ 时，则实际廓线的曲率半径 $\rho'<0$，如图 4－26d 所示。这时，实际廓线出现交叉，图中阴影部分在实际加工时将被切去，致使从动件不能实现预期的规律运动，这种现象称为运动失真。

综上所述，对于外凸的凸轮轮廓曲线，应使滚子半径 r_T 小于理论廓线最小曲率半径 $\rho_{\min}$，

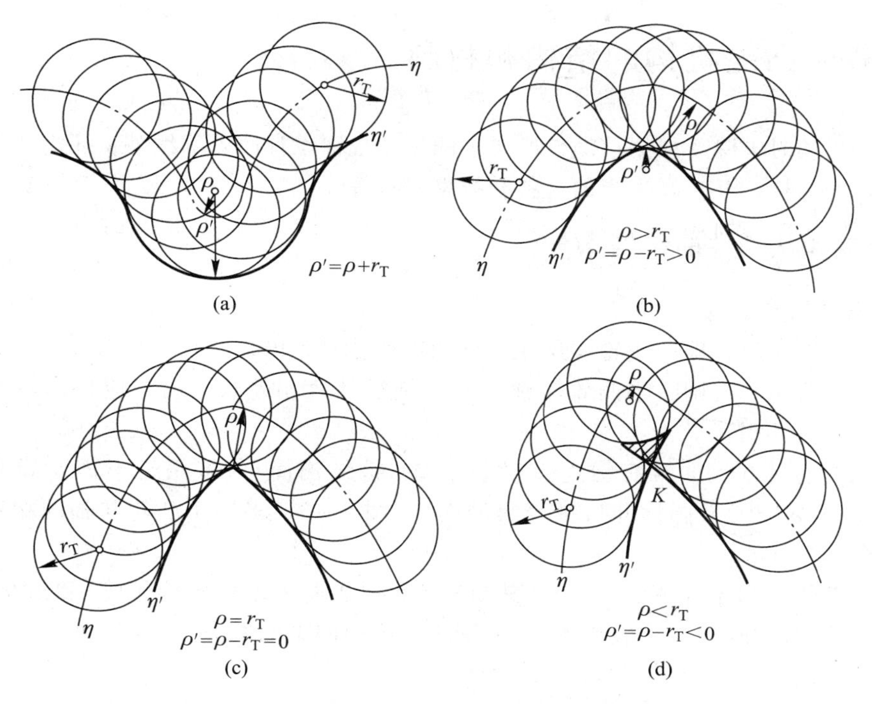

图 4－26　滚子半径与凸轮轮廓

通常取 $r_T \leqslant 0.8\rho_{min}$。凸轮实际廓线的最小曲率半径 ρ'_{min}，一般不应小于 3～5 mm。如不能满足，应适当减小滚子半径或加大基圆半径后重新设计。另一方面，滚子半径的选择还受其结构和强度的限制，因而不能太小，通常可取 $r_T=(0.1\sim0.5)r_0$。

四、平底长度的确定

由图 4－17 可知，平底与凸轮工作轮廓的切点，随着导路在反转中的位置而发生改变，从图上可以找到平底左右两侧离导路最远的两个切点至导路的距离 b'和 b''。为了保证在所有位置上平底都能与轮廓相切，从动件平底长度应取为 $L=2l_{max}+(5\sim7)$ mm，式中 l_{max}为 b'和 b''中的较大者。

对于平底从动件凸轮机构，有时也会产生“失真”现象。如图 4－27 所示，由于设计时从动件平底在 B_1E_1 和 B_3E_3 位置时的交点落在 B_2E_2 位置之内，因而使凸轮的实际廓线(图示双点画线轮廓)不能与位于 B_2E_2 位置的平底相切，这就出现了“失真”现象。为了避免这一现象，可适当增大凸轮的基圆半径，图中将基圆半径 r_0 增大到 r'_0，从而解决了失真问题。

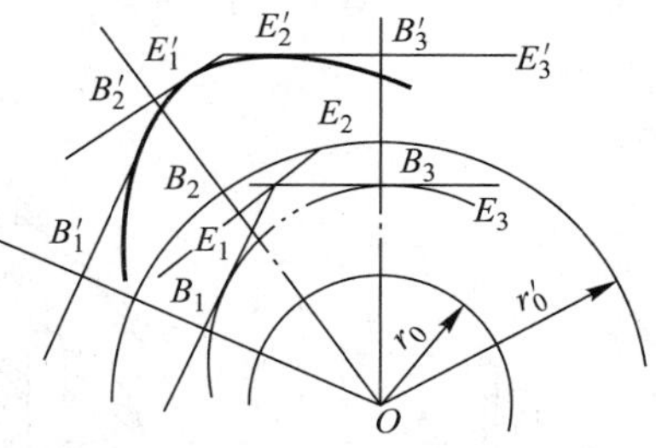

图 4－27　平底从动件凸轮机构的运动“失真”

第六节　凸轮机构的结构和材料

设计凸轮机构时，除了根据从动件所要求的运动规律设计凸轮廓线外，还需要确定凸轮及其从动件合理的结构，并选择适当的材料和技术要求等。

一、凸轮和从动件的结构

1. 凸轮的结构及安装

当基圆半径较小时，即凸轮轮廓尺寸接近轴径尺寸时，可将凸轮与轴做成一体，称为凸轮轴，如图 4－28 所示。否则，当凸轮轮廓尺寸与轴径尺寸相差较大时，应将凸轮与轴分开制造，然后再组装在一起。

凸轮与轴的连接方式通常有键连接(图 4－29,该结构简单,多用于不需要经常装拆的场合)、销连接(图 4－30)及弹性开口锥套螺母连接(图 4－31,多用于凸轮与轴的相对角度需经常调整的场合)等。

此外，凸轮的结构还有镶块式凸轮(其凸轮轮廓是由若干镶块拼接而成)和组合式凸轮(凸轮和轮毂是分开的,用螺栓连接成整体)，分别用于不同的工况条件。

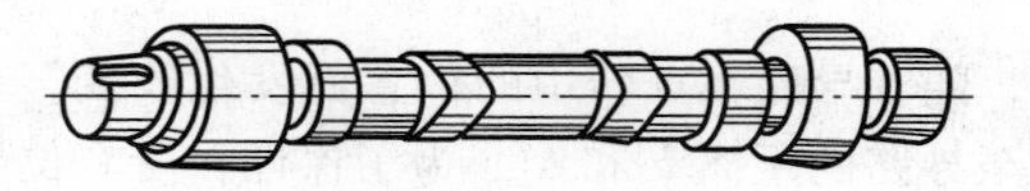

图 4－28　凸轮轴

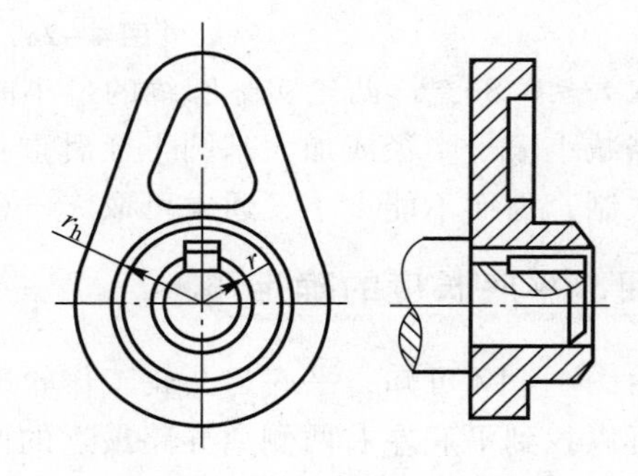

图 4－29　用平键连接

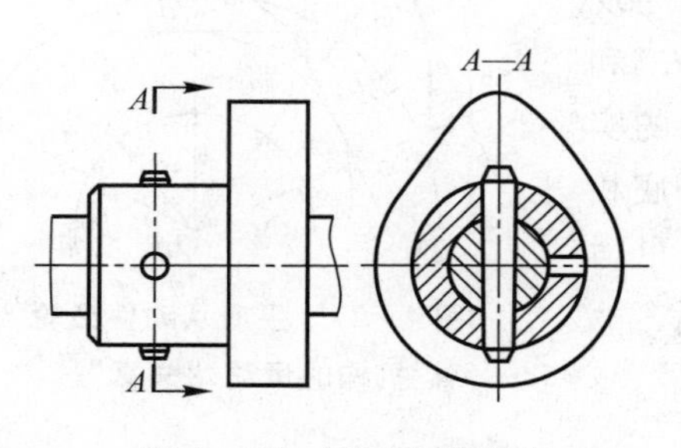

图 4－30　用圆锥销连接

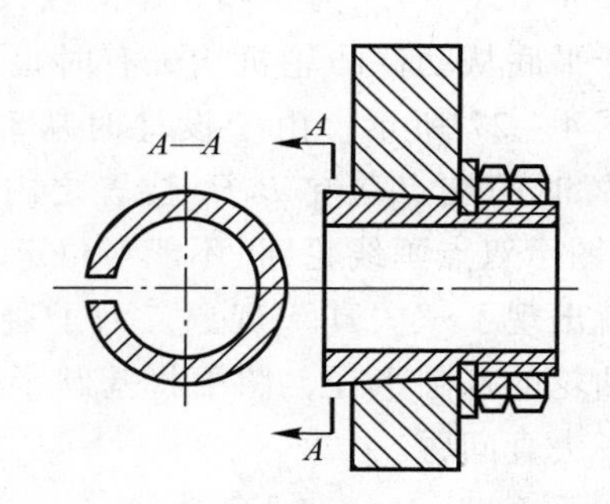

图 4－31　用弹性锥套和螺母连接

2. 从动件的端部结构

从动件的端部形式很多，在此仅介绍几种常见的滚子从动件的滚子结构。滚子从动件的滚子可以是专门制造的圆柱体（图 4－32a、b），也可以直接采用标准的滚动轴承，如图 4－32c 所示。滚子与从动件顶端可以用螺栓连接，见图 4－32a；也可以通过销轴连接，见图 4－32b、c。装配时应能保证滚子自由灵活转动。

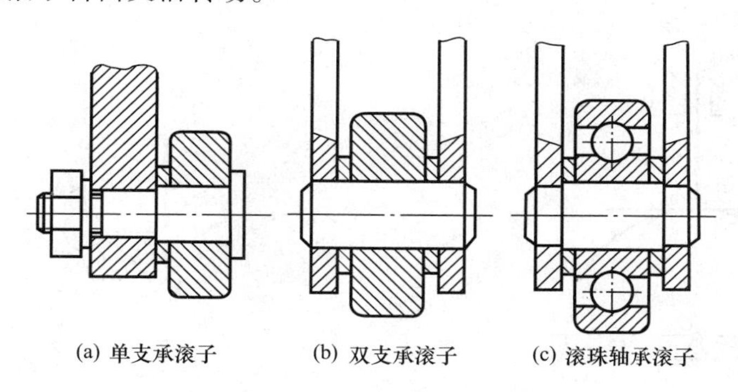

图 4－32 滚子结构及其连接形式

3. 凸轮的精度

凸轮的精度应根据工作要求确定。对于低速凸轮，精度可低些；对于高速凸轮和靠模凸轮等，精度则应高些。对于向径在 300～500 mm 以下的凸轮，其公差和表面粗糙度可查阅有关设计资料。

二、凸轮和从动件的材料及选择

凸轮机构工作时，凸轮和从动件往往承受冲击载荷和反复作用的接触应力，其主要失效形式是磨损和疲劳点蚀。因此，必须合理地选择凸轮和滚子的材料，并进行适当的热处理，使滚子和凸轮的工作表面具有较高的硬度和耐磨性，而芯部具有较好的韧性以承受冲击。

从动件接触端（包括滚子、尖顶和平底）可用与凸轮相同的材料来制造。由于从动件接触端部的工作次数远比凸轮多，两者材料和硬度相同时，从动件先磨损。但一般情况下从动件比凸轮容易制造，损坏后更换也方便。凸轮和从动件常用的材料及热处理可查阅有关设计资料。

习 题

4－1 已知某凸轮的推程运动角 $\Phi=120°$，从动件的行程 $h=50$ mm。试用图解法画出从动件在推程时，按等加速等减速运动规律的位移曲线以及按简谐运动规律的位移曲线。

4－2 已知从动件的运动规律如下：$\Phi=180°$，$\Phi_s=30°$，$\Phi'=120°$，$\Phi'_s=30°$，从动件在推程中以简谐运动规律上升，在回程中以等加速等减速运动规律下降，行程 $h=30$ mm。试用图解法绘制从动件的位移曲线（要求推程运动角和回程运动角各分为 8 等分）。

4－3 设计一对心平底直动从动件盘形凸轮机构。凸轮回转方向和从动件初始位置如图 4－33 所示，已知理论轮廓的基圆半径 $r_0=40$ mm，从动件运动规律同题 4－2。试用图解法绘出凸轮轮廓，并决定从动件平底应有的长度(要求推程运动角和回程运动角各分为8等分)。

4-4　试用图解法设计图4-34所示的滚子偏置直动从动件盘形凸轮。已知凸轮以等角速度按顺时针方向转动，从动件的行程 $h=30$ mm，从动件导路偏置于凸轮轴心 O 的左侧，偏距 $e=10$ mm。理论轮廓的基圆半径 $r_0=40$ mm，滚子半径 $r_T=12$ mm。从动件运动规律与题4-2相同。

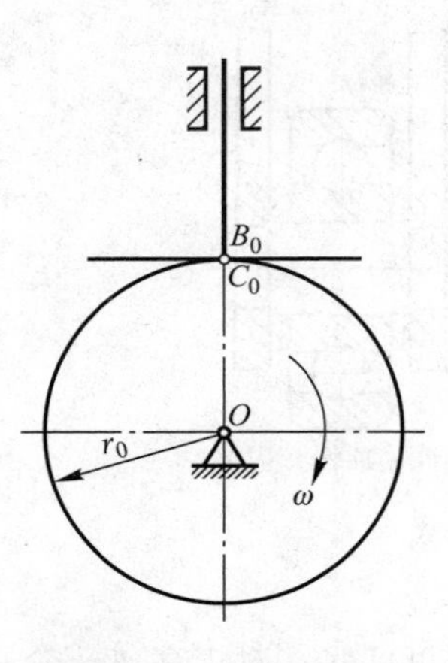

图4-33　习题4-3图

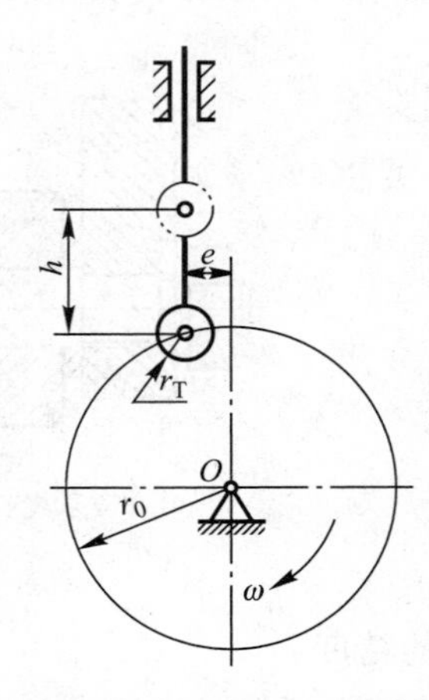

图4-34　习题4-4图

4-5　试用图解法设计一滚子摆动从动件盘形凸轮。已知摆动从动件 AB 在起始位置时垂直于 OB，如图4-35所示，$l_{AB}=80$ mm，$r_0=l_{OB}=40$ mm，滚子半径 $r_T=10$ mm，凸轮以等角速度 ω 沿顺时针方向转动。当转过180°时，从动件以余弦加速度规律向上摆动 $\psi_0=30°$，当凸轮又转过180°时，从动件以简谐运动规律向下摆回到初始位置。

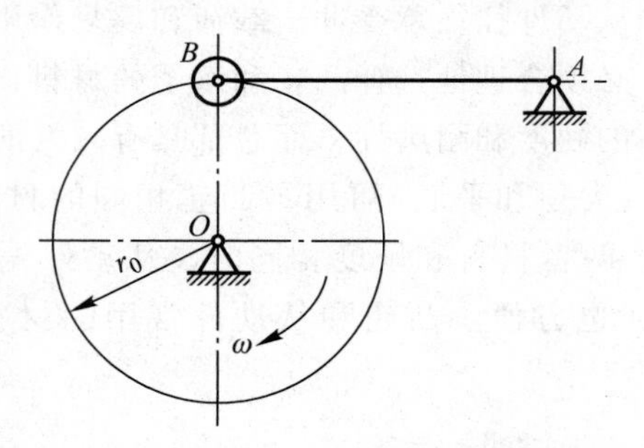

图4-35　习题4-5图

第五章　齿轮机构

第一节　齿轮机构的特点与基本类型

齿轮机构是现代机械中应用最广泛的一种传动机构，它可以用来传递空间任意两轴之间的运动和动力，并实现运动的变速和变向。

一、齿轮机构的主要特点

齿轮机构与其他传动机构相比，其主要优点是：①能保证瞬时传动比恒定；②传动比范围大，可用于增速或减速；③应用范围广，圆周速度可达300 m/s，转速可达10^5r/min，传递功率可小于1 W或到10^5 kW；④传动效率高，一对高精度渐开线圆柱齿轮的效率可达99%以上；⑤使用寿命长，工作可靠性高；⑥结构紧凑，适用于近距离传动。齿轮机构的主要缺点是：①制造和安装精度要求较高，成本较高；②不适于相距较远的两轴间的传动；③无过载保护作用。

二、齿轮机构的基本类型

根据两齿轮啮合传动时，它们的相对运动是平面运动还是空间运动，可将齿轮机构分为平面齿轮机构和空间齿轮机构两大类。

1. 平面齿轮机构

平面齿轮机构用于传递两平行轴之间的运动和动力。平面齿轮机构中齿轮的形状为圆柱形，故称为圆柱齿轮机构。常见的平面齿轮机构可分为如下几种类型。

（1）直齿圆柱齿轮机构（简称直齿轮机构）。其轮齿排列与轴线平行。按照一对齿轮的啮合方式不同，又可分为以下3类：

① 外啮合直齿轮机构。如图5－1所示，两轮的轮齿排列在圆柱体的外表面上，两轮的转向相反。

② 内啮合直齿轮机构。如图5－2所示，两轮的轮齿分别排列在圆柱体的内、外表面上，两轮的转向相同。

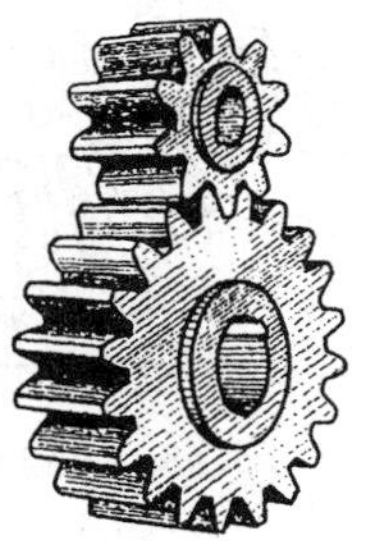

图5－1　外啮合直齿轮机构

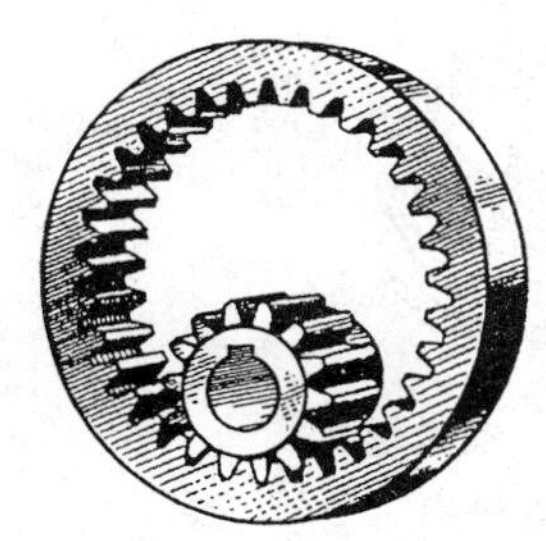

图5－2　内啮合直齿轮机构

③ 齿轮齿条机构。如图 5 - 3 所示，两轮之一演变为齿条。当齿轮转动时，齿条作直线平移。

（2）平行轴斜齿圆柱齿轮机构（简称斜齿轮机构）。斜齿轮的轮齿与轴线倾斜一个角度，沿螺旋线方向排列在圆柱体表面上，如图 5 - 4 所示。平行轴斜齿轮机构也有外啮合、内啮合和齿轮齿条 3 种啮合方式。

（3）人字齿轮机构。人字齿轮的齿形如“人”字，它相当于螺旋角相等、方向相反的两个斜齿轮拼合而成，如图 5 - 5 所示。

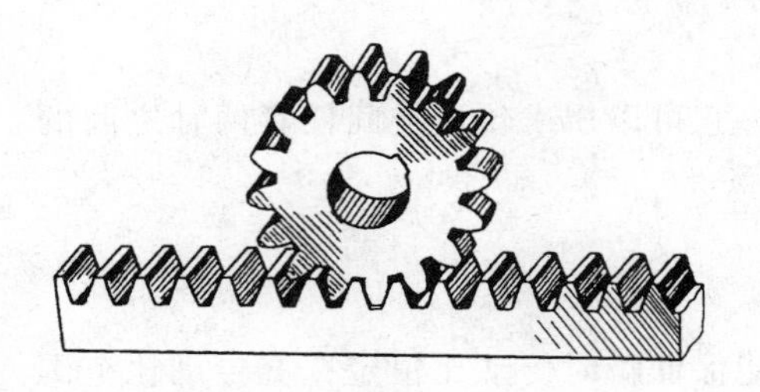

图 5 - 3　齿轮齿条机构

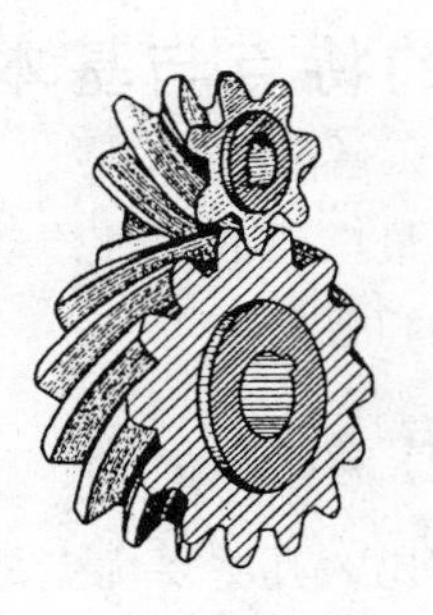

图 5 - 4　平行轴斜齿轮机构

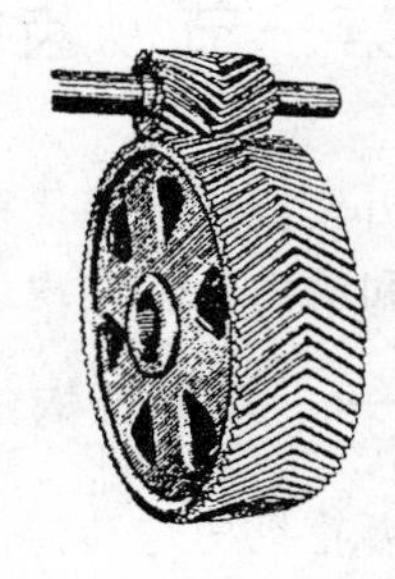

图 5 - 5　人字齿轮机构

2. 空间齿轮机构

空间齿轮机构用来传递不平行两轴间的运动和动力，常见的有以下几种类型。

（1）交错轴斜齿轮机构。如图 5 - 6 所示，交错轴斜齿轮机构用于两交错轴之间的传动，其两轴之间的交错角可以为任意值。

（2）蜗杆蜗轮机构。如图 5 - 7 所示，蜗杆蜗轮机构也用于两交错轴之间的传动，两轴的交错角通常为 90°。

（3）锥齿轮机构。锥齿轮的轮齿排列在截圆锥体表面上，用于两相交轴之间的传动。按其齿向不同，可分为直齿锥齿轮（图 5 - 8）、斜齿锥齿轮（图 5 - 9）和曲齿锥齿轮（图 5 - 10）3 种，其中直齿锥齿轮应用最广。

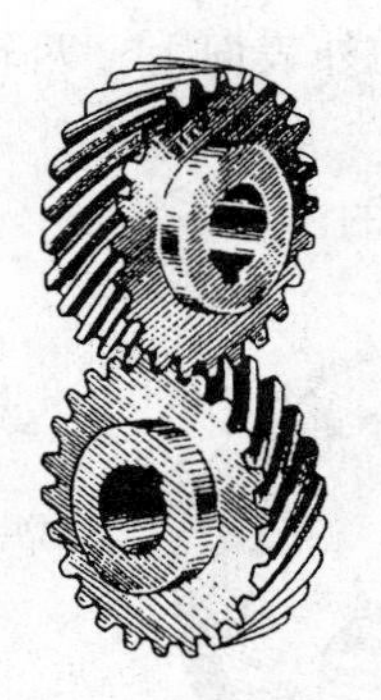

图 5 - 6　交错轴斜齿轮机构

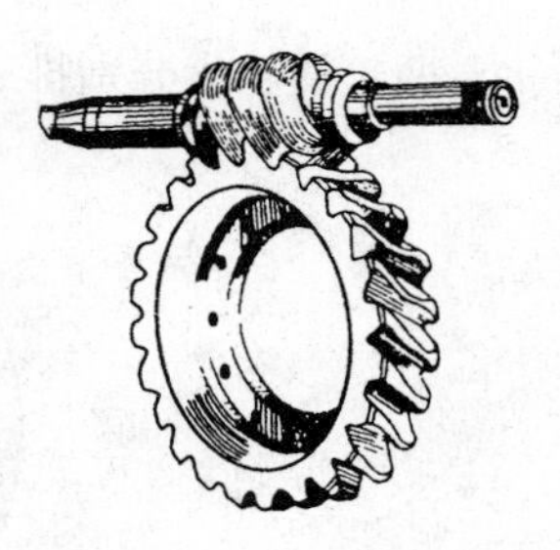

图 5 - 7　蜗杆蜗轮机构

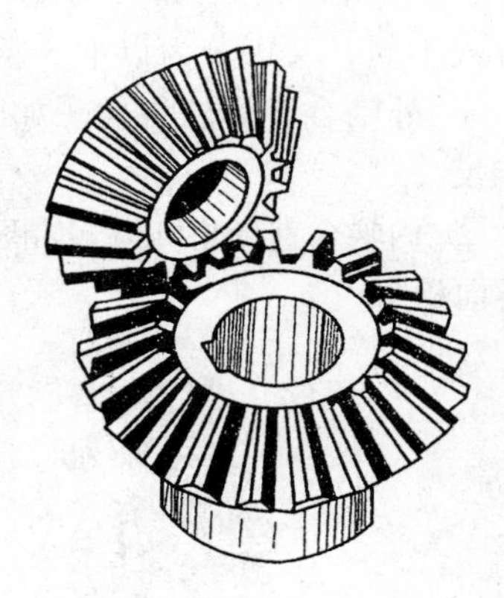

图 5 - 8　直齿锥齿轮机构

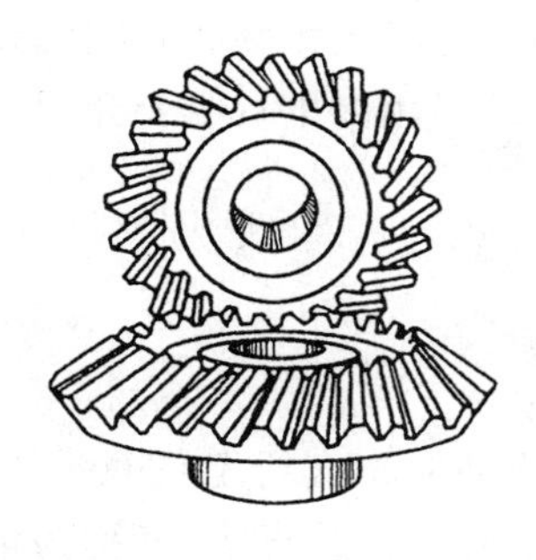

图 5－9　斜齿锥齿轮机构

图 5－10　曲齿锥齿轮机构

第二节　渐开线齿廓的啮合及其特性

齿轮机构的运动是依靠主动轮轮齿的齿廓依次推动从动轮轮齿的齿廓来实现的，因此当主动轮按一定的角速度转动时，从动轮的角速度与两轮的齿廓形状有关。两轮的瞬时角速度之比称为传动比，即 $i_{12}=\omega_1/\omega_2$。下面来分析齿廓曲线与齿轮传动比的关系。

一、齿廓啮合的基本定律

图 5－11 所示为一对相互啮合的齿轮，主动轮 1 以角速度 ω_1 绕 O_1 轴顺时针方向转动，从动轮 2 以角速度 ω_2 绕 O_2 轴逆时针方向转动。某瞬时两齿轮的一对齿廓 E_1、E_2 在 K 点接触，根据三心定理可知，过接触点 K 的公法线与两轮连心线 O_1O_2 的交点 P 为两轮的相对瞬心。所以 $v_{P1}=v_{P2}$，即 $O_1P\omega_1=O_2P\omega_2$，因此这对齿轮的瞬时传动比为

$$i_{12}=\frac{\omega_1}{\omega_2}=\frac{O_2P}{O_1P}$$

上式表明，一对啮合齿轮在任一瞬时的传动比等于两轮连心线被齿廓接触点的公法线所分成两段的反比。这一规律称为齿廓啮合的基本定律。

如果要使任一瞬时的传动比为常数，则 O_2P/O_1P 必须为常数，因中心距 O_1O_2 在齿轮安装好后是不会改变的，所以要求 P 点为一固定点。因此实现定传动比的齿轮，其齿廓必须满足的条件是：两轮的齿廓不论在何处接触，其接触点 K 的公法线必须与齿轮的连心线 O_1O_2 相交于一定点 P。

定点 P 称为节点，分别以 O_1、O_2 为圆心，O_1P、O_2P 为半径所作的圆称为节圆，两轮的节圆半径分别以 r'_1、r'_2表示。由于两节圆切点 P 的圆周速度相等，所以满足定传动比的一对齿轮在啮合时，相当于一对节圆作纯滚动。

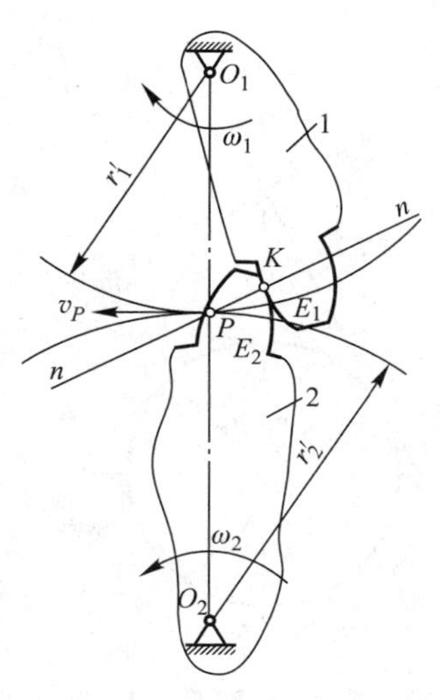

图 5－11　齿廓曲线与齿轮传动比的关系

凡满足齿廓啮合基本定律的一对齿廓称为共轭齿廓，共轭齿廓的曲线称为共轭曲线。从理论上讲，共轭齿廓有无穷多种，但

考虑到制造、安装和强度等条件，常用的齿廓曲线有渐开线、摆线、抛物线和圆弧线等。渐开线齿廓以其设计、制造、安装和使用等方面的优越性而被广泛采用。本章主要介绍渐开线齿轮机构。

二、渐开线的形成、性质及方程

1. 渐开线的形成

如图 5-12a 所示，当一直线 nn 沿一固定的圆周作纯滚动时，直线上任意一点 K 的轨迹 AK 称为该圆的渐开线。这个圆称为渐开线的基圆，其半径用 r_b 表示，直线 nn 称为渐开线的发生线。渐开线齿轮轮齿两侧的齿廓就是由两段对称的渐开线组成的，如图 5-12b 所示。

2. 渐开线的性质

由渐开线的形成过程可知，渐开线具有以下特性，如图 5-12a 所示。

（1）发生线沿基圆滚过的线段长度等于基圆上被滚过的弧长，即 $\overline{NK}=\overset{\frown}{NA}$。

（2）渐开线上任意点的法线恒与基圆相切。由渐开线的形成可知，发生线沿基圆滚动时，切点 N 为其绝对瞬心，K 点的速度方向必垂直于 NK，也就是渐开线的切线方向，所以渐开线上任意一点 K 的法线恒与基圆相切。

（3）切点 N 为渐开线在 K 点的曲率中心，线段 $\overline{NK}$ 为渐开线在 K 点的曲率半径。渐开线上的点离基圆越远，曲率半径越大，渐开线越平直；相反，离基圆越近，曲率半径越小，渐开线越弯曲。

（4）渐开线的形状取决于基圆的大小。基圆相同时，渐开线的形状完全相同。如图 5-13 所示，基圆越小，渐开线越弯曲；基圆越大，渐开线越平直。当基圆趋于无穷大时，渐开线变为一条直线，齿轮演变成齿条。

（5）渐开线是从基圆开始向外展开的，故基圆以内无渐开线。

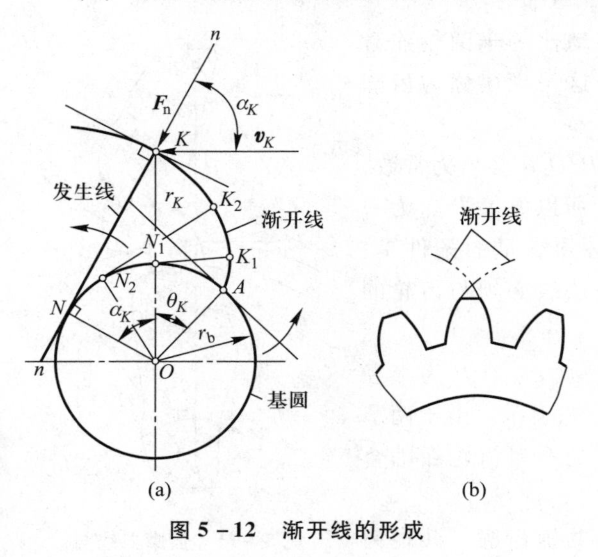

图 5-12 渐开线的形成

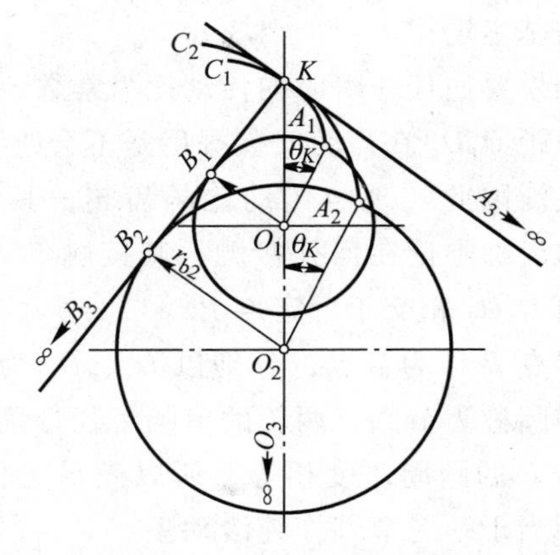

图 5-13 渐开线的形状与基圆大小的关系

3. 渐开线的方程

渐开线可以用直角坐标方程或极坐标方程表示。在研究渐开线齿轮的啮合原理和几何尺寸计算时采用极坐标方程比较方便，所以在此只介绍渐开线的极坐标方程。

如图 5－12a 所示，取 O 点为极坐标原点，OA 为极轴。渐开线上任意一点 K 的向径大小为 $r_K=OK$，它与极轴 OA 的夹角 θ_K 称为展角。K 点的极坐标为(r_K,θ_K)。

若将此渐开线作为一齿轮的齿廓曲线，它与另一齿轮在 K 点啮合时受到一力 $\boldsymbol{F}_n$ 的作用，使该齿轮沿逆时针方向转动。不计摩擦时，力 $\boldsymbol{F}_n$ 沿着齿廓 K 点的公法线方向。力 $\boldsymbol{F}_n$ 与 K 点速度$\boldsymbol{v}_K$ 所夹的锐角 α_K，称为渐开线上 K 点的压力角。因为 $\cos\alpha_K=r_b/r_K$，所以渐开线上各点的压力角是不同的，基圆上的压力角为零，而离基圆越远的点压力角越大。连接 ON，由图上几何关系可知 $\angle KON=\alpha_K$，由 $\triangle KON$ 及渐开线的性质可得

$$r_K=\frac{r_b}{\cos\alpha_K} \tag{a}$$

$$r_b=\frac{\overline{KN}}{\tan\alpha_K}=\frac{\widehat{AN}}{\tan\alpha_K}=\frac{r_b(\alpha_K+\theta_K)}{\tan\alpha_K}$$

即

$$\theta_K=\tan\alpha_K-\alpha_K \tag{b}$$

上式表明渐开线上 K 点的展角 θ_K 随该点压力角 α_K 的大小而变化，故将 θ_K 称为压力角 α_K 的渐开线函数，并用 $\mathrm{inv}\,\alpha_K$ 表示。联立(a)、(b)两式可得渐开线的极坐标方程为

$$\left.\begin{aligned} r_K&=\frac{r_b}{\cos\alpha_K}\\ \mathrm{inv}\,\alpha_K&=\tan\alpha_K-\alpha_K \end{aligned}\right\} \tag{5-1}$$

工程上为了便于应用，将压力角 α_K 的渐开线函数列成以下表格，以备查用，见表 5－1。

表 5－1　渐开线函数 $\mathrm{inv}\,\alpha_K=\tan\alpha_K-\alpha_K$

α_K(°)	次	0′	5′	10′	15′	20′	25′	30′	35′	40′	45′	50′	55′
11	0.00	23 941	24 495	25 057	25 628	26 208	26 797	27 394	28 001	28 616	29 241	29 875	30 518
12	0.00	31 171	31 832	32 504	33 185	33 875	34 575	35 285	36 005	36 735	37 474	38 224	38 984
13	0.00	39 754	40 534	41 325	42 126	42 938	43 760	44 593	45 437	46 291	47 157	48 033	48 921
14	0.00	49 819	50 729	51 650	52 582	53 526	54 482	55 448	56 427	57 417	58 420	59 434	60 460
15	0.00	61 498	62 548	63 611	64 686	65 773	66 873	67 985	69 110	70 248	71 398	72 561	73 738
16	0.00	07 493	07 613	07 735	07 857	07 982	08 107	08 234	08 362	08 492	08 623	08 756	08 889
17	0.00	09 025	09 161	09 299	09 439	09 580	09 722	09 866	10 012	10 158	10 307	10 456	10 608
18	0.00	10 760	10 915	11 071	11 228	11 387	11 547	11 709	11 873	12 038	12 205	12 373	12 543
19	0.00	12 715	12 888	13 063	13 240	13 418	13 598	13 779	13 963	14 148	14 334	14 523	14 713
20	0.00	14 904	15 098	15 293	15 490	15 689	15 890	16 092	16 296	16 502	16 710	16 920	17 132

续表

α_K(°)	次	0′	5′	10′	15′	20′	25′	30′	35′	40′	45′	50′	55′
21	0.00	17 345	17 560	17 777	17 996	18 217	18 440	18 665	18 891	19 120	19 350	19 583	19 817
22	0.00	20 054	20 292	20 533	20 775	21 019	21 266	21 514	21 765	22 018	22 272	22 529	22 788
23	0.00	23 049	23 312	23 577	23 845	24 114	24 886	24 660	24 936	25 214	25 495	25 778	26 062
24	0.00	26 350	26 639	26 931	27 225	27 521	27 820	28 121	28 424	28 729	29 037	29 348	29 660
25	0.00	29 975	30 293	30 613	30 935	31 260	31 587	31 917	32 249	32 583	32 920	33 260	33 602
26	0.00	33 947	34 294	34 644	34 997	35 352	35 709	36 069	36 432	36 798	37 166	37 537	37 910
27	0.00	38 287	38 666	39 047	39 432	39 819	40 209	40 602	40 997	41 395	41 797	42 201	42 607
28	0.00	43 017	43 430	43 845	44 264	44 685	45 110	45 537	45 967	46 400	46 837	47 276	47 718
29	0.00	48 164	48 612	49 064	49 518	49 976	50 437	50 901	51 368	51 838	52 312	52 788	53 268
30	0.00	53 751	54 238	54 728	55 221	55 717	56 217	56 720	57 226	57 736	58 249	58 765	59 285

三、渐开线齿廓的啮合特性

1. 渐开线齿廓满足定传动比要求

如图 5-14 所示，一对齿轮的两渐开线齿廓 E_1、E_2 在 K 点相啮合。由渐开线的性质可知，过 K 点的两齿廓公法线 nn 必同时与两基圆相切，即 nn 线是两基圆的内公切线。因为两基圆在同一方向的内公切线仅有一条，且在齿轮传动过程中，两基圆的大小及位置均不变。所以两齿廓无论在何处接触，过接触点两齿廓的公法线 nn 为一条固定的直线，与连心线 O_1O_2 的交点 P 为一固定点，因此渐开线齿廓满足定传动比要求。由图可知，$\triangle O_1PN_1 \backsim \triangle O_2PN_2$，则

$$i_{12}=\frac{\omega_1}{\omega_2}=\frac{O_2P}{O_1P}=\frac{r_2'}{r_1'}=\frac{r_{b2}}{r_{b1}}=\text{常数} \tag{5-2}$$

上式表明，两轮的传动比为一定值，并等于两轮基圆半径的反比。

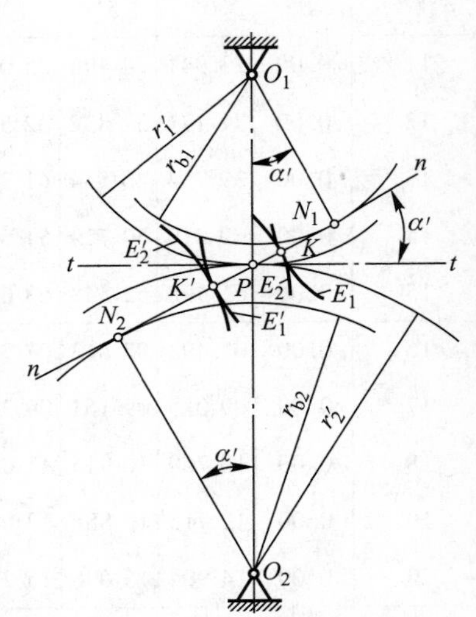

图 5-14 渐开线齿廓的啮合

2. 渐开线齿廓中心距的可分性

由式(5-2)可知，渐开线齿轮的传动比取决于两轮基圆半径的大小，而与两轮的中心距无关。当两个齿轮加工完以后，两轮的基圆半径便已确定，所以当两轮的实际中心距相对于理论中心距略有误差时(由于制造和安装造成的误差)，传动比仍保持不变。渐开线齿轮传动的这个性质，称为渐开线齿廓的中心距可分性。由于渐开线的这个特有的优点，给齿轮的制造和安装带来了很大的方便。

3. 渐开线齿廓间正压力方向不变

一对渐开线齿廓啮合时，若不考虑齿廓间的摩擦，两齿廓间的正压力沿接触点的公法线方向。而一对渐开线齿廓在

任何位置啮合时，接触点的公法线都是同一条直线 nn，故两啮合齿廓间的正压力方向始终不变。当齿轮传动的转矩一定时，渐开线齿廓间作用力的大小不变。这对于齿轮传动的平稳性是很有利的。

第三节　标准直齿圆柱齿轮的基本参数和尺寸

一、直齿圆柱齿轮各部分的名称及基本参数

1. 直齿圆柱齿轮各部分名称

图 5－15 所示为标准直齿圆柱齿轮的一部分，其中图 5－15a 为外齿轮，图 5－15b 为内齿轮，图 5－15c 为齿条。由图可知，轮齿两侧齿廓是形状相同、方向相反的渐开线曲面。直齿圆柱齿轮各部分名称及符号如下。

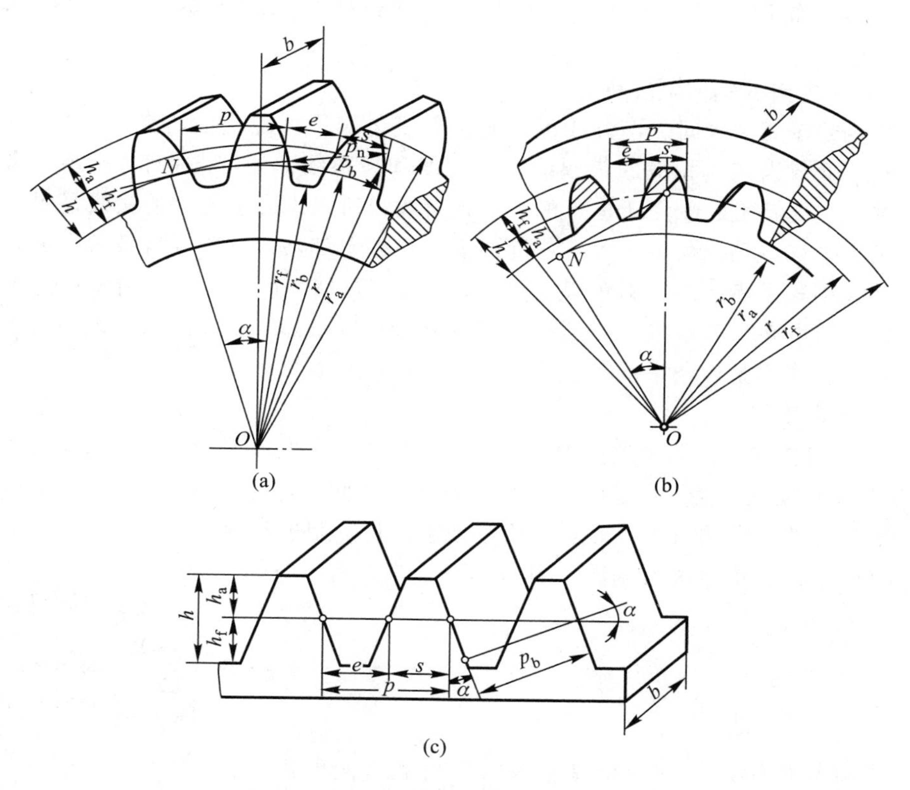

图 5－15　渐开线齿轮各部分名称及符号

（1）齿顶圆。过齿轮各齿顶部的圆称为齿顶圆，其直径和半径分别用 d_a 和 r_a 表示。

（2）齿根圆。过轮齿齿槽底部的圆称为齿根圆，其直径和半径分别用 d_f 和 r_f 表示。

（3）齿厚。在任意半径 r_K 的圆周上，一个轮齿两侧齿廓间的弧长称为该圆上的齿厚，用 s_K 表示。

(4) 齿槽宽。在任意半径 r_K 的圆周上，一个齿槽两侧齿廓间的弧长称为该圆上的齿槽宽，用 e_K 表示。

(5) 齿距。在任意半径 r_K 的圆周上，相邻两齿同侧齿廓间的弧长称为该圆上的齿距，用 p_K 表示。由图 5-15 可以看出，在同一圆周上，齿距等于齿厚与齿槽宽之和，即 $p_K = s_K + e_K$。

(6) 分度圆。在齿顶圆与齿根圆之间规定一直径为 d(半径为 r)的圆，作为计算齿轮各部分尺寸的基准，并把这个圆称为分度圆。分度圆上的齿厚、齿槽宽和齿距分别用 s、e 和 p 表示，则有 $p = s + e$。

(7) 齿顶高。轮齿介于分度圆与齿顶圆之间的部分称为齿顶，其径向高度称为齿顶高，用 h_a 表示。

(8) 齿根高。轮齿介于分度圆与齿根圆之间的部分称为齿根，其径向高度称为齿根高，用 h_f 表示。

(9) 全齿高。轮齿介于齿顶圆与齿根圆之间的径向高度称为全齿高，用 h 表示，$h = h_a + h_f$。

(10) 齿宽。轮齿的轴向宽度称为齿宽，用 b 表示。

当基圆半径趋于无穷大时，渐开线齿廓变成直线齿廓，齿轮变成齿条。齿轮上的齿顶圆、分度圆和齿根圆变成齿条上相应的齿顶线、分度线和齿根线，如图 5-15c 所示。齿条与齿轮相比有以下两个主要特点：①由于齿条的齿廓是直线，所以齿廓上各点的法线是平行的，而且在传动时齿条作平移运动，齿廓上各点速度的大小和方向都一致，所以齿条齿廓上各点的压力角都相同，其大小等于齿廓的倾斜角(取标准值 20°)，通称为齿形角。②由于齿条上各同侧的齿廓是平行的，所以在与分度线平行的其他直线上，其齿距都相等。齿条上齿厚与齿槽宽相等且与齿顶平行的直线称为齿条中线。

2. 直齿圆柱齿轮的基本参数

(1) 齿数。齿轮整个圆周上轮齿的总数称为齿数，用 z 表示。

(2) 模数。分度圆直径 d、齿距 p 和齿数 z 三者之间的关系为 $\pi d = pz$，于是得：分度圆直径 $d = pz/\pi$。由于式中的 π 为无理数，为了便于设计、制造和检验，将比值 p/π 人为地规定为一些简单的有理数，并称其为模数，用 m 表示，其单位为 mm，则

$$m = \frac{p}{\pi} \qquad (5-3)$$

于是有

$$d = mz \qquad (5-4)$$

模数 m 是计算齿轮尺寸的一个基本参数。齿数相同的齿轮，模数越大，则其轮齿越大，承载能力越强，如图 5-16 所示。

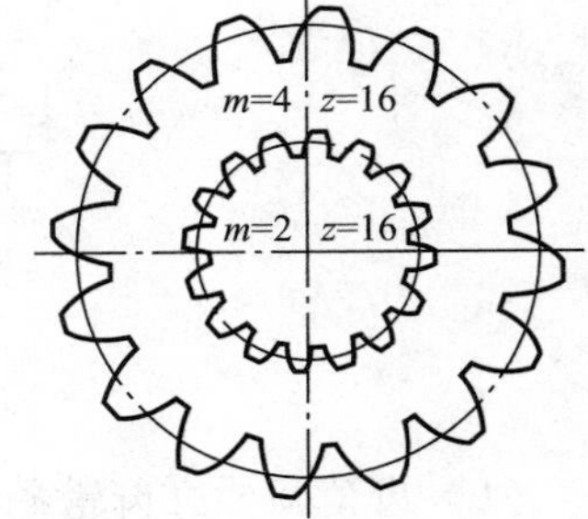

图 5-16 不同模数的齿轮图

齿轮的模数在我国已经标准化，表 5-2 为我国标准模数系列的一部分。

表 5-2 渐开线齿轮的模数(GB/T 1357—2008)

mm

第一系列	1	1.25	1.5	2	2.5	3	4	5	6	8
	10	12	16	20	25	32	40	50		
第二系列	1.75	2.25	2.75	(3.25)	3.5	(3.75)	4.5	5.5	(6.5)	7
	9	(11)	14	18	22	28	(30)	36	45	

注：1. 在选用模数时，应优先采用第一系列，其次是第二系列，括号内的模数尽可能不用。

2. 本表适用于渐开线圆柱齿轮。对斜齿轮是指法向模数。

(3) 压力角。由渐开线的性质可知，渐开线齿廓上各点的压力角是不相等的。考虑到齿轮的传力性能及设计、制造的方便并使其具有互换性，规定分度圆上的压力角 α 为标准值。我国规定标准压力角为20°(有些国家规定的压力角标准值还有14.5°、15°、22.5°等)。

至此，分度圆可定义为：齿轮上具有标准模数和标准压力角的圆。由式(5-4)可知，当齿轮的模数和齿数一定时，其分度圆一定，所以任何一个齿轮都只有一个分度圆。

由式(5-1)可得基圆直径 d_b 的计算公式为

$$d_b = d\cos\alpha \tag{5-5}$$

(4) 齿顶高系数和顶隙系数。标准齿轮的齿顶高和齿根高可用模数表示为

$$h_a = h_a^* m \tag{5-6}$$

$$h_f = h_a^* m + c = (h_a^* + c^*)m \tag{5-7}$$

上述两式中，h_a^* 为齿顶高系数；c 为顶隙(即一对齿轮啮合时一轮的齿顶与另一齿轮的齿槽底之间沿半径方向的间隙)，$c = c^* m$，c^* 为顶隙系数。h_a^* 和 c^* 规定为标准值，我国规定正常齿制($m \geqslant 1$)：$h_a^* = 1$，$c^* = 0.25$；短齿制：$h_a^* = 0.8$，$c^* = 0.3$。

一般机械传动用齿轮均采用正常齿制；对于一些需要轮齿抗弯强度高的齿轮，如拖拉机、坦克用齿轮，才采用短齿制。通常不加说明的齿轮，均采用正常齿制。

二、标准直齿圆柱齿轮的几何尺寸计算

如果一个齿轮的 m、α、h_a^* 和 c^* 均为标准值，并且在分度圆上有 $s = e$，则该齿轮称为标准齿轮。标准直齿圆柱齿轮的基本参数有5个：z、m、α、h_a^*、c^*，其几何尺寸均可用这5个基本参数来表示，计算公式列于表5-3中。其中基圆齿距 p_b 可根据基圆的周长 $\pi d_b = zp_b$，并运用式(5-5)求得

$$p_b = \pi m\cos\alpha \tag{5-8}$$

如图5-15a所示，齿轮相邻两齿同侧齿廓间的法向距离，称为齿轮的法向齿距，用 p_n 表示。根据渐开线的性质可知，法向齿距 p_n 与基圆齿距 p_b 相等，即

$$p_n = p_b = \pi m\cos\alpha \tag{5-9}$$

在齿轮的设计、制造和检验中，往往需要知道轮齿在某一圆上的齿厚。任意圆上的齿厚 s_K 为

$$s_K = sr_K/r - 2r_K(\text{inv}\,\alpha_K - \text{inv}\,\alpha) \tag{5-10}$$

式中 r_K 为任意圆的半径，α_K 为任意圆上的压力角，r 为分度圆半径，α 为分度圆压力角，s 为分度圆齿厚。

根据式(5-10)可得标准齿轮基圆上的齿厚为

$$s_b = sr_b/r - 2r_b(\text{inv}\,\alpha_b - \text{inv}\,\alpha) = m\cos\alpha(\pi/2 + z\,\text{inv}\,\alpha) \tag{5-11}$$

表 5-3　渐开线标准直齿圆柱齿轮的几何尺寸计算　mm

名　称	符号	计算公式	
		小齿轮	大齿轮
模数	m	根据齿轮强度计算确定，并按规定取标准值。动力传动中，$m\geqslant 2$	
压力角	α	$\alpha=20°$	
分度圆直径	d	$d_1=mz_1$	$d_2=mz_2$
齿顶高	h_a	$h_a=h_a^*m$	
齿根高	h_f	$h_f=(h_a^*+c^*)m$	
齿高	h	$h=h_a+h_f=(2h_a^*+c^*)m$	
顶隙	c	$c=c^*m$	
齿顶圆直径	d_a	$d_{a1}=d_1\pm 2h_a=(z_1\pm 2h_a^*)m$	$d_{a2}=d_2\pm 2h_a=(z_2\pm 2h_a^*)m$
齿根圆直径	d_f	$d_{f1}=d_1\mp 2h_f=(z_1\mp 2h_a^*\mp 2c^*)m$	$d_{f2}=d_2\mp 2h_f=(z_2\mp 2h_a^*\mp 2c^*)m$
基圆直径	d_b	$d_{b1}=d_1\cos\alpha$	$d_{b2}=d_2\cos\alpha$
齿距	p	$p=\pi m$	
基圆齿距	p_b	$p_b=\pi m\cos\alpha$	
齿厚	s	$s=\dfrac{p}{2}=\dfrac{m\pi}{2}$	
齿槽宽	e	$e=\dfrac{p}{2}=\dfrac{m\pi}{2}$	
中心距	a	$a=\dfrac{1}{2}(d_1\pm d_2)=\dfrac{m}{2}(z_1\pm z_2)$	

注：表中正负号处，上面符号用于外齿轮，下面符号用于内齿轮。

三、标准直齿圆柱齿轮的公法线长度与分度圆弦齿厚

测量公法线长度或分度圆弦齿厚是控制加工齿轮尺寸、检验齿轮精度的常用方法。其中，测量公法线长度简便、准确且容易掌握；对于大模数齿轮或测量公法线长度不方便时，才测量分度圆弦齿厚。

1. 公法线长度

公法线长度是指齿轮上跨过 k 个齿所量得的齿廓间的法线距离，用 W_k 表示。如图 5-17 所示为卡尺的两个卡脚跨过 3 个轮齿，两卡脚分别与两齿廓相切于 A、B 两点，距离 AB 称为公法线长度，用 W_3 表示。由图可知，$W_3=(3-1)p_b+s_b$。当卡脚跨过 k 个轮齿时，W_k 的计算公式为

$$W_k=(k-1)p_b+s_b$$

式中，k 为跨测齿数，p_b 为基圆齿距，s_b 为基圆齿厚。

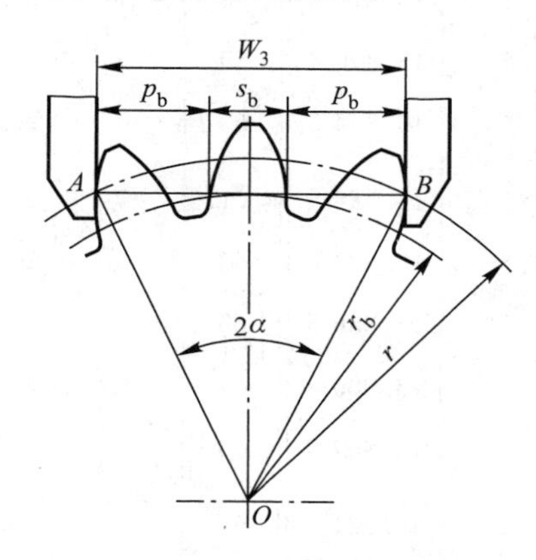

图 5-17　公法线长度的测量

当 $\alpha=20°$时，通过推导可得标准直齿圆柱齿轮的公法线长度计算公式为

$$W_k=m\left[2.952\,1(k-0.5)+0.014z\right] \tag{5-12}$$

跨齿数 k 不能任意选取。如图 5-18 所示，如果跨齿数太多，卡脚就会在齿顶与齿面接触，不能与渐开线齿廓相切；如果跨齿数 k 太少，卡脚就会在根部与齿面接触，也不能与渐开线齿廓相切，这两种情况均不允许。因此需要选择适当的跨齿数，使卡脚与渐开线的切点位于齿廓的中部。对于标准齿轮，其切点应位于齿廓上分度圆附近。

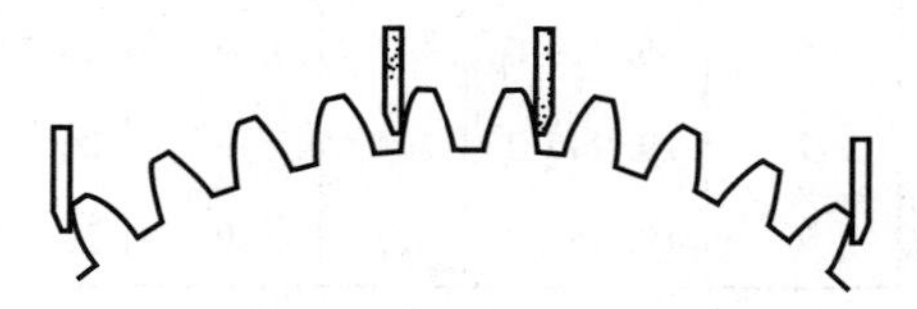

图 5-18　跨齿数对测量的影响

对于 $\alpha=20°$时的标准直齿圆柱齿轮，跨齿数 k 由下式计算

$$k=\frac{\alpha}{180°}z+0.5\approx0.111z+0.5 \tag{5-13}$$

根据上式计算出来的 k 值通常不是整数，应按四舍五入原则圆整为整数。

模数 $m=1$ mm、压力角 $\alpha=20°$的标准直齿圆柱齿轮的公法线长度 W_k^* 可在《机械设计手册》中查出；若 $m\neq1$ mm，只要将表中查得的 W_k^* 值乘以模数 m 即可。表 5-4 摘录了 W_k^* 的部分数值。

表 5-4　标准直齿圆柱齿轮的跨齿数 k 及公法线长度 W_k^*（$m=1\text{mm}, \alpha=20°$）

齿数	跨齿数	公法线长度/mm	齿数	跨齿数	公法线长度/mm	齿数	跨齿数	公法线长度/mm	齿数	跨齿数	公法线长度/mm
16	2	4.652 3	36	5	13.788 8	56	7	19.973 2	76	9	26.157 5
17	2	4.666 3	37	5	13.802 8	57	7	19.987 2	77	9	26.171 5
18	3	4.632 4	38	5	13.816 8	58	7	20.001 2	78	9	26.185 5
19	3	7.646 4	39	5	13.830 8	59	7	20.015 2	79	9	26.199 6
20	3	7.660 4	40	5	13.844 8	60	7	20.029 2	80	9	26.213 6
21	3	7.674 4	41	5	13.858 8	61	7	20.043 2	81	10	29.179 7
22	3	7.688 5	42	5	13.872 8	62	7	20.057 2	82	10	29.193 7
23	3	7.702 5	43	5	13.886 8	63	8	23.023 3	83	10	29.207 7
24	3	7.716 5	44	5	13.900 8	64	8	23.037 3	84	10	29.221 7
25	3	7.703 5	45	6	16.867 0	65	8	23.051 3	85	10	29.235 7
26	3	7.744 5	46	6	16.881 0	66	8	23.065 4	86	10	29.249 7
27	4	10.710 6	47	6	16.895 0	67	8	23.079 4	87	10	29.263 7
28	4	10.724 6	48	6	16.909 0	68	8	23.093 4	88	10	29.277 7
29	4	10.738 6	49	6	16.923 0	69	8	23.107 4	89	10	29.291 7
30	4	10.752 6	50	6	16.937 0	70	8	23.121 4	90	11	32.257 9
31	4	10.766 6	51	6	16.951 0	71	8	23.135 4	91	11	32.271 9
32	4	10.780 6	52	6	16.965 0	72	9	23.101 5	92	11	32.285 9
33	4	10.794 6	53	6	16.979 0	73	9	26.115 5	93	11	32.299 9
34	4	10.808 6	54	7	19.945 2	74	9	26.129 5	94	11	32.313 9
35	4	10.822 7	55	7	19.959 2	75	9	26.143 5	95	11	32.327 9

2. 分度圆弦齿厚

公法线长度的测量，对于斜齿圆柱齿轮将受到齿宽条件的限制，对于大模数直齿圆柱齿轮，测量也有困难，此外还不能用于检测锥齿轮和蜗轮。在这些情况下，通常测量轮齿的分度圆弦齿厚。

如图 5-19a 所示，轮齿两侧齿廓与分度圆的两个交点 A、B 间的距离，称为分度圆弦齿厚，用 $\bar{s}$ 表示。为了确定测量位置，把齿顶到分度圆弦 AB 间的径向距离，称为分度圆弦齿高，用 $\bar{h}$ 表示。标准直齿圆柱齿轮分度圆弦齿厚和弦齿高的计算公式分别为

$$\bar{s} = mz\sin\frac{90°}{z} \tag{5-14}$$

$$\bar{h} = m\left[h_a^* + \frac{z}{2}\left(1 - \cos\frac{90°}{z}\right)\right] \tag{5-15}$$

图 5－19b 所示为用齿厚游标卡尺测量分度圆弦齿厚的情形。为了保证卡尺测量脚与齿面能在分度圆外接触，必须利用垂直游标尺控制分度圆弦齿高值 $\bar{h}$。测量时以齿顶圆作为定位基准，定出弦齿高 $\bar{h}$，再用水平游标尺测出分度圆弦齿厚的实际值 $\bar{s}$，用实际值减去公称值，即为分度圆弦齿厚偏差。

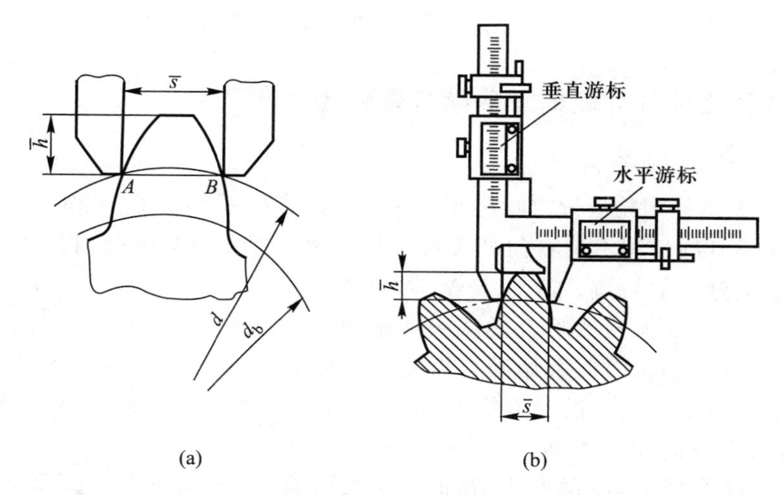

图 5－19　分度圆弦齿厚 $\bar{s}$、弦齿高 $\bar{h}$ 及测量方法

四、径节制齿轮简介

在英美等国采用径节制，径节 $P = z/d$，其单位为 1/in，与模数成倒数关系，其换算公式为

$$m = \frac{25.4}{P} \tag{5-16}$$

例 5－1　国产某机床的传动系统，需要更换一个损坏的齿轮。测得其齿数 $z = 24$，齿顶圆直径 $d_a = 77.95$ mm，已知为正常齿制。试求该齿轮的模数和主要尺寸。

解　国产机床，齿轮压力角为 20°，正常齿制 $h_a^* = 1$，$c^* = 0.25$

（1）求齿轮的模数

由表 5－3 得　$m = \dfrac{d_a}{z + 2h_a^*} = \dfrac{77.95}{24 + 2 \times 1}$ mm $= 2.998$ mm

查表 5－2 得　$m = 3$ mm

（2）计算主要尺寸

分度圆直径　$d = mz = 3 \times 24$ mm $= 72$ mm

齿顶圆直径　$d_a = m(z + 2h_a^*) = 3 \times (24 + 2 \times 1)$ mm $= 78$ mm

齿根圆直径

$$d_f = m(z - 2h_a^* - 2c^*) = 3 \times (24 - 2 \times 1 - 2 \times 0.25)\ \text{mm} = 64.5\ \text{mm}$$

基圆直径 $d_b = d\cos\alpha = 72\cos 20°\ \text{mm} = 67.78\ \text{mm}$

齿距 $p = \pi m = 3.14 \times 3\ \text{mm} = 9.42\ \text{mm}$

齿厚与齿槽宽 $s = e = \frac{\pi m}{2} = \frac{3.14 \times 3}{2}\ \text{mm} = 4.71\ \text{mm}$

第四节　渐开线标准直齿圆柱齿轮的啮合传动

一、渐开线直齿圆柱齿轮的正确啮合条件

1. 渐开线齿轮传动的啮合过程

齿轮传动是依靠两轮的轮齿依次啮合而实现的。如图 5－20 所示，齿轮 1 是主动轮，齿轮 2 是从动轮，由于渐开线齿廓不论在何处接触，其接触点都在两基圆的内公切线 N_1N_2 上，因此 N_1N_2 是两齿廓接触点的轨迹，故将 N_1N_2 称为渐开线齿轮传动的啮合线。一对齿轮的啮合是从主动轮的齿根推动从动轮的齿顶开始的，因此起始啮合点是从动轮齿顶圆与啮合线 N_1N_2 的交点 B_2，随着齿轮传动的进行，两齿廓的啮合点沿啮合线向左下方移动。当啮合点移至主动轮 1 的齿顶圆与啮合线 N_1N_2 的交点 B_1 时，齿廓啮合终止，B_1 为终止啮合点。由此可见，B_1B_2 为齿廓的实际啮合线段。显然，随着齿顶圆的增大，B_1B_2 线段可以加长，但由于基圆内无渐开线，所以啮合点不会超过 N_1 和 N_2，因此 N_1、N_2 点称为极限啮合点。啮合线 N_1N_2 为理论上的最长啮合线段，称为理论啮合线段。

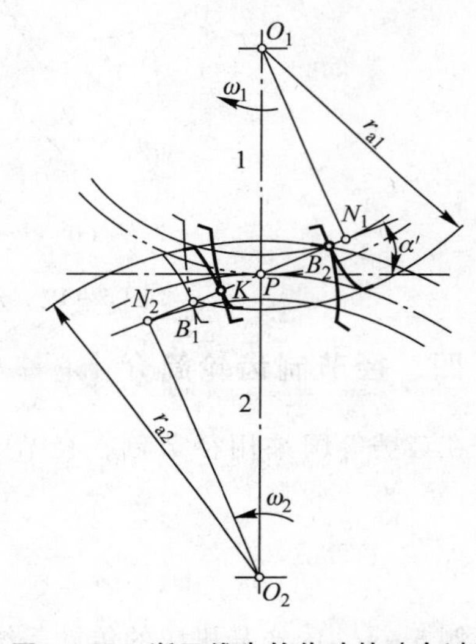

图 5－20　渐开线齿轮传动的啮合过程

啮合线与两节圆内公切线间所夹的锐角称为啮合角，用 α'表示。由图 5－20 可知，啮合角等于节圆上的压力角，简称节圆压力角。

2. 正确啮合条件

一对渐开线齿廓的齿轮啮合时可以保证瞬时传动比恒定，但并不表明任意两个渐开线齿轮都能互相搭配并正确啮合传动。一对渐开线齿轮要正确啮合，必须满足一定的条件。

如图 5－21 所示，当前一对轮齿在 K 点相接触时，后一对轮齿在 K'点接触。由前面分析可知，K 点和 K'点都应在啮合线 N_1N_2 上，且 KK'为齿轮的法向齿距。显然，要使两齿轮正确啮合，两齿轮的法向齿距应相等，即 $p_{n1} = p_{n2}$。又因法向齿距 p_n 与基圆齿距 p_b 相等，故得

$$p_{b1} = p_{b2}$$

即

$$\pi m_1 \cos\alpha_1 = \pi m_2 \cos\alpha_2$$

由于齿轮的模数和压力角均已标准化，所以必须使

$$\left.\begin{aligned}m_1=m_2=m\\ \alpha_1=\alpha_2=\alpha\end{aligned}\right\}\qquad(5-17)$$

上式表明，一对渐开线直齿圆柱齿轮的正确啮合条件为：两齿轮的模数和压力角必须分别相等。

这样，一对齿轮传动的传动比可表示为

$$i_{12}=\frac{\omega_1}{\omega_2}=\frac{d_2'}{d_1'}=\frac{d_{b2}}{d_{b1}}=\frac{d_2}{d_1}=\frac{z_2}{z_1}\qquad(5-18)$$

二、渐开线直齿圆柱齿轮连续传动的条件及重合度

如图 5-22 所示，要使齿轮能连续传动，即要求前一对轮齿在终止啮合点 B_1 前（如 K 点）啮合时，后一对轮齿已到达起始啮合点 B_2 啮合。因此，保证连续传动的条件是

$$B_1B_2\geqslant B_2K$$

式中 B_2K 为法向齿距，由于法向齿距 p_n 与基圆齿距 p_b 相等，上式可改写为

$$B_1B_2\geqslant p_b$$

实际啮合线段长度 B_1B_2 与基圆齿距 p_b 之比称为重合度，用 ε_α 表示，即

$$\varepsilon_\alpha=\frac{B_1B_2}{p_b}\geqslant 1\qquad(5-19)$$

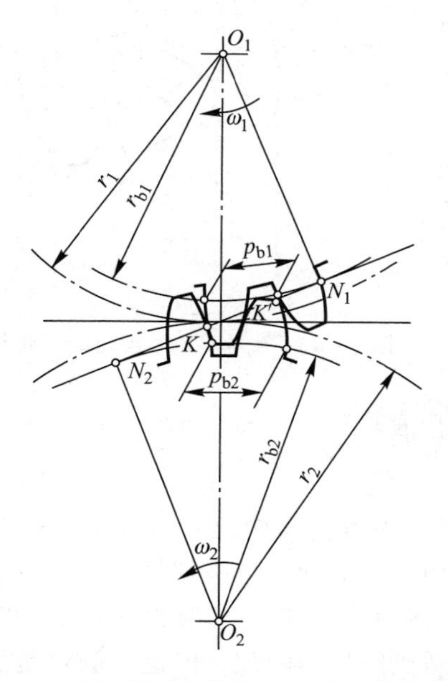

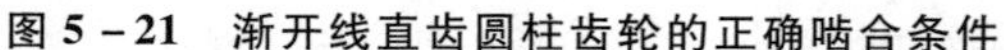

图 5-21　渐开线直齿圆柱齿轮的正确啮合条件

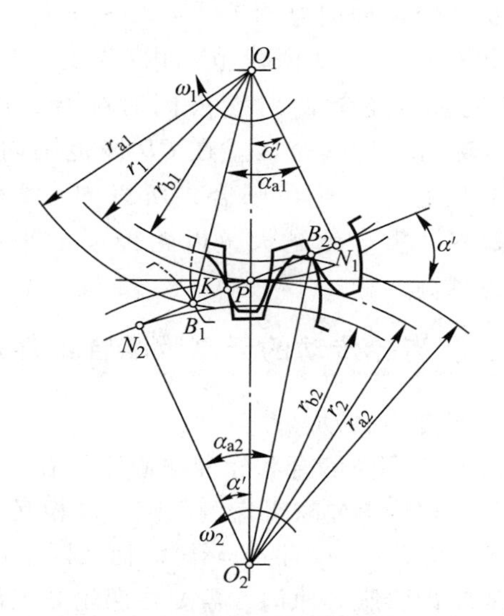

图 5-22　齿轮连续传动的条件

上式表示齿轮连续传动的条件为 $\varepsilon_\alpha\geqslant 1$。从理论上讲，$\varepsilon_\alpha=1$ 就能保证齿轮连续传动。但因齿轮的制造、安装难免会有误差，为确保齿轮的连续传动，应使 $\varepsilon_\alpha>1$，并对不同场合规定了许用重合度的推荐值$[\varepsilon_\alpha]$，见表 5-5，设计时应使 $\varepsilon_\alpha\geqslant[\varepsilon_\alpha]$。重合度 ε_α 的计算公式为

$$\varepsilon_{\alpha}=\frac{1}{2\pi}\left[z_1(\tan\alpha_{\alpha 1}-\tan\alpha')\pm z_2(\tan\alpha_{\alpha 2}-\tan\alpha')\right] \tag{5-20}$$

式中“+”用于外啮合，“-”用于内啮合；α_{α} 为齿顶圆压力角，$\alpha_{\alpha}=\arccos\dfrac{r_{\mathrm{b}}}{r_{\alpha}}$；$\alpha'$为啮合角，$\alpha'=\arccos\dfrac{r_{\mathrm{b}}}{r'}$。

由上式可知，ε_{α} 与模数无关，随齿数的增大而增大；随啮合角的增大而减小。假想当两齿轮的齿数都增大到无穷多时，ε_{α} 将趋于最大值 $\varepsilon_{\max}$。对于 $h_{\mathrm{a}}^{*}=1$，$\alpha=20°$的标准直齿圆柱齿轮，$\varepsilon_{\max}=1.981$。

表 5-5 [ε_{α}]的推荐值

使用场合	一般机械制造业	汽车、拖拉机	金属切削机床
[ε_{α}]	1.4	1.1~1.2	1.3

重合度表示一对齿轮在啮合过程中，同时参与啮合的轮齿对数的多少。如果 $\varepsilon_{\alpha}=1$，则表示在传动过程中，仅有一对轮齿啮合（只有在 B_1、B_2 两点接触的瞬时有两对轮齿同时啮合）；如果 $\varepsilon_{\alpha}=2$，则表示有两对轮齿同时啮合（只有在 B_1、B_2 及直线 B_1B_2 中点接触的瞬时有 3 对轮齿同时啮合）；如果 $\varepsilon_{\alpha}=1.2$，则表示在啮合线上 B_2C 和 B_1D 两段范围内（图 5-23），即在两个 $0.2p_{\mathrm{b}}$ 的长度上有两对轮齿同时啮合，所以 B_2C 段和 B_1D 段称为双齿啮合区。在 CD 段范围内，即 $0.8p_{\mathrm{b}}$ 的长度上只有一对轮齿啮合，所以 CD 段称为单齿啮合区。显然，重合度越大，齿轮传动的平稳性越好，承载能力越高。

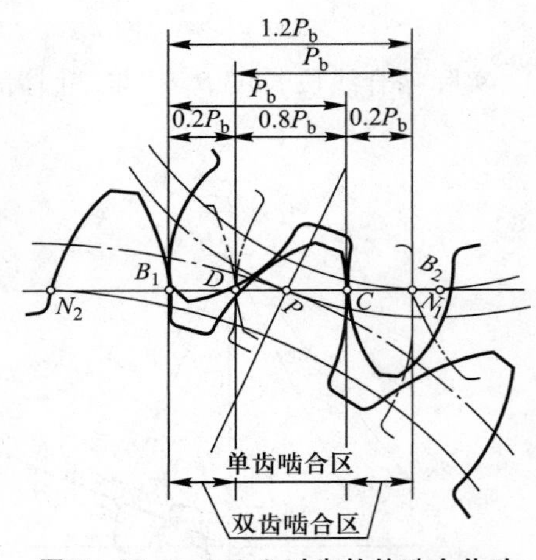

图 5-23 $\varepsilon_{\alpha}=1.2$ 时齿轮的啮合传动

三、齿轮传动的无侧隙啮合条件及标准中心距

1. 外啮合传动

（1）无侧隙啮合和标准中心距。在齿轮啮合传动时，为避免齿轮反转时发生冲击和出现空行程，理论上要求无齿侧间隙，即相互啮合的两齿轮中一轮节圆的齿槽宽与另一轮节圆的齿厚之差为零（$s_1'=e_2'$ 且 $e_1'=s_2'$）。而实际上由于啮合齿面间润滑、制造与安装误差，工作时温升引起的轮齿膨胀等原因，需要在两轮非工作齿廓间留有适当的齿侧间隙，但这个侧隙是靠轮齿齿厚公差来保证的。理论上无侧隙的齿轮啮合称为无侧隙啮合。

图 5-24a 所示为一对标准外啮合齿轮传动。因标准齿轮分度圆上的齿厚等于齿槽宽，如在安装时使两轮的节圆均与分度圆重合，则有 $s_1'=s_1$、$e_1'=e_1$、$s_2'=s_2$、$e_2'=e_2$，且均等于 $\pi m/2$，显然符合无侧隙啮合条件。这样的安装称为标准安装，此时的中心距称为标准中心距。由图 5-24 可得

$$a = r_1' + r_2' = r_1 + r_2 = \frac{m}{2}(z_1 + z_2) \tag{5-21}$$

（2）齿轮啮合时的标准顶隙。一对齿轮啮合传动时，为了避免一轮的齿顶与另一轮的齿槽底部相抵触，并能贮存润滑油，应使齿轮的齿顶圆与另一齿轮的齿根圆间沿径向留有一定的空隙，即顶隙。由图 5-24a 可知，标准安装时的顶隙 c 为

$$c = a - r_{f1} - r_{a2} = \frac{m}{2}(z_1 + z_2) - \frac{m}{2}(z_1 - 2h_a^* - 2c^*) - \frac{m}{2}(z_2 + 2h_a^*) = c^* m$$

可见标准安装时顶隙为标准顶隙。

（3）中心距和啮合角的关系。由于齿轮的制造和安装误差、轴受力产生变形以及轴承磨损等原因，齿轮传动的实际中心距 a' 与标准中心距不相等，称为非标准安装。如图 5-24b 所示，设齿轮传动的实际中心距 a' 大于标准中心距 a，这时两轮的分度圆不再相切而是相离，节圆与分度圆不再重合，两轮的节圆半径均大于各自的分度圆半径，啮合角 α' 大于分度圆压力角 α。此时的中心距为

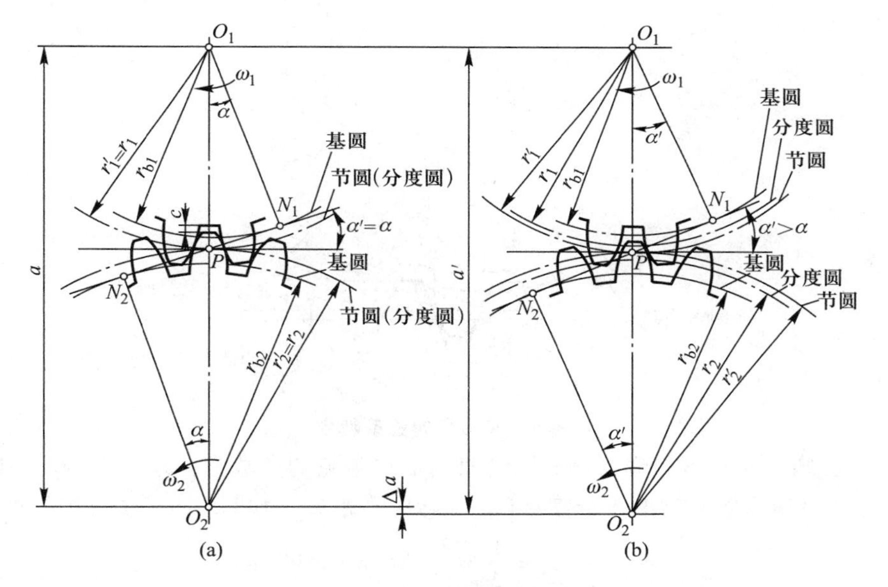

图 5-24　外啮合齿轮传动的中心距与啮合角

$$a' = r_1' + r_2' = \frac{r_{b1}}{\cos\alpha'} + \frac{r_{b2}}{\cos\alpha'} = \frac{r_1\cos\alpha}{\cos\alpha'} + \frac{r_2\cos\alpha}{\cos\alpha'} = (r_1 + r_2)\frac{\cos\alpha}{\cos\alpha'} = a\frac{\cos\alpha}{\cos\alpha'}$$

即

$$a\cos\alpha = a'\cos\alpha' \tag{5-22}$$

由上式可知：当 $a' > a$ 时，$\alpha' > \alpha$。

注意：分度圆和压力角是对单个齿轮而言的，而节圆和啮合角是两个齿轮啮合时才有的。只有在标准安装时，节圆才与分度圆重合，啮合角才等于压力角。

2. 内啮合传动

图 5-25 所示为一对标准内啮合齿轮传动。与外啮合一样，标准安装时，两轮的分度圆与节圆重合，啮合角 α' 等于分度圆压力角 α，并能保证无侧隙啮合和标准顶隙。其标准中心距为

$$a = r_2 - r_1 = \frac{1}{2}m(z_2 - z_1) \tag{5-23}$$

非标准安装时，两轮的节圆不再与分度圆重合，啮合角 α' 不等于分度圆压力角 α。

3. 齿轮齿条啮合

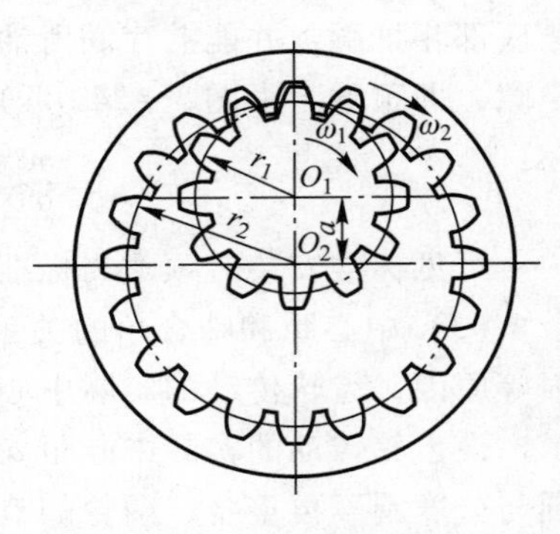

图 5－25　内啮合齿轮传动

如图 5－26 所示，当齿轮与齿条啮合时，若采用标准安装，齿轮的分度圆与齿条的中线相切，此时齿轮的分度圆与节圆重合，齿条的中线与节线重合，$\alpha' = \alpha$。当采用非标准安装时（齿条远离或靠近齿轮），如图中虚线所示，由于齿条的齿廓是直线，节点 P 位置不变，齿轮的分度圆仍与节圆重合，$\alpha' = \alpha$，但齿条的中线与节线不再重合。因此不管是否为标准安装，齿轮与齿条啮合时齿轮的分度圆永远与节圆重合，啮合角恒等于压力角，但只有在标准安装时，齿条的中线才与节线重合。

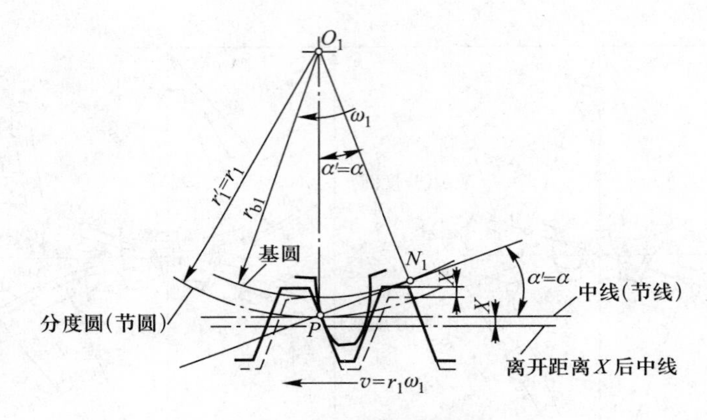

图 5－26　齿轮齿条啮合

例 5－2　已知一对正常齿制标准外啮合直齿圆柱齿轮的参数为：$z_1 = 24$，$z_2 = 71$，$\alpha = 20°$，$m = 3$。试求：(1)标准安装时的重合度；(2)实际中心距 $a' = 143.5$ mm 时的重合度。

解　(1)

$$r_1 = \frac{1}{2}mz_1 = \frac{1}{2} \times 3 \times 24 \text{ mm} = 36 \text{ mm}$$

$$r_2 = \frac{1}{2}mz_2 = \frac{1}{2} \times 3 \times 71 \text{ mm} = 106.5 \text{ mm}$$

$$r_{a1} = r_1 + h_a^* m = (36 + 1 \times 3) \text{ mm} = 39 \text{ mm}$$

$$r_{a2} = r_2 + h_a^* m = (106.5 + 1 \times 3) \text{ mm} = 109.5 \text{ mm}$$

$$r_{b1} = r_1 \cos\alpha = 36 \text{ mm} \times \cos 20° = 33.83 \text{ mm}$$

$$r_{b2} = r_2 \cos\alpha = 106.5 \text{ mm} \times \cos 20° = 100.08 \text{ mm}$$

$$\alpha_{a1} = \arccos\frac{r_{b1}}{r_{a1}} = \arccos\frac{33.83}{39} = 29°50'28''$$

$$\alpha_{a2} = \arccos\frac{r_{b2}}{r_{a2}} = \arccos\frac{100.08}{109.5} = 23°56'35''$$

标准安装时 $\alpha'=\alpha=20°$，故按式(5－20)可得重合度为

$$\varepsilon_\alpha=\frac{1}{2\pi}[z_1(\tan\alpha_{a1}-\tan\alpha')+z_2(\tan\alpha_{a2}-\tan\alpha')]$$

$$=\frac{1}{2\pi}[24(\tan 29°50'28''-\tan 20°)+71(\tan 23°56'35''-\tan 20°)]$$

$$=1.71$$

(2) 标准中心距 $a=\frac{1}{2}m(z_1+z_2)=\frac{1}{2}\times 3\times(24+71)\ \text{mm}=142.5\ \text{mm}$

$$\cos\alpha'=\frac{a}{a'}\cos\alpha=\frac{142.5}{143.5}\cos 20°=0.933\ 144\ 2$$

故得 $\alpha'=21°4'11''$

则实际中心距 $a'=143.5$ mm 时的重合度为

$$\varepsilon_\alpha=\frac{1}{2\pi}[z_1(\tan\alpha_{a1}-\tan\alpha')+z_2(\tan\alpha_{a2}-\tan\alpha')]$$

$$=\frac{1}{2\pi}[24(\tan 29°50'28''-\tan 21°4'11'')+71(\tan 23°56'35''-\tan 21°4'11'')]=1.38$$

由此可知，中心距略有增大，重合度将明显降低。

第五节　渐开线齿轮的加工方法及根切现象

一、渐开线齿轮的加工方法

渐开线齿轮的加工方法很多，如铸造、冲压、热轧、冷轧及切削加工等，最常用的是切削加工方法。切削法根据加工原理的不同，可分为仿形法和展成法两种。

1. 仿形法

仿形法是在普通铣床上用轴剖面形状与被切齿轮齿槽形状完全相同的成型铣刀，直接铣削出齿槽而形成齿廓的加工方法。常用的成型刀具有盘形铣刀(图 5－27a)和指状铣刀(图 5－27b)。加工时铣刀绕本身轴线回转，同时轮坯沿自身轴线移动。铣出一个齿槽后，将工件转过 $360°/z$，再铣下一个齿槽，直到铣出所有的齿槽。

由于渐开线的形状取决于基圆的大小，而基圆半径 $r_b=mz\cos\alpha/2$，故齿廓形状与 m、α、z 有关。欲铣出精确的渐开线齿形，对模数和压力角相同、齿数不同的齿轮，应采用不同的刀具。这样就使得铣刀的数量过多，在生产实际中是不可能的。为了减少刀具数量，规定相同模数和压力角的铣刀通常有 8 把，每把铣刀可铣一定齿数范围的齿轮，如表 5－6 所列。

表 5－6　齿轮铣刀的加工齿数范围

刀　　号	1 号	2 号	3 号	4 号	5 号	6 号	7 号	8 号
加工齿数范围	12～13	14～16	17～20	21～25	26～34	35～54	55～134	≥135

用仿形法加工齿轮，可以在普通铣床上进行，不需要专用机床。但由于加工过程不连续，生产效率低。另外，由于铣刀数量的限制，使加工出来的齿轮精度较低，因此只适合单件或精度要求不高的齿轮加工。

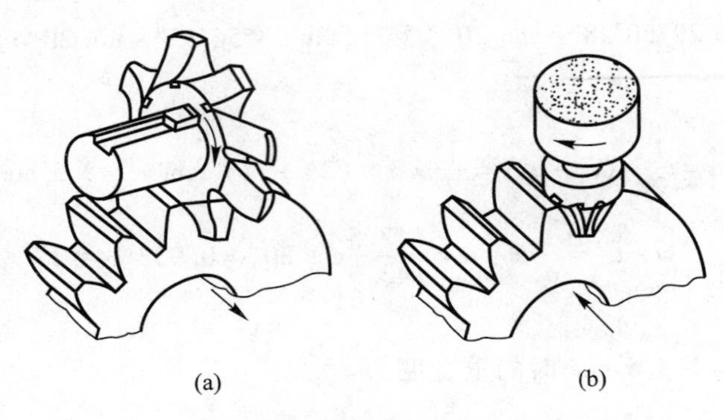

图 5－27　仿形法铣削齿轮

2. 展成法

展成法是利用齿轮啮合时齿廓曲线互为包络线的原理加工齿轮的方法。加工时将其中的一个齿轮制成刀具，而另一个作为轮坯，并使两者的运动就像一对互相啮合的齿轮，运动过程中将轮坯切出渐开线齿廓。用展成法加工齿轮通常有插齿、滚齿、磨齿和剃齿等方法，其中磨齿和剃齿属于精加工。

（1）插齿。图 5－28a 所示为用齿轮插刀加工齿轮的情况。齿轮插刀是一个具有渐开线齿形、模数、压力角与被切齿轮相同的刀具，插齿时通过调整机床的传动系统使齿轮插刀与轮坯之间以确定的传动比 $i=\omega_{刀}/\omega_{坯}=z_{坯}/z_{刀}$ 旋转，同时齿轮插刀不断沿轮坯轴线方向进行往复切削运动。为了防止插刀退刀时擦伤已加工好的齿廓表面，在插刀向上运动时，轮坯还需作小距离的让刀运动。另外为了切出轮齿的整个高度，插刀还需要向轮坯中心移动，作径向进给运动。这样刀具的渐开线齿廓就在轮坯上包络出渐开线齿轮的齿廓（图 5－28b）。

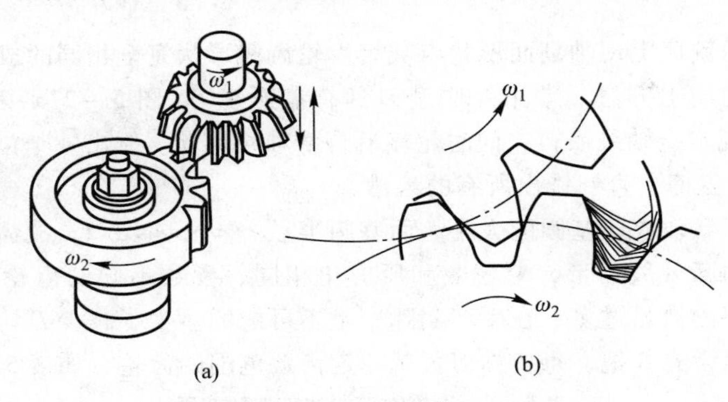

图 5－28　齿轮插刀加工齿轮

图 5－29 所示为用齿条插刀加工齿轮的情况。插齿时，刀具与轮坯的展成运动相当于齿条与齿轮的啮合传动，其加工原理与用齿轮插刀加工齿轮的原理相同。无论用齿轮插刀还是齿条插刀，加工中均具有空行程，加工过程不连续，故生产效率低。

（2）滚齿。图 5－30 所示为用齿轮滚刀加工齿轮的情况。齿轮滚刀像一螺旋，它的轴剖面内具有齿条的直线齿廓(刀刃)。当滚刀转动时，相当于齿条作轴向移动。所以用滚刀切制齿轮的原理和齿条插刀加工齿轮的原理基本相同。滚刀除了旋转之外，还需沿着轮坯的轴线缓慢地进给，以便切出整个齿宽。这种方法可以实现连续加工，生产效率较高。

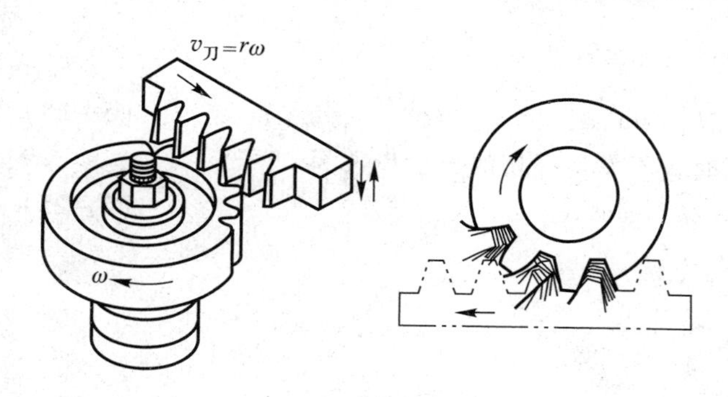

图 5－29　齿条插刀加工齿轮

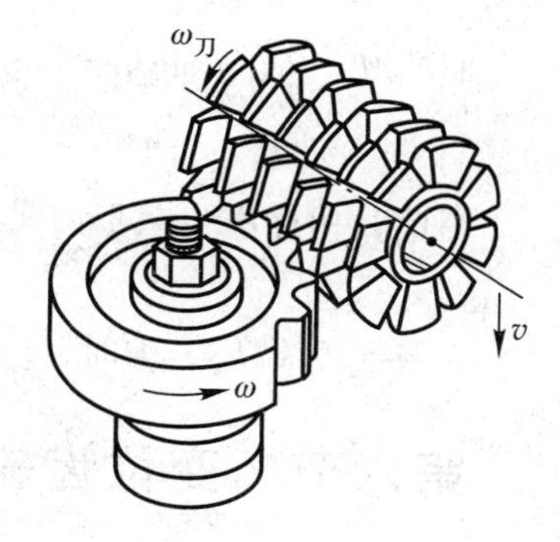

图 5－30　齿轮滚刀加工齿轮

用展成法加工齿轮时，只要刀具的模数、压力角与被加工齿轮的模数、压力角分别相等，则无论被加工齿轮齿数是多少，都可以使用同一把刀具加工，且齿轮加工精度与生产效率较高，所以展成法广泛用于大批量生产中。但由于切齿时需要专用的机床，加工成本较高。

二、渐开线齿廓的根切现象与最少齿数

1. 渐开线齿廓的根切现象

用展成法加工齿轮时，若刀具的齿顶线超过理论啮合极限点 N_1 时(图 5－31)，刀具会将轮齿根部的渐开线齿廓切去一部分(图 5－32)，这种现象称为根切。

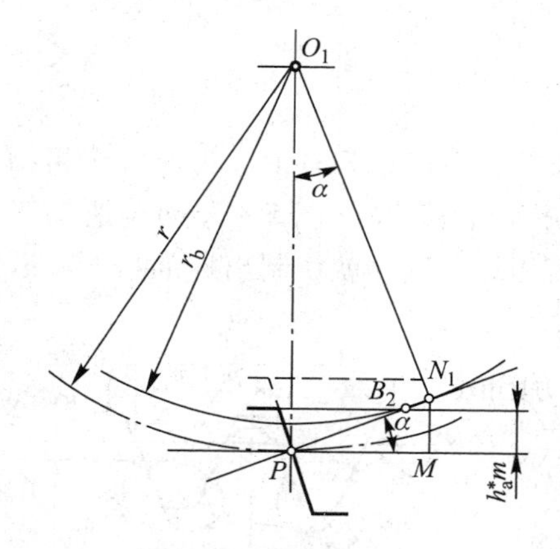

图 5－31　根切的产生

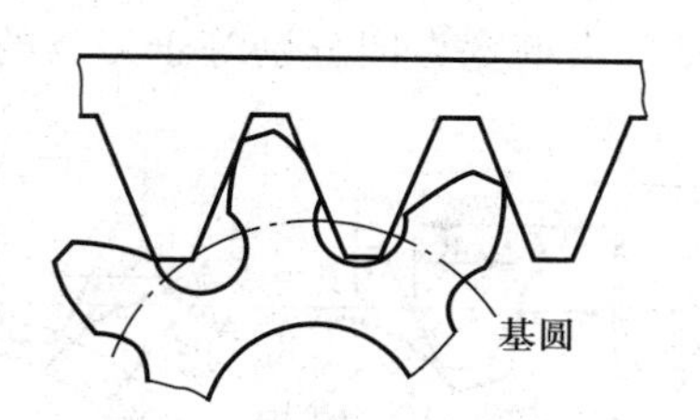

图 5－32　根切现象

轮齿的根切大大削弱了齿轮的弯曲强度，降低了齿轮传动的平稳性和重合度，对传动产生不利影响，因此应设法避免。

2. 标准外啮合直齿轮不发生根切的最少齿数

图 5－31 所示为用齿条插刀加工标准外齿轮的情况，齿条插刀的中线与齿轮的分度圆相切。要使被加工齿轮不产生根切，刀具的齿顶线不得超过 N_1 点，即

$$h_a^* m \leqslant \overline{N_1 M}$$

而$\overline{N_1 M} = \overline{PN_1} \cdot \sin\alpha = r\sin^2\alpha = \dfrac{1}{2}mz\sin^2\alpha$，整理后可得

$$z \geqslant 2h_a^* / \sin^2\alpha \tag{5－24}$$

因此，用标准齿条形刀具加工标准齿轮时，不发生根切的最少齿数为

$$z_{\min} = 2h_a^* / \sin^2\alpha \tag{5－25}$$

当 $\alpha = 20°$，$h_a^* = 1$ 时，$z_{\min} = 17$。

第六节 变位齿轮传动简介

一、标准齿轮传动应用的局限性

标准齿轮具有设计计算简单和互换性好等优点，因此得到了广泛的应用。但随着生产的发展，标准齿轮传动仍存在着一些局限性：①受根切的限制，齿数不得少于 $z_{\min}$，使传动结构不够紧凑；②不适用于实际中心距 a'不等于标准中心距 a 的场合。当 $a' < a$ 时，无法安装；当 $a' > a$ 时，虽然可以安装，但会产生过大的侧隙而引起冲击振动，影响传动的平稳性；③一对标准齿轮传动时，小齿轮的齿根厚度小而啮合次数又较多，故小齿轮的强度较低，齿根部分磨损也较严重，因此小齿轮容易损坏，同时也限制了大齿轮的承载能力。为了改善齿轮传动的性能，可以采用变位齿轮。

二、变位齿轮的加工和齿形特点

1. 变位齿轮的概念

现以齿条形刀具展成法加工齿轮为例来讨论变位齿轮。在齿条刀具上，齿厚等于齿槽宽的直线称为刀具中线。当刀具中线与轮坯的分度圆相切并作纯滚动时（图 5－33a），所加工出齿轮的齿厚及齿槽宽，因分别等于刀具的齿槽宽及齿厚而相等，这样就切制出标准齿轮。若其他

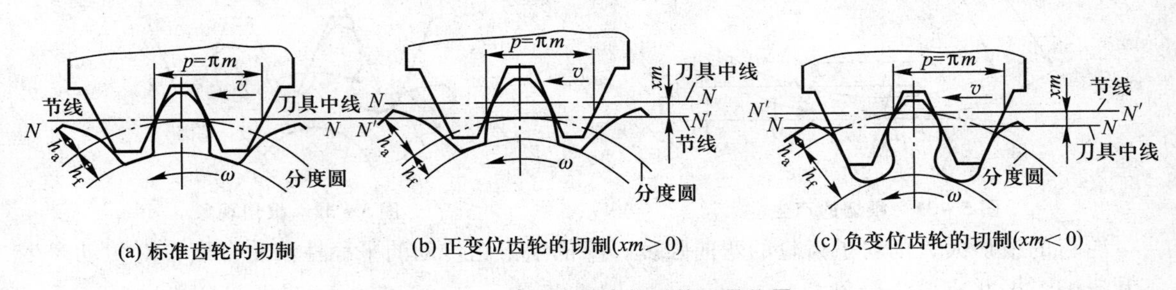

(a) 标准齿轮的切制　(b) 正变位齿轮的切制($xm>0$)　(c) 负变位齿轮的切制($xm<0$)

图 5－33　切制各种齿轮时的刀具位置

条件不变，仅将刀具远离（或靠近）轮坯中心一段距离，使刀具中线与轮坯的分度圆分离（或相交），此时刀具节线与轮坯分度圆相切（图 5－33b、c），这种只改变刀具与轮坯的相对位置而加工出的齿轮称为变位齿轮。刀具移动的距离 $X=xm$ 称为变位量，x 称为变位系数。并规定刀具向远离轮坯中心的方向移动时，x 为正，加工出的齿轮称为正变位齿轮；反之，x 为负，加工出的齿轮称为负变位齿轮。

2. 变位齿轮的齿形特点

用齿条形刀具切制齿轮的过程相当于齿条与齿轮的啮合过程，所以齿轮分度圆上的模数及压力角等于刀具节线上的模数及压力角。由于齿条刀具在不同高度上的齿距和压力角都是相同的，所以变位齿轮与标准齿轮相比，模数、齿数和压力角完全相同。由此可以推出其分度圆半径和基圆半径也相同，渐开线齿廓的形状也相同，只是其齿廓曲线取用了不同部位的渐开线，如图 5－34 所示。但由于分度圆不再与刀具中线相切，而是与齿厚不等于齿槽宽的节线相切，因此变位齿轮分度圆上的齿厚与齿槽宽不再相等，其他一些几何尺寸也与标准齿轮不同。正变位齿轮的齿顶高增大，齿根高减小，分度圆齿厚和齿根圆齿厚都增大，有利于提高轮齿强度，但齿顶变尖。负变位齿轮则与其相反。

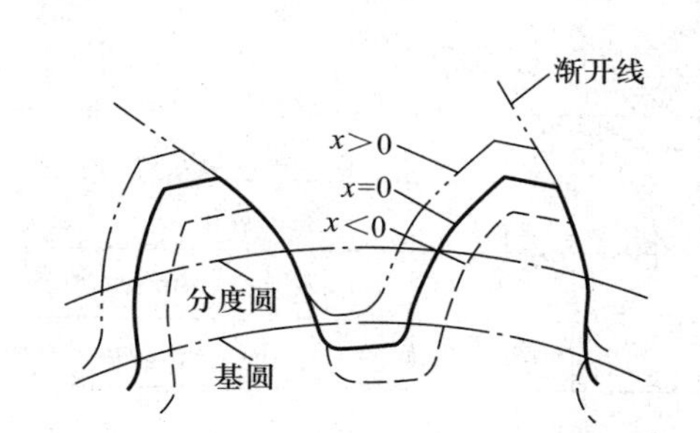

图 5－34 变位齿轮与标准齿轮的齿廓比较

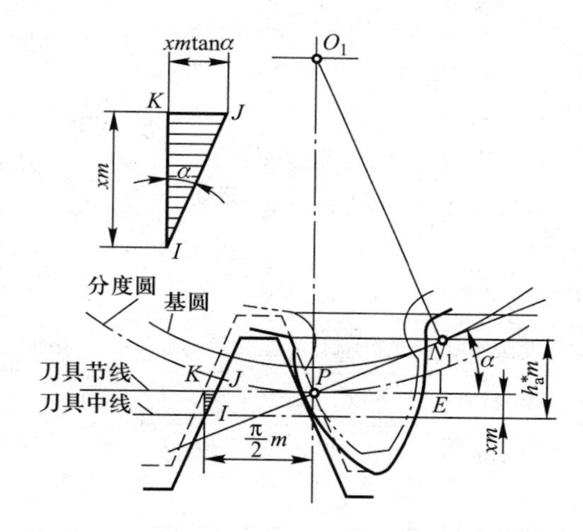

图 5－35 加工变位齿轮时刀具的变位量

三、最小变位系数的确定

如图 5－35 所示，设刀具向远离轮坯中心的移动量为 $X=xm$，若刀具的齿顶线正好通过 N_1 点，这时的变位系数称为最小变位系数，用 $x_{\min}$ 表示。由图 5－35 可知不发生根切的条件是

$$h_a^* m - xm \leqslant \overline{N_1E}$$

又因

$$\overline{N_1E}=\overline{PN_1}\sin\alpha = r\sin^2\alpha=\frac{mz}{2}\sin^2\alpha$$

故得

$$x\geqslant h_a^* - \frac{z}{2}\sin^2\alpha$$

由式（5－25）可得 $\dfrac{\sin^2\alpha}{2}=\dfrac{h_a^*}{z_{\min}}$，代入上式整理后得

$$x \geqslant h_a^* \frac{z_{min} - z}{z_{min}} \tag{5-26}$$

由此可得最小变位系数为

$$x_{min} = h_a^* \frac{z_{min} - z}{z_{min}} \tag{5-27}$$

上式表明，被加工齿轮的齿数 $z < z_{min}$ 时，$x_{min} > 0$，说明此时必须采用正变位，使 $x \geqslant x_{min}$ 可避免根切；当 $z > z_{min}$ 时，$x_{min} < 0$，即可采用负变位，只要变位系数 $x \geqslant x_{min}$ 就不会发生根切。

四、变位齿轮的几何尺寸

变位齿轮的齿数、模数、压力角都与标准齿轮相同，所以分度圆直径、基圆直径和齿距也都相同，但变位齿轮的齿厚、齿顶圆和齿根圆等都发生了变化，外啮合变位直齿圆柱齿轮传动的几何尺寸计算公式如表 5－7 所列。

表 5－7 外啮合变位直齿圆柱齿轮传动的几何尺寸计算

名 称	符 号	计算公式	
		小齿轮	大齿轮
啮合角	α'	$\text{inv}\,\alpha' = \text{inv}\,\alpha + \frac{2(x_1 + x_2)}{z_1 + z_2}\tan\alpha$ 或 $\cos\alpha' = \frac{a}{a'}\cos\alpha$	
中心距变动系数	y	$y = \frac{a' - a}{m} = \frac{z_1 + z_2}{2}\left(\frac{\cos\alpha}{\cos\alpha'} - 1\right)$	
齿高变动系数	σ	$\sigma = x_1 + x_2 - y$	
分度圆直径	d	$d_1 = mz_1$	$d_2 = mz_2$
齿顶高	h_a	$h_{a1} = (h_a^* + x_1 - \sigma)m$	$h_{a2} = (h_a^* + x_2 - \sigma)m$
齿根高	h_f	$h_{f1} = (h_a^* + c^* - x_1)m$	$h_{f2} = (h_a^* + c^* - x_2)m$
齿高	h	$h = (2h_a^* + c^* - \sigma)m$	
齿顶圆直径	d_a	$d_{a1} = d_1 + 2h_{a1}$	$d_{a2} = d_2 + 2h_{a2}$
齿根圆直径	d_f	$d_{f1} = d_1 - 2h_{f1}$	$d_{f2} = d_2 - 2h_{f2}$
节圆直径	d'	$d_1' = d_1\frac{\cos\alpha}{\cos\alpha'}$	$d_2' = d_2\frac{\cos\alpha}{\cos\alpha'}$
中心距	a'	$a' = (d' + d_2')/2$	
公法线长度	W_k	$W_k = m\cos\alpha[(k - 0.5)\pi + z\,\text{inv}\,\alpha)] + 2xm\sin\alpha$	

五、变位齿轮传动的类型

根据两齿轮变位系数之和的不同，变位直齿轮传动可分为零传动、正传动和负传动 3 种类型，标准齿轮传动可看作是零传动的特例。变位齿轮传动与标准齿轮传动的特点比较见表 5－8。

表 5－8　变位齿轮传动与标准齿轮传动的特点比较

比较项目＼传动类型	零传动		角变位传动	
	标准齿轮传动	高度变位传动	正传动	负传动
齿数限制条件	$z_1 \geqslant z_{min}$，$z_2 \geqslant z_{min}$	$z_1 + z_2 \geqslant 2z_{min}$	$z_1 + z_2$ 可以小于 $2z_{min}$	$z_1 + z_2 > 2z_{min}$
变位系数	$x_1 = x_2 = 0$	$x_1 = -x_2 \neq 0$	$x_1 + x_2 > 0$	$x_1 + x_2 < 0$
传动特点	$a' = a$，$\gamma = 0$，$\alpha' = \alpha$，$\sigma = 0$		$a' > a$，$\gamma > 0$，$\alpha' > \alpha$，$\sigma > 0$	$a' < a$，$\gamma < 0$，$\alpha' < \alpha$，$\sigma < 0$
主要优点	设计计算简单，互换性好	小齿轮采用正变位，允许 $z_1 < z_{min}$，减小传动尺寸。提高了小齿轮的强度，减小了小齿轮的齿面磨损	传动机构更加紧凑，提高了抗弯强度和接触强度，提高了耐磨性能，可满足 $a' > a$ 的中心距要求	重合度略有增加，但齿轮强度下降，可满足 $a' < a$ 的中心距要求
主要缺点	齿数受根切的限制，小齿轮容易损坏	互换性差，小齿轮齿顶易变尖，重合度略有下降	互换性差，齿轮齿顶变尖，重合度下降较多	互换性差，抗弯强度和接触强度下降，轮齿磨损加剧
应用情况	用于无特殊要求、要求互换的场合	用于修复大齿轮、减小传动尺寸等场合	用于配凑中心距，提高齿轮强度，消除根切等	用于配凑中心距

第七节　平行轴斜齿圆柱齿轮机构

一、斜齿圆柱齿轮齿廓曲面的形成及其啮合特点

1. 斜齿圆柱齿轮齿廓曲面的形成

如前所述，渐开线是由发生线在基圆上作纯滚动而形成的。由于齿轮具有一定的宽度，所以直齿轮齿廓曲面是发生面 S 在基圆柱上作纯滚动时，其上与基圆柱母线 CC 平行的直线 BB 在空间形成的渐开线曲面，如图 5－36a 所示。

斜齿圆柱齿轮齿廓的形成原理如图 5－36b 所示，当发生面 S 沿基圆柱作纯滚动时，其上与母线 CC 成一倾斜角 β_b 的直线 BB 的运动轨迹为一个渐开线螺旋面，即为斜齿圆柱齿轮的齿廓曲面，称 β_b 为基圆柱上的螺旋角。

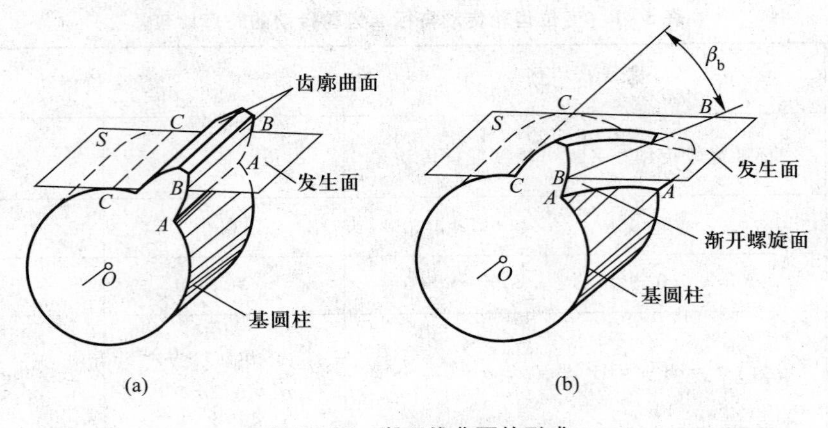

图 5－36　渐开线曲面的形成

2. 斜齿圆柱齿轮的啮合特点

直齿圆柱齿轮（简称为直齿轮）啮合时，齿面沿齿宽方向的接触线是平行于齿轮轴线的直线，如图 5－37a 所示。因此，轮齿是沿整个齿宽同时进入啮合、同时脱离啮合的，载荷沿齿宽突然加上、突然卸下。所以直齿轮传动的平稳性较差，产生的冲击和噪声较大，不适用于高速、重载的传动中。

从斜齿圆柱齿轮（简称为斜齿轮）齿廓曲面的形成可知，斜齿轮啮合时，其接触线都是与轴线倾斜的直线，如图 5－37b 所示。一对斜齿轮从开始啮合起，齿面上的接触线由短变长，再由长变短，直至脱离啮合。所以斜齿轮是逐渐进入啮合，又逐渐脱离啮合的，故传动平稳，承载能力大，振动和噪声较小。因此适用于高速、大功率的传动中，但传动时会产生轴向分力。

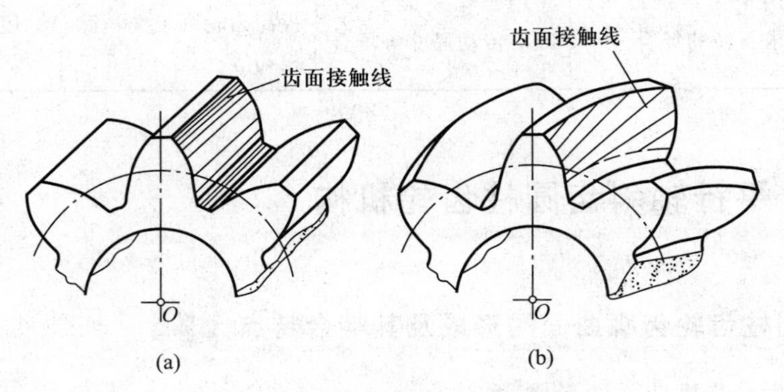

图 5－37　齿廓啮合的接触线

二、斜齿圆柱齿轮的基本参数及几何尺寸计算

1. 斜齿圆柱齿轮的基本参数

由于斜齿轮的轮齿是倾斜的，所以它有端面（垂直于齿轮轴线的平面）几何参数和法面（垂直于轮齿的平面）几何参数。端面上的参数用下标 t 表示，如 m_t、α_t，法面上的参数用下标 n 表示，如 m_n、α_n。在加工斜齿轮时，刀具通常是沿着螺旋线方向进刀的，斜齿轮的法面参数

与刀具的参数相同，故斜齿轮的法面参数为标准值。

（1）螺旋角。图 5－38a 为斜齿轮分度圆柱面展开图，螺旋线展开成一直线，该直线与轴线的夹角 β 称为斜齿轮分度圆柱面上的螺旋角，简称斜齿轮的螺旋角。一般用 β 表示斜齿圆柱齿轮轮齿的倾斜程度。螺旋角越大，轮齿越倾斜，则传动平稳性越好，但轴向力也越大，一般设计时取 $\beta = 8° \sim 20°$。

由图 5－38b 可知

$$\tan\beta = \pi d / p_z \tag{5-28}$$

$$\tan\beta_b = \pi d_b / p_z \tag{5-29}$$

式中，p_z 为螺旋线的导程，同一齿轮不同圆柱面上螺旋线的导程是相等的。

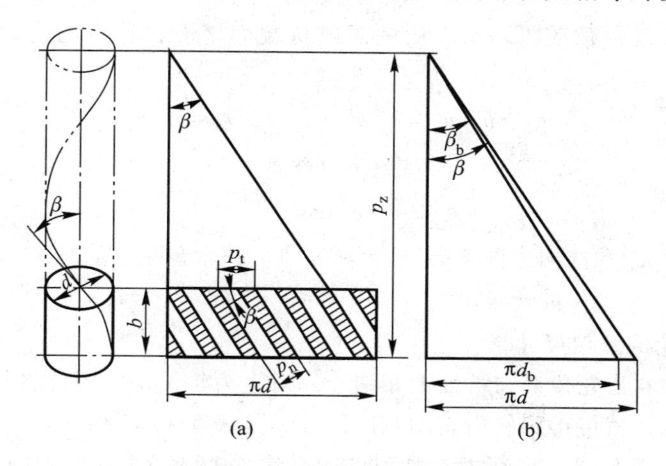

图 5－38　斜齿轮分度圆柱展开图

从端面上看，斜齿轮的齿廓曲线和直齿轮的一样，均为渐开线，故基圆直径 d_b 与分度圆直径 d 的关系为：$d_b = d\cos\alpha_t$。由此可得

$$\tan\beta_b = \frac{\pi d_b}{p_z} = \frac{\pi d\cos\alpha_t}{p_z} = \tan\beta\cos\alpha_t \tag{5-30}$$

式中，α_t 为斜齿轮的端面压力角。

斜齿轮按其齿廓渐开螺旋面的旋向，可分为右旋和左旋两种，如图 5－39 所示。其旋向判别方法如下：使斜齿轮的轴线垂直放置，斜齿轮可见部分的螺旋线右高左低时为右旋；反之，左高右低为左旋。

（2）模数。如图 5－38 所示，法面齿距 p_n 与端面齿距 p_t 的关系为 $p_n = p_t\cos\beta$。由于 $p = \pi m$，所以 $\pi m_n = \pi m_t \cdot \cos\beta$，故斜齿轮法面模数与端面模数的关系为

$$m_n = m_t\cos\beta \tag{5-31}$$

（3）压力角。在图 5－40 所示的斜齿条中，平面 abd 为端面，平面 ace 为法面，$\angle acb = 90°$。在直角 $\triangle abd$、$\triangle ace$、$\triangle abc$ 中，因 $\tan\alpha_t = ab/bd$，$\tan\alpha_n = ac/ce$，$ac = ab\cos\beta$，又因 $bd = ce$，故得

$$\tan\alpha_n = \tan\alpha_t\cos\beta \tag{5-32}$$

法面压力角 α_n 为标准值，我国规定 $\alpha_n = 20°$。

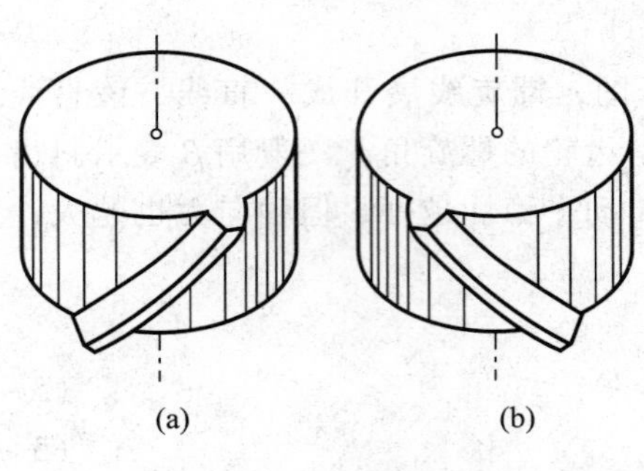

图 5－39 斜齿轮的旋向

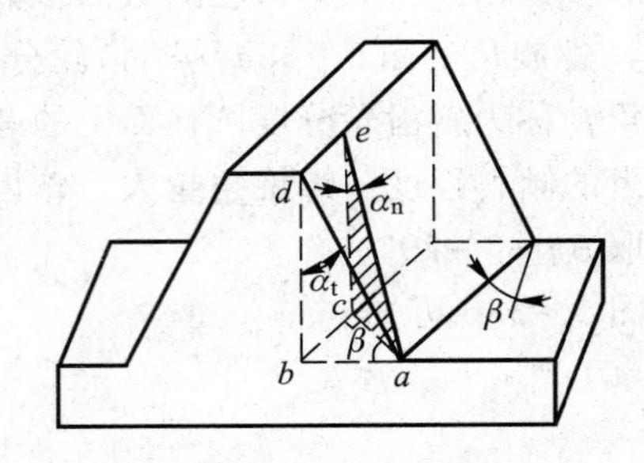

图 5－40 斜齿条上的压力角

（4）齿顶高系数及顶隙系数。无论从法面或从端面来看，轮齿的齿顶高都是相同的，顶隙也是相同的，即

$$h_a = h_{an}^* m_n = h_{at}^* m_t，\ c = c_n^* m_n = c_t^* m_t$$

故得

$$\left.\begin{aligned} h_{at}^* &= h_{an}^* \cos\beta \\ c_t^* &= c_n^* \cos\beta \end{aligned}\right\} \tag{5-33}$$

法向齿顶高系数 h_{an}^* 和法向顶隙系数 c_n^* 为标准值。正常齿制：$h_{an}^* = 1$，$c_n^* = 0.25$；短齿制：$h_{an}^* = 0.8$，$c_n^* = 0.3$。

2. 斜齿圆柱齿轮的几何尺寸计算

由于一对平行轴斜齿轮传动在端面上相当于一对直齿轮传动，因此将斜齿轮的端面参数代入直齿轮的计算公式，就可得到斜齿轮的相应尺寸，如表 5－9 所列。

表 5－9 外啮合标准斜齿圆柱齿轮传动的几何尺寸计算公式 mm

名 称	称 号	计算公式	
		小 齿 轮	大 齿 轮
分度圆直径	d	$d_1 = m_t z_1 = (m_n/\cos\beta) z_1$	$d_2 = m_t z_2 = (m_n/\cos\beta) z_2$
基圆直径	d_b	$d_{b1} = d_1 \cos\alpha_t$	$d_{b2} = d_2 \cos\alpha_t$
齿顶高	h_a	$h_a = h_{an}^* m_n$	
齿根高	h_f	$h_f = (h_{an}^* + c_n^*) m_n$	
齿高	h	$h = h_a + h_f = (2h_{an}^* + c_n^*) m_n$	
齿顶圆直径	d_a	$d_{a1} = d_1 + 2h_a$	$d_{a2} = d_2 + 2h_a$
齿根圆直径	d_f	$d_{f1} = d_1 - 2h_f$	$d_{f2} = d_2 - 2h_f$
标准中心距	a	$a = \frac{1}{2}(d_1 + d_2) = \frac{1}{2} m_t (z_1 + z_2) = \frac{m_n (z_1 + z_2)}{2\cos\beta}$	

由表 5－9 可知，斜齿轮传动的中心距与螺旋角 β 有关，当一对斜齿轮的模数、齿数一定时，可以通过改变其螺旋角 β 的大小来调整中心距。

三、斜齿圆柱齿轮传动的正确啮合条件和重合度

1. 正确啮合条件

要使一对平行轴斜齿轮正确啮合，除了满足直齿轮的正确啮合条件外，两斜齿轮的螺旋角还必须大小相等，外啮合时旋向相反(取“－”号)，内啮合时旋向相同(取“＋”号)。故平行轴斜齿轮的正确啮合条件为

$$\left.\begin{aligned}m_{n1}=m_{n2}=m\\ \alpha_{n1}=\alpha_{n2}=\alpha\\ \beta_1=\mp\beta_2\end{aligned}\right\} \quad \text{或} \quad \left.\begin{aligned}m_{t1}=m_{t2}=m\\ \alpha_{t1}=\alpha_{t2}=\alpha\\ \beta_1=\mp\beta_2\end{aligned}\right\} \tag{5-34}$$

2. 斜齿轮传动的重合度

为了便于和直齿轮对比，假设图 5－41a 所示为一对直齿轮啮合传动，其啮合面如图 5－41b 所示。一对轮齿开始啮合时的接触线为 B_2B_2，终止啮合时的接触线为 B_1B_1，啮合区为 B_1B_2，实际啮合线段长度为$\overline{B_1B_2}$，故其重合度为 $\varepsilon_\alpha=\overline{B_1B_2}/p_b$。

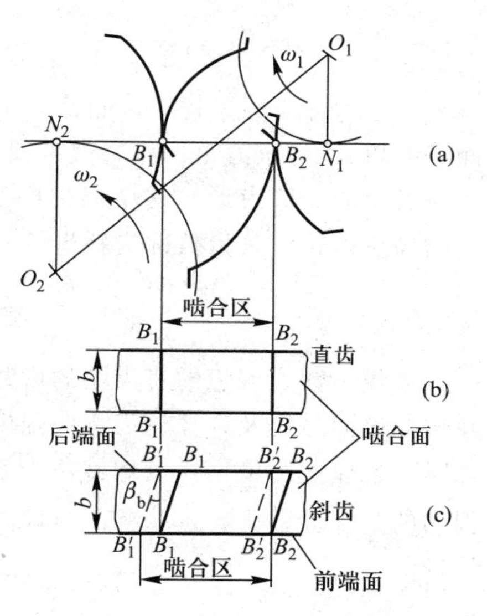

图 5－41　斜齿圆柱齿轮的重合度

假设另一对平行轴斜齿轮啮合传动，它的端面参数与图 5－41a 所示完全一样，其啮合面如图 5－41c 所示。由于轮齿倾斜，所以一对相啮合的轮齿到达 B_2B_2 位置时，只是在前端面上 B_2 点开始进入啮合，随后变为线接触，直至到达 $B_2'B_2'$ 位置时，该对轮齿全部进入啮合区。当到达 B_1B_1 位置时，前端面上 B_1 点开始脱离啮合，到达 $B_1'B_1'$ 位置时，该对轮齿终止啮合。由此可知，斜齿轮的实际啮合线段长度为$\overline{B_2B_1'}=\overline{B_1B_2}+\overline{B_1B_1'}$，它比直齿轮传动增加了$\overline{B_1B_1'}=b\tan\beta_b$。因此，平行轴斜齿轮传动的总重合度为

$$\varepsilon_\gamma=\frac{\overline{B_2B_1'}}{p_{bt}}=\frac{\overline{B_1B_2}+\overline{B_1B_1'}}{p_{bt}}=\varepsilon_\alpha+\varepsilon_\beta$$

式中 p_{bt}为端面基圆齿距。ε_α 为端面重合度，其值等于与斜齿轮端面齿廓相同的直齿轮传动的重合度；ε_β 为纵向重合度，其值为

$$\varepsilon_\beta=\frac{\overline{B_1B_1'}}{p_{bt}}=\frac{b\tan\beta_b}{\pi m_t\cos\alpha_t}=\frac{b\tan\beta\cos\alpha_t}{\pi\dfrac{m_n}{\cos\beta}\cos\alpha_t}=\frac{b\sin\beta}{\pi m_n} \tag{5-35}$$

由此可见，斜齿轮传动的总重合度随齿宽 b 和螺旋角 β 的增大而增大。因此斜齿轮传动较平稳，承载能力较大。

四、斜齿圆柱齿轮的当量齿数和最少齿数

用仿形法加工斜齿圆柱齿轮时，需按轮齿的法面齿形来选择刀具，因而必须知道法面齿形；另外，在计算齿轮强度时，由于载荷是作用在轮齿的法面内的，故也必须知道法面齿形。因此有必要对斜齿圆柱齿轮的法面齿形进行研究。

如图 5－42 所示，过斜齿轮分度圆柱螺旋线上某一点 P(图中为齿厚中点)作齿轮的法面 nn，该法面与分度圆柱面的交线为一椭圆，并截得斜齿轮的法向齿形如图所示。由图可知，椭圆的长半轴 $a=d/(2\cos\beta)$，短半轴 $b=d/2$。椭圆上 P 点的曲率半径 ρ 可根据高等数学相关知识求得

$$\rho=\frac{a^2}{b}=\left(\frac{d}{2\cos\beta}\right)^2\cdot\frac{2}{d}=\frac{m_n z}{2\cos^3\beta}$$

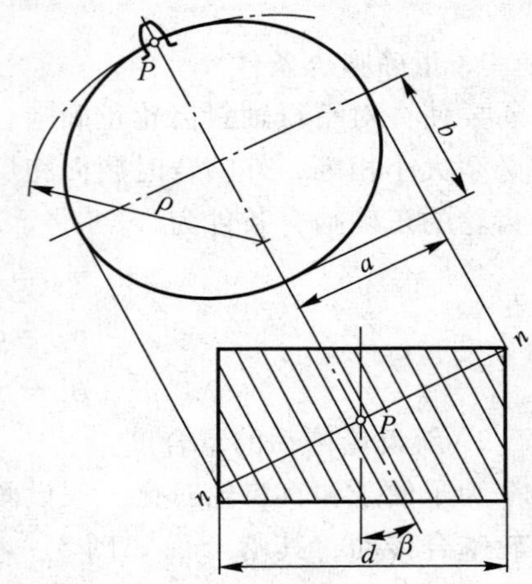

图 5－42　斜齿轮的当量齿轮

以 ρ 为分度圆半径，以斜齿轮法面模数 m_n 为模数，法面压力角 α_n 为压力角，作一直齿圆柱齿轮，其齿形就近似于斜齿轮的法面齿形。这个虚拟的直齿圆柱齿轮称为斜齿轮的当量齿轮，其齿数称为斜齿轮的当量齿数，用 z_v 表示，计算公式为

$$z_v=\frac{2\rho}{m_n}=\frac{2}{m_n}\cdot\frac{m_n z}{2\cos^3\beta}=\frac{z}{\cos^3\beta} \tag{5-36}$$

当量齿数是假想的直齿轮的齿数，计算出来的结果一般不是整数，不必进行圆整。z_v 不仅在选择铣刀号码及计算轮齿弯曲强度时作为依据，而且在确定标准斜齿轮不产生根切的最少齿数时，也以此为依据。设螺旋角为 β 的斜齿轮不产生根切的最少齿数为 z_{min}，当量齿轮不产生根切的最少齿数为 z_{vmin}，当 $\alpha_n=20°$、$h_{an}^*=1$ 时，$z_{vmin}=17$。由式(5－36)可得

$$z_{min}=z_{vmin}\cos^3\beta=17\cos^3\beta \tag{5-37}$$

第八节　蜗杆蜗轮机构简介

一、蜗杆蜗轮的形成及正确啮合条件

1. 蜗杆蜗轮机构的形成

蜗杆蜗轮机构用于传递空间两交错轴之间的运动和动力。两轴的交错角通常为 90°，即 $\Sigma=\beta_1+\beta_2=90°$。本节以 $\Sigma=90°$的蜗杆蜗轮机构为研究对象。

蜗杆蜗轮可以认为是由交错轴斜齿轮机构演化而来的。若将交错轴斜齿轮机构中小齿轮 1 的螺旋角 β_1 增大，齿数 z_1 减小到几个甚至 1 个齿，分度圆直径 d_1 也随之减小，同时将轴向长度增大，使轮齿在分度圆柱表面上形成完整的螺旋齿，其外形犹如螺旋，故称为蜗杆，如图 5－43 所示。大齿轮 2 的螺旋角 β_2 很小，分度圆直径 d_2 较大，此大齿轮称为蜗轮。此时

蜗杆蜗轮啮合时为点接触，为了改变这种状况，将蜗轮圆柱表面的母线制成圆弧形，部分地包住蜗杆(图 5－44)，并且采用与蜗杆形状相同，但齿顶高比蜗杆齿顶高大一个顶隙 c 的蜗轮滚刀，按展成法加工，这样便可使蜗杆蜗轮得到线接触，从而提高承载能力。

蜗杆蜗轮有左、右旋之分，其旋向的判别同斜齿圆柱齿轮。通常多用右旋蜗杆。蜗杆上只有一条螺旋线的蜗杆称为单头蜗杆，有两条螺旋线的蜗杆称为双头蜗杆，依次类推。蜗杆的头数实际上就是它的齿数 z_1，通常 $z_1=1\sim4$。蜗杆螺旋线升角 $\gamma=90^\circ-\beta_1$，所以 $\beta_2=\gamma$，即蜗轮的螺旋角 β_2 等于蜗杆升角 γ。

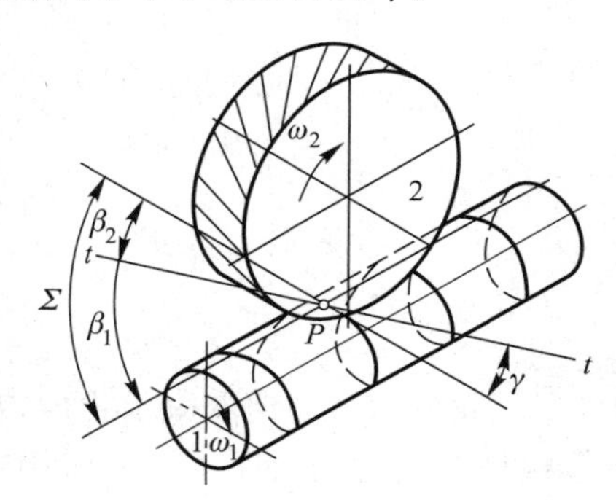

图 5－43　蜗杆蜗轮机构的形成

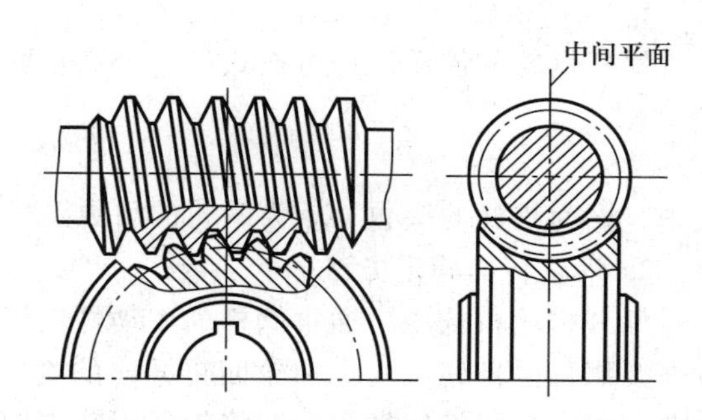

图 5－44　蜗杆蜗轮机构的中间平面齿形

蜗杆可以在车床上加工，当车刀的刀刃位于蜗杆的轴平面(包含蜗杆轴线的平面)内时，加工出来的蜗杆在轴平面 $I—I$ 内的齿形为直线，在法平面 $N—N$ 内的齿形为曲线。在垂直于轴线的端面内的齿形为阿基米德螺旋线(图 5－45)，因此这种蜗杆称为阿基米德蜗杆。由于阿基米德蜗杆加工比较方便，故目前应用最广。

2. 蜗杆传动的正确啮合条件

图 5－44 所示为阿基米德蜗杆与蜗轮啮合的情况，过蜗杆轴线并垂直于蜗轮轴线的剖面称为中间平面。该平面为蜗杆的轴面和蜗轮的端面，在中间平面内蜗杆与蜗轮的啮合相当于齿条与齿轮的啮合。由于蜗杆蜗轮都以中间平面内的参数为标准值，所以蜗杆蜗轮的正确啮合条件是：蜗杆与蜗轮在中间平面内的模数和压力角分别相等；蜗杆的导程角 γ 与蜗轮的螺旋角 β 相等，且旋向相同。设蜗杆的轴面模数和轴面压力角分别为 m_{x1} 和 α_{x1}，蜗轮的端面模数和端面压力角分别为 m_{t2} 和 α_{t2}，且都为标准值，则蜗杆蜗轮的正确啮合条件为

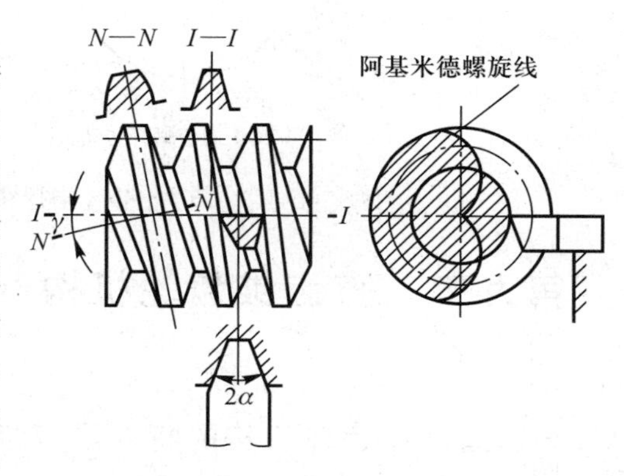

图 5－45　阿基米德蜗杆的加工

$$\left.\begin{aligned}m_{x1}&=m_{t2}=m\\\alpha_{x1}&=\alpha_{t2}=\alpha\\\gamma&=\beta\end{aligned}\right\}\qquad(5-38)$$

蜗杆和蜗轮的压力角标准值为 $\alpha=20^\circ$，标准模数见表 5－10。

表 5-10　蜗杆蜗轮的标准模数

第一系列	1　1.25　1.6　2　3.15　4　5　6.3　8　10　12.5　16　20　25　31.5　40
第二系列	1.5　1.75　3　3.5　5.5　6　7　12　14　18　22　30　36

注：优先采用第一系列。

二、蜗杆蜗轮的传动比及蜗轮的转向

1. 蜗杆蜗轮的传动比

蜗杆蜗轮的传动比仍可按式(5-18)计算，即

$$i_{12}=\frac{\omega_1}{\omega_2}=\frac{z_2}{z_1} \tag{5-39}$$

式中，z_1 为蜗杆的头数，z_2 为蜗轮的齿数。

2. 蜗轮转向确定方法

蜗杆蜗轮机构中，通常蜗杆为主动件，蜗轮为从动件。蜗轮的回转方向取决于轮齿的螺旋方向及蜗杆的回转方向。蜗轮回转方向的判定方法如下：蜗杆右旋时用右手，左旋时用左手，弯曲四指指向蜗杆回转方向，蜗轮的回转方向与大拇指指向相反，如图 5-46 所示。

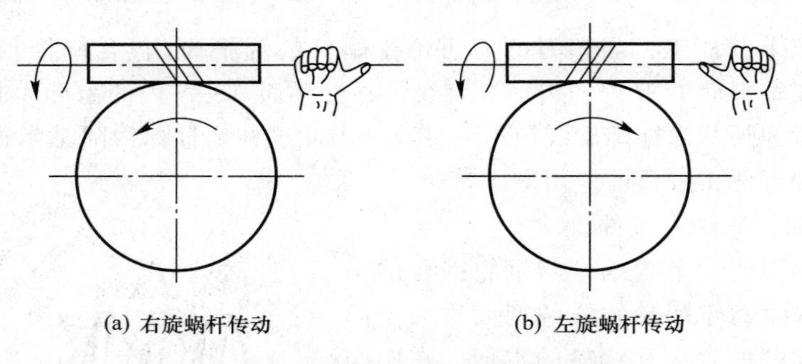

(a) 右旋蜗杆传动　　(b) 左旋蜗杆传动

图 5-46　蜗杆传动中蜗轮回转方向的判定

第九节　直齿锥齿轮机构

一、直齿锥齿轮机构的特点及其齿廓曲面的形成

1. 锥齿轮机构的特点

锥齿轮机构用于传递两相交轴之间的运动和动力，通常两轴夹角 $\Sigma=90°$。如图 5-47 所示，其运动可看成是两个锥顶共点的圆锥体相互作纯滚动，这两个锥顶共点的圆锥体称为节圆锥。此外，与圆柱齿轮相似，锥齿轮还有基圆锥、分度圆锥、齿顶圆锥和齿根圆锥。对于正确安装的标准锥齿轮传动，其节圆锥与分度圆锥应重合。

锥齿轮的轮齿有直齿、斜齿和曲齿 3 种类型。直齿锥齿轮设计、制造和安装都比较简单，

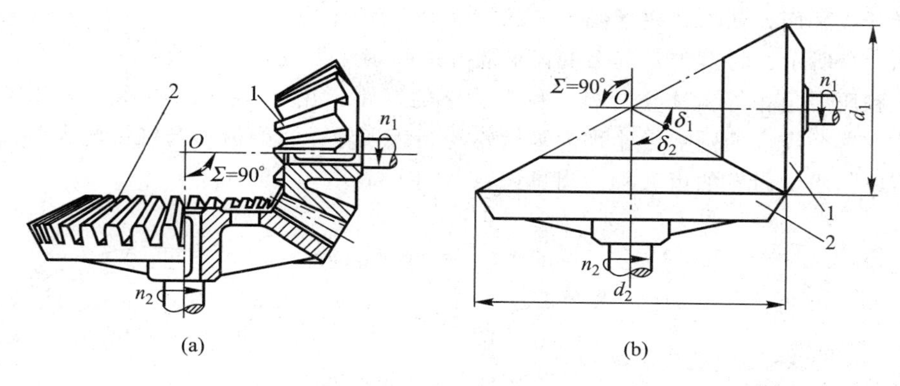

图 5-47 直齿锥齿轮机构

故应用最为广泛；曲齿锥齿轮传动平稳，承载力强，常用于高速重载的场合；斜齿锥齿轮则应用较少。本节只讨论直齿锥齿轮机构。

2. 直齿锥齿轮齿廓曲面的形成

直齿锥齿轮齿廓曲面的形成如图 5-48a 所示，圆平面 S 为发生面，S 与基圆锥相切于 OP。圆平面 S 的半径与基圆锥的锥距相等，圆心 O 与基圆锥的锥顶重合。当发生面 S 绕基圆锥作纯滚动时，该平面上任一点 B 的空间轨迹 B_0BB_e 是以 O 为球心、以锥距 R 为半径的球面上的曲线，故曲线 B_0BB_e 称为球面渐开线。直齿锥齿轮的齿廓曲面即由以 O 为球心、半径不同的球面渐开线所组成，如图 5-48b 所示。但是球面不能展开成平面，球面渐开线不能在平面上展开，这给锥齿轮的设计和制造带来很大困难。所以，通常采用一种近似的方法来解决锥齿轮的齿廓曲线。

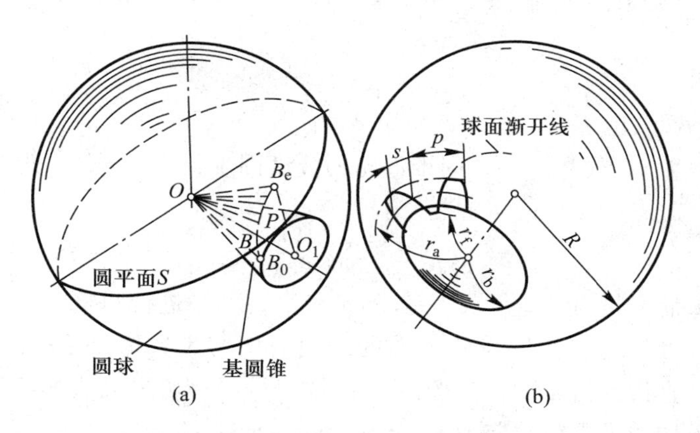

图 5-48 球面渐开线的形成

3. 背锥和当量齿数

图 5-49 所示为锥齿轮的轴向半剖视图，$\triangle OAB$ 表示锥齿轮的分度圆锥。过点 A 作球面的切线 AO_1，交锥齿轮的轴线于 O_1 点，以 OO_1 为轴线，O_1A 为母线作圆锥 O_1AB，这个圆锥称为锥齿轮的背锥。背锥与球面相切于锥齿轮大端的分度圆上。

将球面上的轮齿向背锥上投影，a、b 点的投影为 a'、b'点，由图 5-49 可见背锥的齿形与大端球面上的齿形接近。因此，可以近似地用背锥上相应的齿形来代替大端球面上的齿形，背锥面可以展开成平面，从而解决了锥齿轮的设计制造问题。

如图 5－50 所示，将背锥及其上的齿形展开成一扇形齿轮，其模数和压力角分别与锥齿轮大端的模数和压力角相等，其分度圆半径为背锥的锥距，用 r_v 表示。将扇形齿轮补足为完整的圆柱齿轮，这个虚设的圆柱齿轮称为锥齿轮的当量齿轮，它的齿形与锥齿轮大端的球面渐开线齿形很接近。当量齿轮的齿数称为当量齿数，用 z_v 表示。

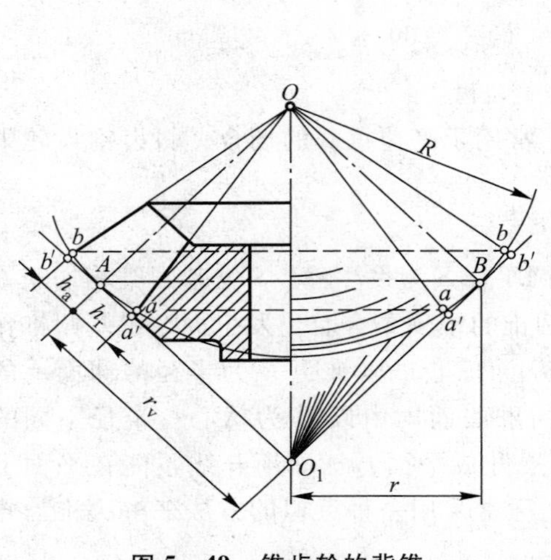

图 5－49　锥齿轮的背锥

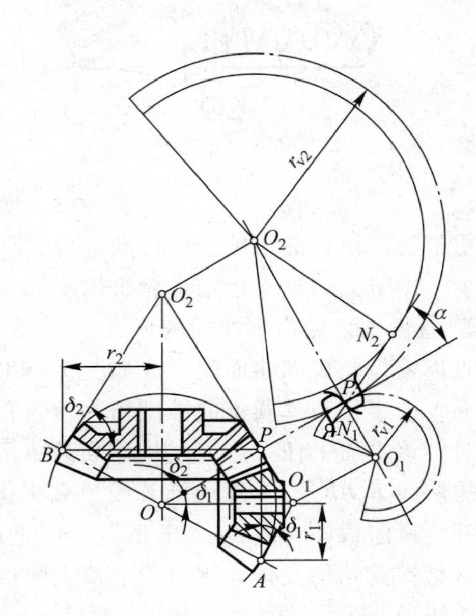

图 5－50　锥齿轮的当量齿轮

由图 5－50 可得

$$r_v=\frac{r}{\cos\delta}$$

设锥齿轮的齿数为 z，模数为 m，则锥齿轮的分度圆半径为 $r=\frac{mz}{2}$，又 $r_v=\frac{mz_v}{2}$，所以

$$z_v=\frac{z}{\cos\delta} \tag{5-40}$$

由上式计算出来的当量齿数 $z_v>z$，一般不是整数，不必进行圆整。

由以上分析过程可知，直齿锥齿轮大端的球面齿廓与齿数为 z_v 的当量齿轮的齿廓相近。因此，用仿形法加工直齿锥齿轮时，应按 z_v 选择铣刀号码；用展成法加工标准直齿锥齿轮时，直齿锥齿轮不产生根切的最少齿数应为 $z_{min}=z_{vmin}\cos\delta=17\cos\delta$。另外，在计算直齿锥齿轮的齿根弯曲疲劳强度时，也要用到当量齿数。

二、直齿锥齿轮机构的基本参数及几何尺寸计算

1. 基本参数及正确啮合条件

为了便于计算和测量，通常规定大端的参数为标准值。基本参数有：大端模数 m、大端压力角 $\alpha=20°$。正常齿制：$h_a^*=1$，$c^*=0.2$；短齿制：$h_a^*=0.8$，$c^*=0.3$。锥齿轮模数系列见表 5－11。

表 5-11 锥齿轮模数系列(GB 12368—1990)　mm

1	1.125	1.25	1.375	1.5	1.75	2	2.25	2.5	2.75	3	3.25
3.5	3.75	4	4.5	5	5.5	6	6.5	7	8	9	10

一对直齿锥齿轮的啮合，相当于一对当量齿轮的啮合，因为当量齿轮的模数和压力角分别与直齿锥齿轮大端的模数和压力角相等，故直齿锥齿轮的正确啮合条件为：两锥齿轮大端的模数和压力角应分别相等，即

$$\left.\begin{aligned} m_1 = m_2 = m \\ \alpha_1 = \alpha_2 = \alpha \end{aligned}\right\} \tag{5-41}$$

2. 传动比的计算

图 5-50 所示的直齿锥齿轮机构，其分度圆锥与节圆锥重合，两齿轮的分度圆锥角分别为 δ_1 和 δ_2，大端分度圆半径分别为 r_1、r_2，齿数分别为 z_1、z_2。两齿轮的传动比为

$$i_{12} = \frac{\omega_1}{\omega_2} = \frac{n_1}{n_2} = \frac{z_2}{z_1} = \frac{r_2}{r_1} = \frac{\sin\delta_2}{\sin\delta_1} \tag{5-42}$$

当轴交角 $\Sigma = \delta_1 + \delta_2 = 90°$ 时，则传动比 i_{12} 为

$$i_{12} = \tan\delta_2 = \cot\delta_1 \tag{5-43}$$

由此可见，传动比一定时，两齿轮的分度圆锥角一定。

3. 几何尺寸计算

直齿锥齿轮按顶隙不同可分为不等顶隙收缩齿和等顶隙收缩齿两种，如图 5-51 所示。前者两齿轮啮合时，顶隙由大端到小端逐渐减小；后者两齿轮啮合时，顶隙由大端到小端保持不变。显然，等顶隙收缩齿锥齿轮的齿顶圆锥与分度圆锥的锥顶不再重合，这样可以避免小端齿顶过尖，从而提高小端轮齿的强度；同时，两齿轮啮合时小端顶隙较大，可以改善润滑条件，因此这种齿轮现被广泛推荐使用。标准直齿锥齿轮的几何尺寸计算公式见表 5-12。

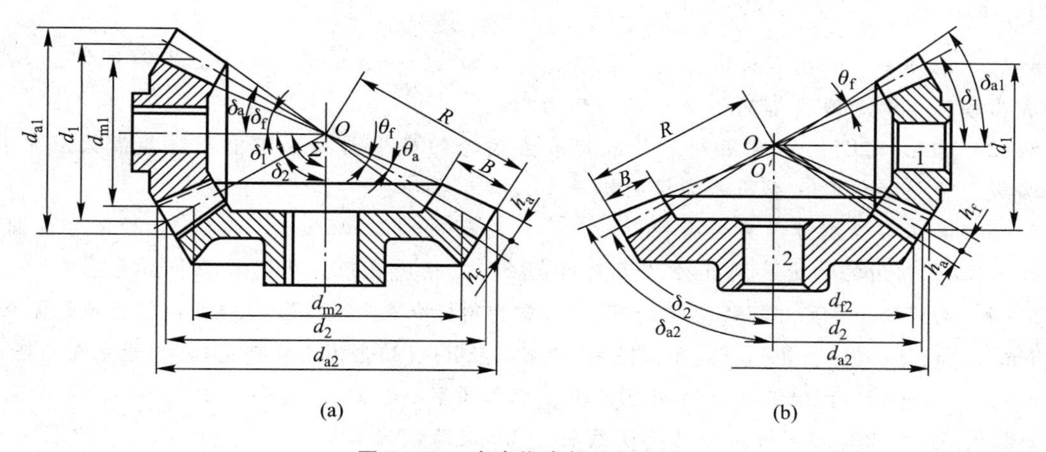

图 5-51 直齿锥齿轮几何尺寸

表 5-12　标准直齿锥齿轮的主要几何尺寸计算公式($\Sigma=90°$)

名　称	代号	计算公式	
		小齿轮	大齿轮
分度圆锥角	δ	$\delta_1=\arctan\frac{z_1}{z_2}$	$\delta_2=90°-\delta_1$
齿顶高	h_a	$h_a=h_a^* m$	
齿根高	h_f	$h_f=(h_a^*+c^*)m$	
全齿高	h	$h=h_a+h_f=(2h_a^*+c^*)m$	
分度圆直径	d	$d_1=mz_1$	$d_2=mz_2$
齿顶圆直径	d_a	$d_{a1}=d_1+2h_a\cos\delta_1$	$d_{a2}=d_2+2h_a\cos\delta_2$
齿根圆直径	d_f	$d_{f1}=d_1-2h_f\cos\delta_1$	$d_{f2}=d_2-2h_f\cos\delta_2$
锥距	R	$R=\frac{1}{2}\sqrt{d_1^2+d_2^2}=\frac{m}{2}\sqrt{z_1^2+z_2^2}$	
齿顶角	θ_a	$\theta_a=\arctan\frac{h_a}{R}$	
齿根角	θ_f	$\theta_f=\arctan\frac{h_f}{R}$	
顶锥角	δ_a	不等顶隙收缩齿 $\delta_{a1}=\delta_1+\theta_a$ 等顶隙收缩齿 $\delta_{a1}=\delta_1+\theta_f$	不等顶隙收缩齿 $\delta_{a2}=\delta_2+\theta_a$ 等顶隙收缩齿 $\delta_{a2}=\delta_2+\theta_f$
根锥角	δ_f	$\delta_{f1}=\delta_1-\theta_f$	$\delta_{f2}=\delta_2-\theta_f$
当量齿数	z_v	$z_{v1}=\frac{z_1}{\cos\delta_1}$	$z_{v2}=\frac{z_2}{\cos\delta_2}$

习　题

5-1　已知一正常齿制标准直齿圆柱齿轮 $\alpha=20°$，$m=5$ mm，$z=40$，试分别求出分度圆、基圆和齿顶圆上渐开线齿廓的曲率半径和压力角。

5-2　当 $\alpha=20°$的正常齿制渐开线标准直齿轮的齿根圆和基圆重合时其齿数应为多少？又如齿数大于该数值时，基圆和齿根圆哪一个大些？

5-3　某正常齿制标准直齿圆柱齿轮，已知齿距 $p=12.566$ mm，齿数 $z=25$，分度圆压力角 $\alpha=20°$。求该齿轮的分度圆直径、齿顶圆直径、齿根圆直径、基圆直径和齿高。

5-4　为修配一个已损坏的齿数 $z=20$ 的正常齿制标准直齿圆柱齿轮,实际测得齿顶圆直径 $d_a\approx65.7$ mm。试计算：(1)齿轮的模数 m；(2)分度圆直径 d；(3)齿顶圆直径 d_a；(4)齿根圆直径 d_f。

5-5　有一正常齿制标准直齿圆柱齿轮，已知齿数 $z=21$，模数 $m=2.25$ mm，分度圆压力角 $\alpha=20°$，试用计算法求该齿轮的公法线长度 W_k 及跨测齿数 k。

5-6　用卡尺测量一齿数 $z=24$ 的渐开线直齿轮。现测得其齿顶圆直径 $d_a=208$ mm，齿根

圆直径 $d_f=172$ mm。测量公法线长度 W_k 时，当跨齿数 $k=2$ 时，$W_2=37.55$ mm；$k=3$ 时，$W_3=61.83$ mm。试确定该齿轮的模数 m、压力角 α、齿顶高系数 h_a^* 和顶隙系数 c^*。

5－7　如果两个标准直齿轮的有关参数是：$m=5$ mm，$z_1=20$，$\alpha_1=20°$ 和 $m=4$ mm，$z_2=25$，$\alpha_2=20°$，它们的齿廓形状是否相同？它们能否配对啮合？

5－8　已知一对外啮合正常齿标准直齿圆柱齿轮的传动比 $i_{12}=1.5$，标准中心距 $a=100$ mm，模数 $m=2$ mm，压力角 $\alpha=20°$，试求：(1)两齿轮的齿数 z_1、z_2；(2)两齿轮的分度圆直径 d_1、d_2；(3)两齿轮的齿顶圆直径 d_{a1}、d_{a2}；(4)两齿轮的齿根圆直径 d_{f1}、d_{f2}。

5－9　已知一对正常齿制内啮合标准直齿圆柱齿轮，标准安装，两轮的齿数分别为 $z_1=27$，$z_2=59$，模数 $m=3$ mm，压力角 $\alpha=20°$。试求：(1)两齿轮的分度圆直径 d_1、d_2；(2)两齿轮的齿顶圆直径 d_{a1}、d_{a2}；(3)两齿轮的齿根圆直径 d_{f1}、d_{f2}；(4)两齿轮的基圆直径 d_{b1}、d_{b2}；(5)中心距 a。

5－10　一对正常齿制外啮合渐开线标准直齿圆柱齿轮，已知 $z_1=23$，$z_2=67$，$\alpha=20°$，$m=3$ mm。试求：(1)标准安装时的中心距 a、啮合角 α' 及重合度 ε_α；(2)实际中心距 $a'=136$ mm 时的啮合角 α' 及重合度 ε_α。

5－11　一直齿轮的齿数 $z=10$，压力角 $\alpha=20°$，齿顶高系数 $h_a^*=1$。要使其不发生根切，则其最小变位系数 x_{min} 为多少？

5－12　已知一对正常齿制标准斜齿圆柱齿轮的模数 $m_n=3$ mm，齿数 $z_1=23$，$z_2=76$，分度圆螺旋角 $\beta=8°6'34''$。试求其中心距、当量齿数、分度圆直径、齿顶圆直径和齿根圆直径。

5－13　已知一对斜齿圆柱齿轮机构，$m_n=2$ mm，$z_1=23$，$z_2=92$，$\beta=12°$，$\alpha_n=20°$。试计算其中心距应为多少？如果除 β 角外各参数均不变，现需将中心距圆整为以 0 或 5 结尾的整数，则应如何改变 β 角的大小？其中心距 a 为多少？β 为多少？

5－14　一对平行轴斜齿圆柱齿轮机构的参数为：$z_1=20$，$z_2=40$，$m_n=8$ mm，$\alpha_n=20°$，正常齿制，$\beta=15°$，齿宽 $b=30$ mm。试求其法向齿距 p_n 和端面齿距 p_t，分度圆半径 r_1 和 r_2，中心距 a，纵向重合度 ε_β 及当量齿数 z_{v1} 和 z_{v2}。

5－15　一对正交的直齿锥齿轮机构，已知：两轮的齿数分别为 $z_1=28$，$z_2=54$，模数 $m=5$ mm。试按等顶隙收缩齿计算：d_1、d_2、R、δ_1、δ_2、δ_{a1}、δ_{a2}。

5－16　试确定图 5－52a 中蜗轮的转向、图 5－52b 中蜗杆的转向及图 5－52c 中蜗杆的旋向。

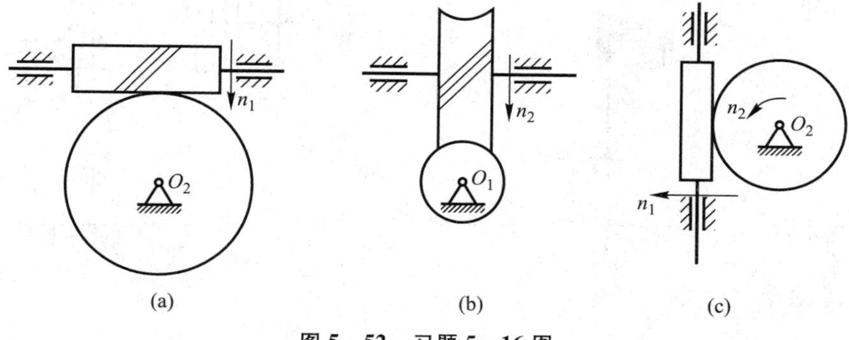

图 5－52　习题 5－16 图

第六章　轮系

第一节　轮系及其分类

在实际机械传动中，往往有多种工作要求，有时需要获得很大的传动比；有时需将主动轴的一种转速变换为从动轴的多种转速；有时当主动轴转向不变时从动轴需要得到不同的转向；有时需将主动轴的运动和动力分配到不同的传动路线上。这些需要是一对齿轮传动无法满足的，因此常将多对齿轮组合在一起进行传动，这种由多对齿轮组成的传动系统称为轮系。它通常介于原动机和执行机构之间，把原动机的运动和动力传给执行机构。

通常根据轮系运转时各个齿轮的轴线在空间的位置是否固定，将轮系分为定轴轮系、周转轮系和复合轮系 3 大类。

一、定轴轮系

当轮系运转时，如果其中各齿轮的轴线相对于机架的位置都是固定不变的，则该轮系称为定轴轮系。

图 6－1 所示的定轴轮系，由轴线互相平行的圆柱齿轮所组成，称为平面定轴轮系。

图 6－2 所示的定轴轮系，不仅含有圆柱齿轮，而且还含有锥齿轮和蜗杆蜗轮等空间齿轮机构，称为空间定轴轮系。

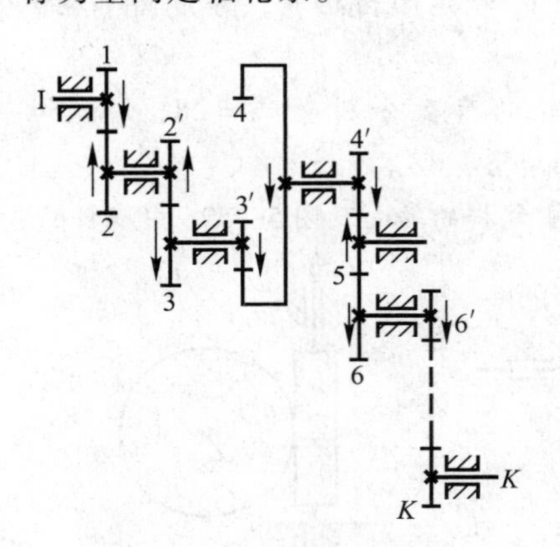

图 6－1　平面定轴轮系

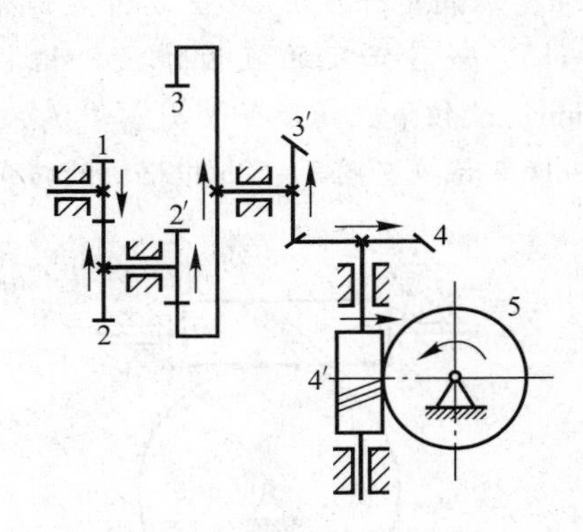

图 6－2　空间定轴轮系

二、周转轮系

在轮系运转时，若至少有一个齿轮的轴线绕另一齿轮的固定轴线转动，则该轮系称为周转轮系。在图6-3所示的周转轮系中，活套在构件H上的齿轮2，一方面绕自身的轴线O_1O_1回转，另一方面又随构件H绕固定轴线OO回转，它的运动像太阳系中的行星一样，兼有自转和公转，故称齿轮2为行星齿轮。支持行星齿轮的构件H称为行星架(或系杆)。与行星齿轮相啮合且轴线固定的齿轮1和3称为中心轮，其中外齿中心轮称为太阳轮，而内齿中心轮称为内齿圈。

在周转轮系中，通常以中心轮和行星架作为运动的输入和输出构件，故又称其为周转轮系的基本构件。

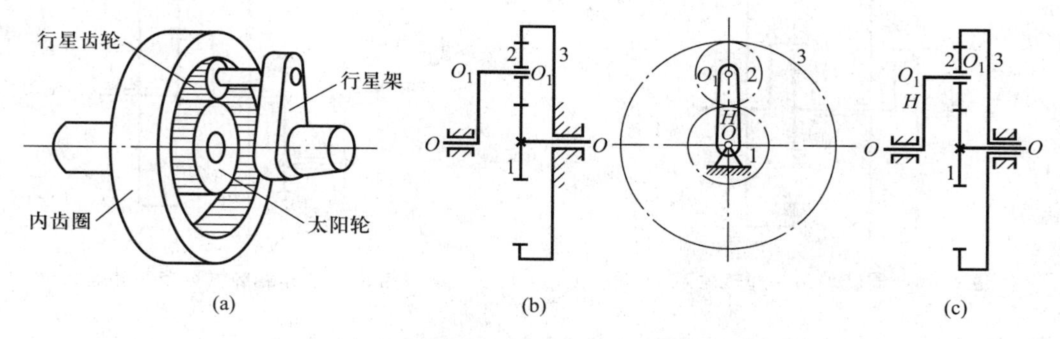

图6-3 周转轮系

1. 周转轮系可根据其自由度的不同分为2类

(1) 行星轮系。在图6-3b所示的周转轮系中，有一个中心轮固定不动，这种周转轮系的自由度等于1。自由度等于1的周转轮系称为行星轮系。

(2) 差动轮系。在图6-3c所示的周转轮系中，两个中心轮均不固定，这种周转轮系的自由度等于2。自由度等于2的周转轮系称为差动轮系。

2. 周转轮系还可根据其基本构件的不同分为3类

(1) $2K-H$型周转轮系。它是含有两个中心轮($2K$)和一个行星架(H)的周转轮系，如图6-3所示。

(2) $3K$型周转轮系。它是含有3个中心轮($3K$)的周转轮系，如图6-4所示。

(3) $K-H-$V型周转轮系。它是含有一个中心轮(K)、一个行星架(H)和一个等角速度传递机构的周转轮系，如图6-5所示。等角速度传递机构(也称为W机构)以等于1的传动比将行星轮的绝对角速度传递到输出轴V上。当前使用比较广泛的渐开线少齿差行星传动就属于这种类型的轮系。

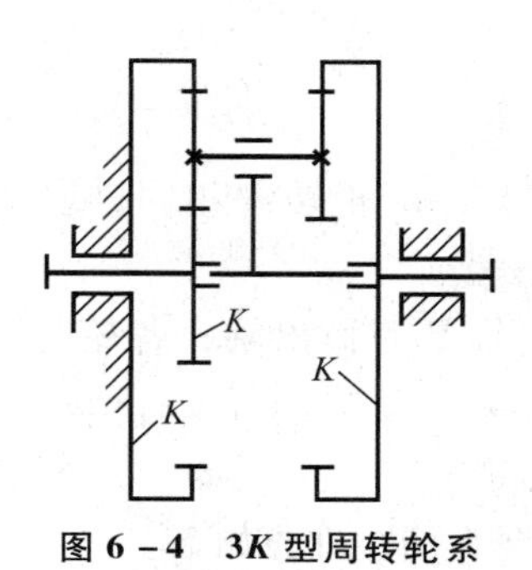

图6-4 $3K$型周转轮系

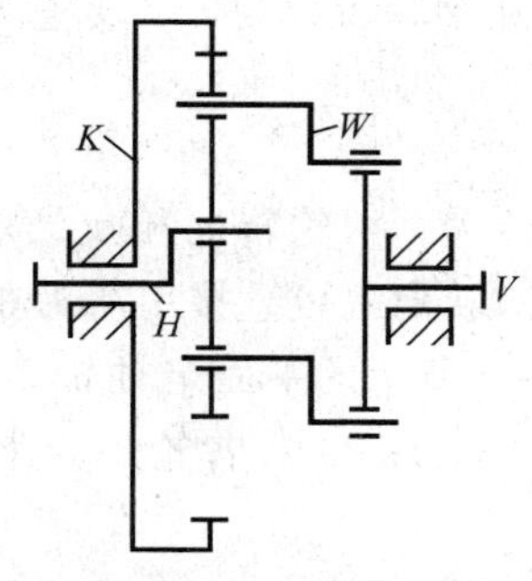

图6-5 $K-H-$V型周转轮系

三、复合轮系

实际机构中所用的轮系，往往既包含有定轴轮系，又包含有周转轮系，或者是由几部分周转轮系组成的，这种复杂的轮系称为复合轮系。如图 6－6 所示的轮系，是由两部分周转轮系组成的复合轮系；图 6－7 所示的轮系，是由定轴轮系与周转轮系组成的复合轮系。

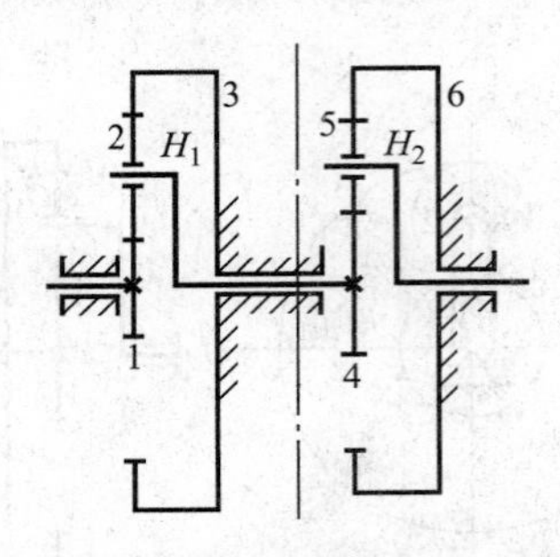

图 6－6　周转轮系＋周转轮系

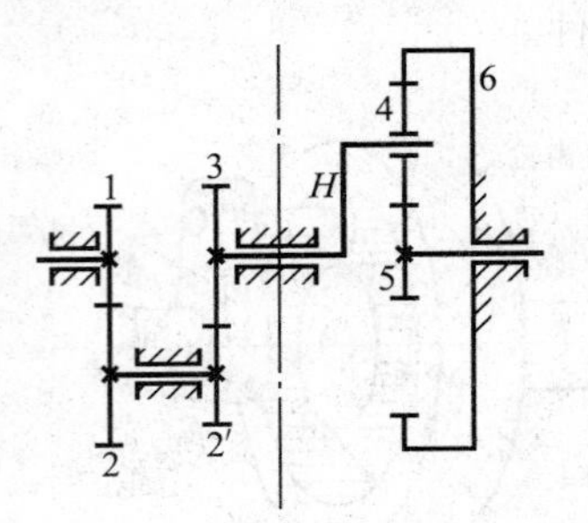

图 6－7　定轴轮系＋周转轮系

第二节　定轴轮系的传动比计算与应用

一、定轴轮系的传动比计算

轮系的传动比，是指轮系中首末两轮的角速度(或转速)之比。确定一个轮系的传动比应包括计算传动比的绝对值和确定传动比所列首末两轮的相对转向两项内容。平面定轴轮系和空间定轴轮系传动比绝对值的计算方法相同，但首末两轮相对转向的表示分两种情况：对平面定轴轮系及空间定轴轮系中首末两轮轴线平行的轮系，须用传动比绝对值前加“＋、－”号表示两轮的转向关系；而对空间定轴轮系中首末两轮轴线不平行的轮系，首末两轮的相对转向只能在轮系传动简图中表示，不能用代数量的传动比表示。传动比用 i 表示，并在右下角用两个角标来表明对应的两轮，例如 i_{1K}，表示轮 1 与轮 K 的角速度之比。

1. 平面定轴轮系的传动比计算

由一对圆柱齿轮组成的传动可视为最简单的轮系，如图 6－8 所示。设主动轮齿数为 z_1，转速为 n_1，从动轮齿数为 z_2，转速为 n_2，则其传动比为

$$i_{12}=\frac{\omega_1}{\omega_2}=\frac{n_1}{n_2}=\pm\frac{z_2}{z_1}$$

外啮合传动，两轮转向相反，取“－”号；内啮合传动，两轮转向相同，取“＋”号。另外，其相对转向也可直接用箭头在图中标明(图 6－8)。

在图 6－9 所示的平面定轴轮系中，设轴 Ⅰ 为输入轴，轴 Ⅴ 为输出轴，各轮的齿数为 z_1、z_2、$z_{2'}$、z_3、$z_{3'}$、z_4、z_5；各轮的转速为 n_1、n_2、$n_{2'}(=n_2)$、n_3、$n_{3'}(=n_3)$、n_4、n_5。求该轮系的传动比。

轮系的传动比可由各对齿轮的传动比求出，现以图 6－9 为例，推导如下。

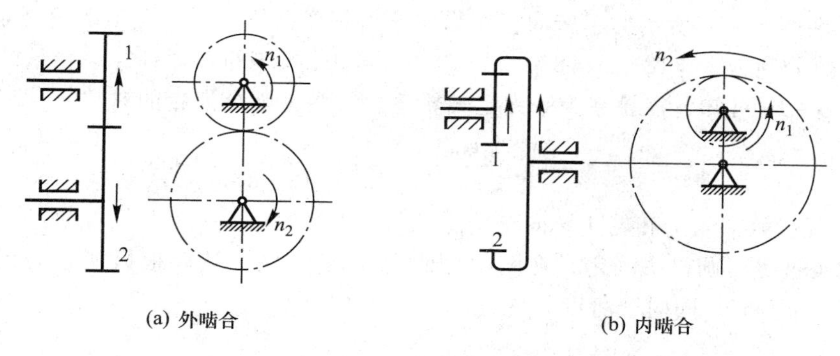

图 6－8　最简单的轮系

图 6－9 中各对啮合齿轮的传动比分别为

$$i_{12}=\frac{n_1}{n_2}=-\frac{z_2}{z_1},\qquad i_{2'3}=\frac{n_{2'}}{n_3}=\frac{n_2}{n_3}=+\frac{z_3}{z_{2'}}$$

$$i_{3'4}=\frac{n_{3'}}{n_4}=\frac{n_3}{n_4}=-\frac{z_4}{z_{3'}},\qquad i_{45}=\frac{n_4}{n_5}=-\frac{z_5}{z_4}$$

将以上各式两边分别相乘可得

$$i_{15}=\frac{n_1}{n_5}=i_{12}i_{2'3}i_{3'4}i_{45}=\frac{n_1}{n_2}\frac{n_2}{n_3}\frac{n_3}{n_4}\frac{n_4}{n_5}$$

$$=\left(-\frac{z_2}{z_1}\right)\left(+\frac{z_3}{z_{2'}}\right)\left(-\frac{z_4}{z_{3'}}\right)\left(-\frac{z_5}{z_4}\right)=(-1)^3\frac{z_2z_3z_5}{z_1z_{2'}z_{3'}}$$

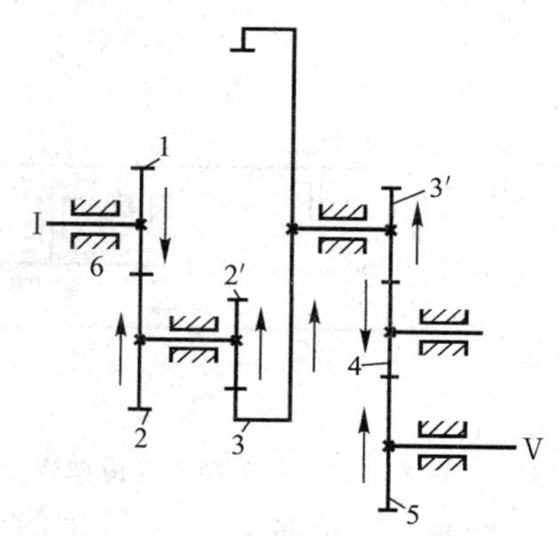

图 6－9　定轴轮系

上式表明，平面定轴轮系的传动比等于组成该轮系的各对齿轮传动比的连乘积。其绝对值等于从动轮齿数的连乘积与主动轮齿数的连乘积之比。绝对值前的符号即首末两轮的转向关系，可用$(-1)^m$算出来（m表示轮系中外啮合齿轮的对数）；也可在图中根据啮合关系画箭头指出，最后在齿数比前取“＋”或“－”。如图 6－9 所示，设主动轮 1 转向箭头向下，由啮合关系依次画出其余各轮的转向，从动轮 5 转向箭头向上，表明轮 1 与轮 5 转向相反，由此确定 i_{15} 的齿数比前取“－”号。

图 6－9 中的齿轮 4，同时与齿轮 3′、5 相啮合。它既是前一级的从动轮，又是后一级的主动轮，因而它的齿数不影响传动比的大小，只起改变转向的作用，这种齿轮称为惰轮或过桥齿轮。

现推广到一般平面定轴轮系，设轮 1 为首轮，轮 K 为末轮，该轮系的传动比为

$$i_{1K}=\frac{n_1}{n_K}=(-1)^m\frac{\text{各从动轮齿数的连乘积}}{\text{各主动轮齿数的连乘积}}\tag{6-1}$$

2. 空间定轴轮系的传动比计算

空间定轴轮系传动比的大小仍等于各对齿轮从动轮齿数连乘积与主动轮齿数连乘积之比；两轮的转向只能从图中画箭头确定。如果首末两轮轴线平行，则应根据图中首末两轮箭头方向，在齿数比前加“＋”号表示同向，加“－”号表示反向，即两轮的转向仍需在传动比中体现；如果首末两轮轴线不平行，则轮系的传动比只有绝对值而没有符号，两轮的相对转向在图中标出。

例 6-1 在图 6-10 所示的车床溜板箱纵向进给刻度盘轮系中，运动由轮 1 输入，轮 4 输出。各轮的齿数分别为 $z_1=18$，$z_2=87$，$z_{2'}=28$，$z_3=20$，$z_4=84$，试计算该轮系的传动比 i_{14}。

解 由图 6-10 可知，该轮系为平面定轴轮系。其中外啮合齿轮的对数 $m=2$，故

$$i_{14}=\frac{n_1}{n_4}=(-1)^m\frac{z_2z_3z_4}{z_1z_{2'}z_3}=(-1)^2\frac{87\times84}{18\times28}=14.5$$

因为 i_{14} 为正，故知轮 1 和轮 4 转向相同。

传动比的正负也可画箭头确定，在图中先假定 n_1 的转向，然后根据啮合关系依次画出各轮的转向，可知 n_4 与 n_1 同向，所以 i_{14} 为正。

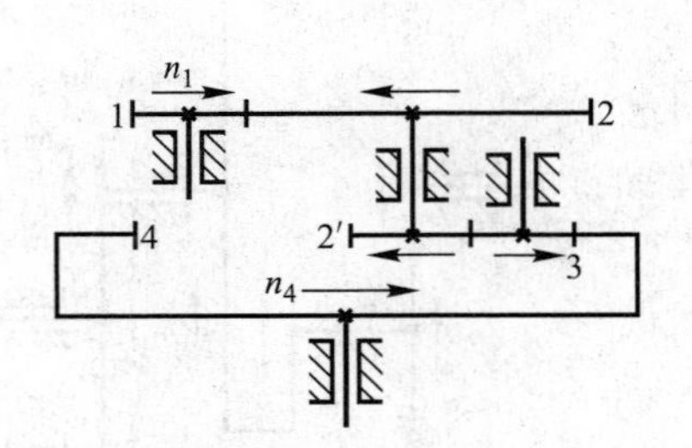

图 6-10 车床溜板箱纵向进给机构

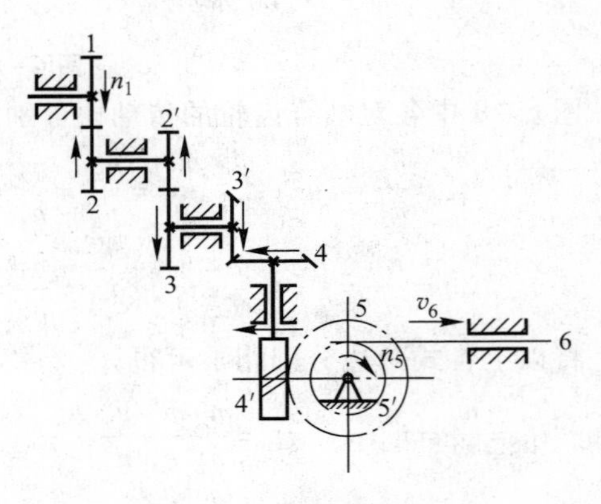

图 6-11 空间定轴轮系

例 6-2 在图 6-11 所示的轮系中，已知各轮的齿数分别为 $z_1=15$，$z_2=25$，$z_{2'}=15$，$z_3=30$，$z_{3'}=15$，$z_4=30$，$z_{4'}=2$(右旋)，$z_5=60$，$z_{5'}=20$($m=4$ mm)。若 $n_1=1\,000$ r/min，求齿条 6 的移动速度 v 的大小及方向。

解 由图 6-11 可知，该轮系中包含锥齿轮、蜗杆蜗轮，所以是空间定轴轮系。其传动比为

$$i_{15}=\frac{n_1}{n_5}=\frac{z_2z_3z_4z_5}{z_1z_{2'}z_{3'}z_{4'}}=\frac{25\times30\times30\times60}{15\times15\times15\times2}=200$$

故

$$n_5=\frac{n_1}{i_{15}}=\frac{1\,000}{200}\ \text{r/min}=5\ \text{r/min}$$

因轮 5′与轮 5 同轴，转速相同，故

$$n_{5'}=n_5=5\ \text{r/min}$$

因为齿条 6 与齿轮 5′啮合，所以齿条 6 的移动速度与齿轮 5′的节圆上啮合点的圆周速度相等，所以

$$v_6=v_{5'}=\frac{\pi d_{5'}n_{5'}}{60\times1\,000}=\frac{\pi m z_{5'}n_{5'}}{60\times1\,000}$$

$$=\frac{3.14\times4\times20\times5}{60\times1\,000}\ \text{m/s}=0.021\ \text{m/s}$$

用画箭头的方法确定轮 5 的转向为顺时针方向，故齿条 6 的移动方向向右。

二、定轴轮系的应用

定轴轮系在机械传动中应用非常广泛，其主要应用有以下几个方面。

1. 实现相距较远的两轴之间的传动

当两轴相距较远时，若只用一对齿轮传动，则两轮尺寸会很大(如图 6－12 所示的两个大齿轮)。若采用轮系传动(如图 6－12 所示的 4 个小齿轮)，可减小传动的结构尺寸，从而节约材料、减轻机器的质量。

2. 实现较大传动比的传动

当需要较大的传动比时，若仅用一对齿轮传动，必然使两轮的尺寸相差很大。不仅使传动机构的尺寸庞大，而且因小齿轮工作次数过多，而容易失效。因此，当传动比较大时，常采用多对齿轮进行传动(图 6－13)。

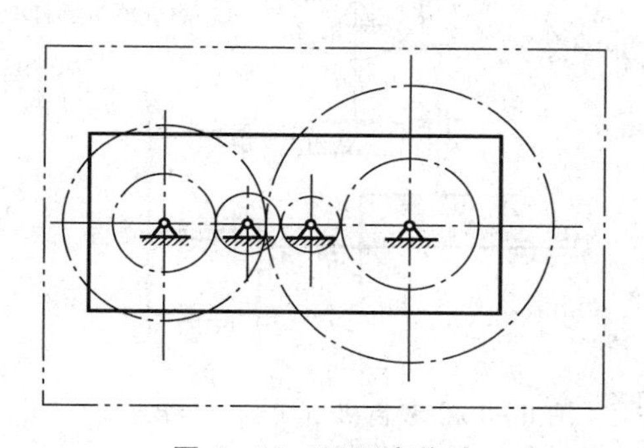
图 6－12　远距离传动

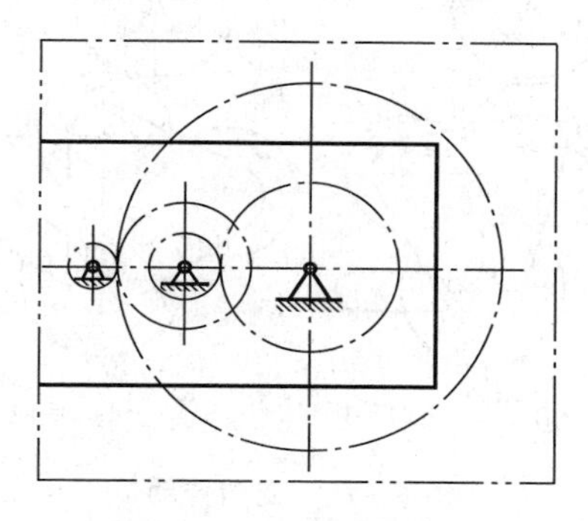
图 6－13　大传动比传动

3. 实现变速传动

在主动轴转速不变的情况下，利用轮系可使从动轴得到若干种不同的转速。图 6－14 所示为汽车变速箱的传动简图。Ⅰ为输入轴，Ⅲ为输出轴，4、6 均为滑移齿轮，该变速箱可使Ⅲ轴获得 4 种不同的转速。

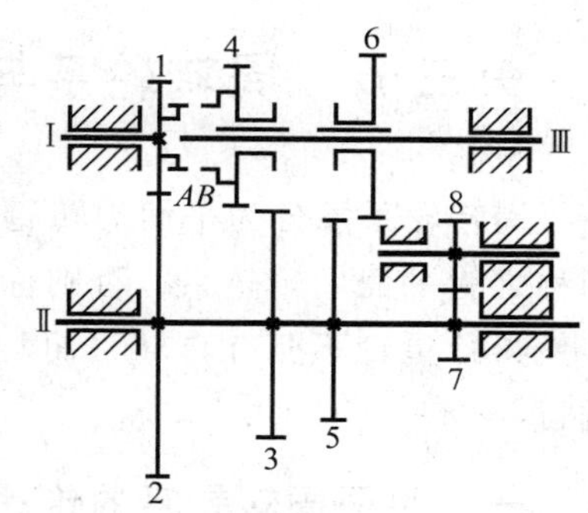

图 6－14　汽车变速箱传动简图

(1) 齿轮 5 和 6 啮合，齿轮 3 和 4、离合器 *A* 和 *B* 均脱离，这时汽车低速前进。

(2) 齿轮 3 和 4 啮合，齿轮 5 和 6、离合器 *A* 和 *B* 均脱离，这时汽车中速前进。

(3) 离合器 *A* 和 *B* 嵌合，而齿轮 3 和 4、5 和 6 均脱离，

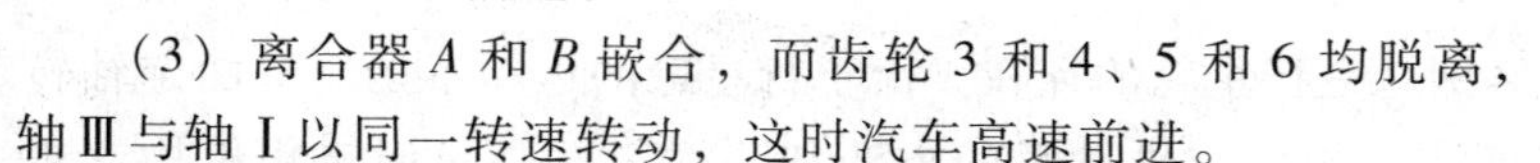
轴Ⅲ与轴Ⅰ以同一转速转动，这时汽车高速前进。

(4) 齿轮 6 和 8 啮合，齿轮 3 和 4、5 和 6、离合器 *A* 和 *B* 均脱离，由于惰轮 8 的作用而改变了输出轴Ⅲ的转向，这时汽车以最低的速度倒车。

4. 实现变向传动

当主动轴转向不变时，可利用轮系中的惰轮改变从动轴的转向。图 6－15 所示为车床上走刀丝杠的三星轮换向机构，通过改变手柄的位置，使齿轮 2 参与啮合(图 6－15a)或不参与啮

合(图 6－15b)，以改变外啮合的次数，使从动轮 4 与主动轮 1 的转向相反或相同。

5. 实现分路传动

在实际机械传动中，当只有一个原动件及多个执行构件时，原动件的转动可通过多对啮合齿轮，从不同的传动路线传递给执行构件，以实现分路传动。图 6－16 所示为滚齿机上滚刀与轮坯之间形成范成运动的传动简图。滚刀与轮坯的转速必须满足 $i_{刀坯}=n_{刀}/n_{坯}=z_{坯}/z_{刀}$ 的传动比关系，其中 $z_{刀}$ 和 $z_{坯}$ 分别为滚刀的头数和轮坯加工后的齿数。运动路线从主动轴 I 开始，一条路线是由锥齿轮 1、2 传到滚刀 11；另一条路线是由齿轮 3、4、5、6、7、蜗杆 8、蜗轮 9 传到轮坯 10。其范成运动的传动比 $i_{刀坯}$ 分别由上述两条分路传动得到保证。

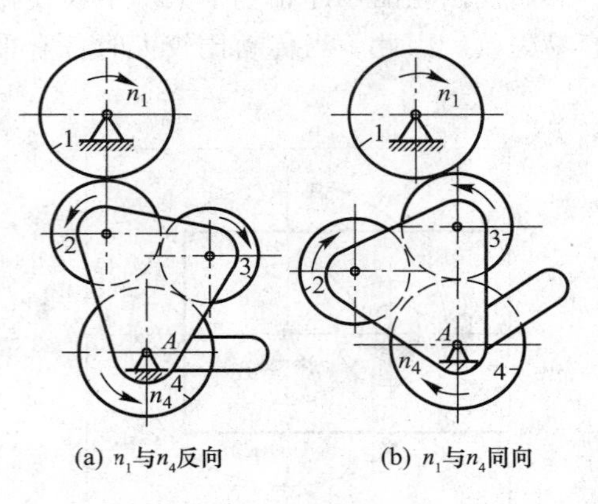

图 6－15　变向传动

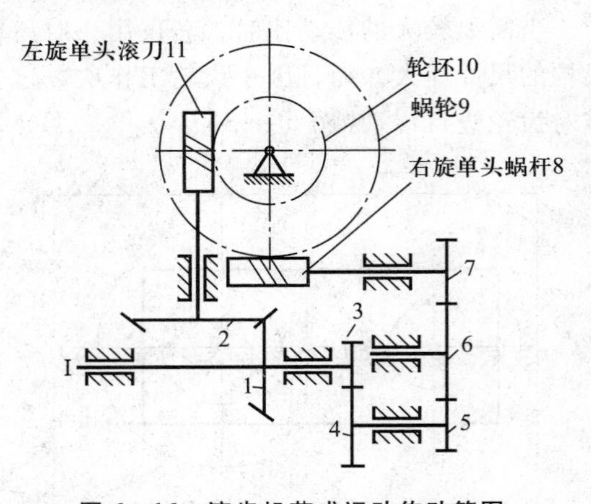

图 6－16　滚齿机范成运动传动简图

第三节　周转轮系与复合轮系的传动比

周转轮系可分为平面周转轮系和空间周转轮系。若周转轮系中各轮的轴线都是平行的，则称之为平面周转轮系，否则称为空间周转轮系。在周转轮系和复合轮系中，由于系杆的回转使得行星轮不但有自转，而且有公转，所以其传动比不能直接用求解定轴轮系的方法来进行。

一、平面周转轮系的传动比计算

周转轮系与定轴轮系的本质区别就是行星轮的存在。由于行星轮的运动不是简单的定轴转动，故周转轮系的传动比计算就不能直接用定轴轮系的方法和公式，而要采用转化机构法来进行。

图 6－17a 所示为一平面周转轮系，假定轮系中各轮和系杆 H 的转速分别为 n_1、n_2、n_3、n_H，其转向相同(均沿逆时针方向转动)。根据相对运动原理，若假想给整个周转轮系加一个绕 $O-O$ 轴线回转、大小与 n_H 相等但转向相反的公共转速($-n_H$)后，则系杆 H 静止不动，而各构件间的相对运动并不改变。正如钟表各指针的相对运动关系并不会因整个钟表作相对的附

加反转运动而改变一样。如此，所有齿轮的轴线位置相对 H 都固定不动，原来相对机架的周转轮系便转化为相对系杆 H 的定轴轮系，如图 6－17b 所示。这个转化而成的假想的定轴轮系，称为原周转轮系的转化轮系或转化机构。在转化机构中，系杆的转速为零，所以转化机构中各构件的转速就是周转轮系各构件相对于系杆 H 的转速，现将周转轮系及其转化机构中各构件的转速列于表 6－1 中。

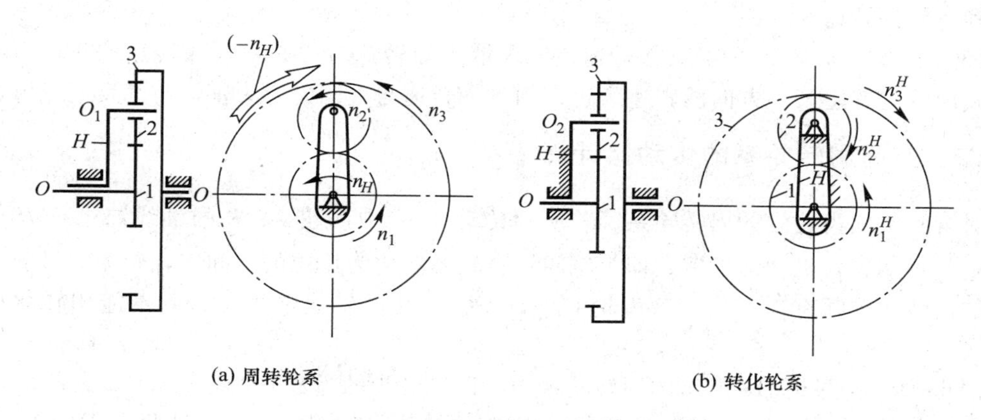

图 6－17　周转轮系及其转化机构

表 6－1　周转轮系与转化轮系中各构件的转速

构件	周转轮系中的转速	转化轮系中的转速	构件	周转轮系中的转速	转化轮系中的转速
齿轮 1	n_1	$n_1^H=n_1-n_H$	齿轮 3	n_3	$n_3^H=n_3-n_H$
齿轮 2	n_2	$n_2^H=n_2-n_H$	系杆 H	n_H	$n_H^H=n_H-n_H=0$

既然周转轮系的转化机构是定轴轮系，那么，转化机构的传动比 i_{13}^{H}，就可用求解定轴轮系传动比的方法求得，即

$$i_{13}^{H}=\frac{n_1^H}{n_3^H}=\frac{n_1-n_H}{n_3-n_H}=(-1)^1\frac{z_3}{z_1}=-\frac{z_3}{z_1}$$

式中，负号表示轮 1 与轮 3 在转化机构中的转向相反。由此原来周转轮系的传动比，即可通过转化机构传动比计算公式间接求出。

现将以上分析推广到平面周转轮系的一般情形，设 n_G、n_K 为平面周转轮系中任意两轮 G 和 K 的转速，它们与系杆 H 的转速 n_H 间的关系为

$$i_{GK}^{H}=\frac{n_G-n_H}{n_K-n_H}=(-1)^m\frac{\text{齿轮 }G\text{、}K\text{ 间所有从动轮齿数连乘积}}{\text{齿轮 }G\text{、}K\text{ 间所有主动轮齿数连乘积}} \tag{6－2}$$

式中，G 为主动轮，K 为从动轮，m 为齿轮 G、K 间外啮合齿轮的对数。

上式中包含了周转轮系中 3 个构件（通常是基本构件）的转速和若干个齿轮齿数间的关系。在计算轮系的传动比时，各轮的齿数通常是已知的，所以在 n_G、n_K、n_H 这 3 个运动参数中若已知两个（包括大小和方向），就可以确定第三个，从而可求出 3 个基本构件中任意两个间的传动比。传动比的正、负号由计算结果确定。

应用上式计算周转轮系传动比时应注意以下几点：

(1) $i_{GK}^{H} \neq i_{GK}$。i_{GK}^{H}为转化机构中轮 G 与轮 K 的转速之比，其大小及正负号应按定轴轮系传动比的计算方法确定。而 i_{GK}则是周转轮系中轮 G 与轮 K 的绝对转速之比，其大小与正负号必须由计算结果确定。

(2) n_G、n_K、n_H 为平行矢量时才能代数相加，所以 n_G、n_K、n_H 必须是轴线平行或重合的齿轮和系杆的转速。

(3) 将 n_G、n_K、n_H 中的已知转速代入求解未知转速时，必须代入转速的正、负号。在代入公式前应先假定某一方向的转速为正，则另一转速与其同向者为正，与其反向者为负。

二、空间周转轮系的传动比计算

对含有空间齿轮副的周转轮系，若所列传动比 i_{GK}^{H}中两轮 G、K 的轴线与系杆 H 的轴线平行，则仍可用转化机构法求解，即把空间周转轮系转化为假想的空间定轴轮系。计算时，转化机构的齿数比前须有正负号。若齿轮 G、K 与系杆 H 的轴线不平行，则不能用转化机构法求解 i_{GK}^{H}。

例 6-3 在图 6-18 所示的周转轮系中，已知各轮的齿数分别为 $z_1=15$，$z_2=25$，$z_{2'}=20$，$z_3=60$，齿轮 1 的转速 $n_1=200$ r/min，齿轮 3 的转速 $n_3=50$ r/min，且两中心轮 1、3 转向相反。试求系杆转速 n_H 及行星轮转速 $n_{2'}$。

解 将系杆 H 视为固定构件，则该周转轮系转化成为一假想的平面定轴轮系。在转化轮系中，外啮合齿轮的对数 $m=1$，由式(6-2)可得

$$i_{13}^{H}=\frac{n_1^H}{n_3^H}=\frac{n_1-n_H}{n_3-n_H}=(-1)^1\frac{z_2 z_3}{z_1 z_{2'}}$$

设轮 1 的转向为正方向，则 $n_1=200$ r/min，$n_3=-50$ r/min，代入上式可得

$$\frac{200-n_H}{-50-n_H}=-\frac{25\times 60}{15\times 20}$$

解得 $n_H=-25/3$ r/min，负号表示 n_H 的转向与 n_1 的转向相反。

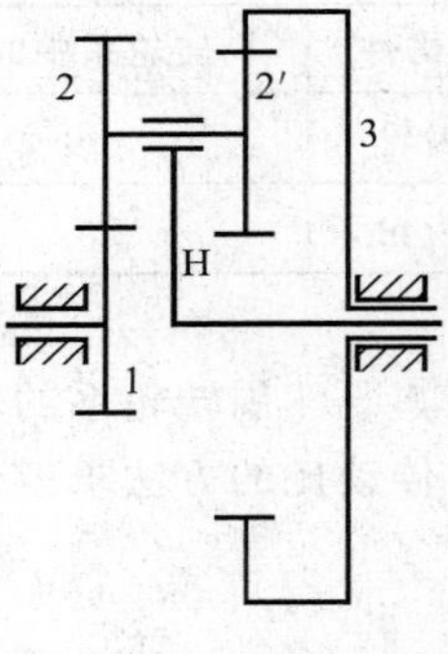

图 6-18 周转轮系

利用式(6-2)还可计算出行星齿轮 2 和 2′的转速($n_2=n_{2'}$)，计算如下。

$$i_{12}^{H}=\frac{n_1^H}{n_2^H}=\frac{n_1-n_H}{n_2-n_H}=(-1)^1\frac{z_2}{z_1}$$

代入已知数值

$$\frac{200-\left(-\frac{25}{3}\right)}{n_2-\left(-\frac{25}{3}\right)}=-\frac{25}{15}$$

解得 $n_2=n_{2'}=-133$ r/min，负号表示 $n_{2'}$和 n_2 的转向与 n_1 的转向相反。

例 6-4 图 6-19 所示空间周转轮系中，已知 $z_1=48$，$z_2=42$，$z_{2'}=18$，$z_3=21$，$n_1=100$ r/min，$n_3=80$ r/min，转向如图所示，求 n_H。

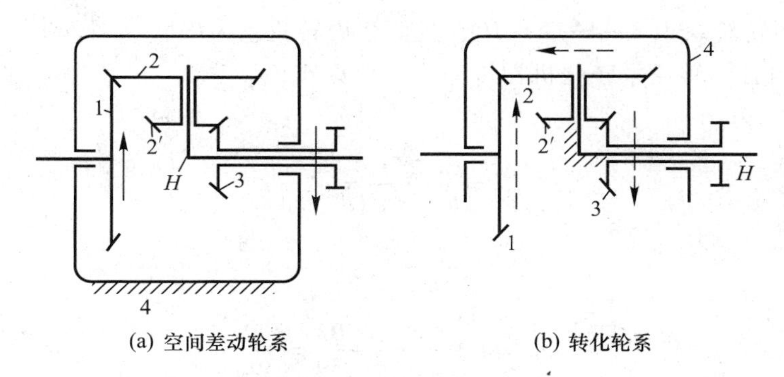

图 6-19　空间周转轮系

解　由图可知，构件 1、3 及 H 轴线平行，故用式(6-2)求解 i_{13}^{H}。齿数比前的符号只能用画箭头法确定，如图 6-19b 所示，随意假设轮 1 方向向上(与绝对转向无关)，按啮合关系画出轮 3 方向向下，故转化机构的齿数比前应取负号。

$$\frac{n_1 - n_H}{n_3 - n_H} = -\frac{z_2 z_3}{z_1 z_{2'}} = -\frac{42 \times 21}{48 \times 18}$$

图 6-19a 中，轮 1、3 转向相反，设轮 1 转向为正，则轮 3 为负。故得

$$\frac{+100 - n_H}{-80 - n_H} = -\frac{49}{48}$$

$$n_H = +9.072\ \mathrm{r/min}$$

“+”号说明系杆 H 与轮 1 的转向相同。

三、复合轮系的传动比计算

在复合轮系中既有定轴轮系又有周转轮系或有几套周转轮系，因此不能用一个统一的公式一步求出整个轮系的传动比。计算复合轮系的传动比，要用分解轮系，分步求解的办法，即把整个复合轮系分解成若干定轴轮系和单一的周转轮系，并分别列出它们的传动比计算式，然后根据这些轮系的组合方式，找出它们的转速关系，联立求解即可求出复合轮系的传动比。

分解复合轮系的步骤是先周转轮系后定轴轮系。而找周转轮系的步骤是行星轮—系杆—中心轮，即根据轴线位置运动的特点找到行星轮，支承行星轮的是系杆，与行星轮相啮合且轴线位置固定的是中心轮。当从整个轮系中划分出所有单一周转轮系后，剩下的轴线固定且互相啮合的齿轮便是定轴轮系部分了。

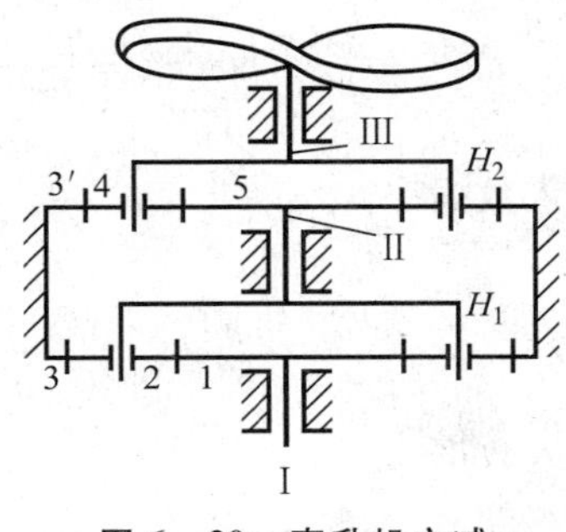

图 6-20　直升机主减速器的行星轮系

例 6-5　直升机主减速器的行星轮系如图 6-20 所示，发动机直接带动齿轮 1，且已知各轮齿数为 $z_1 = z_5 = 39$，$z_2 = 27$，$z_3 = 93$，$z_{3'} = 81$，$z_4 = 21$，求主动轴Ⅰ与螺旋桨轴Ⅲ之间的传动比 $i_{\text{I}\,\text{III}}$。

解　(1) 分解轮系。齿轮 2 为行星轮，H_1 为系杆，齿轮 1、3 为中心轮，所以构件 1—2—3—H_1 组成一套周转轮系。同样

可划分出另一套周转轮系为 $5—4—3'—H_2$，且两套周转轮系为串联。

（2）分别列出各周转轮系转化机构传动比的计算式

轮系 $1—2—3—H_1$

$$i_{13}^{H_1}=\frac{n_1-n_{H_1}}{n_3-n_{H_1}}=-\frac{z_3}{z_1}$$

即
$$1-\frac{n_1}{n_{H_1}}=-\frac{z_3}{z_1}$$

亦即
$$i_{1H_1}=1+\frac{z_3}{z_1}=1+\frac{93}{39}=\frac{132}{39}$$

轮系 $5—4—3'—H_2$

$$i_{5H_2}=1+\frac{z_{3'}}{z_5}=1+\frac{81}{39}=\frac{120}{39}$$

（3）找出各轮系的转速关系，联立求解

因为
$$n_{H_1}=n_5,\ n_{\mathrm{III}}=n_{H_2},\ n_1=n_{\mathrm{I}}$$

所以
$$i_{1H_1}i_{5H_2}=\frac{n_1}{n_{H_1}}\frac{n_5}{n_{H_2}}=\frac{n_1}{n_{H_2}}=\frac{n_{\mathrm{I}}}{n_{\mathrm{III}}}$$

故
$$i_{\mathrm{I\,III}}=\frac{n_{\mathrm{I}}}{n_{\mathrm{III}}}=i_{1H_1}i_{5H_2}=\frac{132}{39}\times\frac{120}{39}=10.41$$

传动比为正，表明轴Ⅰ与轴Ⅲ转向相同。

例 6－6 图 6－21 所示为一电动卷扬机的减速器运动简图，已知 $z_1=24$，$z_2=33$，$z_{2'}=21$，$z_3=78$，$z_{3'}=18$，$z_4=30$，$z_5=78$，试求其传动比 i_{15}。若电动机转速 $n_1=1\ 450$ r/min，求卷筒转速 n_5 为多少？

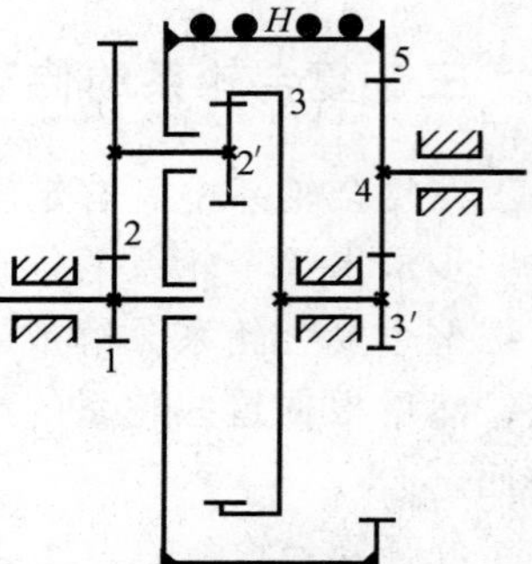

图 6－21　电动卷扬机

解　（1）划分周转轮系及定轴轮系。齿轮 2（2′）为双联行星齿轮，支承行星齿轮的齿轮 5（即卷筒）为系杆 H，齿轮 1、3 为中心轮，所以构件 1—2（2′）—3—5（H）组成单一周转轮系。其余齿轮 3′、4、5 轴线不动且互相啮合，组成定轴轮系。

（2）分别列出周转轮系及定轴轮系的传动比计算式

$$i_{13}^{H}=\frac{n_1-n_H}{n_3-n_H}=-\frac{z_2}{z_1}\times\frac{z_3}{z_{2'}}$$

代入数据
$$\frac{n_1-n_H}{n_3-n_H}=-\frac{33}{24}\times\frac{78}{21}\tag{a}$$

$$i_{3'5}=\frac{n_{3'}}{n_5}=-\frac{z_5}{z_{3'}}$$

代入数据
$$\frac{n_{3'}}{n_5}=-\frac{78}{18}\tag{b}$$

（3）找出周转轮系和定轴轮系的转速关系，联立求解

因为 $$n_H = n_5,\ n_3 = n_{3'}$$

由式(b)可得 $$n_{3'} = -\frac{78}{18}n_5$$

将上式代入式(a)可得 $$\frac{n_1 - n_5}{-\frac{78}{18}n_5 - n_5} = -\frac{33}{24}\times\frac{78}{21}$$

整理后得 $$i_{15} = 1 + \frac{33\times78}{24\times21}\left(1+\frac{78}{18}\right) = 28.24$$

若电动机转速 $$n_1 = 1\ 450\ \text{r/min}$$

则 $$n_5 = \frac{n_1}{i_{15}} = \frac{1\ 450}{28.24}\ \text{r/min} = 51.35\ \text{r/min}$$

第四节　周转轮系与复合轮系的应用

一、用于大传动比传动

在图 6－22 所示的行星轮系中，若各轮齿数分别为 $z_1 = 100$，$z_2 = 101$，$z_{2'} = 100$，$z_3 = 99$，则输入构件 H 对输出构件 1 的传动比 $i_{H1} = 10\ 000$。由此可见，该轮系仅用两对齿轮，便能获得很大的传动比，这对于一般的定轴轮系来说是无法实现的。但应指出，该大传动比行星轮系的效率很低，而且当中心轮 1 为主动时，将会发生自锁。因此，这种大传动比行星轮系，通常只用在载荷很小的减速场合，如用于测量很高转速的仪表，或用作精密微调机构。

二、用做运动的合成

在差动轮系中，当给定两个基本构件的运动后，第三个构件的运动是确定的，即第三个构件的运动是另外两个基本构件运动的合成。

如图 6－23 所示为滚齿机中的差动轮系。滚切斜齿轮时，由齿轮 4 传递来的运动传给中心轮 1，转速为 n_1；由蜗轮 5 传递来的运动传给行星架 H，使其转速为 n_H。这两个运动经轮系合成后变成齿轮 3 的转速 n_3 输出。由于 $z_1 = z_3$，则 $i_{13}^H = \frac{n_1 - n_H}{n_3 - n_H} = -\frac{z_3}{z_1} = -1$，故 $n_3 = 2n_H - n_1$。

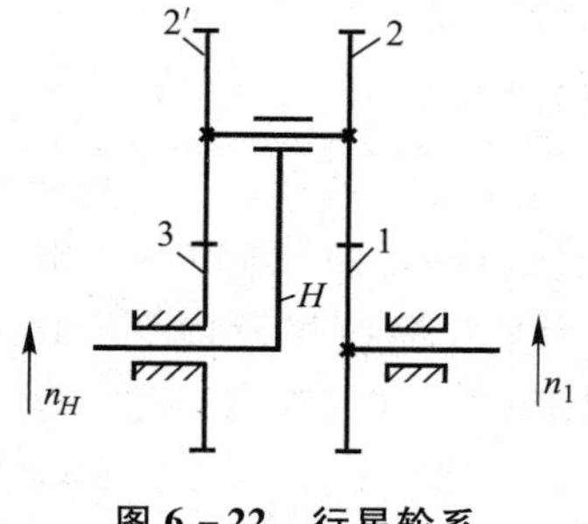

图 6－22　行星轮系

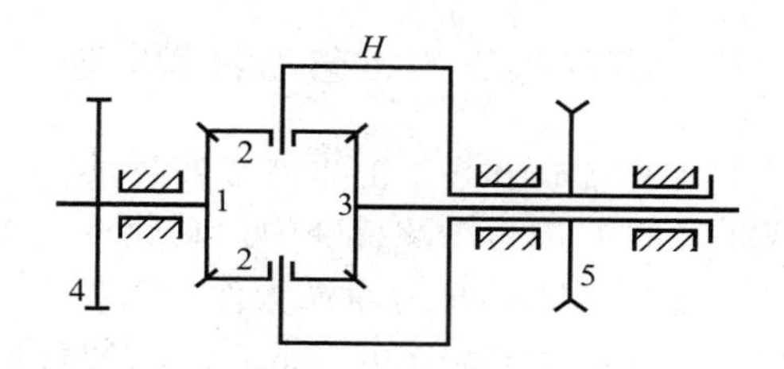

图 6－23　使运动合成的轮系

三、用做运动的分解

差动轮系也可将一个原动基本构件的转动，按所需比例分解为另外两个从动基本构件的不同转动。图 6 – 24 所示的汽车后桥差速器可作运动分解的实例。图中，发动机通过传动轴驱动齿轮 5，齿轮 2 为行星轮，齿轮 4 上固连着系杆 H，分别与左右车轮固连的齿轮 1 和齿轮 3 为中心轮。齿轮 4、5 组成定轴轮系，齿轮 1、2、3、系杆 H 及机架组成一差动轮系（$z_1 = z_3$），由计算可得

$$2n_4 = n_1 + n_3$$

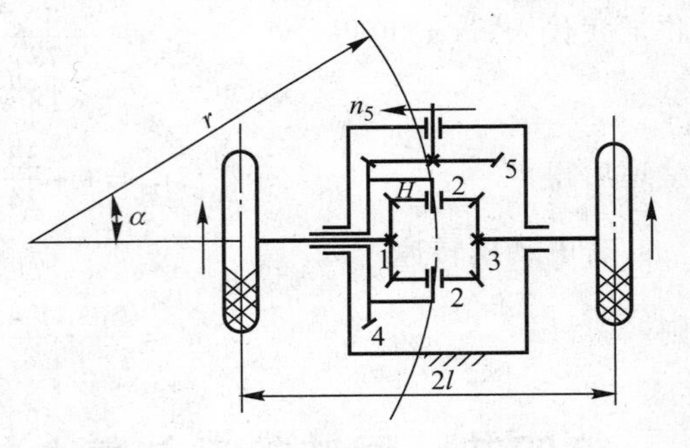

图 6 – 24　汽车后桥差速器

当汽车直线行驶时，左右两后轮所走的路程相同，所以转速也相同，故 $n_1 = n_3 = n_4 = n_H$。这时，轮 1、2、3 和系杆 H 成为一个整体，由轮 5 带动一起转动，行星轮 2 不绕 H 自转。

当汽车转弯时（左转），为保证左右车轮与地面间仍为纯滚动，以减少轮胎的磨损，要求右轮的转速比左轮的高。这时轮 1 和轮 3 之间发生相对转动，轮 2 除随轮 4 公转外，还绕自己的轴线自转。由轮 1、2、3 和 4 组成的差动轮系，借助于车轮与地面间的摩擦力，将轮 4 的转动根据弯道半径的大小，按需要分解为轮 1 和轮 3 的转动，这时 $\dfrac{n_1}{n_3} = \dfrac{s_1}{s_3} = \dfrac{\alpha(r-l)}{\alpha(r+l)} = \dfrac{r-l}{r+l}$。

联立可得两轮的转弯速度为

$$n_1 = \frac{r-l}{r}n_4, \qquad n_3 = \frac{r+l}{r}n_4$$

式中，r 为弯道平均半径，l 为轮距之半。s_1、s_3 分别为左右两轮滚过的弧长，α 为其相应转角。

四、实现结构紧凑的大功率传动

在行星轮系中，通常采用几个均匀分布的行星轮同时传递运动和动力（图 6 – 25）。这样既可用几个行星轮共同来分担载荷，以减小齿轮尺寸，同时又可使各个啮合处的径向分力和行星轮公转所产生的离心惯性力各自得以平衡，故可减小主轴承内的作用力，增大传递功率，从而使其效率也较高。

五、实现特殊的工艺动作和轨迹

在行星轮系中，行星轮做平面运动，其上某点的运动轨迹很特殊。利用这个特点，可以实现要求的工艺动作及特殊的运动轨迹。图 6 – 26a 所示为某食品搅拌设备中搅拌头的行星传动简图，行星架 H 为输入构件，齿圈 1 固定，行星轮 2 带动搅拌桨 3 在容器内运动，搅拌桨上的某点会产生如图 6 – 26b 所示的运动轨迹，可以满足将糖浆、面浆等物料搅拌调和均匀的要求。

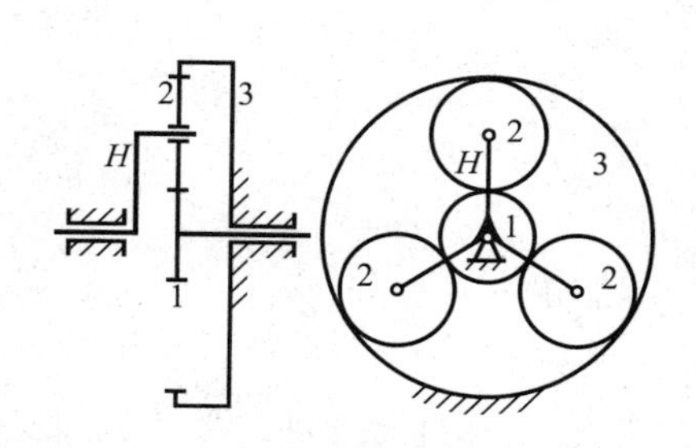

图 6－25　具有多个行星轮的行星轮系

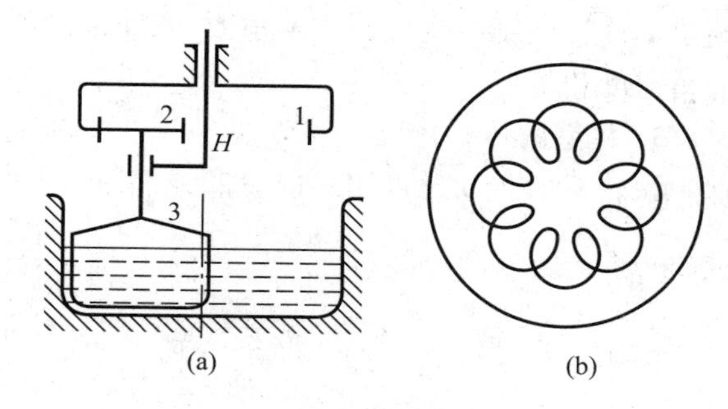

图 6－26　搅拌头的行星传动

第五节　其他类型行星传动简介

除了前面介绍的一般行星轮系外，工程上还常应用一些其他类型的行星传动，如渐开线少齿差行星传动、摆线针轮行星传动及谐波齿轮传动。它们具有传动效率高、传动比大、体积小及重量轻等优点，因而在机械传动中得到了广泛的应用。

一、渐开线少齿差行星传动

1. 轮系的组成

如图 6－27 所示，渐开线少齿差行星轮系由固定的渐开线内齿轮 1、行星轮 2、行星架 H、等角速输出机构 W 和输出轴 V 组成。一般系杆 H 为输入轴，等角速输出机构的传动比等于 1，它可将行星轮的绝对转速以等速比传递到输出轴 V 上去。因固定内齿轮 1 与行星轮 2 的齿数相差很少(一般为 1～4)，故称为渐开线少齿差行星轮系。

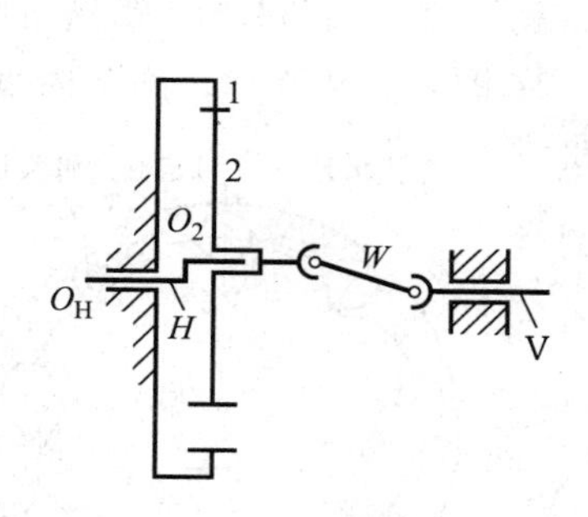

图 6－27　渐开线少齿差行星传动

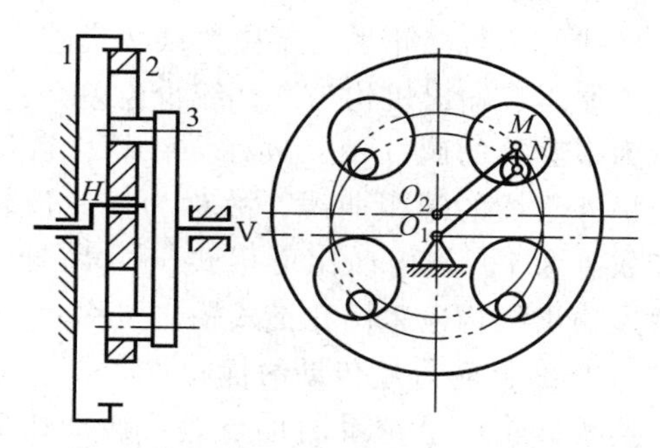

图 6－28　等角速输出机构

2. 等角速输出机构

等角速输出机构有双万向联轴器、十字滑块联轴器及孔销式输出机构。其中孔销式输出机构结构紧凑，效率高，所以经常被采用，其原理如图 6－28 所示。在输出轴 V 的销盘 3 上，沿半径为 O_1N 的圆周上均匀安装一定数量的圆柱销(图中为 4 个)，在行星轮 2 的腹板上，沿半径为 O_2M 的圆周上也均匀地制有等量的孔。这些圆柱销分别插入孔中，从而将行星轮 2 和输出轴 V 连接起来。设计时使 $O_1N = O_2M$，$O_1O_2 = NM$，则 O_1O_2MN 形成一平行四边形，因此行星轮不论转到哪一位置，O_1N 与 O_2M 总是保持平行，这样输出轴 V 的角速度始终与行星轮 2 的角速度相等。

3. 轮系的传动比

该轮系的传动比可用式(6－2)求得

$$i_{21}^{H}=\frac{n_2-n_H}{n_1-n_H}=\frac{z_1}{z_2}$$

因中心轮 1 固定，即 $n_1=0$，则 $$\frac{n_2-n_H}{-n_H}=\frac{z_1}{z_2}$$

所以 $$i_{H2}=\frac{n_H}{n_2}=-\frac{z_2}{z_1-z_2} \tag{6-3}$$

式中的负号表示行星轮的转向与系杆的转向相反。

上式表明，轮 1 与轮 2 的齿数差越小，轮系的传动比越大。当 $z_1-z_2=1$ 时，称为一齿差行星传动。这时传动比最大，其值为

$$i_{H\mathrm{V}}=-z_2 \tag{6-4}$$

这种行星轮系的主要优点是：传动比大；结构紧凑、体积小、重量轻；效率高(单级为 0.80～0.94)；加工维修容易。其主要缺点是：同时啮合的齿数少，承载能力较低；转臂的轴承受力较大，因此寿命短；当内齿轮副齿数差小于 5 时，容易产生干涉，需采用较大变位系数的变位齿轮，计算复杂。它适用于中、小型动力传动，在轻工、化工、仪表、机床及起重运输机械中获得了广泛的应用。

二、摆线针轮行星传动

1. 组成及传动比

摆线针轮行星轮系主要由摆线少齿差齿轮副(摆线齿轮和针轮)、行星架及输出机构组成。其传动原理、输出机构与渐开线少齿差行星轮系基本相同。如图 6－29 所示，固定内齿轮 1 的轮齿为带套筒的圆柱销，故称为针轮，行星轮 2 的齿廓曲线为变幅外摆线的等距曲线，故称为摆线齿轮。针轮与摆线轮的齿数差为 1，其传动比可用式(6－4)计算，即 $i_{H\mathrm{V}}=-z_2$。等角速输出机构也采用孔销式输出机构。

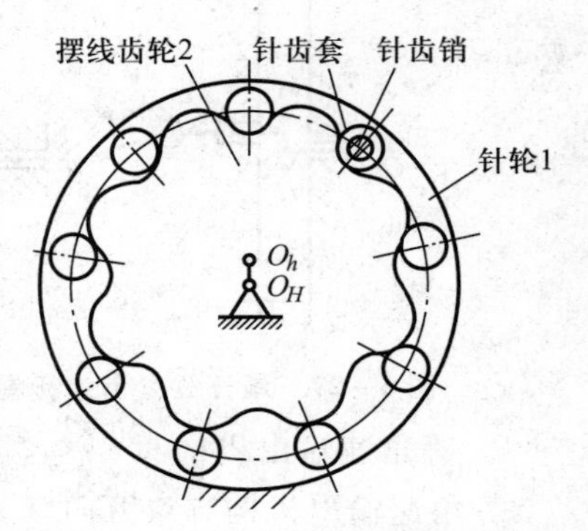

图 6－29　摆线针轮行星轮系

2. 摆线针轮行星传动的优缺点

摆线针轮行星轮系的优点是：传动比大(单级为 9～87，双级为 121～7 569)；传动效率高(一般可达 0.9～0.94)；同时啮合的齿数多，因此传动平稳，承载能力大；没有齿顶相碰和齿廓重叠干涉问题；轮齿磨损小(因为高副滚动啮合)，使用寿命长。

摆线针轮行星轮系的缺点是：针轮和摆线轮均需要较好的材料 GCr15 钢；摆线齿需要专用刀具和专用设备加工，制造精度要求高，加工工艺较复杂；转臂轴承受力较大，轴承寿命较短等。

摆线针轮行星轮系在军工、冶金、轻工、化工、造船、机械、起重运输和纺织等工业中得到了广泛的应用。

三、谐波齿轮传动

1. 谐波齿轮的组成及传动比

谐波齿轮传动是一种依靠弹性变形来实现机械传动的一种新型传动。它突破了以往传动机构中构件为刚性体的模式，采用了一个柔性构件来传动。如图 6－30 所示，谐波齿轮传动主要由柔性齿轮(相当于行星齿轮)、刚性齿轮(相当于中心齿轮)和波发生器(相当于系杆)等基本构件组成。刚性齿轮是一个在工作时始终保持其原始形状的内齿轮。柔性齿轮是在波发生器作用下能产生可控弹性变形的薄壁齿轮。波发生器是使柔性齿轮按一定变形规律产生弹性波的构件。波发生器的形式很多，图 6－30 中所示为一椭圆盘与柔性滚动轴承所组成。3 个基本构件中的任何一个都可作为主动件，其余两个之一或为从动件或为固定件。

现以波发生器为主动件，柔轮为从动件，刚轮为固定件的情况说明谐波齿轮传动的工作原理。由于柔轮的内孔径略小于波发生器的长轴，所以在波发生器的作用下，迫使柔轮产生弹性变形而呈椭圆形，其椭圆长轴两端的轮齿插进刚轮的齿槽中而相互啮合，短轴两端的轮齿却与刚轮的轮齿完全脱开，其余各处的轮齿则处于啮入或啮出的过渡状态。当波发生器转动时，柔轮长轴和短轴的位置不断变化，从而使柔轮轮齿依次与刚轮轮齿啮合，实现柔轮相对于刚轮的转动。由此可见，谐波齿轮传动是通过控制柔轮的弹性来实现运动和动力传递的。

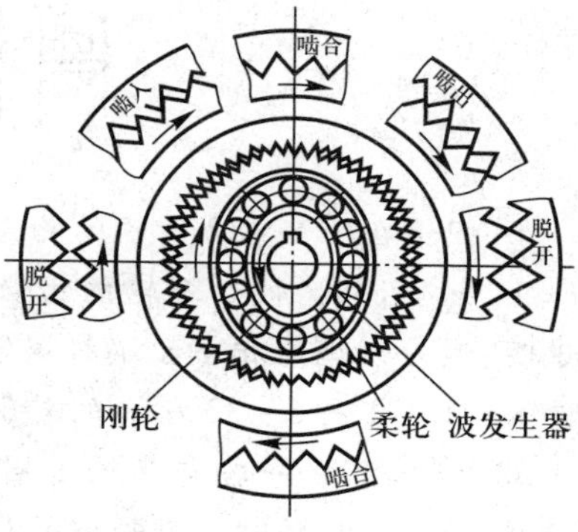

图 6－30　谐波齿轮传动示意图

根据波发生器转一周使柔轮上某点变形的循环次数不同，谐波齿轮传动可分为双波传动及三波传动。最常用的是双波传动，椭圆盘波发生器为一种双波传动。一般刚轮的齿数 z_1 与柔轮齿数 z_2 之差应等于波数。

由式(6－3)可计算谐波齿轮的传动比，即

$$i_{H2}=\frac{n_H}{n_2}=-\frac{z_2}{z_1-z_2}$$

该式仅适用于刚轮固定时波发生器与柔轮的传动比计算。

目前，谐波齿轮的齿形多采用易于加工的小模数渐开线齿形。

2. 谐波齿轮传动的优缺点

谐波齿轮传动的优点为：传动比大，以 H 为主动时，其单级传动比为 70～320；同时啮合的齿数多，承载能力大，传动平稳，传动效率高；体积小、重量轻、结构简单；齿侧间隙小，适用于反向传动；具有良好的封闭性。

谐波齿轮传动的缺点是：柔轮和柔性轴承发生周期性变形，易于疲劳破坏，需采用高性能合金钢制造；为避免柔轮变形过大，当波发生器为主动，传动比小于 35 时不宜采用；启动力矩大，制造工艺比较复杂。

由于谐波齿轮传动的独特优点，因而在军工、航空航天、造船、矿山、机械、纺织和医疗器械等部门中得到了广泛应用。

习　题

6－1　图 6－31 所示为一手摇提升装置，其中各轮齿数均为已知，试求传动比 i_{15}，并指出当提升重物时手柄的转向。

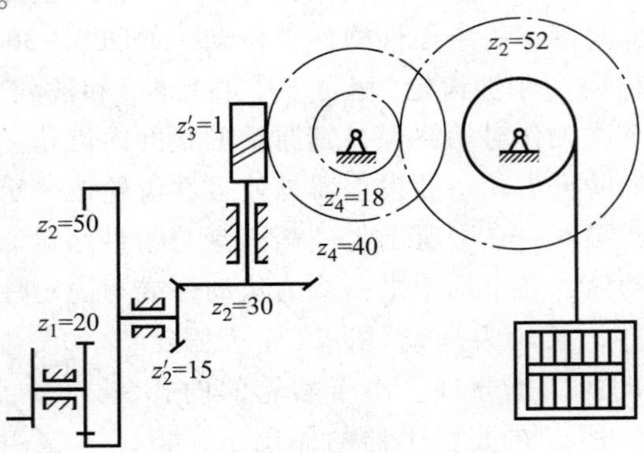

图 6－31　习题 6－1 图

6－2　在图 6－32 所示的轮系中，已知各轮齿数分别为 $z_1=28$，$z_2=15$，$z_{2'}=15$，$z_3=35$，$z_{5'}=1$，$z_6=100$，被切蜗轮的齿数 $z_{6'}=60$，滚刀为单头。试确定齿数比 $z_{3'}/z_5$ 及滚刀的旋向。（说明：滚刀切蜗轮相当于蜗杆蜗轮传动）。

6－3　在图 6－33 所示的外圆磨床进给机构中，已知各轮的齿数分别为 $z_1=28$，$z_2=56$，$z_3=38$，$z_4=57$，手轮与齿轮 1 固连，横向丝杠与齿轮 4 固连，其丝杠导程 $L=3$ mm，试求当手轮转动 1/100 转时，砂轮架的横向进给量 s。

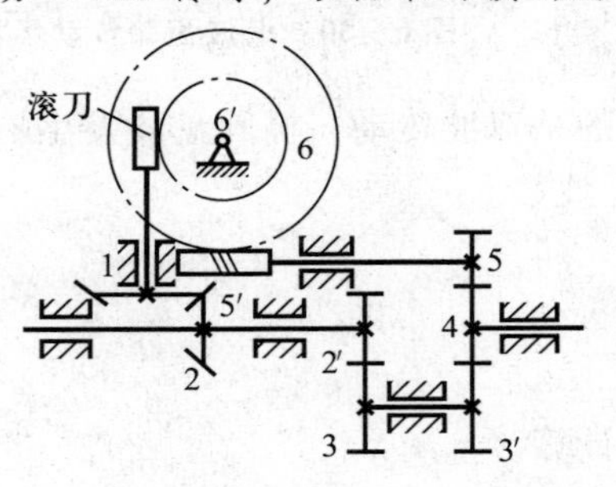

图 6－32　习题 6－2 图

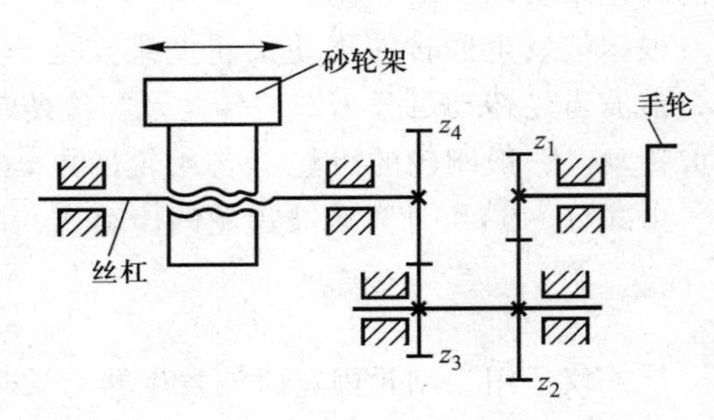

图 6－33　习题 6－3 图

6－4　在图 6－34 所示的车床尾座进给机构中，已知各轮的齿数为 $z_1=z_2=z_4=16$，$z_3=48$，丝杠的导程 $L=4$ mm。慢速进给时，齿轮 1 和齿轮 2 啮合，快速退回时，齿轮 1 和齿轮 4 啮合。求慢速进给和快速退回时，手轮回转一周尾座套筒移动的距离各为多少？

6－5　图 6－35 所示的差动轮系中，已知 $z_1=20$，$z_2=30$，$z_3=80$，$n_1=100$ r/min，$n_3=20$ r/min。试问：

（1）当 n_1 与 n_3 转向相同时，$n_H=$？

（2）当 n_1 与 n_3 转向相反时，$n_H=$？

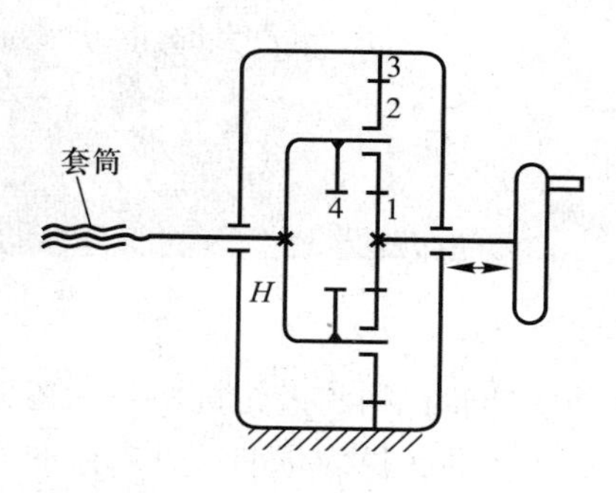

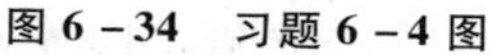

图 6-34　习题 6-4 图

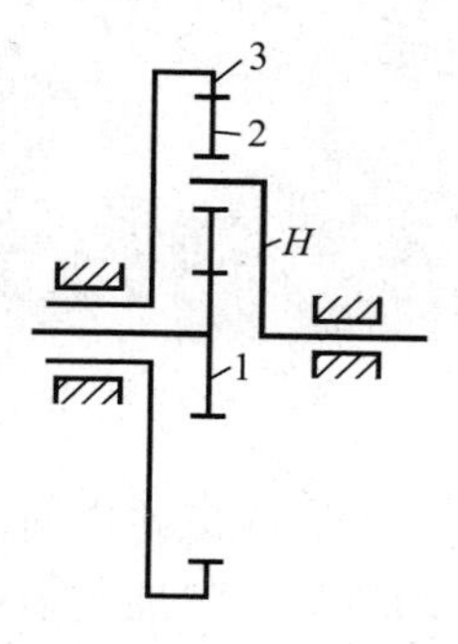

图 6-35　习题 6-5 图

6-6　在图 6-36 所示的手动起重葫芦中，已知各轮齿数 $z_1=10$，$z_2=20$，$z_{2'}=10$，$z_3=40$。求手动链轮 A 与起重链轮 B 的传动比 i_{AB}。若传动总效率 $\eta=0.9$，为提升 $Q=1\ 000$ kg 的重物，必须施加于链轮 A 上的圆周力 $\boldsymbol{P}$。

6-7　在图 6-37 所示的复合轮系中，已知各轮的齿数 $z_1=36$，$z_2=60$，$z_3=23$，$z_4=49$，$z_{4'}=69$，$z_5=31$，$z_6=131$，$z_7=94$，$z_8=36$，$z_9=167$，设 $n_1=3\ 549$ r/min，试求行星架 H 的转速 n_H。

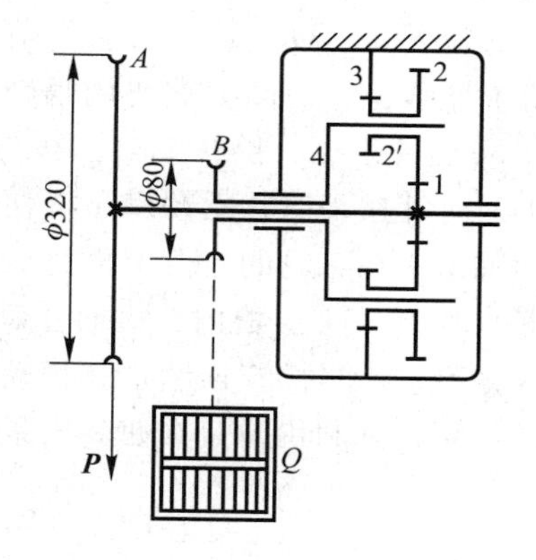

图 6-36　习题 6-6 图

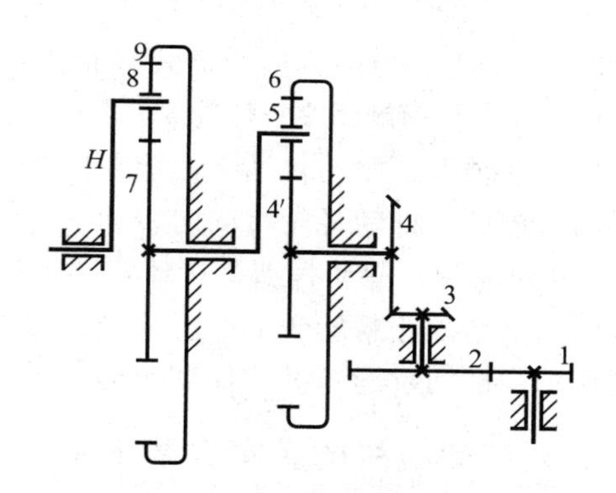

图 6-37　习题 6-7 图

6-8　在图 6-38 所示的某涡轮螺旋桨发动机主减速器传动机构中，已知各轮齿数分别为 $z_1=35$，$z_2=31$，$z_3=97$，$z_{1'}=35$，$z_{2'}=31$，$z_{3'}=97$，轮 1 主动。求该减速器的传动比 i_{1H}。

6-9　在图 6-39 所示的双螺旋桨飞机减速器中，已知各轮齿数分别为 $z_1=36$，$z_2=20$，$z_3=66$，$z_4=30$，$z_5=18$，$z_6=66$，且知 $n_1=15\ 000$ r/min，试求 n_P、n_Q 的大小及方向。

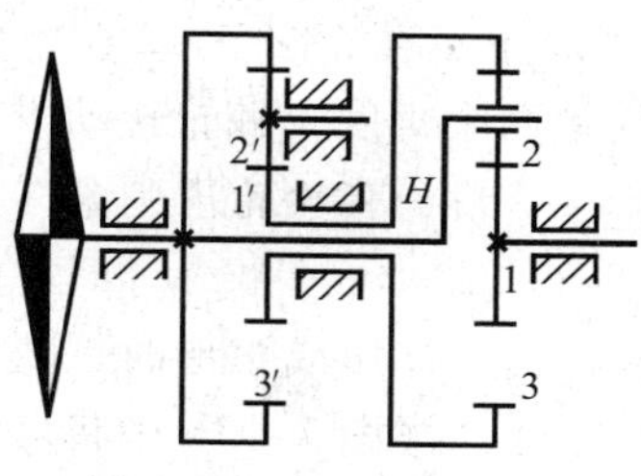

图 6-38　习题 6-8 图

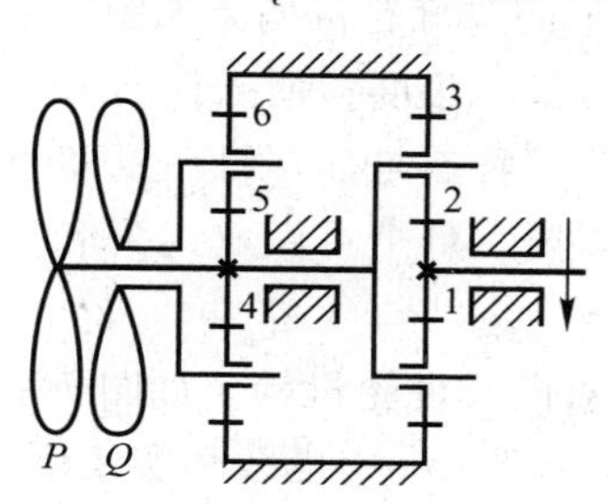

图 6-39　习题 6-9 图

第七章　间歇运动机构

在工业生产中，除了使用前面介绍过的平面连杆机构、凸轮机构和齿轮机构外，还经常用到各种间歇运动机构。间歇运动机构是能够将主动件的连续运动转换为从动件有规律的间歇运动的机构，如自动机床的进给运动机构、刀架的转位机构及包装机的送进机构等。本章简要介绍这些机构的工作原理、类型、特点和应用。

第一节　棘轮机构

一、棘轮机构的工作原理

图 7-1 所示为一典型的齿式棘轮机构，其中图 a 属于外啮合，而图 b 属于内啮合。该机构由摇杆 1、驱动棘爪 2、棘轮 3、止动棘爪 4 以及机架 5 等构件组成，摇杆 1 空套在与棘轮 3 固连的从动轴上，驱动棘爪 2 铰接在摇杆 1 上。当摇杆 1 逆时针摆动时，驱动棘爪 2 便插入棘轮 3 的齿槽内，推动棘轮沿同向转动一定角度，这时止动棘爪 4 在棘轮的齿背上滑过；当摇杆 1 顺时针摆动时，驱动棘爪 2 在棘轮 3 的齿背上滑过并落入其下一个齿槽内，此时止动棘爪 4 顶入棘轮齿槽阻止棘轮 3 沿顺时针方向转动，故棘轮 3 静止不动。当摇杆连续往复摆动时，棘轮便作单向的间歇运动。为保证驱动棘爪和止动棘爪工作可靠，常利用弹簧 6 使其压紧齿面。

二、棘轮机构的基本类型

棘轮机构通常可分为轮齿式棘轮机构和摩擦式棘轮机构两大类。

1. 轮齿式棘轮机构

按啮合方式可分为外啮合棘轮机构(图 7-1a)和内啮合棘轮机构(图 7-1b)两种类型。

根据棘轮的运动情况又可分为以下两种情况。

(1) 单向式棘轮机构。如图 7-1 所示，其特点是主动摇杆向一个方向摆动时，棘轮向同一方向转过某一角度；而摇杆向另一个方向摆动时，棘轮则静止不动。图 7-2 所示为双动式棘轮机构，其特点是摇杆每往复摆动一次，棘轮沿同方向转动两个角度，棘轮转动方向是不变的。根据需要，棘爪可做成钩头形(图 7-2a)或直边形(图 7-2b)，棘轮轮齿则常采用不对称齿形。

(2) 双向式棘轮机构。如图 7-3 所示，若将棘轮轮齿做成短梯形或矩形时，变动棘爪的放置位置(图 7-3a 中虚线和实线所示的位置)，或变动棘爪方向后(图 7-3b 中将棘爪绕自身轴线转 180°后固定)，可改变棘轮的转动方向。棘轮在正、反两个转动方向上都可实现间歇转动。

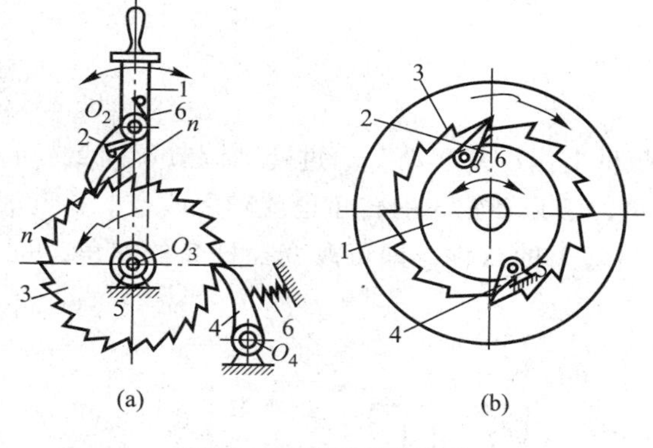

图 7－1　齿式棘轮机构

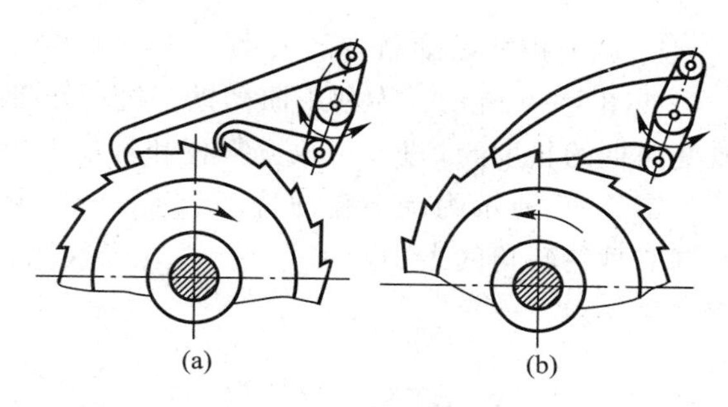

图 7－2　双动式棘轮机构

2. 摩擦式棘轮机构

（1）偏心楔块式棘轮机构。如图 7－4 所示，它的工作原理与轮齿式棘轮机构相似，只是用偏心扇形楔块 2 代替棘爪，用摩擦轮 3 代替棘轮。利用楔块与摩擦轮间的摩擦力及楔块偏心的几何条件来实现摩擦轮的单向间歇转动。当摇杆 1 逆时针摆动时，楔块 2 在摩擦力的作用下楔紧摩擦轮，使摩擦轮 3 同向转动；当摇杆 1 顺时针摆动时，楔块 2 在摩擦轮上滑过，而止回楔块 4 使摩擦轮锁紧，以实现单向间歇运动。

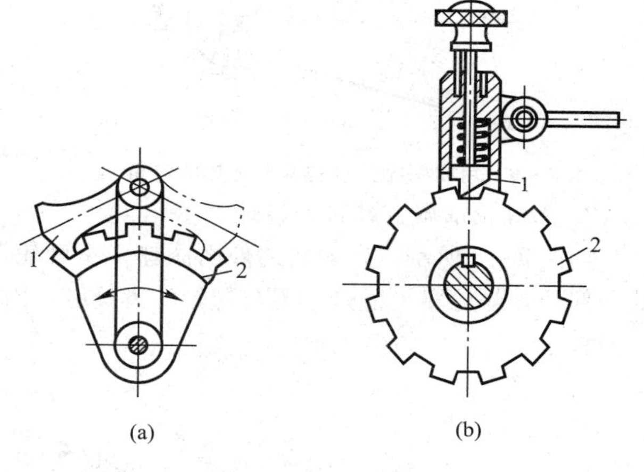

图 7－3　双向式棘轮机构

（2）滚子楔紧式棘轮机构。图 7－5 所示为另一种常用的摩擦式棘轮机构，当构件 1 逆时针方向转动时，在摩擦力作用下驱使滚子 3 楔紧在构件 1、2 形成的收敛狭隙处，于是构件 1、2 形成一体而一起转动；若构件 1 顺时针方向转动时，则滚子 3 松开，构件 2 静止不动。

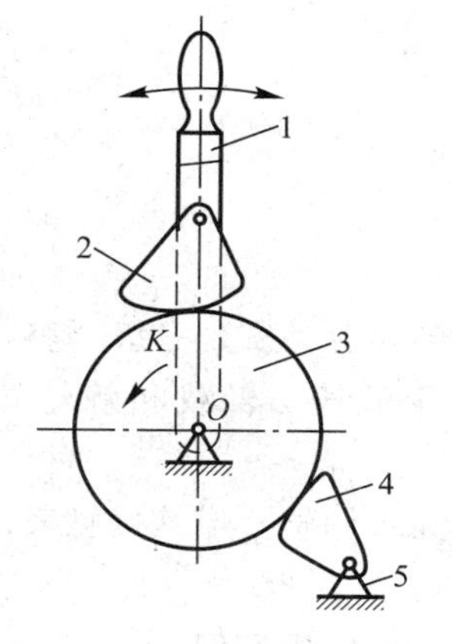

图 7－4　偏心楔块式棘轮机构

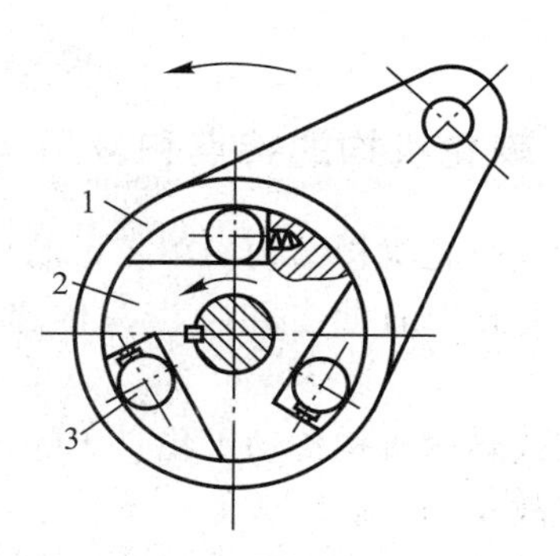

图 7－5　滚子楔紧式棘轮机构

三、棘轮机构的转角调节

1. 调节摇杆摆动角度的大小

如图 7－6 所示，为利用曲柄摇杆机构来带动棘爪 1 作往复摆动。通过转动调节丝杠 2，可改变曲柄的长度 r，进而可改变摇杆和棘爪 1 的摆角，于是棘轮 3 的转角也就随之改变。

图 7－7 所示为浇注输送传动装置。通过调节活塞 1 的行程，即可改变摇杆 2 的摆角，从而调节棘轮转角的大小。

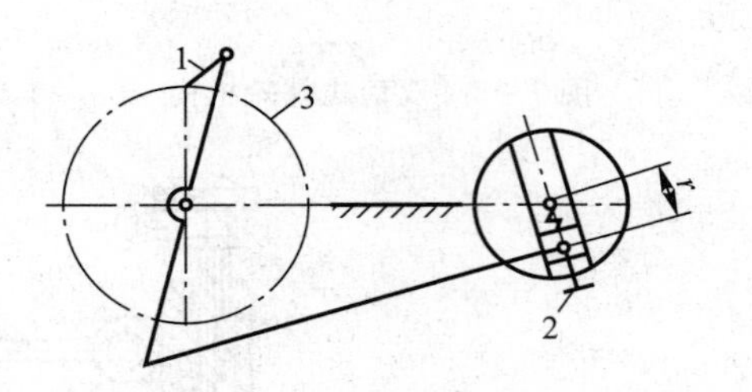

图 7－6　用曲柄摇杆机构调节棘轮的转角

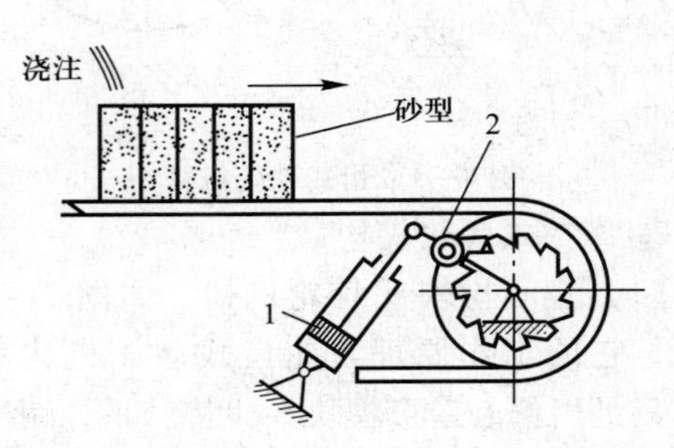

图 7－7　浇注输送传动装置

2. 用棘轮罩调节棘轮的转角

如图 7－8 所示，在棘轮的外面添加一个棘轮罩，棘轮罩不随棘轮一起转动，使棘爪行程的一部分在棘轮罩上滑过，不与棘轮的齿接触。因而，通过改变棘轮罩的位置即可改变棘轮转角的大小。

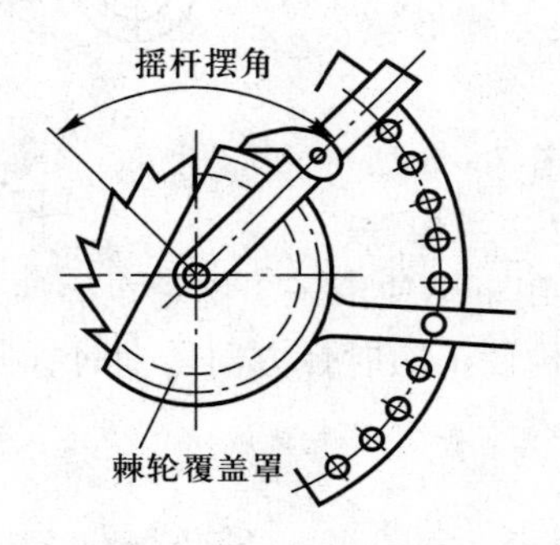

图 7－8　用棘轮罩调节棘轮的转角

四、棘轮机构的特点和应用

轮齿式棘轮机构结构简单，运动可靠，易于制造，棘轮转角容易实现有级调整。但传动平稳性差，工作时有冲击和噪声，传递动力小，因此只适用于低速、轻载和棘轮转角不大的场合。

摩擦式棘轮机构传动平稳，无噪声，从动件的转角可作无级调整。但其接触表面间容易发生滑动，故运动准确性较差，不适于运动精度要求高的场合。

棘轮机构在生产实际中有着广泛地应用，下面简要介绍一些应用实例。

图 7－9 所示冲床工作台的自动转位机构中，转盘式工作台与棘轮固连，*ABCD* 为一空间四杆机构。当冲头（即滑块 *D*）上升时，摇杆 *AB* 顺时针摆动，通过棘爪 4 带动棘轮和工作台 5 转过一定角度，将被冲工件送至冲压位置；当冲头下降进行冲压时，摇杆逆时针摆动，棘爪在棘轮上滑行，工作台不动。当冲头再次上升和下降时，又重复上述工艺动作。

图 7－10 所示为自行车后轴上的棘轮机构。当脚蹬踏板时，经链轮 1 和链条 2 带动内圈具有棘齿的链轮 3 顺时针转动，再经棘爪 4 带动后轮轴 5 顺时针转动，从而驱使自行车前进；当自行车下坡或歇脚休息时，踏板不动，后轮轴 5 借助下滑力或惯性超越链轮 3 而转动。此时棘爪 4 在棘轮齿背上滑过，产生从动件转速超过主动件转速的超越运动，从而实现不蹬踏板的滑行。

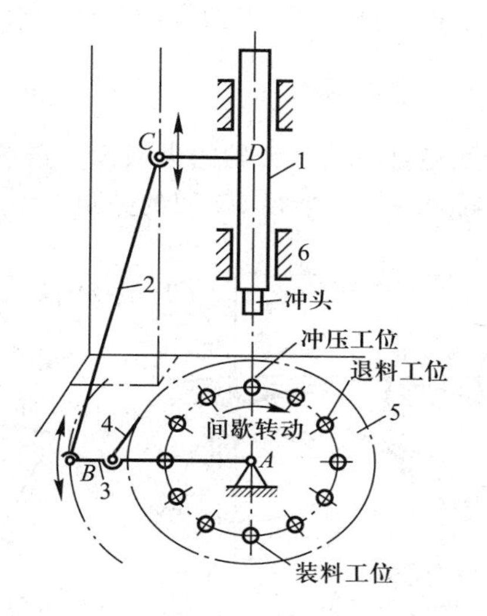

图 7－9　冲床工作台自动转位机构

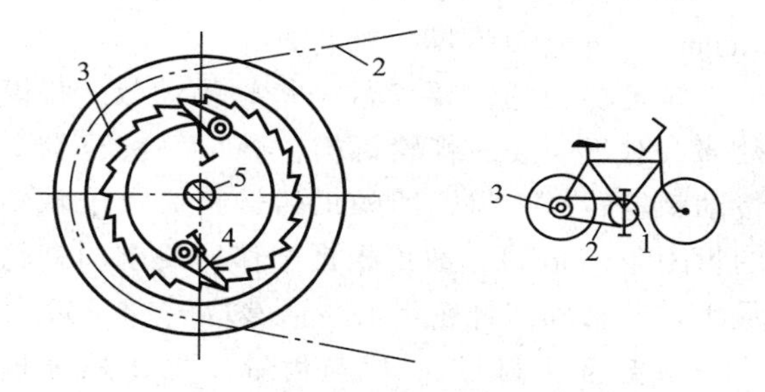

图 7－10　自行车后轴上的棘轮结构

图 7－11 所示为牛头刨床工作台的送进机构，当曲柄摇杆机构 *ABCD* 运动时，铰接在摇杆 *CD* 上的棘爪使棘轮作单向间歇运动。此时，与棘轮固连的丝杠便带动工作台作横向步进式的进给运动。若需改变工作台的进给量，可通过改变曲柄 *AB* 的长度以使摇杆 *CD* 获得不同的摆角来实现；若需改变进给运动的方向，可通过改变驱动棘爪的位置（绕自身轴线转过去 180°后固定）来实现。

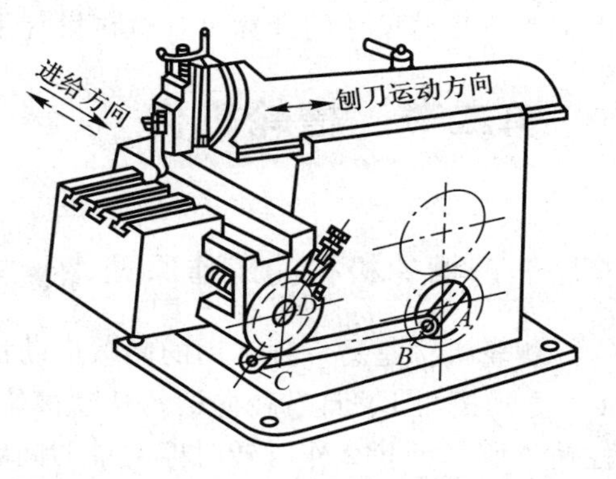

图 7－11　牛头刨床工作台送进机构

图 7－12 所示为起重设备中的棘轮制动器。在起重过程中，为了防止提升的重物因停电等原因而造成下滑，可用棘轮机构作为止停器，以防止逆转。

图 7－13 所示为千斤顶的棘齿条机构。该机构通过棘轮机构的演变，能够将杠杆的往复摆动转变为齿条的单向移动，从而实现将重物托起。图中，下棘爪是用来防止齿条下落的。

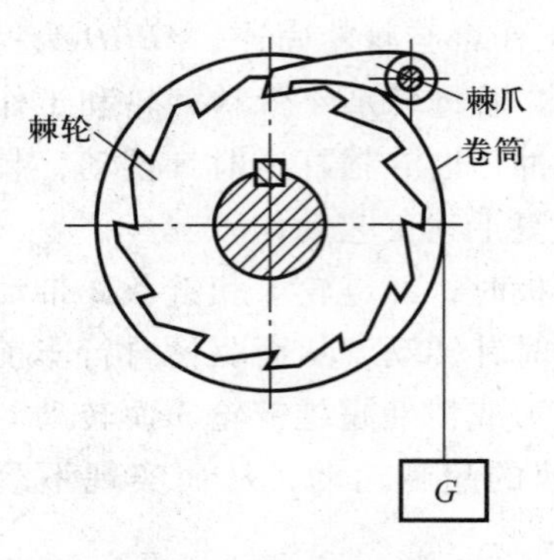

图 7－12　起重设备中的棘轮制动器

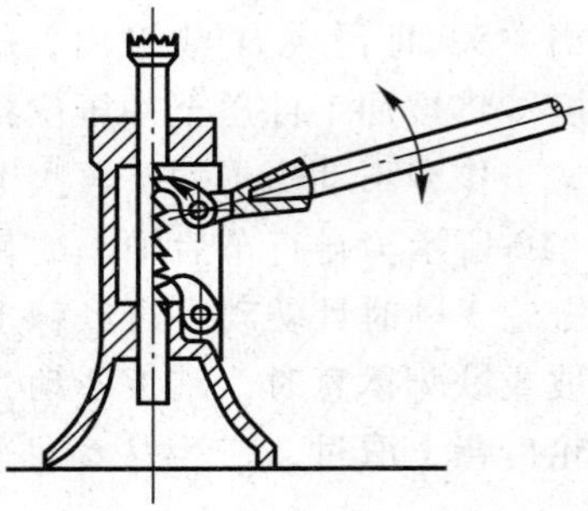

图 7－13　千斤顶的棘齿条机构

五、棘轮机构的主要参数

为保证棘轮机构能够正常工作，在转动时必须使棘爪能自动啮入棘轮的齿根而不滑脱。为此，应使棘轮齿面倾角 α（图 7－14 中，棘轮齿与棘爪接触的表面与半径 OA 间的夹角）大于棘爪与棘轮齿面接触处的摩擦角，即使 $\alpha > \varphi = \arctan f$。齿面倾角 α 一般取 20°。

棘轮机构的主要参数是棘轮的齿数 z 和模数 m。对于一般的棘轮机构，棘爪每次至少要拨动棘轮转一个齿，即棘爪的转角应大于棘轮的齿距角（$2\pi/z$），故可根据工作所要求的棘轮最小转角来确定棘轮齿数。通常取 $z = 8 \sim 30$。

棘轮齿顶圆直径 d_a 与齿数 z 之比称为模数，即 $m = d_a/z$，模数是反映棘轮轮齿大小的一个重要参数。棘轮的模数 m 是标准值，通常可按标准选取。当齿数和模数确定以后，棘轮机构其他几何尺寸的计算可查机械设计手册。

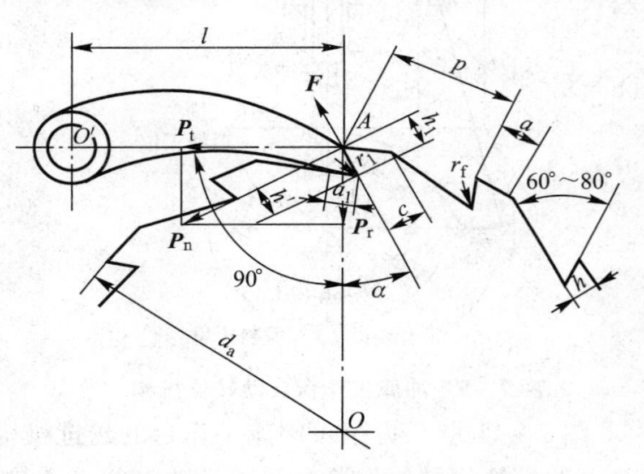

图 7－14　棘轮与棘爪的几何尺寸

第二节　槽轮机构

一、槽轮机构的工作原理

槽轮机构是另一种常用的间歇运动机构。图 7－15 所示为一外啮合槽轮机构，由带圆柱销 A 的主动拨盘 1、具有径向槽的从动槽轮 2 和机架组成。当拨盘 1 逆时针匀速转动时，通过圆柱销 A 驱动槽轮 2 作时转时停的单向间歇运动。工作时，当拨盘 1 上的圆柱销 A 未进入槽轮的径向槽时，由于槽轮的内凹锁止弧 α 被拨盘的外凸圆弧 β 卡住，槽轮静止不动。图示位置是圆柱销 A 刚开始进入槽轮径向槽时的情况，此时锁止弧刚被松开，槽轮在圆柱销 A 的驱动下，开始作顺时针方向转动。当圆柱销 A 离开径向槽时，槽轮的下一个内凹锁止弧又被拨盘的外凸圆弧卡住，槽轮再次静止不动，直到圆柱销 A 再次进入槽轮的另一个径向槽时，两者又重复以上的运动循环。

槽轮机构有两种基本类型：一种是如图 7-15 所示的外啮合槽轮机构，其主动拨盘与从动槽轮的转向相反；另一种是如图 7-16 所示的内啮合槽轮机构，其主动拨盘与从动槽轮的转向相同。

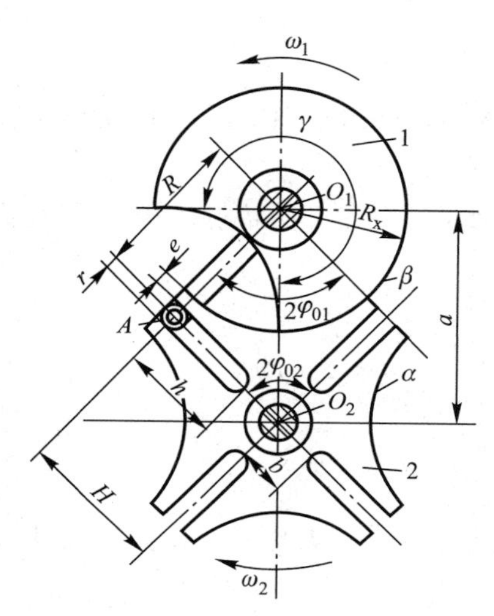

图 7-15 外啮合槽轮机构

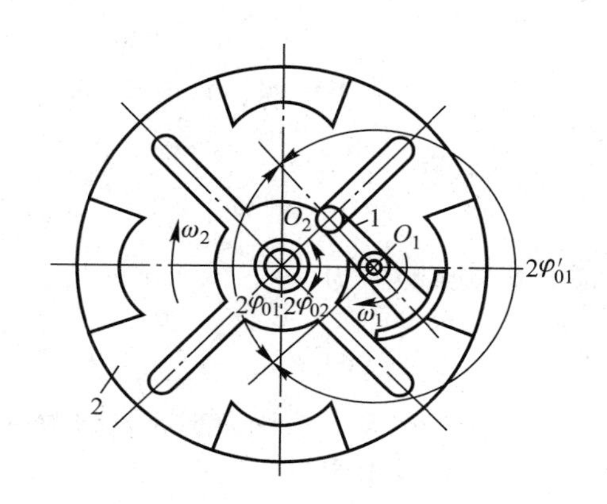

图 7-16 内啮合槽轮机构

二、槽轮机构的运动特性

如图 7-15 所示，为了使槽轮 2 在开始和终止转动时的瞬时角速度为零，以避免圆柱销 A 与槽轮发生撞击，在圆柱销 A 进入或脱离径向槽的瞬时，径向槽的中线应与圆柱销中心的轨迹相切，即 O_2A 应与 O_1A 垂直。设 z 为均匀分布的径向槽数，当槽轮 2 转过 $2\varphi_{02}=2\pi/z$ 弧度时，拨盘 1 相应转过的转角为

$$2\varphi_{01}=\pi-2\varphi_{02}=\pi-(2\pi/z)$$

主动拨盘转动一周称为一个运动循环。在一个运动循环内，槽轮的运动时间 t_{d} 与主动拨盘的运动时间 t 之比称为槽轮机构的运动系数 τ。因拨盘是匀速转动的，故其时间之比可用角度之比表示。于是运动系数 τ 为

$$\tau=\frac{t_{\mathrm{d}}}{t}=\frac{2\varphi_{01}}{2\pi}=\left(\pi-\frac{2\pi}{z}\right)/(2\pi)=\frac{z-2}{2z} \tag{7-1}$$

分析式(7-1)可得出如下结论：

(1) 因 $\tau>0$，则槽轮的径向槽数 z 应大于或等于 3。但在实际应用中，槽数为 3 的槽轮机构，在其工作时，槽轮的角速度和角加速度变化都很大，而且在圆柱销进入和退出径向槽的瞬时，槽轮的角加速度发生很大的突变，引起的振动和冲击也很大，故很少应用。通常取槽轮的槽数 $z=4\sim8$。

(2) 对于单圆柱销槽轮机构，其运动系数 $\tau<0.5$，故槽轮的运动时间总是小于静止时间。

若希望槽轮的运动系数 $\tau>0.5$，则可采用多圆柱销槽轮机构。设均匀分布的圆柱销数目为 k，则一个运动循环中槽轮的运动时间是单圆柱销时的 k 倍，因此有

$$\tau=\frac{kt_{d}}{t}=\frac{k(z-2)}{2z} \tag{7-2}$$

因运动系数 τ 应小于1，所以由上式可得

$$k<\frac{2z}{z-2} \tag{7-3}$$

由此可知：当 $z=3$ 时，$k<6$，故 $k=1\sim5$；$z=4$ 或5时，$k<4$，则 $k=1\sim3$；$z\geqslant6$ 时，$k<3$，$k=1\sim2$。

对于图7-16所示的内啮合槽轮机构，当槽轮2运动时，拨盘1所转过的角度为 $2\varphi'_{01}$。由图可得

$$2\varphi'_{01}=2\pi-2\varphi_{01}=2\pi-\left(\pi-\frac{2\pi}{z}\right)=\pi+\frac{2\pi}{z}$$

故其运动系数 τ 为

$$\tau=\frac{2\varphi'_{01}}{2\pi}=\frac{z+2}{2z} \tag{7-4}$$

由式(7-4)可知，内啮合槽轮机构的运动系数 τ 总大于0.5。又因 τ 应小于1，所以 $z>2$，即径向槽的数目最少应为3。

因为 $\tau=\frac{k(z+2)}{2z}<1$，所以 $k<\frac{2z}{z+2}$。当 z 等于或大于3时，k 总小于2。故知内啮合槽轮机构只可用一个圆柱销。

三、槽轮机构的特点和应用

槽轮机构结构简单，工作可靠，但其转角大小不能调节，工作时存在一定程度的冲击，因此槽轮机构一般应用于转速不高，要求间歇地转动一定角度的分度装置中。

图7-17所示为六角自动车床转塔刀架及转位机构的立体图，其中拨盘4和槽轮6组成一槽轮机构，刀架1可装六把刀具并与具有相应径向槽的槽轮6固连，拨盘4上装有一个圆柱销5。拨盘每转一周，圆柱销进入槽轮一次，驱动槽轮(即刀架)转60°，从而将下一工序的刀具转换到工作位置。

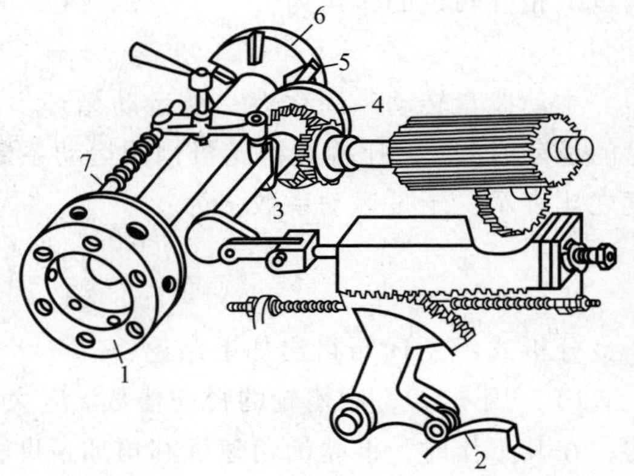

图7-17 自动车床刀架转位机构

1—转塔刀架；2—进刀凸轮；3—圆柱凸轮；4—拨盘；5—销子；6—槽轮；7—定位销

图7-18所示为槽轮机构在电影放映机中的应用。拨盘1上装有一个圆柱销 A，槽轮2具有4个径向槽。拨盘1转一周，圆柱销 A 拨动槽轮转四分之一周，胶片移动一个画格，并停留一段时间(即放映了一个画格)。拨盘继续转动，则

会重复上述运动。利用人的视觉暂留特性，当每秒钟放映 24 幅画面时，可使人看到连续的画面。

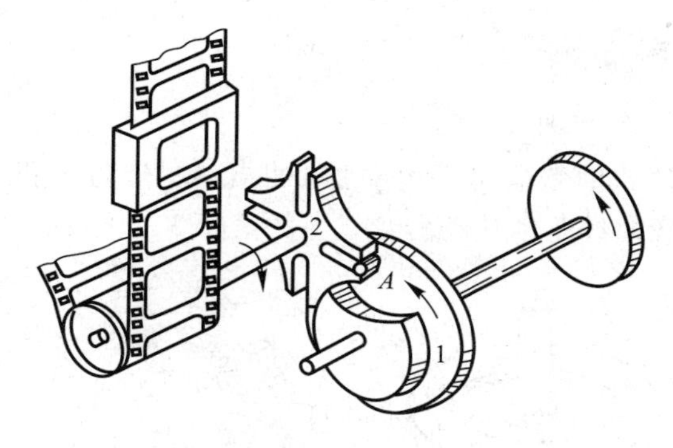

图 7－18　电影放映机卷片机构

四、槽轮机构的主要参数

槽轮机构的主要参数是槽轮的槽数 z 和拨盘的圆柱销数 k。设计时，首先根据工作要求确定槽轮槽数 z 和拨盘圆柱销数 k，再按受力情况和机器允许的安装尺寸，确定中心距 a 和圆柱销半径 r。当这些参数确定后，其他几何尺寸的计算可查机械设计手册。

第三节　不完全齿轮机构和凸轮式间歇机构

一、不完全齿轮机构

1. 不完全齿轮机构的工作原理

不完全齿轮机构是由普通渐开线齿轮机构演变而成的一种间歇运动机构。如图 7－19a 所示，通常由主动轮 1、从动轮 2 和机架组成，主动轮 1 上只做出一个或几个齿，而从动轮 2 上根据其运动与停歇时间的要求，做出与主动轮轮齿相啮合的轮齿。当主动轮 1 作连续转动时，从动轮 2 作间歇转动；当从动轮停歇时，由锁止弧 β 与 β' 将其锁住，以保证从动轮停止在预定的位置。图 7－19a 中主动轮转一周，从动轮转六分之一周。

不完全齿轮机构同样有外啮合和内啮合两种基本类型，外啮合如图 7－19a 所示，内啮合如图 7－19b 所示。

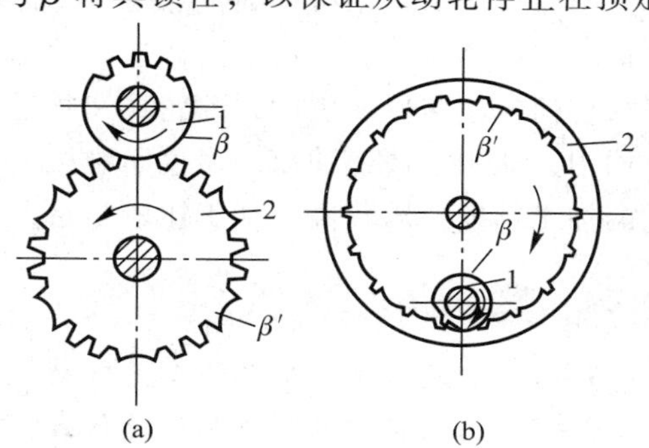

图 7－19　不完全齿轮机构

1—主动轮；2—从动轮

2. 不完全齿轮机构的特点及应用

与其他间歇运动机构相比，不完全齿轮机构结构更简单，制造更方便，且其从动轮的运动与停歇时间的比例可不受机构结构的限制。其缺点是从动轮在运动始、末位置角速度有突变，冲击较大。故不完全齿轮机构一般用于低速、轻载场合。如在多工位自动机和半自动机中，用作工作台的间歇转位机构，以及某些间歇进给机构等。

二、凸轮式间歇机构

1. 凸轮式间歇机构的工作原理

如图 7－20 所示，凸轮式间歇运动机构主要由凸轮 1、转盘 2 和机架组成。当主动凸轮 1 连续回转时，凸轮上的轮廓曲线驱动从动转盘 2 上的滚子 3，从而实现转盘的间歇运动。

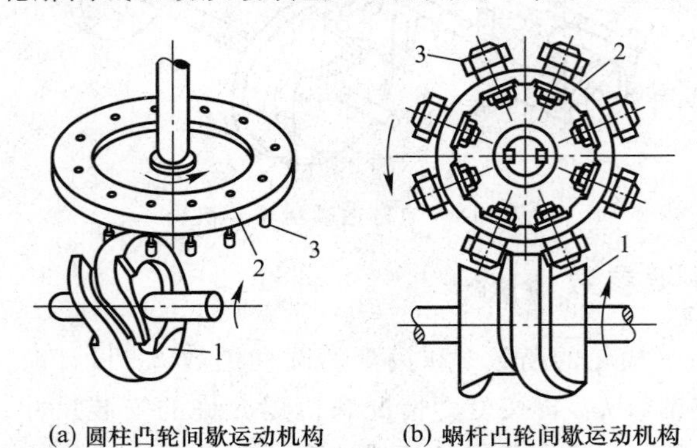

(a) 圆柱凸轮间歇运动机构　　(b) 蜗杆凸轮间歇运动机构

图 7－20　凸轮式间歇运动机构

1—圆柱凸轮；2—转盘；3—滚子　1—蜗杆凸轮；2—转盘；3—滚子

凸轮式间歇运动机构一般有两种类型。一种是圆柱凸轮间歇运动机构（图 7－20a），其主动凸轮 1 呈圆柱形，滚子 3 均匀分布在转盘 2 的端面上，滚子数一般不少于 6。当圆柱凸轮回转时，滚子依次进入沟槽，使从动转盘每转一个滚子动停一次，从而实现周期性的单向间歇运动；另一种是蜗杆凸轮间歇运动机构，如图 7－20b 所示，其主动凸轮上有一条凸脊，就像一个变螺旋角的圆弧面蜗杆，滚子则均匀分布在转盘 2 的圆柱面上，就像蜗轮的齿。蜗杆凸轮间歇运动机构的一个独特优点是可以通过调整凸轮与转盘的中心距，来消除滚子与凸轮凸脊接触的间隙或补偿磨损，以保持传动精度。

2. 凸轮式间歇机构的特点及应用

凸轮式间歇运动机构的优点是：①传动平稳，运转可靠，承载能力较大；②转盘可实现任何运动规律的运动，以适应高速运动的要求；③转盘停歇时一般靠凸轮棱边进行定位，不需要附加任何定位装置。因此，凸轮式间歇运动机构常用于各种高速机械的分度、转位装置和步进机构中，如用于高速冲床、多色印刷机、包装机及卷烟机等。凸轮式间歇运动机构的缺点是凸轮的加工精度要求较高，加工比较复杂，安装调整比较困难。

习　题

7－1　棘轮机构的工作原理是什么？转角的大小如何调节？

7－2　槽轮机构的工作原理是什么？其常见的类型有哪些？

7－3　棘轮机构、槽轮机构、不完全齿轮机构及凸轮式间歇机构各有何运动特点？试举出几个应用这些间歇运动机构的实例。

第八章　带传动

第一节　带传动的工作原理和应用

带传动是机械设备中广泛使用的一种机械传动，它通常是由主动轮 1、从动轮 2 和张紧在两轮上的传动带 3 所组成，如图 8－1 所示。

一、带传动的工作原理和类型

根据工作原理的不同，带传动可分为摩擦型带传动和啮合型带传动两类。摩擦型带传动，是以一定的初拉力将带张紧在两带轮上，在带与带轮的接触面间产生正压力。当主动轮转动时，靠带与带轮之间的摩擦力，驱使从动轮转动，从而达到传递运动和动力的目的；啮合型带传动，是靠带内面上的凸齿与带轮外缘上的齿槽相啮合来传递运动和动力的。

常用的摩擦型传动带，按横截面形状可分为平带、V 带、多楔带和圆带等，而啮合型带传动目前主要有同步带传动，如图 8－2 所示。

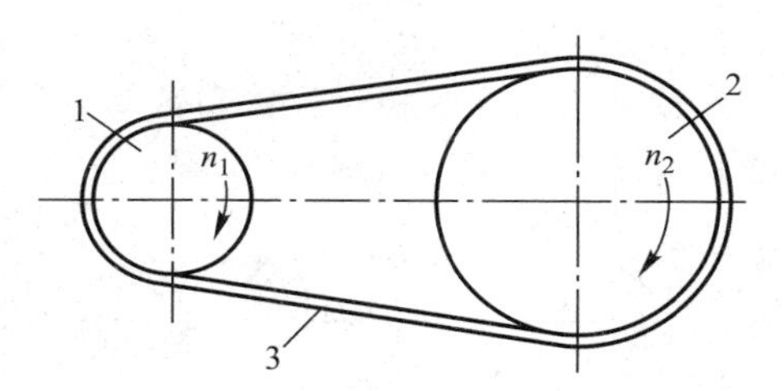

图 8－1　带传动示意图

1—主动轮；2—从动轮；3—传动带

平带的横截面为扁平矩形，其工作面是与轮面相接触的内表面。常用的平带有皮革平带、帆布芯平带、编织平带和复合平带等，其中以帆布芯平带应用最广。

V 带的横截面为等腰梯形，其工作面是与轮槽相接触的两侧面，但 V 带与轮槽底不接触，如图 8－2b 所示。由槽面摩擦可知，V 带的当量摩擦系数 $f_v=f/\sin(\varphi/2)$（φ 为带轮的槽角）。在同样的初拉力作用下，V 带传动比平带传动能产生更大的摩擦力，因此 V 带传递的功率较大。V 带又分为普通 V 带、窄 V 带、宽 V 带、接头 V 带、联组 V 带、齿形 V 带及大楔角 V 带等，如图 8－3 所示。其中普通 V 带应用最广，窄 V 带的应用也日趋广泛。

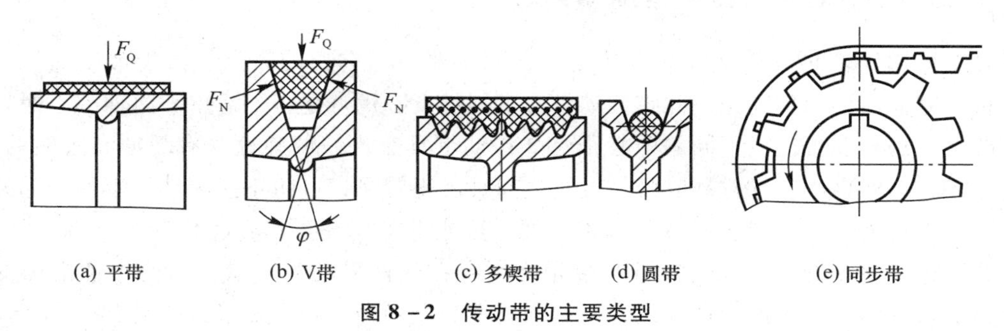

图 8－2　传动带的主要类型

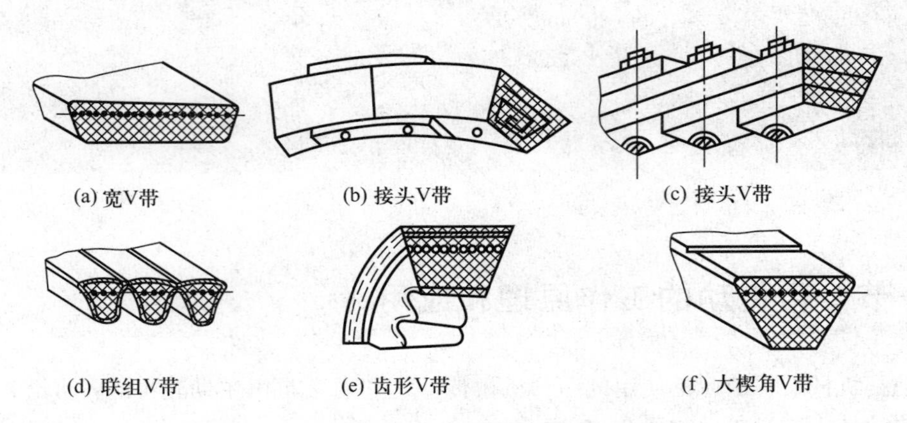

图 8－3　V 带的类型

多楔带是以平带为基体且内表面具有等距纵向楔的环形传动带，其工作面为楔的侧面。它兼有平带的弯曲应力小和 V 带的摩擦力大等优点，克服了 V 带传动各根带受力不均的缺点，常用于传递功率大而又要求结构紧凑的场合。

圆带的横截面为圆形，常用于小功率传动，如仪器、缝纫机及牙科医疗器械等。

同步带的横截面为矩形，带面具有等距横向齿，如图 8－2e 所示。两带轮的同步运动和动力是通过带齿与同步带轮的轮齿相啮合传递的。主要用于要求传动比准确的中、小功率传动中，如计算机和录音机等。

按带轮轴线的相对位置和转动方向不同，带传动还可分为开口传动、交叉传动、半交叉传动和角度传动等，如图 8－4 所示。其中后 3 种传动形式只适用于平带和圆带。

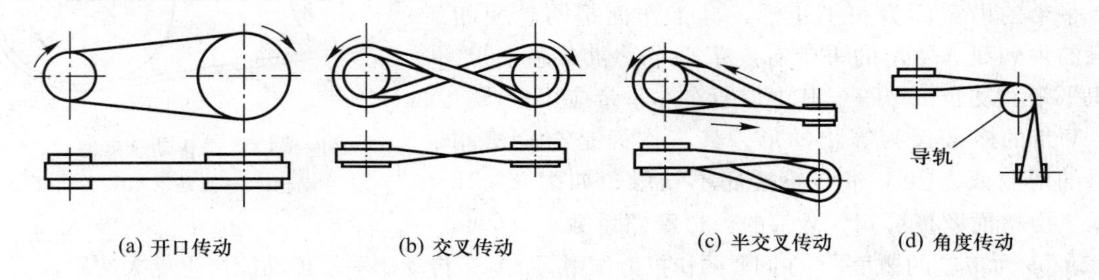

图 8－4　带传动的形式

二、带传动的特点和应用范围

机械中应用较多的是平带和 V 带传动，在此主要介绍它们的特点。由于带传动具有中间挠性元件，并靠摩擦力传动，因此带传动具有下列特点。优点是：①适用于两轴中心距较大的场合，改变带的长度可适应不同的中心距。②传动带具有良好的弹性，有缓冲和吸振的作用，因而传动平稳、噪声小。③过载时带与带轮之间会出现打滑，可防止损坏其他零件，起过载保护作用。④结构简单，制造、安装和维护方便，成本低廉。缺点是：①传动的外廓尺寸较大，结构不紧凑，且对轴的压力大。②带与带轮之间存在弹性滑动和打滑，不能保证准确的传动比。③机械效率较低，带的寿命较短，不适合高温易燃场合。④需要张紧装置。

带传动应用范围较广泛，一般带速为 5 ~ 25 m/s，高速带可达 60 m/s。平带传动的传动比通常为 3 左右，较大可达到 5；V 带传动的传动比一般不超过 8。带传动效率较低，$\eta = 0.94 \sim 0.97$，因此不宜用于大功率传动，功率通常不超过 50 kW，且多用于高速级传动。

第二节　普通 V 带和 V 带轮的结构

由前述可知，V 带分为普通 V 带、窄 V 带和大楔角 V 带等多种类型，其中普通 V 带应用最广，因此本节主要介绍普通 V 带。

一、普通 V 带的结构和标准

普通 V 带为无接头的环形橡胶带，由伸张层（顶胶）、强力层（抗拉体）、压缩层（底胶）和包布层（胶帆布）组成，如图 8－5 所示。

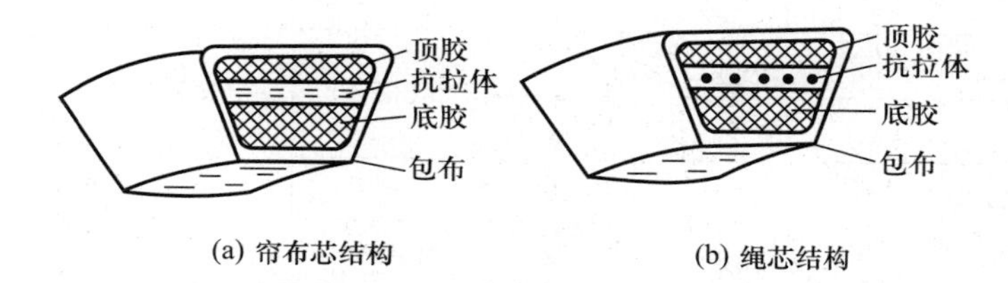

(a) 帘布芯结构　　(b) 绳芯结构

图 8－5　普通 V 带的结构

按强力层材料的不同可分为帘布芯结构和绳芯结构两种，两者的强力层分别由几层胶帘布或一层胶线绳组成，用来承受基体拉力。帘布芯结构制造方便，抗拉强度高，型号齐全，应用较多；绳芯结构柔韧性好，抗弯强度高，适用于带轮直径较小、载荷不大、转速较高的场合。目前国产绳芯结构的 V 带仅有 Z、A、B、C 四种型号。

普通 V 带（楔角 $\alpha = 40°$、相对高度 $h/b_p \approx 0.7$）是标准件，按截面尺寸由小到大分为 Y、Z、A、B、C、D、E 七种型号，其截面基本尺寸见表 8－1。其中 Y 型尺寸最小，只用于传递运动。

表 8－1　普通 V 带截面尺寸（GB/T 11544—1997）

截型	Y	Z	A	B	C	D	E
节宽 b_p/mm	5.3	8.5	11.0	14.0	19.0	27.0	32.0
顶宽 b/mm	6.0	10.0	13.0	17.0	22.0	32.0	38.0
高度 h/mm	4.0	6.0	8.0	11.0	14.0	19.0	25.0
楔角 α	40°						
单位长度质量 q/(kg/m)	0.02	0.06	0.10	0.17	0.30	0.62	0.90

如图 8－6 所示，当带垂直其底边弯曲时，在弯曲平面内长度保持不变的周线称为节线，由全部节线组成的面称为节面。节面的宽度称为节宽 b_p（表 8－1 中的图），当带垂直其底边弯

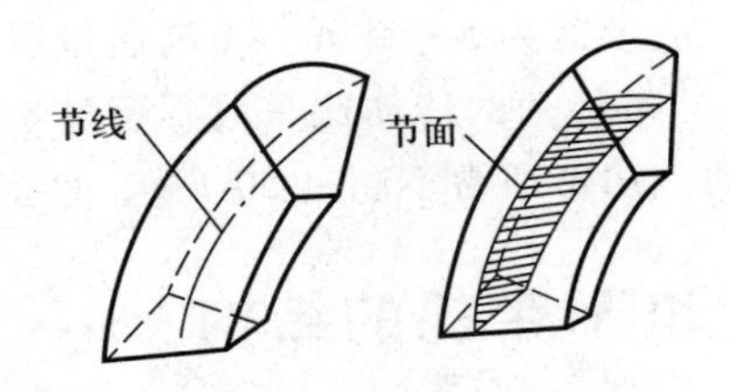

图 8－6　V 带的节线和节面

曲时，该宽度保持不变。

V 带在规定的初拉力下，其节线长度保持不变，该长度称为 V 带的基准长度 L_d，它是 V 带传动几何尺寸计算中所用带长，为标准值。普通 V 带的基准长度系列见表 8－2。

表 8－2　普通 V 带基准长度系列（GB/T 11544—1997）

<table>
<tr><td rowspan="8">基准长度 L_d/mm</td><td>200
224
250
280
315
355</td><td>400
450
500</td><td>560</td><td>630
710
800</td><td>900
1 000
1 120
1 250
1 400
1 600</td><td>1 800
2 000
2 240
2 500</td><td>28 00</td><td>3 150
3 550
4 000</td><td>4 500
5 000
5 600</td><td>6 300
7 100
8 000
9 000
10 000</td><td>11 200
12 500
14 000</td><td>1 6000</td></tr>
<tr><td colspan="2">Y</td><td colspan="9"></td></tr>
<tr><td></td><td colspan="4">Z</td><td colspan="6"></td></tr>
<tr><td colspan="3"></td><td colspan="4">A</td><td colspan="4"></td></tr>
<tr><td colspan="4"></td><td colspan="5">B</td><td colspan="2"></td></tr>
<tr><td colspan="5"></td><td colspan="5">C</td><td></td></tr>
<tr><td colspan="7"></td><td colspan="4">D</td></tr>
<tr><td colspan="8"></td><td colspan="3">E</td></tr>
</table>

普通 V 带的标记由带型、基准长度和标准号三部分组成，如基准长度为 1 600 mm 的 B 型普通 V 带，其标记为：B—1600 GB/T 11544—1997。带的标记通常压印在带的外表面上，以便选用识别。

楔角 $\alpha=40°$，相对高度 $h/b_p\approx0.9$ 的 V 带称为窄 V 带，其强力层为合成纤维绳。与普通 V 带相比，当高度相同时，窄 V 带的宽度约缩小 1/3，而承载能力可提高 1.5～2.5 倍，适用于传递动力大而又要求传动装置紧凑的场合。其结构及截面尺寸见表 8－3。

表 8－3　窄 V 带的结构及截面尺寸　　mm

截　型	顶宽 b/mm	高度 h/mm	楔角 α	
9N	9	8	40°	（图：b, h, 40°）
15N	15	13	40°	
25N	25	23	40°	

二、普通 V 带轮的结构和尺寸

在带轮设计时，应使其结构便于制造，质量小且分布均匀，避免由于铸造产生过大的内应力。轮槽工作表面应光滑，以减少 V 带磨损。高速带轮需要进行动平衡。

带轮常用材料是铸铁，带速 $v \leqslant 25$ m/s 时，用 HT150；$v = 25 \sim 30$ m/s 时，用 HT200。转速较高时宜采用铸钢或用钢板冲压后焊接而成，小功率传动时可用铸铝或塑料等。

带轮由轮缘、腹板轮辐和轮毂 3 部分组成，其结构如图 8－7 所示。轮缘上制有槽，轮槽的尺寸按表 8－4 确定：表中 b_d 表示带轮轮槽的基准宽度，通常与 V 带的节面宽度 b_p 相等，即 $b_d = b_p$；轮槽基准宽度所在的圆称为基准圆（节圆），其直径 d_d 称为基准直径，基准直径 d_d 应按表 8－11 选用。轮毂是带轮的内圈部分，它和轴相连接。连接轮缘和轮毂的中间部分称为轮辐。

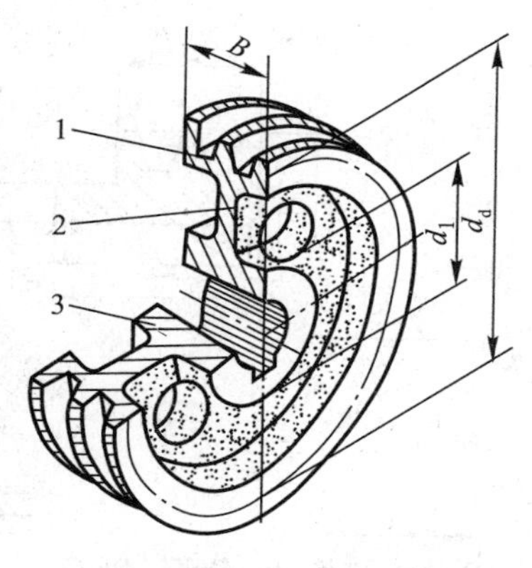

图 8－7　V 带轮结构

1—轮缘；2—轮辐；3—轮毂

普通 V 带两侧面所夹的楔角 α 均为 40°，但带轮轮槽横截面两侧边所夹的槽角 φ，则根据带轮基准直径 d_d 的大小分别为 32°、34°、36°或 38°，带轮直径越小，规定的槽角也越小。这是因为考虑到带在带轮上弯曲时，由于截面变形将使其楔角减小的缘故。为了保证轮槽工作面与带的侧面贴紧，应使 $\varphi < \alpha$。

表 8－4　普通 V 带轮轮槽尺寸（GB/T 13575.1—2008）　　mm

槽型截面尺寸		型号						
		Y	Z	A	B	C	D	E
h_{fmin}		4.7	7.0	8.7	10.8	14.3	19.9	23.4
h_{amin}		1.60	2.00	2.75	3.50	4.80	8.10	9.60
e		8 ±0.3	12 ±0.3	15 ±0.3	19 ±0.4	25.5 ±0.5	37 ±0.6	44.5 ±0.7
f_{min}		6	7	9	11.5	16	23	28
b_d		5.3	8.5	11.0	14.0	19.0	27.0	32.0
δ①		5.0	5.5	6.0	7.5	10.0	12.0	15.0
B		$B = (z-1)e + 2f$，z 为带根数						
φ 32°	d_d	≤60						
φ 34°	d_d		≤80	≤118	≤190	≤315		
φ 36°	d_d	>60					≤475	≤600
φ 38°	d_d		>80	>118	>190	>315	>475	>600

注：①δ 值国标中无明确规定，表上数值为推荐值。

带轮的结构型式由带轮直径大小而定。当带轮直径较小，$d_d \leqslant (2.5 \sim 3) d_0$（$d_0$ 为轴径）时，可采用实心式，代号为 S；当 $d_d \leqslant 300$ mm 时，可采用腹板式，代号为 P；若腹板面积较大，且 $d_d - d_1 \geqslant 100$ mm 时，可采用孔板式，代号为 H；当 $d_d > 300$ mm 时，用椭圆轮辐式，代号为 E。带轮的结构型式如图 8-8 所示。

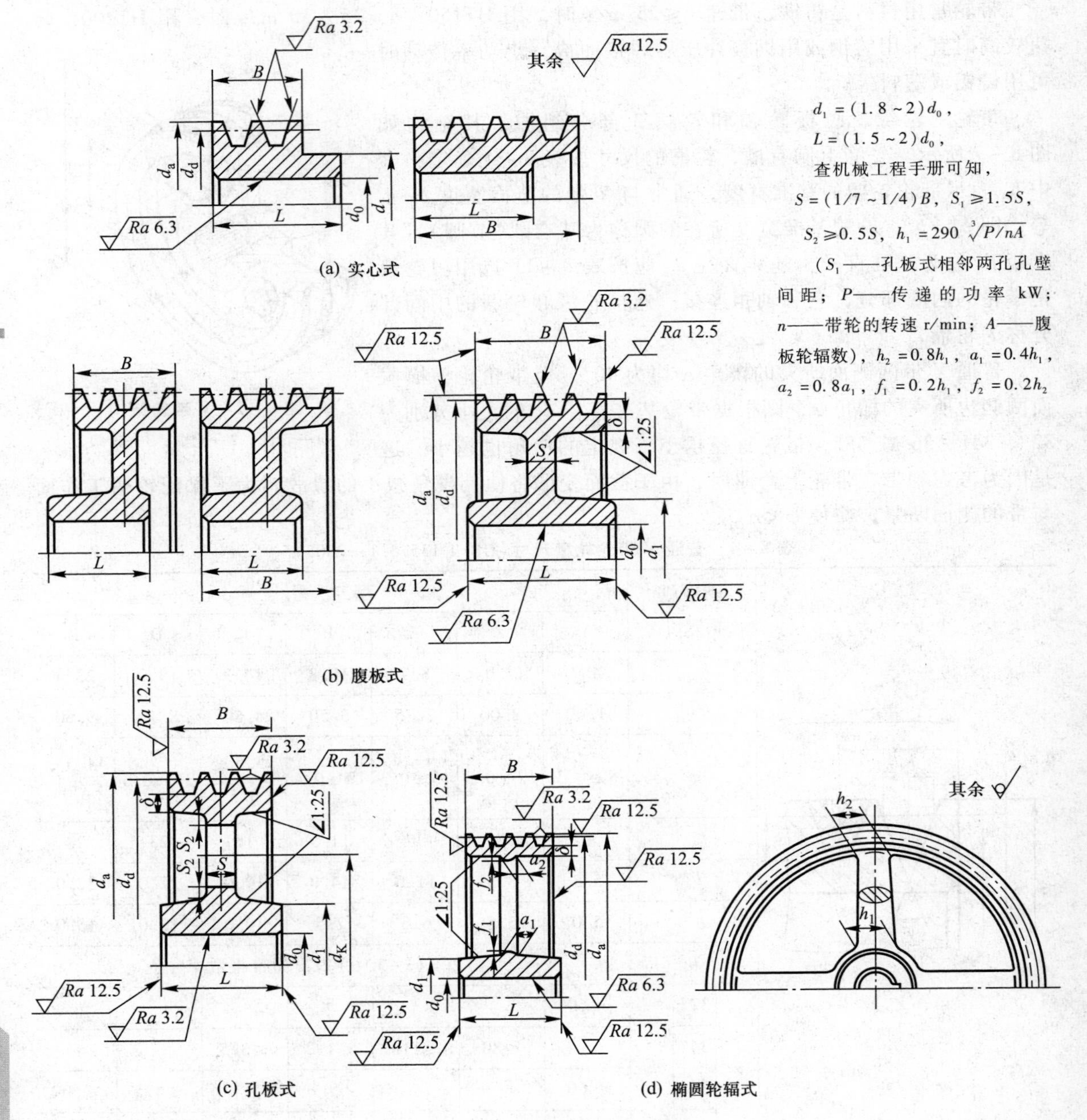

$d_1 = (1.8 \sim 2) d_0$，

$L = (1.5 \sim 2) d_0$，

查机械工程手册可知，

$S = (1/7 \sim 1/4) B$，$S_1 \geqslant 1.5S$，

$S_2 \geqslant 0.5S$，$h_1 = 290 \sqrt[3]{P/nA}$

（S_1——孔板式相邻两孔孔壁间距；P——传递的功率 kW；n——带轮的转速 r/min；A——腹板轮辐数），$h_2 = 0.8h_1$，$a_1 = 0.4h_1$，$a_2 = 0.8a_1$，$f_1 = 0.2h_1$，$f_2 = 0.2h_2$

图 8-8　带轮的结构型式

GB/T 10412—2002 规定普通 V 带轮标记方式如下。

名称　带轮槽形　轮槽数×基准直径　带轮结构型式代号　GB/T 10412—2002

例如 B 型普通 V 带轮、三槽，$d_d = 250$ mm，I 型腹板。其带轮标记为

带轮　　　　　　　　B 3×250　P－I　GB/T 10412—2002

带轮的技术要求有：轮槽工作面不应有砂眼和气孔，腹板轮辐及轮毂不应有缩孔及较大凹陷，轮槽棱边要倒圆或倒钝。带轮轮槽工作面的表面粗糙度值 Ra 一般为 3.2 μm，轮毂两端面的表面粗糙度值 Ra 一般为 6.3 μm，轮缘两侧端面、轮槽底面的表面粗糙度值 Ra 一般为 12.5 μm。带轮顶圆的径向圆跳动和轮缘两侧面的端面圆跳动按公差等级 IT11 选取。

第三节　带传动的工作情况分析

一、带传动的受力分析

为使带传动正常工作，带必须以一定的初拉力 F_0 张紧在两带轮上。静止或低速空转时（略去摩擦阻力），带两边的拉力相等，均为 F_0（图 8－9a）。当带传递载荷时，由于带与轮面间的摩擦力作用，带两边的拉力不再相等（图 8－9b）。即将绕进主动轮的一边，拉力由 F_0 增加到 F_1，称为紧边；另一边的拉力由 F_0 减小到 F_2，称为松边。若取包在主动轮上的传动带为分离体，则由力矩平衡条件 $\Sigma M=0$ 可推出

$$F_f = F_1 - F_2 \quad (8-1)$$

紧边与松边的拉力差值（$F_1 - F_2$）是带传动中起传递功率作用的拉力，称为有效拉力 F_e，也就是带所传递的圆周力，其大小由带与带轮接触面上各点摩擦力的总和 F_f 确定，即

$$F_e = F_f = F_1 - F_2 \quad (8-2)$$

带传动所能传递的功率为

$$P = F_e v/1\ 000 \quad (8-3)$$

式中，F_e 为有效拉力，单位为 N；v 为带速，单位为 m/s；P 的单位为 kW。

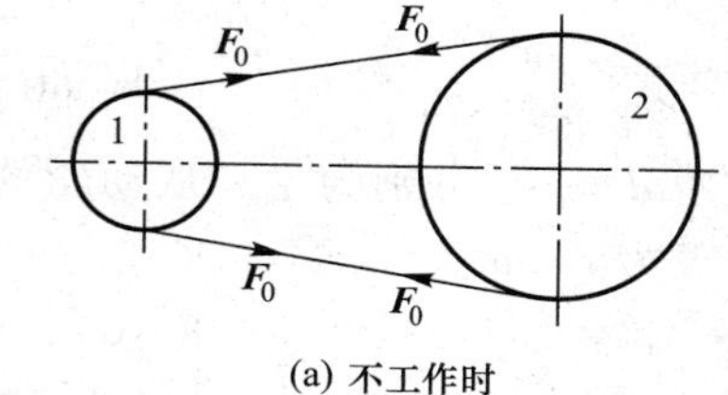

(a) 不工作时

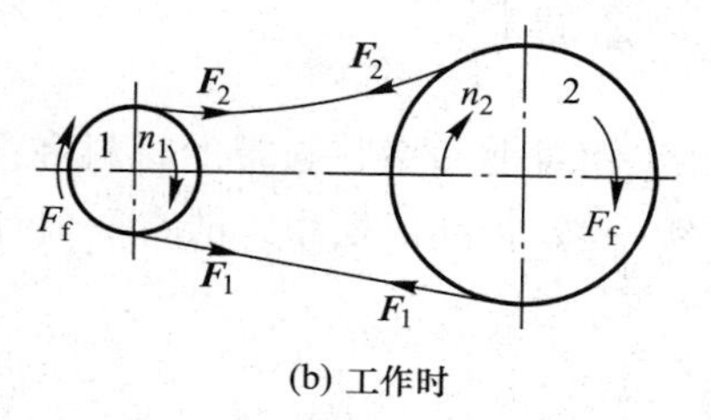

(b) 工作时

图 8－9　带传动的受力分析

传动带在静止和传动两种状态下总长度可认为近似相等，则带的紧边拉力增加量应等于松边拉力减少量，即 $F_1 - F_0 = F_0 - F_2$，由此可得

$$F_1 + F_2 = 2F_0 \quad (8-4)$$

由式（8－2）和式（8－4）可得

$$\left.\begin{aligned} F_1 &= F_0 + F_e/2 \\ F_2 &= F_0 - F_e/2 \end{aligned}\right\} \quad (8-5)$$

二、带传动的弹性滑动和打滑

带是弹性体，设带的材料符合变形与应力成正比的规律，则紧边带的单位伸长量大于松边带的单位伸长量。如图 8－10 所示，当带绕过主动轮，由 A 点转到 B 点时，带的单位伸长量将逐渐缩短，带沿轮面后缩产生相对滑动，从而使带速 v 落后于主动轮的圆周速度 v_1。带绕过从动轮时也发生类似现象，但情况相反，带将逐渐伸长，带沿轮面向前滑动，使带速 v 超前于从动轮的圆周速度 v_2。这种由于材料的弹性变形而产生的相对滑动称为弹性滑动，它是带传动中无法避免的一种固有特性，从而使带传动不能保证准确的传动比。

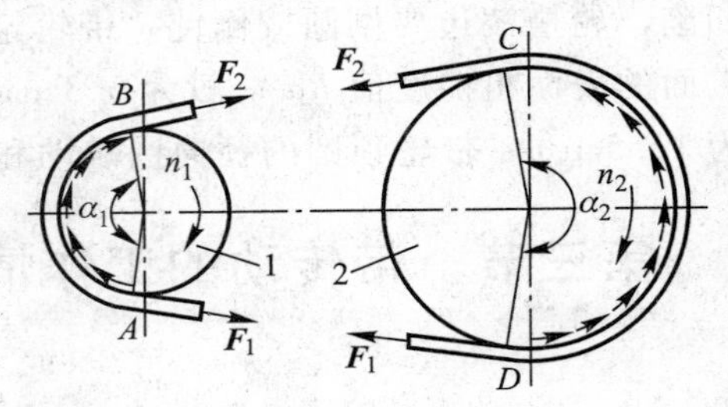

图 8－10　带传动的弹性滑动

弹性滑动导致从动轮的圆周速度 v_2 低于主动轮的圆周速度 v_1，产生了速度损失，速度损失的程度通常用相对滑动率 ε 表示，即

$$\varepsilon=\frac{v_1-v_2}{v_1}\times 100\% \tag{8-6}$$

式中

$$v_1=\frac{\pi d_{d1}n_1}{60\times 1\ 000}\ \mathrm{m/s},\qquad v_2=\frac{\pi d_{d2}n_2}{60\times 1\ 000}\ \mathrm{m/s} \tag{8-7}$$

其中 d_{d1}、d_{d2} 分别为主、从动轮的基准直径，单位为 mm；n_1、n_2 分别为主、从动轮的转速，单位为 r/min。

将式(8－7)代入式(8－6)，可求得考虑弹性滑动时带的传动比计算公式为

$$i=\frac{n_1}{n_2}=\frac{d_{d2}}{d_{d1}(1-\varepsilon)} \tag{8-8}$$

相对滑动率 ε 与带的材料和受力大小有关，不能得到准确的恒定值。通常 V 带传动 $\varepsilon=1\%\sim2\%$，其值很小，故在一般计算中可以不予考虑，此时带的传动比计算式可简化为

$$i=\frac{n_1}{n_2}=\frac{d_{d2}}{d_{d1}} \tag{8-9}$$

当传递的外载荷增大时，要求有效拉力 F_e 也随之增加，当 F_e 达到一定数值时，带与带轮接触面间的摩擦力总和 F_f 达到极限值。若外载荷继续增加，带将沿整个接触弧面滑动，这种现象称为打滑。带传动一旦出现了打滑，即失去传动能力，从动轮转速急剧下降，带严重磨损，因此必须避免打滑。由于带在小带轮上的包角较小，所以打滑总是发生在小带轮上。

三、极限有效拉力及其影响因素

由前述可知，当带有打滑趋势时，带与带轮间的摩擦力达到极限值，即有效拉力达到最大值，称为极限有效拉力，用 F_{elim} 表示。设带为理想的挠性体，通过对带传动即将打滑时的受力分析，可得到柔韧体摩擦的欧拉公式为

$$F_1 = F_2 e^{f\alpha} \tag{8-10}$$

式中，F_1、F_2 为带即将打滑时紧边和松边的拉力，单位为 N；e 为自然对数的底，e = 2.718 28…f 为摩擦系数，V 带传动中用 f_v 代替 f；α 为带在带轮上的包角，单位为 rad，这里取 $\alpha = \alpha_1$，即带在小轮上的包角，其近似计算式为

$$\alpha_1 = 180° - \frac{d_{d2} - d_{d1}}{a} \times 57.3° \tag{8-11}$$

式中，a 为两带轮的中心距，单位为 mm。

上式表明了柔韧体在临界摩擦状态下紧边拉力与松边拉力之间的关系，它是带传动设计计算的重要理论基础。将式(8-5)代入式(8-10)中，可得到极限有效拉力 F_{elim} 的表达式

$$F_{elim} = 2F_0\left(\frac{e^{f\alpha} - 1}{e^{f\alpha} + 1}\right) \tag{8-12}$$

由上式可知，影响极限有效拉力 F_{elim} 的因素有：

（1）初拉力 F_0。F_{elim} 与 F_0 成正比。这是因为 F_0 越大，带与带轮之间的正压力越大，传动时产生的摩擦力就越大，故 F_{elim} 越大。但初拉力 F_0 过大时，会使磨损加剧，从而缩短了带的工作寿命，还会使轴与轴承的受力增大。若 F_0 过小，则带的传动能力不能充分发挥，工作时易发生跳动和打滑。

（2）包角 α_1。包角 α_1 增大将使 F_{elim} 增大。因为包角增大，将使带与带轮接触弧上的摩擦力总和增加，从而提高了传递载荷的能力。因此水平传动时，常将松边设计在上边，以增大包角。

（3）摩擦系数 f。f 越大，摩擦力越大，F_{elim} 也就越大。但并不意味着轮槽越粗糙越好，因为轮槽过于粗糙时，会使带的磨损加剧。

四、带传动的应力分析

带传动工作时，主要承受拉应力、离心应力和弯曲应力等 3 种应力，现分析如下。

1. 由拉力作用产生的拉应力

$$\left.\begin{aligned}\text{紧边拉应力}\ \sigma_1 = F_1/A\\ \text{松边拉应力}\ \sigma_2 = F_2/A\end{aligned}\right\} \tag{8-13}$$

式中，A 为带的横截面积，单位为 mm^2。

2. 由离心力引起的离心应力

当带绕过带轮时，随带轮的轮缘作圆周运动，从而产生离心力。虽然它只产生在带作圆周运动的部分，但由此产生的离心应力却作用于带的全长，其大小为

$$\sigma_c = qv^2/A \tag{8-14}$$

式中，q 为每米带长的质量，单位为 kg/m，见表 8-1。

3. 带绕过带轮时产生的弯曲应力

带绕过带轮时，因弯曲而产生弯曲应力。由材料力学公式可得带的弯曲应力为

$$\sigma_b = \frac{2Eh'}{d_d} \tag{8-15}$$

式中，E 为带的弯曲弹性模量，单位为 MPa；h'为带的外表面到节面间的距离，单位为 mm。对于平带，$h' = h/2$，h 为带的厚度；对于 V 带，$h' = h_a$，h_a 由表 8-4 查取，$h_a = h_{amin}$。

由上式可知，带轮直径 d_d 越小，带的弯曲应力就越大。显然小带轮上的弯曲应力要大于大带轮上的弯曲应力。为了避免弯曲应力过大，对于各种型号的 V 带都规定了最小带轮直径 d_{dmin}，如表 8-5 所列。

表 8-5　普通 V 带带轮最小基准直径（GB/T 10412—2002）　mm

截型	Y	Z	A	B	C	D	E
d_{dmin}	20	50	75	125	200	355	500

图 8-11 所示为带工作时的应力分布情况，图中各截面应力的大小用自该处引出的径向线的长短来表示。由图可知，带工作时受变应力作用，带每绕两带轮循环一周，作用在带上某点的应力就变化一个周期。最大应力发生在带的紧边绕进小带轮处，其值为

$$\sigma_{max} = \sigma_1 + \sigma_{b1} + \sigma_c \tag{8-16}$$

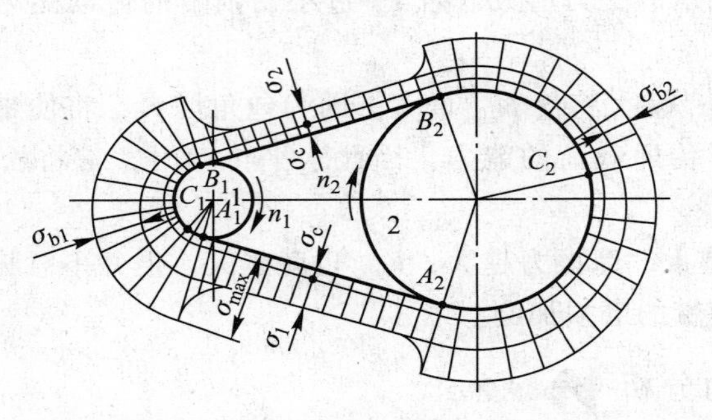

图 8-11　带工作时的应力分布情况

第四节　普通 V 带传动的设计计算

一、带传动的失效形式和设计准则

由前述可知，传动带是在周期性变应力状态下工作的。当带的应力循环次数达到一定的数值时，带将发生疲劳破坏，如脱层、撕裂或拉断。当带传递的载荷超过它的极限有效拉力 F_{elim} 时，带将在带轮上打滑，造成带的严重磨损，使带传动失效。

由此可知，带传动的主要失效形式为过载打滑和疲劳破坏。因此带传动的设计准则为：在保证不打滑的前提下，最大限度地发挥带传动的工作能力，使带具有一定的疲劳强度和寿命。

二、单根 V 带传递的基本额定功率

由设计准则可知，带传动的疲劳强度条件为

$$\sigma_{\max} = \sigma_1 + \sigma_{b1} + \sigma_c \leqslant [\sigma]$$

即

$$\sigma_1 \leqslant [\sigma] - \sigma_{b1} - \sigma_c \tag{8-17}$$

由式(8－2)、式(8－10)及式(8－17)，并以普通 V 带的当量摩擦系数 f_v 代替 f，可推出即将打滑时的极限有效拉力为

$$F_{\text{elim}} = F_1\left(1 - \frac{1}{e^{f_v \alpha}}\right) = \sigma_1 A\left(1 - \frac{1}{e^{f_v \alpha}}\right)$$

$$= ([\sigma] - \sigma_{b1} - \sigma_c)A\left(1 - \frac{1}{e^{f_v \alpha}}\right) \tag{8-18}$$

将上式代入式(8－3)可得，带传动既不打滑又有一定疲劳寿命时单根普通 V 带所能传递的基本额定功率为

$$P_0 = \frac{F_{\text{elim}} v}{1\ 000} = \frac{Av}{1\ 000}([\sigma] - \sigma_{b1} - \sigma_c)\left(1 - \frac{1}{e^{f_v \alpha}}\right) \tag{8-19}$$

式中，$[\sigma]$为带的疲劳许用应力，单位为 MPa。由于上式中有些参数不易确定，在载荷平稳、包角 $\alpha = 180°$($i = 1$)和特定带长的特定条件下，经实验取值后，由式(8－19)求得的各型号单根普通 V 带的基本额定功率 P_0 值列表，供设计时查用，见表 8－6。

表 8－6　包角 α＝180°、特定带长和工作平稳情况下，
单根普通 V 带的额定功率值 P_0(GB/T 13575.1—2008)　　kW

型号	小带轮直径 d_{d1}/mm	P_0/kW														
		小带轮转速 n_1/(r/min)														
		200	400	730	800	980	1 200	1 460	1 600	2 000	2 400	2 800	3 200	3 600	4 000	4 500
Z	56	—	0.06	0.11	0.12	0.14	0.17	0.19	0.20	0.25	0.30	0.33	0.35	0.37	0.39	0.40
	63	—	0.08	0.13	0.15	0.18	0.22	0.25	0.27	0.32	0.37	0.41	0.45	0.47	0.49	0.50
	71	—	0.09	0.17	0.20	0.23	0.27	0.31	0.33	0.39	0.46	0.50	0.54	0.58	0.61	0.62
	80	—	0.14	0.20	0.22	0.26	0.30	0.36	0.39	0.44	0.50	0.56	0.61	0.64	0.67	0.67
	90	—	0.14	0.22	0.24	0.28	0.33	0.37	0.40	0.48	0.54	0.60	0.64	0.68	0.72	0.73
A	75	0.16	0.27	0.42	0.45	0.52	0.60	0.68	0.73	0.84	0.92	1.00	1.04	1.08	1.09	1.07
	90	0.22	0.39	0.63	0.68	0.79	0.93	1.07	1.15	1.34	1.50	1.64	1.75	1.83	1.87	1.88
	100	0.26	0.47	0.77	0.83	0.97	1.14	1.32	1.42	1.66	1.87	2.05	2.19	2.28	2.34	2.33
	112	0.31	0.56	0.93	1.00	1.18	1.39	1.62	1.74	2.04	2.30	2.51	2.68	2.78	2.83	2.79
	125	0.37	0.67	1.11	1.19	1.40	1.66	1.93	2.07	2.44	2.74	2.98	3.16	3.26	3.28	3.17
	140	0.43	0.78	1.31	1.41	1.66	1.96	2.29	2.45	2.87	3.22	3.48	3.65	3.72	3.67	3.44
	160	0.51	0.94	1.56	1.69	2.00	2.36	2.74	2.94	3.42	3.80	4.06	4.19	4.17	3.98	3.48

续表

型号	小带轮直径 d_{d1}/mm	P_0/kW 小带轮转速 n_1/(r/min)														
		200	400	730	800	980	1 200	1 460	1 600	2 000	2 400	2 800	3 200	3 600	4 000	4 500
B	125	0.48	0.84	1.34	1.44	1.67	1.93	2.20	2.33	2.64	2.85	2.96	2.94	2.80	2.51	1.93
	140	0.59	1.05	1.69	1.82	2.13	2.47	2.83	3.00	3.42	3.70	3.85	3.83	3.63	3.24	2.45
	160	0.74	1.32	2.16	2.32	2.72	3.17	3.64	3.86	4.40	4.75	4.89	4.80	4.46	3.82	2.59
	180	0.88	1.59	2.61	2.81	3.30	3.85	4.41	4.68	5.30	5.67	5.76	5.52	4.92	3.92	2.04
	200	1.02	1.85	3.06	3.30	3.86	4.50	5.15	5.46	6.13	6.47	6.43	5.95	4.98	3.47	—
	224	1.19	2.17	3.59	3.86	4.50	5.26	5.99	6.33	7.02	7.25	6.95	6.05	4.47	2.14	—

型号	小带轮直径 d_{d1}/mm	P_0/kW 小带轮转速 n_1/(r/min)														
		100	200	300	400	500	600	730	980	1 200	1 460	1 600	1 800	2 000	2 400	2 600
C	200	—	1.39	1.92	2.41	2.87	3.30	3.80	4.66	5.29	5.86	6.07	6.28	6.34	6.02	5.61
	224	—	1.70	2.37	2.99	3.58	4.12	4.78	5.89	6.71	7.47	7.75	8.00	8.05	7.57	6.93
	250	—	2.03	2.85	3.62	4.33	5.00	5.82	7.18	8.21	9.06	9.38	9.63	9.62	8.75	7.85
	280	—	2.42	3.40	4.32	5.19	6.00	6.99	8.65	9.81	10.74	11.06	11.22	11.04	9.50	8.08
	315	—	2.86	4.04	5.14	6.17	7.14	8.34	10.23	11.53	12.48	12.72	12.67	12.14	9.43	7.11
	400	—	3.91	5.54	7.06	8.52	9.82	11.52	13.67	15.04	15.51	15.24	14.08	11.95	4.34	—
D	355	3.01	5.31	7.35	9.24	10.90	12.39	14.04	16.30	17.25	16.70	15.63	12.97	—	—	—
	400	3.66	6.52	9.13	11.45	13.55	15.42	17.58	20.25	21.20	20.03	18.31	14.28	—	—	—
	450	4.37	7.90	11.02	13.85	16.40	18.67	21.12	24.16	28.84	22.42	19.59	13.34	—	—	—
	500	5.08	9.21	12.88	16.20	19.17	21.78	24.52	27.60	27.61	23.28	18.88	9.59	—	—	—
	560	5.91	10.76	15.07	18.95	22.38	25.32	28.28	31.00	29.67	22.08	15.13	—	—	—	—
E	500	6.21	10.86	14.96	18.55	21.65	24.21	26.62	28.52	25.53	16.25	—	—	—	—	—
	560	7.32	13.09	18.10	22.49	26.25	29.30	32.02	33.00	28.49	14.52	—	—	—	—	—
	630	8.75	15.65	21.69	26.95	31.36	34.83	37.64	37.14	29.17	—	—	—	—	—	—
	710	10.31	18.52	25.69	31.83	36.85	40.58	43.07	39.56	25.91	—	—	—	—	—	—
	800	12.05	21.70	30.05	37.05	42.53	46.26	47.79	39.08	16.46	—	—	—	—	—	—

当实际工作条件与上述特定条件不相符时，单根 V 带所能传递的功率也不相同，此时应对 P_0 值加以修正。修正后即得实际工作条件下，单根普通 V 带所能传递的功率，称为许用功率$[P_0]$。故得

$$[P_0]=(P_0+\Delta P_0)K_\alpha K_L \tag{8-20}$$

式中，ΔP_0 为考虑 $i\neq1$ 时额定功率的增量，单位为 kW。因为 $i\neq1$ 时，带绕过大带轮时的弯曲应力较小，因此在寿命相同的条件下，传动能力将有所提高，ΔP_0 的具体数值可由表 8-7 查取；K_α 为包角修正系数，是考虑 $\alpha\neq180°$时对传动能力影响的修正系数，其值见表 8-8；K_L 为带长修正系数，是考虑带的实际长度不为特定带长时对传动能力影响的修正系数，其值见表 8-9。

表 8-7 考虑 $i \neq 1$ 时单根普通 V 带额定功率值的增量 ΔP_0 kW

型号	传动比 i	ΔP_0/kW														
		小带轮转速 n_1/(r/min)														
		200	400	730	800	980	1 200	1 460	1 600	2 000	2 400	2 800	3 200	3 600	4 000	4 500
Z	1.00~1.01	—														
	1.02~1.04	—												0.02	0.02	0.02
	1.05~1.08	—		0.00												
	1.09~1.12	—														
	1.13~1.18	—					0.01									
	1.19~1.24	—										0.03				
	1.25~1.34	—						0.02								
	1.35~1.51	—										0.04				
	1.52~1.99	—												0.05		
	≥2.0	—														0.06
A	1.00~1.01	0.00														
	1.02~1.04						0.02	0.02	0.02	0.03	0.03	0.04	0.04	0.05	0.05	0.06
	1.05~1.08		0.01	0.02	0.02	0.03	0.03	0.04	0.04	0.06	0.07	0.08	0.09	0.10	0.11	0.12
	1.09~1.12		0.02	0.03	0.03	0.04	0.05	0.06	0.06	0.08	0.10	0.11	0.13	0.15	0.16	0.18
	1.13~1.18		0.02	0.04	0.04	0.05	0.07	0.08	0.09	0.11	0.13	0.15	0.17	0.19	0.22	0.24
	1.19~1.24		0.03	0.05	0.05	0.06	0.08	0.09	0.11	0.13	0.16	0.19	0.22	0.24	0.27	0.30
	1.25~1.34	0.02	0.03	0.06	0.06	0.07	0.10	0.11	0.13	0.16	019	0.23	0.26	0.29	0.32	0.36
	1.35~1.51	0.02	0.04	0.07	0.08	0.08	0.11	0.13	0.15	0.19	0.23	0.26	0.30	0.34	0.38	0.42
	1.52~1.99	0.02	0.04	0.08	0.09	0.10	0.13	0.15	0.17	0.22	0.26	0.30	0.34	0.39	0.43	0.48
	≥2.0	0.03	0.05	0.09	0.10	0.11	0.15	0.17	0.19	0.24	0.29	0.34	0.39	0.44	0.48	0.54
B	1.00~1.01	0.00	0.00	0.00	0.00	0.00	0.00	0.00	0.00	0.00	0.00	0.00	0.00	0.00	0.00	0.00
	1.02~1.04	0.01	0.01	0.02	0.03	0.03	0.04	0.05	0.06	0.07	0.08	0.10	0.11	0.13	0.14	0.16
	1.05~1.08	0.01	0.03	0.05	0.06	007	0.08	0.10	0.11	0.14	0.17	0.20	0.23	0.25	0.28	0.32
	1.09~1.12	0.02	0.04	0.07	0.08	0.10	0.13	0.15	0.17	0.21	0.25	0.29	0.34	0.38	0.42	0.48
	1.13~1.18	0.03	0.06	0.10	0.11	0.13	0.17	0.20	0.23	0.28	0.34	0.39	0.45	0.51	0.56	0.63
	1.19~1.24	0.04	0.07	0.12	0.14	0.17	0.21	0.25	0.28	0.35	0.42	0.49	0.56	0.63	0.70	0.79
	1.25~1.34	0.04	0.08	0.15	0.17	0.20	0.25	0.31	0.34	0.42	0.51	0.59	0.68	0.76	0.84	0.95
	1.35~1.51	0.05	0.10	0.17	0.20	0.23	0.30	0.36	0.39	0.49	0.59	0.69	0.79	0.89	0.99	1.11
	1.52~1.99	0.06	0.11	0.20	0.23	0.26	0.34	0.40	0.45	0.56	0.68	0.79	0.90	1.01	1.13	1.27
	≥2.0	0.06	0.13	0.22	0.25	0.30	0.38	0.46	0.51	0.63	0.76	0.89	1.01	1.14	1.27	1.43

续表

型号	传动比 i	ΔP_0/kW														
		小带轮转速 n_1/(r/min)														
		100	200	300	400	500	600	730	980	1 200	1 460	1 600	1 800	2 000	2 400	2 600
C	1.00~1.01	—	0.00	0.00	0.00	0.00	0.00	0.00	0.00	0.00	0.00	0.00	0.00	0.00	0.00	0.00
	1.02~1.04	—	0.02	0.03	0.04	0.05	0.06	0.07	0.09	0.12	0.14	0.16	0.18	0.20	0.23	0.25
	1.05~1.08	—	0.04	0.06	0.08	0.10	0.12	0.14	0.19	0.24	0.28	0.31	0.35	0.39	0.47	0.51
	1.09~1.12	—	0.06	0.09	0.12	0.15	0.18	0.21	0.27	0.35	0.42	0.47	0.53	0.59	0.70	0.76
	1.13~1.18	—	0.08	0.12	0.16	0.20	0.24	0.27	0.37	0.47	0.58	0.63	0.71	0.78	0.94	1.02
	1.19~1.24	—	0.10	0.15	0.20	0.24	0.29	0.34	0.47	0.59	0.71	0.78	0.88	0.98	1.18	1.27
	1.25~1.34	—	0.12	0.18	0.23	0.29	0.35	0.41	0.56	0.70	0.85	0.94	1.06	1.17	1.41	1.53
	1.35~1.51	—	0.14	0.21	0.27	0.34	0.41	0.48	0.65	0.82	0.99	1.10	1.23	1.37	1.65	1.78
	1.52~1.99	—	0.16	0.24	0.31	0.39	0.47	0.55	0.74	0.94	1.14	1.25	1.41	1.57	1.88	2.04
	≥2.0	—	0.18	0.26	0.35	0.44	0.53	0.62	0.83	1.06	1.27	1.41	1.59	1.76	2.12	2.29
D	1.00~1.01	0.00	0.00	0.00	0.00	0.00	0.00	0.00	0.00	0.00	0.00	0.00	0.00	—	—	—
	1.02~1.04	0.03	0.07	0.10	0.14	0.17	0.21	0.24	0.33	0.42	0.51	0.56	0.63	—	—	—
	1.05~1.08	0.07	0.14	0.21	0.28	0.35	0.42	0.49	0.66	0.84	1.01	1.11	1.24	—	—	—
	1.09~1.12	0.10	0.21	0.31	0.42	0.52	0.62	0.73	0.99	1.25	1.51	1.67	1.88	—	—	—
	1.13~1.18	0.14	0.28	0.42	0.56	0.70	0.83	0.97	1.32	1.67	2.02	2.23	2.51	—	—	—
	1.19~1.24	0.17	0.35	0.52	0.70	0.87	1.04	1.22	1.60	2.09	2.52	2.78	3.13	—	—	—
	1.25~1.34	0.21	0.42	0.62	0.83	1.04	1.25	1.46	1.92	2.50	3.02	3.33	3.74	—	—	—
	1.35~1.51	0.24	0.49	0.73	0.97	1.22	1.46	1.70	2.31	2.92	3.52	3.89	4.98	—	—	—
	1.52~1.99	0.28	0.56	0.83	1.11	1.39	1.67	1.95	2.64	3.34	4.03	4.45	5.01	—	—	—
	≥2.0	0.31	0.63	0.94	1.25	1.56	1.88	2.19	2.97	3.75	4.53	5.00	5.62	—	—	—
E	1.00~1.01	0.00	0.00	0.00	0.00	0.00	0.00	0.00	0.00	0.00	0.00	—	—	—	—	—
	1.02~1.04	0.07	0.14	0.21	0.28	0.34	0.41	0.48	0.65	0.80	0.98	—	—	—	—	—
	1.05~1.08	0.14	0.28	0.41	0.55	0.64	0.83	0.97	1.29	1.61	1.95	—	—	—	—	—
	1.09~1.12	0.21	0.41	0.62	0.83	1.03	1.24	1.45	1.95	2.40	2.92	—	—	—	—	—
	1.13~1.18	0.28	0.55	0.83	1.00	1.38	1.65	1.93	2.62	3.21	3.90	—	—	—	—	—
	1.19~1.24	0.34	0.69	1.03	1.38	1.72	2.07	2.41	3.27	4.01	4.88	—	—	—	—	—
	1.25~1.34	0.41	0.83	1.24	1.65	2.07	2.48	2.89	3.92	4.81	5.85	—	—	—	—	—
	1.35~1.51	0.48	0.96	1.45	1.93	2.41	2.89	3.38	4.58	5.61	6.83	—	—	—	—	—
	1.52~1.99	0.55	1.10	1.65	2.20	2.76	3.31	3.86	5.23	6.41	7.80	—	—	—	—	—
	≥2.0	0.62	1.24	1.86	2.48	3.10	3.72	4.34	5.89	7.21	8.78	—	—	—	—	—

表 8-8 包角系数 K_α（GB/T 13575.1—2008）

α_1	180°	175°	170°	165°	160°	155°	150°	145°	140°	135°	130°	125°	120°	115°	110°	105°	100°	95°	90°
K_α	1	0.99	0.98	0.96	0.95	0.93	0.92	0.91	0.89	0.88	0.86	0.84	0.82	0.80	0.78	0.76	0.74	0.72	0.69

表 8-9 普通 V 带长度系数 K_L（GB/T 13575.1—2008）

基准长度 L_d/mm	K_L					基准长度 L_d/mm	K_L					
	Y	Z	A	B	C		Z	A	B	C	D	E
200	0.81					2 000		1.03	0.98	0.88		
224	0.82					2 240		1.06	1.00	0.91		
250	0.84					2 500		1.09	1.03	0.93		
280	0.87					2 800		1.11	1.05	0.95	0.83	
315	0.89					3 150		1.13	1.07	0.97	0.86	
355	0.92					3 550		1.17	1.09	0.99	0.89	
400	0.96	0.87				4 000		1.19	1.13	1.02	0.91	
450	1.00	0.89				4 500			1.15	1.04	0.93	0.90
500	1.02	0.91				5 000			1.18	1.07	0.96	0.92
560		0.94				5 600				1.09	0.98	0.95
630		0.96	0.81			6 300				1.12	1.00	0.97
710		0.99	0.83			7 100				1.15	1.03	1.00
800		1.00	0.85			8 000				1.18	1.06	1.02
900		1.03	0.87	0.82		9 000				1.21	1.08	1.05
1 000		1.06	0.89	0.84		10 000				1.23	1.11	1.07
1 120		1.08	0.91	0.86		11 200					1.14	1.10
1 250		1.11	0.93	0.88		12 500					1.17	1.12
1 400		1.14	0.96	0.90		14 000					1.20	1.15
1 600		1.16	0.99	0.92	0.83	16 000					1.22	1.18
1 800		1.18	1.01	0.95	0.86							

三、带传动设计的原始数据及内容

带传动设计的原始数据一般为：传动的用途，传递的功率 P，载荷的性质，带轮的转速 n_1、n_2（或传动比 i），工作条件及传动位置要求，外廓尺寸等。

设计的主要内容包括：①合理选择参数，确定普通 V 带的型号、基准长度 L_d 和根数 z；②确定传动中心距 a、带轮材料、基准直径 d_{d1}、d_{d2}及结构尺寸；③计算带的初拉力 F_0 及作用在轴上的压力 F_Q；④选择并设计张紧装置。

四、V 带传动的设计步骤和方法

1. 确定设计功率 P_d

设 P 为带传动所需传递的功率，K_A 为工作情况系数(其值见表 8-10)，则设计功率为

$$P_d = K_A P \tag{8-21}$$

表 8-10 工作情况系数 K_A

工况		K_A					
		空、轻载起动			重载起动		
		每天工作小时数/h					
		<10	10~16	>16	<10	10~16	>16
载荷变动最小	液体搅拌机、通风机和鼓风机(≤7.5 kW)、离心式水泵和压缩机、轻负荷输送机	1.0	1.1	1.2	1.1	1.2	1.3
载荷变动小	带式输送机(不均匀负荷)、通风机(>7.5 kW)、旋转式水泵和压缩机(非离心式)、发电机、金属切削机床、印刷机、旋转筛、锯木机和木工机械	1.1	1.2	1.3	1.2	1.3	1.4
载荷变动较大	制砖机、斗式提升机、往复式水泵和压缩机、起重机、磨粉机、冲剪机床、橡胶机械、振动筛、纺织机械和重载输送机	1.2	1.3	1.4	1.4	1.5	1.6
载荷变动很大	破碎机(旋转式、颚式等)和磨碎机(球磨、棒磨、管磨)	1.3	1.4	1.5	1.5	1.6	1.8

注：1. 空、轻载起动——电动机(交流起动、三角起动、直流并励)、四缸以上的内燃机、装有离心式离合器和液力联轴器的动力机；

2. 重载起动——电动机(联机交流起动、直流复励或串联)和四缸以下的内燃机；

3. 反复起动、正反转频繁及工作条件恶劣等场合，K_A 应乘 1.2。

4. 增速传动时，K_A 应乘下列系数：当 $i≥1.25\sim1.74$ 时为 1.05；$i≥1.75\sim2.49$ 时为 1.11；$i≥2.50\sim3.49$ 时为 1.18；$i≥3.50$ 时为 1.25。

2. 选择 V 带的型号

根据设计功率 P_d 和小带轮的转速 n_1，由图 8－12 选择带的型号。当选择的坐标点落在图中两种带型分界线附近时，可分别选择两种带型设计计算，然后择优选用。注意图中不同型号的带由虚、实两条线组成，分别适用于对应的带轮直径范围。

3. 确定带轮基准直径 d_{d1}、d_{d2} 并验算带速

（1）选小带轮基准直径 d_{d1}。小带轮基准直径 d_{d1} 应大于或等于表 8－5 所列的最小基准直径 d_{dmin}。若 d_{d1} 过小，则带的弯曲应力过大而导致带的寿命降低；反之，则传动的外廓尺寸增大。

（2）验算带速 v。

$$v=\frac{\pi d_{d1}n_1}{60\times 1\ 000} \tag{8-22}$$

一般应使 v 在 5～25 m/s。若 v 过大，则单位时间内带绕过带轮的次数多，寿命缩短，且离心拉力大而降低带的传动能力。若 v 过小，当传递功率一定时，使传递的圆周力增大，根数增多。

（3）计算大带轮的基准直径 d_{d2}。

由式（8－9）可得

$$d_{d2}=id_{d1}=\frac{n_1}{n_2}d_{d1} \tag{8-23}$$

d_{d1}、d_{d2} 应按表 8－11 所列标准直径系列圆整。圆整后应保证传动误差在 ±5% 的允许范围内。

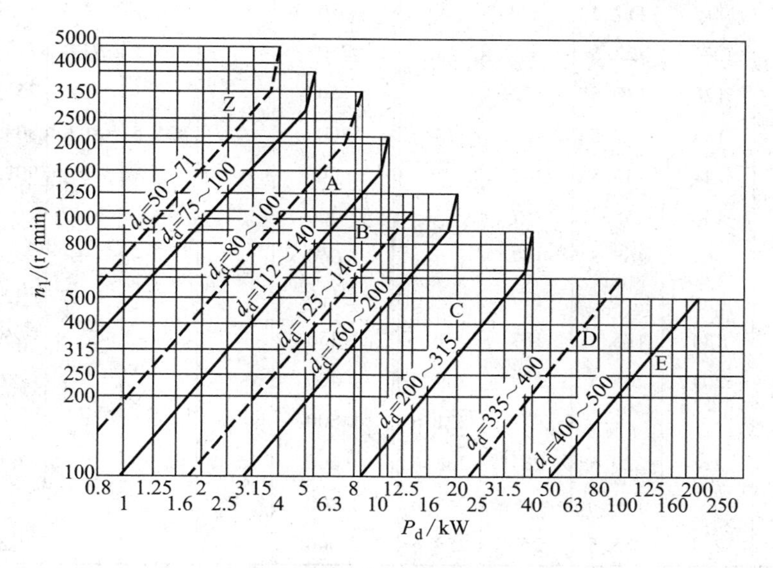

图 8－12　普通 V 带选型图

表 8-11 普通 V 带轮的基准直径 d_d 及外径 d_a（GB/T 13575.1—2008） mm

基准直径 d_d	截型					基准直径 d_d	截型					
	Y	Z	A	B	C		Z	A	B	C	D	E
28	31.2					265	—	—	—	274.6		
31.5	34.7					280	284	285.5	287	289.6		
35.5	38.7					300	—	—	—	309.6		
40	43.2					315	319	320.5	322	324.6		
45	48.2					335	—	—	—	344.6		
50	53.2	54				355	359	360.5	262	364.6	371.2	
56	59.2	60				375	—	—	—	—	391.2	
63	66.2	67				400	404	405.5	407	409.6	416.2	
71	74.2	75				425	—	—	—	—	441.2	
75	—	79	80.5			450	—	455.5	457	459.6	466.2	
80	83.2	84	85.5			475	—	—	—	—	491.2	
85	—	—	90.5			500	504	505.5	507	509.6	516.2	519.2
90	93.2	94	95.5			530	—	—	—	—	—	549.2
95	—	—	100.5			560	—	565.5	567	569.6	576.2	579.2
100	103.2	104	105.5			600	—	—	607	609.6	616.2	619.2
106	—	—	111.5			630	634	635.5	637	639.6	646.2	649.2
112	115.2	116	117.5			670		—	—	—	—	689.2
118	—	—	123.5			710		715.5	717	719.6	726.2	729.2
125	128.2	129	130.5	132		750			757	759.6	766.2	—
132		136	137.5	139		800		805.5	807	809.6	816.2	819.2
140		144	145.5	147		900			907	909.6	916.2	919.2
150		154	155.5	157		1 000			1 007	1 009.6	1 016.2	1 019.2
160		164	165.5	167		1 060			—	—	1 076.2	—
170		—	—	177		1 120			1 127	1 129.6	1 136.2	1 139.2
180		184	185.5	187		1 250				1 259.6	1 266.2	1 269.2
200		204	205.5	207	209.6	1 400				1 409.6	1 416.2	1 419.2
212		—	—	—	221.6	1 500				—	1 516.2	1 519.2
224		228	229.5	231	233.6	1 600				1 609.6	1 616.2	1 619.2
236		—	—	—	245.6	1 800				—	1 816.2	1 819.2
250		254	255.5	257	259.6	2 000				2 009.6	2 016.2	2 019.2

注：表中 $d_a = d_d + 2h_{amin}$。

4. 确定中心距 a 和带的基准长度 L_d

（1）初选中心距 a_0。中心距过大，会使传动尺寸增大，且带易颤动，影响正常工作。反之，则使包角 α_1 减小，导致承载能力降低，且带长减小，在同样带速下，单位时间内带的绕转次数 v/L_d 增多，影响工作寿命。通常可按下面经验公式初选 a_0：

$$0.7(d_{d1}+d_{d2}) \leqslant a_0 \leqslant 2(d_{d1}+d_{d2}) \tag{8-24}$$

（2）初算 V 带基准长度 L_{d0}。a_0 选定后，可按下式初算带的基准长度 L_{d0}：

$$L_{d0} \approx 2a_0 + \frac{\pi}{2}(d_{d1}+d_{d2}) + \frac{(d_{d2}-d_{d1})^2}{4a_0} \tag{8-25}$$

（3）确定带的基准长度 L_d。L_{d0}确定后，按表 8-2 查取与其相近的标准基准长度 L_d。

（4）确定传动中心距 a。取定 L_d 后，传动的实际中心距 a 可用下式计算：

$$a \approx a_0 + \frac{L_d - L_{d0}}{2} \tag{8-26}$$

考虑到安装、调整和松弛后张紧的需要，实际中心距 a 应有一定的调整范围：

$$\left.\begin{aligned} a_{min} &= a - 0.015L_d \\ a_{max} &= a + 0.03L_d \end{aligned}\right\} \tag{8-27}$$

5. 验算小带轮包角 α_1

由式(8-11)可计算出 α_1 值。为保证带的传动能力，一般应使 $\alpha_1 \geqslant 120°$，若仅用于传递运动时，可使 $\alpha_1 > 90°$，否则应加大中心距或减小传动比，或者增设张紧轮，使 α_1 值在要求的范围内。

6. 确定 V 带的根数 z

$$z \geqslant \frac{P_d}{[P_0]} = \frac{K_A P}{(P_0+\Delta P_0)K_\alpha K_L} \tag{8-28}$$

计算结果应圆整为整数。为使各根带受力均匀，带的根数不宜过多，一般以 $z=2 \sim 5$ 为宜，最多不超过 8 根，否则应改选带的型号或加大带轮基准直径后重新计算，使带的根数 z 符合要求。

7. 计算单根 V 带的初拉力 F_0

保持适当的初拉力是带传动正常工作的必要条件。单根普通 V 带的初拉力可用下式计算：

$$F_0 = 500\left(\frac{2.5}{K_\alpha} - 1\right)\frac{P_d}{vz} + qv^2 \tag{8-29}$$

对于中心距不可调整的 V 带传动，安装新带时，初拉力应取上式计算值的 1.5 倍。

为了测定所需的初拉力 F_0，通常是在带与带轮两切点的跨距中点 M，施加一规定的垂直于带边的力 G。使带沿跨距每 100 mm，M 点产生的挠度为 1.6 mm 时，带的初拉力即为所需 F_0 值，如图 8-13 所示。

G 值可查 GB/T 13575.1—2008 或由下式计算：

$$\left.\begin{aligned} &\text{新安装的 V 带}\ G = (1.5F_0 + \Delta F_0)/16 \\ &\text{运转后的 V 带}\ G = (1.3F_0 + \Delta F_0)/16 \\ &\text{最小极限值为}\ G_{min} = (F_0 + \Delta F_0)/16 \end{aligned}\right\} \tag{8-30}$$

式中，ΔF_0为初拉力的增量，单位为 N，其值见表 8-12。

表 8-12　初拉力的增量 ΔF_0　　N

带型	Y	Z	A	B	C	D	E
ΔF_0	6	10	15	20	29.4	58.8	108

8. 计算作用在带轮轴上的压力 F_Q

为了设计轴和轴承，必须算出 V 带作用在轴上的压力 F_Q。通常忽略带两边的拉力差，按两边初拉力的合力近似求得。由图 8-14 可得作用在轴上的压力为

$$F_Q = 2zF_0\sin\frac{\alpha_1}{2} \tag{8-31}$$

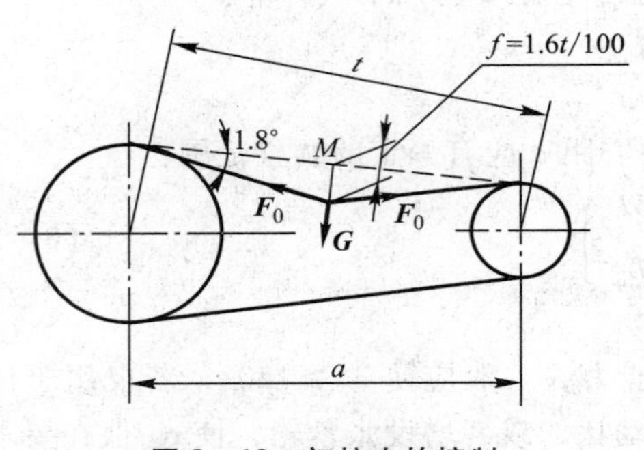

图 8-13　初拉力的控制

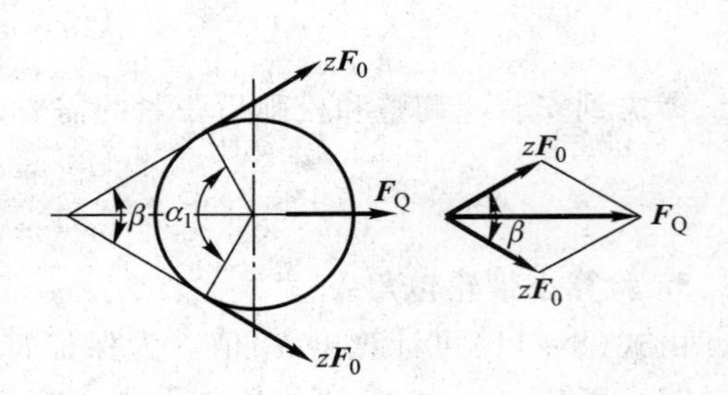

图 8-14　带作用在轴上的压力

第五节　带传动的张紧、安装与维护

一、带传动的张紧装置

V 带工作一段时间后，就会因塑性变形而松弛，使初拉力 F_0 降低，从而影响带的正常传动。为此必须定期检查带传动初拉力的大小，并使用一些张紧装置重新张紧。常用的张紧装置有下列 3 种。

1. 定期张紧装置

把装有带轮的电动机安装在滑道上（图 8-15a）或摆动机座上（图 8-15b），转动调整螺钉或调整螺母就可达到张紧目的。

2. 自动张紧装置

将装有带轮的电动机安装在浮动的摆架上（图 8-16），利用电动机和摆架的自身重力，使带轮随同电动机绕固定轴摆动，来自动张紧传动带。这种张紧装置适用于中、小功率的带传动。

3. 张紧轮张紧装置

当带传动的中心距不可调时，为使 V 带只受单向弯曲，可采用图 8-17 所示的张紧轮装置。张紧轮一般装在松边内侧，并尽量靠近大带轮，以免小带轮包角减少太多，且应使其直径小于带轮直径。

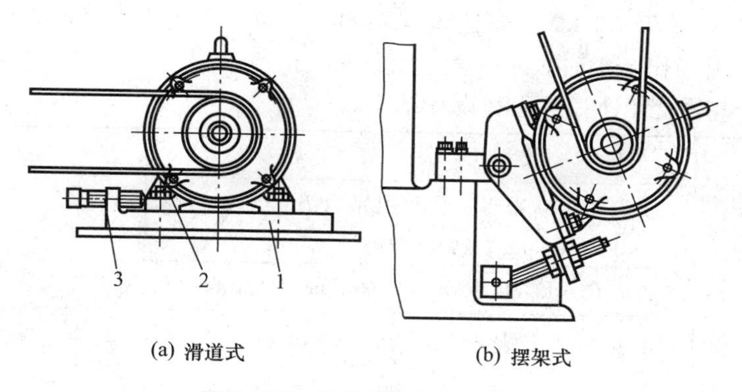

(a) 滑道式　　(b) 摆架式

图 8－15　V 带的定期张紧装置

1—机架；2—螺母；3—调整螺钉

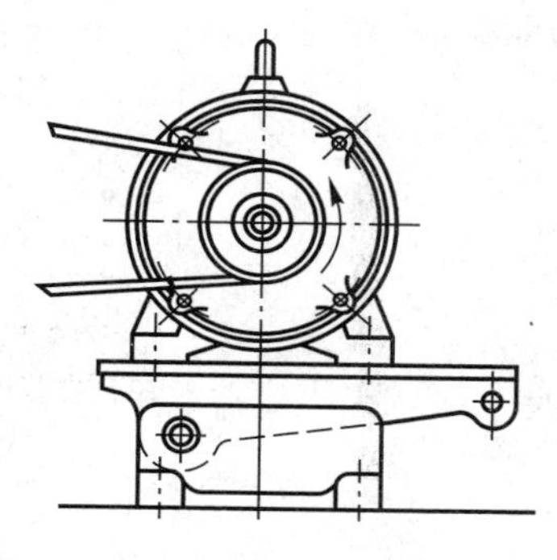

图 8－16　带的自动张紧装置

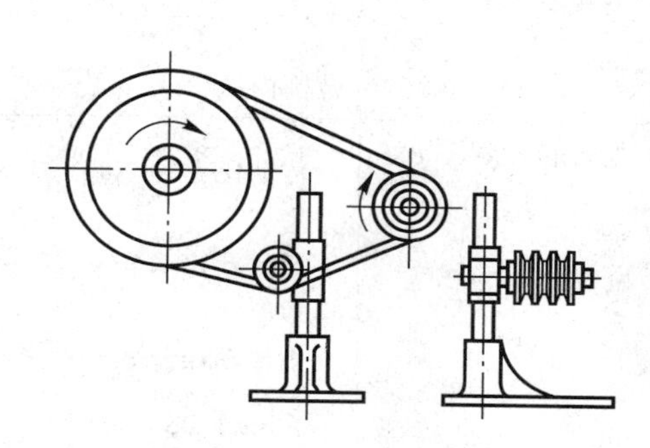

图 8－17　张紧轮装置

二、带传动的安装与维护

V 带传动的安装与维护需满足以下要求：

（1）普通 V 带和窄 V 带不得混用在同一传动装置上，套装带时不得强行撬入。

（2）多根 V 带传动时，因带的基准长度极限偏差值较大，为避免各根带的载荷分布不均，带的配组公差应在规定范围内。其值可查阅 GB/T 13575. 1—2008。

（3）安装时两带轮轴线必须平行，且两带轮相应的 V 型槽的对称平面应重合（图 8－18），误差不得超过 20′。以防带侧面的磨损加剧，甚至使带从带轮上脱落。

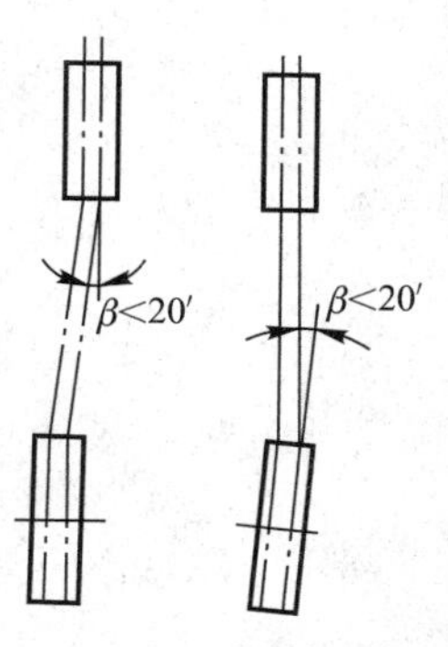

图 8－18　带轮安装的位置

（4）定期检查 V 带，若发现有一根松弛或损坏，应全部更换新带，新、旧带更不能同时使用。如果旧胶带尚可使用，应选长度相同的旧带组合使用。

（5）带应避免与酸、碱或油污等腐蚀性物质接触，且工作温度不应超过 60℃。

（6）带传动应设有安全防护装置，以保障人身安全。

例　设计一个由电动机驱动旋转式水泵的普通 V 带传动。电动机为

Y160M－4，额定功率为 $P=11\ \text{kW}$，转速 $n_1=1\ 460\ \text{r/min}$，水泵轴转速 $n_2=400\ \text{r/min}$，轴间距约为 1 500 mm，每天工作 8 小时。

解 列表给出本题设计计算过程和设计结果。

计算项目	计算内容	计算结果
1. 计算设计功率 P_d	由表 8－10 查得工作情况系数 $K_A=1.1$，故得 $P_d=K_AP=1.1\times11\ \text{kW}=12.1\ \text{kW}$	$K_A=1.1$ $P_d=12.1\ \text{kW}$
2. 选择 V 带型号	根据 $P_d=12.1\ \text{kW}$，$n_1=1\ 460\ \text{r/min}$，由图8－12 选择 B 型 V 带	B 型
3. 确定带轮直径 d_{d1}、d_{d2}	由表 8－5 及表 8－11 取 $d_{d1}=140\ \text{mm}$，$d_{d2}=id_{d1}=\frac{n_1}{n_2}d_{d1}=\frac{1\ 460}{400}\times140\ \text{mm}=511\ \text{mm}$，查表 8－11，取 $d_{d2}=500\ \text{mm}$	$d_{d1}=140\ \text{mm}$ $d_{d2}=500\ \text{mm}$
4. 验算带速 v	$v=\frac{\pi d_{d1}n_1}{60\times1\ 000}=\frac{\pi\times140\times1\ 460}{60\times1\ 000}\ \text{m/s}=10.7\ \text{m/s}$，在 5～25 m/s 范围内，带速合适	$v=10.7\ \text{m/s}$，在允许范围内
5. 验算传动误差 ε	传动比 $i=\frac{d_{d2}}{d_{d1}}=\frac{500}{140}=3.57$ 原传动比 $i'=\frac{n_1}{n_2}=\frac{1\ 460}{400}=3.65$ 则传动误差 $\varepsilon=\frac{i'-i}{i'}=\frac{3.65-3.57}{3.65}=+2.2\%$ 在允许 ±5% 范围内	误差 $\varepsilon=+2.2\%$，在允许范围内
6. 确定中心距 a 及带的基准长度 L_d	(1) 初定中心距 a_0。由题中要求取 $a_0=1\ 500\ \text{mm}$ (2) 初算带长 L_{d0}。由式(8－25)可得 $L_{d0}\approx2a_0+\frac{\pi}{2}(d_{d1}+d_{d2})+\frac{(d_{d2}-d_{d1})^2}{4a_0}$ $=2\times1\ 500\ \text{mm}+\frac{\pi}{2}(140+500)\ \text{mm}+\frac{(500-140)^2}{4\times1500}\ \text{mm}$ $=4\ 026.9\ \text{mm}$ (3) 确定带的基准长度 L_d。由表 8－2 选取 $L_d=4\ 000\ \text{mm}$ (4) 确定实际中心距 a。由式(8－26)得 $a\approx a_0+\frac{L_d-L_{d0}}{2}=1\ 500\ \text{mm}+\frac{4\ 000-4\ 026.9}{2}\ \text{mm}$ $=1\ 486.6\ \text{mm}$ 安装时所需最小中心距 $a_{min}=a-0.015L_d$ $=1\ 486.6\ \text{mm}-0.015\times4\ 000\ \text{mm}=1\ 426.6\ \text{mm}$ 张紧或补偿伸长所需最大中心距 $a_{max}=a+0.03L_d$ $=1\ 486.6\ \text{mm}+0.03\times4\ 000\ \text{mm}=1\ 606.6\ \text{mm}$	$L_d=4\ 000\ \text{mm}$ $a=1\ 486.6\ \text{mm}$ $a_{min}=1\ 426.6\ \text{mm}$ $a_{max}=1\ 606.6\ \text{mm}$

续表

计算项目	计算内容	计算结果
7. 验算小带轮包角 α_1	由式(8－11)可得 $\alpha_1=180°-\frac{d_{d2}-d_{d1}}{a}\times57.3°=180°-\frac{500-140}{1\ 486.6}\times57.3°$ $=166.12°>120°$	$\alpha_1=166.12°>120°$ 包角合适
8. 确定V带的根数 z	(1)单根V带基本额定功率 P_0。由表8－6可以查得 $P_0=2.83\ \text{kW}$ (2) 考虑传动比的影响，额定功率的增量 ΔP_0 由表8－7查得 $\Delta P_0=0.46\ \text{kW}$ (3) 包角系数 K_α。由表8－8用线性插入法得 $K_\alpha=0.964$ (4) 长度系数 K_L。由表8－9得 $K_L=1.13$ (5) V带的根数。由式(8－28)可得 $z\geqslant\frac{P_d}{(P_0+\Delta P_0)K_\alpha K_L}=\frac{12.1}{(2.83+0.46)\times0.964\times1.13}=3.38$ 取 $z=4$ 根	$z=4$ 根
9. 确定带的初拉力 F_0	由表8－1查得 $q=0.17\ \text{kg/m}$，由式(8－29)可得 $F_0=500\left(\frac{2.5}{K_\alpha}-1\right)\frac{P_d}{vz}+qv^2$ $=500\times\left(\frac{2.5}{0.964}-1\right)\times\frac{12.1}{10.7\times4}\ \text{N}+0.17\times10.7^2\ \text{N}=244.7\ \text{N}$	$F_0=244.7\ \text{N}$
10. 计算作用在带轮轴上的压力 F_Q	由式(8－31)可得 $F_Q\approx2zF_0\sin\frac{\alpha_1}{2}=2\times4\times244.7\ \text{N}\times\sin\frac{166.12°}{2}=1\ 943.3\ \text{N}$	$F_Q=1\ 943.3\ \text{N}$
11. 确定带轮的结构、尺寸，绘制带轮工作图	本题仅确定小带轮的结构和尺寸。查设计手册可知：Y160M－4电动机的轴径 $D=42\ \text{mm}$，长度为110 mm，故小带轮孔径取 $d_0=42\ \text{mm}$，毂长小于110 mm，取 $L=1.5d_0=1.5\times42\ \text{mm}=63\ \text{mm}$。 轮槽尺寸及轮宽按表8－4计算。小带轮结构选用实心式，按图8－8中S－Ⅱ型设计。	其工作图见图8－19

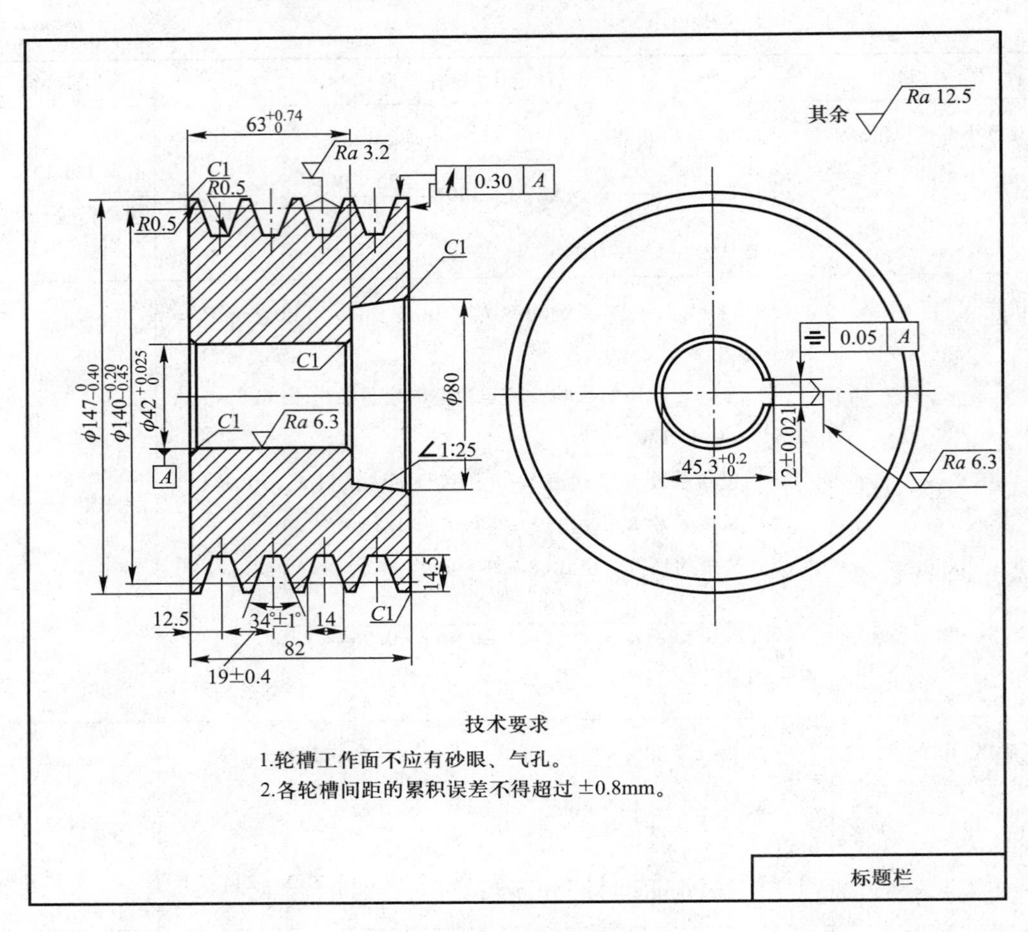

图 8－19 小带轮工作图

第六节 同步带传动简介

同步带是以聚氨酯或橡胶为基体、以钢丝绳或玻璃纤维绳为抗拉体、工作面上带齿的环状带(图 8－20)。工作时，靠带的凸齿与带轮外缘上的齿槽进行啮合传动。由于带和带轮间无相对滑动，从而保证了两轮圆周速度同步，故称为同步带传动。

同步带传动综合了带传动、链传动和齿轮传动的特点。优点是：①能保证准确的传动比；②带的纵向柔性好，可用于较小直径的带轮，使传动结构紧凑；③由于带的张紧力小，故轴和轴承上所受的载荷小；④由于带薄而轻，强度高，带速可达 40 m/s，甚至高达 80 m/s，传动比可达10(有时可达20)，传递功率可达100 kW；⑤传动效率高，可达98%，因而应用日益广泛。缺点为：带和带轮价格较高，对制造及安装精度要求较高，中心距要求严格。主要用于要求传动比准确的中小功率传动中，如数控机床、汽车发动机及纺织机械等所需的机械传动。

同步带的主要参数是节距 p 和模数 m。目前国际上使用的同步带有节距制和模数制两种。

国产同步带采用模数制，标准模数系列为：1.5，2，2.5，3，4，5，7，10 等。同步带的标记为：模数(mm) × 宽度(mm) × 齿数，即 $m \times b \times Z$。同步带传动的设计可参考有关设计手册。

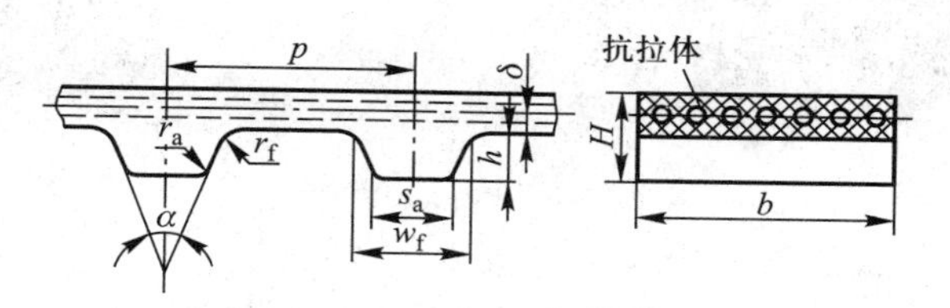

图 8－20　同步带

习　题

8－1　某一液体搅拌机的普通 V 带传动，传递功率 $P=10$ kW，带速 $v=12$ m/s，紧边拉力是松边拉力的 3 倍，求该带传动的有效拉力 F_e 及紧边拉力 F_1。

8－2　图 8－21 所示的 V 带在轮槽中的 3 种安装情况，哪种正确？为什么？

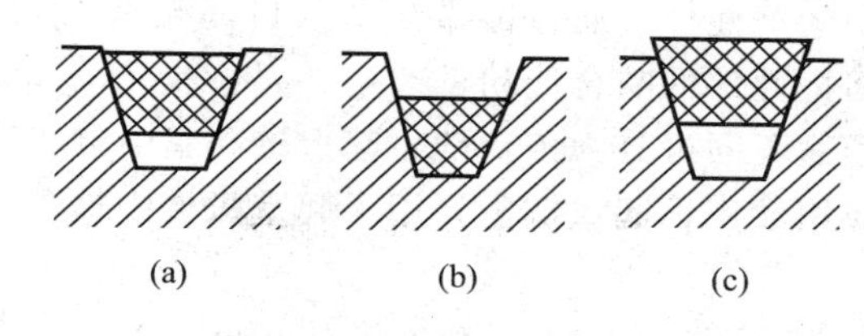

图 8－21　习题 8－2 图

8－3　已知一普通 V 带传动，$n_1=1\ 460$ r/min，主动轮 $d_{d1}=180$ mm，从动轮转速 $n_2=650$ r/min，传动中心距 $a\approx800$ mm，工作有轻微振动，每天工作 16 h，采用 3 根 B 型带，试求能传递的最大功率。若为使结构紧凑，改取 $d_{d1}=125$ mm，$a\approx400$ mm，问带所能传递的功率比原设计降低多少？

8－4　试设计一鼓风机使用的普通 V 带传动。已知电动机功率 $P=7.5$ kW，$n_1=970$ r/min，从动轮转速 $n_2=330$ r/min，允许传动误差 ±5%，工作时有轻度冲击，两班制工作，试设计此带传动并绘制带轮的工作图。

8－5　有一带式输送机中的普通 V 带传动，电动机驱动，额定功率 $P=7.5$ kW，转速 $n_1=1\ 440$ r/min，输入减速器的从动轮转速 $n_2=480$ r/min，工作时有轻度冲击，两班制工作，试设计此 V 带传动并绘制带轮轮缘部分。

8－6　某机床上采用普通 V 带传动，驱动电机的额定功率 $P=11$ kW，转速 $n_1=1\ 460$ r/min，传动比 $i=2.5$，传动中心距 $a\approx1\ 000$ mm，双班制工作，载荷平稳，从动轮轴孔直径 $d_2=70$ mm。试设计此带传动，并绘出从动带轮的工作图。

第九章　链传动

第一节　链传动的工作原理、特点和应用

链传动是应用较广的一种机械传动，它是由装在两平行轴上的主动链轮1、从动链轮2及绕在两轮上的环形链条3所组成(图9－1)。

一、链传动的工作原理和类型

链传动是以链条作为中间挠性件，通过链条链节与链轮轮齿的啮合来传递运动和动力的，因此链传动是一种具有中间挠性件的啮合传动。

链条的种类很多，按用途不同可分为传动链、起重链和牵引链3种。传动链主要用于一般机械中传递运动和动力，应用较广；起重链主要用于起重机械中提升重物；牵引链主要用于链式输送机中移动重物。

传动链的主要类型有套筒滚子链(图9－1)和齿形链(图9－2)。两者相比，齿形链工作平稳，噪声小，承受冲击载荷能力强，但结构复杂，质量较大，成本较高，多用于高速或传动比大、精度要求高的场合。它有内导板式和外导板式两种，一般用内导板式。套筒滚子链结构简单，质量较轻，成本较低，应用最为广泛。本章主要介绍套筒滚子链的结构、运动特点和设计计算。

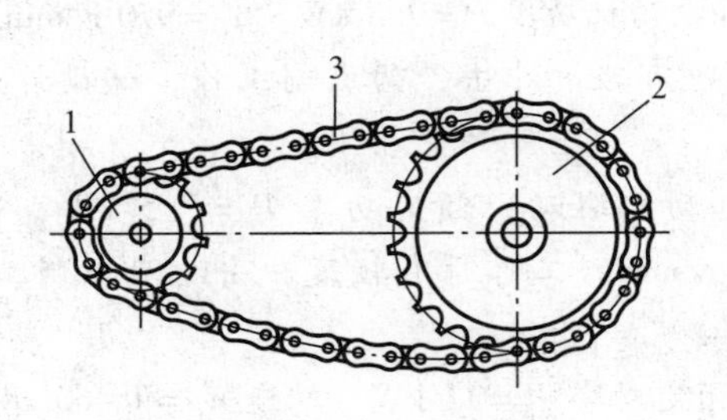

图9－1　链传动简图

1—主动链轮；2—从动链轮；3—链条

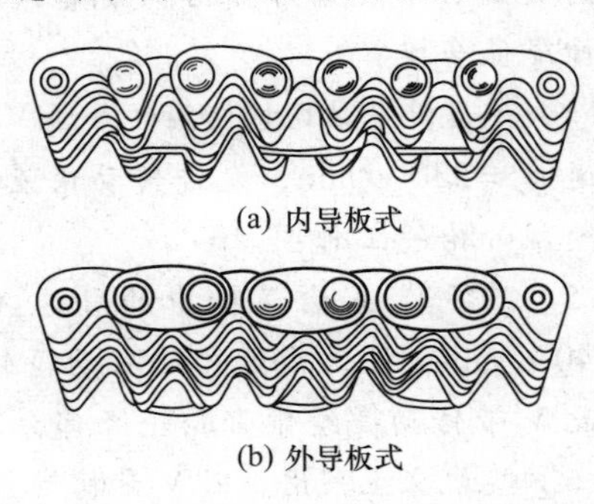

图9－2　齿形链

二、链传动的特点和应用范围

链传动的优点是：与带传动相比，①没有弹性滑动和打滑现象，故能保持准确的平均传动比；②张紧力小，轴与轴承所受载荷较小；③结构紧凑，传动可靠，传递圆周力大；④传动效率较高，在机构中应用更广泛。与齿轮传动相比，①适用于两轴中心距较大的传动，并能缓冲

吸振；②结构简单，成本低廉，安装精度要求低；③能在高温、潮湿、多尘、油污等恶劣环境下工作。链传动的缺点是：①链的瞬时速度和瞬时传动比不恒定，传动平稳性较差，工作时有冲击和噪声，不适于高速场合；②不适于载荷变化大和急速反转的场合；③链条铰链易于磨损，从而产生跳齿脱链现象；④只能用于传递平行轴间的同向回转运动。

因此链传动主要用于要求工作可靠、传动中心距较大、工作条件恶劣，但对传动平稳性要求不高的场合。目前，链传动所能传递的功率可达数千千瓦，链速可达 30 ~ 40 m/s，最高可达 60 m/s。润滑良好的链传动，传动效率为 97% ~ 98%，应用范围日趋扩大。

一般链传动的常用范围为：传递的功率 $P \leqslant 100$ kW；链速 $v \leqslant 15$ m/s；传动比 $i \leqslant 8$；中心距 $a \leqslant 5 \sim 6$ m。

第二节　滚子链的结构、标准和链轮结构

一、滚子链的结构和标准

1. 滚子链的结构

滚子链的结构如图 9 – 3 所示，它由内链板 1、外链板 2、销轴 3、套筒 4 和滚子 5 组成。其中，内链板与套筒、外链板与销轴分别采用过盈配合固连，形成内、外链节，销轴与套筒、套筒与滚子之间均采用间隙配合，组成两转动副，使相邻的内、外链节可以相对转动，使链条具有挠性。当链节与链轮轮齿啮合时，链条的啮入与啮出使套筒绕销轴自由转动，同时滚子沿链轮齿廓滚动，减轻了链条与轮齿的磨损。为了减轻链条的重量并使链板各横截面强度接近相等，内、外链板均制成“∞”字形。链条的各零件均由碳钢或合金钢制成，并经热处理以提高其强度和耐磨性。

滚子链上相邻两销轴中心间的距离称为链节距，用 p 表示，它是链传动的主要参数。节距越大，链条各部分的尺寸越大，所能传递的功率也越大，但重量也大，冲击和振动也随着增加。为了减小链传动的结构尺寸及动载荷，当传递的功率较大及转速较高时，可采用小节距的双排链或多排链（图 9 – 4），多排链的承载能力与排数成正比。但由于多排链制造和安装精度的影响，各排链受载不

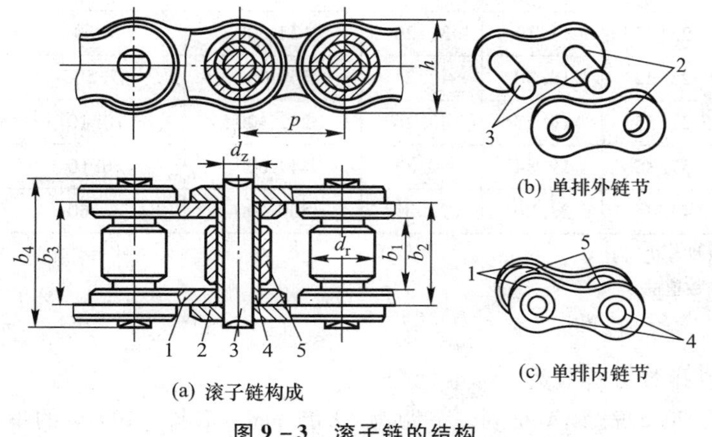

图 9 – 3　滚子链的结构

1—内链板；2—外链板；3—销轴；4—套筒；5—滚子

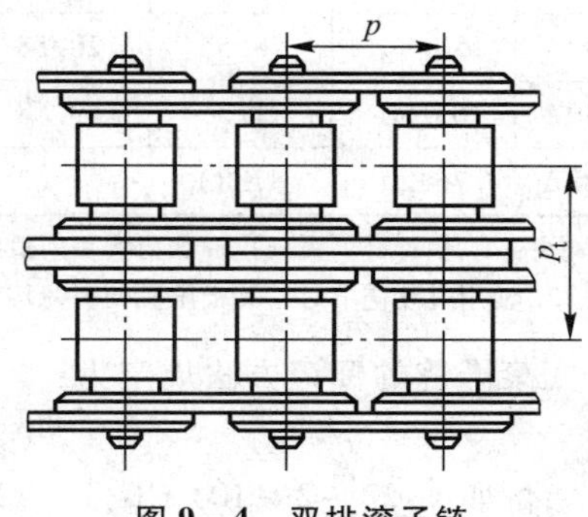

图 9 – 4　双排滚子链

易均匀，因此实际应用中一般不超过4排。相邻两排链条中心线之间的距离称为排距，用p_t表示。

滚子链的长度以链节数(节距p的倍数)来表示。当链节数为偶数时，接头处可用开口销(图9－5a)或弹性锁片(图9－5b)来固定。通常前者用于大节距链，后者用于小节距链。当链节数为奇数时，接头处需采用过渡链节(图9－5c)，过渡链节在链条受拉时，其链板要承受附加弯矩的作用，从而使其强度降低，因此在设计时应尽量避免采用奇数链节。

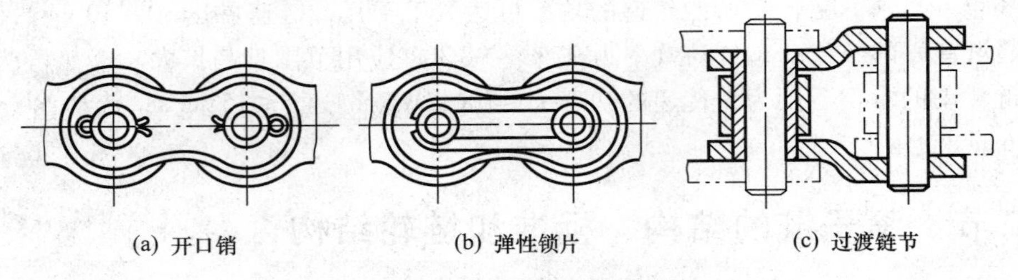
(a) 开口销　(b) 弹性锁片　(c) 过渡链节

图9－5　滚子链的接头形式

2. 滚子链的标准

目前我国使用的滚子链的标准为GB/T 1243—2006。根据使用场合和极限拉伸载荷的不同，滚子链分为A、B两个系列。A系列用于重载、高速和重要的传动，B系列用于一般传动。表9－1列出了国标规定的滚子链的主要参数、尺寸和极限拉伸载荷。其中链号乘以25.4/16 mm即为链节距p值。本章仅介绍最常用的A系列滚子链传动的设计计算。

表9－1　A系列滚子链的基本参数和尺寸(GB/T 1243—2006)

链号	节距 p/mm	排距 p_t/mm	滚子外径 d_r/mm	内链节内宽 b_1/mm	销轴直径 d_z/mm	内链板高度 h_2/mm	极限拉伸载荷(单排)F_{Qlim}/N	每米质量(单排) q/(kg/m)
08A	12.70	14.38	7.95	7.85	3.96	12.07	13 800	0.60
10A	15.875	18.11	10.16	9.40	5.08	15.09	21 800	1.00
12A	19.05	22.78	11.91	12.57	5.94	18.08	31 100	1.50
16A	25.40	29.29	15.88	15.75	7.92	24.13	55 600	2.60
20A	31.75	35.76	19.05	18.90	9.53	30.18	86 700	3.80
24A	38.10	45.44	22.23	25.22	11.10	36.20	124 600	5.60
28A	44.45	48.87	25.40	25.22	12.70	42.24	169 000	7.50
32A	50.80	58.55	28.58	31.55	14.27	48.26	222 400	10.10
40A	63.50	71.55	39.68	37.85	19.84	60.33	347 000	16.10
48A	76.20	87.83	47.63	47.35	23.80	72.39	500 400	22.60

注：1. 多排链的极限拉伸载荷按表列值乘以排数进行计算。
2. 使用过渡链节时，其极限拉伸载荷按表列数值的80%计算。

滚子链的标记方法规定为：

链号－排数×链节数　标准代号

例如：12A－2×100 GB/T　1243—2006表示A系列、节距为19.05 mm、双排、100节的滚子链。

二、链轮的结构和材料

链轮齿形已经标准化。设计时主要是确定其结构尺寸，合理地选择材料及热处理方法。

1. 链轮的基本参数及主要尺寸

链轮的基本参数是链条的节距 p、齿数 z、分度圆直径 d、滚子外径 d_r 及排距 p_t。链轮的主要尺寸及计算公式见表 9－2，其中分度圆是指链轮上销轴中心所处的被链条节距等分的圆。

表 9－2　链轮的主要尺寸及计算公式　mm

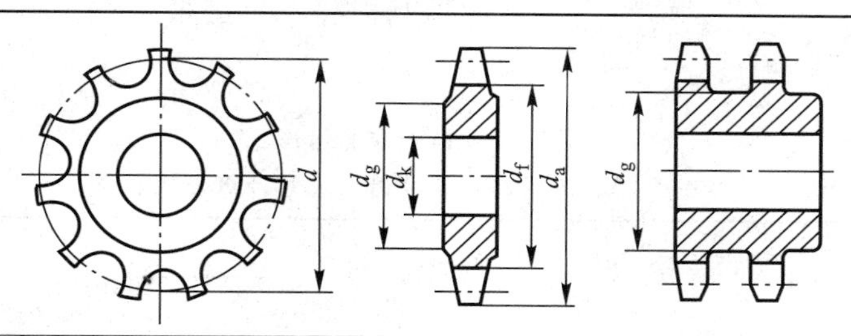

名　称	代号	计 算 公 式	备　注
分度圆直径	d	$d=p/\sin\dfrac{180^\circ}{z}$	
齿顶圆直径	d_a	$d_{amax}=d+1.25p-d_r$ $d_{amin}=d+\left(1-\dfrac{1.6}{z}\right)p-d_r$	可在 d_{amax}、d_{amin} 范围内任意选取，但选用 d_{amax} 时，应考虑采用展成法加工时有发生顶切的可能性
分度圆弦齿高	h_a	$h_{amax}=\left(0.625+\dfrac{0.8}{z}\right)p-0.5d_r$ $h_{amin}=0.5(p-d_r)$	h_a 是为简化放大齿形图的绘制而引入的辅助尺寸（图 9－6） h_{amax} 相当于 d_{amax} h_{amin} 相当于 d_{amin}
齿根圆直径	d_f	$d_f=d-d_r$	
齿侧凸缘（或排间槽）直径	d_g	$d_g\leqslant p\cot\dfrac{180^\circ}{z}-1.04h_2-0.76$ h_2——内链板高度	

注：d_a、d_g 值取整数，其他尺寸精确到 0.01 mm。

2. 链轮的齿形

链轮的齿形应便于链条顺利地进入啮合和退出啮合，不易脱链且便于加工。GB/T 1243—2006 规定了滚子链链轮的端面齿形有两种形式：双圆弧齿形（图 9－6b）和三圆弧一直线齿形（图 9－6c）。常用的为三圆弧一直线齿形，它由圆弧 $\widehat{aa}$、$\widehat{ab}$、$\widehat{cd}$ 和直线 bc 组成，$abcd$ 为齿廓工作段。各种链轮的实际端面齿形只要在最大、最小范围内都可用，如图 9－6a 所示。齿槽各部分尺寸的计算公式见表 9－3。

链轮的齿形用标准刀具加工，在其工作图上一般不绘制端面齿形，只需注明“齿形按 GB/T 1243—2006 规定制造”即可。但为了车削毛坯，需将轴向齿形画出，轴向齿形的具体尺寸见表 9－4。

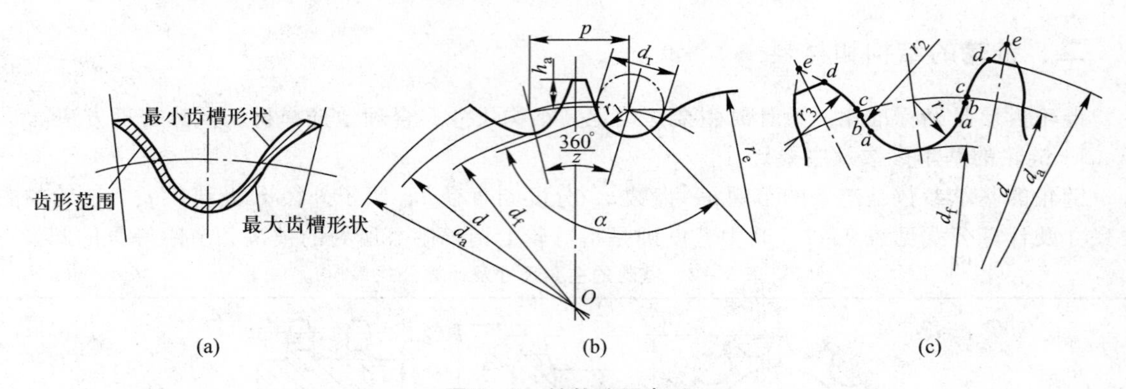

图 9-6 链轮端面齿形

表 9-3 滚子链链轮的齿槽尺寸计算公式

名称	代号	计算公式	
		最大齿槽形状	最小齿槽形状
齿面圆弧半径/mm	r_e	$r_{emin}=0.008d_r(z^2+180)$	$r_{emax}=0.12d_r(z+2)$
齿沟圆弧半径/mm	r_i	$r_{imax}=0.505d_r+0.069\sqrt[3]{d_r}$	$r_{imin}=0.505d_r$
齿沟角/(°)	α	$\alpha_{min}=120°-\frac{90°}{z}$	$\alpha_{max}=140°-\frac{90°}{z}$

表 9-4 链轮轴向齿廓尺寸

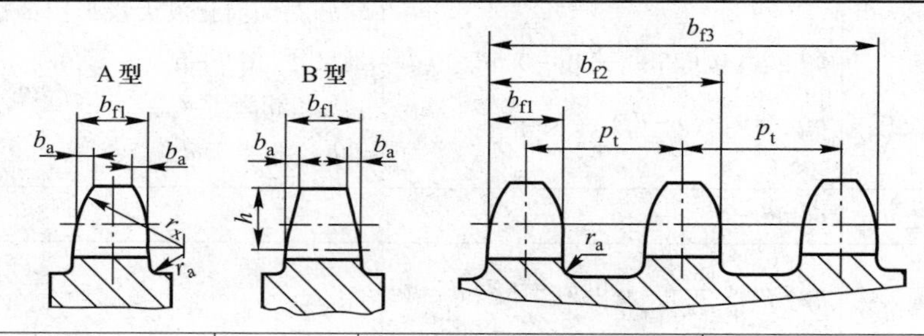

mm

名称		代号	计算公式		备注
			$p\leqslant12.7$	$p>12.7$	
齿宽	单排、双排、三排、四排以上	b_{f1}	$0.93b_1$ $0.91b_1$ $0.88b_1$	$0.95b_1$ $0.93b_1$ $0.93b_1$	$p>12.7$ mm 时，经制造厂同意亦可使用 $p\leqslant12.7$ mm 时的齿宽 b_1——内链节内宽(表 9-1)
倒角宽		b_a	$b_a=(0.1\sim0.15)p$		
倒角半径		r_x	$r_x\geqslant p$		
倒角深		h	$h=0.5p$		仅适用于 B 型
齿侧凸缘(或排间槽)圆角半径		r_a	$r_a\approx0.04p$		
链轮齿总宽		b_{fn}	$b_{fn}=(n-1)p_t+b_{f1}$		n——排数

3. 链轮的结构

链轮的结构如图 9－7 所示。小直径的链轮可采用整体式结构(图 9－7a)；中等尺寸的链轮可采用孔板式结构(图 9－7b)；大直径的链轮(d＞200 mm)常采用组合结构，以便更换齿圈；组合方式可为焊接(图 9－7c)，也可为螺栓连接(图 9－7d)。轮毂部分尺寸可参照带轮确定。

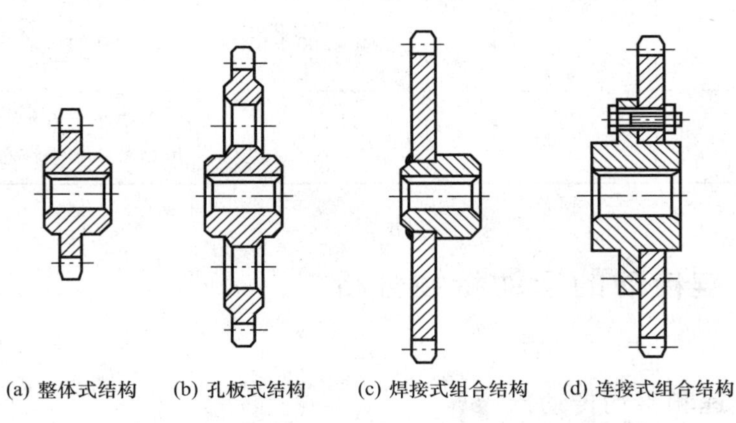

(a) 整体式结构　(b) 孔板式结构　(c) 焊接式组合结构　(d) 连接式组合结构

图 9－7　链轮的结构

4. 链轮的材料

链轮的材料应保证轮齿具有足够的强度和耐磨性。在低速、轻载和平稳的传动中，链轮材料可采用中碳钢；中速、中载传动，也可用中碳钢，但需齿面淬火使其硬度大于 40 HRC；在高速重载且连续工作的传动中，最好采用低碳合金钢齿面渗碳淬火(如采用 15Cr、20Cr 淬硬至 50～60 HRC)，或用中碳钢齿面淬火，淬硬至 40～45 HRC。

由于小链轮齿数少，啮合次数多，磨损、冲击比大链轮严重，所以小链轮材料及热处理要比大链轮的要求高。链轮常用材料及应用范围见表 9－5。

表 9－5　链轮常用材料及应用范围

材　料	热 处 理	热处理后硬度	应 用 范 围
15、20	渗碳、淬火、回火	50～60 HRC	$z \leqslant 25$，有冲击载荷的主、从动链轮
35	正火	160～200 HBW	在正常工作条件下，齿数较多($z>25$)的链轮
40、50、ZG310－570	淬火、回火	40～50 HRC	无剧烈振动及冲击的链轮
15Cr、20Cr	渗碳、淬火、回火	50～60 HRC	有动载荷及传递较大功率的重要链轮($z<25$)
35SiMn、40Cr、35CrMo	淬火、回火	40～50 HRC	使用优质链条、重要的链轮

续表

材料	热处理	热处理后硬度	应用范围
Q235	焊接后退火	140 HBW	中等速度、传递中等功率的较大链轮
普通灰铸铁（不低于HT150）	淬火、回火	260 ~ 280 HBW	$z_2 > 50$ 的从动链轮
夹布胶木	—	—	功率小于 6 kW、速度较高、要求传动平稳和噪声小的链轮

第三节　链传动的运动特性分析

一、平均链速和平均传动比

链条由若干个链节组成，每个链节可视为刚性体。当链条与链轮啮合时，链条呈多边形分布在链轮上，因此链传动相当于一对多边形轮之间的传动。该多边形的边长就是链节距 p，边数就是链轮的齿数 z。由于链轮每转过一周时链条转过的长度为 zp，所以链条的平均速度 v(m/s)为

$$v = \frac{z_1 p n_1}{60 \times 1\,000} = \frac{z_2 p n_2}{60 \times 1\,000} \tag{9-1}$$

由上式可求得链传动的平均传动比为

$$i = \frac{n_1}{n_2} = \frac{z_2}{z_1} \tag{9-2}$$

式中，z_1、z_2 分别为主、从动链轮的齿数；n_1、n_2 分别为主、从动链轮的转速，单位为 r/min。

二、瞬时链速和瞬时传动比

实际上由于链条绕在链轮上呈多边形，因此即使主动链轮以等角速度 ω_1 转动，其瞬时链速、从动轮的瞬时角速度 ω_2 和瞬时传动比都是变化的，并按每一链节啮合的过程作周期性变化。

如图 9－8 所示，为了便于分析，设链传动时链的紧边(上边)始终处于水平位置。当链节 AB 进入啮合时，销轴 A 开始随主动链轮作等速圆周运动，其圆周速度 $v_A = r_1\omega_1$，$\boldsymbol{v}_A$ 可分解为沿链条前进方向的水平分量 $\boldsymbol{v}_x$ 和 垂直链条前进方向的垂直分量 $\boldsymbol{v}_{y1}$，其值为

$$v_x = r_1\omega_1\cos\beta$$

$$v_{y1} = r_1\omega_1\sin\beta$$

其中水平分量 $\boldsymbol{v}_x$ 即为链条在该点的瞬时速度。式中，β 为主动轮上销轴 A 和轮心 O_1 的连线与过 O_1 点垂线的夹角。

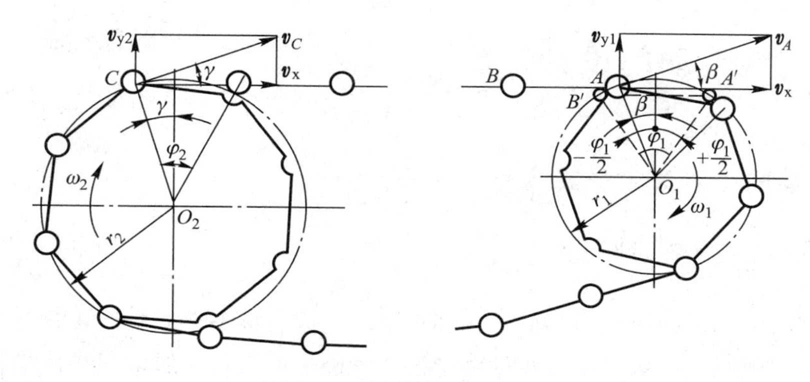

图 9－8　链传动的速度分析

由图 9－8 可知，链条的链节在主动轮上对应的中心角为 φ_1（即 $360°/z_1$），每一销轴从进入啮合到脱离啮合，β 角在 $\pm\varphi_1/2$（即 $\pm180°/z_1$）的范围内作周期性变化。当 $\beta=0$ 时，链速最大，$v_x=v_{xmax}=r_1\omega_1$；当 $\beta=\pm180°/z_1$ 时，链速最小，$v_x=v_{xmin}=r_1\omega_1\cos(180°/z_1)$。

根据以上分析可知，在链节 AB 的啮合过程中，主动轮虽以等角速度 ω_1 转动，但链条的瞬时速度却周期性地由小变大，又由大变小。每转过一个链节，链速的这种变化就重复一次。当链轮的齿数越少，链节距越大时，β 角的变化范围就越大，链速的不均匀性也就越显著。

同理，每一链节在与从动链轮轮齿啮合的过程中，从动轮位置角 γ 也在 $\pm180°/z_2$ 的范围内不断变化，所以从动轮的角速度 ω_2 也是变化的。由图可知，$v_x=r_2\omega_2\cos\gamma$，所以

$$\omega_2=\frac{v_x}{r_2\cos\gamma}=\frac{r_1\omega_1\cos\beta}{r_2\cos\gamma}$$

将上式整理后可得链传动的瞬时传动比为

$$i_s=\frac{\omega_1}{\omega_2}=\frac{r_2\cos\gamma}{r_1\cos\beta} \tag{9-3}$$

由于 β 角和 γ 角的不断变化，所以链传动的瞬时传动比也是不断变化的。

同理在垂直于链条前进方向上的分速度 $v_{y1}=r_1\omega_1\sin\beta$，$v_{y2}=r_2\omega_2\sin\gamma$ 也作周期性变化，它将使链条上下抖动。

三、链传动中的附加动载荷

链传动在工作时引起的动载荷主要由下列原因产生：①因链速和从动链轮转速的周期性变化而产生的附加动载荷。链轮转速越高，链节距越大，齿数越少，则动载荷越大。②链条沿垂直方向分速度 v_y 的周期性变化，将引起链条作有规律的上下振动，产生垂直方向的动载荷。③链条进入链轮的瞬间，链节与链轮轮齿的相对速度，也将引起冲击并形成附加动载荷，产生振动和噪声。

链传动中链速的波动，传动比的不稳定，以及动载荷的存在，其根本原因是链绕在链轮上呈多边形所致，故称为链传动的多边形效应，这是链传动的固有特性。

另外，由于链和链轮的制造误差、安装误差，链条的松动下垂，在起动、制动、反转和载荷突变等情况下出现的惯性冲击，也将使链传动产生很大的动载荷。

第四节　链传动的设计计算

一、链传动的主要失效形式

链传动的失效形式主要有以下几种。

1. 链条的疲劳破坏

链条在工作时，不断地由松边到紧边作环形绕转，因此链条在变应力状态下工作。当应力循环次数达到一定值时，链条中某一零件将产生疲劳破坏而失效。通常润滑良好且工作速度较低时，链板首先发生疲劳断裂；高速时，套筒或滚子表面将会出现疲劳点蚀和疲劳裂纹。此时，疲劳强度是限定链传动承载能力的主要因素。

2. 链条铰链的磨损

链条在工作时，销轴和套筒不仅承受较大的压力，而且又有相对运动，因而将引起铰链的磨损。磨损后使链节距增大，动载荷增加，链与链轮的啮合点将外移，最终将导致跳齿或脱链。磨损是开式链传动的主要失效形式。

3. 销轴与套筒的胶合

润滑不良或速度过高的链传动，链节啮合时受到很大的冲击，使销轴与套筒之间的油膜遭到破坏，两者的金属表面直接接触，由摩擦产生的热量增加，进而导致两者的工作表面发生胶合。胶合在一定程度上限制了链传动的极限转速。

4. 滚子与套筒的冲击疲劳破坏

链条与链轮啮合时将产生冲击，速度越高，冲击越大。另外，反复起动、制动或反转时，也将引起冲击载荷，使滚子和套筒发生冲击断裂。

5. 链条的静力拉断

低速($v<0.6$ m/s)重载或严重过载时，常因链条的静力强度不足而导致链条的过载拉断。

二、链传动的功率曲线图

1. 极限功率曲线

链传动的各种失效形式都在一定条件下限制了链传动的承载能力。在一定条件下对链传动分别进行大量试验，测得各种失效形式限定的功率与转速之间的关系曲线，称为极限功率曲线，如图 9－9 所示。

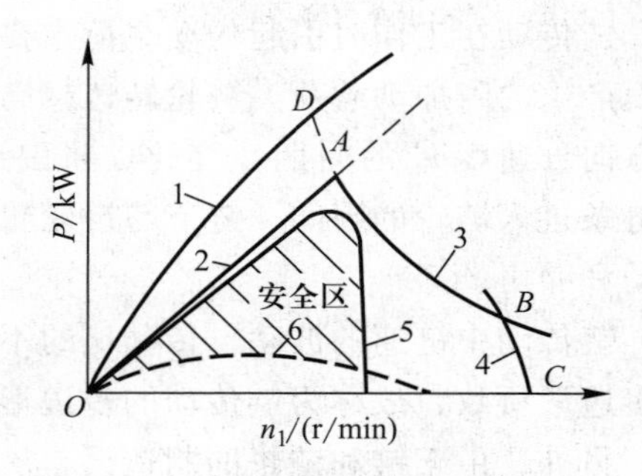

图 9－9　滚子链的极限功率曲线图

图 9－9 中，曲线 1 为正常润滑条件下，由磨损限定的极限功率曲线；曲线 2 为链板疲劳强度限定的极限功率曲线；曲线 3 为套筒、滚子冲击疲劳强度限定的极限功率曲线；曲线 4 是销轴和套筒的胶合限定

的极限功率曲线。封闭区域 $OABC$ 是链条在各种条件下容许传递的极限功率曲线，又称“帐篷曲线”。为了保证链传动可靠地工作，取修正曲线 5 作为额定功率曲线。考虑到安全裕度，将图中阴影部分作为实际使用区域。虚线 6 为润滑条件恶劣时磨损限定的极限功率曲线，此时极限功率很低，链传动潜在功率未发挥，应予以避免。

2. 额定功率曲线

图 9-10 所示为 A 系列滚子链的额定功率曲线图，它表明了链传动所能传递的额定功率 P_0、小链轮转速 n_1 和链号三者之间的关系，是计算滚子链传动能力的依据。图中各曲线是在 $z_1=19$、$i=3$、$L_p=100$、单排滚子链、水平布置、载荷平稳、按推荐的润滑方式、满负荷连续运转 15 000 h 和链节因磨损而引起的相对伸长量不超过 3% 的试验条件下绘制的。

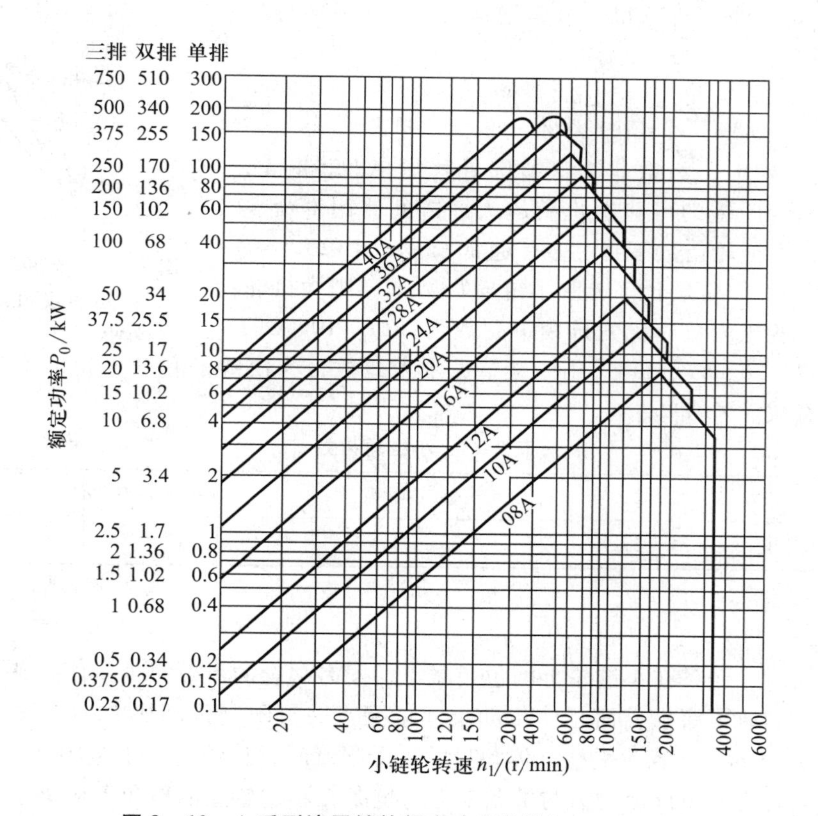

图 9-10 A 系列滚子链的额定功率曲线($v>0.6$ m/s)

若润滑不良或不能采用推荐的润滑方式时，应将图中规定的 P_0 降至下列数值：

当 $v\leqslant 1.5$ m/s 时，降至$(0.3\sim0.6)P_0$；

当 1.5 m/s $<v<7$ m/s 时，降至$(0.15\sim0.3)P_0$；

当 $v>7$ m/s 时，润滑不良时，则传动不可靠，不宜采用。

若实际使用条件与上述特定试验条件不符时，则用修正系数加以修正。

三、链传动的主要参数选择

1. 链轮齿数

链轮齿数不宜过少或过多。当齿数 z_1 过少时，虽可减小外廓尺寸，但将使传动的不均匀性和动载荷增大，链的工作拉力也随着增大，从而加速了链条磨损。一般最少齿数为 $z_1=17$，高速、重载时取 $z_1 \geqslant 21$。

当齿数 z_1 过多时，将使大链轮齿数 z_2 更多，除了增大传动尺寸外，也易因链条节距的增长而发生跳齿脱链现象，如图 9－11 所示。设链条磨损后节距 p 的增量为 Δp，相应的节圆直径 d 增大 Δd，经分析可得，节距增量 Δp 与节圆外移量 Δd 有如下关系

$$\Delta d=\frac{\Delta p}{\sin(180°/z)}$$

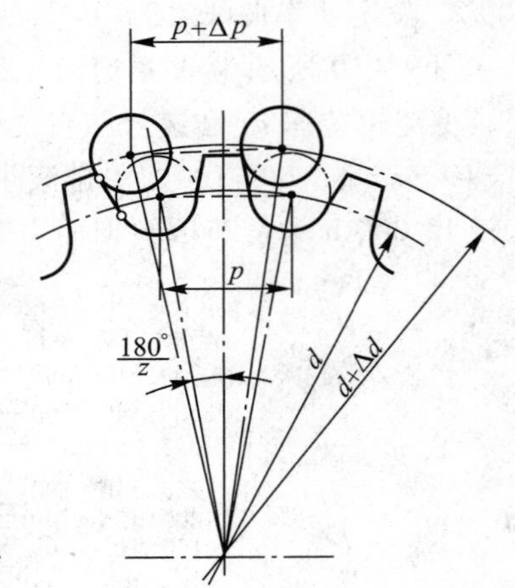

图 9－11　节距增量与节圆外移量的关系

可见，Δp 一定时，齿数越多，节圆外移量 Δd 就越大，链节就越向外移，脱链的可能性也就越大，链的使用寿命也就越短。因此，大链轮齿数不宜过多，通常 $z_2=iz_1 \leqslant 120$。

通常由表 9－6 按传动比 i 选取小链轮齿数 z_1，则大链轮齿数为 $z_2=iz_1$。链轮齿数应优先选用下列数列：17、19、21、23、25、38、57、76、95、114。由于链节数常为偶数，为使链条和链轮轮齿均匀磨损，链轮齿数最好取为奇数。

表 9－6　小链轮齿数 z_1

传动比 i	1～2	3～4	5～6	>6
z_1	31～27	25～23	21～17	17

2. 传动比 i

传动比过大时，链条在小链轮上的包角减小，同时啮合的齿数减少，使链条和轮齿受到的单位压力增加，加速了磨损，而且使传动尺寸增大。一般限制传动比 $i \leqslant 7$，推荐 $i=2 \sim 3.5$。但当传动速度 $v<3$ m/s，载荷平稳，传动尺寸不受限制时，传动比 i 可达 10。

为了保证同时有 3 个以上的齿与链条啮合，链条在小链轮上的包角不应小于 120°。为了控制链传动的动载荷与冲击噪声，链速一般限制为 $v \leqslant 12 \sim 15$ m/s。

3. 链节距 p

链节距越大，承载能力越高，但传动的不平稳性、动载荷和噪声也就越大。因此设计时，在保证足够承载能力的条件下尽量选用小节距链。其一般选用原则是：①低速、重载时选用大节距；高速、轻载时选用小节距；高速、重载时选用小节距多排链。②从经济性考虑，中心距小，传动比大时，选用小节距多排链；中心距大，传动比小时，选用大节距单排链。

4. 中心距 a

当链速一定时，中心距减小，链条绕转次数增多，加速了链的磨损与疲劳；同时小链轮上的包角小，使链和链轮同时啮合的齿数减少，单个链齿受载增大，加剧了磨损，而且易跳齿和脱链。中心距大时，链节数增多，弹性好，吸振能力强，使用寿命长。但当中心距太大时，会引起从动边垂度过大，造成从动边上下振动加剧，使传动不平稳。所以对中心距的范围需加以限制，一般取 $a=(30\sim50)p$，设计时可初选 $a\approx40p$，最大取 $a_{max}=80p$，当有张紧轮装置或有托板时可取 a 大于 $80p$。最小中心距为

$$i\leqslant3\text{ 时，}a_{min}=1.2(d_{a1}+d_{a2})/2+(20\sim30)\ \text{mm}$$

$$i>3\text{ 时，}a_{min}=\frac{9+i}{10}\frac{(d_{a1}+d_{a2})}{2}$$

式中，d_{a1}、d_{a2}分别为主、从动链轮顶圆直径，单位为 mm。

四、链传动的设计计算方法

设计的已知条件：传动用途、工作情况、原动机种类、传递功率、链轮转速以及对结构尺寸的要求等。

设计的内容包括：确定链轮齿数、链节距、链条排数、链节数、传动中心距、材料和结构尺寸、作用在轴上的压力及选择润滑方式等。

按链传动的速度一般可分为：低速链传动，$v<0.6$ m/s；中速链传动，$v=0.6\sim8$ m/s；高速链传动，$v>8$ m/s。低速链传动通常按静强度设计；中、高速链传动则按功率曲线设计。

1. 中高速链传动的设计步骤

（1）确定链轮齿数 z_1、z_2。

根据表 9－6 确定小链轮齿数 z_1，由 $z_2=iz_1$ 算出大链轮齿数。

（2）确定链节距 p 和排数。

选用链节距 p 的根据是额定功率曲线图（图 9－10）。由于链传动的实际工作条件与试验情况一般不同，因此应按实际工作条件对所要传递的功率 P 进行修正，修正后的传递功率就是设计功率，即

$$P_d=K_AK_zP \tag{9-4}$$

式中，P 为链传动所需传递的额定功率，单位为 kW；K_A 为工作情况系数，见表 9－7；K_z 为小链轮齿数系数，考虑 $z_1\neq19$ 时的修正系数，见表 9－8。

链传动设计计算中，其承载能力应满足的条件为：$P_d\leqslant P_0$（图 9－10 所列链传动的额定功率）。

根据 $P_d\leqslant P_0$ 和 n_1 由图 9－10 选择链号从而确定链节距 p。注意：坐标点（n_1，P_d）应落在所选链条功率曲线顶点的左侧范围内，这样链条工作能力最高。若坐标点落在顶点右侧，则可改选小节距的多排链，使坐标点落在较小节距链的功率曲线顶点左侧。

表 9-7 工作情况系数 K_A

工作机		原动机		
		转动平稳	轻微振动	中等振动
		电动机、汽轮机，装有液力变矩器的内燃机	四缸或四缸以上内燃机	少于四缸的内燃机
平稳转动	离心泵和压缩机、印刷机、输送机、纸压光机、液体搅拌机、自动电梯和风扇	1.0	1.0	1.3
中等振动	多缸泵和压缩机、水泥搅拌机、压力机、剪床、载荷非恒定输送机、固体搅拌机和球磨机	1.4	1.5	1.7
严重振动	刨煤机、电铲、轧机、橡皮加工机、单缸泵和压缩机和石油钻机	1.8	1.9	2.1

表 9-8 小链轮齿数系数 K_z

z_1	10	11	12	13	14	15	16	17	18	19	20	25	30	35	40	45
K_z	1.95	1.75	1.6	1.45	1.35	1.27	1.17	1.1	1.04	1	0.94	0.74	0.6	0.51	0.45	0.4

（3）校核链速 v。

由式(9-1)计算链速 $$v=\frac{z_1pn_1}{60\times1\ 000}=\frac{z_2pn_2}{60\times1\ 000}$$

一般不超过 15 m/s。

（4）初选中心距 a_0 及确定链节数 L_p。

一般初选中心距 $a_0=(30\sim50)p$，推荐取 $a_0=40p$，若对安装空间有限制，则应根据具体要求选取。

根据初选的中心距 a_0，可按下式计算链节数

$$L_{p0}=\frac{2a_0}{p}+\frac{z_1+z_2}{2}+\left(\frac{z_2-z_1}{2\pi}\right)^2\frac{p}{a_0} \tag{9-5}$$

计算所得的 L_{p0} 应圆整为整数，为了避免使用过渡链节，链节数 L_p 最好取为偶数。

（5）确定链传动的实际中心距 a。

选定链节数 L_p 之后，可按下列情况计算实际中心距 a。

① 两链轮齿数相同时，$z_1=z_2=z$

$$a=\frac{L_p-z}{2}p \tag{9-6}$$

② 两链轮齿数不同时，

$$a=[2L_p-(z_1+z_2)]K_a p \tag{9-7}$$

式中，K_a 为具有不同齿数的两链轮中心距的计算系数，见表 9-9。

表 9-9　具有不同齿数的两链轮中心距的计算系数 K_a

$\frac{L_p-z_1}{z_2-z_1}$	K_a	$\frac{L_p-z_1}{z_2-z_1}$	K_a	$\frac{L_p-z_1}{z_2-z_1}$	K_a
13	0.249 91	2.00	0.244 21	1.33	0.229 68
12	0.249 90	1.95	0.243 80	1.32	0.229 12
11	0.249 88	1.90	0.243 33	1.31	0.228 54
10	0.249 86	1.85	0.242 81	1.30	0.227 93
9	0.249 83	1.80	0.242 22	1.29	0.227 29
8	0.249 78	1.75	0.241 56	1.28	0.226 62
7	0.249 70	1.70	0.240 81	1.27	0.225 93
6	0.249 58	1.68	0.240 48	1.26	0.225 20
5	0.249 37	1.66	0.240 13	1.25	0.224 43
4.8	0.249 31	1.64	0.239 77	1.24	0.223 61
4.6	0.249 25	1.62	0.239 38	1.23	0.222 75
4.4	0.249 17	1.60	0.238 97	1.22	0.221 85
4.2	0.249 07	1.58	0.238 54	1.21	0.220 90
4.0	0.248 96	1.56	0.238 07	1.20	0.219 90
3.8	0.248 83	1.54	0.237 58	1.19	0.218 84
3.6	0.248 68	1.52	0.237 05	1.18	0.217 71
3.4	0.248 49	1.50	0.236 48	1.17	0.216 52
3.2	0.248 25	1.48	0.235 88	1.16	0.215 26
3.0	0.247 95	1.46	0.235 24	1.15	0.213 90
2.9	0.247 78	1.44	0.234 55	1.14	0.212 45
2.8	0.247 58	1.42	0.233 81	1.13	0.210 90
2.7	0.247 35	1.40	0.233 01	1.12	0.209 23
2.6	0.247 08	1.39	0.232 59	1.11	0.207 44
2.5	0.246 78	1.38	0.232 15	1.10	0.205 49
2.4	0.246 43	1.37	0.231 70	1.09	0.203 36
2.3	0.246 02	1.36	0.231 23	1.08	0.201 04
2.2	0.245 52	1.35	0.230 73	1.07	0.198 48
2.1	0.244 93	1.34	0.230 22	1.06	0.195 64
2.0	0.244 21	1.33	0.229 68		

为了便于安装链条和调节链的张紧程度，中心距一般应设计成可调节的，实际安装中心距 a' 应比计算值小 0.2%～0.4%。若中心距不可调节时，为了保证链条适当的初垂度，实际安装中心距应比计算中心距 a 小 2～5 mm。

（6）计算作用在链轮轴上的压力 F_Q。

链传动的有效圆周力 F_e（单位为 N）为

$$F_e = 1\ 000\ P/v \tag{9-8}$$

式中，P 为链传动传递的功率，单位为 kW；v 为平均链速，单位为 m/s。

链条作用在链轮轴上的压力 F_Q 可近似取为

$$F_Q \approx (1.2 \sim 1.3) F_e = 1\ 000 \times (1.2 \sim 1.3) P/v \tag{9-9}$$

当有冲击和振动时应取最大值。

2. 低速链传动的静强度计算

对于低速链传动（$v < 0.6$ m/s），其主要失效形式是链条受静力拉断，故应进行静强度校核。静强度安全系数应满足下式要求

$$S = \frac{F_{Q\lim}}{K_A F_1} \geqslant 4 \sim 8 \tag{9-10}$$

式中，S 为链的抗拉静力强度的计算安全系数；$F_{Q\lim}$ 为链的极限拉伸载荷，单位为 N，见表 9-1；K_A 为工作情况系数，见表 9-7；F_1 为链的紧边工作拉力，单位为 N，可近似用有效圆周力 F_e 代替。

当链速略小于 0.6 m/s 时，对于润滑不良、从动件惯性较大，又用于重要场合的链传动，建议安全系数取较大值。

第五节 链传动的布置、张紧和润滑

一、链传动的布置

链传动的布置是否合理，对传动的工作能力及使用寿命都有较大的影响。合理的布置方式是：链传动的两轴应平行，两链轮应位于同一平面内；一般宜采用水平或接近水平的布置，并使松边在下，以防松边下垂量过大时，使链条与链轮轮齿发生干涉或松边与紧边相碰。表 9-10 列出了不同条件下链传动的布置简图，具体设计时可参考。

表 9-10 链传动的布置

传动参数	正确布置	不正确布置	说明
$i=2\sim3$ $a=(30\sim50)p$ （i 与 a 较佳场合）	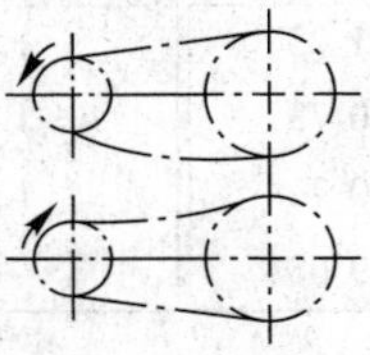		两轮轴线在同一水平面，紧边在上、在下都可以，但在上好些
$i>2$ $a<30p$ （i 大、a 小场合）	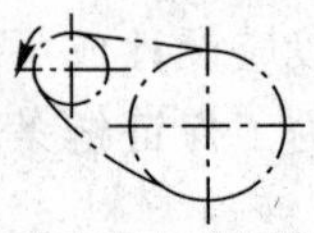	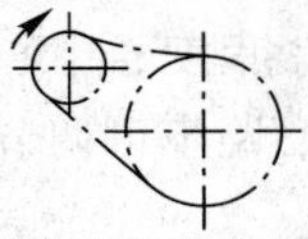	两轮轴线不在同一水平面，松边应在下面，否则松边下垂量增大后，链条易与链轮卡死

续表

传动参数	正确布置	不正确布置	说明
$i<1.5$ $a>60p$ （i 小、a 大场合）			两轮轴线在同一水平面，松边应在下面，否则下垂量增大后，松边会与紧边相碰，需经常调整中心距
i、a 为任意值 （垂直传动场合）			两轮轴线在同一铅垂面内，下垂量增大，会减少下链轮的有效啮合齿数，降低传动能力，为此应采用： ① 中心距可调 ② 设张紧装置 ③ 上、下两轮偏置，使两轮的轴线不在同一铅垂面内

二、链传动的安装

为了保证链传动良好的啮合，两链轮轴线应平行，使链轮在同一垂直平面内旋转。安装时，应使两轮中心平面的轴向误差 $\Delta e \leqslant 0.002a$（$a$ 为中心距），两轮旋转平面间的夹角 $\Delta\theta \leqslant 0.006$ rad，如图 9－12 所示。若误差过大，易导致脱链和增加磨损。

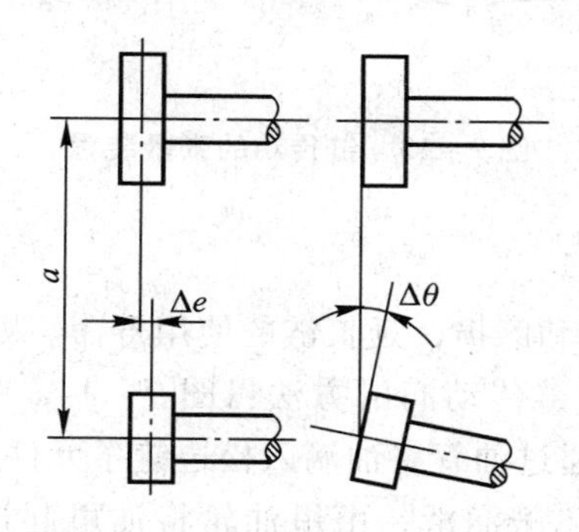

图 9－12　链传动的安装误差

三、链传动的张紧

链传动张紧的目的，是为了避免链条垂度过大时产生啮合不良或振动过大。但若过分张紧又会加速链条的磨损，降低使用寿命。一般用下垂量来控制张紧程度，下垂量 f 应介于最小值

f_{min}和最大值f_{max}之间。一般取$f_{min}=(0.015\sim0.02)a$（a为中心距），$f_{max}=2f_{min}$（对A系列链）。

张紧的方法有：①对中心距可调的链传动，可通过调整中心距来控制张紧程度；②对中心距不可调的链传动，可通过去掉1～2个链节的方法重新张紧；③对中心距不可调的链传动，还可采用张紧轮张紧。张紧轮为链轮或带挡边的圆柱辊轮，其直径可与小链轮分度圆直径d_1相似或取为$(0.6\sim0.7)d_1$，宽度应比链宽5 mm左右。一般压紧在松边靠近小链轮四倍节距处，如图9－13a、b、d所示。④加支撑链轮或用托板、压板张紧，适用于中心距$a>(30\sim50)p$的链传动，如图9－13c、e所示。

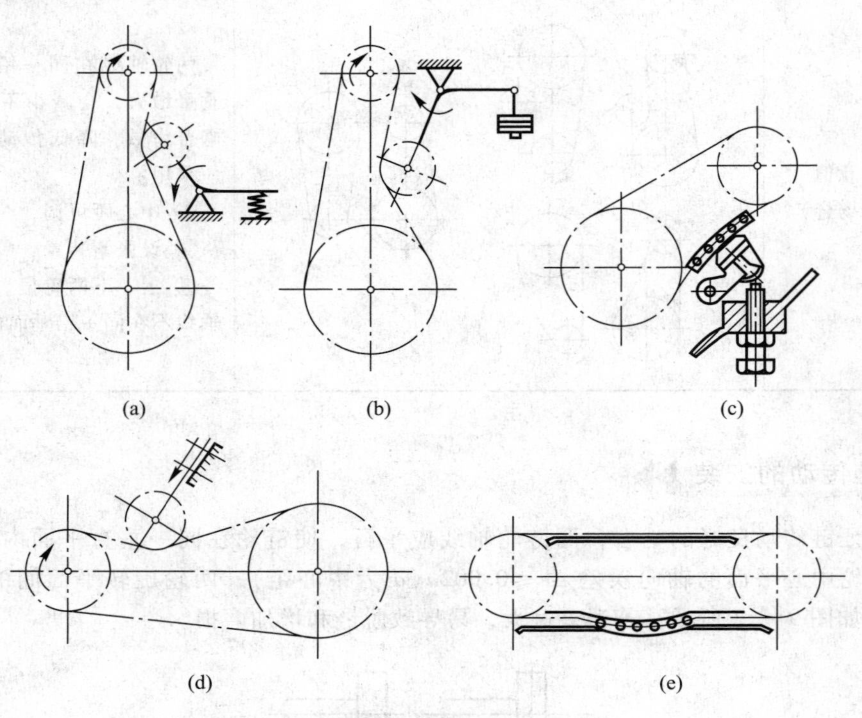

图9－13　链传动的张紧装置

四、链传动的润滑

良好的润滑有利于减少摩擦和磨损，延长链的使用寿命。因此，润滑对链传动是必不可少的。图9－14所示为几种常见的链传动润滑方法：图9－14a为用油刷或油壶人工定期润滑；图9－14b为滴油润滑，用油杯通过油管将油滴入松边链条元件各摩擦面间；图9－14c为浸入油池的油浴润滑；图9－14d为飞溅润滑，由甩油轮将油甩起进行润滑；图9－14e为压力润滑，润滑油由油泵连续供油经油管喷在链条上，循环的润滑油还可起到冷却作用。推荐的具体润滑方式根据链速v和链节距p由图9－15选定。

链传动常用的润滑油有L－AN32，L－AN46和L－AN68全损耗系统用油，当温度低时取黏度低者。对于开式或低速重载传动，可在油中加入MoS_2、WS_2等添加剂，以提高润滑效果。润滑油应加于松边，使其便于渗入各运动接触面。

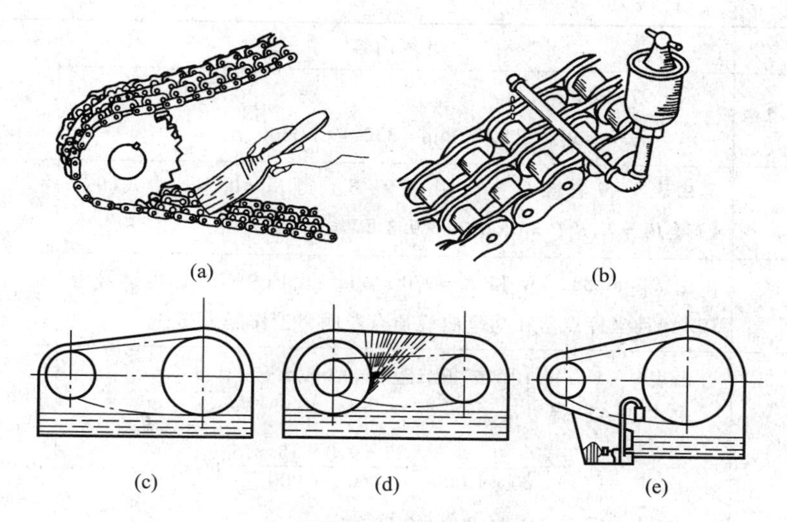

图 9-14 链传动的润滑

开式传动和不易润滑的链传动，可定期拆下用煤油清洗。干燥后将链浸入 70～80 ℃润滑油中，待铰链间隙充满油后安装使用。

通常链传动用防护罩或链条箱封闭，既可以防尘又能减小噪声，并起到安全防护作用。

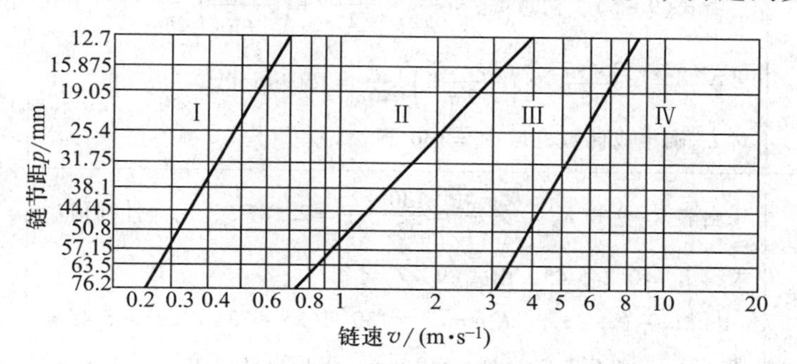

图 9-15 推荐的润滑方式

Ⅰ—人工定期润滑；Ⅱ—滴油润滑；Ⅲ—油浴或飞溅润滑；Ⅳ—压力喷油润滑

例 设计一拖动某带式输送机的滚子链传动。已知传递的功率为 $P=9.3$ kW，转速 $n_1=970$ r/min，传动比 $i=2.9$，工作载荷平稳，链传动中心距不应小于 550 mm，要求中心距可调整。

解 列表给出本题设计计算过程和设计结果。

计算项目	计算内容	计算结果
1. 链轮齿数 z_1、z_2	根据 $i=2.9$，查表 9-6，取 $z_1=25$，$z_2=i\ z_1=2.9\times25=72.5$，取 $z_2=73<120$	$z_1=25$ $z_2=73$
2. 实际传动比	$i'=\dfrac{z_2}{z_1}=\dfrac{73}{25}=2.92$	$i'=2.92$

续表

计算项目	计算内容	计算结果
3. 链轮转速	$n_1=970$ r/min $n_2=n_1/i'=970/2.92$ r/min $=332.19$ r/min	$n_1=970$ r/min $n_2=332.19$ r/min
4. 设计功率	由表 9-7 查得 $K_A=1$；由表 9-8 查得 $K_z=0.74$，由式(9-4)得 $P_d=K_AK_zP=1\times0.74\times9.3$ kW $=6.882$ kW	$P_d=6.882$ kW
5. 选用链条	由 $P_d=6.882$ kW 和 $n_1=970$ r/min，由图 9-10 选得链号为 10A，且坐标点落在功率曲线顶点左侧，工作能力高	选用 10A 滚子链
6. 验算链速	由表 9-1 查得 10A 链条节距 $p=15.875$ mm 由式(9-1)得 $v=\dfrac{z_1n_1p}{60\times1\ 000}=\dfrac{25\times970\times15.875}{60\times1\ 000}$ m/s $=6.42$ m/s <8 m/s 为中速传动	$p=15.875$ mm $v=6.42$ m/s
7. 初选中心距 a_0	初定中心距 $a_0=(30\sim50)p$，取 $a_0=40p$	
8. 确定链节数 L_p	由式(9-5)，初算 $L_{p0}=\dfrac{2a_0}{p}+\dfrac{z_1+z_2}{2}+\left(\dfrac{z_2-z_1}{2\pi}\right)^2\dfrac{p}{a_0}$ $=\dfrac{2\times40p}{p}+\dfrac{25+73}{2}+\left(\dfrac{73-25}{2\pi}\right)^2\dfrac{p}{40p}=130.45$ 节 对 L_{p0} 圆整成偶数，取 $L_p=130$ 节	$L_p=130$ 节
9. 理论中心距 a	由表 9-9 查 K_a：$\dfrac{L_p-z_1}{z_2-z_1}=\dfrac{130-25}{73-25}=2.187\ 5$，用线性插值法求得 $K_a=0.245\ 45$，由式(9-7)可得 $a=[2L_p-(z_1+z_2)]K_ap=[2\times130-(25+73)]\times0.245\ 45\times15.875$ mm $=631.24$ mm >550 mm，满足设计要求	$a=631.24$ mm
10. 实际中心距 a'	$a'=a-\Delta a$，Δa 常取为$(0.2\%\sim0.4\%)a$，取 $\Delta a=0.3\%a$ 则 $a'=631.24$ mm $-0.3\%\times631.24$ mm $=629.34$ mm	$a'=629.34$ mm
11. 作用在轴上的力 F_Q	由式(9-9)得 $F_Q=1\ 000\times(1.2\sim1.3)P/v=1\ 000\times(1.2\sim1.3)\times9.3/6.42$ N $=(1\ 738\sim1\ 883)$N	$F_Q=(1\ 738\sim1\ 883)$ N
12. 润滑方式	查图 9-15，$p=15.875$ mm，链速 $v=6.42$ m/s，选用油浴润滑	油浴润滑
13. 链条标记	10A-1×130 GB/T 1243—2006	

习　题

9-1　如图 9-16 所示为链传动的一些布置形式。其中小链轮 1 为主动轮，试合理确定各轮的转动方向。

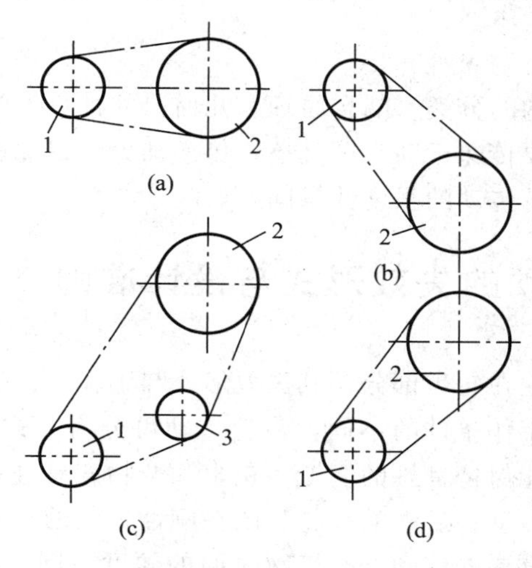

图 9-16　习题 9-1 图

9-2　一滚子链传动传动装置，已知主动链轮齿数 $z_1=23$，传动比 $i=3.75$，链节距 $P=12.7$ mm，主动链轮转速 $n_1=1\ 440$ r/min。试求：(1)链的平均速度 v；(2)瞬时速度波动值；(3)两链轮的节圆直径。

9-3　设计一输送装置的滚子链传动。已知传递功率为 7.5 kW，$n_1=960$ r/min，$n_2=310$ r/min，电动机驱动，工作机有轻微振动和冲击，要求中心距小于 650 mm。

9-4　某一链传动，链轮齿数 $z_1=21$，$z_2=53$，链条型号为 10A，链长为 $L_p=100$ 节，试求两链轮的各部分尺寸并绘制工作图。

9-5　设计一带式运输机的链传动。已知电动机功率 $P=5.5$ kW，$n_1=960$ r/min，$n_2=300$ r/min，单班制工作，传动平稳。

9-6　设计一滚子链传动。已知传动功率 $P=22$ kW，主动链轮转速 $n_1=730$ r/min，从动链轮转速 $n_2=250$ r/min，中心距不超过 510 mm，电动机驱动，载荷平稳。

第十章　齿轮传动

前面已经讨论了齿轮机构的分类、啮合原理和几何尺寸计算等问题。但对工程实际中使用的大多数齿轮传动，不仅需要传递运动，而且还要传递动力，因此齿轮传动还必须有足够的强度。本章主要讨论渐开线齿轮传动的强度计算问题。

第一节　齿轮传动的失效形式与设计准则

齿轮传动的失效主要发生在轮齿部分，其失效形式与工作条件、齿面硬度、载荷的轻重及转速的高低等有关。按齿轮工作条件的不同，齿轮传动可分为开式齿轮传动和闭式齿轮传动。前者的齿轮暴露在外面，不能保持良好的润滑，灰尘和杂物容易进入轮齿啮合处，引起齿面磨损，适用于低速、不重要的传动；后者的齿轮封闭在刚性很大的箱体内，具有良好的润滑和工作条件，适用于速度较高或重要的传动。按齿廓表面的硬度不同，齿轮传动可分为软齿面（硬度≤350HBW）齿轮传动和硬齿面（硬度>350HBW）齿轮传动。

一、轮齿常见的失效形式

轮齿常见的失效形式包括：轮齿折断、齿面点蚀、齿面磨损、齿面胶合及齿面塑性变形等。现将常见的失效形式、产生的原因及防止或延缓失效的措施列于表 10－1 中。

表 10－1　轮齿常见的失效形式

失效形式	简图	后果	工作环境	产生失效的原因	防止失效的措施
轮齿折断	折断面 F_n	轮齿折断后无法工作	开式和闭式齿轮传动中均可能发生	轮齿受载时，相当于悬臂梁，轮齿根部的弯曲应力最大，而且是交变应力，另外根部圆角处存在应力集中，当最大弯曲应力达到齿轮材料的疲劳极限时，齿轮根部将产生裂纹，且逐渐扩展，最终导致轮齿疲劳折断；当轮齿过载或受冲击载荷较大时也可以产生轮齿过载折断。齿宽较小的直齿轮往往发生整齿折断；对于斜齿轮或宽度较大的直齿轮容易发生局部折断	增大齿根圆角半径和减少加工刀痕以降低齿根的应力集中；进行强化处理（如喷丸、碾压等），提高轮齿心部的韧性；增加轴承支承刚度，减少局部受载，避免局部折断

续表

失效形式	简图	后果	工作环境	产生失效的原因	防止失效的措施
齿面点蚀	出现麻坑、剥落	渐开线齿廓失去准确形状，传动不平稳，噪声、冲击增大或无法工作	闭式软齿面齿轮传动	轮齿工作时，齿面接触应力是脉动循环变应力。当应力循环次数超过一定限度后，齿面就会产生不规则的细微疲劳裂纹，润滑油的侵入使裂纹逐渐扩大，导致表面金属微粒剥落，形成小麻点（或麻坑），这种现象称为点蚀。点蚀首先发生在靠近节线的齿根面上。这是由于轮齿在节线附近啮合时，同时啮合的齿对数少，且轮齿间相对滑动速度小，润滑油膜不易形成	提高齿面硬度、降低齿面粗糙度；采用粘度高的润滑油等
齿面磨损	磨损部分	渐开线齿廓失去准确形状，传动不平稳，噪声、冲击增大或无法工作	主要发生在开式齿轮传动中，润滑油不洁的闭式传动中也可发生	灰尘、沙粒或金属屑等磨料性物质进入啮合齿面间产生磨粒磨损	提高齿面硬度，降低齿面粗糙度，注意润滑油清洁，采用闭式传动
齿面胶合	齿面出现沟痕		高速、重载或润滑不良的低速、重载传动中	在高速、重载传动中，由于齿面间的压力高，使润滑油膜破裂；低速、重载传动中，油膜不易形成。这两种情况均可使两齿轮齿面金属直接接触，相啮合的齿面因摩擦发热引起的局部高温使金属互相粘连继而又相对滑动，金属从表面被撕落下来，而在齿面上沿滑动方向产生沟痕	提高齿面硬度，降低齿面粗糙度，对于低速传动采用粘度高的润滑油，对于高速传动采用加抗胶合添加剂润滑油
齿面塑性变形	ω_1 主动轮 摩擦力方向 从动轮 ω_2	轮齿失去正确的齿形，降低传动的平稳性	齿面材料较软，低速、重载的传动中	齿面较软，摩擦力较大时，齿面金属就会在摩擦力的作用下，沿着摩擦力的方向发生塑性流动	提高齿面硬度，采用粘度高的润滑油

二、齿轮传动的设计准则

设计齿轮传动时应根据齿轮传动的工作条件、齿轮的材料和失效形式等，合理地确定设计准则，以保证齿轮传动有足够的承载能力。

对于闭式软齿面齿轮传动，主要失效形式是齿面点蚀，应先按齿面接触疲劳强度进行设计计算，确定齿轮的主要参数和尺寸，然后再按齿根弯曲疲劳强度进行校核。闭式硬齿面齿轮传动的主要失效形式是轮齿折断，故通常先按齿根弯曲疲劳强度进行设计计算，确定齿轮的模数和其他尺寸，然后再按齿面接触疲劳强度进行校核。

对于开式齿轮传动，主要失效形式是齿面磨损和因磨损导致的轮齿折断。对齿面磨损目前尚无成熟的计算方法，故通常按齿根弯曲疲劳强度进行设计计算，确定齿轮的模数。考虑磨损因素，再将模数增大 10% ~15%，而无需校核齿面接触疲劳强度。

第二节 齿轮材料、许用应力和精度选择

一、齿轮传动的常用材料

1. 对齿轮材料的基本要求

通过轮齿的失效分析可知，对齿轮材料的基本要求为：①齿面应有足够的硬度，以抵抗齿面磨损、点蚀、胶合以及塑性变形等；②齿心应有足够的强度和较好的韧性，以抵抗轮齿折断和冲击载荷；③应有良好的加工工艺性能及热处理性能，使之易于加工且便于提高其力学性能。

2. 齿轮常用材料及热处理

齿轮常用材料有锻钢、铸钢及铸铁，在某些情况下也可选用工程塑料等非金属材料。

(1) 锻钢。锻钢具有强度高、韧性好及便于制造等特点，且可通过各种热处理方法来改善其力学性能，故大多数齿轮都用锻钢制造。按齿面硬度不同，可以分为以下两类：

① 软齿面齿轮。这类齿轮经调质或正火处理后进行切齿，切齿精度一般为 8 级，精切可达 7 级，其制造工艺简单，成本低。常用于强度、速度及精度要求不高的场合。常用材料牌号有 45、40Cr 等中碳钢和中碳合金钢。

在确定大、小齿轮硬度时，应使小齿轮的齿面硬度比大齿轮的高 30 ~ 50 HBW。这是因为单位时间内小齿轮轮齿的受载次数比大齿轮多，且小齿轮齿根较薄、弯曲强度较低，为使两齿轮的轮齿接近等强度，小齿轮的齿面要比大齿轮的齿面硬一些。

② 硬齿面齿轮。这类齿轮通常切齿后进行表面硬化处理（如表面淬火、渗碳、氮化、氰化等），然后再磨齿，齿轮精度可达 7 级或 6 级。因而精度高，成本也高，主要用于成批或大量生产的高速、重载或精密机械以及尺寸、质量有较高要求的场合，如汽车和飞机中的齿轮。常用材料牌号有 20Cr、20CrMnTi、35SiMn、45 钢等。

对于传递功率中等、传动比相对较大的齿轮传动，可考虑采用硬齿面的小齿轮与软齿面的大齿轮匹配，这样可以通过硬齿面对软齿面的冷作硬化作用，提高软齿面的硬度。硬齿面齿轮传动的两轮齿面硬度可大致相等。

（2）铸钢。常用于不便锻造的大齿轮（齿顶圆直径大于 400～600 mm）。可用铸造的方法制成铸钢轮坯，由于铸钢晶粒较粗，故需进行正火处理。

上述几种钢的热处理中，调质处理后的齿轮可提高其机械强度和韧性。正火处理可以消除内应力、细化晶粒和改善切削性能。表面淬火和渗碳淬火后，能提高轮齿的齿面硬度，使齿面接触强度高，耐磨性能好，而心部仍有良好的韧性。钢制齿轮一般用于载荷较高的重要齿轮传动中。

（3）铸铁。灰铸铁的铸造性能和切削性能好，抗胶合和抗点蚀能力强，成本较低，但强度低，耐磨性能和抗冲击性能差，故一般仅用于低速、轻载及冲击小的不重要齿轮传动中。为了避免载荷集中造成轮齿局部折断，铸铁齿轮的宽度应取小些。

球墨铸铁的力学性能和抗冲击能力比灰铸铁高，高强度球墨铸铁可以替代铸钢铸造大直径的轮坯。

（4）非金属材料。非金属材料的弹性模量小，传动时轮齿的变形可减轻动载荷和噪声，适用于高速轻载和精度要求不高的场合，常用的有夹布胶木和工程塑料等。

齿轮常用材料的力学性能及应用范围见表 10－2。

表 10－2　齿轮常用材料及其力学性能

材料	牌号	热处理	硬度	强度极限 σ_b/MPa	屈服极限 σ_s/MPa	应用范围
优质碳素钢	45	正火 调质 表面淬火	169～217 HBW 217～255 HBW 40～50 HRC	580 650 750	290 360 450	低速、轻载 低速、中载 高速、中载或低速、重载，冲击很小
	50	正火	180～220 HBW	620	320	低速、轻载
合金钢	40Cr	调质 表面淬火	240～260 HBW 48～55 HRC	700 900	550 650	中速、中载 高速、中载，无剧烈冲击
	42SiMn	调质 表面淬火	217～269 HBW 45～55 HRC	750	470	高速、中载，无剧烈冲击
	20Cr	渗碳淬火	56～62 HRC	650	400	高速、中载，承受冲击
	20CrMnTi			1 100	850	
铸钢	ZG310－570	正火 表面淬火	160～210 HBW 40～50 HRC	570	320	中速、中载，大直径
	ZG340－640	正火 调质	170～230 HBW 240～270 HBW	650 700	350 380	
球墨铸铁	QT600－2 QT500－5	正火	220～280 HBW 147～241 HBW	600 500		低、中速轻载，有小的冲击
灰铸铁	HT200 HT300	人工时效（低温退火）	170～230 HBW 187～235 HBW	200 300		低速、轻载，冲击很小

二、齿轮传动的许用应力

齿轮的许用应力是以试验齿轮在特定的条件下经疲劳试验测得的试验齿轮的疲劳极限应力 $\sigma_{\lim}$，并对其进行适当的修正得出的。修正时主要考虑应力循环次数的影响和可靠度。

齿面接触疲劳许用应力为

$$[\sigma_{\mathrm{H}}]=\frac{\sigma_{\mathrm{Hlim}}Z_{\mathrm{NT}}}{S_{\mathrm{H}}} \tag{10-1}$$

齿面弯曲疲劳许用应力为

$$[\sigma_{\mathrm{F}}]=\frac{\sigma_{\mathrm{Flim}}Y_{\mathrm{ST}}Y_{\mathrm{NT}}}{S_{\mathrm{F}}} \tag{10-2}$$

式中，σ_{Hlim}、σ_{Flim} 是试验齿轮在持久寿命期内失效概率为1%时的疲劳极限应力。因为材料的成分、性能、热处理的结果和质量都不相同，故该应力值不是一个定值，有很大的离散区。在一般情况下，可取中间值，即MQ线。按齿轮材料和齿面硬度，接触疲劳极限 σ_{Hlim} 查图10－1，弯曲疲劳

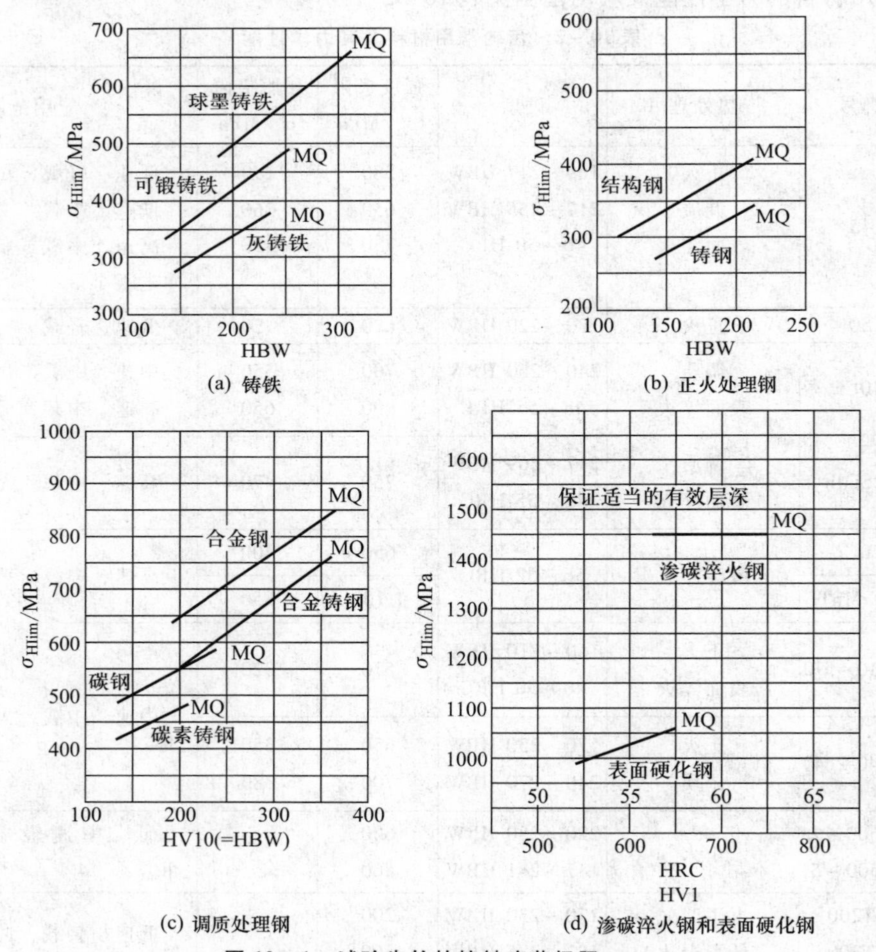

图10－1 试验齿轮的接触疲劳极限 σ_{Hlim}

极限 σ_{Flim}查图 10－2。确定 σ_{lim}时应注意：①若硬度超出线图中范围，可近似地按外插法查取 σ_{lim}值；②当轮齿承受对称循环应力时，对于弯曲应力应将图 10－2 中的 σ_{Flim}值乘以 0.7。

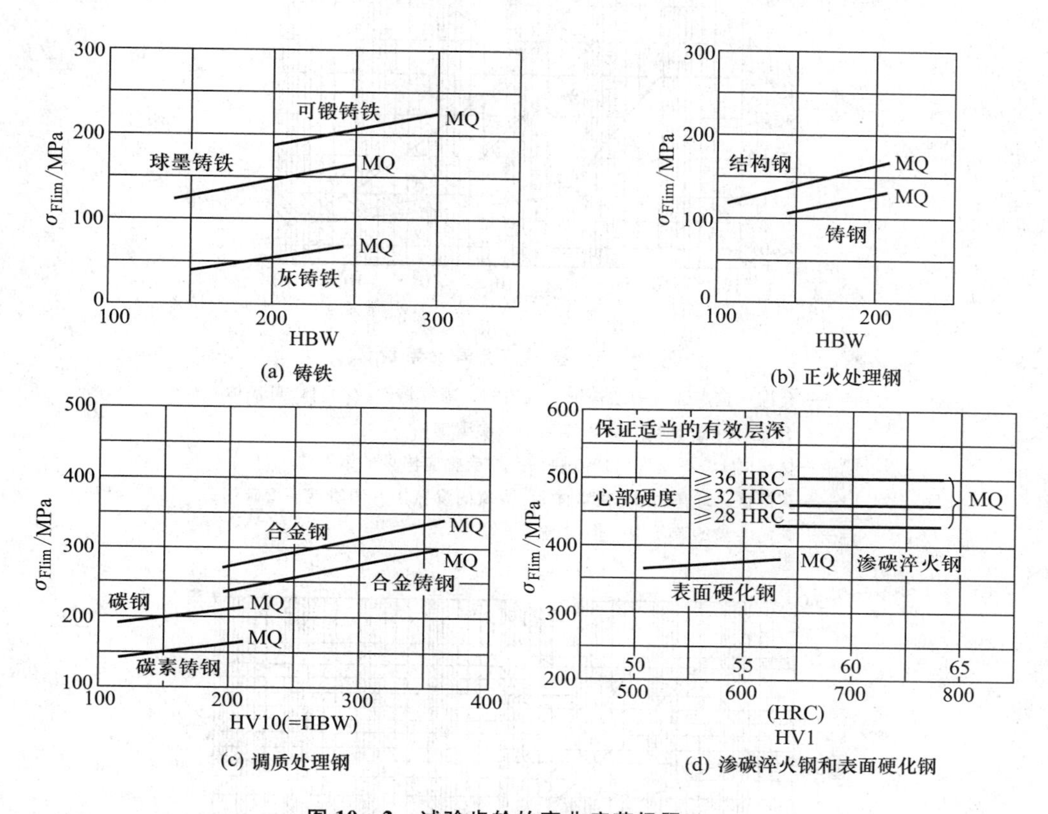

图 10－2　试验齿轮的弯曲疲劳极限 σ_{Flim}

S_H、S_F 分别为齿面接触疲劳强度安全系数和齿根弯曲疲劳强度安全系数，查表 10－3 确定。

表 10－3　安全系数 S_H、S_F

安全系数	软齿面(≤350 HBW)	硬齿面(＞350 HBW)	重要的传动、渗碳淬火齿轮或铸造齿轮
S_H	1.0～1.1	1.1～1.2	1.3
S_F	1.3～1.4	1.4～1.6	1.6～2.2

Z_{NT}、Y_{NT}分别为接触疲劳寿命系数和弯曲疲劳寿命系数，与应力循环次数有关。接触疲劳寿命系数 Z_{NT}查图 10－3，弯曲疲劳寿命系数 Y_{NT}查图 10－4。图中 N_C 为持久寿命条件循环次数，N 为应力循环次数，$N=60njL_h$，其中 n 为齿轮转速，单位为 r/min，j 为齿轮转一转时同侧齿面的啮合次数，L_h 为齿轮工作寿命，单位为 h。Y_{ST}为试验齿轮的应力修正系数，其值为 $Y_{ST}=2$。

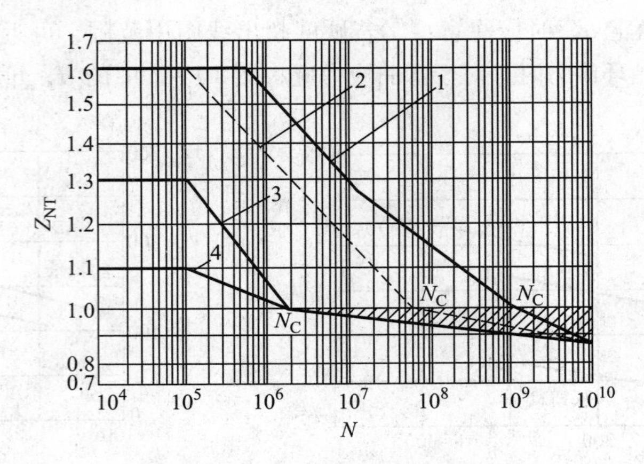

图 10－3　接触疲劳寿命系数 Z_{NT}

1——允许一定点蚀时的结构钢，调质钢，球墨铸铁(珠光体、贝氏体)，珠光体可锻铸铁，渗碳淬火钢的渗碳钢；

2——材料同 1，不允许出现点蚀；火焰或感应淬火的钢；

3——灰铸铁，球墨铸铁(铁素体)，渗氮的渗氮钢，调质钢，渗碳钢；

4——碳氮共渗的调质钢，渗碳钢

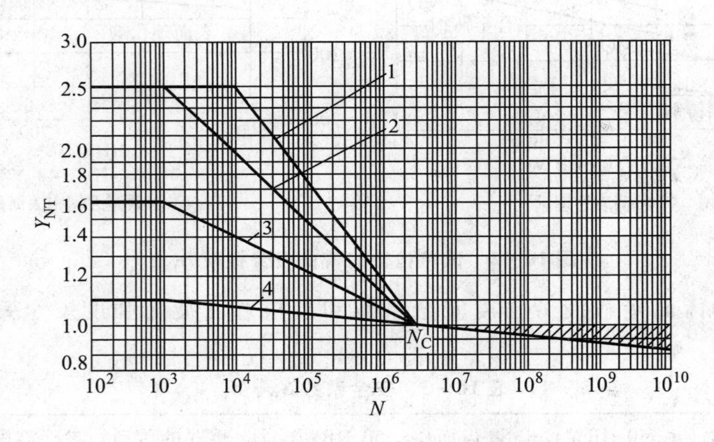

图 10－4　弯曲疲劳寿命系数 Y_{NT}

1——调质钢，球墨铸铁(珠光体、贝氏体)，珠光体可锻铸铁；

2——渗碳淬火的渗碳钢，火焰或感应表面淬火的钢，球墨铸铁；

3——渗氮的渗氮钢。球墨铸铁(铁素体)，结构钢，灰铸铁；

4——碳氮共渗的调质钢，渗碳钢

三、齿轮传动的精度选择

1. 精度等级

渐开线圆柱齿轮的精度等级按国家标准 GB/T 10095.1—2008 规定，分为 13 个精度等级，即 0，1，2、…、12 级。其中 0 级精度最高，12 级精度最低，常用的是 6 ~ 9 级。

齿轮每个精度等级的公差根据对运动准确性、传动平稳性和载荷分布均匀性等3方面的要求，划分为3个公差组，即第Ⅰ公差组、第Ⅱ公差组和第Ⅲ公差组，每个公差组由若干个检验项目组成。齿轮精度等级的选择，应根据传动的用途、工作条件、传递的圆周速度和功率的大小，以及其他技术和经济指标等要求来确定。常见机器中齿轮精度等级的选用范围是：金属切削机床为3～8级；轻型汽车为5～8级；通用减速器为6～9级；起重机为7～10级；农业机械为8～12级。具体选择时可参考表10－4进行。

表10－4 常用精度等级的齿轮加工方法及其应用范围

			齿轮的精度等级			
			6级(高精度)	7级(较高精度)	8级(普通)	9级(低精度)
加工方法			用范成法在精密机床上精磨或精剃	用范成法在精密机床上精插或精滚，对淬火齿轮需磨齿或研齿等	用范成法插齿或滚齿	用范成法或仿形法粗滚或型铣
齿面粗糙度 $Ra/\mu m \leqslant$			0.80～1.60	1.60～3.2	3.2～6.3	6.3
用途			用于分度机构或高速、重载的齿轮，如机床、精密仪器、汽车、船舶和飞机中的重要齿轮	用于高、中速重载齿轮，如机床、汽车和内燃机中的较重要齿轮，标准系列减速器中的齿轮	一般机械中的齿轮，不属于分度系统的机床齿轮、飞机和拖拉机中不重要的齿轮，纺织机械和农业机械中重要齿轮	轻载传动的不重要齿轮，或低速传动且对精度要求低的齿轮
圆周速度 $v/(m \cdot s^{-1}) \leqslant$	圆柱齿轮	直齿	≤15	≤10	≤5	≤3
		斜齿	≤25	≤17	≤10	≤3.5
	锥齿轮	直齿	≤9	≤6	≤3	≤2.5

一般情况下，可选3个公差组为同一精度等级，但也允许根据使用要求的不同，选择不同精度等级的公差组组合。例如，对仪表及机床分度机构中的齿轮传动，主要要求传递运动的准确性，所以第Ⅰ公差组的精度等级可高些；对于汽车和机床变速箱中的齿轮传动，主要要求传动的平稳性，所以第Ⅱ公差组的精度等级可高些；而对于轧钢机和起重机中的低速、重载齿轮传动，则要求齿面载荷分布的均匀性，所以第Ⅲ公差组的精度等级可高些。

2. 齿侧间隙

在齿轮传动中，为了防止由于齿轮的制造误差和热变形而使齿轮卡住，且齿廓间能存留润滑油，要求有一定的齿侧间隙。合适的齿侧间隙可通过选择适当的齿厚极限偏差和中心距极限偏差来保证。国家标准 GB/T 10095.1—2008 中规定了 14 种齿厚偏差，按偏差数值由大到小的顺序依次用字母 C、D、E、F、G、H、J、K、L、M、N、P、R、S 表示，每种代号所表示的齿厚偏差值为齿距极限偏差的倍数。齿厚偏差的选用及齿距偏差可由机械设计手册或相应资料中查取。

3. 齿轮精度和齿厚极限偏差的标注

在齿轮工作图上，应标注齿轮精度等级和齿厚极限偏差的字母代号，示例如下：

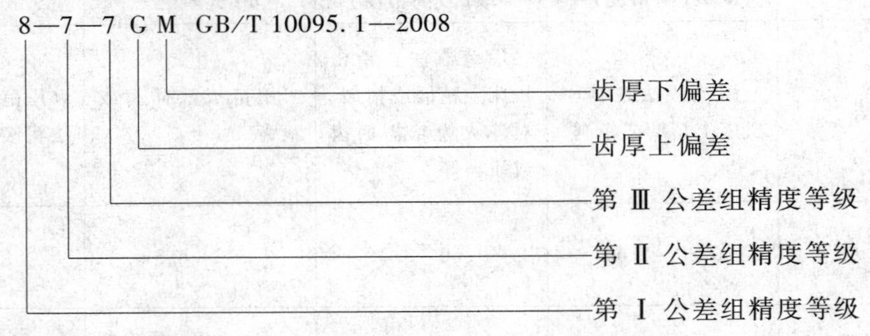

当 3 个公差组的精度等级相同时，可表示为：8GM GB/T 10095.1—2008。

第三节　齿轮传动的受力分析和计算载荷

一、齿轮传动的受力分析

对齿轮传动进行受力分析，可为齿轮强度计算及设计轴和轴承提供数据。

1. 直齿圆柱齿轮传动的受力分析

图 10－5 所示为一对外啮合标准直齿圆柱齿轮传动时的受力情况。齿轮啮合传动时，齿面上的摩擦力与轮齿所受载荷相比很小，可以忽略不计；沿接触线的分布载荷以作用在齿宽中点处的集中力来代替。因此在一对啮合的齿面上，只作用着沿啮合线方向的法向力 $\boldsymbol{F}_n$，将法向力 $\boldsymbol{F}_n$ 在节点处分解为两个相互垂直的分力，即切于圆周的圆周力 $\boldsymbol{F}_t$ 和沿半径方向并指向圆心的径向力 $\boldsymbol{F}_r$。各力的大小为

$$\left.\begin{aligned} F_t &= \frac{2T_1}{d_1} \\ F_r &= F_t \tan\alpha \\ F_n &= \frac{F_t}{\cos\alpha} \end{aligned}\right\} \qquad (10-3)$$

式中，T_1 为主动轮传递的转矩，单位为 N · mm；通常已知主动轮传递的功率 P(kW) 及转速

n_1(r/min)，则主动轮传递的转矩为 $T_1 = 9.55 \times 10^6 P/n_1$。$d_1$ 为主动轮的分度圆直径，单位为 mm；α 为啮合角，对标准齿轮 $\alpha = 20°$。

各分力的方向为：主动轮上圆周力的方向与其转向相反，从动轮上圆周力的方向与其转向相同；径向力沿半径方向分别指向各自的轮心。

作用在主动轮和从动轮上的同名力大小相等、方向相反，即：$\boldsymbol{F}_{t1} = -\boldsymbol{F}_{t2}$；$\boldsymbol{F}_{r1} = -\boldsymbol{F}_{r2}$。

一对直齿轮传动时，各齿轮所受的分力方向如图 10－5c 所示。

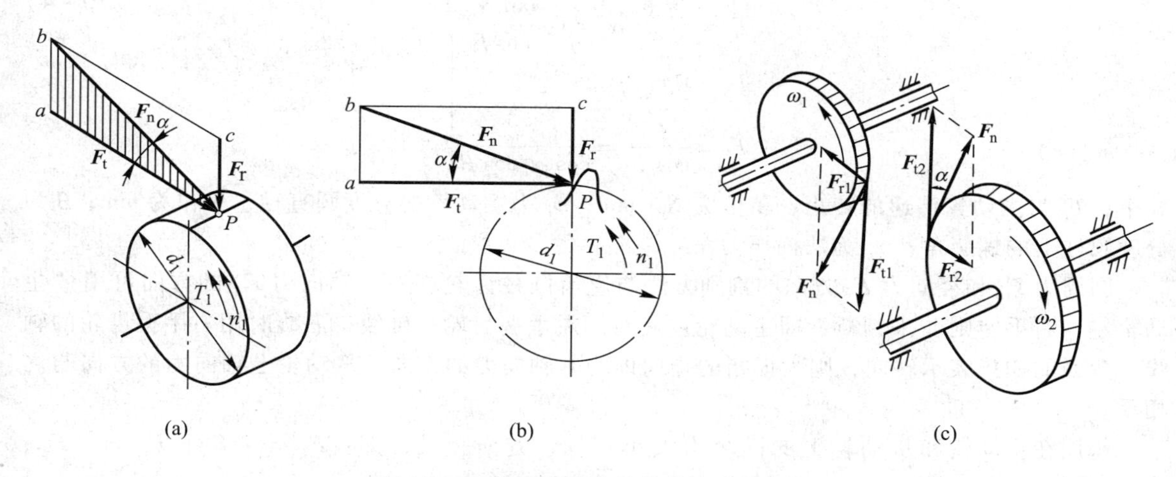

图 10－5 直齿圆柱齿轮传动的受力分析

2. 斜齿圆柱齿轮传动的受力分析

图 10－6 所示为平行轴斜齿圆柱齿轮传动时的受力情况。忽略摩擦力的影响，作用在轮齿

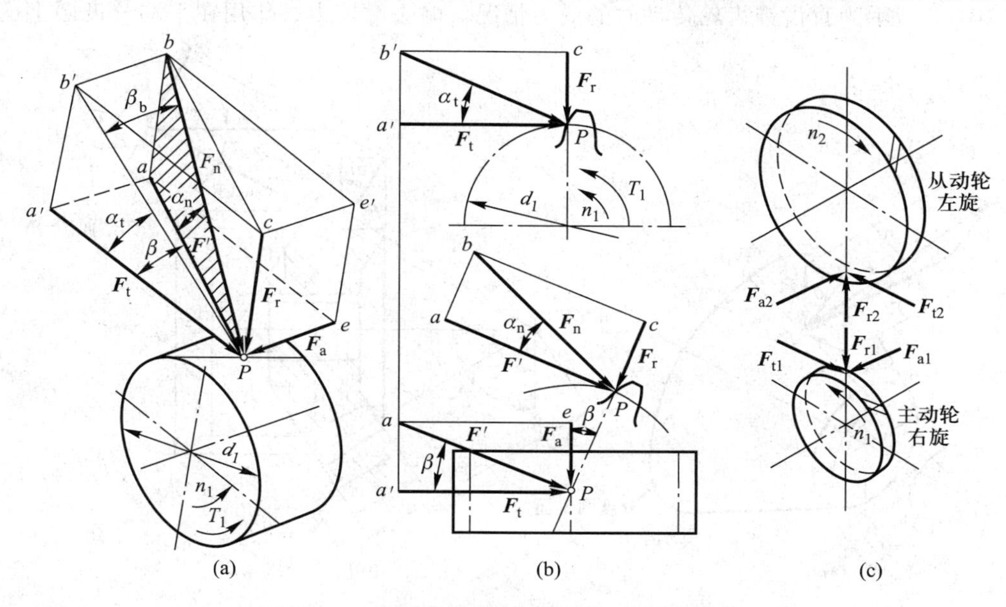

图 10－6 平行轴斜齿圆柱齿轮传动的受力分析

法平面内的法向力 $\boldsymbol{F}_n$ 可分解为 3 个相互垂直的分力：圆周力 $\boldsymbol{F}_t$、径向力 $\boldsymbol{F}_r$ 和轴向力 $\boldsymbol{F}_a$，各力的大小为

$$\left.\begin{aligned}
F_t &= \frac{2T_1}{d_1} \\
F' &= \frac{F_t}{\cos\beta} \\
F_r &= F'\tan\alpha_n = F_t\frac{\tan\alpha_n}{\cos\beta} \\
F_a &= F_t\tan\beta \\
F_n &= \frac{F'}{\cos\alpha_n} = \frac{F_t}{\cos\alpha_n\cos\beta}
\end{aligned}\right\} \tag{10-4}$$

式中，T_1 为主动轮传递的转矩，单位为 N · mm；d_1 为主动轮的分度圆直径，单位为 mm；β 为分度圆柱上的螺旋角；α_n 为法面压力角。

圆周力 $\boldsymbol{F}_t$ 和径向力 $\boldsymbol{F}_r$ 方向的判别方法与直齿圆柱齿轮相同。轴向力 $\boldsymbol{F}_a$ 的方向可用“主动轮左、右手定则”来判断，即主动轮左旋时用左手握齿轮的轴线，右旋时用右手握齿轮的轴线，弯曲的四指表示转向，则大拇指的指向即为其轴向力的方向；从动轮上轴向力的方向与之相反。

作用在主动轮和从动轮上的同名力大小相等、方向相反，即：$\boldsymbol{F}_{t1} = -\boldsymbol{F}_{t2}$；$\boldsymbol{F}_{r1} = -\boldsymbol{F}_{r2}$；$\boldsymbol{F}_{a1} = -\boldsymbol{F}_{a2}$。

一对斜齿轮传动时，各齿轮所受的分力方向如图 10－6c 所示。

3. 直齿锥齿轮传动的受力分析

图 10－7 所示为直齿锥齿轮传动时的受力情况。略去摩擦力，作用在平均分度圆上的法向

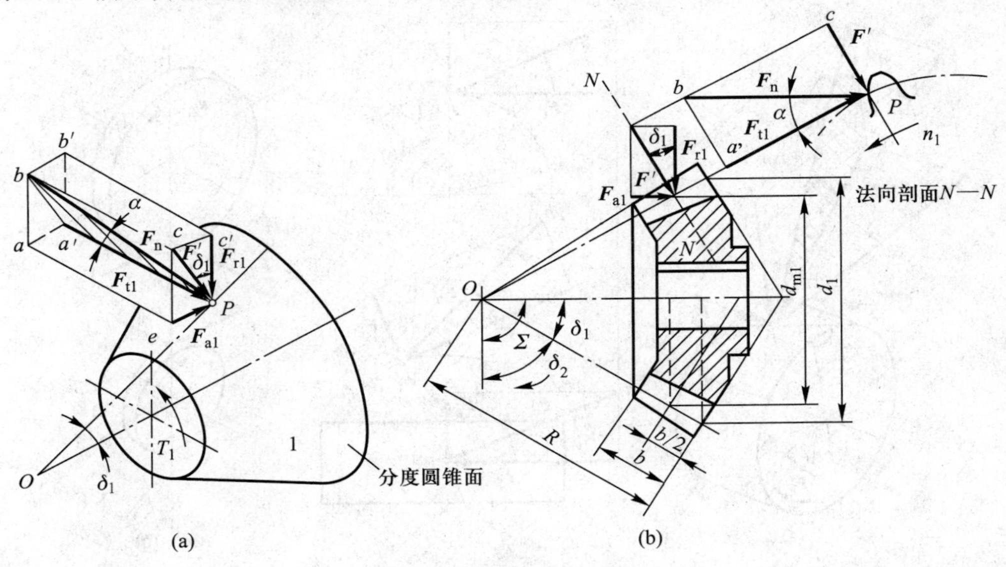

图 10－7　直齿锥齿轮传动的受力分析

力 $\boldsymbol{F}_n$ 可分解为 3 个相互垂直的分力：圆周力 $\boldsymbol{F}_t$、径向力 $\boldsymbol{F}_r$ 和轴向力 $\boldsymbol{F}_a$，其值分别为

$$\left.\begin{aligned} F_{t1} &= \frac{2T_1}{d_{m1}} \\ F' &= F_{t1}\tan\alpha \\ F_{r1} &= F'\cos\delta_1 = F_{t1}\tan\alpha\cos\delta_1 = F_{a2} \\ F_{a1} &= F'\sin\delta_1 = F_{t1}\tan\alpha\sin\delta_1 = F_{r2} \\ F_n &= \frac{F_{t1}}{\cos\alpha} \end{aligned}\right\} \tag{10-5}$$

式中，T_1 为主动轮传递的转矩，单位为 N · mm；d_{m1} 为主动轮的平均分度圆直径，单位为 mm，$d_{m1} = (1-0.5\psi_R)d_1$；$d_1$ 为主动轮大端分度圆直径；ψ_R 为齿宽系数，$\psi_R = b/R$，一般取 $\psi_R = 0.25 \sim 0.3$；b 为齿宽，通常 $b_1 = b_2 = b$；R 为锥距。

圆周力 $\boldsymbol{F}_t$ 和径向力 $\boldsymbol{F}_r$ 方向的判别方法与直齿圆柱齿轮相同；轴向力 $\boldsymbol{F}_a$ 的方向都是沿着各自的轴线并由齿轮小端指向大端。

一对直齿锥齿轮传动，$\boldsymbol{F}_{t1}$ 和 $\boldsymbol{F}_{t2}$、$\boldsymbol{F}_{r1}$ 和 $\boldsymbol{F}_{a2}$、$\boldsymbol{F}_{a1}$ 和 $\boldsymbol{F}_{r2}$ 分别互为作用力与反作用力，即：$\boldsymbol{F}_{t1} = -\boldsymbol{F}_{t2}$；$\boldsymbol{F}_{r1} = -\boldsymbol{F}_{a2}$；$\boldsymbol{F}_{a1} = -\boldsymbol{F}_{r2}$。

二、齿轮传动的计算载荷

上述轮齿受力分析中的法向力 $\boldsymbol{F}_n$ 是作用在轮齿上的理想状况下的载荷，此载荷称为名义载荷。齿轮传动在实际工作时，由于原动机和工作机的载荷性质不同，会产生附加动载荷。另外，由于齿轮、轴和轴承加工、安装的误差及受载后产生的弹性变形引起的载荷集中等，使实际载荷比名义载荷大。因此，在齿轮传动的强度计算时，考虑上述各种因素的影响，以计算载荷 KF_n 代替名义载荷 F_n，K 为载荷系数，由表 10－5 查取。计算载荷用符号 F_{nc} 表示，即

$$F_{nc} = KF_n \tag{10-6}$$

表 10－5　载荷系数 K

工作机械	载荷性质	原动机		
		电动机	多缸内燃机	单缸内燃机
均匀加料的运输机和加料机、轻型卷扬机、发电机和机床辅助传动	均匀、轻微冲击	1～1.2	1.2～1.6	1.6～1.8
不均匀加料的运输机和加料机、重型卷扬机、球磨机和机床主传动	中等冲击	1.2～1.6	1.6～1.8	1.8～2.0
冲床、钻机、轧机、破碎机和挖掘机	大的冲击	1.6～1.8	1.9～2.1	2.2～2.4

注：斜齿、圆周速度低、精度高、齿宽系数小且齿轮在两轴承间对称布置时取小值。直齿、圆周速度高、精度低、齿宽系数大且齿轮在两轴承间不对称布置时取大值。

第四节 标准直齿圆柱齿轮传动的强度计算

一、齿面接触疲劳强度计算

齿面接触疲劳强度计算是针对齿面点蚀失效进行的，因此，必须保证齿面接触应力不超过其许用值，即 $\sigma_H \leqslant [\sigma_H]$。

1. 齿面接触疲劳强度计算公式

一对相啮合的齿轮，其齿廓在任一点的啮合都可以看成是两个圆柱体的接触(图 10－8a)，因而可引用计算两圆柱体表面接触应力的赫兹(Hertz)公式计算齿面间的接触应力。渐开线齿轮的啮合过程类似两个曲率半径随时间变化的圆柱体的接触过程，由于直齿圆柱齿轮在节点处为单对齿参与啮合，相对速度为零，润滑条件不好，因而承载能力最弱，故点蚀常发生在节线附近。为了计算方便，一般按节点处的接触应力来计算齿面的接触疲劳强度。将齿轮传动的计算载荷 F_{nc} 和接触线长度 L 代入赫兹公式，得齿面接触疲劳强度条件为

$$\sigma_H = \sqrt{\frac{F_{nc}\left(\dfrac{1}{\rho_1} \pm \dfrac{1}{\rho_2}\right)}{\pi L\left(\dfrac{1-\mu_1^2}{E_1} + \dfrac{1-\mu_2^2}{E_2}\right)}} \leqslant [\sigma_H] \tag{10-7}$$

式中，ρ_1、ρ_2 分别为接触点处两轮齿廓曲率半径；μ_1、μ_2 分别为两齿轮材料的泊松比；E_1、E_2 分别为两齿轮材料的弹性模量，单位为 MPa；“＋”号用于外啮合，“－”号用于内啮合。

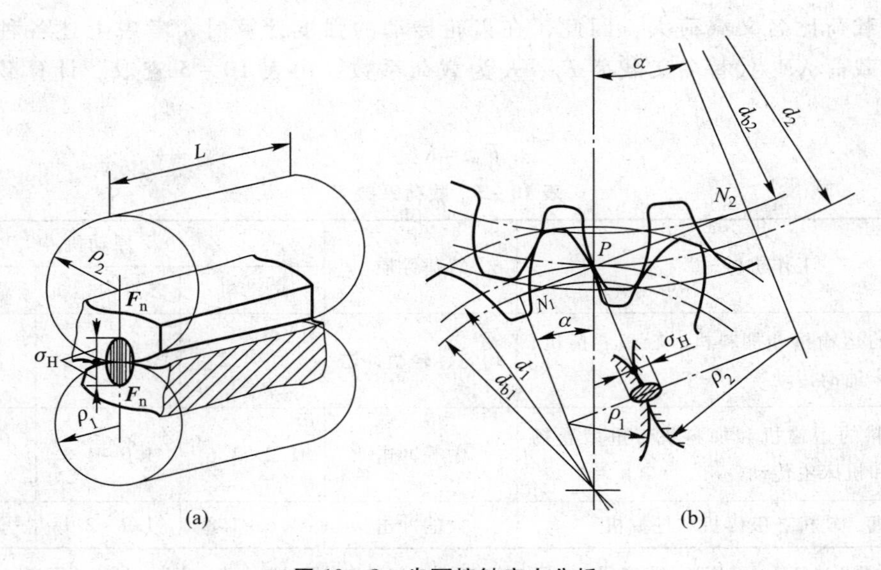

图 10－8 齿面接触应力分析

如图 10－8b 所示，节点 P 处两齿廓的曲率半径为

$$\rho_1 = N_1P = \frac{d_1}{2}\sin\alpha,\ \rho_2 = N_2P = \frac{d_2}{2}\sin\alpha$$

则 $\rho_2/\rho_1 = d_2/d_1 = z_2/z_1 = u$，为了使强度计算公式对增速和减速传动都适用，定义齿数比 u 等于大齿轮齿数 z_2 与小齿轮齿数 z_1 之比，即 $u = z_2/z_1$。齿数比 u 与传动比 i 的关系为：减速传动 $u = i$；增速传动 $u = 1/i$。则节点处的综合曲率为

$$\frac{1}{\rho} = \frac{1}{\rho_1} \pm \frac{1}{\rho_2} = \frac{\rho_2 \pm \rho_1}{\rho_1\rho_2} = \frac{\dfrac{\rho_2}{\rho_1} \pm 1}{\rho_1 \dfrac{\rho_2}{\rho_1}} = \frac{2}{d_1\sin\alpha}\cdot\frac{u \pm 1}{u}$$

将 $F_{nc} = KF_n = KF_t/\cos\alpha$、$L = b$ 及 $\frac{1}{\rho}$ 代入式(10－7)可得

$$\sigma_H = \sqrt{\frac{KF_t}{bd_1}\cdot\frac{u \pm 1}{u}\cdot\frac{2}{\sin\alpha\cos\alpha}\cdot\frac{1}{\pi\left(\dfrac{1-\mu_1^2}{E_1} + \dfrac{1-\mu_2^2}{E_2}\right)}}$$

令

$$Z_H = \sqrt{\frac{2}{\sin\alpha\cos\alpha}},\qquad Z_E = \sqrt{\frac{1}{\pi\left(\dfrac{1-\mu_1^2}{E_1} + \dfrac{1-\mu_2^2}{E_2}\right)}}$$

代入上式可得

$$\sigma_H = Z_E Z_H \sqrt{\frac{KF_t}{bd_1}\frac{u \pm 1}{u}}$$

式中，Z_E 为材料的弹性系数，它反映了一对齿轮材料的弹性模量和泊松比对接触应力的影响，其值见表 10－6；Z_H 称为节点区域系数，它考虑了节点啮合处齿廓形状对接触应力的影响，当 $\alpha = 20°$ 时，$Z_H = 2.49$；F_t 为作用在齿轮上的圆周力，单位为 N；b 为轮齿的接触宽度，单位为 mm；d_1 为小齿轮的分度圆直径，单位为 mm；u 为齿数比。

为计算方便，用转矩 T_1 表示载荷，即 $F_t = \frac{2T_1}{d_1}$，整理得齿面接触疲劳强度的校核公式为

$$\sigma_H = 3.52 Z_E \sqrt{\frac{KT_1}{bd_1^2}\frac{u \pm 1}{u}} \leqslant [\sigma_H] \tag{10－8}$$

引入齿宽系数 $\psi_d = \frac{b}{d_1}$(其值见表 10－8)，并代入上式，得到齿面接触疲劳强度的设计公式为

$$d_1 \geqslant \sqrt[3]{\frac{KT_1}{\psi_d}\frac{u \pm 1}{u}\left(\frac{3.52 Z_E}{[\sigma_H]}\right)^2} \tag{10－9}$$

若两齿轮材料都选用锻钢时，由表 10－6 查得 $Z_E = 189.8\ \sqrt{\text{MPa}}$，将其分别代入校核公式(10－8)和设计公式(10－9)，可得一对钢制齿轮齿面接触疲劳强度的校核公式为

$$\sigma_H = 668\sqrt{\frac{KT_1}{bd_1^2}\frac{u \pm 1}{u}} \leqslant [\sigma_H] \tag{10－10}$$

设计公式为

$$d_1 \geqslant 76.43\sqrt[3]{\frac{KT_1}{\psi_d[\sigma_H]^2}\frac{u \pm 1}{u}} \tag{10-11}$$

2. 计算说明

（1）一般情况下，两齿轮的齿面接触应力 σ_{H1} 与 σ_{H2} 大小相等。

（2）两齿轮的许用接触应力 $[\sigma_{H1}]$ 与 $[\sigma_{H2}]$ 一般不同，进行强度计算时应选用较小值。

（3）当齿轮材料、传递的转矩 T_1、齿宽 b 和齿数比 u 确定后，两轮的接触应力 σ_H 随小齿轮分度圆直径 d_1（或中心距 a）而变化，如果 d_1 或 a 减小，则 σ_H 就增大，齿面接触强度相应减小。即齿轮的齿面接触疲劳强度取决于小齿轮直径 d_1 或中心距 a 的大小，而与模数不直接相关。

表 10-6 弹性系数 Z_E $\sqrt{\text{MPa}}$

齿轮2材料	锻钢	铸钢	球墨铸铁	灰铸铁
弹性模量 E / MPa	20.6×10^4	20.2×10^4	17.3×10^4	11.8×10^4
泊松比 μ	0.3	0.3	0.3	0.3
齿轮1材料				
锻钢	189.8	188.9	181.4	162.0
铸钢	—	188.0	180.5	161.4
球墨铸铁	—	—	173.9	156.6
灰铸铁	—	—	—	143.7

二、齿根弯曲疲劳强度计算

齿根弯曲疲劳强度是针对轮齿疲劳折断进行的，因此，必须保证齿根部的弯曲疲劳应力不超过其许用值，即 $\sigma_F \leqslant [\sigma_F]$。

1. 齿根弯曲疲劳强度计算公式

轮齿的疲劳折断主要与齿根弯曲应力的大小有关，为简化计算，同时考虑到加工和安装误差的影响，对精度要求不高的齿轮传动，假定全部载荷由一对轮齿承担。计算时将轮齿看作悬臂梁，当载荷作用于齿顶时齿根部分产生的弯曲应力最大，其危险截面可用30°切线法来确定，即作与轮齿对称中心线成30°角并与齿根过渡曲线相切的两条直线，连接两切点的截面 EE 即为齿根的危险截面，如图 10-9 所示。

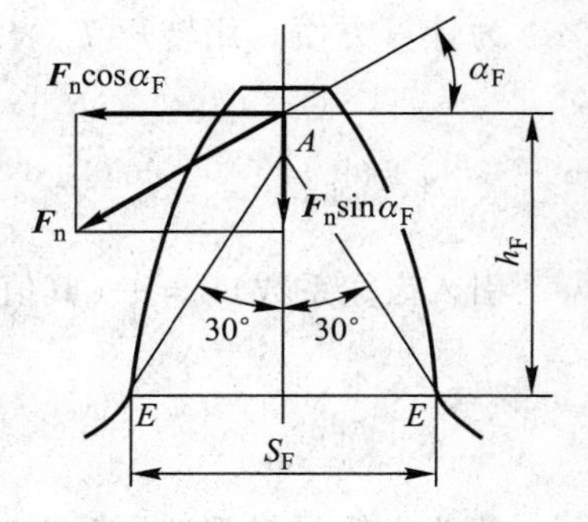

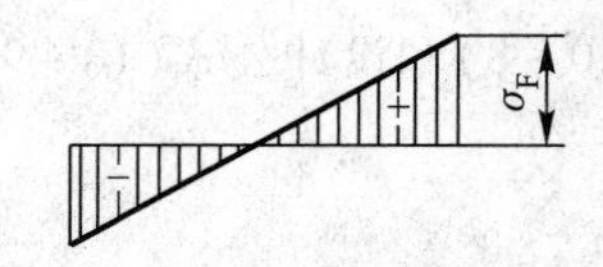

图 10-9 齿根弯曲应力分析

沿啮合线作用在齿顶的法向力 $\boldsymbol{F}_n$ 可分解为互相垂直的两个分力 $F_n\cos\alpha_F$ 和 $F_n\sin\alpha_F$，前者对齿根产生弯曲应力和切应力，后者产生压应力。因切应力和压应力较小，对抗弯强度计算影响较小，故可忽略不计。

齿根危险截面的弯曲应力可由工程力学的弯曲应力计算公式求得：

$$\sigma_F = \frac{M}{W} = \frac{F_n \cos \alpha_F h_F}{\frac{1}{6} b s_F^2} = \frac{F_t}{bm} \cdot \frac{6 \frac{h_F}{m} \cos \alpha_F}{\left(\frac{S_F}{m}\right)^2 \cos \alpha} \tag{10-12}$$

式中，M 为齿根的最大弯矩，单位为 N·mm；W 为危险截面的抗弯截面系数，单位为 mm^3。

令

$$Y_{Fa} = \frac{6 \frac{h_F}{m} \cos \alpha_F}{\left(\frac{S_F}{m}\right)^2 \cos \alpha}$$

Y_{Fa}称为齿形系数，它是考虑齿形对齿根弯曲应力影响的系数。因 h_F 和 S_F 都与模数 m 成正比，故 Y_{Fa}只与齿廓形状有关，而与模数大小无关。由渐开线性质可知，齿形系数取决于齿数与变位系数，对于标准齿轮则仅取决于齿数，标准外齿轮的齿形系数 Y_{Fa}值可查表 10－7。

考虑到齿根圆角处的应力集中以及齿根危险截面上压应力和切应力等的影响，引入应力修正系数 Y_{Sa}（表 10－7），计入载荷系数 K（表 10－5），并用式（10－3）中的 F_t 代入式（10－12），即可得出齿根弯曲疲劳强度的校核公式为

$$\sigma_F = \frac{2KT_1}{bmd_1} Y_{Fa} Y_{Sa} = \frac{2KT_1}{bm^2 z_1} Y_{Fa} Y_{Sa} \leqslant [\sigma_F] \tag{10-13}$$

式中，T_1 为主动轮传递的转矩，单位为 N·mm；b 为轮齿的接触宽度，单位为 mm；m 为模数；z_1 为主动轮齿数；$[\sigma_F]$为轮齿的许用弯曲应力，单位为 MPa。

引入齿宽系数 $\psi_d = \frac{b}{d_1}$，并代入上式，得到齿根弯曲疲劳强度的设计公式为

$$m \geqslant 1.26 \sqrt[3]{\frac{KT_1}{\psi_d z_1^2} \frac{Y_{Fa} Y_{Sa}}{[\sigma_F]}} \tag{10-14}$$

2. 计算说明

（1）通常两个相啮合齿轮的齿数是不相同的，故齿形系数 Y_{Fa}和应力修正系数 Y_{Sa}都不相同，所以 σ_{F1}与 σ_{F2}大小不相等；且两齿轮的许用弯曲应力$[\sigma_{F1}]$与$[\sigma_{F2}]$也不一定相等，因此必须分别校核两齿轮的齿根弯曲疲劳强度。

（2）在设计计算时，应将两齿轮的$(Y_{Fa1} Y_{Sa1})/[\sigma_{F1}]$、$(Y_{Fa2} Y_{Sa2})/[\sigma_{F2}]$值进行比较，取其中较大者代入公式，并将计算所得的模数 m 取为标准值。

（3）当载荷一定时，弯曲应力的大小主要取决于模数 m 的大小。

表 10－7　标准外齿轮的齿形系数 Y_{Fa}和应力修正系数 Y_{Sa}

$z(z_v)$	17	18	19	20	21	22	23	24	25	26	27	28	29
Y_{Fa}	2.97	2.91	2.85	2.80	2.76	2.72	2.69	2.65	2.62	2.60	2.57	2.55	2.53
Y_{Sa}	1.52	1.53	1.54	1.55	1.56	1.57	1.575	1.58	1.59	1.595	1.60	1.61	1.62

续表

$z(z_v)$	30	35	40	45	50	60	70	80	90	100	150	200	∞
Y_{Fa}	2.52	2.45	2.40	2.35	2.32	2.28	2.24	2.22	2.20	2.18	2.14	2.12	2.06
Y_{Sa}	1.625	1.65	1.67	1.68	1.70	1.73	1.75	1.77	1.78	1.79	1.83	1.865	1.97

注：标准齿形的参数为 $\alpha=20°$，$h_a^*=1$，$c^*=0.25$，$\rho=0.38m$（ρ 为齿根圆角曲率半径，m 为齿轮模数）；对于内齿轮：其他参数不变，$\rho=0.15m$ 时，$Y_{Fa}=2.053$，$Y_{Sa}=2.65$。

三、齿轮传动主要参数的选择

1. 齿数 z

当中心距一定时，增加齿数可以增大传动的重合度，从而有利于提高传动的平稳性。在分度圆直径不变的情况下，增加齿数可以减小模数，降低齿高，减小齿面滑动系数，有利于提高轮齿的抗磨损和抗胶合能力，而且齿高的降低又可以减少切削量，降低齿轮的加工成本。但模数的减小会导致轮齿弯曲强度降低。因此，在满足弯曲疲劳强度的条件下，宜取较多的齿数。通常对闭式软齿面齿轮传动，齿轮的弯曲强度总是足够的，因此齿数可取多些，推荐取 $z_1=20\sim40$，对高速传动 $z_1\geqslant25$；对闭式硬齿面齿轮传动，齿根折断为主要的失效形式，因此可以适当地减少齿数以保证模数取值的合理。对开式齿轮传动，为保证轮齿在经受相当的磨损后仍不会发生弯曲折断，齿数不宜取太多，一般取 $z_1=17\sim20$。

2. 模数 m

模数的大小影响轮齿的弯曲强度，设计时应在保证弯曲强度的条件下取较小的模数。但对于传递动力的齿轮传动，为了防止因过载而使轮齿折断，一般应使模数 $m\geqslant1.5\sim2$ mm。

3. 齿数比 u

设计时，u 值不宜选取过大，以避免因大齿轮的直径过大而使整个传动装置外廓尺寸过大。通常应取 $u<8$，当 $u>8$ 时可采用多级齿轮传动。

4. 齿宽系数 ψ_d

齿宽系数 $\psi_d=b/d_1$，当齿宽一定时，增大齿宽系数可减小齿轮直径和传动中心距，降低齿轮的圆周速度，且可使齿轮传动结构紧凑。但当齿轮直径一定时，齿宽系数愈大，齿宽就愈大，则载荷沿齿宽分布就愈不均匀。因此必须合理地选择齿宽系数，设计时 ψ_d 可按表 10－8 选取。

将 $b=\psi_d d_1$ 算得的齿宽作为大齿轮的齿宽 b_2；为防止因加工和装配误差而减少啮合宽度，小齿轮齿宽 b_1 应在 b_2 的基础上增大 5～10 mm，即 $b_1=b_2+(5\sim10)$ mm。齿宽应圆整为整数，最好个位数是 0 或 5。

对于多级齿轮减速器，由于转矩 T 从高速级向低速级递增，因此设计时应使低速级的齿宽系数比高速级的大些，以便协调各级的传动尺寸。

表 10－8　齿宽系数 ψ_d

两轴承相对齿轮的布置情况	载荷情况	软齿面或软硬齿面		硬　齿　面	
		推荐值	最大值	推荐值	最大值
对称布置	变动小	0.8～1.4	1.8	0.4～0.9	1.1
	变动大		1.4		0.9
非对称布置	变动小	0.6～1.2	1.4	0.3～0.6	0.9
	变动大		1.15		0.7
小齿轮悬臂	变动小	0.3～0.4	0.8	0.2～0.25	0.55
	变动大		0.6		0.44

注：1. 软齿面指两齿轮皆为软齿面；软、硬齿面指大齿轮为软齿面，小齿轮为硬齿面；硬齿面指两齿轮皆为硬齿面。
2. 直齿圆柱齿轮取小值，斜齿轮取大值，人字齿轮可取更大值。
3. 载荷平稳、轴刚度大时取大值，反之取小值。
4. 对于金属切削机床，若传递功率不大时，ψ_d 可小到 0.2。
5. 对于非金属齿轮，可取 $\psi_d = 0.5 \sim 1.2$。
6. 对于开式传动，可取 $\psi_d = 0.3 \sim 0.5$。

四、齿轮传动的设计步骤

齿轮传动的主要设计步骤是：①根据给定的工况条件等，选择合适的齿轮材料、热处理方法及精度等级，确定齿轮的接触疲劳许用应力和弯曲疲劳许用应力；②根据设计准则进行设计计算，确定小齿轮分度圆直径 d_1 或模数；③选择齿轮的主要参数，计算齿轮的几何尺寸；④根据设计准则校核齿面接触疲劳强度或齿根弯曲疲劳强度；⑤进行齿轮的结构设计，绘制齿轮工作图。

例 10－1　设计一单级直齿圆柱齿轮减速器中的齿轮传动。已知：传递功率 $P = 10$ kW，电动机驱动，小齿轮转速 $n_1 = 955$ r/min，传动比 $i = 4$，单向运转，载荷平稳。使用寿命 10 年（每年工作 300 天），单班制工作。

解　设计的计算项目、计算内容及计算结果按下面列表进行。

计 算 项 目	计 算 内 容	计 算 结 果
1. 选择齿轮材料及精度等级		
（1）选择齿轮材料	由于此对齿轮传递的功率不大，故大、小齿轮都选用软齿面。参考表 10－2，小齿轮选用 45 钢调质，硬度为 217～255 HBW，计算时取为 230 HBW；大齿轮选用 45 钢正火，硬度为 169～217 HBW，计算时取为 190 HBW	小齿轮：45 钢调质，硬度取为 230 HBW 大齿轮：45 钢正火，硬度取为 190 HBW
（2）选择精度等级	因为是普通减速器，由表 10－4 选择 8 级精度 要求齿面粗糙度 $Ra \leqslant 3.2 \sim 6.3$ μm	8 级精度

续表

计算项目	计算内容	计算结果
2. 按齿面接触疲劳强度设计	因为是闭式软齿面齿轮传动，故按齿面接触疲劳强度进行设计，由于两轮均为钢质齿轮，可用式(10－11)求出 d_1 值	
(1) 转矩 T_1	$T_1=9.55\times10^6\dfrac{P}{n_1}=9.55\times10^6\times\dfrac{10}{955}\ \text{N}\cdot\text{mm}=10^5\ \text{N}\cdot\text{mm}$	$T_1=10^5\ \text{N}\cdot\text{mm}$
(2) 载荷系数 K	查表 10－5 取 $K=1.1$	$K=1.1$
(3) 齿数 z_1、z_2	取小齿轮的齿数 $z_1=25$，则大齿轮的齿数 $z_2=iz_1=100$	$z_1=25$ $z_2=100$
(4) 齿宽系数 ψ_d	在单级齿轮减速器中，齿轮为对称布置，且为软齿面，由表 10－8 选取 $\psi_d=1$	$\psi_d=1$
(5) 许用接触应力$[\sigma_H]$	由图 10－1 查得 $\sigma_{Hlim1}=570$ MPa，$\sigma_{Hlim2}=390$ MPa 由表 10－3 查得 $S_H=1$ 接触应力循环次数为 $N_1=60n_1jL_h=60\times955\times1\times(10\times300\times8)=1.38\times10^9$ $N_2=\dfrac{N_1}{i}=3.44\times10^8$ 由图 10－3 查得接触疲劳寿命系数 $Z_{NT1}=0.91$，$Z_{NT2}=0.94$ 许用接触应力为 $[\sigma_{H1}]=\dfrac{\sigma_{Hlim1}Z_{NT1}}{S_H}=\dfrac{570\times0.91}{1}\ \text{MPa}=518.7\ \text{MPa}$ $[\sigma_{H2}]=\dfrac{\sigma_{Hlim2}Z_{NT2}}{S_H}=\dfrac{390\times0.94}{1}\ \text{MPa}=366.6\ \text{MPa}$	$\sigma_{Hlim1}=570$ MPa $\sigma_{Hlim2}=390$ MPa $S_H=1$ $N_1=1.38\times10^9$ $N_2=3.44\times10^8$ $Z_{NT1}=0.91$ $Z_{NT2}=0.94$ $[\sigma_{H1}]=518.7$ MPa $[\sigma_{H2}]=366.6$ MPa
(6) 计算小齿轮分度圆直径	$d_1\geqslant76.43\sqrt[3]{\dfrac{KT_1}{\psi_d[\sigma_H]^2}\dfrac{u+1}{u}}$ $=76.43\sqrt[3]{\dfrac{1.1\times10^5}{1\times366.6^2}\times\dfrac{4+1}{4}}\ \text{mm}=77.01\ \text{mm}$	$d_1=77.01$ mm
3. 计算齿轮的几何尺寸		
(1) 确定模数	$m=\dfrac{d_1}{z_1}=\dfrac{77.01}{25}=3.08$ 查表 5－2 取标准值为 $m=3.5$	$m=3.5$
(2) 计算分度圆直径 d_1、d_2	$d_1=mz_1=3.5\times25\ \text{mm}=87.5\ \text{mm}$ $d_2=mz_2=3.5\times100\ \text{mm}=350\ \text{mm}$	$d_1=87.5$ mm $d_2=350$ mm
(3) 计算传动中心距 a	$a=\dfrac{1}{2}m(z_1+z_2)=\dfrac{1}{2}\times3.5\times(25+100)\ \text{mm}=218.75\ \text{mm}$	$a=218.75$ mm
(4) 计算齿宽 b_1、b_2	$b=\psi_d d_1=1\times87.5=87.5$ mm	$b_1=95$ mm

续表

计算项目	计算内容	计算结果
(5) 计算齿轮的圆周速度	经圆整后取 $b_2=90$ mm，$b_1=b_2+5=(90+5)$ mm $=95$ mm $v=\dfrac{\pi d_1 n_1}{60\times1\,000}=\dfrac{3.14\times87.5\times955}{60\times1\,000}$ m/s $=4.37$ m/s 由表 10-4 可知，选用 8 级精度是合适的	$b_2=90$ mm $v=4.37$ m/s
4. 校核弯曲疲劳强度		
(1) 齿形系数 Y_{Fa} 和应力修正系数 Y_{Sa}	由表 10-7 查得 $Y_{Fa1}=2.62$，$Y_{Fa2}=2.18$； $Y_{Sa1}=1.59$，$Y_{Sa2}=1.79$	$Y_{Fa1}=2.62$，$Y_{Fa2}=2.18$ $Y_{Sa1}=1.59$，$Y_{Sa2}=1.79$
(2) 许用弯曲应力 $[\sigma_F]$	由图 10-2 查得 $\sigma_{Flim1}=220$ MPa， $\sigma_{Flim2}=160$ MPa 由表 10-3 查得 $S_F=1.3$ 由图 10-4 查得弯曲疲劳寿命系数 $Y_{NT1}=0.88$，$Y_{NT2}=0.90$ 许用弯曲应力为 $[\sigma_{F1}]=\dfrac{\sigma_{Flim1}Y_{ST}Y_{NT1}}{S_F}=\dfrac{220\times2\times0.88}{1.3}$ MPa $=297.85$ MPa $[\sigma_{F2}]=\dfrac{\sigma_{Flim2}Y_{ST}Y_{NT2}}{S_F}=\dfrac{160\times2\times0.90}{1.3}$ MPa $=221.54$ MPa	$\sigma_{Flim1}=220$ MPa $\sigma_{Flim2}=160$ MPa $S_F=1.3$ $Y_{NT1}=0.88$ $Y_{NT2}=0.90$ $[\sigma_{F1}]=297.85$ MPa $[\sigma_{F2}]=221.54$ MPa
(3) 校核弯曲疲劳强度	$\sigma_{F1}=\dfrac{2KT_1}{bm^2z_1}Y_{Fa1}Y_{Sa1}=\dfrac{2\times1.1\times10^5}{90\times3.5^2\times25}\times2.62\times1.59$ MPa $=33.25$ MPa $\leqslant[\sigma_{F1}]$ $\sigma_{F2}=\sigma_{F1}\dfrac{Y_{Fa2}Y_{Sa2}}{Y_{Fa1}Y_{Sa1}}=33.25\times\dfrac{2.18\times1.79}{2.62\times1.59}$ MPa $=31.15\leqslant[\sigma_{F2}]$ 满足齿根弯曲疲劳强度要求	满足齿根弯曲疲劳强度要求
5. 齿轮的结构设计	以大齿轮为例。选用腹板式结构，其他有关尺寸按推荐的结构尺寸设计（尺寸计算从略），并绘制大齿轮的零件工作图	图略

第五节　标准斜齿圆柱齿轮传动的强度计算

斜齿圆柱齿轮传动的强度计算，是按其当量直齿圆柱齿轮传动进行的，其基本方法与直齿圆柱齿轮传动相似。但由于斜齿轮啮合时齿面接触线的倾斜以及传动重合度的增大等因素的影响，使斜齿轮的接触应力和弯曲应力降低。下面直接给出了经简化处理的斜齿轮强度计算公式。

一、斜齿圆柱齿轮传动齿面接触疲劳强度计算

校核公式
$$\sigma_H = 3.17Z_E\sqrt{\frac{KT_1}{bd_1^2}\frac{u\pm1}{u}} \leqslant [\sigma_H] \qquad (10-15)$$

设计公式
$$d_1 \geqslant \sqrt[3]{\frac{KT_1}{\psi_d}\frac{u\pm1}{u}\left(\frac{3.17Z_E}{[\sigma_H]}\right)^2} \qquad (10-16)$$

校核公式中，根号前的系数比直齿轮计算公式中的系数小，所以在受力条件相同的情况下求得的 σ_H 值减小，即接触应力减小。这说明斜齿轮传动的接触强度要比直齿轮传动的高。

二、斜齿圆柱齿轮传动齿根弯曲疲劳强度计算

校核公式
$$\sigma_F = \frac{1.6KT_1}{bm_n d_1}Y_{Fa}Y_{Sa} = \frac{1.6KT_1\cos\beta}{bm_n^2 z_1}Y_{Fa}Y_{Sa} \leqslant [\sigma_F] \qquad (10-17)$$

设计公式
$$m_n \geqslant 1.17\sqrt[3]{\frac{KT_1\cos^2\beta}{\psi_d z_1^2}\frac{Y_{Fa}Y_{Sa}}{[\sigma_F]}} \qquad (10-18)$$

设计时应将 $Y_{Fa1}Y_{Sa1}/[\sigma_{F1}]$ 和 $Y_{Fa2}Y_{Sa2}/[\sigma_{F2}]$ 两比值中的较大值代入上式，并将计算所得的法面模数 m_n 按标准模数圆整。Y_{Fa}、Y_{Sa} 应按斜齿轮的当量齿数 z_v 由表 10－7 查取。

有关直齿轮传动的设计方法及参数选择原则，对斜齿轮传动基本上都是适用的。

三、斜齿圆柱齿轮传动螺旋角的选择和中心距调整

1. 斜齿圆柱齿轮传动螺旋角的选择

螺旋角 β 是斜齿轮的主要参数之一，增大螺旋角可以增大重合度，提高传动平稳性和增大承载能力。如果 β 太大则齿轮的轴向力也大，从而增加轴承及整个传动的结构尺寸，不经济，且传动效率下降；如果 β 太小则会失去斜齿轮传动的优点。一般情况下，高速、大功率传动的场合，β 宜取大些；低速、小功率传动的场合，β 宜取小些。一般在设计时常取 $\beta = 8° \sim 20°$。

2. 斜齿圆柱齿轮传动中心距的调整

斜齿轮传动可通过调整螺旋角 β 或同时调整齿数把中心距调配成尾数为“0”或“5”的数值。调整后的螺旋角 β 由下式确定，最好在 8°～20°之间。

$$\beta = \arccos\frac{m_n(z_1+z_2)}{2a} \qquad (10-19)$$

由于齿数的调整会造成传动比 i 的变动，因此还要验算传动比误差。对于一般的齿轮传动，实际传动比与理论传动比误差在 ±5% 内是允许的。

例 10－2 试设计带式运输机减速器的高速级斜齿圆柱齿轮传动。已知输入功率 P = 40 kW，小齿轮转速 n_1 = 970 r/min，传动比 i = 2.5，使用寿命 10 年（每年工作 300 天），单班制工作。电动机驱动，带式运输机工作平稳、转向不变，齿轮相对于轴承为非对称布置。

解 设计的计算项目、计算内容及计算结果按下面列表进行。

计 算 项 目	计 算 内 容	计 算 结 果
1. 选择齿轮材料及精度等级		
(1) 选择齿轮材料	由于此对齿轮传递的功率较大，故大、小齿轮都选用硬齿面。参考表 10－2，大、小齿轮均选用 20Cr，经渗碳淬火，硬度为 56～62 HRC，计算时取为 58 HRC	小齿轮：渗碳淬火，硬度取为 58 HRC 大齿轮：渗碳淬火，硬度取为 58 HRC
(2) 选择精度等级	由表 10－4 选择 7 级精度，要求表面粗糙度 $Ra \leqslant 1.6 \sim 3.2\ \mu m$	7 级精度
2. 按齿根弯曲疲劳强度设计	因为是闭式硬齿面齿轮传动，故按弯曲疲劳强度进行设计，由式(10－18)求出 m_n 值	
(1) 转矩 T_1	$T_1 = 9.55 \times 10^6 \dfrac{P}{n_1} = 9.55 \times 10^6 \times \dfrac{40}{970}\ N \cdot mm = 3.94 \times 10^5\ N \cdot mm$	$T_1 = 3.94 \times 10^5\ N \cdot mm$
(2) 载荷系数 K	查表 10－5 取 $K = 1.1$	$K = 1.1$
(3) 齿数 z_1、z_2	取小齿轮的齿数 $z_1 = 24$，则大齿轮的齿数 $z_2 = iz_1 = 60$	$z_1 = 24$　$z_2 = 60$
(4) 初选螺旋角 β	初选螺旋角 $\beta = 15°$	$\beta = 15°$
(5) 计算当量齿数 z_{v1}、z_{v2}	$z_{v1} = \dfrac{z_1}{\cos^3\beta} = \dfrac{24}{\cos^3 15°} = 26.63$ $z_{v2} = \dfrac{z_2}{\cos^3\beta} = \dfrac{60}{\cos^3 15°} = 66.58$	$z_{v1} = 26.63$ $z_{v2} = 66.58$
(6) 齿形系数 Y_{Fa} 和应力修正系数 Y_{Sa}	由表 10－7 插值得 $Y_{Fa1} = 2.58$，$Y_{Fa2} = 2.25$；$Y_{Sa1} = 1.598$，$Y_{Sa2} = 1.74$	$Y_{Fa1} = 2.58$　$Y_{Fa2} = 2.25$ $Y_{Sa1} = 1.598$　$Y_{Sa2} = 1.74$
(7) 齿宽系数 ψ_d	齿轮相对轴承为非对称布置，且为硬齿面，由表 10－8 选取 $\psi_d = 0.6$	$\psi_d = 0.6$
(8) 许用弯曲应力 $[\sigma_F]$	由图 10－2 查得 $\sigma_{Flim1} = 430\ MPa$，$\sigma_{Flim2} = 430\ MPa$； 由表 10－3 查得 $S_F = 1.4$ 弯曲应力循环次数 $N_1 = 60 n_1 j L_h = 60 \times 970 \times 1 \times (10 \times 300 \times 8) = 1.4 \times 10^9$ $N_2 = \dfrac{N_1}{i} = 5.6 \times 10^8$ 由图 10－4 查得弯曲疲劳寿命系数 $Y_{NT1} = 0.88$，$Y_{NT2} = 0.89$；许用接触应力为 $[\sigma_{F1}] = \dfrac{\sigma_{Flim1} Y_{ST} Y_{NT1}}{S_F} = \dfrac{430 \times 2 \times 0.88}{1.4}\ MPa = 540.57\ MPa$ $[\sigma_{F2}] = \dfrac{\sigma_{Flim2} Y_{ST} Y_{NT2}}{S_F} = \dfrac{430 \times 2 \times 0.89}{1.4}\ MPa = 546.71\ MPa$	$\sigma_{Flim1} = 430\ MPa$ $\sigma_{Flim2} = 430\ MPa$ $S_F = 1.4$ $N_1 = 1.4 \times 10^9$ $N_2 = 5.6 \times 10^8$ $Y_{NT1} = 0.88$ $Y_{NT2} = 0.89$ $[\sigma_{F1}] = 540.57\ MPa$ $[\sigma_{F2}] = 546.71\ MPa$

计算项目	计算内容	计算结果
(9) 计算$\frac{Y_{Fa1}Y_{Sa1}}{[\sigma_{F1}]}$与$\frac{Y_{Fa2}Y_{Sa2}}{[\sigma_{F2}]}$	$\frac{Y_{Fa1}Y_{Sa1}}{[\sigma_{F1}]}=\frac{2.58\times1.598}{540.57}\ MPa^{-1}=0.007\ 627\ MPa^{-1}$ $\frac{Y_{Fa2}Y_{Sa2}}{[\sigma_{F2}]}=\frac{2.25\times1.74}{546.71}\ MPa^{-1}=0.007\ 161\ MPa^{-1}$	小齿轮数值大
(10) 计算模数	$m_n\geqslant1.17\sqrt[3]{\frac{KT_1\cos^2\beta}{\psi_d z_1^2}\frac{Y_{Fa}Y_{Sa}}{[\sigma_F]}}$ $=1.17\sqrt[3]{\frac{1.1\times3.94\times10^5\times\cos^2 15°}{0.6\times24^2}\times0.007\ 627}=2.43$ 查表(5-2)取标准值为$m_n=2.5$	$m_n=2.5$
3. 计算齿轮的几何尺寸		
(1) 确定中心距	$a=\frac{m_n(z_1+z_2)}{2\cos\beta}=\frac{2.5\times(24+60)}{2\cos 15°}\ mm=108.70\ mm$ 圆整为$a=110$ mm	$a=110$ mm
(2) 确定螺旋角	$\beta=\arccos\frac{m_n(z_1+z_2)}{2a}=\arccos\frac{2.5\times(24+60)}{2\times110}=17°20'$	$\beta=17°20'$
(3) 计算分度圆直径d_1、d_2	$d_1=\frac{m_n z_1}{\cos\beta}=\frac{2.5\times24}{\cos 17°20'}=62.86\ mm$ $d_2=\frac{m_n z_2}{\cos\beta}=\frac{2.5\times60}{\cos 17°20'}=157.14\ mm$	$d_1=62.86$ mm $d_2=157.14$ mm
(4) 计算齿宽b_1、b_2	$b=\psi_d d_1=0.6\times62.86\ mm=37.72\ mm$ 圆整后取$b_2=40$ mm，$b_1=b_2+5=(40+5)\ mm=45$ mm	$b_1=45$ mm $b_2=40$ mm
(5) 计算齿轮的圆周速度	$v=\frac{\pi d_1 n_1}{60\times1\ 000}=\frac{3.14\times62.86\times970}{60\times1\ 000}\ m/s=3.19\ m/s$ 由表10-4可知，选用7级精度是合适的	$v=3.19$ m/s
4. 校核接触疲劳强度		
(1) 齿数比u	由于该传动为减速传动，所以$u=i=2.5$	
(2) 许用接触应力$[\sigma_H]$	由图10-1查得$\sigma_{Hlim1}=\sigma_{Hlim2}=1\ 450$ MPa 由表10-3查得$S_H=1.1$ 由图10-3查得接触疲劳寿命系数$Z_{NT1}=0.91$，$Z_{NT2}=0.93$ 许用接触应力 $[\sigma_{H1}]=\frac{\sigma_{Hlim1}Z_{NT1}}{S_H}=\frac{1\ 450\times0.91}{1.1}\ MPa=1\ 199.55\ MPa$ $[\sigma_{H2}]=\frac{\sigma_{Hlim2}Z_{NT2}}{S_H}=\frac{1\ 450\times0.93}{1.1}\ MPa=1\ 225.91\ MPa$	$\sigma_{Hlim1}=\sigma_{Hlim2}=1\ 450$ MPa $S_H=1.1$ $Z_{NT1}=0.91$ $Z_{NT2}=0.93$ $[\sigma_{H1}]=1\ 199.55$ MPa $[\sigma_{H2}]=1\ 225.91$ MPa

续表

计算项目	计算内容	计算结果
(3) 弹性系数 Z_E (4) 校核接触疲劳强度	由表 10-6 查得弹性系数 $Z_E = 189.8\ \sqrt{\text{MPa}}$ $\sigma_H = 3.17 Z_E \sqrt{\frac{KT_1}{bd_1^2}\frac{u+1}{u}}$ $= 3.17 \times 189.8 \times \sqrt{\frac{1.1 \times 3.94 \times 10^5}{40 \times 62.86^2} \times \frac{2.5+1}{2.5}}\ \text{MPa}$ $= 1\ 178.85\ \text{MPa} < [\sigma_{H1}]$ 满足齿面接触疲劳强度要求。	满足齿面接触疲劳强度要求
5. 齿轮的结构设计	以大齿轮为例。选用腹板式结构，其他有关尺寸按推荐的结构尺寸设计(尺寸计算从略)，并绘制大齿轮的零件工作图	见图 10-10

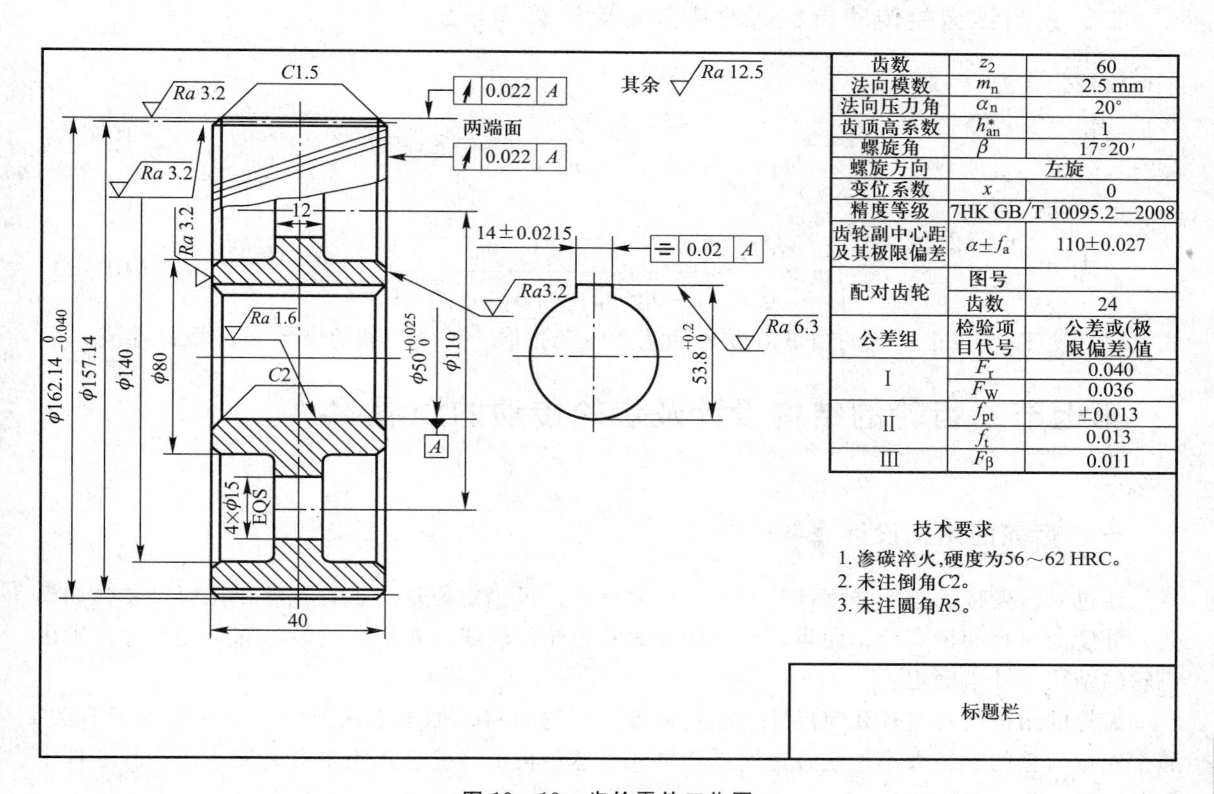

图 10-10 齿轮零件工作图

第六节 标准直齿锥齿轮传动的强度计算

直齿锥齿轮传动的强度计算，可按齿宽中点处的一对当量直齿圆柱齿轮传动来进行。由此可得两轴线交角 $\Sigma=90°$ 的一对直齿锥齿轮传动的强度计算方法。下面直接给出了经简化处理后的锥齿轮强度计算公式。

一、直齿锥齿轮传动齿面接触疲劳强度计算

校核公式为

$$\sigma_H=\frac{4.98Z_E}{1-0.5\psi_R}\sqrt{\frac{KT_1}{\psi_R d_1^3 u}}\leqslant[\sigma_H] \tag{10-20}$$

设计公式为

$$d_1\geqslant\sqrt[3]{\frac{KT_1}{\psi_R u}\left[\frac{4.98Z_E}{(1-0.5\psi_R)[\sigma_H]}\right]^2} \tag{10-21}$$

二、直齿锥齿轮传动齿根弯曲疲劳强度计算

校核公式为

$$\sigma_F=\frac{4KT_1Y_{Fa}Y_{Sa}}{\psi_R(1-0.5\psi_R)^2 z_1^2 m^3\sqrt{u^2+1}}\leqslant[\sigma_F] \tag{10-22}$$

设计公式为

$$m\geqslant\sqrt[3]{\frac{4KT_1Y_{Fa}Y_{Sa}}{\psi_R(1-0.5\psi_R)^2 z_1^2[\sigma_F]\sqrt{u^2+1}}} \tag{10-23}$$

式中，Y_{Fa}、Y_{Sa} 应按锥齿轮的当量齿数 z_v 由表 10－7 查取，计算得到的模数 m 应取标准值。

第七节 齿轮的结构设计及齿轮传动的润滑

一、齿轮的结构设计

通过对齿轮传动进行强度计算和几何尺寸计算，可确定齿轮的主要参数和几何尺寸，如模数、分度圆直径和齿宽等，而齿轮的结构型式和齿轮的轮缘、轮辐、轮毂等部分的尺寸，则由齿轮的结构设计来确定。

齿轮的结构型式与其几何尺寸、毛坯种类、所选材料、加工方法及使用要求等因素有关。通常先按齿轮的直径大小选定合适的结构型式，然后再由经验公式确定有关尺寸，绘制零件工作图。

按齿轮毛坯制造方法的不同，齿轮的结构型式可分为锻造齿轮、铸造齿轮、焊接齿轮和装配式齿轮等类型。

1. 锻造齿轮

对于齿顶圆直径 $d_a \leqslant 500$ mm 的重要齿轮，通常采用锻造齿轮。根据齿轮尺寸大小的不同，可有以下几种结构型式。

（1）齿轮轴。当圆柱齿轮的齿根圆至键槽底部的距离 $x \leqslant 2.5m_n$，或当锥齿轮小端的齿根圆至键槽底部的距离 $x \leqslant 1.6m$ 时，应将齿轮与轴制成一体，称为齿轮轴，如图 10－11 所示。

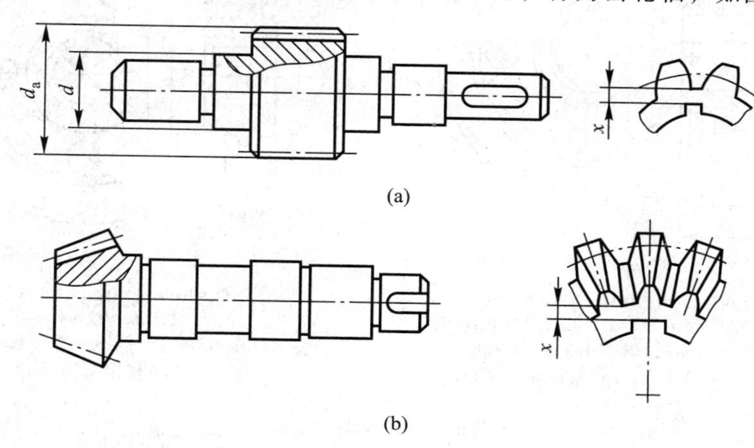

图 10－11　齿轮轴

（2）实心式齿轮。当齿轮的齿顶圆直径 $d_a \leqslant 200$ mm 时，可采用实心式齿轮，如图 10－12 所示。

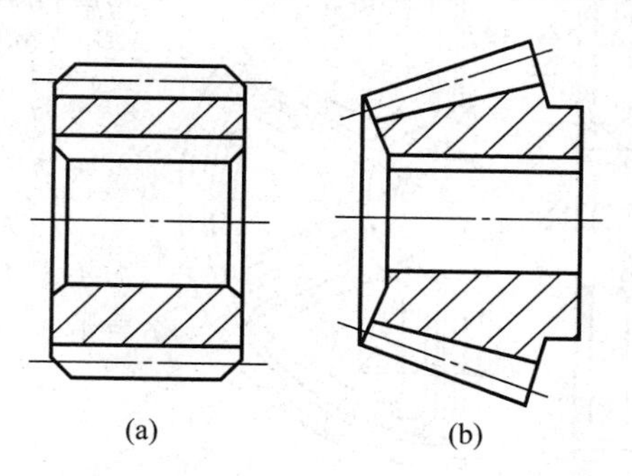

图 10－12　实心式齿轮

（3）腹板式齿轮。当齿轮的齿顶圆直径 $d_a = 200 \sim 500$ mm 时，为了减轻重量，节约材料，常采用腹板式结构，如图 10－13 所示。锻造齿轮的腹板式结构又分为模锻和自由锻两种形式，前者用于批量生产。

2. 铸造齿轮

当圆柱齿轮的齿顶圆直径 $d_a > 500$ mm 时，锥齿轮的齿顶圆直径 $d_a > 300$ mm 时，由于锻造设备的限制，通常采用铸造齿轮，如图 10－14 所示。

3. 焊接齿轮

单件生产的大型齿轮，不便于铸造时，可制成焊接齿轮，如图 10－15 所示。

4. 装配式齿轮

为了节约优质钢材，大型齿轮可制成装配式齿轮，如将用贵重金属材料制作的轮缘与用铸钢或铸铁制作的轮芯连接起来，如图 10－16 所示。

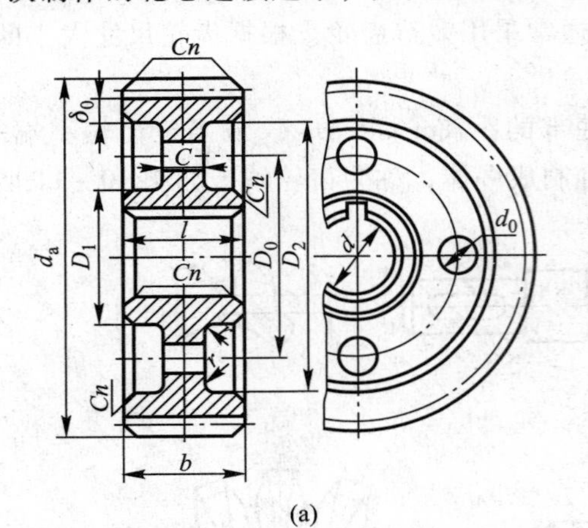

(a)

D_1=1.6d，D_0=0.5(D_2+D_1)，n=0.5m_n

l=(1.2d～1.5d)≥b，d_0=0.25(D_2−D_1)，r=0.5C

δ_0=(2.5～4)m_n，但不小于8 mm

C=0.3b(自由锻)，C=0.2b(模锻)，但不小于8 mm

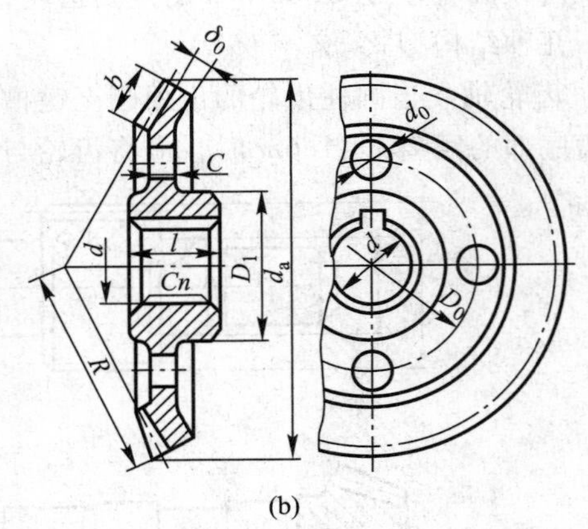

(b)

D_1=1.6d，C=(0.1～0.17)R

l=(1～1.2)d，n=0.5m

δ_0=(3～4)m，但不小于10 mm

D_0和d_0根据结构确定

图 10－13　腹板式齿轮

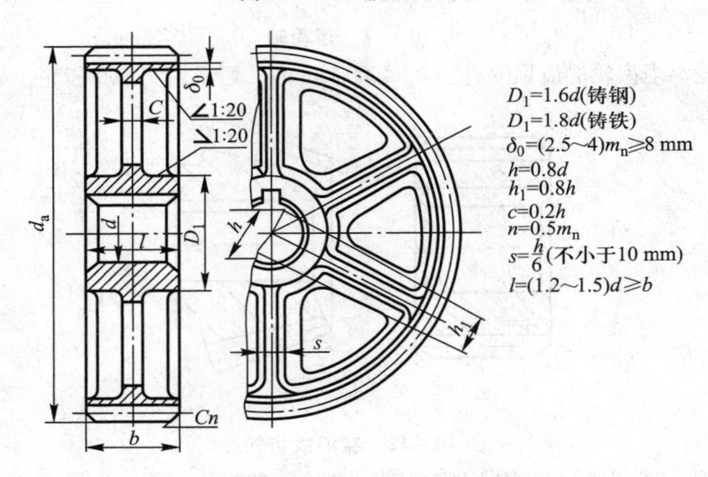

图 10－14　铸造轮辐式圆柱齿轮

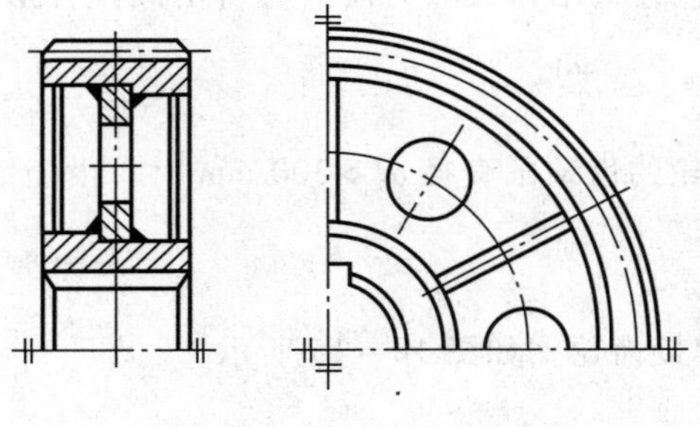

图 10－15　焊接齿轮

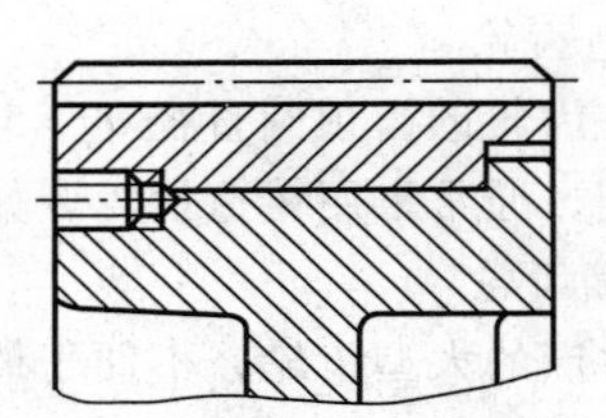

图 10－16　装配式齿轮

二、齿轮传动的润滑

润滑对于齿轮传动十分重要，不仅可以减小摩擦、减轻磨损，还可以起到冷却、防锈及降低噪声的作用，对防止和延缓轮齿失效，改善齿轮的工作状况有着重要的作用。

1. 润滑方式

闭式齿轮传动的润滑方式有浸油润滑和喷油润滑两种，一般根据齿轮的圆周速度来确定。

当齿轮的圆周速度 $v \leq 12$ m/s 时，通常采用浸油润滑，即将大齿轮浸入油池中进行润滑，如图 10－17a 所示。齿轮浸入油中的深度约为一个齿高，但不应小于 10 mm，转速低时可浸深一些，但浸入过深则会增大运动阻力并使油温升高。在多级齿轮传动中，对于未浸入油池内的齿轮，可采用带油轮将油带到未浸入油池内的轮齿齿面上，如图 10－17b 所示。浸油齿轮可将油甩到齿轮箱壁上，有利于散热。

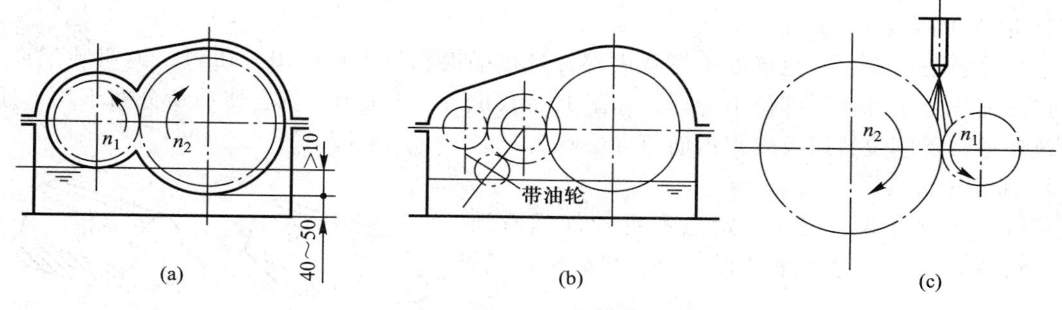

图 10－17　齿轮润滑

当齿轮的圆周速度 $v > 12$ m/s 时，由于圆周速度大，齿轮搅油剧烈，且粘附在齿面上的油易被甩掉，因此不宜采用浸油润滑，而应采用喷油润滑。即用油泵将具有一定压力的润滑油经喷嘴喷到啮合的齿面上，如图 10－17c 所示。

对于开式齿轮传动，由于其传动速度较低，通常采用人工定期加油润滑的方式。

2. 润滑剂的选择

选择润滑油时，先根据齿轮的材料及圆周速度由表 10－9 查得运动粘度值，再根据选定的粘度确定润滑油的牌号（参看有关机械设计手册）。

表 10－9　齿轮传动润滑油粘度荐用值

齿轮材料	强度极限 σ_b/MPa	圆周速度 v/(m/s)						
		<0.5	0.5~1	1~2.5	2.5~5	5~12.5	12.5~25	>25
		运动粘度 ν/cSt(40℃)						
塑料、青铜、铸铁	—	350	220	150	100	80	55	—
钢	450~1 000	500	350	220	150	100	80	55
	1 000~1 250	500	500	350	220	150	100	80
渗碳或表面淬火钢	1 250~1 580	900	500	500	350	220	150	100

注：1. 多级齿轮传动按各级所选润滑油粘度的平均值来确定润滑油。

2. 对于 $\sigma_b > 800$ MPa 的镍铬钢制齿轮（不渗碳），润滑油粘度取高一档的数值。

必须经常检查齿轮传动润滑系统的状况(如润滑油的油面高度等)。油面过低则润滑不良，油面过高则会增加搅油功率的损失。对于压力喷油润滑系统还需检查油压状况，油压过低会造成供油不足，油压过高则可能是因为油路不畅通，需及时调整油压。

三、齿轮传动的维护

正确维护是保证齿轮传动正常工作和延长齿轮使用寿命的必要条件。日常维护工作主要有以下内容。

1. 安装与跑合

齿轮、轴承和键等零件安装在轴上，注意其固定和定位都应符合技术要求。使用一对新齿轮时，先作跑合运转，即在空载及逐步加载的方式下，运转十几小时至几十小时，然后清洗箱体，更换新油，才能使用。

2. 检查齿面接触情况

采用涂色法检查，若色迹处于齿宽中部，且接触面积较大(图 10－18a)，说明装配良好。若接触面积过小或接触部位不合理，如图 10－18b、c、d 所示，都会使载荷分布不均。通常可通过调整轴承座位置以及修理齿面等方法解决。

3. 保证正常润滑

按规定润滑方式，定时、定质和定量加润滑油。对自动润滑方式，注意油路是否畅通，润滑机构是否灵活。

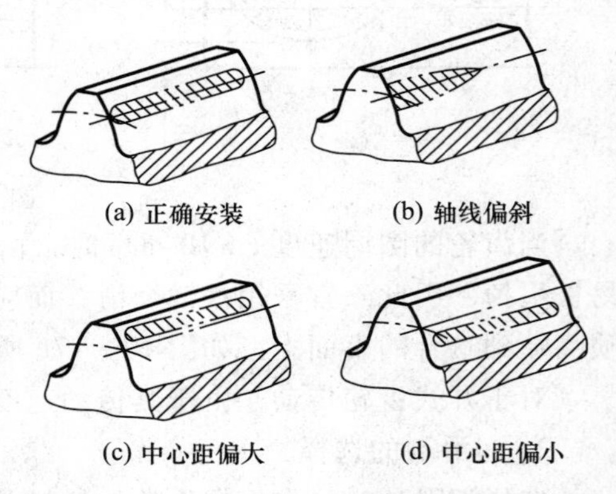

图 10－18　圆柱齿轮齿面接触斑点

4. 监控运转状态

通过看、摸、听，监视有无超常温度、异常响声和振动等不正常现象。若发现异常现象，应及时检查加以解决，禁止其“带病工作”。对高速、重载或重要场合的齿轮传动，可采用自动监测装置，对齿轮运行状态的信息搜集处理、故障诊断及报警等，实现自动控制，确保齿轮传动的安全、可靠。

5. 安装防护罩

对于开式齿轮传动，应安装防护罩，防止灰尘、切屑等杂物侵入齿面，加速齿面磨损，同时保护人身安全。

习　题

10－1　试分析图 10－19 所示齿轮传动各齿轮所受的力，用受力图表示出各力的作用位置及方向。

10－2　图 10－20 所示为二级斜齿圆柱齿轮减速器。已知：高速级齿轮 $z_1=21$，$z_2=52$，$m_{n\mathrm{I}}=3$ mm，$\beta_{\mathrm{I}}=12°7'43''$；低速级齿轮 $z_3=27$，$z_4=54$，$m_{n\mathrm{II}}=5$ mm；输入功率 $P_1=10$ kW，$n_1=1\ 450$ r/min。齿轮啮合效率 $\eta_1=0.98$，滚动轴承效率 $\eta_2=0.99$。试求：(1)低速级小齿轮

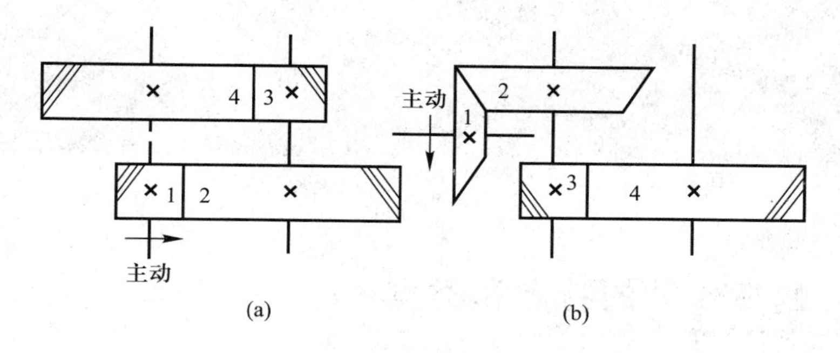

图 10－19　习题 10－1 图

以何旋向，才能使得中间轴上的轴承所受轴向力最小；(2)低速级斜齿轮分度圆螺旋角 β_{II} 应取多大值才能使中间轴上的轴向力完全抵消；(3)各轴转向及所受转矩；(4)齿轮各啮合点作用力的方向和大小(用分力表示)。

10－3　图 10－21 所示为圆锥—圆柱齿轮减速器。功率由Ⅰ轴输入，Ⅲ轴输出，摩擦损失不计。已知：直齿锥齿轮 $z_1=20$，$z_2=50$，$m=5$ mm，齿宽系数 $\psi_R=0.3$，$\alpha=20°$；斜齿圆柱齿轮 $z_3=23$，$z_4=92$，$m_n=6$ mm，试求：使Ⅱ轴上轴承所受轴向力为零时斜齿轮的螺旋角大小。

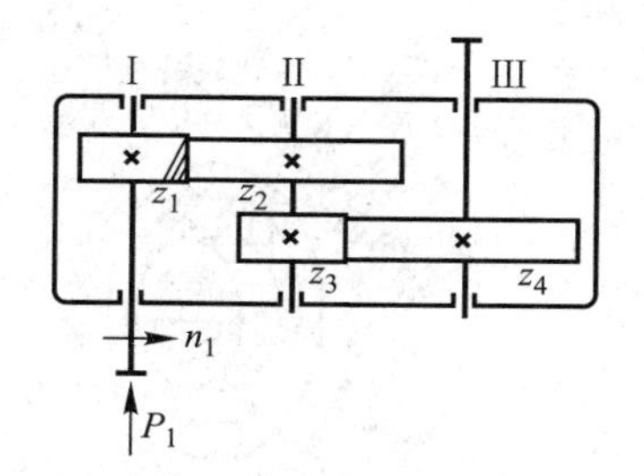

图 10－20　习题 10－2 图

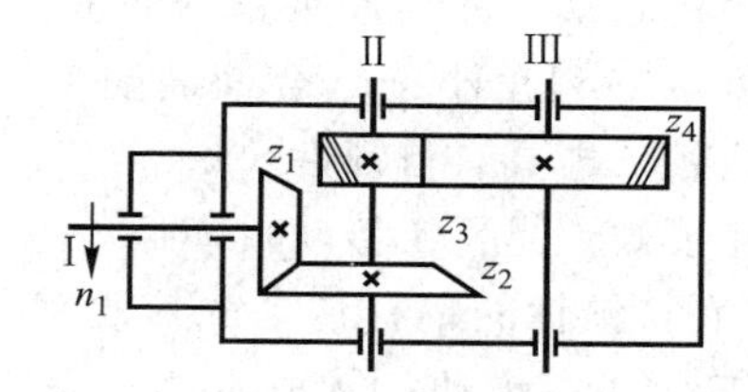

图 10－21　习题 10－3 图

10－4　某闭式标准直齿圆柱齿轮传动，中心距 $a=120$ mm，$\alpha=20°$，材料、热处理、齿面硬度已定，现有两个传动方案：方案一：$z_1=18$，$z_2=42$，$m=4$ mm，$b=60$ mm；方案二：$z_1=36$，$z_2=84$，$m=2$ mm，$b=60$ mm。试问：(1)哪对齿轮接触疲劳强度高？(2)哪对齿轮弯曲疲劳强度高？(3)哪对齿轮传动平稳性好？

10－5　设计一对标准直齿圆柱齿轮闭式传动。电动机驱动，功率为 7.5 kW，$i=3.5$，$n_1=1\ 480$ r/min，单向运转，有轻微振动，小齿轮相对轴承为不对称布置。双班制，每年工作 300 d，使用寿命为 10 年。

10－6　试设计一螺旋输送机用闭式单级斜齿圆柱齿轮传动，已知传递功率 $P_1=7.5$ kW，转速 $n_1=670$ r/min，齿数比 $u=4.1$，电动机驱动，单向运转，两班制，使用期限 15 年，要求转速误差 ±5%。

10－7　两级展开式斜齿圆柱齿轮减速器，已知传递功率 $P_1=20$ kW，$n_1=1\ 500$ r/min，高速级传动比 $i=4.2$，工作时有中等冲击，电动机驱动，小齿轮非对称布置，寿命 $L_h=25\ 000$ h。试设计高速级的齿轮传动，精度可取 8 级。

第十一章　蜗杆传动

第一节　蜗杆传动的特点和类型

蜗杆传动用于传递空间两交错轴之间的运动和动力(图 11－1)，通常两轴的交错角为 90°。蜗杆传动具有很多优点，因此在生产中得到了广泛的应用。

一、蜗杆传动的特点

蜗杆传动的主要优点是：①传动比大，结构紧凑。一般动力传动中其传动比范围为 10～80，在分度机构中传动比可达 1 000。由于蜗杆传动的传动比大，零件数目又少，因而结构紧凑；②在蜗杆传动中，由于蜗杆齿是连续不断的螺旋齿，它和蜗轮齿是逐渐进入和脱离啮合的，同时啮合的齿对也比较多，故传动平稳，冲击振动小，噪声低；③当蜗杆的导程角小于啮合面的当量摩擦角时，可实现反向自锁，即具有自锁性。

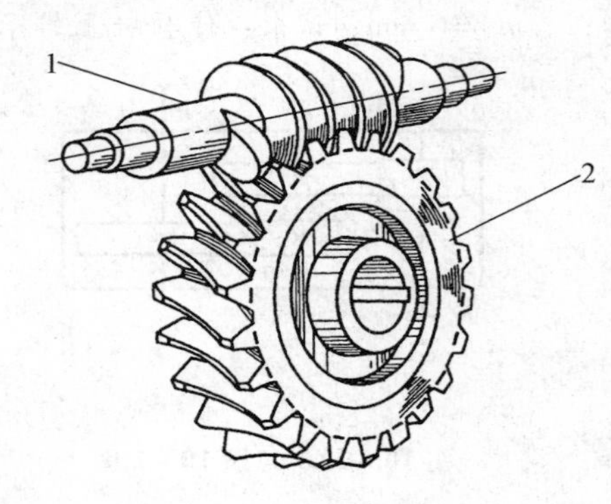

图 11－1　蜗杆传动

1—蜗杆；2—蜗轮

其主要缺点是：①传动效率低。一般效率为 0.7～0.8，具有自锁性的蜗杆传动，其效率在 0.5 以下，故不宜用于大功率传动；②成本高，发热量大。由于蜗杆传动齿面间相对滑动速度大，发热量大，为减轻摩擦、磨损和降低工作温度，需要良好的润滑和散热条件，同时还需要用贵重的有色金属制造蜗轮(或齿圈)；③对制造和安装误差很敏感，安装时对中心距的尺寸精度要求高。

综上所述，蜗杆传动常用于传动功率在 50 kW 以下，滑动速度 v_s 在 15 m/s 以下的机器设备中。

二、蜗杆传动的类型

按蜗杆形状不同可分为圆柱蜗杆传动(图 11－2a)、环面蜗杆传动(11－2b)和锥面蜗杆传动(11－2c)3 类，其中应用最多的是圆柱蜗杆传动。

圆柱蜗杆传动按蜗杆齿廓形状不同，可分为普通圆柱蜗杆传动和圆弧圆柱蜗杆传动，常用的是普通圆柱蜗杆传动。普通圆柱蜗杆多用直母线刀刃加工，按加工刀具安装位置的不同，普通圆柱蜗杆传动又分为以下 3 类：

(1) 阿基米德圆柱蜗杆传动(ZA 型)。如第 5 章图 5－45 所示，加工这种蜗杆时，与加工普通梯形螺纹相似，梯形车刀切削刃顶平面通过蜗杆轴线。这样加工出来的蜗杆在垂直蜗杆轴线的

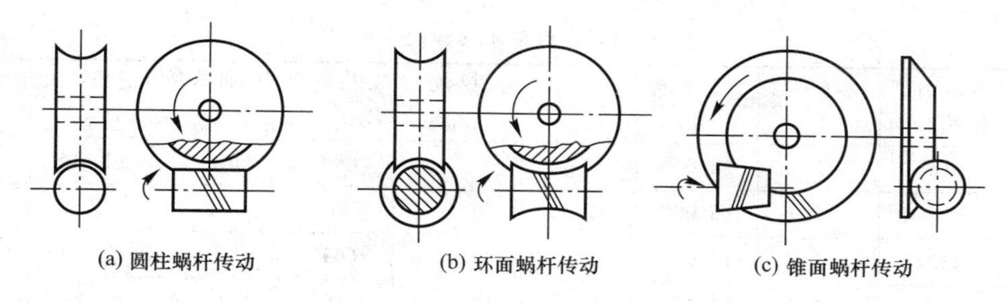

图 11－2　蜗杆传动的类型

截面内，齿形为阿基米德螺旋线。在过蜗杆轴线并垂直于蜗轮轴线的中间平面内蜗杆为梯形齿条，蜗轮为渐开线齿轮，蜗杆与蜗轮的啮合关系类似于齿条与齿轮的啮合。这种蜗杆难于磨削，因此精度不高。当其螺旋线的升角较大时，车削也较困难。故通常在无需磨削加工的情况下采用。

（2）法面直廓圆柱蜗杆传动（ZN 型）。如图 11－3a 所示，加工这种蜗杆时，应将车刀切削刃顶平面放置在垂直于齿槽中线处螺旋线的法面内。这样加工出的蜗杆在法面上的齿形为直边梯形，在端面内的齿形为延伸渐开线。该蜗杆加工简单，但不易磨削，精度较低。

（3）渐开线圆柱蜗杆传动(ZI 型)。如图 11－3b 所示，加工这种蜗杆时，将刀刃顶平面与基圆相切。这样加工出来的蜗杆其端面齿廓为渐开线，在与基圆相切的剖面内，一侧齿廓为直线，另一侧为外凸曲线。这种蜗杆可以磨削，并可保证获得较高的精度，但磨削需要专用机床。

蜗杆类型很多，本章仅以目前普遍采用的阿基米德蜗杆为例，介绍圆柱蜗杆传动的设计计算。

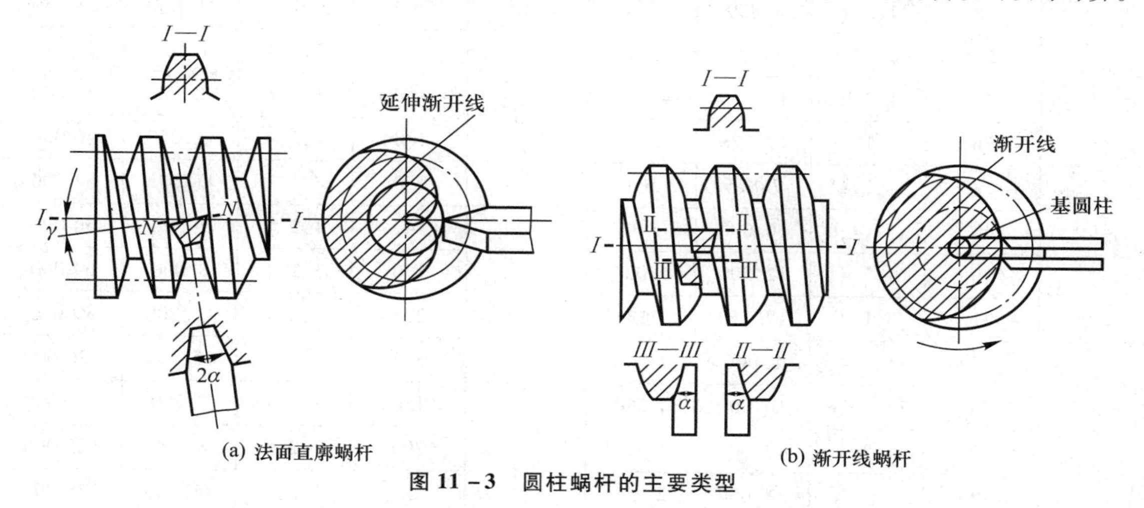

图 11－3　圆柱蜗杆的主要类型

第二节　蜗杆传动的主要参数和几何尺寸

一、蜗杆传动的主要参数

如前所述，在中间平面内，阿基米德蜗杆传动相当于齿条与渐开线齿轮的啮合传动。因此，传动参数、主要几何尺寸及强度计算等均以中间平面为准。蜗杆传动有关参数的取值见表 11－1。

表 11-1 蜗杆基本参数($\Sigma=90^\circ$)

模数 m/mm	分度圆直径 d_1/mm	蜗杆头数 z_1	直径系数 q	m^2d_1	模数 m/mm	分度圆直径 d_1/mm	蜗杆头数 z_1	直径系数 q	m^2d_1
1	18	1	18.000	18	6.3	(80)	1,2,4	12.698	3 175
1.25	20	1	16.000	31.25		112	1	17.778	4 445
	22.4	1	17.920	35	8	(63)	1,2,4	7.875	4 032
1.6	20	1,2,4	12.500	51.2		80	1,2,4,6	10.000	5 376
	28	1	17.500	71.68		(100)	1,2,4	12.500	6 400
2	(18)	1,2,4	9.000	72		**140**	1	17.500	8 960
	22.4	1,2,4,6	11.200	89.6	10	(71)	1,2,4	7.100	7 100
	(28)	1,2,4	14.000	112		90	1,2,4,6	9.000	9 000
	35.5	1	17.750	142		(112)	1,2,4	11.200	11 200
2.5	(22.4)	1,2,4	8.960	140		160	1	16.000	16 000
	28	1,2,4,6	11.200	175	12.5	(90)	1,2,4	7.200	14 062
	(35.5)	1,2,4	14.200	221.9		112	1,2,4	8.960	17 500
	45	1	18.000	281		(140)	1,2,4	11.200	21 875
3.15	(28)	1,2,4	8.889	278		200	1	16.000	31 250
	35.5	1,2,4,6	11.27	352	16	(112)	1,2,4	7.000	28 672
	45	1,2,4	14.286	447.5		140	1,2,4	8.750	35 840
	56	1	17.778	556		(180)	1,2,4	11.250	46 080
4	(31.5)	1,2,4	7.875	504		250	1	15.625	64 000
	40	1,2,4,6	10.000	640	20	(140)	1,2,4	7.000	56 000
	(50)	1,2,4	12.500	800		160	1,2,4	8.000	64 000
	71	1	17.750	1 136		(224)	1,2,4	11.200	89 600
5	(40)	1,2,4	8.000	1 000		315	1	15.750	126 000
	50	1,2,4,6	10.000	1 250	25	(180)	1,2,4	7.200	112 500
	(63)	1,2,4	12.600	1 575		200	1,2,4	8.000	125 000
	90	1	18.000	2 250		(280)	1,2,4	11.200	175 000
6.3	(50)	1,2,4	7.936	1 985		400	1	16.000	250 000
	63	1,2,4,6	10.000	2 500					

注：1. 表中模数均系第一列，$m<1$ mm 的未列入，$m>25$ mm 的还有 31.5、40 mm 两种。属于第二系列的模数有：1.5、3、3.5、4.5、5.5、6、7、12、14 mm。

2. 表中蜗杆分度圆直径 d_1 均属第一系列，$d_1<18$ mm 的未列入，此外还有 355 mm。属于第二系列的有：30、38、48、53、60、67、75、85、95、106、118、132、144、170、190、300 mm。

3. 模数和分度圆直径应优先选第一系列。括号内的数字尽量不用。

4. 表中 d_1 值为黑体的蜗杆为 $\gamma<3^\circ30'$ 的自锁蜗杆。

1. 模数 m 和压力角 α

与齿轮传动一样，蜗杆传动也以模数作为主要计算参数。蜗杆和蜗轮啮合时，在中间平面内，蜗杆的轴向模数和轴向压力角分别与蜗轮的端面模数和端面压力角相等，并将此平面内的模数和压力角规定为标准值，即：$m_{x1}=m_{t2}=m$，$\alpha_{x1}=\alpha_{t2}=\alpha$。

常用的标准模数见表 11－1。蜗杆和蜗轮压力角的标准值为 20°。

2. 蜗杆头数 z_1 和蜗轮齿数 z_2

常用蜗杆头数 z_1 为 1、2、4、6，z_1 应该根据传动比和效率来选择。单头蜗杆的传动比大，易自锁，但效率低，不宜用于传递功率较大的场合；当需要传递功率较大时，z_1 应取 2 或 4，但蜗杆头数越多，导程越大，会给加工带来困难。

蜗轮齿数 $z_2=iz_1$，为了保证蜗杆传动的平稳性和效率，一般取 $z_2 \geqslant 28$；但 z_2 也不宜过大，否则蜗轮尺寸大，蜗杆轴支承间距离将增加，蜗杆的刚度差，影响蜗轮与蜗杆的啮合，一般取 $z_2 \leqslant 80$。z_2 的值可参考表 11－2 选用。

表 11－2　蜗杆头数 z_1 和蜗轮齿数 z_2 荐用值

$i=z_2/z_1$	z_1	z_2	$i=z_2/z_1$	z_1	z_2
7～8	4	28～32	25～27	2～3	50～81
9～13	3～4	27～52	28～40	1～2	28～80
14～24	2～3	28～72	≥40	1	≥40

注：对分度传动，z_2 不受此表限制。

3. 蜗杆的导程角 γ

蜗杆导程角是指蜗杆分度圆柱螺旋线上任一点的切线与端面间所夹的锐角，如图 11－4 所示。按螺纹形成原理，当蜗杆头数为 z_1，轴向齿距为 p_{x1} 时，

$$\tan\gamma=\frac{p_z}{\pi d_1}=\frac{z_1 p_{x1}}{\pi d_1}=\frac{z_1 m}{d_1} \tag{11-1}$$

式中，p_z 为蜗杆的导程；p_{x1} 为蜗杆的轴向齿距。

导程角的大小与效率及加工工艺有关。导程角大，效率高，但加工较困难；导程角小，效率低，但加工方便。当 $\gamma>28°$ 时，用加大导程角来提高效率效果不明显；而当 $\gamma \leqslant 3°30'$ 时，具有反向自锁性，效率较低。因此蜗杆常用导程角为 $\gamma=3.5°\sim27°$。

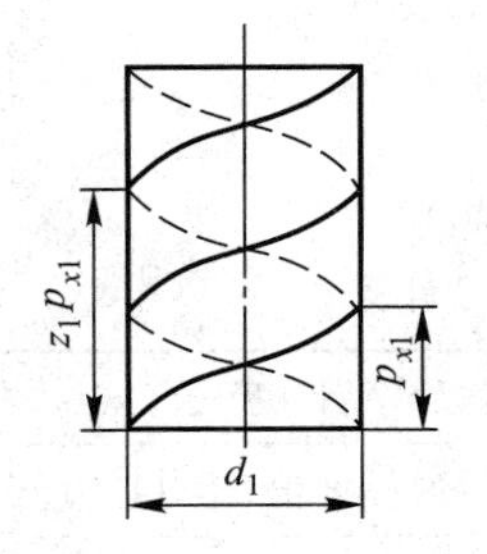

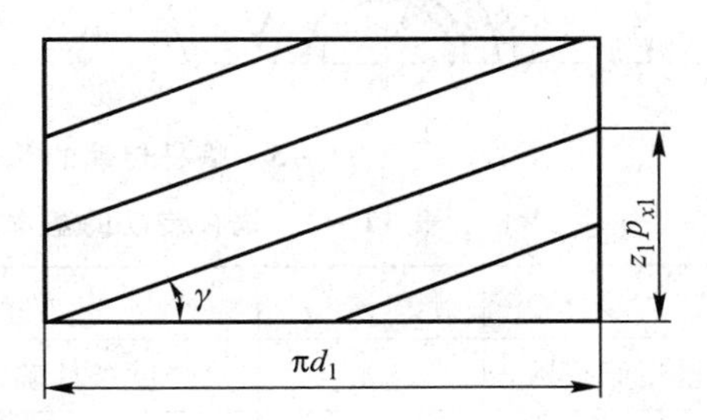

图 11－4　圆柱蜗杆的导程角 γ

4. 蜗杆分度圆直径 d_1 和蜗杆直径系数 q

蜗轮的轮齿是用蜗轮滚刀按范成原理加工而成的，滚刀直径和齿形参数必须与相啮合的蜗杆基本一致。由式(11－1)可知，d_1 不仅与 m 有关，而且还随 $z_1/\tan\gamma$ 值的不同而变化，则同一模数就需配备很多蜗轮滚刀，这是很不经济的。为了减少蜗轮滚刀数目及便于刀具的标准化，对蜗杆分度圆直径 d_1 制定了标准系列值，即对每一标准模数 m 规定了一定数量的蜗杆分度圆直径 d_1，并把 d_1/m 称为蜗杆的直径系数 q，则

$$d_1 = mq \tag{11-2}$$

蜗杆的分度圆直径 d_1 及直径系数 q 值见表 11－1。

5. 蜗杆传动的传动比 i 和中心距 a

蜗杆传动的传动比为

$$i = \frac{n_1}{n_2} = \frac{z_2}{z_1} \neq \frac{d_2}{d_1} \tag{11-3}$$

标准蜗杆传动的中心距为

$$a = \frac{1}{2}(d_1 + d_2) = \frac{m}{2}(q + z_2) \tag{11-4}$$

二、蜗杆传动的几何尺寸

圆柱蜗杆传动的基本几何尺寸如图 11－5 所示，有关尺寸的计算公式见表 11－3。

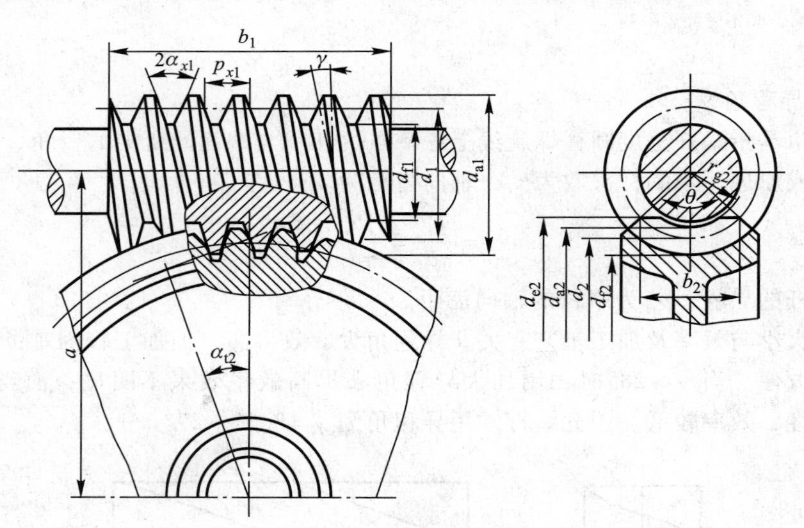

图 11－5　蜗杆传动的几何尺寸

表 11－3　蜗杆传动的基本尺寸计算

名　　称	代　　号	计算公式
蜗杆轴面模数或蜗轮端面模数	m	由强度条件确定，取标准值(表 11－1)
中心距	a	$a = \frac{m}{2}(q + z_2)$

续表

名　称	代　号	计算公式
传动比	i	$i=z_2/z_1$
蜗杆轴向齿距	p_{x1}	$p_{x1}=\pi m$
蜗杆导程	p_z	$p_z=z_1p_{x1}$
蜗杆分度圆导程角	γ	$\tan\gamma=z_1/q$
蜗杆轴面压力角	α_{x1}	$\alpha_{x1}=20°$（阿基米德蜗杆），其余 $\alpha_n=20°$
蜗杆分度圆直径	d_1	$d_1=mq$
蜗杆齿顶高	h_{a1}	$h_{a1}=h_a^*m$，一般 $h_a^*=1$，短齿 $h_a^*=0.8$
蜗杆齿根高	h_{f1}	$h_{f1}=(h_a^*+c^*)m$
蜗杆全齿高	h_1	$h_1=h_{a1}+h_{f1}=(2h^*+c^*)m$
顶隙	c	$c=c^*m$，一般 $c^*=0.2$
蜗杆齿顶圆直径	d_{a1}	$d_{a1}=d_1+2h_{a1}=d_1+2h_a^*m$
蜗杆齿根圆直径	d_{f1}	$d_{f1}=d_1-2h_{f1}=d_1-2m(h_a^*+c^*)$
蜗杆螺纹部分长度	b_1	当 $z_1=1$、2 时，$b_1\geqslant(11+0.06z_2)m$ 当 $z_1=3$、4 时，$b_1\geqslant(12.5+0.09z_2)m$ 磨削蜗杆加长量： 当 $m<10$ mm，$\Delta b_1=15\sim25$ mm 当 $m=10\sim14$ mm，$\Delta b_1=35$ mm 当 $m\geqslant16$ mm 时，$\Delta b_1=50$ mm
蜗轮分度圆直径	d_2	$d_2=mz_2$
蜗轮齿顶高	h_{a2}	$h_{a2}=h_a^*m$
蜗轮齿根高	h_{f2}	$h_{f2}=(h_a^*+c^*)m$
蜗轮全齿高	h_2	$h_2=h_{a2}+h_{f2}$
蜗轮齿顶圆直径	d_{a2}	$d_{a2}=d_2+2h_a^*m$
蜗轮齿根圆直径	d_{f2}	$d_{f2}=d_2-2m(h_a^*+c^*)$
蜗轮外圆直径	d_{e2}	当 $z_1=1$ 时，$d_{e2}=d_{a2}+2m$ $z_1=2\sim3$ 时，$d_{e2}=d_{a2}+1.5m$ $z_1=4\sim6$ 时，$d_{e2}=d_{a2}+m$，或按结构设计
蜗轮齿宽	b_2	当 $z_1\leqslant3$ 时，$b_2\leqslant0.75d_{a1}$ 当 $z_1=4\sim6$ 时，$b_2\leqslant0.67d_{a1}$
蜗轮齿顶圆弧半径	r_{g2}	$r_{g2}=a-d_{a2}/2$
蜗轮齿宽角	θ	$\sin(\theta/2)=b_2/d_1$

第三节　蜗杆传动的失效形式和设计准则

一、齿面间的相对滑动速度$\boldsymbol{v}_s$

由图 11－6 可知，蜗杆传动时蜗杆与蜗轮的线速度方向（$\boldsymbol{v}_1$、$\boldsymbol{v}_2$）相互垂直，因此在蜗杆蜗轮的啮合齿面间会产生很大的相对滑动速度$\boldsymbol{v}_s$，其大小为

$$\boldsymbol{v}_s=\frac{v_1}{\cos\gamma}=\frac{\pi d_1 n_1}{60\times 1\ 000\cos\gamma} \tag{11-5}$$

式中，$\boldsymbol{v}_1$ 为蜗杆分度圆上的圆周速度，单位为 m/s；d_1 为蜗杆分度圆直径，单位为 mm；n_1 为蜗杆转速，单位为 r/min；γ 为蜗杆分度圆导程角。

蜗杆传动的相对滑动会使传动发热严重，当润滑和散热条件不良时，易发生啮合面的磨损和胶合，因此蜗杆传动对润滑和散热的要求比齿轮传动高。当蜗杆传动采用合适的润滑油并充分润滑时，相对滑动速度的提高有利于油膜的形成，此时滑动速度越高，啮合面的摩擦系数越小，传动的效率和承载能力随之提高。相对滑动速度的概略值如图 11－6b 所示。

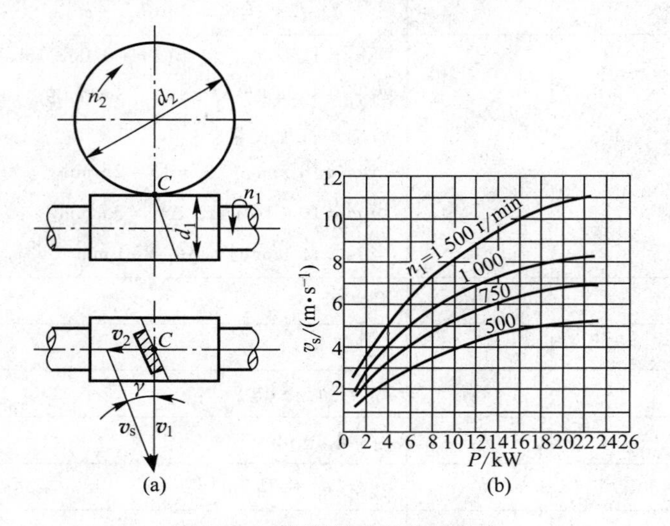

图 11－6　蜗杆传动的滑动速度

二、蜗杆传动的受力分析

蜗杆传动的受力分析沿用了斜齿轮传动受力分析的方法，目的是为其强度计算及轴、轴承的设计计算作准备。由于传动的啮合摩擦损失大，故力分析时必须计入这种损失。但为了简化分析，实际进行力分析时暂时忽略摩擦力，最后以传动效率 η 近似考虑上述摩擦损失。

如图 11－7 所示，设法向力 $\boldsymbol{F}_n$ 集中作用在节点 P 处，可分解为 3 个正交分力：即圆周力 $\boldsymbol{F}_t$、轴向力 $\boldsymbol{F}_a$、径向力 $\boldsymbol{F}_r$。蜗杆上分别为 $\boldsymbol{F}_{t1}$、$\boldsymbol{F}_{a1}$、$\boldsymbol{F}_{r1}$；而蜗轮上分别为 $\boldsymbol{F}_{t2}$、$\boldsymbol{F}_{a2}$、$\boldsymbol{F}_{r2}$。因蜗杆轴与蜗轮轴的轴交角为 90°，由作用力与反作用力关系可知：$\boldsymbol{F}_{t2}=-\boldsymbol{F}_{a1}$，$\boldsymbol{F}_{a2}=-\boldsymbol{F}_{t1}$，

$\boldsymbol{F}_{r2} = -\boldsymbol{F}_{r1}$。各力的大小为

$$\left.\begin{aligned}
&F_{t1} = F_{a2} = \frac{2T_1}{d_1} \\
&F_{a1} = F_{t2} = \frac{2T_2}{d_2} \\
&F_{r1} = F_{r2} = F_{a1}\tan\alpha = F_{t2}\tan\alpha \\
&T_2 = T_1 i\eta \\
&F_n = \frac{F_{a1}}{\cos\alpha_n\cos\gamma} = \frac{F_{t2}}{\cos\alpha_n\cos\gamma} = \frac{2T_2}{d_2\cos\alpha_n\cos\gamma}
\end{aligned}\right\} \tag{11-6}$$

式中，T_1、T_2 分别为蜗杆、蜗轮传动的转矩，单位为 N·mm；d_1、d_2 分别为蜗杆、蜗轮分度圆直径，单位为 mm；α 为蜗杆轴向压力角；α_n 为蜗杆法面压力角；η 为传动效率。

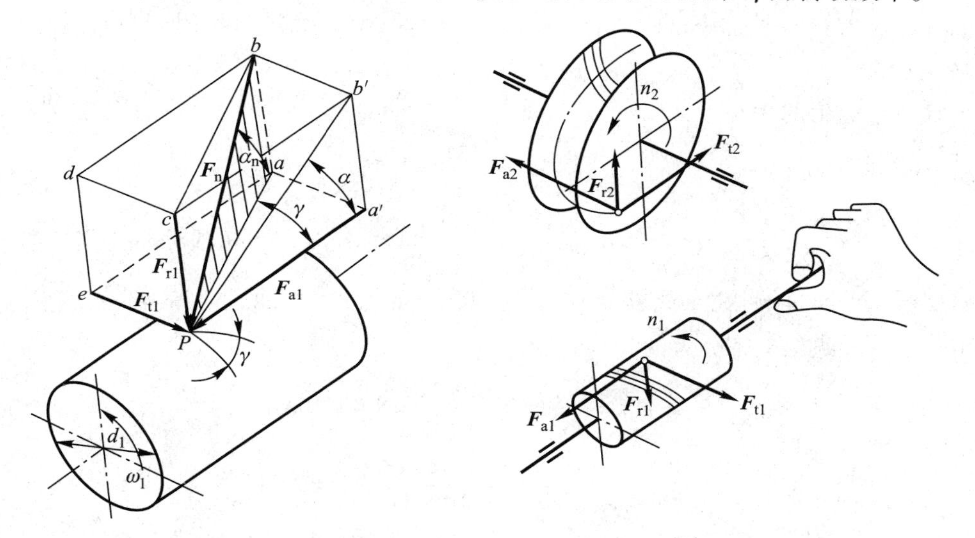

图 11-7 蜗杆传动的受力分析

各力的方向(图 11-7)为：①圆周力 $\boldsymbol{F}_t$ 的方向。主动轮上的圆周力 $\boldsymbol{F}_{t1}$ 与其转向相反，从动轮上的 $\boldsymbol{F}_{t2}$ 与其转向相同。②径向力 $\boldsymbol{F}_r$ 的方向。由啮合点分别指向各自的轮心。③轴向力 $\boldsymbol{F}_a$ 的方向。当蜗杆为主动件时，蜗杆轴向力 $\boldsymbol{F}_{a1}$ 的方向由"主动轮左右手定则"判定。蜗轮轴向力 $\boldsymbol{F}_{a2}$ 的方向与蜗杆圆周力 $\boldsymbol{F}_{t1}$ 方向相反。

三、轮齿失效形式和设计准则

蜗杆传动的失效形式与齿轮传动基本相同，有点蚀、轮齿折断、磨损及胶合等。由于该传动齿面间的相对滑动速度大，效率低且发热量大，因而更容易发生胶合和磨损失效。而蜗轮无论在材料的强度或结构方面均较蜗杆弱，所以失效多发生在蜗轮轮齿上，设计时一般只需对蜗轮进行承载能力计算。

由于胶合和磨损的计算目前尚无较完善的方法和数据，而滑动速度及接触应力的增大将会

加剧胶合和磨损。故为了防止胶合和减缓磨损，除选用减摩性好的配对材料和保证良好的润滑外，还应限制其接触应力。

综上所述，蜗杆传动的设计准则为：①在闭式传动中，蜗杆传动多因胶合或点蚀失效，设计准则为按蜗轮的齿面接触疲劳强度进行设计，对齿根弯曲疲劳强度进行校核。此外，闭式蜗杆传动的散热不良时会降低蜗杆传动的承载能力，加速失效，因而还要作热平衡计算；而当蜗杆轴细长且支承跨距大时，还应进行蜗杆轴的刚度计算。②对开式传动，蜗轮多发生齿面磨损和轮齿折断，所以应将保证蜗轮齿根的弯曲疲劳强度作为开式蜗杆传动的设计准则。

例 11－1 一普通圆柱蜗杆传动减速器，其蜗杆转向如图 11－8a 所示。蜗杆头数 $z_1=4$，右旋，模数 $m=10$ mm，直径 $d_1=90$ mm，输入功率 $P_1=7.5$ kW，转速 $n_1=1\,440$ r/min。蜗轮齿数 $z_2=31$，传动润滑良好，效率 $\eta=0.89$。试求：(1)蜗轮轮齿的旋向和蜗轮转向；(2)作用在蜗杆、蜗轮上各分力的大小和方向。

解 (1) 确定轮齿旋向和蜗轮转向。蜗轮齿的旋向应与蜗杆的相同，为右旋。转向如图 11－8b 所示。

(2) 计算各分力的大小

传动比 $$i=\frac{n_1}{n_2}=\frac{z_2}{z_1}=\frac{31}{4}=7.75$$

蜗杆转矩 $$T_1=9.55\times10^6\frac{P_1}{n_1}=9.55\times10^6\times\frac{7.5}{1\,440}\text{ N·m}=49\,740\text{ N·mm}$$

蜗轮转矩 $$T_2=T_1 i\eta=49\,740\times7.75\times0.89\text{ N·mm}=343\,082\text{ N·mm}$$

作用在蜗杆、蜗轮上各分力的大小分别为

$$F_{t1}=F_{a2}=\frac{2T_1}{d_1}=\frac{2\times49\,740}{90}\text{ N}=1\,105\text{ N}$$

$$F_{t2}=F_{a1}=\frac{2T_2}{d_2}=\frac{2T_2}{mz_2}=\frac{2\times343\,082}{10\times31}\text{ N}=2\,213\text{ N}$$

$$F_{r1}=F_{r2}=F_{t2}\tan\alpha=2\,213\times\tan20^\circ\text{ N}=806\text{ N}$$

各分力的方向如图 11－8b 所示。

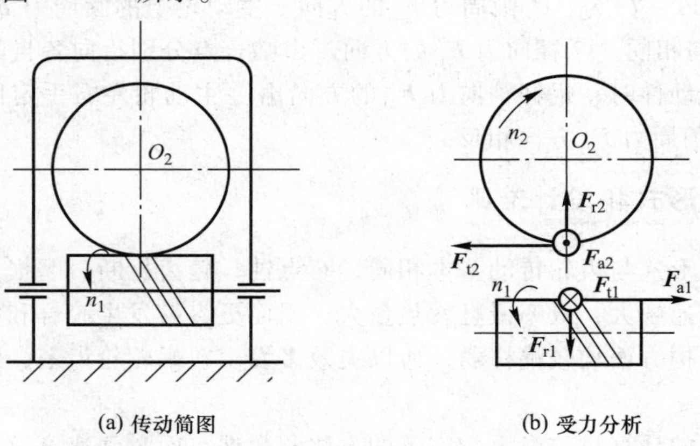

(a) 传动简图　　(b) 受力分析

图 11－8 圆柱蜗杆减速器的受力分析

第四节　蜗杆传动的材料和精度等级选择

一、蜗杆蜗轮常用材料的选择

由蜗杆传动的失效形式可知，用于制造蜗杆副的材料应具有足够的强度、良好的耐磨性、减摩性和抗胶合能力。实践证明，具有这些性能的较好配对材料是钢和青铜。

1. 蜗杆材料

蜗杆一般用优质碳钢或合金钢制成，蜗杆齿面经渗碳淬火或调质后渗氮等热处理而获得较高的硬度，增加耐磨性，并经磨削或抛光。调质蜗杆只用于速度低，载荷小的场合。常用蜗杆的材料、热处理等见表 11－4。

表 11－4　蜗 杆 材 料

材　　料	热 处 理	硬　　度	齿面粗糙度	使 用 条 件
15CrMn，20Cr，20CrMnTi，20MnVB	渗碳淬火	58～63 HRC	*Ra*1.6～0.4 μm	高速、重载，载荷变化大
45，40Cr，42SiMn，40CrNi	表面淬火	45～55 HRC	*Ra*1.6～0.4 μm	高速、重载，载荷稳定
45，40	调质	≤270 HBW	*Ra*6.3～1.6 μm	一般用途

2. 蜗轮材料

蜗轮常用材料有铸造锡青铜、铸造铝铁青铜和灰铸铁等，主要依据齿面间的相对滑动速度来确定。

（1）铸造锡青铜。其减磨性和耐磨性好，抗胶合能力强，易于加工，一般用于重要传动。允许的滑动速度 v_s 可达 25 m/s，但价格较贵。常用的有 ZCuSn10P1 和 ZCuSn5Pb5Zn5，其中后者多用于滑动速度 $v_s<12$ m/s 的传动。

（2）铸造铝铁青铜。其抗胶合能力和耐磨性比锡青铜差，但强度较高，抗点蚀能力强，且价格便宜，一般用于滑动速度 $v_s \leq 4$ m/s 的传动中。常用的有 ZCuAl10Fe3 和 ZCuAl10Fe3Mn2 等。

（3）灰铸铁。其各种性能远不如前几种材料，但价格低，适用于滑动速度 $v_s \leq 2$ m/s 且不重要的传动场合。常用的材料有 HT150 和 HT200 等。

一般情况可根据滑动速度 v_s 选择蜗轮材料，而滑动速度 v_s 则可按传动功率 P 和蜗杆的转速 n_1 由图 11－6b 初估。

二、蜗杆传动的精度等级选择

1. 精度等级

我国对普通圆柱蜗杆传动规定了 12 个精度等级，1 级精度最高，12 级精度最低。5～6 级精度的蜗杆用于蜗轮的圆周速度大于5 m/s，或运动准确性要求较高的场合，如机床的分度传动；机械制造中蜗杆传动最常用的精度等级为7～9级。蜗杆传动精度等级的选择，主要决定于传动功率、使用条件及蜗轮圆周速度等，可参考表11－5进行。

表11－5　蜗杆传动常用精度等级及应用

精度等级	5级	6级	7级	8级	9级
应用	齿轮机床分度副读数装置的精密传动，电动机调速传动等	齿轮机床或高精度机床的进给系统，工业用高速或重载调速器，一般读数装置	一般机床进给传动系统、工业用一般调速器及动力传动装置	圆周速度较小且每天工作时间较短的传动	低速、不重要的传动或手动机构
蜗轮圆周速度 v_2	≥7.5 m/s	≥5 m/s	≤7.5 m/s	≤3 m/s	≤1.5 m/s

按照公差的特性对传动性能的主要影响，将蜗杆、蜗轮和蜗杆传动的公差（或极限偏差）分成3个公差组。根据使用要求不同，允许各公差组选用不同的精度等级，但在同一公差组中，各项公差与极限偏差应保持相同的精度等级。蜗杆和配对蜗轮的精度等级一般取相同等级，也允许取不同等级。

2. 侧隙规定

按蜗杆传动的最小法向侧隙大小，国标将侧隙种类分为8种：a、b、c、d、e、f、g和h。最小法向侧隙值以a为最大，其他依次减小，h为零，侧隙种类与精度等级无关。蜗杆传动的侧隙要求，应根据工作条件和使用要求选定，并用侧隙种类的代号表示。传动的最小法向侧隙由蜗杆齿厚的减薄量来保证；最大法向侧隙由蜗杆、蜗轮齿厚公差确定。设计蜗杆传动时，应先选定其精度和侧隙。

3. 工作图上的标注

在蜗杆、蜗轮工作图上，应分别标注精度等级、齿厚极限偏差或相应的侧隙种类代号和国标代号。例如：①蜗杆的第Ⅱ、Ⅲ公差组的精度等级为5级，齿厚极限偏差为标准值，相配的侧隙种类为f，则标注为：蜗杆 5　f　GB/T 10089—1988；②蜗轮的第Ⅰ、Ⅱ、Ⅲ公差组的精度等级为5、6、6级，齿厚极限偏差为标准值，相配的侧隙种类为f，则标注为：5　6　6　f　GB/T 10089—1988。

第五节　蜗杆传动的强度计算

一、蜗轮齿面接触疲劳强度计算

齿面接触应力的大小，不仅影响齿面疲劳点蚀的产生，也直接影响着齿面磨损和胶合的出现。因此齿面接触应力是衡量蜗杆传动承载能力的主要依据。蜗杆传动仍以计算接触应力的赫

兹公式为基础，参照斜齿圆柱齿轮计算方法，经推导可得蜗轮齿面接触疲劳强度的计算及校核公式为

$$\sigma_H = 3.25Z_E\sqrt{\frac{KT_2}{d_1 d_2^2}} = 3.25Z_E\sqrt{\frac{KT_2}{m^2 d_1 z_2^2}} \leqslant [\sigma_H] \tag{11-7}$$

整理后可得其设计公式为

$$m^2 d_1 \geqslant KT_2\left(\frac{3.25Z_E}{[\sigma_H]z_2}\right)^2 \tag{11-8}$$

式中，K 为载荷系数，用于考虑工作情况、载荷集中和动载荷的影响，查表 11－6；Z_E 为弹性系数，单位为 $\sqrt{MPa}$，查表 11－7；$[\sigma_H]$ 为蜗轮材料的许用接触应力，单位为 MPa；σ_H 为蜗轮齿面接触应力，单位为 MPa；T_2 为蜗轮轴的转矩，单位为 N·mm；m 为模数，单位为 mm；d_1 为蜗杆分度圆直径，单位为 mm。

由式(11－8)求出 $m^2 d_1$ 值后，查表 11－1 可确定相应的 m 和 d_1 值。

表 11－6　载荷系数 K

原动机	工作机		
	工作情况稳定	工作载荷变化	载荷严重冲击
电动机	1.0～1.2	1.1～1.5	>2

注：对于刚性大、速度小的取小值，反之则取大值。

表 11－7　弹性系数 Z_E　　$\sqrt{MPa}$

蜗杆材料	蜗轮材料			
	铸锡青铜	铸铝青铜	灰铸铁	球墨铸铁
钢 球墨铸铁	155.0	156.0	162.0 156.6	181.4 173.9

蜗轮的失效形式因其材料的强度和性能不同而异，故许用接触应力的确定方法也不相同。通常分以下两种情况。

(1) 蜗轮材料为锡青铜(σ_b <300 MPa)，因其具有良好的抗胶合性能，失效形式以点蚀为主，故传动的承载能力取决于蜗轮的接触疲劳强度，即许用接触应力$[\sigma_H]$与应力循环次数 N 有关，其计算公式为

$$[\sigma_H] = Z_N[\sigma_{OH}]$$

式中，$[\sigma_{OH}]$为基本许用接触应力，查表 11－8；Z_N 为寿命系数，$Z_N = \sqrt[8]{10^7/N}$，其中应力循环次数 $N = 60n_2 jL_h$，此处 n_2 蜗轮转速，单位为 r/min；j 为蜗轮每转一周，每个轮齿啮合次数；L_h 为工作寿命，单位为小时。

表 11-8　锡青铜蜗轮的基本许用接触应力$[\sigma_{OH}]$

蜗轮材料	铸造方法	适用的滑动速度 $v_s/(m \cdot s^{-1})$	蜗杆齿面硬度	
			≤350 HBW	>45 HRC
ZCuSn10P1	砂型	≤12	180	200
	金属型	≤25	200	220
ZCuSn5Pb5Zn5	砂型	≤10	110	125
	金属型	≤12	135	150

注：锡青铜的基本许用接触应力为应力循环次数 $N=10^7$ 时之值，当 $N \neq 10^7$ 时，需将表中数值乘以寿命系数 Z_N。当 $N>25\times10^7$ 时，取 $N=25\times10^7$；当 $N<2.6\times10^5$ 时，取 $N=2.6\times10^5$。

（2）蜗轮材料为铝青铜或铸铁（$\sigma_b>300$ MPa）时，材料的抗点蚀能力强，蜗轮的主要失效形式是胶合，故许用接触应力$[\sigma_H]$是按抗胶合条件确定的。因胶合不属于疲劳范畴，所以$[\sigma_H]$与应力循环次数无关，其值可直接查表 11-9。

表 11-9　铝青铜及铸铁蜗轮的许用接触应力$[\sigma_H]$

蜗 轮 材 料	蜗杆材料	滑动速度 $v_s/m \cdot s^{-1}$						
		0.5	1	2	3	4	6	8
ZCuAl10Fe3 ZCuAl10Fe3Mn2	淬火钢①	250	230	210	180	160	120	90
HT150 HT200	渗碳钢	130	115	90	—	—	—	—
HT150	调质钢	110	90	70	—	—	—	—

注：① 蜗杆未经淬火时，需将表中$[\sigma_H]$值降低 20%。

二、蜗轮齿根弯曲疲劳强度计算

蜗轮轮齿的齿形比较复杂，它的根部是一个曲面，要精确计算齿根的弯曲应力比较困难，通常把蜗轮近似地当做斜齿圆柱齿轮进行条件性的简化计算。由斜齿圆柱齿轮齿根弯曲疲劳强度计算公式，经过变换整理后可得蜗轮齿根弯曲疲劳强度的计算及校核公式为

$$\sigma_F = \frac{1.7KT_2}{d_1 d_2 m} Y_F Y_\beta \leqslant [\sigma_F] \tag{11-9}$$

整理后可得其设计公式为

$$m^2 d_1 \geqslant \frac{1.7KT_2}{z_2[\sigma_F]} Y_F Y_\beta \tag{11-10}$$

式中：Y_F 为蜗轮的齿形系数，按当量齿数 $z_v = z_2/\cos^3\gamma$ 查表 11-10；Y_β 为螺旋角系数，$Y_\beta = 1-\gamma/140°$；$[\sigma_F]$ 为蜗轮材料的许用弯曲应力，单位为 MPa，其计算公式为

$$[\sigma_F]=Y_N[\sigma_{OF}]$$

式中，$[\sigma_{OF}]$为基本许用弯曲应力，从表 11－11 中可查取，寿命系数 $Y_N=\sqrt[9]{\frac{10^6}{N}}$，应力循环次数 N 计算方法同前。

表 11－10　蜗轮的齿形系数 Y_F

γ \ z_v	20	24	26	28	30	32	35	37	40	45	56	60	80	100	150	300
4°	2.79	2.65	2.60	2.55	2.52	2.49	2.45	2.42	2.39	2.35	2.32	2.27	2.22	2.18	2.14	2.09
7°	2.75	2.61	2.56	2.51	2.48	2.44	2.40	2.38	2.35	2.31	2.28	2.23	2.17	2.14	2.09	2.05
11°	2.66	2.52	2.47	2.42	2.39	2.35	2.31	2.29	2.26	2.22	2.19	2.14	2.08	2.05	2.00	1.96
16°	2.49	2.35	2.30	2.26	2.22	2.19	2.15	2.13	2.10	2.06	2.02	1.98	1.92	1.88	1.84	1.79
20°	2.33	2.19	2.14	2.09	2.06	2.02	1.98	1.96	1.93	1.89	1.86	1.81	1.75	1.72	1.67	1.63
23°	2.18	2.05	1.99	1.95	1.91	1.88	1.84	1.82	1.79	1.75	1.72	1.67	1.61	1.58	1.53	1.49
26°	2.03	1.89	1.84	1.80	1.76	1.73	1.69	1.67	1.64	1.60	1.57	1.52	1.46	1.43	1.38	1.34
27°	1.98	1.84	1.79	1.75	1.71	1.68	1.64	1.62	1.59	1.55	1.52	1.47	1.41	1.38	1.33	1.29

表 11－11　蜗轮材料的基本许用弯曲应力$[\sigma_{OF}]$　　MPa

材　　料	铸造方法	σ_b	σ_s	蜗杆硬度＜45 HRC		蜗杆硬度≥45 HRC	
				单向受载	双向受载	单向受载	双向受载
ZCuSn10P1	砂模	200	140	51	32	64	40
	金属模	250	150	58	40	73	50
ZCuSn5Pb5Zn5	砂模	180	90	37	29	46	36
	金属模	200	90	39	32	49	40
ZCuAl9Fe4Ni4 Mn2	砂模	400	200	82	64	103	80
	金属模	500	200	90	80	113	100
ZCuAl10Fe3	金属模 砂模	400 500	200	90	80	113	100
HT150	砂模	150	—	38	24	48	30
HT200	砂模	200	—	48	30	60	38

注：表中各种蜗轮材料的基本许用弯曲应力为循环次数 $N=10^6$ 时的值，当 $N\neq10^6$ 时，需将表中数值乘以 Y_N。当 $N>25\times10^7$ 时，取 $N=25\times10^7$；当 $N<10^5$ 时，取 $N=10^5$。

三、蜗杆的刚度计算

对细长蜗杆，因受力后会产生较大的变形使齿面啮合不良，必须进行刚度校核。最大挠度

y 可按下式近似计算，则刚度条件为

$$y=\frac{\sqrt{F_{t1}^{2}+F_{r1}^{2}}}{48EI}L'^{3}\leqslant[y] \qquad (11-11)$$

式中，y 为蜗杆的最大挠度，单位为 mm；E 为蜗杆材料的拉、压弹性模量，单位为 MPa；I 为蜗杆危险截面的惯性矩，$I=\pi d_{f1}^{4}/64$，单位为 mm^4，其中 d_{f1} 为蜗杆齿根圆直径，单位为 mm；L'为蜗杆两端支承间的跨距，单位为 mm，视具体结构要求而定，初算时可取 $L'\approx0.9d_2$，d_2 为蜗轮分度圆直径，单位为 mm；$[y]$为许用最大挠度，$[y]=d_1/1\,000$，d_1 为蜗杆分度圆直径，单位为 mm。

第六节　蜗杆传动的效率、润滑及热平衡计算

一、蜗杆传动的效率

闭式蜗杆传动的功率损失包括 3 部分：轮齿啮合时的摩擦损失、轴承摩擦损耗和搅油损耗。故蜗杆传动的总效率为

$$\eta=\eta_1\eta_2\eta_3 \qquad (11-12)$$

式中，η_1 为啮合效率；η_2 为轴承效率，一对滚动轴承取 $\eta_2=0.99$，一对滑动轴承取 $\eta_2=0.98$；η_3 为搅油效率，一般取 $\eta_3=0.98\sim0.99$。

蜗杆传动效率主要取决于 η_1，η_1 的计算方法和螺旋传动效率的计算方法相同。当蜗杆主动时，

$$\eta_1=\frac{\tan\gamma}{\tan(\gamma+\varphi_v)} \qquad (11-13)$$

式中，γ 为蜗杆的导程角，它是影响啮合效率的主要因素，一般 η_1 随 γ 的增大而提高，但当 $\gamma>28°$后，η_1 的提高已不明显，而且大导程角的蜗杆制造困难，所以实用为 $\gamma\leqslant27°$；φ_v 为当量摩擦角，$\varphi_v=\arctan f_v$，它与蜗杆传动的材料、润滑油种类及滑动速度 v_s 有关，其值见表 11－12。

因设计之前无法确定啮合效率 η_1，故在设计开始时需估算传动效率 η，经验数据如下：

闭式传动 z_1	1	2	4，6
传动效率 η	0.65～0.75	0.75～0.82	0.82～0.92

自锁时　$\eta<0.5$

开式传动 $z_1=1$，2　$\eta=0.60\sim0.70$

表 11－12　普通圆柱蜗杆传动的当量摩擦角 φ_v

蜗轮齿圈材料	锡青铜		铝青铜	灰铸铁	
蜗杆齿面硬度	≥45 HRC	<45 HRC	≥45 HRC	≥45 HRC	<45 HRC
滑动速度 $v_s/(m\cdot s^{-1})$	当量摩擦角 φ_v				
0.25	3°43′	4°17′	5°43′	5°43′	6°51′
0.5	3°09′	3°43′	5°09′	5°09′	5°43′

续表

蜗轮齿圈材料	锡青铜		铝青铜	灰铸铁	
蜗杆齿面硬度	≥45 HRC	<45 HRC	≥45 HRC	≥45 HRC	<45 HRC
滑动速度 v_s/(m·s^{-1})	当量摩擦角 φ_v				
1.0	2°35′	3°09′	4°00′	4°00′	5°09′
1.5	2°17′	2°52′	3°43′	3°43′	4°34′
2.0	2°00′	2°35′	3°09′	3°09′	4°00′
2.5	1°43′	2°17′	2°52′		
3.0	1°36′	2°00′	2°35′		
4.0	1°22′	1°47′	2°17′		
5.0	1°16′	1°40′	2°00′		
8.0	1°02′	1°29′	1°43′		
10	0°55′	1°22′			
15	0°48′	1°09′			
24	0°45′				

二、蜗杆传动的润滑

1. 润滑油粘度和润滑方法

对蜗杆传动进行润滑是十分重要的，充分润滑可以降低齿面的工作温度，减少磨损和避免胶合失效。蜗杆传动常采用粘度较大的润滑油，一般根据载荷和滑动速度选择，见表 11－13。

表 11－13　蜗杆传动润滑油粘度荐用值及润滑方法

滑动速度 v_s(m·s^{-1})	<1	<2.5	<5	>5～10	>10～15	>15～25	>25
工作条件	重载	重载	中载	—	—	—	—
运动粘度 ν(40℃)/(mm^2·s^{-1})	1 000	680	320	220	150	100	68
润滑方式	浸油			浸油或喷油	喷油润滑，油压		
					0.07	0.2	0.3

2. 蜗杆布置与润滑方式

采用浸油润滑时，当 $v_s \leq 5$ m/s 时，常用蜗杆下置式，如图 11－9a、b 所示，浸油深度约为一个齿高，但油面不得超过蜗杆轴承的最低滚动体中心；当 $v_s > 5$ m/s 时，搅油阻力太大，可采用蜗杆上置式，如图 11－9c 所示，油面允许达到蜗轮半径的 1/3 处。对开式蜗杆传动，可采用粘度较高的润滑油。

三、蜗杆传动的热平衡计算

闭式蜗杆传动工作时，由于传动效率低，发热量大，如果产生的热量不能及时散出，将因温度过高而使润滑条件恶化，加剧磨损甚至发生胶合。为使油温保持在允许范围内，对连续工作的闭式蜗杆传动要进行热平衡计算。

在热平衡状态下，单位时间内的发热量与散热量相等，即

$$1\,000P_1(1-\eta)=K_sA(t_1-t_0)$$

$$t_1=\frac{1\,000P_1(1-\eta)}{K_sA}+t_0\leqslant[t_1] \tag{11-14}$$

式中，P_1 为蜗杆轴传递的功率，单位为 kW；K_s 为散热系数，单位为 W/(m^2·℃)；箱体周围通风良好时，一般取 $K_s=14\sim17.5$ W/(m^2·℃)；η 为蜗杆传动效率；t_0 为周围空气温度，通常取 $t_0=20$ ℃；t_1 为润滑油的工作温度，单位为℃，一般取 $[t_1]=70\sim80$ ℃；A 为箱体有效散热面积，指箱体外壁与空气接触而内壁又被油飞溅到的箱壳面积，单位为 m^2。一般凸缘和散热片的表面积按 50% 计算。初算时，普通蜗杆传动的 A 由经验公式 $A=0.33(a/100)^{1.75}$ m^2 估算，其中 a 为蜗杆蜗轮中心距，单位为 mm。

当 t_1 超过允许值时，或 A 不足时，可采用以下方法提高散热能力：①在箱体外面加散热片；②在蜗杆轴端装风扇通风(图 11-9a)，可使 K_s 达 20~28 W/(m^2·℃)，转速高时取大值；③在箱体内装蛇形冷却水管(图 11-9b)；④对大功率蜗杆减速器可采用压力喷油润滑(图 11-9c)。

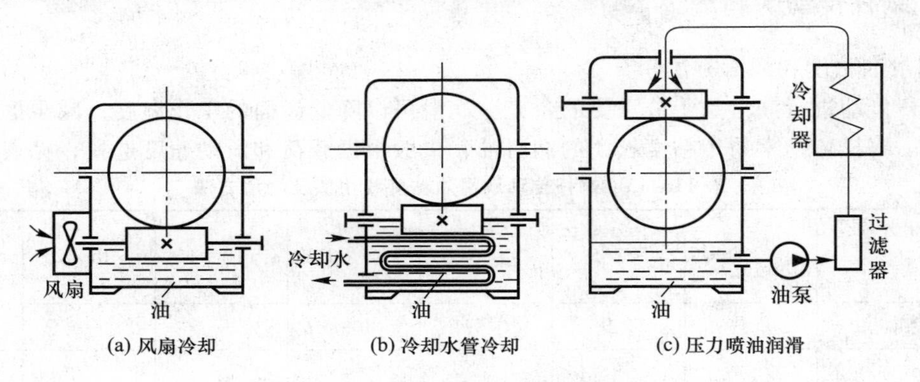

图 11-9　蜗杆减速器的散热方法

第七节　蜗杆和蜗轮的结构设计

一、蜗杆的结构设计

多数蜗杆因直径不大，常与轴做成一体，称为蜗杆轴，如图 11-10 所示。按蜗杆螺旋部分加工方法的不同，可分为车制蜗杆和铣制蜗杆。图 11-10a 所示为铣制蜗杆，在轴上直接铣出螺旋部分，无退刀槽，且轴径 d 可大于蜗杆齿根圆直径 d_{f1}，所以其刚度较车制蜗杆高；

图 11 - 10b 所示为车制蜗杆，车削螺旋部分要有退刀槽，且要求轴径 $d = d_{f1} - (2 \sim 4)$ mm，以便车制蜗杆齿时退刀，因而削弱了蜗杆轴的刚度。当蜗杆螺旋部分的直径较大时，可以将蜗杆与轴分开制作。

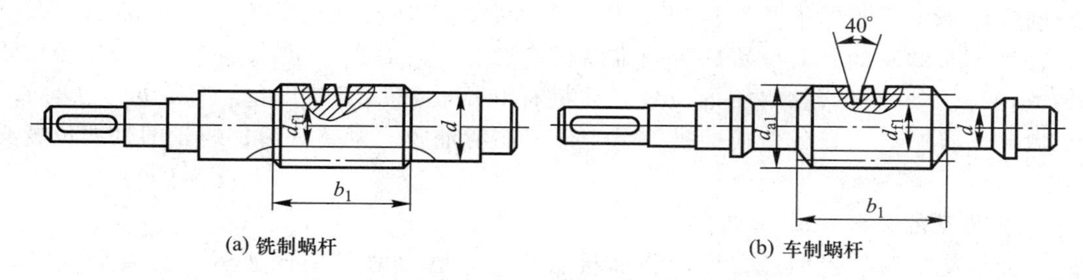

(a) 铣制蜗杆　　(b) 车制蜗杆

图 11 - 10　蜗杆的结构形式

二、蜗轮的结构设计

蜗轮的结构可分为整体式和组合式，一般为组合式(可节省贵重金属)，其结构如图 11 - 11 所示。

（1）整体式。如图 11 - 11a 所示，适用于直径小于 100 mm 的青铜蜗轮和任意直径的铸铁蜗轮。直径较小时可用实体式或腹板式结构，直径较大时可采用腹板加筋的结构。

（2）齿圈压配式。如图 11 - 11b 所示，当直径大时，为了节约有色金属，降低成本，常将蜗轮轮缘用青铜制成，轮芯则采用铸铁。青铜轮缘与铸铁轮芯通常采用 H7/r6 或 H7/s6 配合，为防止轮缘滑动，在配合面间加上 4 ~ 6 个螺钉固定。为便于钻孔，螺钉中心线由配合缝向材料较硬的轮芯偏移 2 ~ 3 mm。适用于中等尺寸及工作温度变化较小的蜗轮。

（3）螺栓连接式。如图 11 - 11c 所示，用普通螺栓或铰制孔用螺栓连接齿圈和轮芯，这种结构装拆较方便，用于大直径或易磨损的蜗轮。用铰制孔螺栓连接时，配合为 H7/m6，螺栓的尺寸和数目应通过强度验算。

（4）拼铸式。如图 11 - 11d 所示，将青铜齿圈浇注在铸铁轮芯上，适用于中等尺寸、批量生产的蜗轮。

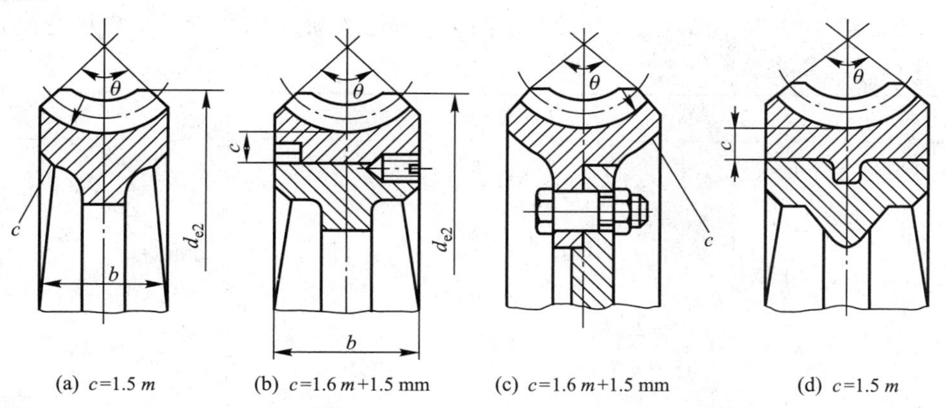

(a) c=1.5 m　　(b) c=1.6 m+1.5 mm　　(c) c=1.6 m+1.5 mm　　(d) c=1.5 m

图 11 - 11　蜗轮的结构形式

三、蜗杆传动的安装与维护

1. 蜗杆和蜗轮的安装调整

在蜗杆传动中，蜗杆中心线应位于中间平面上，蜗杆与蜗轮的中心距应准确。在装配时，应仔细调整蜗轮的轴向位置，否则难以正确啮合，齿面会在短时间内严重磨损。对于单向运转的蜗杆传动，可调整蜗轮的位置，使蜗杆和蜗轮在偏于啮出（蜗杆旋出的方向）一侧接触，以利于在啮合入口处造成油楔，易于形成润滑油膜。调整好后，蜗轮的轴向位置必须固定。

2. 蜗杆传动的磨合和试运转

蜗杆传动装配后须经磨合，以使齿面接触良好。磨合时采用低速运转，通常 $n_1=50\sim100$ r/min，逐步加载至额定载荷，磨合 1～5 小时。若发现蜗杆齿面上粘有青铜，应立即停车，用细砂纸打去，再继续磨合。磨合好后，应清洗全部零件，换新润滑油，并应将此时蜗轮相对于蜗杆的轴向位置打上印记，便于以后装拆时配对和调整到位。新机试车时，先空载运转，然后逐步加载至额定载荷，观察齿面啮合、轴承密封及温升等情况。

3. 蜗杆传动的维护

蜗杆传动的维护很重要。由于蜗杆传动的发热量大，应随时注意周围的通风散热条件是否良好。蜗杆传动工作一段时间后应测试油温，如果超过油温的允许范围应停机或改善散热条件。还要经常检查蜗轮齿面是否保持完好。润滑对于保证蜗杆传动的正常工作及延长使用期限很重要，蜗杆减速器每运转 2 000～4 000 小时应及时换新油。换油时，应使用原牌号油，不同厂家、不同牌号的油不要混用。

例 11－2 设计驱动链运输机的蜗杆传动。已知：蜗杆输入功率 $P_1=10$ kW，转速 $n_1=1\ 460$ r/min，蜗轮转速 $n_2=73$ r/min；要求使用寿命 5 年，每年工作 300 天，每天工作 8 小时；载荷平稳，单向工作。

解 选择材料：蜗杆用 40Cr 钢，表面淬火，45～50 HRC；根据图 11－6b 初估 $v_s\approx8.4$ m/s，选定蜗轮齿圈材料为 ZCuSn10P1，金属模铸造，滚齿后加载跑合。

考虑到传递功率不大，速度也不太高。初估 $v_2<3$ m/s，由表 11－5 选精度为 8 级，侧隙为 c，蜗杆表面粗糙度 Ra 为 1.6 μm。设计准则为：按接触疲劳强度设计，校核弯曲强度并进行热平衡计算，计算结果见下表。

计算项目	计算内容	计算结果
1. 按接触疲劳强度设计	$m^2d_1\geqslant KT_2\left(\dfrac{3.25Z_E}{[\sigma_H]z_2}\right)^2$ 传动比 $i=\dfrac{n_1}{n_2}=\dfrac{1\ 460}{73}=20$，参考表 11－2	
（1）选择齿数 z_1、z_2	取 $z_1=2$，则 $z_2=iz_1=20\times2=40$ 估计 $\eta=0.82$，则	$z_1=2$ $z_2=40$

续表

计算项目	计算内容	计算结果
(2) 蜗轮转矩 T_2	$T_2=T_1 i\eta=9.55\times10^6\frac{P_1}{n_1}i\eta=$ $9.55\times10^6\frac{10}{1\ 460}\times20\times0.82$ N·mm $=1\ 072\ 739.7$ N·m	$T_2=1\ 072\ 739.7$ N·m
(3) 载荷系数 K	根据载荷情况查表 11－6，选 $K=1.1$	$K=1.1$
(4) 材料系数 Z_E	由表 11－7，取 $Z_E=155\ \sqrt{\text{MPa}}$	$Z_E=155\ \sqrt{\text{MPa}}$
(5) 许用接触应力$[\sigma_H]$	$L_h=5\times300\times8$ h $=12\ 000$ h 则 $N=60n_2jL_h=60\times73\times1\times12\ 000=5.3\times10^7$ $Z_N=\sqrt[8]{\frac{10^7}{N}}\approx0.81$，查表 11－8 得 $[\sigma_{OH}]=220$ MPa $[\sigma_H]=Z_N[\sigma_{OH}]=0.81\times220=178$ MPa	$[\sigma_H]=178$ MPa
(6) 计算 m^2d_1	$m^2d_1\geqslant KT_2\left(\frac{3.25Z_E}{[\sigma_H]z_2}\right)^2$ $=1.1\times1\ 072\ 739.7\times\left(\frac{3.25\times155}{178\times40}\right)^2\text{mm}^3=5\ 907\ \text{mm}^3$	$m^2d_1\geqslant5\ 907\ \text{mm}^3$
(7) 初选 m、d_1	查表 11－1，选 $m=8$ mm，$d_1=100$ mm， $q=12.5$，此时，$m^2d_1=6\ 400\ \text{mm}^3$	$m=8$ mm $d_1=100$ mm
(8) 蜗轮速度 v_2	$v_2=\frac{\pi d_2n_2}{60\times1\ 000}=\frac{\pi mz_2n_2}{60\times1\ 000}$ $=\frac{\pi\times8\times40\times73}{60\times1\ 000}$ m/s $=1.22$ m/s	$v_2=1.22$ m/s
(9) 导程角 γ	$\gamma=\arctan\frac{z_1}{q}=\arctan\frac{2}{12.5}=9.09°=9°5'24''$	$\gamma=9°5'24''$
(10) 验算滑动速度 v_s	$v_s=\frac{v_2}{\sin\gamma}=\frac{1.22}{\sin9.09°}$ m/s $=7.74$ m/s， $v_s<8.4$ m/s，符合假设	$v_s=7.74$ m/s
2. 计算传动效率		
(1) 啮合效率 η_1	由表 11－12 可得 $\varphi_v\approx1.053\ 3°$ $\eta_1=\frac{\tan\gamma}{\tan(\gamma+\varphi_v)}=\frac{\tan9.09°}{\tan(9.09°+1.053\ 3°)}$ $=0.894$	$\eta_1=0.894$

续表

计算项目	计算内容	计算结果
(2) 传动效率 η	取轴承效率 $\eta_2=0.99$，搅油效率 $\eta_3=0.98$ 则传动效率为 $\eta=\eta_1\eta_2\eta_3=0.894\times0.99\times0.98=0.867$ 与假定值相近 $T_2=T_1 i\eta=9.55\times10^6\times\dfrac{10}{1\ 460}\times20\times0.867\ \text{N}\cdot\text{mm}$ $=1\ 134\ 226\ \text{N}\cdot\text{mm}$	$\eta=0.867$
(3) 验算 m^2d_1 值	$m^2d_1\geqslant KT_2\left(\dfrac{3.25Z_E}{[\sigma_H]z_2}\right)^2$ $=1.1\times1\ 134\ 226\times\left(\dfrac{3.25\times155}{178\times40}\right)^2$ $=6\ 245\ \text{mm}^3<6\ 400\ \text{mm}^3$ 则原选参数，强度足够	$m^2d_1=6\ 245\ \text{mm}^3$ $<6\ 400\ \text{mm}^3$
3. 确定传动的主要尺寸	$z_1=2$，$z_2=40$，$m=8$ mm，$d_1=100$ mm， $q=12.5$ mm	
(1) 中心距 a	$a=\dfrac{1}{2}m(q+z_2)=\dfrac{1}{2}\times8\times(12.5+40)$ mm $=210$ mm	$a=210$ mm
(2) 蜗杆尺寸		
分度圆直径 d_1	$d_1=100$ mm	$d_1=100$ mm
齿顶圆直径 d_{a1}	$d_{a1}=d_1+2h_{a1}=d_1+2h_a^* m=(100+2\times1\times8)$ mm $=116$ mm	$d_{a1}=116$ mm
齿根圆直径 d_{f1}	$d_{f1}=d_1-2h_{f1}=d_1-2(h_a^*+c^*)m$ $=[100-2(1+0.2)\times8]$ mm $=80.8$ mm	$d_{f1}=80.8$ mm
导程角 γ	$\gamma=9°5'24''$右旋	$\gamma=9°5'24''$
螺纹部分长度 b_1	$b_1\geqslant m(11+0.06z_2)=8\times(11+0.06\times40)$ mm $=107.2$ mm 考虑磨削余量，取 $b_1=125$ mm	$b_1=125$ mm
(3) 蜗轮尺寸		
分度圆直径 d_2	$d_2=mz_2=8\times40$ mm $=320$ mm	$d_2=320$ mm
齿顶圆直径 d_{a2}	$d_{a2}=d_2+2h_a^* m=(320+2\times1\times8)$ mm $=336$ mm	$d_{a2}=336$ mm
齿根圆直径 d_{f2}	$d_{f2}=d_2-2(h_a^*+c^*)m=[320-2(1+0.2)\times$ $8]$ mm $=300.8$ mm	$d_{f2}=300.8$ mm
蜗轮外圆直径 d_{e2}	$d_{e2}\leqslant d_{a2}+1.5m=(336+1.5\times8)$ mm $=348$ mm 取 $d_{e2}=345$ mm	$d_{e2}=345$ mm

续表

计算项目	计算内容	计算结果
蜗轮齿宽 b_2	$b_2 \leqslant 0.75d_{a1} = 0.75 \times 116\ \mathrm{mm} = 87\ \mathrm{mm}$ 取 $b_2 = 85\ \mathrm{mm}$	$b_2 = 85\ \mathrm{mm}$
螺旋角 β	$\beta = \gamma = 9°5'24''$	$\beta = 9°5'24''$
齿宽角 θ	$\theta = 2\arcsin\dfrac{b_2}{d_1} = 2\arcsin\dfrac{85}{100} = 116.4°$	$\theta = 116.4°$
齿顶圆弧半径 r_{g2}	$r_{g2} = a - d_{a2}/2 = (210 - 336/2)\ \mathrm{mm} = 42\ \mathrm{mm}$	$r_{g2} = 42\ \mathrm{mm}$
4. 热平衡计算		
（1）传动效率 η	$\eta = 0.867$	
（2）初估散热面积 A	$A = 0.33\left(\dfrac{a}{100}\right)^{1.75} = 0.33\left(\dfrac{210}{100}\right)^{1.75}\ \mathrm{m}^2 = 1.21\ \mathrm{m}^2$	$A = 1.21\ \mathrm{m}^2$
（3）油工作温度 t_1	取 $t_0 = 20$ ℃，$K_s = 17.5W/(\mathrm{m}^2 \cdot ℃)$，则 $t_1 = \dfrac{1\ 000P_1(1-\eta)}{K_S A} + t_0 =$ $\left(\dfrac{1\ 000 \times 10 \times (1 - 0.867)}{17.5 \times 1.21} + 20\right)$ ℃ $= 82.8$ ℃ 因 $t_1 > 80$ ℃（超过限度），应采用适当的散热措施	$t_1 = 82.8$ ℃
5. 润滑方式	由表 11－13，采用浸油润滑，油的粘度为 $\gamma_{40\ ℃} = 220\ \mathrm{mm}^2/\mathrm{s}$	$\gamma_{40\ ℃} = 220\ \mathrm{mm}^2/\mathrm{s}$
6. 弯曲强度校核（一般不需进行）		
（1）齿形系数 Y_F	$\sigma_F = \dfrac{1.7KT_2}{m^2 d_1 z_2} Y_F Y_\beta \leqslant [\sigma_F]$ $z_{v2} = \dfrac{z_2}{\cos^3\gamma} = \dfrac{40}{\cos^3 9.09°} = 41.5$，查表 11－10 $Y_F = 2.291$（插值法）	$Y_F = 2.291$
（2）螺旋角系数 Y_β	$Y_\beta = 1 - \dfrac{\gamma}{140°} = 1 - \dfrac{9.09°}{140°} = 0.935$	$Y_\beta = 0.935$
（3）许用弯曲应力 $[\sigma_F]$	查表 11－11，$[\sigma_{OF}] = 73\ \mathrm{MPa}$ $Y_N = \sqrt[9]{\dfrac{10^6}{N}} = \sqrt[9]{\dfrac{10^6}{60 \times 73 \times 12\ 000}} = 0.64$ 则 $[\sigma_F] = Y_N[\sigma_{OF}] = 0.64 \times 73 = 46.7\ \mathrm{MPa}$	$[\sigma_F] = 46.7\ \mathrm{MPa}$
（4）弯曲应力 σ_F	$\sigma_F = \dfrac{1.7KT_2}{m^2 d_1 z_2} Y_F Y_\beta$ $= \dfrac{1.7 \times 1.1 \times 1\ 134\ 226}{8^2 \times 100 \times 40} \times 2.291 \times 0.935\ \mathrm{MPa}$ $= 17.77\ \mathrm{MPa} < [\sigma_F] = 46.7\ \mathrm{MPa}$　故安全	$\sigma_F = 17.77\ \mathrm{MPa}$
7. 蜗杆、蜗轮的结构设计	蜗杆：采用车制，工作图略 蜗轮：采用齿圈压配式，工作图略	

习　题

11-1　标出图11-12中未注明的蜗杆或蜗轮的转向及旋向（均为蜗杆主动），画出蜗杆和蜗轮受力的作用点和3个分力的方向。

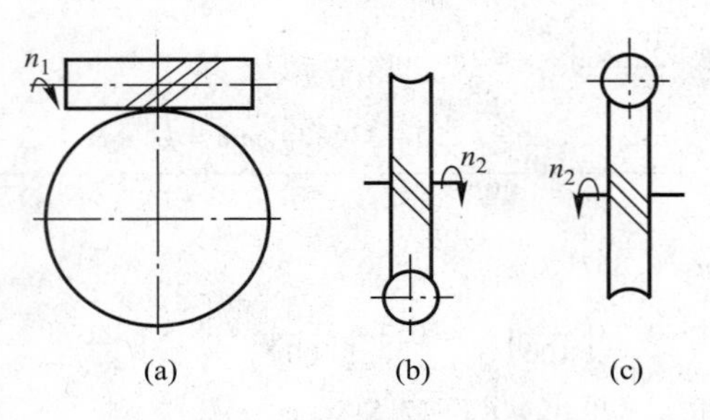

图11-12　习题11-1图

11-2　如图11-13所示的蜗杆传动，蜗杆为主动件，输入功率 $P_1=3.0$ kW，转速 $n_1=960$ r/min，$z_1=2$，$z_2=40$，$m=8$ mm，$d_1=80$ mm。求蜗杆、蜗轮3个分力的大小和方向。

11-3　设计一带式运输机用的闭式普通圆柱蜗杆减速传动。已知：输入功率 $P_1=5.5$ kW，蜗杆转速 $n_1=1\ 440$ r/min，传动比 $i=23$，载荷平稳，预期使用寿命10年，每年工作300天，每天工作8 h。

11-4　设计一开式蜗杆传动，用于车间辅助起重装置，每天使用时间为0.5小时（每年按260个工作日计算），要求蜗杆转矩 $T_2=2$ kN · m，蜗杆用手驱动。

11-5　图11-14所示为某起重设备的减速装置。已知各轮齿数 $z_1=z_2=20$，$z_3=60$，$z_4=2$，$z_5=40$，轮1转向如图所示，卷筒直径 $D=136$ mm。试求：

（1）此时重物是上升还是下降？

（2）设系统效率 $\eta=0.68$，为使重物上升，施加在轮1上的驱动力矩 $T_1=10$ N · m，问重物的重量是多少？

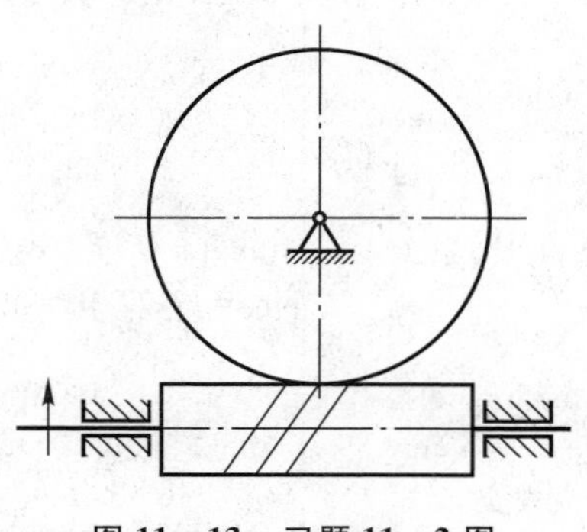

图11-13　习题11-2图

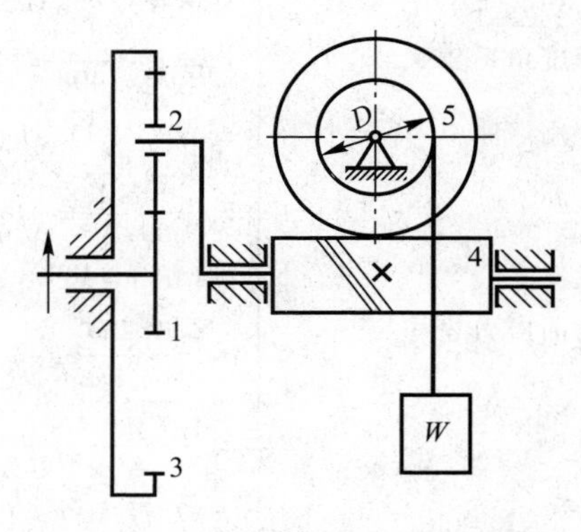

图11-14　习题11-5图

第十二章　滚动轴承

第一节　滚动轴承的基本结构和材料

轴承是用来支承轴或轴上回转零件的部件，根据工作时摩擦性质的不同，可分为滚动轴承和滑动轴承两大类。滚动轴承是现代机器中广泛应用的部件，它依靠主要元件间的滚动接触来支承转动零件。与滑动轴承相比，滚动轴承具有摩擦阻力小、起动灵敏、效率高、润滑简便和易于互换等优点。其缺点是抗冲击能力差，工作时有噪声，工作寿命不及液体摩擦的滑动轴承。

一、滚动轴承的基本结构

滚动轴承的基本结构如图 12－1 所示，一般是由内圈 1、外圈 2、滚动体 3 和保持架 4 等组成。内、外圈分别与轴颈、轴承座孔配合，通常外圈固定而内圈随轴颈转动，但也有外圈转动而内圈不转或内、外圈以不同转速转动的情况。内、外圈上制有弧形滚道，用以限制滚动体的轴向移动，并可降低滚动体与内、外圈上的接触应力。保持架的功用是使滚动体均匀隔开，减少滚动体间的摩擦和磨损，它有冲压的(图 12－1a)和实体的(图 12－1b)两种。滚动体是滚动轴承的重要零件，主要分为球和滚子两大类，滚子又有圆柱形、圆锥形、鼓形和滚针形等几种，如图 12－2 所示。若轴承中只有一列滚动体，则称为单列球轴承或单列滚子轴承；若有两列滚动体，则称为双列球轴承或双列滚子轴承。

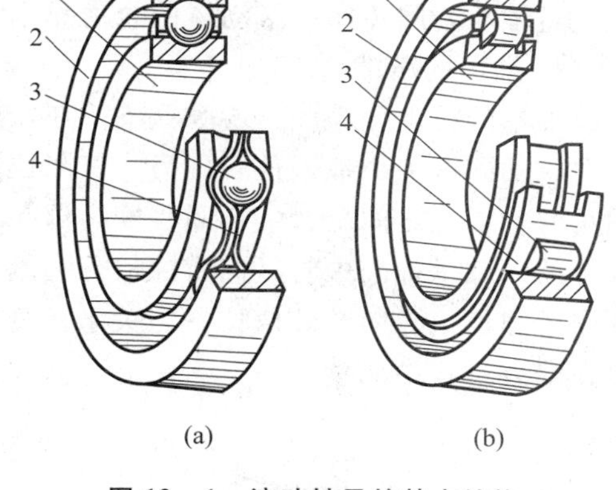

图 12－1　滚动轴承的基本结构

1—内圈；2—外圈；3—滚动体；4—保持架

为了满足某些使用上的需要，有的轴承结构会比上述结构有所增减。例如，为了减小径向尺寸，有的轴承无内圈或无外圈，或既无内圈又无外圈；有的轴承带有防尘盖、密封圈或安装调整用的紧定套等。

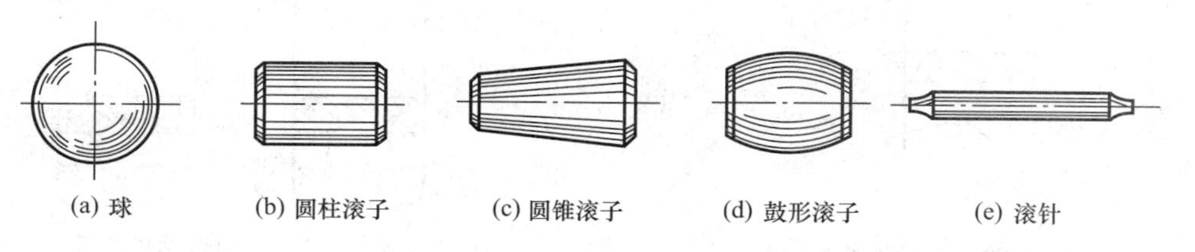

图 12－2　滚动体的形状

二、滚动轴承的常用材料

滚动轴承的内、外圈及滚动体，一般采用强度高和耐磨性好的轴承铬锰碳钢制造，例如GCr15(G表示滚动轴承钢)、GCr15SiMn等，热处理后工作表面硬度可达60~65 HRC。冲压保持架一般用低碳钢板冲压制成，它与滚动体间有较大间隙，工作时噪声较大。实体保持架常用铜合金、铝合金或酚醛胶布等制成，具有较好的定心作用。

滚动轴承是由专门工厂大量生产的标准化产品。设计时只需根据具体的工作条件，正确选择滚动轴承的类型及尺寸，并进行轴承的组合结构设计。

第二节　滚动轴承的主要类型及选择

一、滚动轴承的结构特性

1. 公称接触角和载荷角

滚动体和外圈接触处的法线 nn 与轴承径向平面(垂直于轴承轴心线的平面)的夹角 α (图12-3)，称为公称接触角。其值的大小反映了轴承承受轴向载荷的能力。α 角越大，轴承承受轴向载荷的能力越大。

经轴承套圈传递给滚动体的合力作用线与轴承径向平面的夹角 β(图12-3)，称为载荷角。

2. 轴承的游隙

轴承的游隙分为径向游隙 u_r 和轴向游隙 u_a。它们分别表示一个套圈固定，另一个套圈沿径向或轴向由一个极限位置到另一极限位置的移动量(图12-4)。轴承所需游隙的大小是根据轴承与轴承孔之间配合的松紧程度、温差大小、轴的挠曲变形大小以及轴的回转精度等要求而选择的。轴承标准中将径向游隙值分为基本游隙组和辅助游隙组，应优先选用基本游隙组值。轴向游隙值由径向游隙值按一定关系换算得到。由于结构上的特点，角接触向心轴承的游隙可以在安装过程中调整。

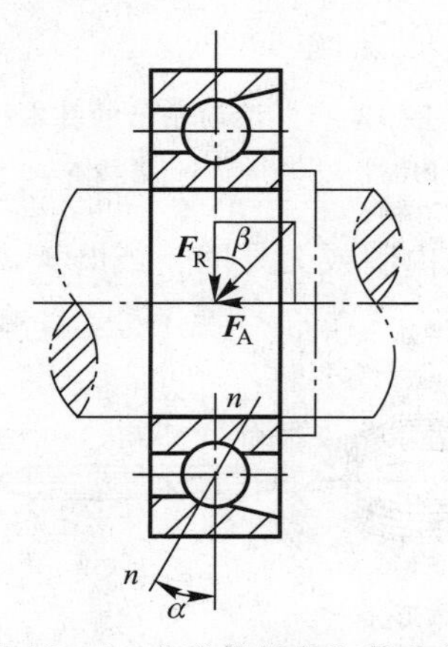

图12-3　公称接触角和载荷角

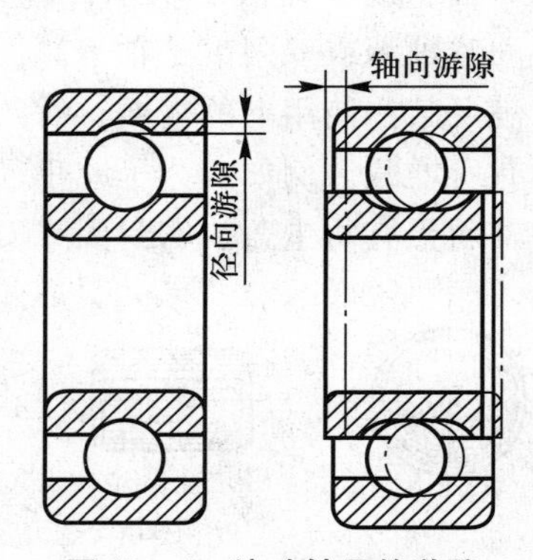

图12-4　滚动轴承的游隙

3. 角偏位和偏位角

轴承内、外圈轴心线间的相对倾斜称为角偏位，相对倾斜时两轴心线所夹的锐角 θ 称为偏位角(图 12－5)。轴承具备角偏位的能力，使轴承能够补偿因加工、安装误差和轴的变形造成的内、外圈轴线的倾斜。其中角偏位能力大的轴承(如调心球轴承)，调心功能强，故称为调心轴承。

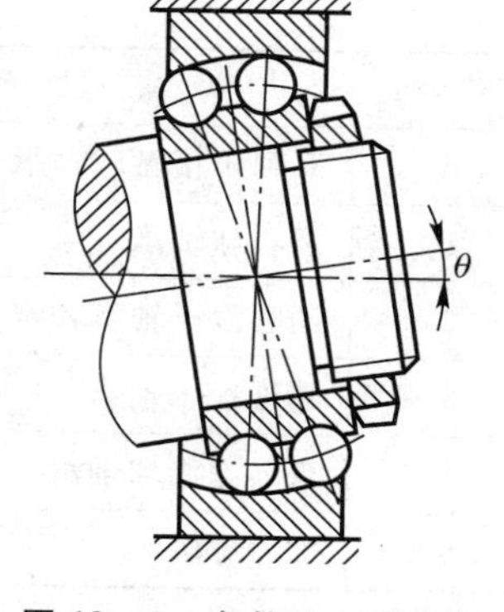

图 12－5 角偏位和偏位角

二、滚动轴承的主要类型

滚动轴承的类型繁多，可以按不同的方法进行分类。通常是按滚动体形状和轴承所能承受的载荷方向或公称接触角分类。

按滚动体的形状不同，可分为球轴承和滚子轴承两大类。球轴承的滚动体为球，与内、外圈是点接触，运转时摩擦损耗小，但承载能力和抗冲击能力差；滚子轴承的滚动体为滚子，与内、外圈是线接触，承载能力和抗冲击能力大，但运转时摩擦损耗大。

按轴承所能承受的载荷方向或公称接触角的不同，滚动轴承可分为向心轴承和推力轴承两大类，见表 12－1。

表 12－1 轴承按公称接触角分类

轴承种类	向心轴承		推力轴承	
	径向接触	角接触	角接触	轴向接触
公称接触角 α	$\alpha=0°$	$0°<\alpha\leqslant45°$	$45°<\alpha<90°$	$\alpha=90°$
图例 (以球轴承为例)		α	α	α

1. 向心轴承

主要用于承受径向载荷，其公称接触角为 $0°\leqslant\alpha\leqslant45°$。按公称接触角的不同，向心轴承又可分为：①径向接触轴承 $\alpha=0°$，只能承受径向载荷；②角接触向心轴承 $0°<\alpha\leqslant45°$，主要承受径向载荷。随着 α 角的增大，轴承承受轴向载荷的能力随之增大。

2. 推力轴承

主要用于承受轴向载荷，其公称接触角为 $45°<\alpha\leqslant90°$。按公称接触角的不同，推力轴承又可分为：①轴向接触轴承 $\alpha=90°$，只能承受轴向载荷；②角接触推力轴承 $45°<\alpha<90°$，主要承受轴向载荷。随着 α 角的增大，轴承承受径向载荷的能力随之减小。

综合以上两种分类方法，目前我国常用滚动轴承的基本类型名称及其代号见表 12－2。

表 12－2　常用滚动轴承类型名称及其代号

代号	轴 承 类 型	代号	轴 承 类 型
0	双列角接触球轴承	6	深沟球轴承
1	调心球轴承	7	角接触球轴承
2	调心滚子轴承和推力调心滚子轴承	8	推力圆柱滚子轴承
3	圆锥滚子轴承	N	圆柱滚子轴承，双列或多列用 NN 表示
4	双列深沟球轴承	U	外球面球轴承
5	推力球轴承	QJ	四点接触球轴承

注：1. 在表中代号后或前加字母或数字表示该类轴承中的不同结构；

2. 无内圈和既无内圈又无外圈（即滚针和保持架组件）的滚针轴承不包括在 N 类轴承中，它们各有自己特定的类型代号，应用时查相应标准。

三、滚动轴承的性能和特点

滚动轴承因其结构类型多样而具有不同的性能和特点，表 12－3 给出了常用滚动轴承的类型、结构简图、性能特点和应用范围，可供选择轴承类型时参考。

表 12－3　滚动轴承类型、简图、性能、特点及应用范围

类型及其代号	结构简图	载荷方向	允许偏位角	额定动载荷比[1]	极限转速比[2]	轴向载荷能力	性能特点	适用条件及举例
双列角接触球轴承 0			2′~10′	—	高	较大	可同时承受径向和轴向载荷，也可承受纯轴向载荷（双向），承受载荷能力大	适用于刚性大、跨距大的轴（固定支承），常用于蜗杆减速器和离心机等
调心球轴承 1			1.5°~3°	0.6~0.9	中	少量	不能承受纯轴向载荷，能自动调心	适用于多支点传动轴、刚性小的轴以及难以对中的轴
调心滚子轴承 2			1.5°~3°	1.8~4	低	少量	承受载荷能力最大，但不能承受纯轴向载荷，能自动调心	常用于其他种类轴承不能胜任的重载荷情况，如轧钢机、大功率减速器、破碎机和吊车走轮等

续表

类型及其代号	结构简图	载荷方向	允许偏位角	额定动载荷比[①]	极限转速比[②]	轴向载荷能力	性能特点	适用条件及举例
推力调心滚子轴承 2			2°～3°	1.2～1.6	中	大	比推力球轴承有更大轴向载荷能力，且能承受少量径向载荷。极限转速高于5类轴承，能自动调心，价格高	适用于重负荷和要求调心性能好的场合，如大型立式水轮机等
圆锥滚子轴承 3 31300 （$\alpha=28°48'39''$） 其他 （$\alpha=10°\sim18°$）			2′	1.1～2.1 1.5～2.5	中 中	很大 较大	内、外圈可分离，游隙可调，摩擦系数大，常成对使用。31300型不宜承受纯径向载荷，其他型号不宜承受纯轴向载荷	适用于刚性较大的轴。应用很广，如减速器、车轮轴、轧钢机、起重机和机床主轴等
双列深沟球轴承 4			2′～10′	1.5～2	高	少量	当量摩擦系数小，高转速时可用来承受不大的纯轴向载荷	适用于刚性较大的轴，常用于中等功率电动机、减速器、运输机的托辊和滑轮等
推力球轴承 5 双向推力球轴承 5			不允许	1	低	大	轴线必须与轴承底座底面垂直，不适用于高转速	常用于起重机吊钩、蜗杆轴、锥齿轮轴和机床主轴等

续表

类型及其代号	结构简图	载荷方向	允许偏位角	额定动载荷比[1]	极限转速比[2]	轴向载荷能力	性能特点	适用条件及举例
深沟球轴承 6			2′~10′	1	高	少量	当量摩擦系数最小，高转速时可用来承受不大的纯轴向载荷	适用于刚性较大的轴，常用于小功率电动机、减速器、运输机的托辊和滑轮等
角接触球轴承 7000C（$\alpha=15°$） 7000AC（$\alpha=25°$） 7000B（$\alpha=40°$）			2′~10′	1~1.4 1~1.3 1~1.2	高	一般 较大 更大	可同时承受径向载荷和轴向载荷，也可承受纯轴向载荷	适用于刚性较大跨距不大的轴及须在工作中调整游隙时，常用于蜗杆减速器、离心机、电钻和穿孔机等
外圈无挡边圆柱滚子轴承 N			2′~4′	1.5~3	高	0	内外圈可以分离，滚子用内圈凸缘定向，内外圈允许少量的轴向移动	适用于刚性很大、对中良好的轴，常用于大功率电动机、机床主轴和人字齿轮减速器等
滚针轴承 NA			不允许	—	低	0	径向尺寸最小，径向载荷能力很大，摩擦系数较大，旋转精度低	适用于径向载荷很大而径向尺寸受限制的地方，如万向联轴器、活塞销和连杆销等

注：① 额定动载荷比：指同一尺寸系列各种类型和结构型式的轴承的额定动载荷与深沟球轴承（推力轴承则与推力球轴承）的额定动载荷之比。

② 极限转速比：指同一尺寸系列/P0级精度的各种类型和结构型式的轴承脂润滑时的极限转速与深沟球轴承脂润滑时的极限转速的约略比较。各种类型轴承极限转速之间采取下列比例关系：高，等于深沟球轴承极限转速的90%~100%；中，等于深沟球轴承极限转速的60%~90%；低，等于深沟球轴承极限转速的60%以下。

四、滚动轴承的代号表示

由于滚动轴承类型繁多，各种类型中又有不同的结构、尺寸、公差等级和技术要求等差别，为了便于组织生产和选用，国家标准 GB/T 272—1993 中规定了轴承代号的表示方法，它由前置代号、基本代号和后置代号构成，如表 12－4 所列。

表 12－4　滚动轴承代号的构成

<table>
<tr><td>前置代号</td><td colspan="5">基 本 代 号</td><td colspan="8">后 置 代 号</td></tr>
<tr><td rowspan="3">轴承分部件代号</td><td>五</td><td>四</td><td>三</td><td>二</td><td>一</td><td>1</td><td>2</td><td>3</td><td>4</td><td>5</td><td>6</td><td>7</td><td>8</td></tr>
<tr><td rowspan="2">类型代号</td><td colspan="2">尺寸系列代号</td><td colspan="2" rowspan="2">内径代号</td><td rowspan="2">内部结构代号</td><td rowspan="2">密封与防尘结构代号</td><td rowspan="2">保持架及其材料代号</td><td rowspan="2">特殊轴承材料代号</td><td rowspan="2">公差等级代号</td><td rowspan="2">游隙代号</td><td rowspan="2">多轴承配置代号</td><td rowspan="2">其他代号</td></tr>
<tr><td>宽度系列代号</td><td>直径系列代号</td></tr>
</table>

注：1. 基本代号下面的一至五表示代号自右向左的位置序数，后置代号下面的 1～8 表示代号自左向右的位置序数。
2. 滚针保持架组件、穿孔型和封口型冲压外圈滚针轴承的基本代号不包括在其中。

1. 基本代号

基本代号用来表示轴承的基本类型、尺寸系列和内径大小(表 12－4)，是轴承代号的基础。

(1) 轴承内径代号。用基本代号中右起第一、二位数字表示轴承内径。对于内径 $d=20\sim480$ mm 的轴承，内径代号的这两位数字为轴承内径尺寸被 5 除得的商，如 06 表示 $d=30$ mm；15 表示 $d=75$ mm 等。对于内径为 10 mm、12 mm、15 mm 和 17 mm 的轴承，内径代号依次为 00、01、02 和 03。对于 $d<10$ mm 和 $d\geqslant500$ mm 以及内径尺寸较特殊的(如 $d=22$ mm、28 mm、32 mm)轴承，内径代号标准中另有规定。

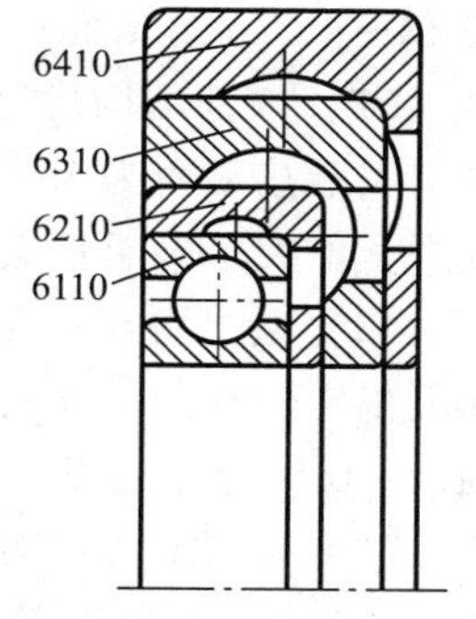

图 12－6　直径系列比较

(2) 直径系列代号。轴承的直径系列表示相同内径的同类型轴承在外径和宽度方面的变化系列。直径系列代号用基本代号中右起第三位数字表示，分为 7、8、9、0、1、2、3、4 等系列，外径依次增大，轴承的承载能力也相应增大(表 12－5)。图 12－6 以深沟球轴承为例，对各直径系列间轴承尺寸作了比较。

表 12－5　轴承直径系列代号

向心轴承							推力轴承					
超特轻	超轻	特轻	轻	中	重	特重	超轻	特轻	轻	中	重	特重
7	8、9	0、1	2	3	4	5	0	1	2	3	4	5

(3) 宽(高)度系列代号。轴承宽(高)度系列代号表示相同内径和外径的同类型轴承在宽(高)度方面的变化系列，用基本代号中右起第四位数字表示。对向心轴承，宽度系列代号有：

8(特窄)，0(窄)，1(正常)，2(宽)，3、4、5、6(特宽)，宽度依次增大；对推力轴承，高度系列代号有：7(特低)，9(低)，1、2(正常,其中2专用于双向推力轴承)，高度依次增大。当宽度系列代号为0时，多数轴承代号中可省略，但调心滚子轴承和圆锥滚子轴承中应标出，例如6205是6(0)205的省略，但30205则未省略。图12－7对各宽度系列下轴承尺寸作了比较。

(4) 轴承类型代号。用基本代号中右起第五位数字或字母表示。当用字母表示时，应在类型代号和宽度系列代号间空半个汉字距，如N 2200。

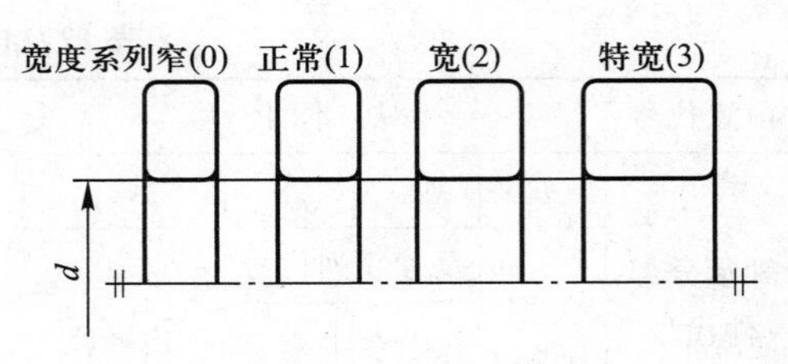

图12－7　宽度系列比较

轴承宽(高)度系列代号和直径系列代号构成尺寸系列代号，轴承类型代号和尺寸系列代号则构成组合代号。

2. 前置、后置代号

前置、后置代号是轴承在结构形状、尺寸、公差或技术要求等有改变时，在其基本代号左右添加的补充代号。

前置代号用大写拉丁字母表示，用于表达成套轴承的分部件。当轴承的分部件具有某些特点时，就在基本代号的前面加上前置代号。如L表示可分离轴承的可分离内圈或外圈；K表示滚动轴承的滚动体和保持架组件等。

后置代号用大写拉丁字母或大写拉丁字母加阿拉伯数字表示，用于表达轴承的内部结构特点、公差等级、游隙以及一些特殊要求等。后置代号的内容很多，其各项代号排列顺序见表12－4。下面介绍几个常用后置代号。

(1) 内部结构代号。表示同一类型轴承的不同内部结构，用字母表示。如用C、AC、B分别表示接触角为15°、25°、40°的角接触球轴承；用E表示轴承的加强型，即内部结构设计改进，增大了轴承承载能力。

(2) 公差等级代号。用代号/P0、/P6、/P6X、/P5、/P4、/P2，分别表示轴承公差等级标准规定的0、6、6X、5、4、2级公差等级，依次由低级到高级。其中6X级只用于圆锥滚子轴承；0级为普通级，在轴承代号中不标出。

(3) 游隙代号。用代号/C1、/C2、/C3、/C4、/C5，分别表示轴承径向游隙标准规定的1、2、3、4、5组游隙组别，游隙依次由小到大。标准中还有一个0组游隙组，介于2级与3级之间，最为常用，故无代号，当然轴承代号中也就无须表示。

当公差等级代号与游隙代号需同时表示时，可取公差等级代号加上游隙组号(0组省略)组合表示，如/P63表示轴承公差等级P6级，径向游隙3组。

滚动轴承代号举例如下。

6208：表示内径为40 mm，轻窄系列的深沟球轴承，正常结构，0级公差等级，0组径向游隙；

30206/C4：表示内径$d=30$ mm，轻窄系列的圆锥滚子轴承，正常结构，0级公差等级，4组径向游隙；

7310C/P5：表示内径$d=50$ mm，中窄系列的角接触球轴承，$\alpha=15°$，5级公差等级，0组径向游隙。

五、滚动轴承的类型选择

选择滚动轴承的类型时，在对各类轴承的性能充分了解的基础上，一般主要考虑以下几个方面的因素来进行选择。

1. 载荷的大小、方向和性质

轴承所受载荷的大小、方向和性质，是选择滚动轴承类型的主要依据。

（1）按载荷大小、性质选择。在外廓尺寸相同的条件下，滚子轴承比球轴承承载能力大，适用于载荷较大或有冲击的场合，球轴承适用于轻载（或中等载荷）、无振动和冲击的场合。当有径向冲击载荷时，应选用螺旋滚子轴承或圆柱滚子轴承。

（2）按载荷方向选择。当承受纯径向载荷时，通常选用深沟球轴承和各类径向接触轴承；当承受纯轴向载荷时，通常选用轴向接触轴承；当承受较大径向载荷和一定轴向载荷时，可选用各类角接触向心轴承；当承受的轴向载荷比径向载荷大时，可选用角接触推力轴承，或者选用向心和推力两种不同类型轴承的组合，分别承受径向和轴向载荷。

2. 轴承的转速

滚动轴承在一定的载荷和润滑条件下允许的最高转速称为极限转速。轴承标准中对各种类型和规格的轴承都规定了极限转速 $n_{\lim}$ 值，通常要求轴承在低于极限转速下工作，否则将降低轴承的寿命。根据轴承转速选择轴承类型时，可考虑以下几点：

（1）球轴承比滚子轴承具有较高的极限转速和旋转精度，高速时应优先选用球轴承。并且其直径系列愈轻，滚动体直径愈小，则高速性能愈好。

（2）为了降低离心惯性力，高速时宜选用超轻、特轻及轻系列轴承。当用一个轻系列轴承达不到承载能力要求时，可考虑采用宽系列轴承，或者把两个轻系列轴承并装在一起使用。重及特重系列轴承只适用于低速重载场合。

（3）推力轴承的极限转速都很低。当工作转速较高时，若轴向载荷不十分大，可采用角接触向心球轴承或深沟球轴承承受纯轴向力。

（4）保持架的结构和材料对轴承转速影响很大。实体保持架比冲压保持架允许更高的转速。

3. 调心性能要求

由于制造或安装等原因不能保证轴心线与轴承中心线较好重合，或者轴受载后弯曲变形较大而造成轴承内、外圈轴线发生偏斜时，就要求轴承应具有较好的调心性能。这时宜选用调心球轴承或调心滚子轴承，并应成对使用。

4. 轴承的刚性要求

在有些机械如机床的主轴中，由于轴承刚性对主轴精度的影响较大，因此当支承刚性要求较高时，可选用刚性好的圆柱滚子轴承或圆锥滚子轴承。这是因为滚动体与滚道接触面积大，弹性变形小，故其刚性比球轴承好。

5. 轴承允许的空间

当轴承的径向空间受限制时，宜选用特轻、超轻系列轴承或滚针轴承；轴承轴向尺寸受限制时，宜选择窄或特窄系列的轴承。

6. 安装与拆卸方便

在需要经常装拆或装拆有困难的场合，可选用内、外圈可分离的轴承，如圆柱滚子轴承或圆锥滚子轴承等。当轴承在长轴上安装时，为了便于装拆，可选用带内锥孔和紧定套的轴承(图 12－8)。

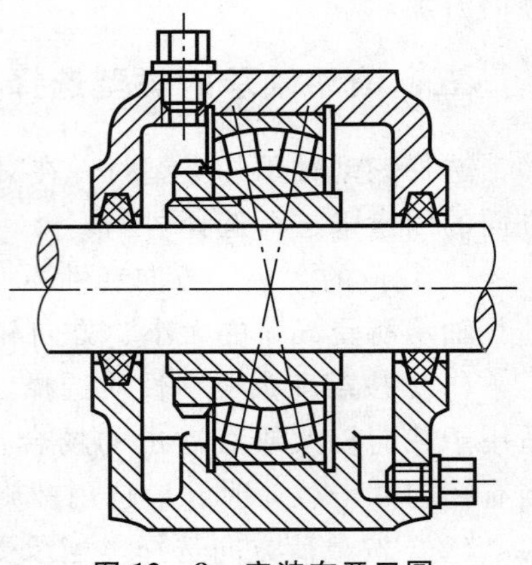

图 12－8　安装在开口圆锥紧定套上的轴承

7. 经济性

球轴承比滚子轴承价廉，调心轴承价格最高。一般轴承的精度等级越高，价格也越高。同型号的 P0、P6、P5、P4、P2 级轴承，价格比约为 1∶1.8∶2.7∶7∶10。在相同精度的轴承中，深沟球轴承价格最低，一般尽量选用此类轴承。派生型轴承的价格一般又比基本型的高。在满足使用功能的前提下，应尽量选用低精度且价格便宜的轴承。

第三节　滚动轴承的受力分析、失效形式及计算准则

一、滚动轴承的受力分析

1. 滚动轴承内部的载荷分布

滚动轴承承受中心轴向载荷作用时，可认为各滚动体所受载荷是均等的。当受径向载荷作用时，情况就不同了。以深沟球轴承为例，在轴承工作的某一瞬间，滚动体处于图 12－9 所示的位置时，径向载荷 $\boldsymbol{F}_{\mathrm{R}}$ 通过轴颈作用于内圈，位于上半圈的滚动体不受载荷(非承载区)，而位于下半圈的滚动体受到力的作用并将 $\boldsymbol{F}_{\mathrm{R}}$ 传到外圈上(承载区)。假定内、外圈的几何形状不变，在载荷 $\boldsymbol{F}_{\mathrm{R}}$ 作用下，滚动体与内、外圈接触处共同产生局部变形，导致内圈下沉一个距离 δ_0，不在载荷 $\boldsymbol{F}_{\mathrm{R}}$ 作用线上的其他各接触点，虽然也下沉 δ_0，但其有效变形量为 $\delta_i=\delta_0\cos(i\gamma)$，其中 $i\gamma$ 为第 i 个滚动体所对应的夹角，且有效变形量在 $\boldsymbol{F}_{\mathrm{R}}$ 作用线两侧对称。显然处于 $\boldsymbol{F}_{\mathrm{R}}$ 作用线最下端的滚动体承载最大，而远离作用线的各滚动体，其承载逐渐减小。图中曲线 L 即表示接触载荷分布情况。

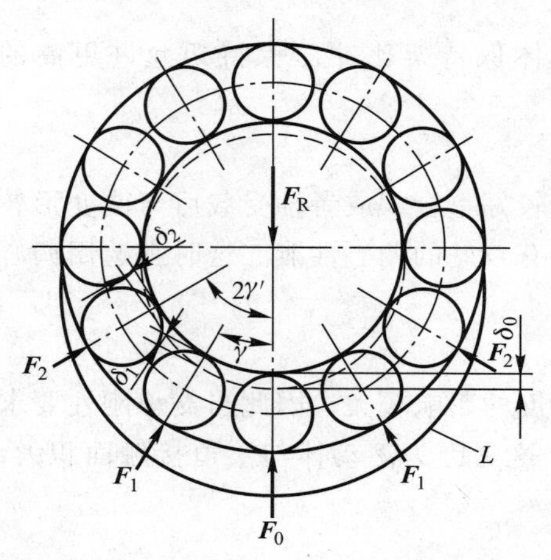

图 12－9　深沟球轴承中的载荷分布

2. 轴承工作时套圈与滚动体的应力分析

根据上面的分析，轴承工作时，当滚动体进入承载区后，所受载荷及接触应力即由零逐渐增到最大值，然后再逐渐减小到零，其变化如图 12－10a 中虚线所示。就滚动体上某一点而言，由于滚动体的不断滚动，它的载荷和应力是按周期性不稳定脉动循环变化的，

如图 12－10a 中实线所示。

对于不转的套圈(图中为外圈)，其承载区内各接触点所受载荷及接触应力，因其所在位置不同而不同。对于套圈滚道上每一个具体点，每当滚过一个滚动体时，便承受一次载荷，其大小是不变的。这说明不转套圈承载区内某一点承受稳定脉动循环载荷的作用，如图 12－10b 所示。

转动套圈的受力情况与滚动体相似，就其滚道上某一点而言，处于非承载区时，载荷及应力为零。进入承载区后，每与滚动体接触一次，就受载一次，且在不同接触位置载荷值不同。所以其载荷及应力变化也可用图 12－10a 中实线描述。总之，滚动轴承是在变应力状态下工作的。

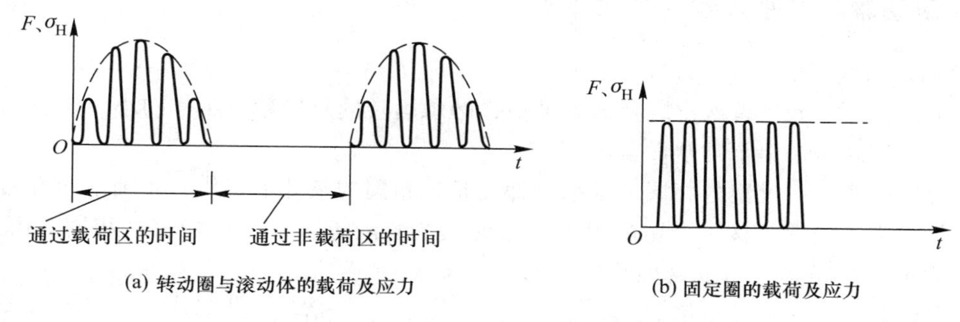

(a) 转动圈与滚动体的载荷及应力　　(b) 固定圈的载荷及应力

图 12－10　轴承元件上的载荷及应力变化

二、失效形式和计算准则

1. 失效形式

滚动轴承的失效形式主要有以下几种：

(1) 疲劳点蚀。如前所述，滚动轴承工作时，滚动体与内、外圈接触处承受周期性变化的接触应力。当接触应力超过材料的疲劳极限时，经过一定时间的运转后，工作表面上就会发生疲劳点蚀，导致轴承旋转精度降低和温升过高，引起振动和噪声，使机器丧失正常的工作能力。这是滚动轴承的主要失效形式。

(2) 塑性变形。当轴承工作转速很低或只作低速摆动时，由于过大的静载荷或冲击载荷的作用，致使接触应力超过材料的屈服极限，造成工作表面产生塑性变形，即形成压痕，导致轴承摩擦阻力矩增大、运转精度下降及出现振动和噪声，直至失效。

(3) 磨损。由于密封不良或润滑油不洁净，以及在多尘的环境下，轴承中进入了金属屑和磨粒性灰尘，使轴承发生严重的磨粒性磨损，从而导致轴承间隙增大及旋转精度降低而报废。

除此以外，轴承还可能发生胶合、元件锈蚀和断裂等其他失效形式。

2. 计算准则

针对上述失效形式，迄今为止主要是通过强度计算以保证轴承可靠地工作，计算准则可按以下几种情况确定：

(1) 对于一般转速($n>10$ r/min)的轴承，主要失效形式是疲劳点蚀，故以疲劳强度计算为依据，即为轴承的寿命计算。

(2) 对于很低转速($n\leqslant 10$ r/min)或只作低速摆动的轴承，主要失效形式是表面塑性变形，故以静强度计算为依据，即为轴承的静强度计算。

(3) 对于转速较高的轴承，除了疲劳点蚀外，工作表面发热烧伤也是其重要失效形式。故除了进行寿命计算外，还需校验极限转速。本书仅讨论轴承的寿命计算和静强度计算。

第四节 滚动轴承的寿命计算

一、滚动轴承的基本额定寿命

1. 滚动轴承的寿命

滚动轴承中任一元件首次出现疲劳点蚀前，轴承运转的总转数或工作的小时数，称为轴承的寿命。这一概念是对单个轴承而言的。

大量实验表明，一批型号相同的轴承，即使是在相同的条件下工作，各轴承的寿命也很不相同。这是因为各轴承的材质、切削加工、热处理及装配等因素不可能完全相同。由图 12－11 所示滚动轴承的寿命－可靠度曲线可以看出，轴承的最长寿命是最短寿命的几十倍。

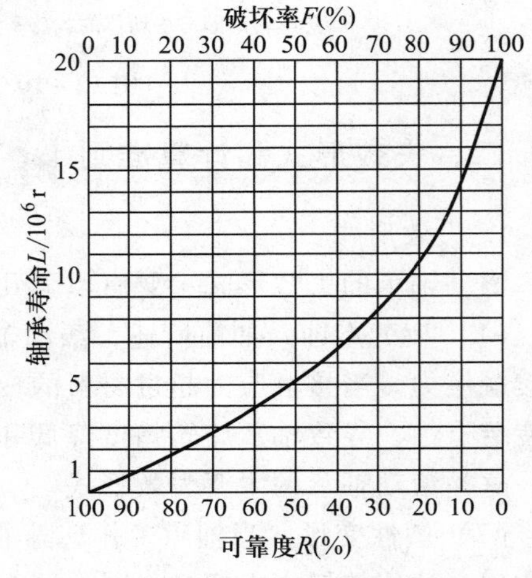

图 12－11 滚动轴承的寿命－可靠度曲线

由于轴承的寿命是很离散的，因而在计算轴承寿命时，应与一定的可靠度相联系。对于一般设备中的滚动轴承，通常规定可靠度为 90%。

2. 滚动轴承的基本额定寿命

一批同型号的轴承在相同的条件下运转，其中 10% 的轴承发生点蚀破坏，而 90% 的轴承不发生点蚀破坏前的总转数或工作小时数称为轴承的基本额定寿命。以 L_{10}（单位为 10^6 转）或 L_{10h}（单位为 h）表示。

由于基本额定寿命与可靠度有关，所以实际上按基本额定寿命计算和选择出的轴承，可能有 10% 的轴承提前发生疲劳点蚀，而 90% 的轴承在超过基本额定寿命期后还能继续工作；对于一个具体的轴承而言，它能顺利地在基本额定寿命期内正常工作的概率为 90%，而在基本额定寿命到达之前即发生点蚀破坏的概率为 10%。

二、滚动轴承的基本额定动载荷

滚动轴承的基本额定寿命与所受载荷大小有关，载荷越大，轴承的基本额定寿命就越短。轴承的基本额定寿命为 10^6 转时所能承受的载荷，称为基本额定动载荷，用 C 表示。它是衡量轴承承载能力的主要指标，C 值大时，表明该轴承抗疲劳点蚀能力强。这个基本额定动载荷，对于向心轴承，指的是纯径向载荷，并称为径向基本额定动载荷，用 C_r 表示；对于推力轴承，指的是纯轴向载荷，并称为轴向基本额定动载荷，用 C_a 表示；对于角接触球轴承和圆锥滚子轴承，指的是使轴承套圈间仅产生纯径向位移的载荷之径向分量。在基本额定动载荷 C 的作用下，轴承工作寿命为 10^6 r时的可靠度为90%。

基本额定动载荷 C 与轴承的类型、规格和材料等有关，其值可查有关标准。这些基本额定动载荷值，是在一定条件下经反复试验并结合理论分析得到的。

三、滚动轴承的寿命计算公式

滚动轴承的点蚀失效属于疲劳强度问题，因此轴承的额定寿命与轴承所受载荷的大小有关。图12－12所示是对深沟球轴承6208进行试验得出的额定寿命 L_{10} 与载荷 P 的关系曲线，即载荷—寿命曲线。试验表明，其他轴承也存在着类似的关系曲线。通过研究可知，轴承的载荷—寿命曲线满足以下关系：$P^{\varepsilon}L_{10}=$ 常数。式中 P 为当量动载荷，单位为N；L_{10} 为基本额定寿命，单位为 10^6 r；ε 为寿命指数，球轴承 $\varepsilon=3$，滚子轴承 $\varepsilon=10/3$。

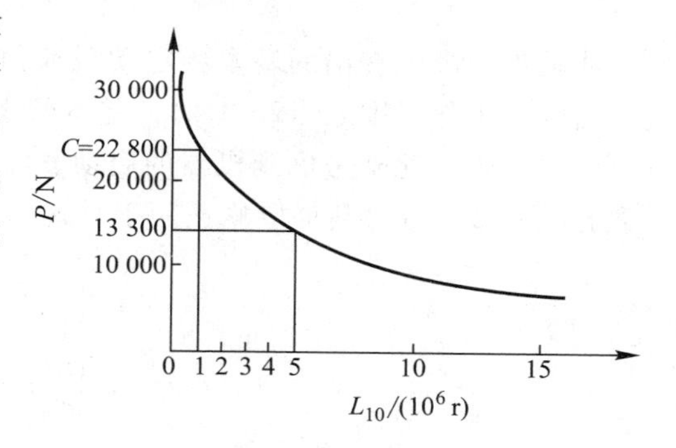

图12－12　滚动轴承的载荷－寿命曲线

当 $L_{10}=1$（即 10^6 r）时，轴承的当量动载荷规定为轴承的基本额定动载荷，用 C 表示，于是：$P^{\varepsilon}L_{10}=C^{\varepsilon}\times 1$，由此可得

$$L_{10}=\left(\frac{C}{P}\right)^{\varepsilon} \tag{12-1}$$

实际计算时，用小时数表示寿命比较方便，设轴承转速为 n（r/min），则有 $10^6L_{10}=60nL_{10h}$，故得

$$L_{10h}=\frac{10^6}{60n}\left(\frac{C}{P}\right)^{\varepsilon}=\frac{16\ 667}{n}\left(\frac{C}{P}\right)^{\varepsilon} \tag{12-2}$$

若已知当量动载荷 P、轴承的转速 n 和预期寿命 L'_{10h}，则通过上式可以求出工作基本额定动载荷 C'，如式（12－3）所示。从而根据 C' 值查手册，按照 $C\geqslant C'$ 选出所需的轴承型号，则该轴承就能满足所要求的预期寿命。常见机械中轴承的预期寿命值见表12－6。

$$C'=P\sqrt[\varepsilon]{\frac{60nL'_{10h}}{10^6}} \tag{12-3}$$

表12－6　滚动轴承的预期寿命 L'_{10h}

机器种类		预期寿命/小时
不经常使用的仪器及设备		300～3 000
间断使用的机械	中断使用不致引起严重后果，如手动机械、农业机械、装配吊车和自动送料装置等	3 000～8 000
	中断使用将引起严重后果，如发电站辅助设备、升降机、运输机和吊车等	8 000～12 000

续表

机器种类		预期寿命/小时
每天工作 8 小时的机械	不满负荷使用，如电动机和齿轮传动等	10 000～25 000
	满负荷使用，如通风设备、机床和离心机等	20 000～30 000
连续工作 24 小时的机械	一般可靠性的空气压缩机和电动机水泵等	40 000～50 000
	高可靠性的电站设备和给排水装置等	≈100 000

从轴承标准中查出的基本额定动载荷值，是工作温度 $t \leqslant 120$ ℃的一般轴承的额定动载荷值。当轴承工作温度 $t > 120$ ℃时，基本额定动载荷 C 值将降低，需引入温度系数 f_t（表 12－7）对其加以修正。此外考虑到机器的启动、停车、冲击和振动对当量动载荷 P 的影响，引入载荷系数 f_p（表 12－8）对其加以修正。于是式（12－1）、式（12－2）和式（12－3）应改写为如下形式

$$L_{10} = \left(\frac{f_t C}{f_p P}\right)^{\varepsilon} \tag{12-4}$$

$$L_{10h} = \frac{10^6}{60n}\left(\frac{f_t C}{f_p P}\right)^{\varepsilon} = \frac{16\ 667}{n}\left(\frac{f_t C}{f_p P}\right)^{\varepsilon} \tag{12-5}$$

$$C' = \frac{f_p P}{f_t}\sqrt[\varepsilon]{\frac{60nL'_{10h}}{10^6}} = \frac{f_p P}{f_t}\sqrt[\varepsilon]{\frac{nL'_{10h}}{16\ 667}} \tag{12-6}$$

表 12－7　温度系数 f_t

轴承工作温度/℃	≤120	125	150	175	200	225	250	300
f_t	1	0.95	0.9	0.85	0.80	0.75	0.70	0.60

表 12－8　载荷系数 f_p

载荷性质	f_p	举例
无冲击或轻微冲击	1.0～1.2	电动机、汽轮机、通风机和水泵等
中等冲击和振动	1.2～1.8	车辆、动力机械、起重机械、冶金机械、卷扬机、机床和传动装置等
强大冲击和振动	1.8～3.0	破碎机、轧钢机、石油钻机和振动筛等

四、滚动轴承的当量动载荷计算

滚动轴承的实际运转条件一般与确定基本额定动载荷的假定条件不同，当轴承既承受径向载荷又承受轴向载荷时，为了计算轴承寿命时能与基本额定动载荷在相同的条件下比较，就必须将轴承承受的实际工作载荷转化为一假想载荷——即当量动载荷。在当量动载荷的作用下，滚动轴承具有与实际载荷作用下相同的寿命。当量动载荷也分径向当量动载荷（对向心轴承）和轴向当量动载荷（对推力轴承），分别用 P_r 和 P_a 表示。当量动载荷的计算可归纳如下：

（1）对只能承受径向载荷 F_R 的径向接触轴承：

$$P = P_r = F_R \tag{12-7}$$

（2）对只能承受轴向载荷 F_A 的轴向接触轴承：

$$P = P_a = F_A \tag{12-8}$$

（3）对既能承受径向载荷 F_R 又能承受轴向载荷 F_A 的角接触向心轴承：

$$P = P_r = XF_R + YF_A \tag{12-9}$$

（4）对既能承受径向载荷 F_R 又能承受轴向载荷 F_A 的角接触推力轴承：

$$P = P_a = XF_R + YF_A \tag{12-10}$$

式(12-9)中径向载荷系数 X 和轴向载荷系数 Y 可查表12-9。式(12-10)中系数 X 和系数 Y 查有关标准。

表12-9　径向载荷系数 X 和轴向载荷系数 Y

轴承类型		$\frac{i^{①}F_A}{C_{0r}}$	e	单列轴承				双列轴承(成对安装单列轴承)			
				$F_A/F_R \leq e$		$F_A/F_R > e$		$F_A/F_R \leq e$		$F_A/F_R > e$	
				X	Y	X	Y	X	Y	X	Y
深沟球轴承(60000型)		0.025	0.22	1	0	0.56	2.0	1	0	0.56	2.0
		0.04	0.24	1	0	0.56	1.8	1	0	0.56	1.8
		0.07	0.27	1	0	0.56	1.6	1	0	0.56	1.6
		0.13	0.31	1	0	0.56	1.4	1	0	0.56	1.4
		0.25	0.37	1	0	0.56	1.2	1	0	0.56	1.2
		0.50	0.44	1	0	0.56	1.0	1	0	0.56	1.0
角接触球轴承	7000C型($\alpha=15°$)	0.015	0.38	1	0	0.44	1.47	1	1.65	0.72	2.39
		0.029	0.40	1	0	0.44	1.40	1	1.57	0.72	2.28
		0.058	0.43	1	0	0.44	1.30	1	1.46	0.72	2.11
		0.087	0.46	1	0	0.44	1.23	1	1.38	0.72	2.00
		0.120	0.47	1	0	0.44	1.19	1	1.34	0.72	1.93
		0.170	0.50	1	0	0.44	1.12	1	1.26	0.72	1.82
		0.290	0.55	1	0	0.44	1.02	1	1.14	0.72	1.66
		0.440	0.56	1	0	0.44	1.00	1	1.12	0.72	1.63
		0.580	0.56	1	0	0.44	1.00	1	1.12	0.72	1.63
	7000AC型($\alpha=25°$)	—	0.68	1	0	0.41	0.87	1	0.92	0.67	1.41
	7000B型($\alpha=40°$)	—	1.14	1	0	0.35	0.57	1	0.55	0.57	0.93
圆锥滚子轴承(30000型)		—	$e^{②}$	1	0	0.4	$Y^{②}$	1	$Y_1^{②}$	0.67	$Y_2^{②}$

注：① i 为滚动体列数，C_{0r} 为径向额定静载荷，见机械设计手册或产品目录。

② Y、Y_1、Y_2、e 的数值可根据轴承型号由机械设计手册或产品目录查出。

表 12－9 中 e 为判别系数，用以估量轴向载荷的影响。当 $F_A/F_R>e$ 时，表示轴向载荷影响较大，计算当量动载荷时必须考虑 F_A 的作用；当 $F_A/F_R\leqslant e$ 时，表示轴向载荷影响很小，计算当量动载荷时可忽略轴向载荷 F_A 的影响。可见 e 值是计算当量动载荷时判别是否计入轴向载荷的界限值。

在设计时，如果轴承的型号已知，那么就可根据这个型号查得 C_{0r}、e、X 和 Y 值，进行计算。如果想通过计算来确定轴承型号，而 C_{0r}、e 均未知，则须采用试算法。

五、角接触向心轴承轴向载荷 $\boldsymbol{F}_A$ 的计算

由于角接触向心轴承在承受径向载荷 $\boldsymbol{F}_R$ 时，将产生派生轴向力 $\boldsymbol{F}_S$。因此在计算这类轴承的当量动载荷 P 时，前式中的轴向载荷 $\boldsymbol{F}_A$ 并不等于作用在轴上的轴向外力，而应根据整个轴上外加轴向载荷 $\boldsymbol{F}_a$ 和各轴承的派生轴向力 $\boldsymbol{F}_S$ 之间的平衡条件分析确定。下面先研究派生轴向力 $\boldsymbol{F}_S$，再研究轴向载荷 $\boldsymbol{F}_A$ 的计算方法。

1. 派生轴向力产生的原因、大小和方向

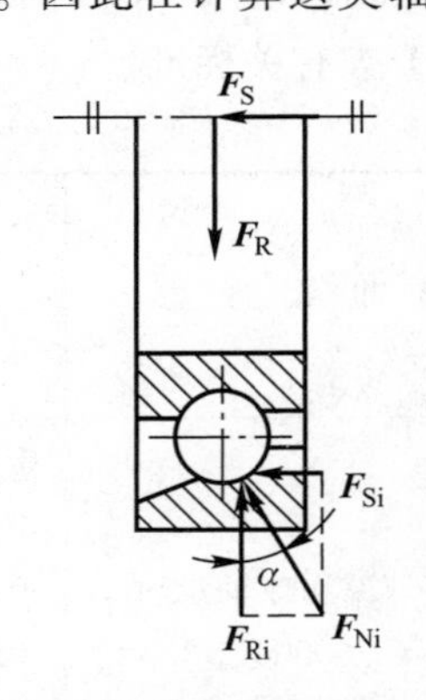

图 12－13　径向载荷产生的派生轴向力

角接触向心轴承的结构特点是存在接触角。当它们承受径向载荷 $\boldsymbol{F}_R$ 时，作用在承载区中各滚动体的法向反力 $\boldsymbol{F}_{Ni}$ 并不指向轴承半径方向，而应分解为径向反力 $\boldsymbol{F}_{Ri}$ 和轴向反力 $\boldsymbol{F}_{Si}$（图 12－13）。其中所有径向反力 $\boldsymbol{F}_{Ri}$ 的合力与径向载荷 $\boldsymbol{F}_R$ 相平衡；所有轴向反力 $\boldsymbol{F}_{Si}$ 的合力组成轴承的内部派生轴向力 $\boldsymbol{F}_S$。由此可知，轴承的派生轴向力是由轴承内部的法向反力 $\boldsymbol{F}_{Ni}$ 引起的，其方向总是由轴承外圈的宽边一端指向窄边一端，迫使轴承内圈从外圈脱开。

当轴承的承载区为半周（即在 $\boldsymbol{F}_R$ 作用下有半圈滚动体受载）时，经过分析可得角接触球轴承和圆锥滚子轴承派生轴向力 $\boldsymbol{F}_S$ 的计算公式见表 12－10。

表 12－10　角接触球轴承和圆锥滚子轴承的派生轴向力

轴 承 类 型	角接触球轴承			圆锥滚子轴承
	7000C	7000AC	7000B	
派生轴向力 F_S	eF_R ①	$0.68F_R$	$1.14F_R$	$F_R/(2Y)$ ②

注：① e 值查表 12－9；

② Y 值是对应表 12－9 中 $F_A/F_R>e$ 时的值。

2. 滚动轴承的安装方式及特点

由于角接触球轴承和圆锥滚子轴承承受径向载荷后会产生派生轴向力，因此为保证正常工作，这两类轴承均须成对使用。以角接触球轴承为例，图 12－14a、b 所示便是其两种安装方式。图 12－14a 中，两端轴承外圈宽边相对，称为反装或背对背安装。这种安装方式使两支反力作用点 O_1、O_2 相互远离，支承跨距加大。图 12－14b 中，两端轴承外圈窄边相对，称为正装或面对面安装。它使两支反力作用点 O_1、O_2 相互靠近，支承跨距缩短。支反力作用点 O_1、

O_2 距其轴承端面的距离 a_1、a_2 可从轴承标准中查得。但对于跨距较大的安装，为简化计算，可取轴承宽度的中点为支反力作用点，由此引起的计算误差是很小的。

3. 角接触向心轴承轴向载荷 F_A 的计算

现以图 12－14a 所示的两个角接触球轴承背对背安装为例进行分析，来计算两轴承承受的轴向载荷 F_{A1} 和 F_{A2}。图中轴系所受的径向外载荷 F_r 和轴向外载荷 F_a 均为已知。分析的一般步骤如下。

（1）作轴系受力简图，给轴承编号。为了使图中分析所得计算公式能适用于普遍情况，可将两轴承进行标记，规定派生轴向力中与外加轴向载荷 F_a 方向一致的轴承标为 2，另一轴承标为 1，如图 12－14c 所示；

（2）由径向外载荷 F_r 计算 F_{R1}、F_{R2}，再由 F_{R1}、F_{R2} 计算两轴承的派生轴向力 F_{S1}、F_{S2}；

（3）计算轴承的轴向载荷 F_{A1}、F_{A2}。

若 $F_a+F_{S2}>F_{S1}$，这时滚动体、轴承内圈与轴的组合体被推向左端，轴承 1 被“压紧”，称为紧端；轴承 2 被“放松”，称为松端。由于轴承 1 被压紧，根据力的平衡条件，轴承 1 上必有平衡力 F'_{S1}(由轴承座或端盖施加)，即 $F_{S1}+F'_{S1}=F_a+F_{S2}$。因此轴承 1 所受的轴向力 F_{A1} 为 F_{S1} 和 F'_{S1} 之和，轴承 2 所受的轴向力 F_{A2} 为自身的派生轴向力 F_{S2}，故得

$$\begin{cases} F_{A1}=F_{S1}+F'_{S1}=F_a+F_{S2} \\ F_{A2}=F_{S2} \end{cases} \tag{12-11}$$

若 $F_a+F_{S2}<F_{S1}$，这时滚动体、轴承内圈与轴的组合体被推向右端，轴承 2 被压紧成为紧端，轴承 1 被放松成为松端。同理，轴承 2 上必有平衡力 F'_{S2}(其方向指向左端,图中未标出)，即 $F_{S2}+F'_{S2}+F_a=F_{S1}$，因此轴承 1 所受的轴向力 F_{A1} 为自身的派生轴向力 F_{S1}，轴承 2 所受的轴向力 F_{A2} 为 F_{S2} 和 F'_{S2} 之和，故得

$$\begin{cases} F_{A1}=F_{S1} \\ F_{A2}=F_{S2}+F'_{S2}=F_{S1}-F_a \end{cases} \tag{12-12}$$

以上分析的结论与轴承的安装方式无关。例如，若轴承面对面安装(图 12－14b)，当受有

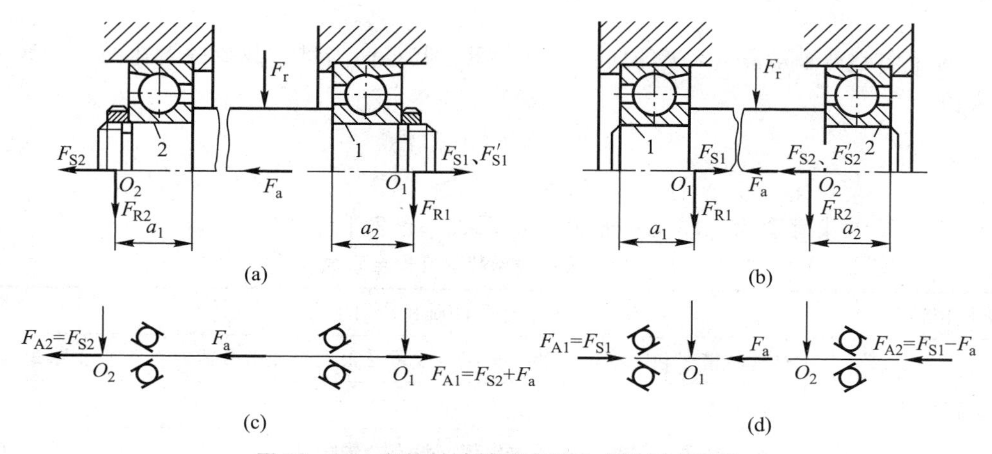

图 12－14　角接触球轴承安装方式及受力分析

图示方向轴向力 F_a 时，只要将图中左轴承标为“1”，右轴承标为“2”（因 F_{S2} 与 F_a 同向），则其受力分析计算公式与上述相同。

根据以上分析可知，计算角接触球轴承和圆锥滚子轴承所受轴向力的方法可以归纳如下：

（1）根据轴承的结构形式和所受的载荷，计算派生轴向力并确定其方向，判断全部轴向载荷合力的指向，找出被“压紧”的轴承和“放松”的轴承。

（2）被“压紧”轴承的轴向力等于除本身派生轴向力以外的其他所有轴向载荷的代数和。

（3）被“放松”轴承的轴向力等于其本身的派生轴向力。

综上所述，计算这两类轴承轴向载荷的关键是判断哪个轴承为紧端，哪个轴承为松端。

第五节　滚动轴承的静强度计算

对于工作在静止状态，缓慢摆动或以极低速运转的轴承，为了限制滚动体与滚道接触处在静载荷或冲击载荷作用下产生过大的塑性变形，应进行轴承的静强度计算，其静强度计算的校核公式为

$$C_0 \geqslant S_0 P_0 \tag{12-13}$$

式中，C_0 为按滚动轴承标准查得的额定静载荷，单位为 N，它是受载最大的滚动体与滚道接触中心处引起的接触应力达到一定值(如对于向心轴承为 4 200 MPa)时的载荷。对于向心轴承为径向额定静载荷 C_{0r}，对于推力轴承为轴向额定静载荷 C_{0a}；S_0 为轴承静强度安全系数，查表 12－11；P_0 为当量静载荷，单位为 N，若轴承的实际受载条件与确定额定静载荷的条件不同，应当将实际载荷换算成当量静载荷 P_0，在假定的当量静载荷 P_0 的作用下，受载最大的滚动体与套圈滚道接触中心处，将产生与实际载荷条件下相同的接触应力。当量静载荷可按以下情况来进行计算。

（1）对于 $\alpha=0°$ 且仅受径向载荷的向心滚子轴承，其径向当量静载荷计算为

$$P_{0r} = F_R \tag{12-14}$$

（2）对于 $\alpha=90°$ 且只受中心轴向载荷的推力轴承，其轴向当量静载荷计算为

$$P_{0a} = F_A \tag{12-15}$$

（3）对于向心球轴承和 $\alpha \neq 0°$ 的向心滚子轴承，其径向当量静载荷按下述两式计算，并取其中较大值：

$$\begin{cases} P_{0r} = X_0 F_R + Y_0 F_A \\ P_{0r} = F_R \end{cases} \tag{12-16}$$

式中，X_0 为静径向载荷系数，Y_0 为静轴向载荷系数，查表 12－12。

表 12－11　滚动轴承静强度安全系数 S_0

轴承使用情况	使用要求、载荷性质和使用场合	S_0
旋转轴承	对旋转精度和平稳运转要求较高，或承受很大的冲击载荷	1.2～2.5
	正常使用	0.8～1.2
	对旋转精度和平稳运转要求较低，没有冲击振动	0.5～0.8

续表

轴承使用情况	使用要求、载荷性质和使用场合	S_0
不旋转或摆动轴承	水坝闸门装置	≥1
	吊桥	≥1.5
	附加动载荷较小的大型起重机吊钩	≥1
	附加动载荷很大的小型装卸起重机吊钩	≥1.6
各种使用场合下的推力调心滚子轴承		≥2

表 12－12　当量静载荷的 X_0、Y_0 系数

轴承类型	代号	单列轴承		双列轴承(或成对使用)	
		X_0	Y_0	X_0	Y_0
深沟球轴承	60000	0.6	0.5	0.6	0.5
角接触球轴承	7000C	0.5	0.46	1	0.92
	7000AC	0.5	0.38	1	0.76
	7000B	0.5	0.26	1	0.52
圆锥滚子轴承	30000	0.5	$Y_0$①	1	$Y_0$①

注：① 根据轴承型号由手册查取。

设计时，对转速很低的轴承，按静强度选择轴承。对转速不太低，外力变化大，或受较大冲击载荷的轴承，先按动载荷选择轴承，再校核静强度。

例 12－1　有一圆柱齿轮减速器齿轮轴(图 12－15)，两个支点都使用 6310 深沟球轴承，轴的转速为 $n=540$ r/min。已知轴承 1 承受径向载荷 $F_{R1}=9\ 500$ N，轴承 2 承受径向载荷 $F_{R2}=8\ 000$ N，轴上的轴向外载荷 $F_a=4\ 600$ N，试计算轴承的工作寿命。假设轴承的冲击载荷系数 f_p 为 1。

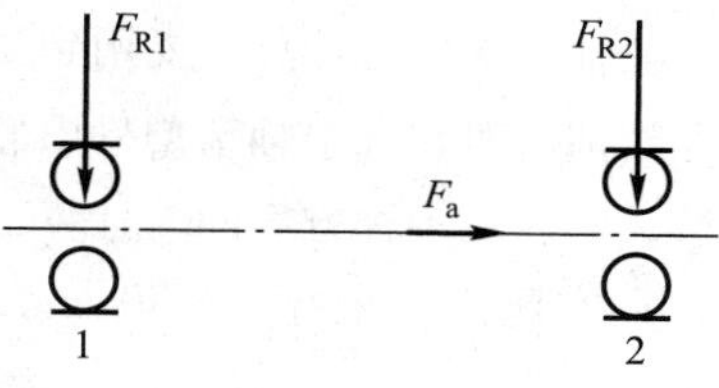

图 12－15　例 12－1 图

解　1. 根据轴承型号，查表确定 C_r、C_{0r}

查手册可知 6310 轴承的径向基本额定动载荷 $C_r=61\ 800$ N，径向基本额定静载荷 $C_{0r}=38\ 000$ N。

2. 计算轴承 1 的工作寿命

(1) 由于结构设计上的保证，使轴向外力 F_a 作用在轴承 2 上，轴承 1 不受轴向力，故 $P_{r1}=F_{R1}=9\ 500$ N。

(2) 轴承 1 的工作寿命为

$$L_{10h1}=\frac{16\ 667}{n}\left(\frac{C_r}{P_{r1}}\right)^{\varepsilon}=\frac{16\ 667}{540}\times\left(\frac{61\ 800}{9\ 500}\right)^3=8\ 498\ \text{h}$$

3. 计算轴承 2 的工作寿命

（1）计算 F_{A2}/C_{0r} 的比值，确定判别系数 e。

$$\frac{F_{A2}}{C_{0r}}=\frac{4\ 600}{38\ 000}=0.12$$

根据计算结果，由表 12－9 用插入法可得 $e=0.307$。

（2）计算当量动载荷 P_{r2}。

$$\frac{F_{A2}}{F_{R2}}=\frac{4\ 600}{8\ 000}=0.575>e=0.307$$

由表 12－9 查得 $X=0.56$，用插入法根据 e 查得 $Y=1.43$，故得

$$P_{r2}=XF_{R2}+YF_{A2}=(0.56\times 8\ 000+1.43\times 4\ 600)\ \text{N}=11\ 058\ \text{N}$$

（3）轴承 2 的工作寿命为

$$L_{10h2}=\frac{16\ 667}{n}\left(\frac{C_r}{f_pP_{r2}}\right)^{\varepsilon}=\frac{16\ 667}{540}\times\left(\frac{61\ 800}{1\times 11\ 058}\right)^3=5\ 388.6\ \text{h}$$

例 12－2 图 12－16 所示为锥齿轮减速器输入轴的结构简图。已知齿轮的径向力 $F_r=1\ 318$ N，轴向载荷 $F_a=297$ N，方向如图 12－16 所示。齿轮平均分度圆直径 $d_m=70.6$ mm，转速 $n=970$ r/min，从齿轮宽度中点到右轴承中点距离为 40 mm，两轴承中点间跨距为 80 mm，试选择轴承型号。要求轴承的预期寿命为 $L'_{10h}=10\ 000$ h，假定载荷有中等冲击，轴颈直径为 30 mm。

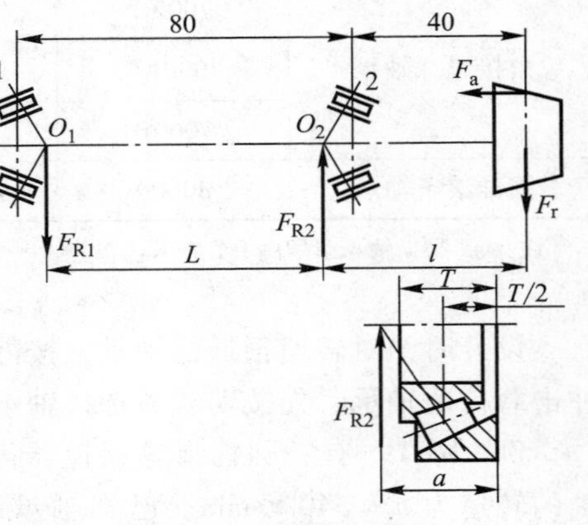

图 12－16 例 12－2 图

解 1. 选择轴承类型，初选型号

锥齿轮轴要求能调整轴向位置，同时因受有轴向力，故习惯上选用角接触向心轴承。

由于轴承寿命计算过程中要用到 X、Y、C_{0r}、e 等参数，在轴承支反力计算中要用到受力支点位置参数 a，这些参数都需要在选定轴承型号以后才能确定。因此，在轴承计算时，在多种轴承类型及型号中进行预选，然后对多种方案同时计算，最后在基本额定动载荷允许的前提下，通过比较选定一种型号。

在本题中，根据 $d=30$ mm，初选 4 种型号，并由手册中查出有关参数如表 12－13 所列。

表 12－13 初选轴承型号及其基本参数

轴承型号	径向系数		轴向系数		判断系数 e	径向基本额定动载荷 C_r/N	径向额定静载荷 C_{0r}/N	轴承宽度 T(或 B) /mm	支点参数 a/mm
	X	X_0	Y	Y_0					
7206CJ	0.44	0.5		0.46		23 000	15 000	16	14.2
7306CJ	0.44	0.5		0.46		26 200	19 800	19	15
30206	0.4	0.5	1.6	0.9	0.37	43 200	50 500	17.25	13.8
30306	0.4	0.5	1.9	1	0.31	59 000	63 000	20.75	15

下面以 30206 轴承为例进行计算。

2. 轴承径向载荷的计算

$$L=80-2(a-T/2)=(80-2\times13.8+2\times17.25/2)\ \text{mm}=69.65\ \text{mm}$$

$$l=40+(a-T/2)=(40+13.8-17.25/2)\ \text{mm}=45.18\ \text{mm}$$

轴承 2 $$F_{R2}=\frac{F_r(L+l)-F_a\dfrac{d_m}{2}}{L}=\frac{1\ 318\times(69.65+45.18)-297\times\dfrac{70.6}{2}}{69.65}\ \text{N}=2\ 022.4\ \text{N}$$

轴承 1 $$F_{R1}=F_{R2}-F_r=(2\ 022.4-1\ 318)\ \text{N}=704.4\ \text{N}$$

3. 按轴承寿命计算选择轴承型号

(1) 派生轴向力计算。由表 12－10 可计算派生轴向力如下

$$F_{S1}=\frac{F_{R1}}{2Y}=\frac{704.4}{2\times1.6}\ \text{N}=220\ \text{N},\quad F_{S2}=\frac{F_{R2}}{2Y}=\frac{2\ 022.4}{2\times1.6}\ \text{N}=632\ \text{N}$$

(2) 确定轴承的轴向载荷 F_A

由于 $$F_a+F_{S2}=(297+632)\ \text{N}=929\ \text{N}>F_{S1}=220\ \text{N}$$

故轴承 1 被“压紧”，轴承 2 被“放松”，如图 12－17 所示。

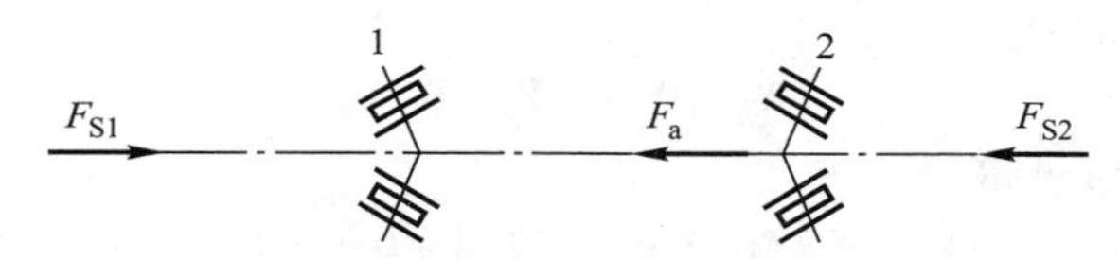

图 12－17 轴承轴向力的计算

因此 $$F_{A1}=F_{S2}+F_a=(632+297)\ \text{N}=929\ \text{N}$$

$$F_{A2}=F_{S2}=632\ \text{N}$$

(3) 根据当量动载荷公式计算 P 值

由于 $\dfrac{F_{A2}}{F_{R2}}=\dfrac{632}{2\ 022.4}=0.31<e=0.37$，查表 12－9 得 $X_2=1$，$Y_2=0$

故得 $$P_2=X_2F_{R2}+Y_2F_{A2}=(1\times2\ 022.4+0\times632)\ \text{N}=2\ 022.4\ \text{N}$$

由于 $\dfrac{F_{A1}}{F_{R1}}=\dfrac{929}{704.4}=1.32>e=0.37$，查表 12－9 得 $X_1=0.4$，$Y_1=1.6$

故得 $$P_1=X_1F_{R1}+Y_1F_{A1}=(0.4\times704.4+1.6\times929)\ \text{N}=1\ 768\ \text{N}$$

(4) 计算工作所需要的径向基本额定动载荷

由式(12－6)可得 $$C'=\frac{f_pP}{f_t}\sqrt[\varepsilon]{\frac{nL'_{10h}}{16\ 667}}$$

由于是常温，$f_t=1$；中等冲击，由表 12－8 取 $f_p=1.3$；滚子轴承 $\varepsilon=10/3$；两支承用同一型号轴承，故按轴承 2 计算

$$C'=\frac{1.3\times2\ 022.4}{1}\left(\frac{970\times10\ 000}{16\ 667}\right)^{\frac{3}{10}}\ \text{N}=17\ 752\ \text{N}<C_r=43\ 200\ \text{N}$$

故 30206 轴承能保证所预期的寿命。

（5）方案比较。按其他3种方案选定的型号分别进行计算，其结果列成表12－14。

表12－14　设计方案比较表

轴承型号	F_{R2}/N	F_{R1}/N	F_{S2}/N	F_{S1}/N	F_{A2}/N	F_{A1}/N	P_2/N	P_1/N	工作所需基本额定动载荷 C'/N	轴承所具有的基本额定动载荷 C_r/N
7206CJ	2 003	685	1 002	308	1 002	1 229	2 003	1 990	21 740	23 000
7306CJ	2 035	717	956	301	956	1 253	2 035	2 020	22 087	26 200
30206	2 022	704	632	220	632	929	2 022	1 768	17 752	43 200
30306	1 999	681	526	179	526	823	1 999	1 836	17 548	59 000

从计算结果可见，在4种轴承型号中，7206CJ等都能保证所要求的预期寿命。但在4种方案中，以30206轴承更为适宜。

4. 静强度校核

$$C_{0r} \geqslant S_0 P_{0r}$$

（1）计算当量静载荷 P_{0r}。

由表12－13可得　　$X_0=0.5,\ Y_0=0.9$

轴承2由式(12－16)可得

$$P_{0r2}=X_0F_{R2}+Y_0F_{A2}=(0.5\times 2\ 022.4+0.9\times 632)\ \text{N}=1\ 580\ \text{N}$$

$$P_{0r2}=F_{R2}=2\ 022.4\ \text{N}$$

取大值　　$P_{0r2}=2\ 022.4\ \text{N}$

轴承1由式(12－16)可得

$$P_{0r1}=X_0F_{R1}+Y_0F_{A1}=(0.5\times 704.4+0.9\times 929)\ \text{N}=1\ 188\ \text{N}$$

$$P_{0r1}=F_{R1}=704.4\ \text{N}$$

取大值　　$P_{0r1}=1\ 188\ \text{N}$

由于 $P_{0r2}>P_{0r1}$，故轴承2危险，因此取 $P_{0r}=P_{0r2}=2\ 022.4\ \text{N}$

（2）查表12－11取安全系数 $S_0=1.2$。

（3）计算工作额定静载荷，并进行静强度校核。

$$C_{0r}=50\ 500\ \text{N}>S_0P_{0r}=(1.2\times 2\ 022.4)\ \text{N}=2\ 426.8\ \text{N}$$

故静强度校核合格。

例12－3　某斜齿轮轴，“面对面”安装一对7208AC轴承(图12－18)，已知斜齿轮的圆周力 $F_t=4\ 000\ \text{N}$，径向力 $F_r=1\ 500\ \text{N}$，轴向力 $F_a=1\ 000\ \text{N}$，轴的转速 $n=1\ 450\ \text{r/min}$，载荷系数 $f_P=1.2$，温度系数 $f_t=1$，试计算该轴承的寿命。(7208AC基本额定动载荷 $C_r=28\ 800\ \text{N}$，$e=0.68$)

解　1. 求轴承上的径向载荷

（1）求水平面支反力

$$F_{RH1}=\frac{F_t\times 80}{200}=\frac{4\ 000\times 80}{200}\ \text{N}=1\ 600\ \text{N}$$

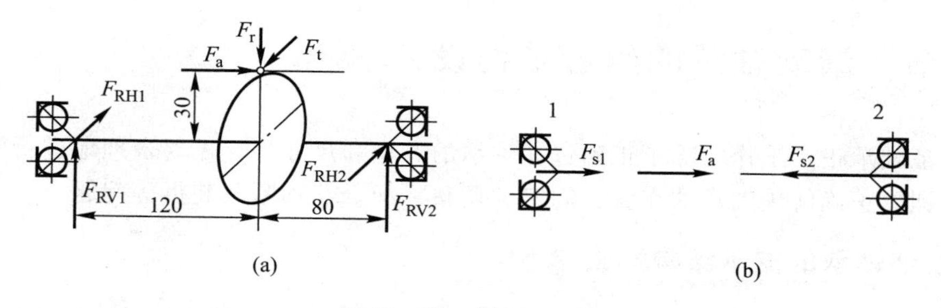

图 12－18　例 12－3 图

$$F_{RH2}=F_t-F_{RH1}=(4\ 000-1\ 600)\ N=2\ 400\ N$$

（2）求垂直面支反力

$$F_{RV1}=\frac{F_r\times80-F_a\times30}{200}=\frac{1\ 500\times80-1\ 000\times30}{200}\ N=450\ N$$

$$F_{RV2}=F_r-F_{RV1}=(1\ 500-450)\ N=1\ 050\ N$$

（3）求轴承径向载荷

$$F_{R1}=\sqrt{F_{RH1}^2+F_{RV1}^2}=\sqrt{1\ 600^2+450^2}\ N=1\ 662\ N$$

$$F_{R2}=\sqrt{F_{RH2}^2+F_{RV2}^2}=\sqrt{2\ 400^2+1\ 050^2}\ N=2\ 620\ N$$

2. 求轴承上的轴向载荷

由表 12－10 可查得 $F_S=0.68F_R$，故得

$$F_{S1}=0.68F_{R1}=0.68\times1\ 662\ N=1\ 130\ N$$

$$F_{S2}=0.68F_{R2}=0.68\times2\ 620\ N=1\ 782\ N$$

$$F_{S1}+F_a=1\ 130+1\ 000=2\ 130\ N>F_{S2}$$

故轴承 2 被“压紧”，轴承 1 被“放松”，则

$$F_{A1}=F_{S1}=1\ 130\ N，\ F_{A2}=F_{S1}+F_a=2\ 130\ N$$

3. 求轴承的当量动载荷

由于$\frac{F_{A1}}{F_{R1}}=\frac{1\ 130}{1\ 662}=0.679<e$，查表 12－9 可得，$X_1=1$，$Y_1=0$

故得
$$P_1=X_1F_{R1}+Y_1F_{A1}=(1\times1\ 662+0)\ N=1\ 662\ N$$

由于　$\frac{F_{A2}}{F_{R2}}=\frac{2\ 130}{2\ 620}=0.81>e$，查表 12－9 可得，$X_2=0.41$，$Y_2=0.87$

故得
$$P_2=X_2F_{R2}+Y_2F_{A2}=(0.41\times2\ 620+0.87\times2\ 130)\ N=2\ 927.5\ N$$

4. 计算轴承的寿命

因为 $P_2>P_1$，故计算轴承 2 的寿命 L_{10h2}，即为

$$L_{10h2}=\frac{16\ 667}{60n}\left(\frac{f_tC_r}{f_pP_2}\right)^{\varepsilon}=\frac{16\ 667}{1\ 450}\left(\frac{1\times28\ 800}{1.2\times2\ 927.5}\right)^3\text{小时}=6\ 333\text{小时}$$

故知该轴承的寿命为 6 333 小时。

第六节　滚动轴承的组合结构设计

为了保证轴承正常工作，除了正确选择轴承的类型和尺寸外，还要合理地进行轴承部件的组合设计，即要正确解决轴承的布置、固定、调整、配合、预紧及装拆等问题。

一、滚动轴承的支承结构形式

为了使轴、轴承和轴上零件相对机座有确定的位置，防止轴系（轴与轴上零件）的轴向窜动，并能承受轴向载荷和补偿因工作温度变化引起的轴系的自由伸缩，必须正确设计轴承的支承结构。常用双支点轴上滚动轴承的支承结构有 3 种基本形式。

1. 两端固定支承（双固式）

如图 12－19 所示，轴的两端滚动轴承各限制一个方向的轴向移动，合在一起就可以限制轴的双向移动。这种结构适用于支承跨距不大（$L \leqslant 350$ mm）和工作温度较低（$t \leqslant 70$ ℃）的轴。在这种情况下，轴的热伸长量不大，一般可由轴承游隙补偿（图 12－19a 下半部），或者在轴承外圈与轴承盖之间留有 $a = 0.2 \sim 0.4$ mm 的间隙补偿（图 12－19a 上半部分）。当采用角接触球轴承和圆锥滚子轴承时，轴的热伸长量只能由轴承游隙补偿。间隙 a 和轴承游隙的大小可用垫片（图 12－19a）或调整螺钉等调节（图 12－19b）。

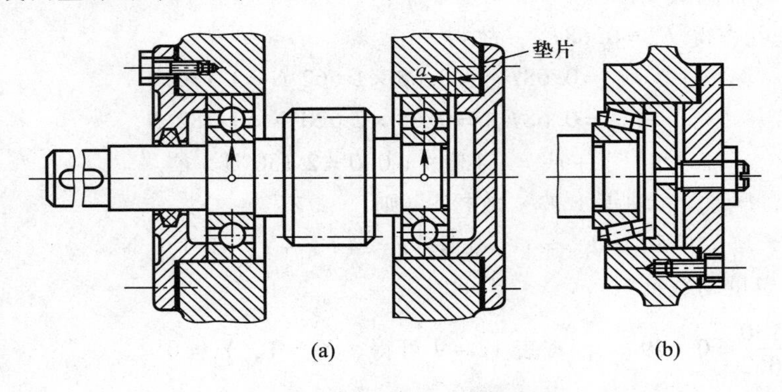

图 12－19　两端固定支承

2. 一端固定一端游动支承（固游式）

如图 12－20a 所示，左端轴承内、外圈都为双向固定，以承受双向轴向载荷。右端为游动支承，轴承外圈和座孔间采用间隙配合，以便当轴受热膨胀伸长时能在孔中自由游动，而内圈用弹性挡圈锁紧。

如图 12－20b 所示，游动端采用一个外圈无挡边的圆柱滚子轴承，当轴受热伸长时，内圈连带滚动体可以沿外圈内表面游动，而外圈作双向固定。这种固定方式适用于支承跨距较大（$L > 350$ mm）或工作温度较高（$t > 70$ ℃）的轴。

3. 两端游动支承（全游式）

如图 12－21 所示，人字齿轮小齿轮轴两端均为轴向游动支承，轴可在预定的范围内作有限的双向位移。这是由于人字齿轮左、右螺旋角加工不易相同，两轴向力不能完全抵消，因此

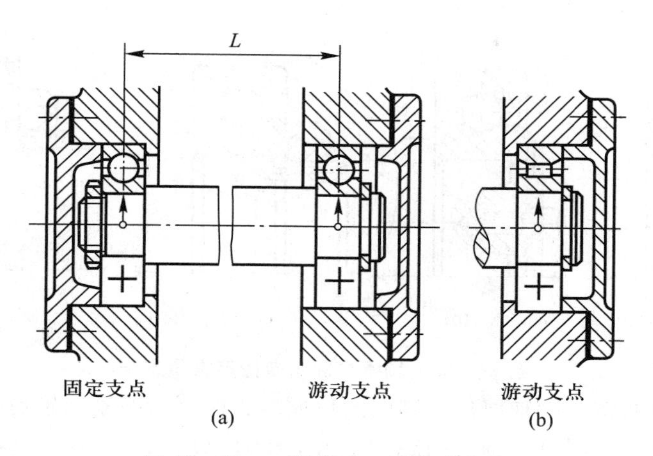

图 12－20　一端固定一端游动支承

啮合传动时小齿轮轴可以左右移动，使得两边轴向力趋于均匀化。但需注意，为了保证轴系有确定的位置，大齿轮轴必须采用两端固定支承。这种结构只在某些特殊情况下使用。

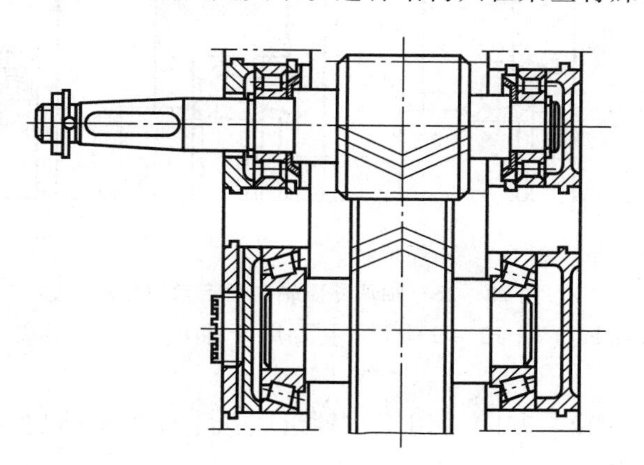

图 12－21　两端游动支承

二、滚动轴承内外圈的轴向固定

轴承内圈和轴、外圈和座孔间的轴向固定，都是为了实现轴在机器中的准确定位。轴承轴向固定方法的选择，取决于载荷的大小、方向、性质、转速的高低、轴承的类型及其在轴上的位置等因素。

（1）轴承内圈在轴上轴向固定的常用方法有图 12－22 所示 4 种：

① 用轴用弹性挡圈固定(图 12－22a)。主要用于轴向载荷不大及转速不高的场合。

② 用轴端挡圈固定(图 12－22b)。可承受双向轴向载荷，并可在高速下承受中等轴向载荷。

③ 用圆螺母和止动垫圈锁紧(图 12－22c)。主要用于转速较高、轴向载荷较大的场合。

④ 用开口圆锥紧定套、止动垫圈和圆螺母(图 12－22d)。主要用于光轴上轴向载荷和转速都不大的调心轴承的轴向固定。

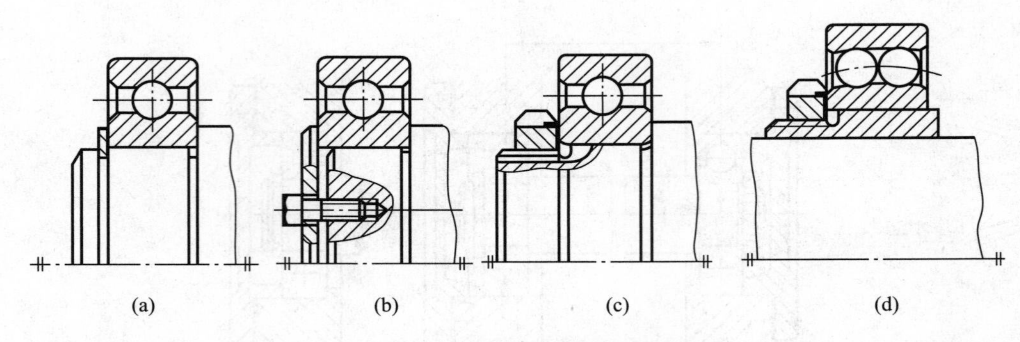

图 12－22 轴承内圈轴向固定常用方法

内圈的另一端面通常是以轴肩作为轴向定位面。为使端面贴紧，轴肩处的圆角半径必须小于轴承内圈的圆角半径。同时，轴肩的高度不得大于轴承内圈的厚度，否则轴承不易拆卸。

（2）轴承外圈在轴承座孔内轴向固定的常用方法有图 12－23 所示 4 种：

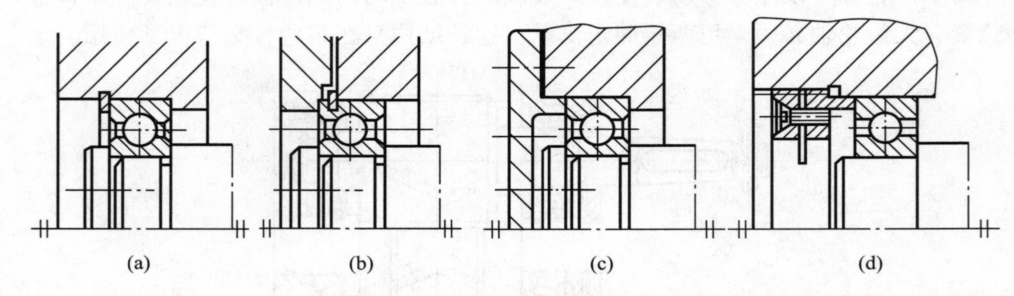

图 12－23 轴承外圈轴向固定常用方法

① 用孔用弹性挡圈固定(图 12－23a)。主要用于轴向力不大且需要减小轴承装置尺寸的场合。

② 用止动环固定(图 12－23b)。用于当轴承座孔不便做出凸肩且外壳为剖分式结构时，此时轴承外圈需带止动槽。

③ 用轴承盖固定(图 12－23c)。用于转速高、轴向力大的各类轴承。

④ 用螺纹环固定(图 12－23d)。用于轴承转速高、轴向载荷大，且不适于使用轴承盖固定的场合。

三、轴承游隙和轴承组合轴向位置的调整

1. 轴承游隙的调整

图 12－24 和图 12－25 是悬臂小锥齿轮轴支承结构的两种典型形式，均采用圆锥滚子轴承（也可以采用角接触球轴承）。图 12－24 为“面对面”安装，图 12－25 是“背对背”安装。前者可用端盖下的垫片来调整游隙，比较方便。后者靠轴上圆螺母调整轴承游隙，操作不很方便，且轴上加工有螺纹，应力集中严重，削弱了轴的强度。但这种结构整体刚性比前者好，故也被采用。

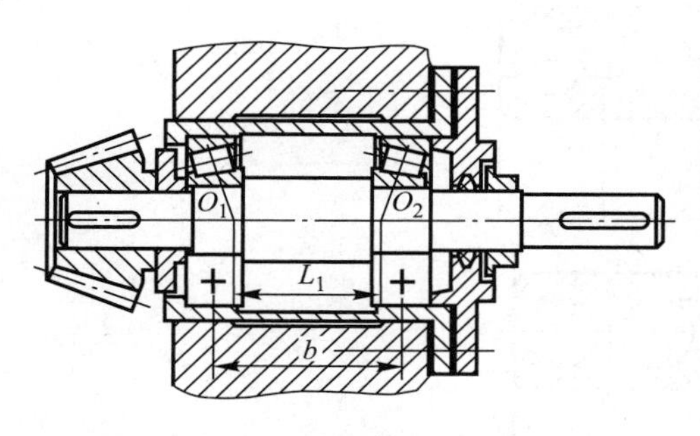

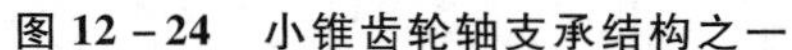
图 12-24 小锥齿轮轴支承结构之一

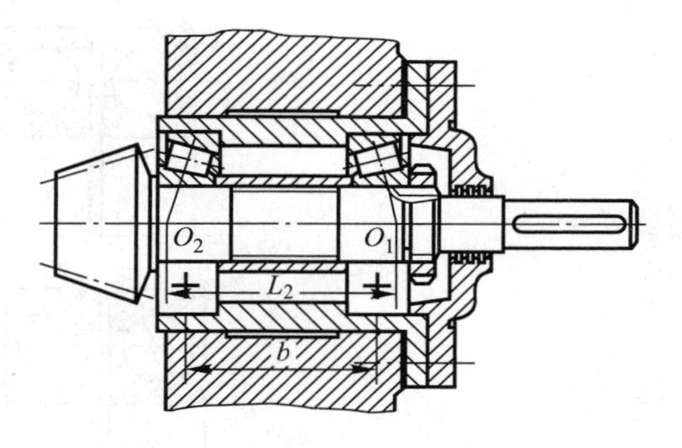

图 12-25 小锥齿轮轴支承结构之二

2. 轴承组合轴向位置的调整

在某些情况下，要求轴上零件在安装时要有准确的工作位置，这就需要调整轴系的轴向位置。如在蜗杆传动中，为了正确啮合，要求蜗轮的中间平面通过蜗杆轴线，故在装配时要求能调整蜗轮轴的轴向位置，如图 12-26a 所示。又如在锥齿轮传动中，两齿轮啮合时要求节锥顶点重合，因此要求两齿轮轴都能进行轴向调整，如图 12-26b 所示。在图 12-24 和图 12-25 所示的小锥齿轮两种安装方式中，为了调整锥齿轮达到最好的啮合位置，都把两个轴承放在一个套杯中，而套杯装在机座孔中，于是可通过增减套杯端面与机体之间的垫片厚度来改变套杯的轴向位置，以达到调整锥齿轮最好传动位置的目的。

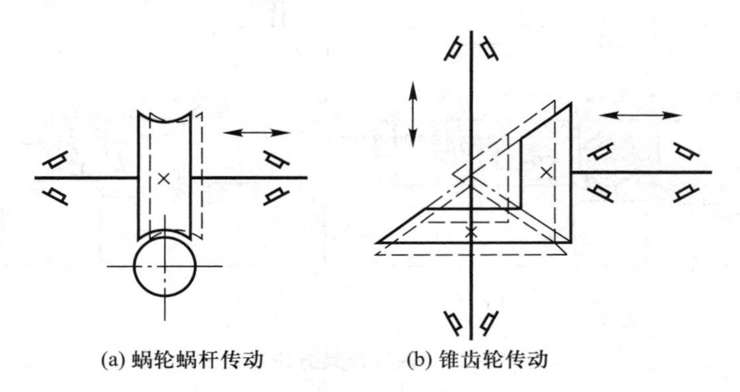

(a) 蜗轮蜗杆传动　(b) 锥齿轮传动

图 12-26 轴上零件轴向位置调整示意图

四、滚动轴承的预紧

轴承的预紧就是在安装时用某种方法在轴承中产生并保持一定的轴向力，以消除轴承的游隙，并在滚动体和内、外圈接触处产生弹性预变形，使轴承处于压紧状态。预紧可以提高轴承的组合刚度和旋转精度，减小机器工作时轴的振动。对旋转精度和刚度要求较高的轴系，一般都采用预紧轴承(如机床主轴轴承)。用于预紧的轴承，通常是角接触球轴承和圆锥滚子轴承。常用的预紧方法有以下几种：

(1) 在轴承内、外圈之间放置垫片(图 12-27a)或者磨薄一对轴承的内圈或外圈(图 12-27b)达到预紧，预紧力的大小由调整垫片的厚度或内、外圈的磨薄量来控制。

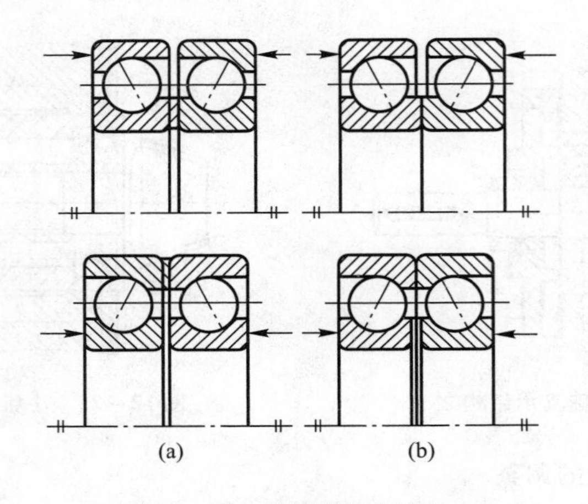

图 12－27　轴承预紧方法之一

（2）分别在两轴承的内圈和外圈间装入长度不等的两个套筒达到预紧（图 12－28a），预紧力的大小由两套筒的长度差控制。

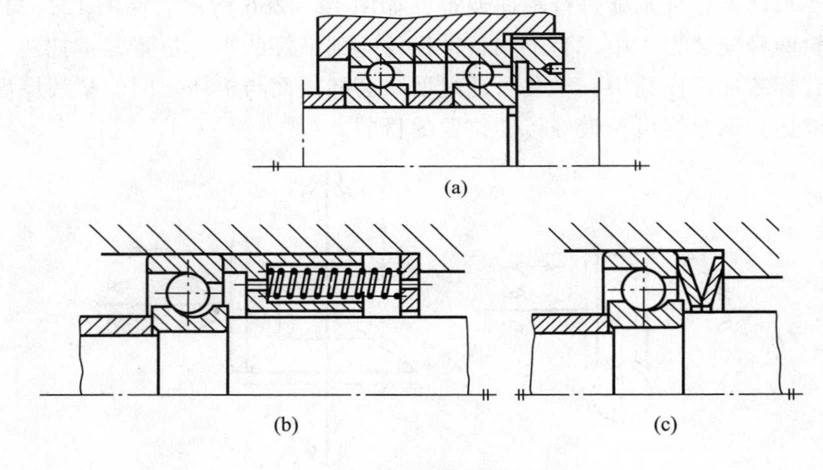

图 12－28　轴承预紧方法二、三

（3）利用弹簧预紧（图 12－28b、c）。采用这种方法可以得到稳定的预紧力。

五、滚动轴承的配合与装拆

1. 滚动轴承与轴和座孔的配合

滚动轴承的配合主要是内圈与轴颈、外圈与轴承座孔的配合。滚动轴承是标准件，因此轴承内圈与轴颈的配合采用基孔制，外圈与轴承座孔的配合采用基轴制。滚动轴承的公差标准规定：P0、P6、P5、P4 各级精度轴承的内径和外径的公差带均为单向制，且统一采用上偏差为零、下偏差为负值的分布，如图 12－29 所示。而普通圆柱公差标准中基准孔的公差带都在零线以上，因此轴承内圈与轴颈的配合要比圆柱体基孔制同名配合紧得多。例如，一般圆柱体基孔制的 K6 配合为过渡配合，而在滚动轴承内圈配合中则为过盈配合。因为轴承与轴和孔的配合不同于普通圆柱的配合，所以在装配图中标注轴承内圈与轴的配合时，只标注轴的公差代号而不标注孔的；而轴承外圈与座孔的配合则只标注孔的而不标注轴的，如图 12-30 所示。

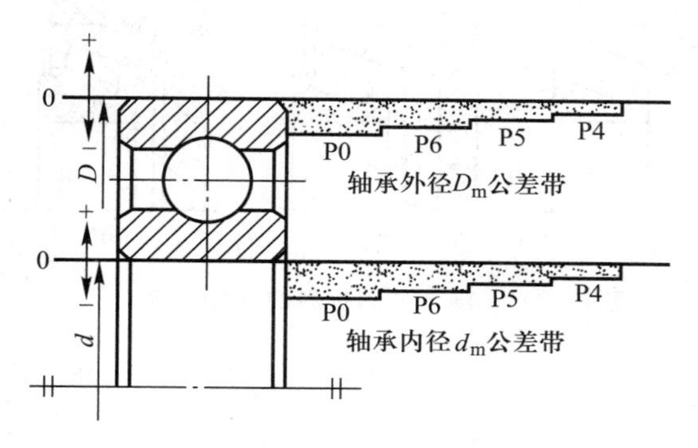

图 12-29 轴承内、外径公差带分布

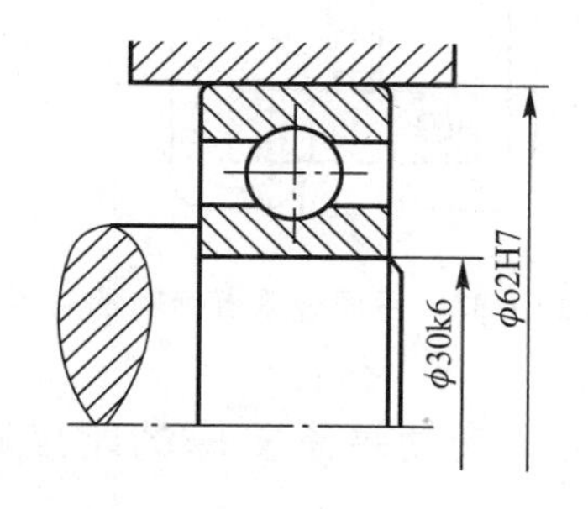

图 12-30 滚动轴承配合的标注

滚动轴承的配合既不能过松也不能过紧。配合过松，不仅会影响轴的旋转精度，甚至会使配合表面发生滑动；配合过紧，会使整个轴承装置变形，从而不能正常工作，且难于装拆。因此要正确选择轴承配合。轴承配合的选择，应考虑载荷的大小、方向和性质，转速的高低，工作温度以及套圈是否回转等因素。一般应考虑以下几个方面：①当内圈旋转外圈固定时，内圈与轴颈之间应采用较紧的配合，如 n6、m6、k6 等；外圈与轴承座孔应选择较松的配合，如 J7、H7、G7 等；②轴承承受载荷较大、转速较高、冲击振动较强烈时，应采用较紧的配合。反之，可选较松的配合；③游动支承上的轴承，外圈与座孔间应选用有间隙的配合，以利于轴在受热伸长时能沿轴向游动，但应保证轴承工作时外圈在座孔内不发生转动；④对剖分式轴承座，外圈应采用较松的配合；经常拆装的轴承，也应采用具有间隙或过盈量较小的过渡配合；⑤工作温度较高时，内圈与轴的配合应较紧，外圈与孔的配合应较松。

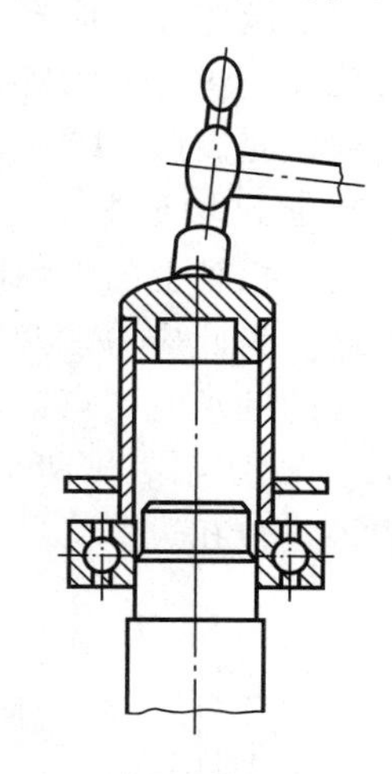

图 12-31 用手锤安装轴承

2. 滚动轴承的安装和拆卸

由于滚动轴承的内圈与轴颈的配合较紧，安装时为了不损伤轴承及其他零件，对中、小型轴承可用手锤敲击装配套筒(铜套)装入轴承，如图 12-31 所示；对大型或过盈较大的轴承，可用压力机压套装入；有时为了便于安装，可利用温差法将轴承在油池中加热到 80～100 ℃后再进行热装。拆卸轴承时也需有专门的拆卸工具(图 12-32)，为了便于拆卸，应使轴承内圈在轴肩上露出足够的高度，并要有足够的空间位置，以便安放顶拔器；内外圈可分离的轴承，外圈的拆卸一般用手锤敲击顶着外圈的套筒即可，或通过螺钉挤压将外圈拆卸。为了便于拆卸，座孔的结构应留出拆卸高度 h_0 和宽度 b_0(一般 $b_0=8\sim10$ mm)，或者在机体上做出拆卸用的螺钉孔，如图 12-33 所示。

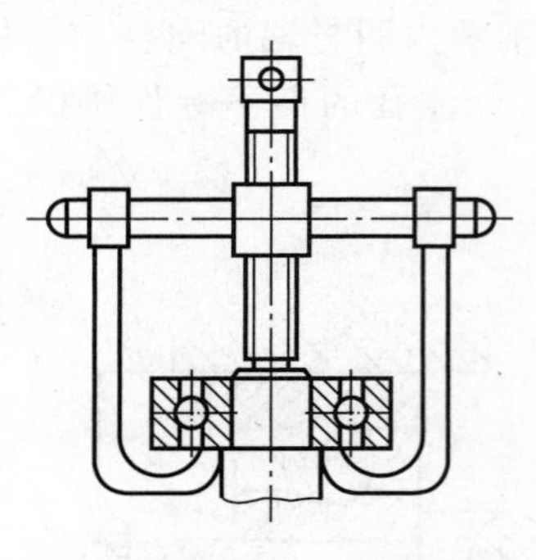

图 12－32　用顶拔器拆卸轴承

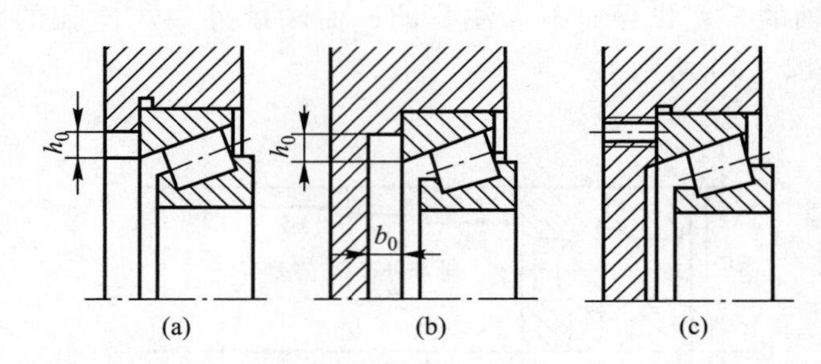

图 12－33　便于外圈拆卸的座孔结构

六、滚动轴承支座的刚度和同轴度

提高轴承组合结构的刚度，对提高轴承旋转精度、减小振动与噪声，以及保证轴承寿命等，都是至关重要的。

1. 提高轴承支座的刚度

轴承不仅要求轴具有一定的刚度，而且轴承座孔也应具有足够的刚度。这是因为轴或轴承座孔的变形都会使滚动体受力不均以及滚动体运动受阻，影响轴承运动精度，降低轴承寿命。因此，轴承座孔壁应有足够的厚度，并常设置加强肋以增加刚度（图 12－34a）。同时轴承座的悬臂尺寸应尽可能缩短，使支承点合理。对于轻合金或非金属制成的外壳，应在座孔中加装钢制或铸铁套筒（图 12－34b）。

2. 提高轴承支座的同轴度

同一根轴上的轴承座孔，应尽可能保持同心，以免轴承内、外圈间产生过大偏斜而影响轴承寿命。为此应力求两轴承座孔尺寸相同，以便一次镗孔保证同轴度。如果在一根轴上装有不同尺寸的轴承时，可采用套杯结构来安装外径较小的轴承，这样两轴承座孔仍可一次镗出，如图 12－35 所示。当两个轴承座孔分设在两个机壳上时，则应通过定位措施将两个机壳组合在一起进行镗孔。

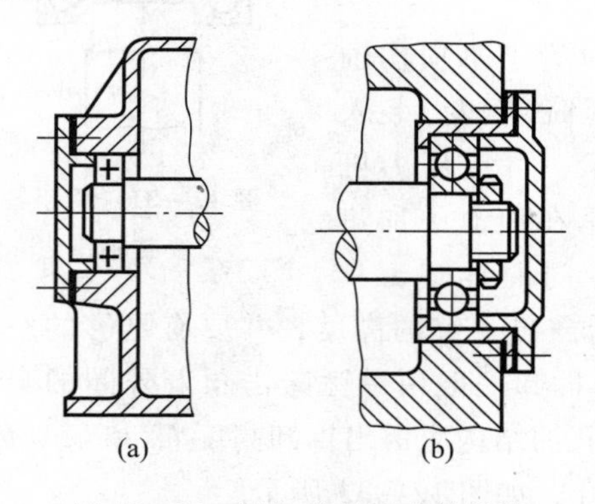

图 12－34　增加支承刚度的措施

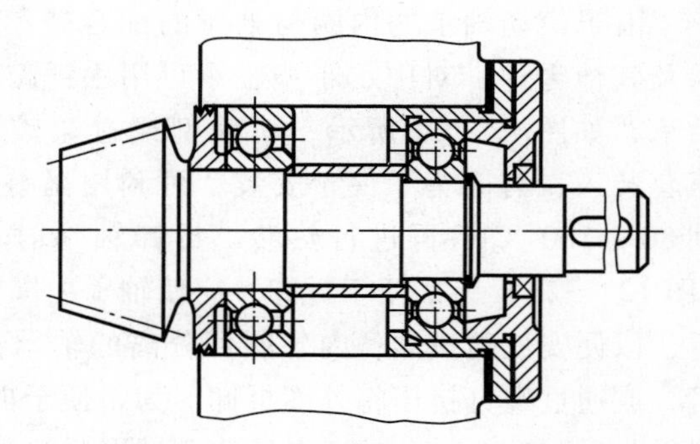

图 12－35　利用套杯结构保证同轴度

第七节　滚动轴承的维护和使用

为了延长轴承的使用寿命和保持旋转精度，使用中应加强对轴承的维护，采用合理的润滑方式和密封结构，并应经常检查润滑和密封状况，这是保证滚动轴承正常工作的重要条件。

一、滚动轴承的润滑

轴承润滑的主要目的是减小摩擦与磨损，同时起冷却、吸振、防锈和减小噪声等作用。滚动轴承常用的润滑方式有油润滑和脂润滑，此外也有用固体润滑剂润滑的。润滑方式的选择，主要是根据表征滚动轴承速度大小的 dn 值(mm · r/min)来确定，其中 d 为滚动轴承内径，n 为轴承转速。适用于脂润滑和油润滑的 dn 值界限列于表 12－15 中。

表 12－15　适用于脂润滑和油润滑的 dn 值界限(表值 $\times 10^4$)　　mm · r/min

轴承类型	脂润滑	油润滑			
		油浴	滴油	循环油(喷油)	油雾
深沟球轴承	16	25	40	60	>60
调心球轴承	16	25	40		
角接触球轴承	16	25	40	60	>60
圆柱滚子轴承	12	25	40	60	>60
圆锥滚子轴承	10	16	23	30	
调心滚子轴承	8	12		25	
推力球轴承	4	6	12	15	

1. 脂润滑

脂润滑适用于 dn 值较小的场合。其优点是油膜强度高，承载能力大，不易流失，结构简单，易于密封，一次填充可使用较长时间。此外，还能防止污物和水汽等的侵入。但是由于润滑脂粘度大，高速时摩擦损失大，散热效果差，且润滑脂在温度较高时易于变稀流失，所以只适用于转速较低、温度不高的场合。使用时，其充填量一般不超过轴承中间隙体积的 1/2 ~ 1/3，以免因润滑脂过多而引起轴承发热，影响正常工作。

常用润滑脂为钙基润滑脂和钠基润滑脂。钙基润滑脂耐水性好，滴点低，故适用于温度较低，环境潮湿的轴承部件中。钠基润滑脂易溶于水，滴点高，故适用于温度较高，环境干燥的轴承部件中。温度较高或速度较高时(例如 dn >40 000 mm · r/min)，可用二硫化钼锂基润滑脂或其他高温润滑脂。

润滑脂的主要性能指标是锥入度和滴点。轴承 dn 值大、载荷小时，应选锥入度较大的润滑脂；反之应选锥入度较小的润滑脂。轴承的工作温度应低于润滑脂的滴点。对矿物油润滑脂，应低 10 ~ 20 ℃；对合成润滑脂，应低 20 ~ 30 ℃。

2. 油润滑

油润滑适用于高速、高温或高速高温条件下工作的轴承。油润滑的优点是摩擦系数小，润滑可靠，且具有冷却散热和清洗的作用；缺点是对密封和供油要求较高。

由于滚动轴承内部接触表面的压力大，润滑油粘度应比滑动轴承高。一般情况下，载荷越大，选用润滑油的粘度越高；转速越高，选用润滑油的粘度越低。选用润滑油时，可根据工作温度及 dn 值，由图 12－36 先确定油的粘度，然后由粘度值从润滑油产品目录中选出相应润滑油牌号。滚动轴承常用的润滑油种类有：机械油、汽轮机油、压缩机油、气缸油和变压器油等。

常用的油润滑方法主要有以下几种：

(1) 油浴润滑。将轴承局部浸入润滑油中，油面不高于最低滚动体的中心。这种方法仅适用于中、低速轴承。因为高速时搅油剧烈会造成很大能量损失(图 12－37)。

(2) 滴油润滑。滴油量可控制，适用于需定量供油的轴承。滴油装置在第十三章滑动轴承中介绍。

(3) 飞溅润滑。这是闭式齿轮传动装置中轴承常用的润滑方法。它是利用齿轮传动将润滑齿轮的油甩到四周壁面上，然后通过适当的沟槽把油引进轴承中去，使轴承得到润滑。

(4) 喷油润滑。这种方法适用于转速高、载荷大且要求润滑可靠的轴承。它是用油泵将润滑油增压，通过油管或机壳中特制的油孔经喷嘴把油喷到轴承中去。

(5) 油雾润滑。将干燥的压缩空气送入油雾发生器，使低压油雾送入高速旋转的轴承，起到润滑冷却作用。这种润滑常用于机床高速主轴轴承的润滑。

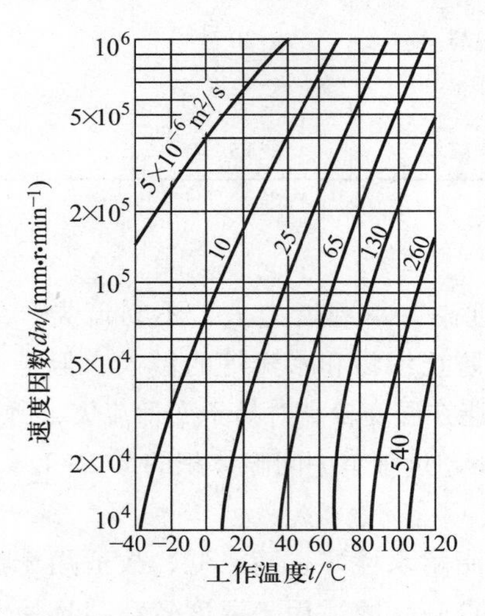

图 12－36 润滑油粘度选择

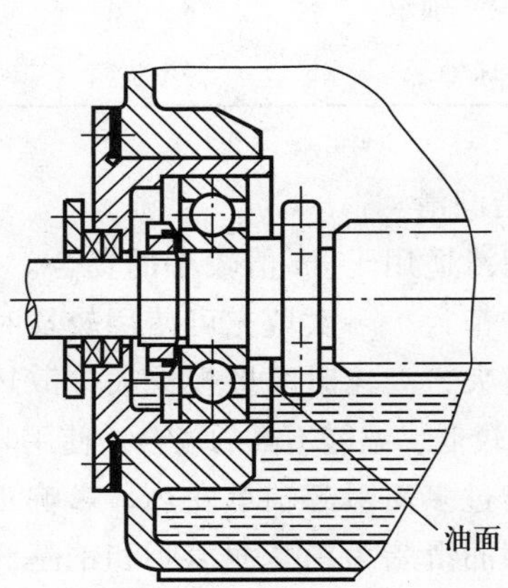

图 12－37 油浴润滑

二、滚动轴承的密封

轴承密封的作用，一方面是阻止润滑剂流失，另一方面是防止外界灰尘、水分及其他杂物侵入轴承。密封装置的型式很多，原理和作用也各不相同，使用时应根据轴承部件工作环境、结构特点、转速及润滑剂种类等选择。常用密封形式分为接触式密封和非接触式密封两大类。

1. 接触式密封

在轴承盖内放置密封件与转动轴颈直接接触而起密封作用即为接触式密封，密封件主要是毛毡、橡胶圈或皮碗等软材料，也有用石墨、青铜或耐磨铸铁等硬材料的。这种密封形式结构简单，但摩擦较严重，适用于转速不很高的情况。轴上与密封件直接接触的表面，要求其硬度 >40 HRC，表面粗糙度值 $Ra<0.8\ \mu m$。下面是几种常用的结构形式：

（1）毡圈密封。如图 12－38a 所示，适用于环境清洁，轴颈圆周速度 $v<4\sim5$ m/s 的脂润滑。

（2）皮碗密封。如图 12－38b 所示，皮碗是标准件，用皮革或耐油橡胶做成，分有金属骨架和无金属骨架两种。为增强密封效果，用一环形螺旋弹簧压在皮碗的唇部。唇的方向朝向密封部位，唇朝里主要目的是防漏油；唇朝外主要目的是防灰尘；当采用两个皮碗背靠背放置时，可同时达到两个目的。这种密封安装方便、使用可靠，一般适用于轴颈圆周速度 $v<7$ m/s 的脂润滑或油润滑。

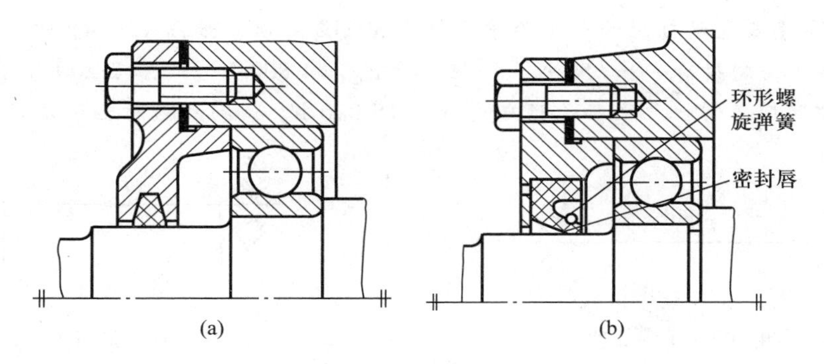

图 12－38 接触式密封

2. 非接触式密封

这种密封形式中密封件与轴颈不发生直接接触和摩擦，多用于转速较高的情况。以下是几种常用的结构形式：

（1）隙缝密封。如图 12－39a 所示，在轴与轴承盖的孔壁间留有 0.1～0.3 mm 的极窄缝隙，并在轴承盖上车出沟槽，在槽内充满润滑脂。这种形式结构简单，用于环境干燥清洁的脂润滑。

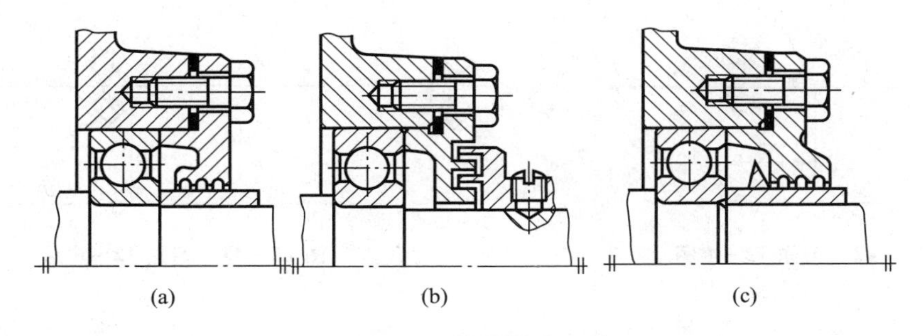

图 12－39 非接触式密封

（2）迷宫式密封。如图 12－39b 所示，利用旋转密封件与静止密封件间的曲折外形构成迷宫，在曲路中填入润滑脂起密封作用。可用于较为潮湿和污秽环境中工作的轴承，对油、脂润滑都有较好的密封效果。

当密封要求较高时，可以将以上介绍的密封形式合理地组合使用，也称为组合式密封。图 12－39c 所示为油环式与隙缝式组合密封，这种密封形式在高速时密封效果较好。

习　题

12－1　已知轴承的径向载荷 $F_R=5\ 500$ N，轴向载荷 $F_A=2\ 700$ N，转速 $n=1\ 250$ r/min，轴颈 $d=60$ mm，预期使用寿命 $L'_{10h}=4\ 000$ h，在常温下工作，有轻微冲击，已决定用深沟球轴承，试选择轴承型号。

12－2　如图 12－40 所示，两个角接触球轴承 7 000AC“背对背”安装。轴向载荷 $F_a=1\ 000$ N，径向载荷 $F_{R1}=1\ 200$ N，$F_{R2}=2\ 300$ N，转速 $n=4\ 500$ r/min，中等冲击，工作温度 130 ℃，预期寿命 $L'_{10h}=3\ 000$ h，试选择轴承型号。

12－3　某减速器主动轴用两个圆锥滚子轴承 30212 支承，如图 12－41 所示。已知轴的转速 $n=960$ r/min，轴向载荷 $F_a=650$ N，径向载荷 $F_{R1}=4\ 800$ N，$F_{R2}=2\ 200$ N。工作时有中等冲击，轴承工作温度正常。要求轴承预期寿命为 15 000 h。试判断该对轴承是否合适。

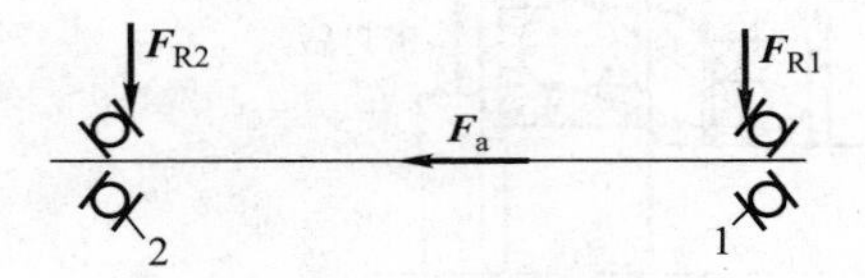

图 12－40　习题 12－2 图

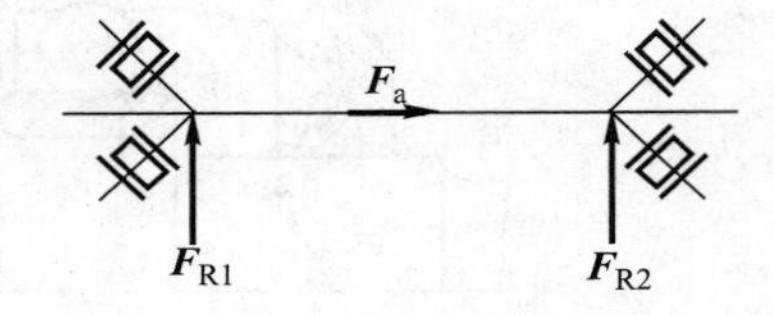

图 12－41　习题 12－3 图

12－4　如图 12－42 所示，轴支承在两个 7207ACJ 轴承上，两轴承支点间的距离为 240 mm，轴上载荷为 $F_r=2\ 800$ N，$F_a=750$ N，其方向和作用点如图所示。试计算轴承 C、D 所受的轴向载荷 F_{AC}、F_{AD}。

12－5　如图 12－43 所示，锥齿轮由一对 30208 轴承支承。齿轮受力 $F_t=1\ 270$ N，$F_r=400$ N，$F_a=230$ N，取 $f_p=1.2$，$f_t=1$，转速 $n=960$ r/min。试计算轴承的寿命。

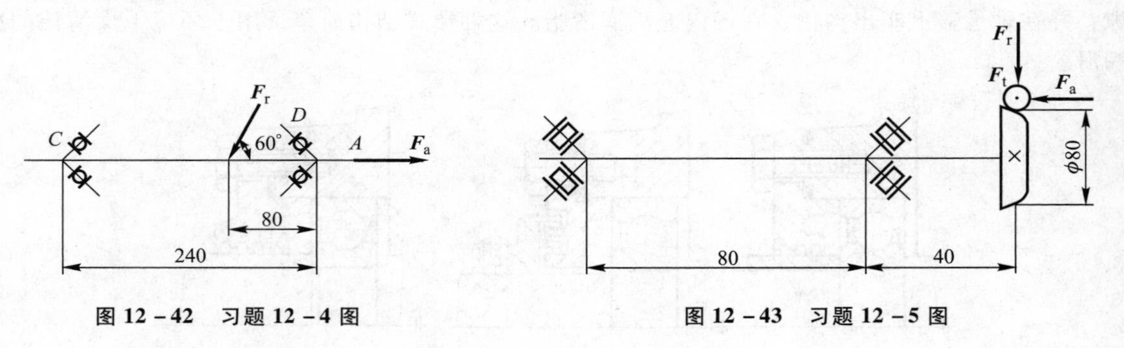

图 12－42　习题 12－4 图

图 12－43　习题 12－5 图

第十三章　滑动轴承

第一节　滑动轴承的分类和结构

工作时轴承和轴颈的支承面间形成直接或间接滑动摩擦的轴承，称为滑动轴承。它和滚动轴承一样，在机械中用来支承轴及轴上零件受载、运转。由于滚动轴承相对滑动轴承有许多优点，在机械中得到了更加广泛的应用，但在某些场合下，滑动轴承仍占有优势，也在广泛地应用着。

滑动轴承包含的零件少，工作面间一般有润滑油膜且为面接触，所以它具有承载能力大、抗冲击、噪声低、工作平稳、回转精度高及高速性能好等独特的优点。缺点是起动时摩擦阻力大，且维护比较复杂。滑动轴承主要应用于：工作转速极高的轴承；要求轴的支承位置特别精确的轴承，以及回转精度要求特别高的轴承；特重型的轴承；承受巨大的冲击和振动载荷的轴承；必须采用剖分结构的轴承；要求径向尺寸特别小以及特殊工作条件下的轴承等。因此，在内燃机、汽轮机、机床和铁路机车等方面得到了广泛的应用。

一、滑动轴承的基本分类

1. 按承受载荷的方向分

滑动轴承按其所能承受载荷方向的不同，可分为径向滑动轴承(承受径向载荷)和推力滑动轴承(承受轴向载荷)两大类。

2. 按轴承工作表面的摩擦状态分

滑动轴承按其滑动表面间摩擦状态的不同，可分为液体摩擦滑动轴承和非液体摩擦滑动轴承。液体摩擦滑动轴承根据其工作时相对运动表面间油膜形成原理的不同，又可分为液体动压轴承和液体静压轴承。

二、滑动轴承的典型结构

1. 径向滑动轴承的结构

常用的径向滑动轴承有整体式、剖分式和自动调心式等型式。

(1) 整体式径向滑动轴承。图 13－1 是一种常见的整体式滑动轴承，由轴承座和整体轴套组成。轴承座材料常为铸铁，轴承座用螺栓与机座连接，顶部设有装油杯的螺纹孔，内孔中压入带有油沟的轴套。

整体式滑动轴承结构简单、易于制造，但在装拆时，轴或轴承需要沿轴向移动，因而装拆不便。此外，在轴承磨损后，轴承间隙无法调整。故整体式滑动轴承多用于低速、轻载或间歇性工作的简单机械中，如手动机械和某些农业机械等。其结构尺寸已标准化。

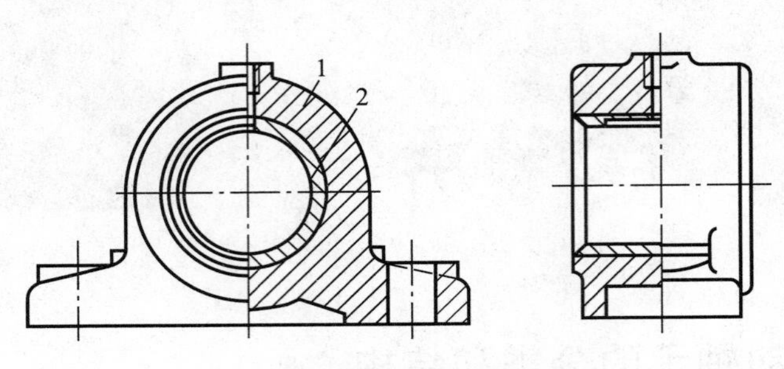

图 13－1　整体式径向滑动轴承

1—轴承座；2—轴套

（2）剖分式径向滑动轴承。图 13－2a 所示为剖分式滑动轴承，由轴承座、轴承盖、剖分的上、下轴瓦以及连接螺柱组成。在轴承盖与轴承座的剖分面上制有阶梯形定位止口，用于安装时对中定位和防止受力时产生相对位移。轴瓦直接支承轴颈，因而轴承盖应适度压紧轴瓦，以使轴瓦不能在轴承孔中转动。轴承盖上制有螺纹孔，以便安装油杯或油管。当载荷方向有较大偏斜时，轴承的剖分面应作相应偏斜，使剖分面与载荷大致垂直，制成图 13－2b 所示的斜剖分式滑动轴承。

剖分式滑动轴承克服了整体式轴承装拆不便的缺点，而且当轴瓦工作面磨损后，适当减少剖分面间的垫片并进行刮瓦，就可调整轴颈与轴瓦间的间隙。因此这种轴承得到了广泛应用，并且已经标准化了。

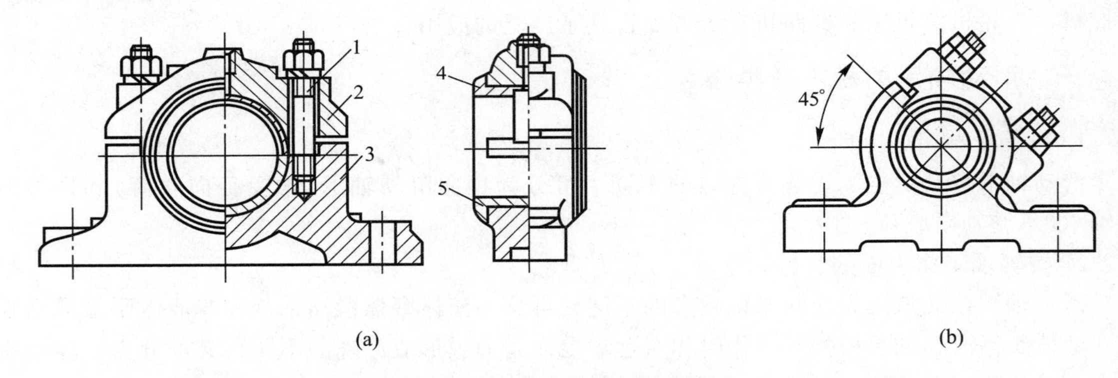

图 13－2　剖分式径向滑动轴承

1—座盖连接螺柱；2—轴承盖；3—轴承座；4、5—对开式轴瓦

（3）自动调心式径向滑动轴承。当轴承的宽径比（轴承宽度与轴颈直径之比）大于 1.5 时，由于轴的变形、装配或工艺等原因，会引起轴颈的偏斜，使轴承两端边缘与轴颈局部接触（边缘接触），这将导致轴承两端边缘的急剧磨损（图 13－3a）。因此，在这种情况下，应采用自动调心式滑动轴承。这种轴承的轴瓦外支承表面做成球面形状，与轴承座的球状内表面相配合，球面的中心恰好在轴线上（图 13－3b），因而轴瓦可绕球形配合面自动调整位置，以适应轴颈在轴弯曲时产生的偏斜，从而避免出现边缘接触。

2. 推力滑动轴承的结构

推力滑动轴承用于承受轴向载荷，当推力滑动轴承和径向滑动轴承联合使用时，可以承受复合载荷。图 13－4 所示为简单的推力滑动轴承结构，它由轴承座 1、衬套 2、径向轴瓦 3 和止推轴瓦 4 组成。轴的端面与止推轴瓦是轴承的主要工作部分，止推轴瓦底部制成球面形状，可以自动调位以避免偏载。销钉 5 是用来防止止推轴瓦随轴颈转动的。径向轴瓦 3 用于固定轴的径向位置，同时也可承受一定的径向载荷。工作时润滑油从底部注入，并从上部油管流出。

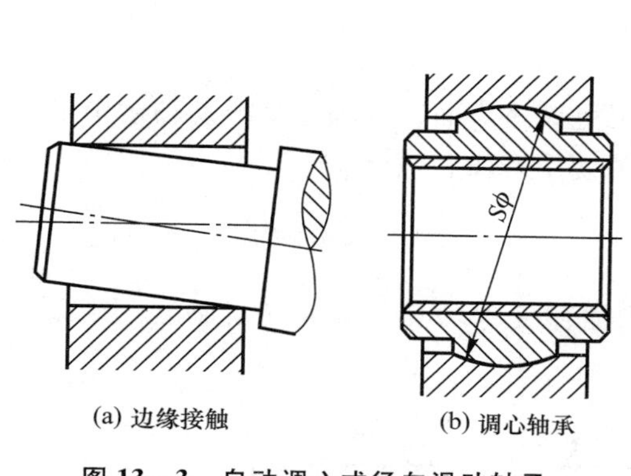

(a) 边缘接触　(b) 调心轴承

图 13-3　自动调心式径向滑动轴承

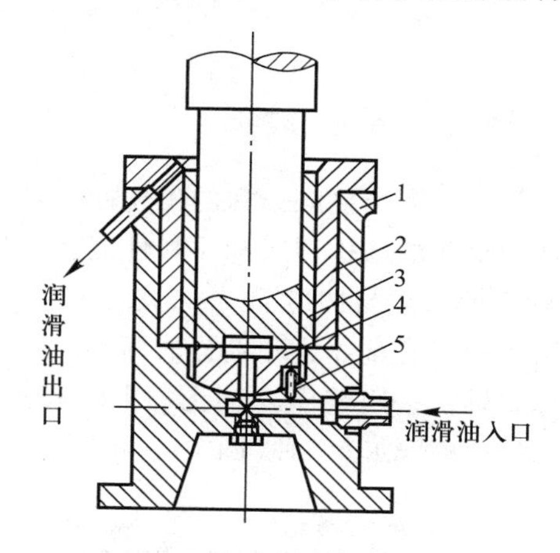

图 13-4　推力滑动轴承

1—轴承座；2—衬套；3—径向轴瓦；4—止推轴瓦；5—销钉

常见推力轴颈的形状如图 13-5 所示。图 13-5a 所示的实心端面轴颈由于工作时轴心与边缘磨损不均匀，越接近边缘部分磨损越快，以致中心部分压强极高，润滑油容易被挤出，所以很少采用。空心端面轴颈(图 13-5b)和环状轴颈(图 13-5c)可以克服这一缺点，使其支承面上的压力分布得到明显的改善，所以应用较多。载荷较大时，可以采用多环轴颈(图 13-5d)，它能承受双向轴向载荷。普通推力轴承轴颈的基本尺寸，可按表 13-1 确定。

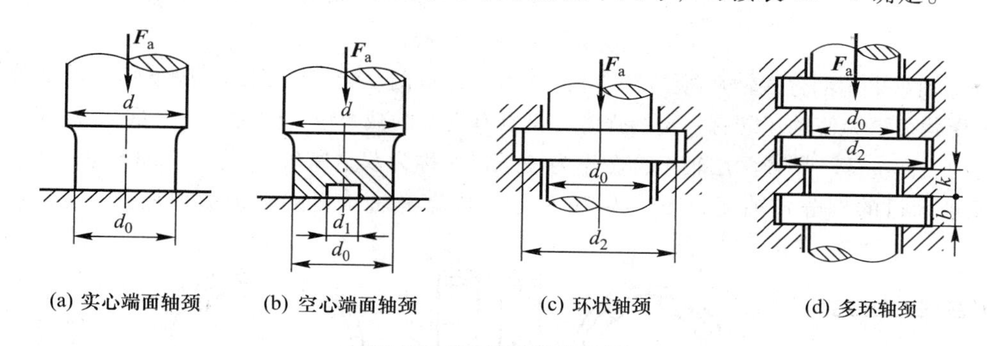

(a) 实心端面轴颈　(b) 空心端面轴颈　(c) 环状轴颈　(d) 多环轴颈

图 13-5　普通推力轴颈

表 13-1　普通推力轴承轴颈基本尺寸计算

符号	名　称	推　荐	符号	名　称	推　荐
d	轴直径	由计算决定	b	轴环宽度	$b\approx(0.1\sim0.15)d_0$
d_0	推力轴颈直径	由计算决定，圆整标准值	k	轴环距离	$k\approx(2\sim3)b$
d_1	空心轴颈内径	$d_1\approx(0.4\sim0.6)d_0$	L_1	轴颈长度	由计算和结构定
d_2	轴环外径	$d_2\approx(1.2\sim1.6)d_0$	z	推力环数	由计算和结构定

第二节　轴瓦的结构和轴承材料

一、轴瓦的结构

轴瓦与轴颈直接接触，它的工作面既是承载表面又是摩擦表面，故轴瓦是滑动轴承中最重要的元件。轴瓦的结构型式和材料性能将影响到轴承的使用寿命和性能。

1. 轴瓦的型式与构造

常用的轴瓦有整体式和剖分式两类。

整体式轴承采用整体式轴瓦（图 13－6），整体式轴瓦又称轴套，分为光滑轴套（图 13－6a）和带纵向油槽轴套两种（图 13－6b）。

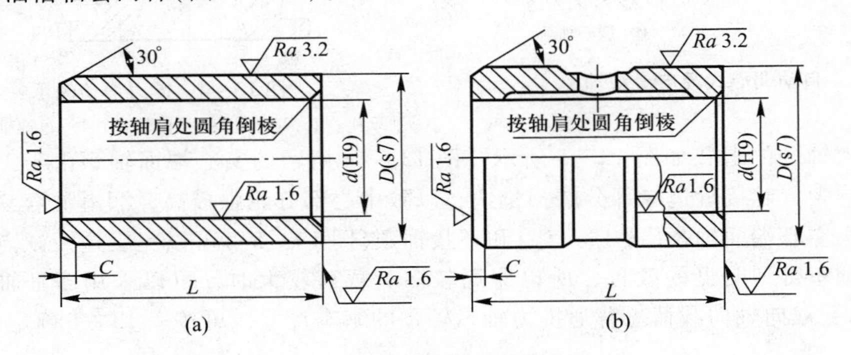

图 13－6　整体式轴瓦

剖分式轴承采用剖分式轴瓦（图 13－7），它由上、下两个半瓦组成，一般下轴瓦承受载荷，上轴瓦不承受载荷。为使轴瓦既有一定的强度，又具有良好的减摩性，同时节约贵重金属，降低成本，常在轴瓦内表面浇注一层或两层轴承合金作为轴承衬，称为双金属轴瓦或三金属轴瓦。图 13－7a 所示为无轴承衬的剖分式轴瓦，图 13－7b 所示为内壁有轴承衬的双金属轴瓦。

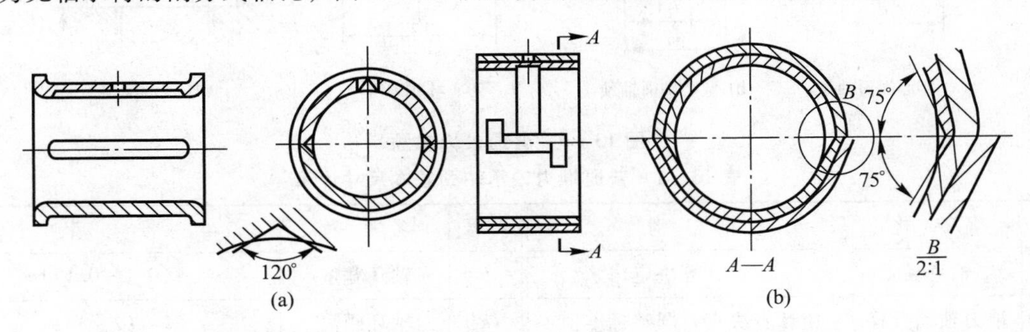

图 13－7　剖分式轴瓦

为了使轴承衬与轴瓦结合牢固，可在轴瓦基体内壁制出沟槽，使其与合金轴承衬结合更牢。沟槽形式如图 13－8 所示。

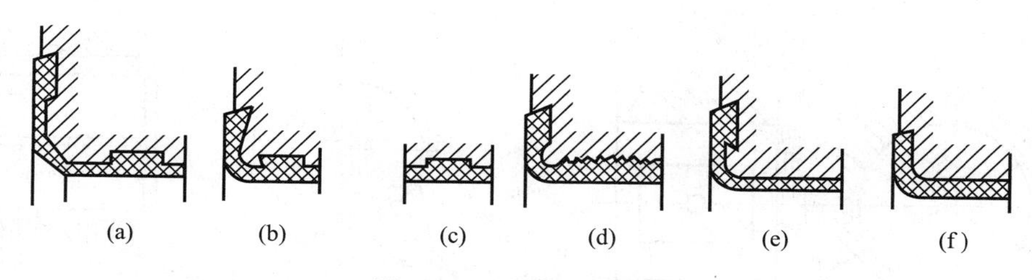

图 13－8　瓦背内壁沟槽

(a)～(d)对钢与铸铁；(e)、(f)对青铜

2. 轴瓦的定位与配合

轴瓦和轴承座之间不允许有相对移动。为了防止轴瓦在轴承座中沿轴向和周向移动，可将轴瓦两端做出凸缘用作轴向定位(图 13－7a)，或采用销钉(图 13－9a)、紧定螺钉(图 13－9b)将轴瓦固定在轴承座上。

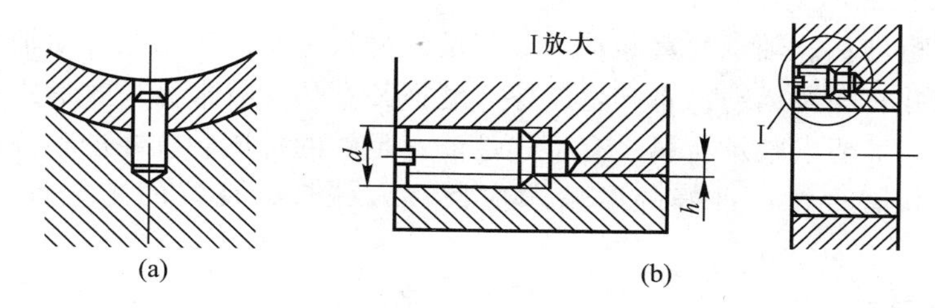

图 13－9　轴瓦的定位

为了增强轴瓦的刚度和散热性能，并保证轴瓦与轴承的同轴度，轴瓦与轴承座应紧密配合，贴合牢靠，一般轴瓦与轴承座孔采用较小过盈量的配合，如 H7/m6、H7/n6 等。

3. 油孔、油沟和油腔的开设

为了使轴承得到良好的润滑，需在轴瓦或轴颈上开设油孔、油沟或油腔。油孔用来供应润滑油，油沟用来输送和分布润滑油，油腔则主要用以贮存润滑油，并分布润滑油和起稳定供油作用。

对于宽径比较小的轴承，可以只开设一个油孔；对于宽径比较大、可靠性要求较高的轴承，还需开设油沟或油腔，一般常用油沟。图 13－10 为常见油沟的形式，图 13－11 所示为油腔的结构。对于动压轴承，油孔、油沟与油腔常开在非承载区的最大间隙部位，不能开在承载区，否则将破坏油膜的连续性，降低其承载能力(图 13－12)；对于非液体摩擦滑动轴承，则可将油沟尽可能延伸到最大压力区附近，以便向轴承充分供油。

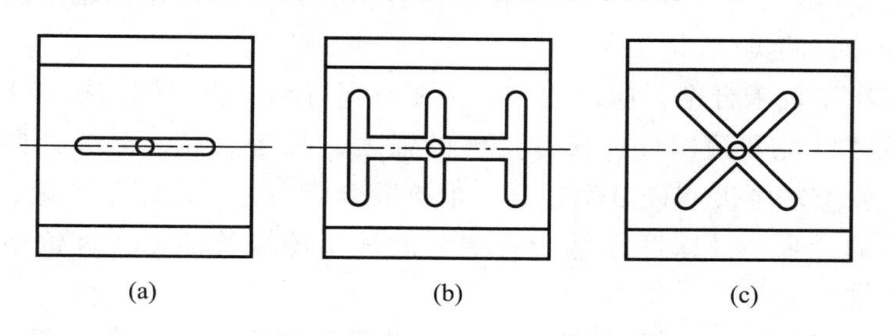

图 13－10　常见油沟的形式

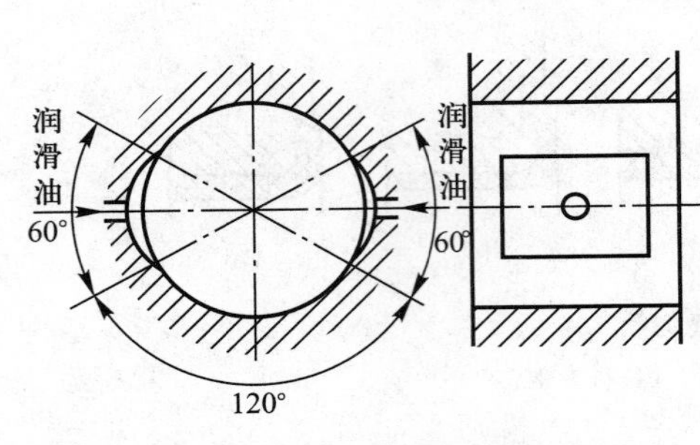

图 13－11　油腔的结构

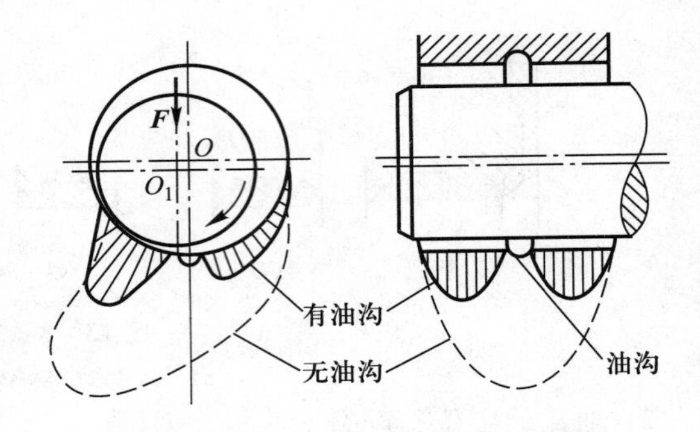

图 13－12　油沟对油膜压力的影响

二、轴承的材料

1. 对轴承材料性能的基本要求

轴承材料主要指轴瓦、轴承衬背和轴承减摩层的材料。非液体摩擦滑动轴承工作时，因轴瓦与轴颈直接接触并有相对运动，将产生摩擦、磨损并发热，故常见失效形式是磨损、胶合或疲劳破坏。因此，一般要求轴承材料具有下述性能：足够的抗压、抗冲击和抗疲劳强度；良好的减摩性、耐磨性和磨合性；良好的摩擦顺应性和嵌藏性；良好的工艺性、导热性和耐腐蚀性。

2. 常用的轴承材料

实际上任何一种材料都不可能全面具备上述所有性能，只能根据不同的使用要求合理选择。常用的轴承材料有金属材料、粉末冶金材料和非金属材料 3 大类。

(1) 金属材料。

① 轴承合金(又称巴氏合金)。轴承合金是由锡、铅、锑、铜等组成的合金，又分为锡基轴承合金和铅基轴承合金两类。它们各以较软的锡或铅作为基体，悬浮以锑锡及铜锡硬晶粒。软基体具有良好的磨合性，硬晶粒起耐磨作用。因此，它们有良好的减摩性、耐磨性、磨合性和嵌藏性，并且容易浇铸。轴承合金是目前最好的减摩材料，但由于强度较低且价格较高，不能单独制成轴瓦，只能作为轴承减摩层使用。

锡基轴承合金的热膨胀系数比铅基轴承合金低，适用于高速、重载机械。铅基轴承合金常用于中速、中载机械。

② 铜合金。铜合金是铜与锡、铅、锌和铝的合金，是传统使用的轴承材料，应用较为广泛，可分为青铜和黄铜两类。

青铜的性能仅次于轴承合金，应用较多，主要有锡青铜、铅青铜和铝青铜 3 类。锡青铜和铅青铜既有较好的减摩性和耐磨性，又有足够的强度，且熔点高，但磨合性较差，适用于中速、重载机械。铝青铜的强度和硬度都较高，但抗胶合能力差，适用于低速、重载机械。

黄铜是铜与锌的合金，其减摩性低于青铜，但易于铸造及加工，且价格较低，适用于低速、中载机械中的轴承。

③ 铸铁。主要有灰铸铁、耐磨铸铁和球墨铸铁等。铸铁内部含有游离石墨，故具有良好的减摩性，但它性脆且磨合性差。只宜用于低速、轻载和不重要的场合。

（2）粉末冶金材料。粉末冶金材料是由铜、铁、石墨等粉末经压制、烧结而成的多孔隙轴瓦材料，又称陶瓷金属。由于空隙的存在，安装前先把轴瓦在热油中充分浸泡，使空隙中充满润滑油，工作时轴瓦温度升高，油膨胀后进入摩擦表面进行润滑。停车后由于毛细作用，油又吸回轴瓦内，故这种轴承又称为含油轴承，可在长时间不加油的情况下进行工作。但由于其强度低且韧性差，故适用于工作平稳、润滑不便或要求清洁的中、低速场合，如食品机械、纺织机械或洗衣机等。

（3）非金属材料。可用作轴瓦的非金属材料有塑料、硬木、橡胶和石墨等，其中塑料用得最多，常用的有酚醛塑料、尼龙和聚四氟乙烯等。塑料与金属相比，具有摩擦系数小、抗压强度高、耐磨性好等优点，但导热能力差，因此应注意冷却。适用于工作温度不高、载荷不大的场合。

常用金属轴承材料的使用性能见表 13－2。

表 13－2　常用金属轴承材料及其性能

<table>
<tr><th colspan="2" rowspan="2">轴承材料</th><th colspan="3">最大许用值①</th><th rowspan="2">最高工作温度/℃</th><th rowspan="2">硬度②/HBW</th><th colspan="4">性能比较③</th><th rowspan="2">备注</th></tr>
<tr><th>[p]/MPa</th><th>[v]/(m·s⁻¹)</th><th>[pv]/(MPa·m·s⁻¹)</th><th>抗咬粘性</th><th>顺应性嵌入性</th><th>耐蚀性</th><th>耐疲性</th></tr>
<tr><td rowspan="4">锡基轴承合金</td><td rowspan="2">ZSnSb11Cu6</td><td colspan="3">平稳载荷</td><td rowspan="4">150</td><td rowspan="4">$\frac{150}{20 \sim 30}$</td><td rowspan="4">1</td><td rowspan="4">1</td><td rowspan="4">1</td><td rowspan="4">5</td><td rowspan="4">用于高速、重载下工作的重要轴承，变载荷下易于疲劳，价贵</td></tr>
<tr><td>25(40)</td><td>80</td><td>20(100)</td></tr>
<tr><td rowspan="2">ZSnSb8Cu4</td><td colspan="3">冲击载荷</td></tr>
<tr><td>20</td><td>60</td><td>15</td></tr>
<tr><td rowspan="2">铅基轴承合金</td><td>ZPbSb16Sn16Cu</td><td>12</td><td>12</td><td>10(50)</td><td rowspan="2">150</td><td rowspan="2">$\frac{150}{15 \sim 30}$</td><td rowspan="2">1</td><td rowspan="2">1</td><td rowspan="2">3</td><td rowspan="2">5</td><td rowspan="2">用于中速、中等载荷的轴承，不宜受显著冲击，可作为锡锑轴承合金的代用品</td></tr>
<tr><td>ZPbSb15Sn5Cu3</td><td>5</td><td>8</td><td>5</td></tr>
<tr><td rowspan="2">锡青铜</td><td>ZCuSn10P1</td><td>15</td><td>10</td><td>15(25)</td><td rowspan="2">280</td><td rowspan="2">$\frac{200}{50 \sim 100}$</td><td rowspan="2">3</td><td rowspan="2">5</td><td rowspan="2">1</td><td rowspan="2">1</td><td>用于中速、重载及受变载荷的轴承</td></tr>
<tr><td>ZCuSn5Pb5Zn5</td><td>8</td><td>3</td><td>15</td><td>用于中速、中载的轴承</td></tr>
<tr><td>铅青铜</td><td>ZCuPb30</td><td>25</td><td>12</td><td>30(90)</td><td>280</td><td>$\frac{300}{40 \sim 280}$</td><td>3</td><td>4</td><td>4</td><td>2</td><td>用于高速、重载轴承，能承受变载和冲击</td></tr>
<tr><td rowspan="2">铝青铜</td><td>ZCuAl9Fe4Ni4Mn2</td><td>15(30)</td><td>4(10)</td><td>12(60)</td><td rowspan="2">280</td><td rowspan="2">$\frac{200}{100 \sim 120}$</td><td rowspan="2">5</td><td rowspan="2">5</td><td rowspan="2">5</td><td rowspan="2">2</td><td rowspan="2">用于润滑充分的低速、重载轴承</td></tr>
<tr><td>ZCuAl10Fe3Mn2</td><td>20</td><td>5</td><td>15</td></tr>
</table>

续表

轴承材料		最大许用值①			最高工作温度/℃	硬度②/HBW	性能比较③				备注
		[p]/MPa	[v]/(m·s⁻¹)	[pv]/(MPa·m·s⁻¹)			抗咬粘性	顺应性嵌入性	耐蚀性	耐疲性	
黄铜	ZCuZn38Mn2Pb2	10	1	10	200	$\frac{200}{80\sim150}$	3	5	1	1	用于低速、中载轴承
铝基轴承合金	20高锡铝合金 铝硅合金	28~35	14		140	$\frac{300}{45\sim50}$	4	3	1	2	用于高速、中载轴承，是较新的轴承材料。强度高、耐腐蚀、表面性能好
铸铁	HT150~250	2~4	0.5~1	1~4		$\frac{200\sim250}{160\sim180}$	4	5	1	1	用于低速、轻载的不重要轴承，价廉

注：① 括号内为极限值，其余为一般值（润滑良好）。对于液体动压轴承，限制 pv 值没什么意义，因与散热等条件关系很大。

② 分子为最小轴颈硬度，分母为合金硬度。

③ 性能比较：1——最佳；2——良；3——较好；4——一般；5——最差。

第三节 滑动轴承的润滑方法

滑动轴承的润滑，主要是为了减少摩擦和磨损，提高轴承的效率，同时还可以起到冷却、吸振、防尘和防锈等作用。

一、润滑剂及其选用原则

滑动轴承常用的润滑剂有润滑油和润滑脂两种，其中润滑油应用最广。在某些特殊场合也可使用石墨、二硫化钼、水或气体等做润滑剂。

1. 润滑油及其选用原则

选择润滑油时，应考虑轴承的速度、载荷、工作情况以及摩擦表面的状况等条件。原则上讲，当转速高、压力小时，应选粘度较低的油；反之，当转速低、压力大时，应选粘度较高的油。对于非液体摩擦滑动轴承，可参考表 13－3 选用润滑油。

表 13－3　滑动轴承润滑油的选择(工作温度 <60 ℃)

轴颈圆周速度 /(m·s^{-1})	轻载 $p<3$ MPa		中载 $p=3\sim7.5$ MPa		重载 $p>7.5\sim30$ MPa	
	运动粘度 /(mm^2/s)	润滑油牌号	运动粘度 /(mm^2/s)	润滑油牌号	运动粘度 /(mm^2/s)	润滑油牌号
<0.1	85～150	L－AN100 L－AN150	140～220	L－AN150 L－AN200	470～1 000	L－AN460 L－AN680 L－AN1000
0.1～0.3	65～125	L－AN68 L－AN100	120～170	L－AN100 L－AN150	250～600	L－AN220 L－AN320 L－AN460
0.3～1	45～70	L－AN46 L－AN68	100～125	L－AN100	90～350	L－AN100 L－AN150 L－AN200 L－AN320

2. 润滑脂及其选用原则

润滑脂主要用在速度低、载荷大、不经常加油且使用要求不高的场合。

润滑脂的选择，主要是考虑其锥入度和滴点。具体选择可根据其轴承压强、滑动速度和工作温度，参考表 13－4 选用。

表 13－4　滑动轴承润滑脂的选择

轴承压强 p/MPa	<1	1～6.5					>6.5
滑动速度 v/(m·s^{-1})	～1	0.5～5	～0.5	0.5～5	～0.5	～1	～0.5
最高工作温度/℃	75	55	75	120	110	50～100	60
适用脂的牌号	钙基脂			2 号 钠基脂	1 号 钙钠基脂	2 号 锂基脂	2 号 压延机脂
	3 号	2 号	3 号				

二、润滑方式和装置

为了获得良好的润滑效果，除应正确选择润滑剂外，还应选用合适的润滑方法和相应的润滑装置。

1. 润滑油润滑方式和装置

根据供油方式不同，油润滑可分为间歇式和连续式。间歇式润滑只适用于低速、轻载和不重要的轴承；连续式润滑比较可靠，适用于中、高速传动，比较重要的轴承均应采用连续式润滑。常见的润滑方法及装置如下。

（1） 手工加油润滑。如图 13－13 所示，用油壶或油枪定期向油孔(图 13－13a)、压配式压注油杯(图 13－13b)或旋套式注油油杯(图 13－13c)注油。显然，这是一种间歇式润滑方法。

（2） 滴油润滑。滴油润滑用油杯供油，利用油的自重滴至润滑表面，属于连续润滑方式。

常用的有以下两种：

① 针阀式油杯。图 13－14 所示为针阀式油杯，当手柄 1 卧倒时(图 13－14b)，针阀杆 2 因弹簧 3 推压而堵住底部油孔。当手柄直立时(图 13－14c)，提起针阀杆，下端油孔敞开，润滑油靠重力作用流进轴承。调节螺母 2 可控制进油量大小。这种方法可用于较高转速轴的轴承。

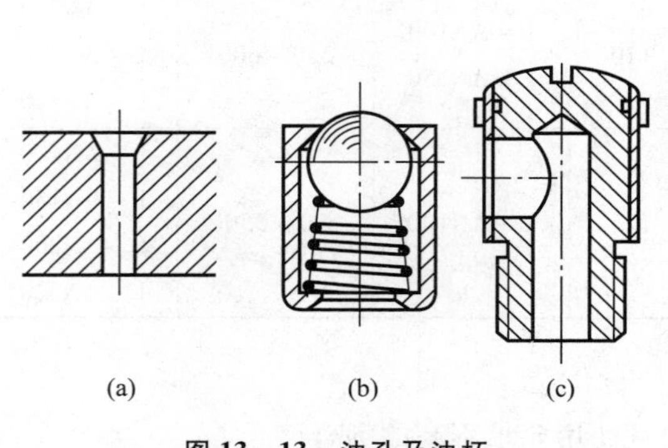

图 13－13　油孔及油杯

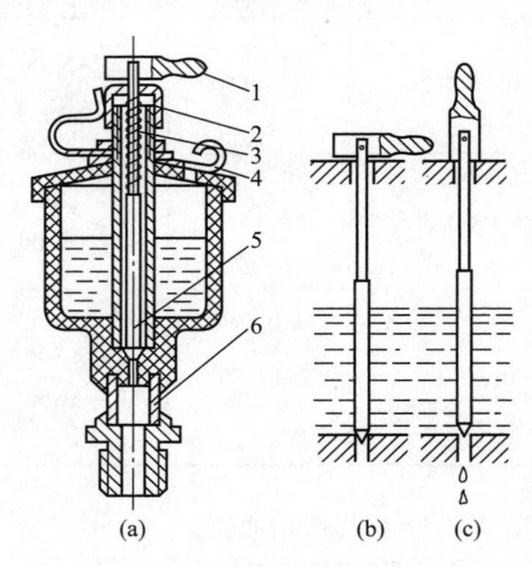

图 13－14　针阀式滴油油杯

1—手柄；2—调节螺母；3—弹簧；4—油孔遮盖；5—针阀杆；6—观察孔

② 油芯式油杯。图 13－15 所示为油芯式油杯，油芯(毛线或棉线)的一端浸入油中，利用毛细管作用将油吸到润滑表面上。这种润滑方法不易控制供油量，用于轴的转速不太高且不需大量润滑油的轴承。

(3) 油环润滑。图 13－16 所示为油环润滑，套在轴颈上的油环下部浸在油池中，当轴转动时，靠摩擦力带动油环旋转而把油带入轴承中。这种方法只适用于连续转动、转速在 50～3 000 r/min 的水平轴上轴承的润滑。转速太低油环带油量不足，转速过高时油环上的油大部分被甩掉而造成供油不足。

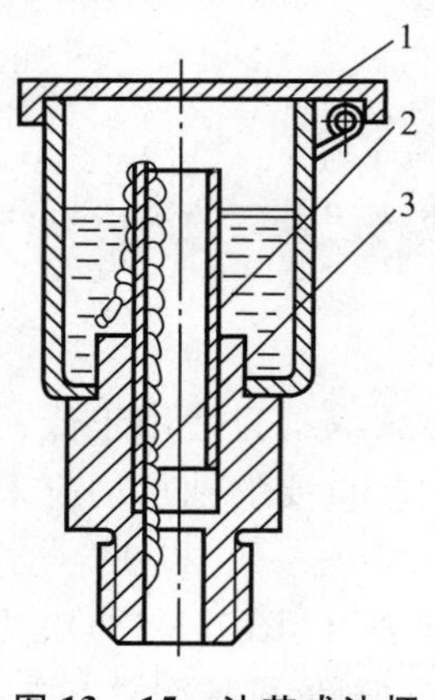

图 13－15　油芯式油杯

1—盖；2—套管；3—油芯

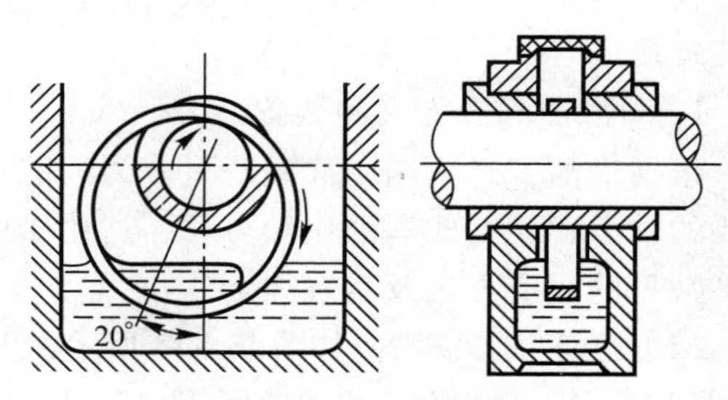

图 13－16　油环润滑

（4）飞溅润滑。利用转动件的转动使油飞溅到箱体内壁上，再通过油沟将油导入轴承中进行润滑。该方式简单可靠，连续均匀。但有搅油损失，易使油发热和氧化变质。溅油零件的圆周速度不宜超过 12 ~ 14 m/s，浸油深度也不宜过大。

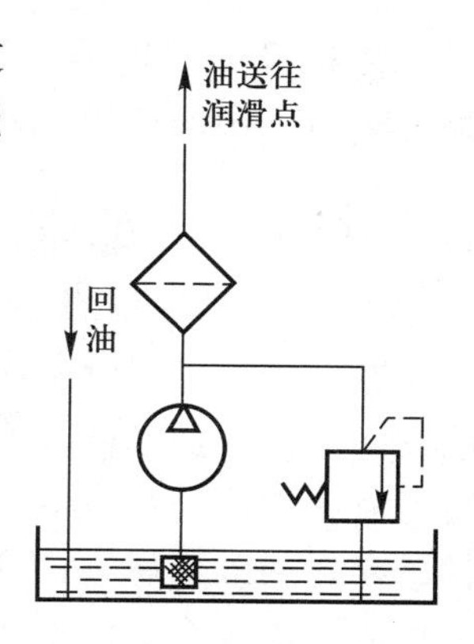

图 13 – 17　压力循环润滑系统

（5）压力循环润滑。图 13 – 17 所示，利用油泵使循环系统的润滑油达到一定压力后输送到润滑部位。可以个别润滑，也可以集中装置多点供油。因而这种润滑方法最可靠，油量充足，并可以调节。但设备复杂，成本高。主要用于高速、重载和重要的设备中。

2. 润滑脂润滑方式和装置

（1）手工加脂润滑。这种润滑方法最简单，但不可靠，只能用于不重要的场合。通常将图 13 – 18 所示的旋盖式油杯装于轴承的非承载区，使杯内充满润滑脂，供油时旋转油杯盖将储存在杯内的润滑脂压进轴承；也可利用加压脂枪通过压注油杯（图 13 – 13b）向轴承补充润滑脂。

（2）连续压注油脂杯润滑。图 13 – 19 所示靠压在装有皮碗的活塞上的弹簧力将油脂压出供给。1 为停止供油的螺钉，2 为加油螺塞，3 为调节油脂量的螺钉。用于难于接近的摩擦面，能可靠、自动连续供给。适用于摩擦面滑动速度 $v<4.5$ m/s 的场合。

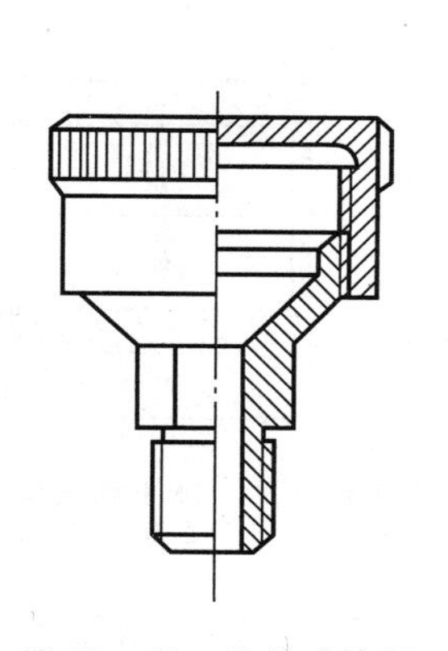
图 13 – 18　旋盖式油杯

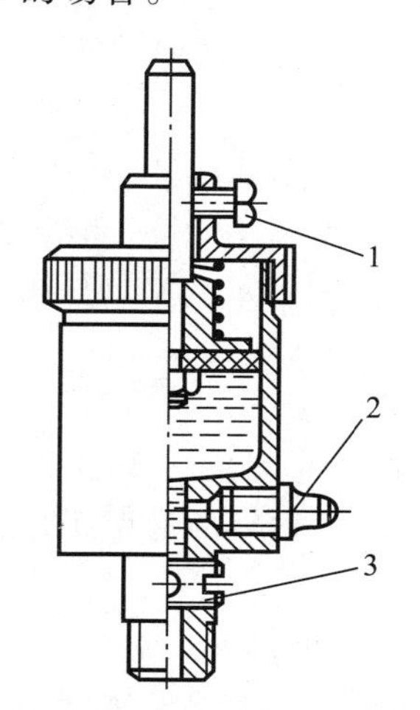

图 13 – 19　连续压注油脂杯供给油脂

1—停止供油的螺钉；2—加油螺塞；3—调节油脂量的螺钉

（3）集中供脂系统脂润滑。由脂罐、给脂泵和油管换向阀等组成集中供脂系统，利用适当的泵压定时、定量地发送润滑脂到设备各润滑点。这种方法适用于多点润滑且供给可靠，但其设备复杂。

3. 润滑方式的选择

滑动轴承的润滑方式可根据系数 k 来选定，

$$k=\sqrt{pv^3} \tag{13-1}$$

式中，p 为轴承平均压强，单位为 MPa；v 为轴颈圆周速度，单位为 m/s。

当 $k \leqslant 2$ 时，采用手工加脂润滑；$k = 2 \sim 16$ 时，采用针阀式油杯滴油润滑或油绳润滑；$k = 16 \sim 32$ 时，用油环或飞溅润滑；$k > 32$ 时，采用压力循环润滑。

第四节　非液体摩擦滑动轴承的设计计算

工程实际中，对于工作要求不高、速度较低、载荷不大和难以维护等条件下工作的轴承，往往设计成非液体摩擦滑动轴承。非液体摩擦滑动轴承大多处在混合润滑状态（边界润滑与液体润滑同时存在的状态），因其摩擦表面不能被润滑油完全隔开，只能形成边界油膜，存在局部金属表面的直接接触。故其主要失效形式是轴承表面磨损和因边界油膜的破裂导致的表面胶合。因此，计算准则是维持边界油膜不发生破裂，以减少发热和磨损。由于影响边界油膜的因素较为复杂，至今还没有完善的理论计算方法，故习惯上仍采用条件性计算。

一、径向滑动轴承的设计计算

设计时，一般已知轴颈直径 d（单位为 mm），轴的转速 n（单位为 r/min）及轴承径向载荷 F_r（单位为 N）。其设计步骤为：先根据工作条件和使用要求，确定轴承的结构形式及轴瓦材料；再选取宽径比 B/d（见图 13－20，一般取 0.8～1.5），确定轴承的宽度；然后验算轴承的工作能力。

1. 验算轴承的平均压强 p

为了避免在载荷作用下润滑油被完全挤出，导致轴承过度磨损，应限制轴承的平均压强 p，即为

$$p = \frac{F_r}{dB} \leqslant [p] \tag{13-2}$$

式中，B 为轴承的宽度，单位为 mm（根据宽径比 B/d 确定）；$[p]$ 为轴瓦材料的许用压强，单位为 MPa，其值见表 13－2。

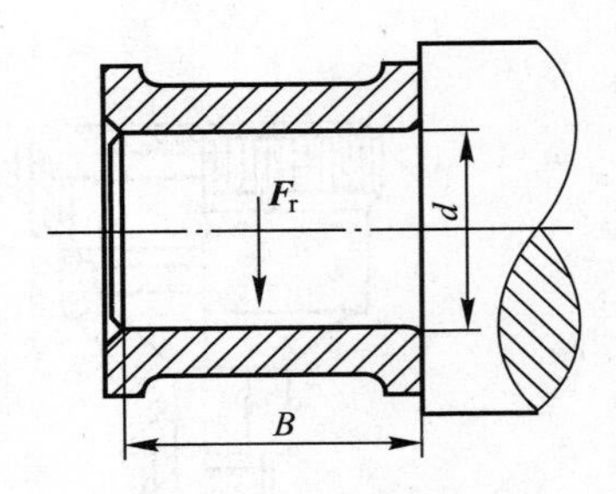

图 13－20　径向轴承主要结构尺寸

2. 验算轴承的 pv 值

轴承的发热量与其单位面积上的摩擦功耗 fpv 成正比（f 是摩擦系数），限制 pv 值就是限制轴承的温升，避免边界膜的破裂和工作表面胶合。

$$pv = \frac{F_r}{Bd} \cdot \frac{\pi dn}{60 \times 1\,000} = \frac{F_r n}{19\,100B} \leqslant [pv] \tag{13-3}$$

式中，$[pv]$ 为轴承材料的许用 pv 值，单位为 MPa · m/s，其值见表 13－2。

3. 验算轴颈的滑动速度 v

当压强 p 较小，而滑动速度 v 很大的情况下，虽然 p 与 pv 值都在许用范围内，但由于滑动速度 v 过大，也会使轴瓦加速磨损，因而还要求

$$v = \frac{\pi dn}{60 \times 1\,000} \leqslant [v] \tag{13-4}$$

式中，[v]为轴颈滑动速度的许用值，单位为 m/s，其值见表 13－2。

若 p、pv、v 的验算结果超出许用范围时，可加大轴颈直径和轴承宽度，或选用较好的轴承材料，使之满足工作要求。

二、推力滑动轴承的设计计算

推力滑动轴承的设计计算方法与径向滑动轴承的方法基本相同。在已知轴承的轴向载荷 F_a（单位为 N）和轴的转速 n（单位为 r/min）后，需进行以下验算。

1. 验算轴承的压强 p

$$p=\frac{F_a}{z\frac{\pi}{4}(d_2^2-d_0^2)k}\leq[p] \tag{13-5}$$

式中，d_2 为轴环外径，单位为 mm；d_0 为推力轴颈直径，单位为 mm；z 为推力轴承环数；k 为考虑油槽使支承面积减小的系数，一般取 0.85～0.95；[p]为推力轴承的许用压强，单位为 MPa，见表 13－5。

2. 验算轴承的 pv_m 值

$$pv_m\leq[pv] \tag{13-6}$$

式中，[pv]为推力轴承的许用 pv 值，单位为 MPa·m/s，见表 13－5；v_m 为推力轴承平均直径处的圆周速度，单位为 m/s。

$$v_m=\frac{\pi d_m n}{60\times1\ 000} \tag{13-7}$$

式中，d_m 为推力轴环的平均直径，$d_m=\frac{d_2+d_0}{2}$，单位为 mm。

表 13－5　推力滑动轴承材料及许用[p]和[pv]

轴材料	未淬火钢			淬火钢		
轴承材料	铸铁	青铜	轴承合金	青铜	轴承合金	淬火钢
[p]/MPa	2～2.5	4～5	5～6	7.5～8	8～9	12～15
[pv]/(MPa·m·s^{-1})	1～2.5					

例　试设计一起重机卷筒的滑动轴承。已知轴承受径向载荷 $F_r=100\ 000$ N，轴颈直径 $d=90$ mm，轴的工作转速 $n=10$ r/min。

解　(1) 选择轴承类型和轴承材料。为装拆方便，轴承采用剖分式结构。由于轴承载荷大、速度低，由表 13－2 选取铝青铜 ZCuAl9Fe4Ni4Mn2 作为轴承材料，其[p]＝15 MPa，[pv]＝12 MPa·m/s，[v]＝4 m/s。

(2) 选择轴承宽径比。选取 $\frac{B}{d}=1.2$，则

$$B=1.2\times90=108\text{ mm，取 }B=110\text{ mm}$$

(3) 验算轴承工作能力

验算 p

$$p=\frac{F_r}{dB}=\frac{100\ 000}{90\times110}\ \mathrm{MPa}=10.1\ \mathrm{MPa}<[p]$$

验算 pv 值

$$pv=\frac{F_r n}{19\ 100B}=\frac{100\ 000\times10}{19\ 100\times110}\ \mathrm{MPa\cdot m/s}=0.476\ \mathrm{MPa\cdot m/s}<[pv]$$

可知轴承 p、pv 均不超过许用范围。因轴颈工作转速极低，故不必验算 v。由计算结果可知，所设计的轴承满足工作能力要求。

第五节　液体动压和静压滑动轴承简介

要形成液体润滑轴承，必须具备一定的条件。根据润滑油膜形成原理的不同，液体润滑轴承分为液体动压滑动轴承和液体静压滑动轴承。下面分别进行介绍。

一、液体动压滑动轴承

液体动压滑动轴承形成的原理，如图 13－21 所示。图中两块不平行的平板 A 和 B 形成楔形空间，其间充满油液。当承受载荷的平板 A 以一定速度 v 运动时，由于油的粘性作用，带动油液从间隙大端进入，小端流出。在此过程中，带入的油量增多，而油液具有不可压缩性，来不及流出的油就会在楔形间隙内产生一定的动压力，形成一压力区，其分布情况如图 13－21 所示。间隙中压力增大，促使排油速度加快。随着平板 A 速度的增大，楔形间隙间的压力逐渐加大，当动压能够克服外载荷时，就会将平板 A 浮起。当两板间承载油膜的最小厚度大于某一数值时，两摩擦表面即形成液体摩擦。

若将移动平板 A 和静止平板 B 分别卷成圆筒形，如图 13－22a 所示，则其分别相当于轴颈和轴承。轴颈与轴承孔之间有一弯曲的楔形间隙，间隙中充满润滑油，此时轴停止不动，轴颈与轴承孔的最下部分直接接触。

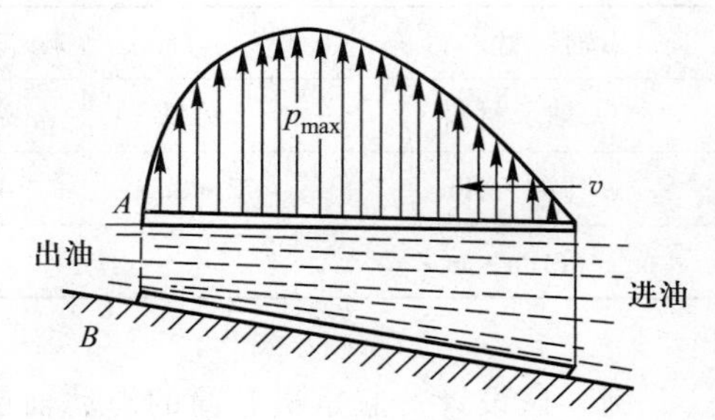

图 13－21　动压油膜承载机理

当轴颈开始顺时针转动时，在摩擦力的作用下，轴颈沿轴承孔内壁向右滚动上爬(图 13－22b)，同时因润滑油具有粘度和吸附性，润滑油被带进楔形间隙。由于润滑油是从大间隙带入而从小间隙流出，因而受到挤压而形成压力，但此压力还不足以将轴抬起。

随着转速的增加及带进油量的增多，上述压力逐渐增大，轴颈与轴承孔下部逐渐形成压力油膜，当该油膜的厚度大于某一数值时，轴颈与轴承孔之间就完全被油膜所隔开。此时，摩擦力迅速下降，在压力油膜各点压力的合力作用下，轴颈便向左下方漂移。当轴达到工作转速时，油膜压力与外载荷平衡，轴颈便处于图 13－22c 的位置稳定运转。

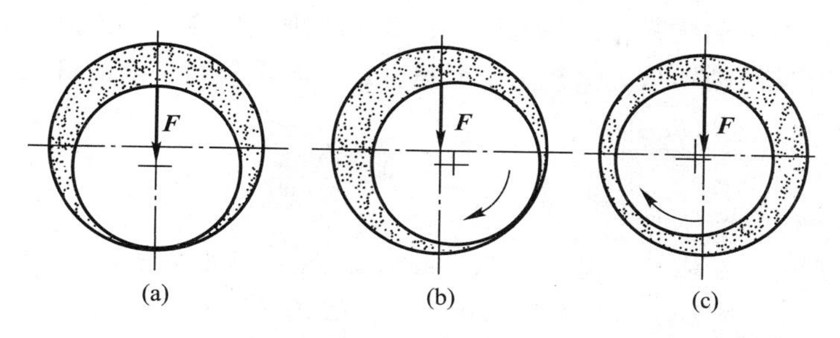

图 13－22　液体动压滑动轴承的工作过程

由此可知，液体动压润滑轴承形成压力油膜应具备的条件是：①作相对运动的两表面必须沿运动方向形成楔形空间；②两表面间必须具有一定的相对运动速度；③必须连续地向楔形间隙供入适当粘度的润滑油。此外，对于一定的外载荷，速度、粘度和间隙还要与之相匹配。

二、液体静压滑动轴承

液体静压滑动轴承是依靠一液压系统把高压油送入轴承间隙，强制形成承载油膜，靠油膜的静压平衡外载荷。如图 13－23 所示，在轴瓦的内表面上一般开有 4 个对称的油腔，各油腔的尺寸相同，压力油供油总管分别通过节流器供给每个油腔压力油，4 个节流器处的供油压力均相等，并保持不变。当轴上无载荷时（轴的自重忽略不计），各油腔处的压力均相等，轴颈悬浮在轴承的中心位置。当轴受载荷 F 作用后，轴颈向下移动，此时下油腔与轴颈间隙减小，流出的油量随之减少，根据管道内各截面上流量相等的连续性原理，流经节流器的流量也减少，节流器的压降相应减小，但供油压力是不变的，因此下油腔处压力必然增大。上油腔处因间隙增大，回油畅通而压力降低，上下油腔产生的压力差与外载荷 F 平衡，从而使轴颈悬浮在轴承孔内。可见，利用节流器能根据外载荷的变化而自动调节各油腔内的压力，以平衡外载荷。

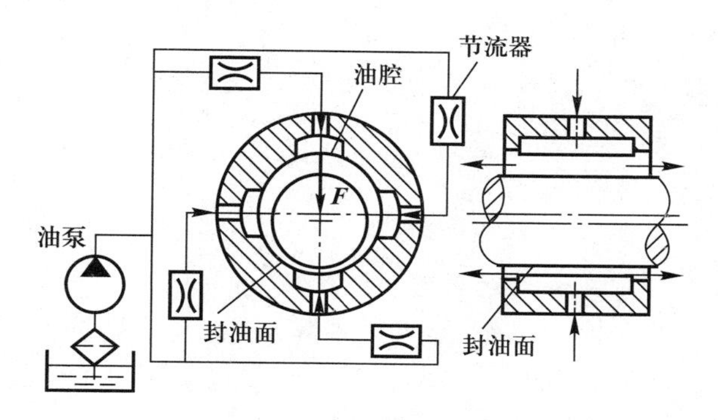

图 13－23　液体静压滑动轴承原理图

与液体动压滑动轴承相比，液体静压滑动轴承的润滑油膜由外界压力油形成，在起动、停车、高速、低速或换向情况下，轴颈与轴瓦之间均实现了液体摩擦。因而理论上轴瓦无磨损，使用寿命长，且对轴瓦材料及轴瓦内表面的粗糙度要求不高，故适用范围比液体动压滑动轴承广。但需要一套复杂的供油装置，设备费用高，维护管理也较麻烦，因此只有当动压滑动轴承难以胜任时才采用静压滑动轴承。一般用于低速重载或要求较高精度的机械装置中，如精密机床和重型机械等。

习　题

13－1　空气压缩机主轴径向滑动轴承，轴转速为 $n=300$ r/min，轴颈直径 $d=160$ mm，轴承径向载荷 $F_r=5\,000$ N，轴瓦宽度 $B=200$ mm，试选择轴承材料，并按非液体摩擦滑动轴承校核。

13－2　有一非液体摩擦径向滑动轴承，轴颈直径 $d=100$ mm，轴瓦宽度 $B=100$ mm，转速 $n=1\,200$ r/min，轴承材料 ZCuSn10P1，试问该轴承能承受多大的径向载荷？

13－3　已知某个推力滑动轴承，其轴颈结构为空心式（图 13－5b），大径 $d_0=120$ mm，内径 $d_1=90$ mm，轴颈淬火处理，转速 $n=300$ r/min，轴瓦材料为锡青铜，试求该轴承能承受多大轴向载荷？

第十四章　轴和轴毂连接

第一节　轴的分类和设计要求

一、轴的作用及其分类

轴是组成机器的重要零件之一。它的主要作用是安装、固定和支承机器中的回转零件（如齿轮和带轮等），使其具有确定的工作位置，并传递运动和动力。轴的分类情况如下。

1. 按轴的受载情况分类

按轴所受载荷的不同，轴可分为心轴、传动轴和转轴 3 类：

（1）心轴。工作时只承受弯矩不承受转矩的轴。这类轴只起支承转动零件的作用，不传递转矩，受力后发生弯曲变形，可分为转动心轴和固定心轴两种。转动心轴工作时随转动零件一起转动，轴上承受的弯曲应力为对称循环变应力，如 14 - 1a 所示的滑轮轴等；固定心轴工作时不转动，轴上承受的弯曲应力为静应力，如图 14 - 1b 所示的滑轮轴和自行车前轴等。

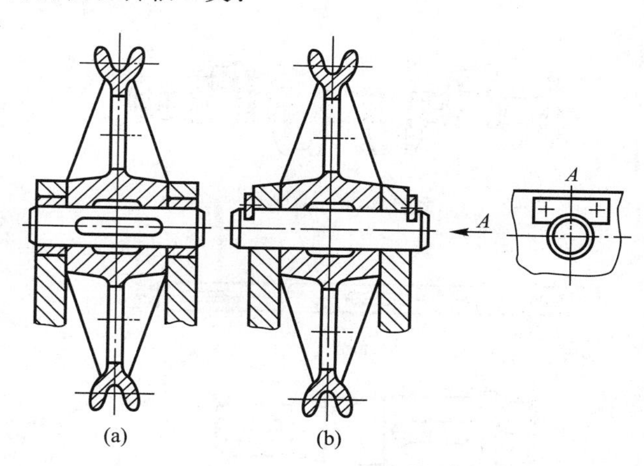

图 14 - 1　支承滑轮的心轴

（2）传动轴。工作时主要承受转矩而不承受弯矩，或弯矩很小的轴。这类轴起传递运动和动力的作用，主要发生扭转变形，如图 14 - 2 所示的汽车传动轴等。

（3）转轴。工作时既承受弯矩又承受转矩的轴。转轴是机器中最为常见的轴，如减速器中的轴（图 14 - 3）以及汽车和拖拉机变速箱中的大多数轴等。

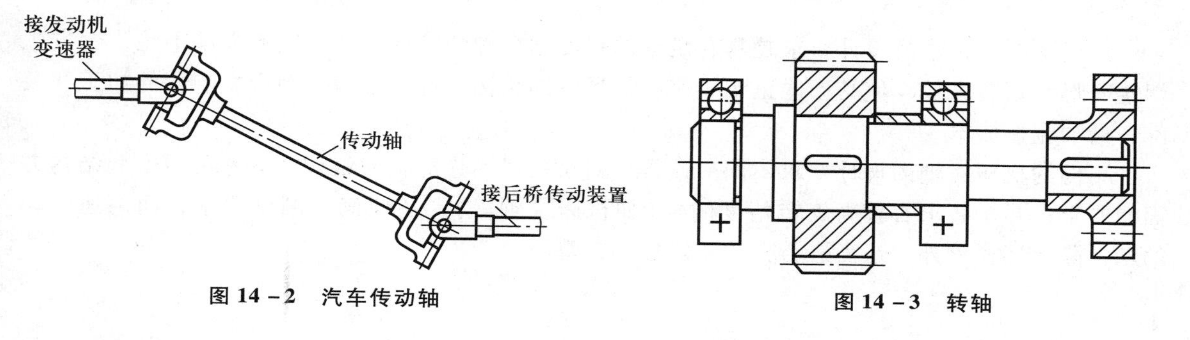

图 14 - 2　汽车传动轴

图 14 - 3　转轴

2. 按轴的结构形状分类

轴按其轴线形状不同可分为直轴(图 14－3)、曲轴(图 14－4)和钢丝软轴(图 14－5)3 类。

(1) 直轴。直轴是大多数机械中使用的零件，它又有光轴(图 14－6a)和阶梯轴(图 14－6b)之分。光轴的各截面直径相同，它加工方便，但零件不易定位，主要用于传动轴和心轴；阶梯轴的各截面直径不同，可使各轴段的强度接近，并便于零件的装拆、定位和紧固，常用于转轴。直轴一般为实心轴，当有结构要求或为减轻重量时，可制成空心轴(图 14－7)，如车床主轴。

(2) 曲轴。曲轴是专用零件，常用于往复式机械中，如内燃机和空气压缩机等。

(3) 钢丝软轴。钢丝软轴是由几层紧贴在一起的钢丝层构成，可把回转运动和扭矩灵活地传递到任何位置，常用于医疗器械和小型机具的传动。

本章主要研究直轴的设计理论及方法。

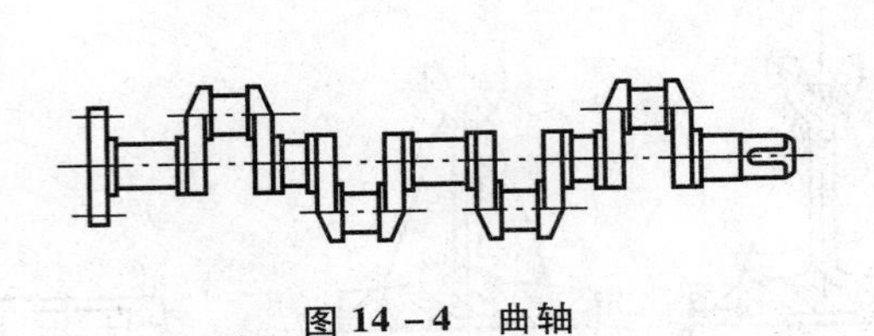

图 14－4 曲轴

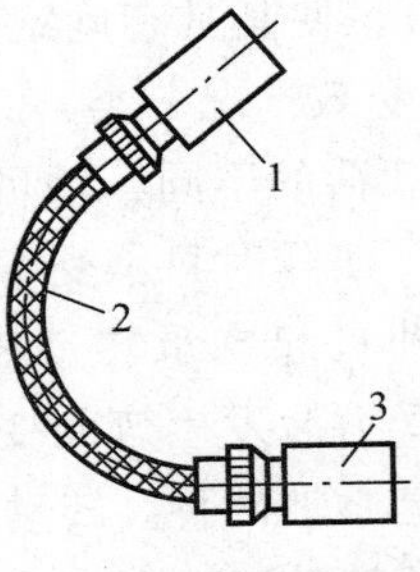

1
2
3

图 14－5 钢丝软轴

1—工作机；2—挠性轴；3—原动机

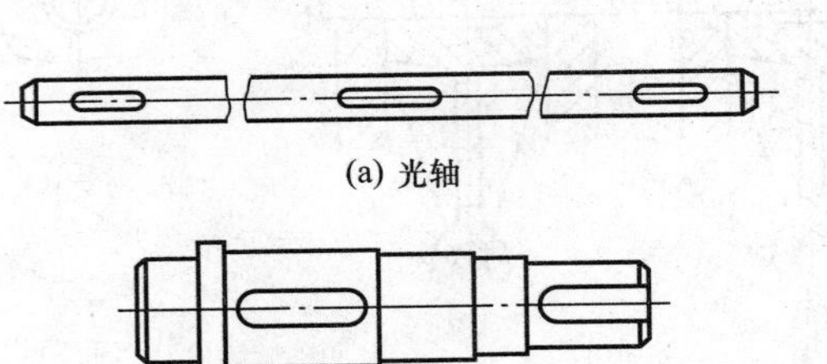

(a) 光轴

(b) 阶梯轴

图 14－6 直轴

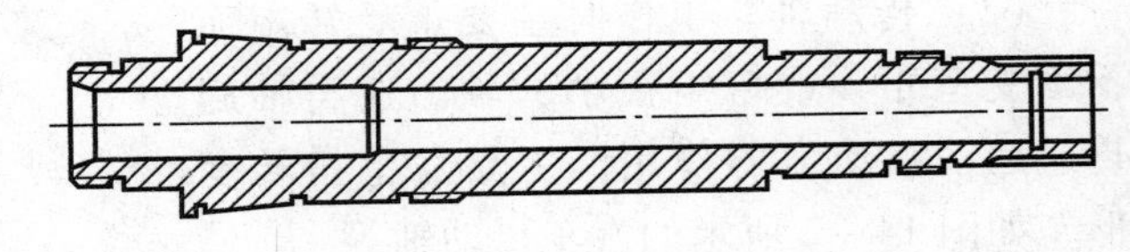

图 14－7 空心轴

二、轴的设计要求

一般情况下，轴的设计要求是具有足够的强度和合理的结构。如果轴的强度不足，会发生塑性变形和断裂失效，使其不能正常工作；如果轴的结构设计不合理，则会影响轴的加工和装配，增加制造成本。

不同的机械对轴的设计要求不同。通常，对于一般用途的轴，设计时只考虑强度和结构方面的要求；对于要求有较高旋转精度的轴(如机床主轴等)，还应满足刚度要求；而高速转动的轴，除上述要求外，还需进行振动稳定性的计算。

第二节 轴的材料及其选择

由于轴工作时的应力多是交变应力，其主要失效形式为疲劳破坏。故选择轴的材料时应考虑如下因素：要有足够的疲劳强度，对应力集中的敏感性低，具有良好的工艺性和经济性，能通过不同的热处理方式提高轴的疲劳强度。轴的材料常用碳素钢和合金钢。

碳素钢因价廉及对应力集中的敏感性低，并可通过热处理改善其力学性能，故应用较为广泛。一般的轴通常采用优质碳素结构钢，如 35、40、45 和 50 钢等(其中 45 钢最为常用)，为保证其力学性能，应进行正火或调质处理。对受载较小和不重要的轴，可采用普通碳素结构钢，如 Q235、Q275 等。

合金钢比碳素钢具有更高的力学性能和更好的淬火性能，但对应力集中较敏感，且价格较贵，主要用于传递功率大并要求减轻重量和提高轴颈耐磨性，以及在高温或低温条件下工作的轴。常用的合金钢有 20Cr、20CrMnTi、35SiMn、35CrMo、40MnB 等。由于在一般工作温度下(如低于 200 ℃)，碳素钢与合金钢的弹性模量相差不多，因此用合金钢代替碳素钢并不能提高轴的刚度。

高强度铸铁和球墨铸铁具有良好的结构工艺性，且吸振性强，耐磨性好，对应力集中敏感性较低，价格便宜，适用于制造形状复杂的轴，如凸轮轴、曲轴和空心轴等。但铸铁的冲击韧性低，工艺过程不易控制，轴的质量不够稳定。

轴的毛坯常用轧制圆钢或锻件。当轴的直径较小而又不太重要时，可采用轧制圆钢；锻钢的内部组织均匀，强度较高，故重要的轴宜采用锻造毛坯；对于大型或形状复杂的低速轴，也可采用铸造毛坯。

轴的常用材料及其力学性能见表 14－1。

表 14－1 轴的常用材料及其主要力学性能

材料牌号	热处理	毛坯直径 / mm	硬度 /HBW	σ_b	σ_s	σ_{-1}	τ_{-1}	$[\sigma_{+1b}]$	$[\sigma_{0b}]$	$[\sigma_{-1b}]$	用途
				MPa							
Q235A				430	235	175	100	130	70	40	用于不重要或载荷不大的轴
Q275				570	275	220	130	150	72	42	
35	正火	25	≤187	530	315	225	132	167	74	44	有好的塑性及适当的强度，可用于做曲轴
	正火	≤100		510	265	210	121				
	回火	>100～300	143～187	490	255	201	116				
	调质	≤100	163～207	550	294	227	131	177	83	49	
		>100～300	149～207	530	275	217	126				
45	正火	25	≤241	600	355	257	148	196	93	54	应用最广
	正火	≤100	170～217	588	294	238	138				
	回火	>100～300	162～217	570	285	230	133				
	调质	≤200	217～255	637	353	268	155	216	98	59	

续表

材料牌号	热处理	毛坯直径/mm	硬度/HBW	σ_b	σ_s	σ_{-1}	τ_{-1}	$[\sigma_{+1b}]$	$[\sigma_{0b}]$	$[\sigma_{-1b}]$	用途
				MPa							
40Cr	调质	25 ≤100 >100~300	241~286	980 736 686	785 539 490	477 314 317	275 199 183	245	118	69	用于载荷大，尺寸较大的重要轴或齿轮轴
		>300~500 >500~800	229~269 217~255	640 588	440 343	290 245	167 142	235	90	53	
35SiMn (42SiMn)	调质	25 ≤100 >100~300	229 229~286 219~269	885 285 740	735 510 440	450 350 320	260 202 185	245	118	69	性能接近于40Cr，用于中小型轴，齿轮轴
		>300~500	196~255	650	380	275	160	235	90	53	
40MnB	调质	25 ≤200	207 241~286	785 736	540 490	365 331	210 191	245	118	69	性能接近于40Cr，用于重要的轴
40CrNi	调质	25 ≤100 >100~300	241 270~300 240~270	980 900 785	785 735 570	475 420 372	275 243 215	275	125	74	用于很重要的轴
35CrMo	调质	25 ≤100 >100~300 >300~500	229 207~269	980 735 685 637	835 540 490 440	490 343 314 289	280 195 180 167	245	118	69	性能接近于40CrNi，用于重载荷的轴或齿轮轴
QT400—15			156~197	400	300	145	125	64	34	25	用于结构形状复杂的轴
QT600—3			197~269	600	420	215	185	96	52	37	

注：1. 表中所列疲劳极限 σ_{-1} 系按下列经验式求得。碳钢：$\sigma_{-1}\approx0.43\sigma_b$，$\tau_{-1}=0.156(\sigma_b+\sigma_s)$；合金钢：$\sigma_{-1}\approx0.2(\sigma_b+\sigma_s)+10$；不锈钢：$\sigma_{-1}\approx0.27(\sigma_b+\sigma_s)$；球墨铸铁：$\sigma_{-1}\approx0.36\sigma_b$，$\tau_{-1}\approx0.31\sigma_b$。

2. 表中 $[\sigma_{+1b}]$、$[\sigma_{0b}]$、$[\sigma_{-1b}]$ 分别表示静应力、脉动循环应力及对称循环应力下的许用弯曲应力，当选用其他钢号时许用弯曲应力可根据相应的 σ_b 值选取。

第三节　轴的结构设计

轴的结构设计就是根据工作条件合理地确定轴的结构形状和全部尺寸。影响轴结构的因素很多，因此轴没有标准的结构形式，设计时应根据具体情况综合考虑，得出轴的合理结构。一般来说，轴的结构应满足下列要求：①轴和装配在轴上的零件应有正确的工作位置和可靠的相对固定；②轴应有良好的工艺性，便于制造和进行轴上零件的装配及调整；③轴的结构要有利于减小应力集中；④受力合理，有利于减轻轴的重量和节省材料。为了满足上述要求，轴的结构多为阶梯轴。

图 14－8 为阶梯轴的典型结构。轴的各段名称为：装轮毂的轴段称为轴头(图 14－8 的①、④段)；安装轴承的轴段称为轴颈(图 14－8 的③、⑦段)；连接轴颈和轴头的轴段称为轴身(图 14－8 的②、⑥段)；图 14－8 的⑤段称为轴环；直径不等的相邻两部分之间的环形轴端称为轴肩。

设计轴时，一般应已知：机器或部件的装配简图，轴的转速，传递的功率，轴上零件的类型和尺寸等。

下面以单级圆柱齿轮减速器的输入轴为例，来说明轴结构设计的一般步骤和方法。

图 14－9 所示为减速器的装配简图。图中给出了减速器主要零件的相互位置关系。设计轴时，即可按此确定轴上主要零件的安装位置(图 14－10a)。考虑到箱体可能有铸造误差，齿轮端面与箱体内壁应留有一定的间距 a，滚动轴承内侧与箱体内壁间应留出轴承调整的空间距离 s，带轮内端面与轴承端盖间的距离为 l(l、s、a 均为经验数据，可查机械设计手册)。

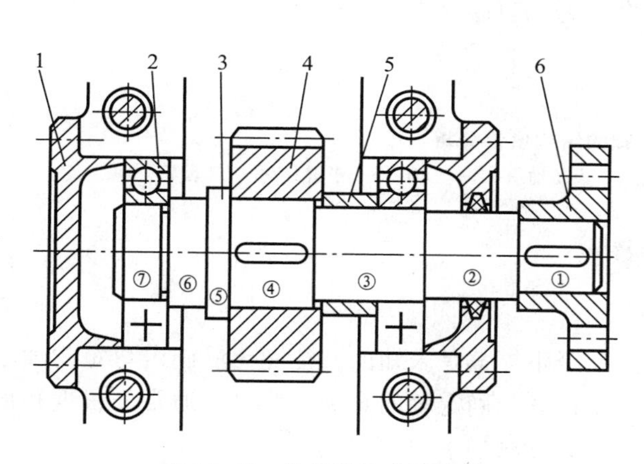

图 14－8 阶梯轴的典型结构

1—轴承盖；2—轴承；3—轴环；4—齿轮；5—套筒；6—半联轴器

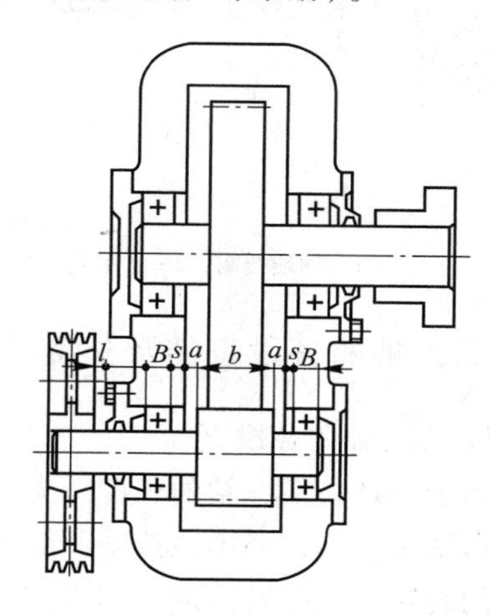

图 14－9 单级圆柱齿轮减速器简图

一、拟定轴上零件的装配方案

轴的结构形式取决于轴上零件的装配方案，因而进行轴的结构设计时，必须拟定几种不同的装配方案，以便进行比较和选择。如图 14－10c 所示输入轴的结构形式即为装拆方案之一，按此方案，圆柱齿轮、套筒、左端轴承及轴承端盖和带轮依次由轴的左端装配与拆卸；而图 14－10d 所示为输入轴的另一装配方案。经分析比较，后者比前者多设一个轴向固定的套筒，使轴上零件增多，重量增大，同时也增加了装配难度，因此前一个方案较为合理。

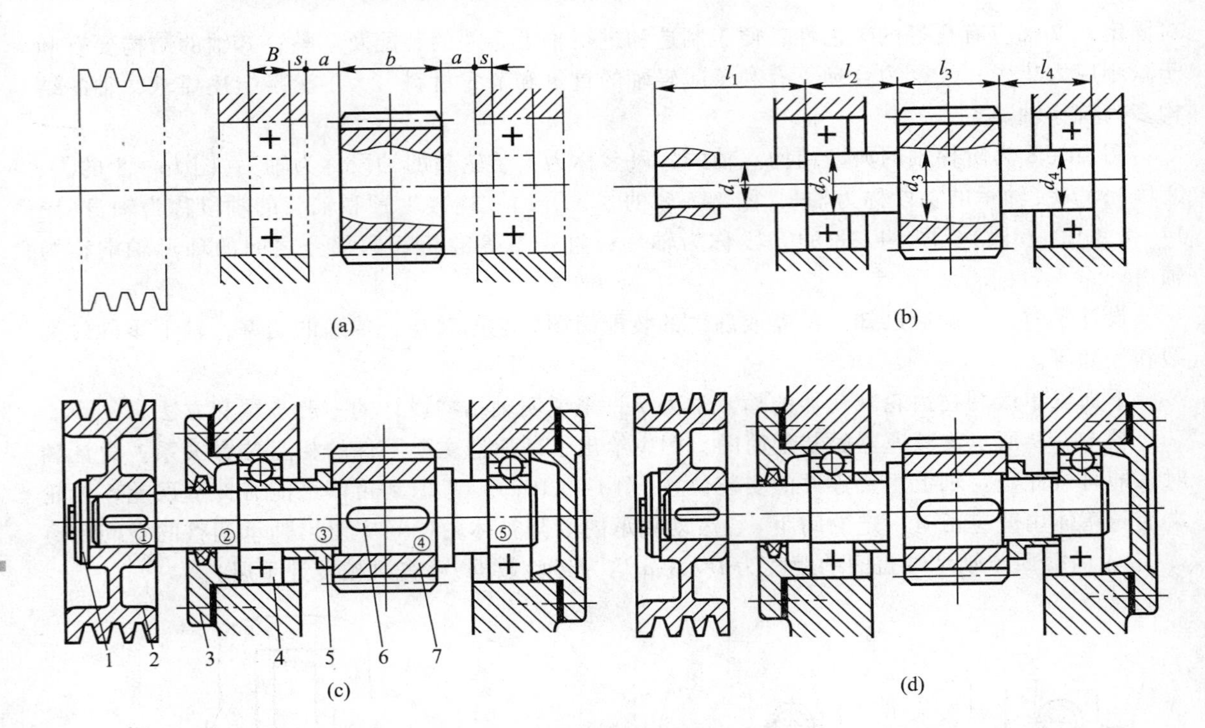

图 14－10　轴的结构设计分析

1—轴端挡圈；2—V 带轮；3—轴承端盖；4—滚动轴承；5—套筒；6—平键；7—圆柱齿轮

二、轴的各段直径及长度的确定

1. 确定轴的各段直径

由于设计初期，轴的长度、支反力作用点和跨距等都是未知的，往往无法确定弯矩的大小和分布情况，因而还不能按轴所受的实际载荷来计算和确定轴的直径。此时，通常先根据轴所传递的转矩，按扭转强度来初步估算轴的直径，其方法如下。

设轴所传递的转矩为 T，其强度条件为

$$\tau_T = \frac{T}{W_T} \approx \frac{9.55 \times 10^6 \dfrac{P}{n}}{0.2d^3} \leqslant [\tau_T] \tag{14-1}$$

式中，τ_T 为扭转切应力，单位为 MPa；T 为转矩，单位为 N · mm；W_T 为轴的抗扭截面系数，单位为 mm^3；n 为轴的转速，单位为 r/min；P 为轴传递的功率，单位为 kW；d 为计算剖面处轴的直径，单位为 mm；$[\tau_T]$为许用扭转切应力，单位为 MPa，见表 14－2。

由式(14－1)可得轴的直径计算公式为

$$d \geqslant \sqrt[3]{\frac{9.55 \times 10^6 P}{0.2[\tau_T]n}} = \sqrt[3]{\frac{9.55 \times 10^6}{0.2[\tau_T]}} \sqrt[3]{\frac{P}{n}} = A \sqrt[3]{\frac{P}{n}} \tag{14-2}$$

式中 $A = \sqrt[3]{9.55 \times 10^6 / (0.2[\tau_T])}$，查表 14－2。

表 14－2　轴常用材料的$[\tau_T]$及 A 值

轴的材料	Q235、20	45	40Cr、35SiMn、2Cr13
$[\tau_T]$/MPa	12～20	30～40	40～52
A	160～135	118～107	107～90

注：1. 表中所列的$[\tau_T]$及 A 值，当弯矩的作用较扭矩小或只受扭矩时，$[\tau_T]$取较大值，A 取较小值；反之，$[\tau_T]$ 取较小值，A 取较大值。

2. 当用 Q235 及 35SiMn 时，$[\tau_T]$取较小值，A 取较大值。

应当注意，用式(14－2)求得的直径，对于只承受转矩的传动轴，可作为最终计算；对于转轴，只能作为轴上受扭段的最小直径 d_{min}。估算出轴的最小轴径后，可根据轴上零件的装配方案和定位要求，依次确定各轴段的直径，如图 14－10b 所示。确定各轴段的直径时，应注意下列几点：①应考虑键槽对轴的强度削弱。如算最小轴径时，若该处有一个键槽，则直径的计算值应加大 3%～5%；若有两个键槽，则应加大 7%～10%，然后圆整至标准值。②轴上装配标准件处，其轴段直径必须符合标准件的标准直径系列值(如联轴器和滚动轴承等)。③有定位要求的轴段，轴的直径应满足定位要求。④非配合轴段的直径，可不取标准值，但一般应取成整数。

2. 确定轴的各段长度

根据各轴段处装配零件的宽度、相邻零件间的间距要求以及机器(或部件)总体布局要求等，可确定各轴段的长度。如图 14－10b 中，$l_2 = B + s + a$(B 为轴承宽度)。确定轴的各段长度时，应注意以下几点：①当零件需要轴向定位时，则该处轴段的长度应比所装零件的宽度(或长度)小 2～3 mm，以保证零件沿轴向可靠定位，如装齿轮和带轮的轴段；②装轴承处的轴段长度一般与轴承宽度相同；③轴段长度的确定应考虑轴系中各零件之间的相互关系和装拆工艺要求，如图 14－10c、d 中带轮和左端轴承之间的轴段就是根据轴承端盖的装拆要求和轴承端盖的厚度确定的。

三、轴上零件的定位与固定

为了保证机器能够正常工作，轴上零件和轴本身都应进行准确的定位和可靠的固定。定位和固定是两个不同的概念，定位是指保证轴上零件和轴具有准确的安装位置，而固定是为了保证轴和轴上零件在运转中保持原来的位置不变。在轴的结构中，有些结构往往既有定位作用，又有固定作用。轴上零件的定位和固定一般分为轴向定位与固定和周向固定两大类。

1. 轴上零件的轴向定位与固定

为了保证零件有确定的工作位置，防止零件沿轴向移动并能承受轴向载荷，必须将其进行轴向定位和固定。轴向定位与固定的方法很多，常见的有轴肩、轴环、套筒、各种挡圈、圆锥面、圆螺母及紧定螺钉等定位方式，其特点和应用见表 14－3。

表 14-3 轴上零件的轴向固定方法及特点

固定方法	简图	特点
套筒	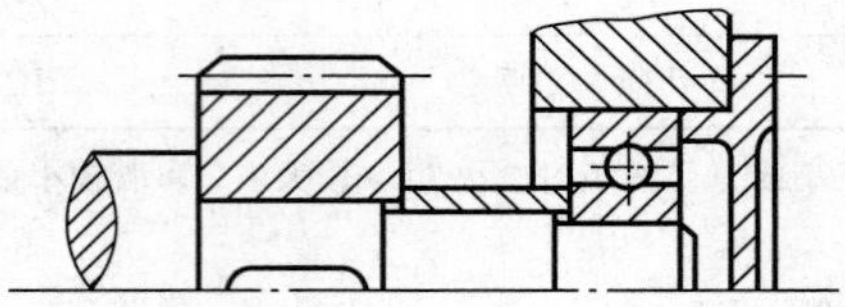	结构简单，定位可靠，轴上不需开槽、钻孔和切制螺纹，因而不影响轴的疲劳强度。一般用于零件间距较小的场合，以免增加结构重量。轴的转速很高时不宜采用
轴肩、轴环	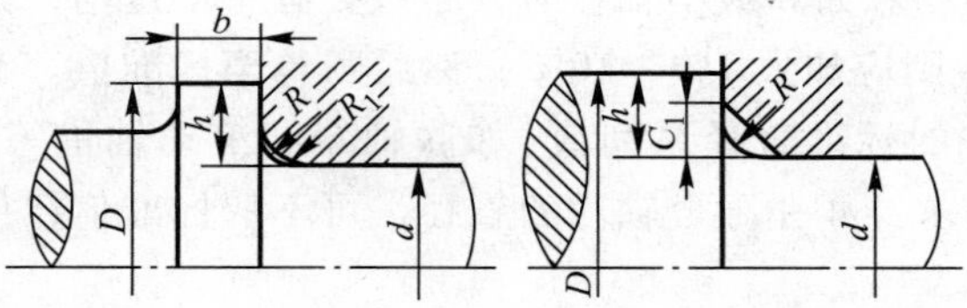	结构简单，定位可靠，可承受较大的轴向力，常用于齿轮、链轮、带轮、联轴器和轴承等的轴向定位。 定位轴肩高度 h 应大于 R_1 或 C_1，通常取 $h=(0.07\sim0.1)d$，同时为保证零件紧靠定位面，应使 $R<C_1$ 或 $R<R_1$，R、R_1、C_1 值见表 14-4。 非定位轴肩是为了加工和装配方便而设置的，其高度没有严格的规定，一般取为 1~2 mm。 轴环宽度 $b\approx1.4h$。 与滚动轴承配合处的 h 与 R 值应根据滚动轴承的类型与尺寸确定
弹性挡圈	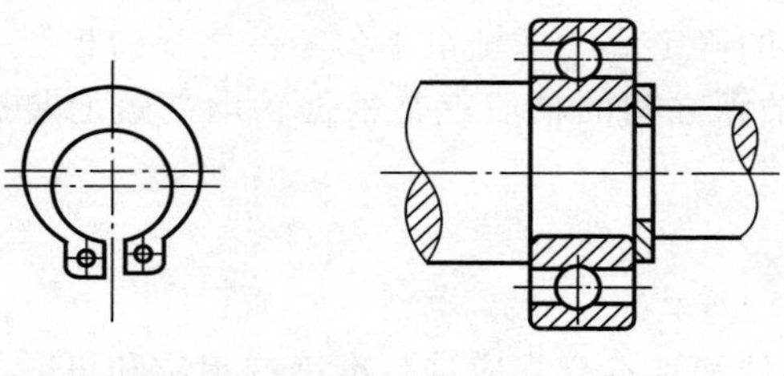	结构简单紧凑，只能承受很小的轴向力，常用于固定滚动轴承。 轴用弹性挡圈的结构尺寸见 GB/T 894.1—1986
圆螺母	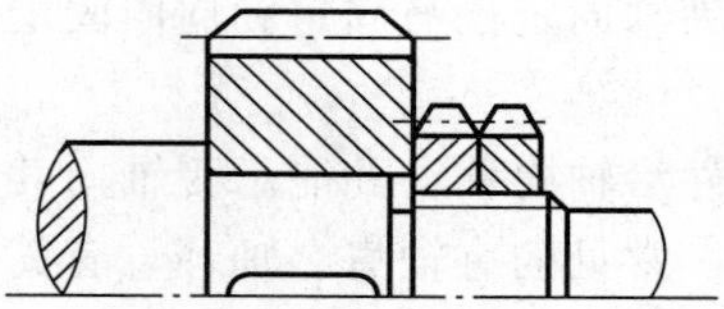	固定可靠，装拆方便，可承受较大轴向力。由于轴上有切制螺纹，使轴的疲劳强度降低。常用双圆螺母或圆螺母与止动垫圈固定轴端零件，当零件间距较大时，也可用圆螺母代替套筒以减小结构质量。 圆螺母和止动垫圈的结构尺寸见 GB/T 810—1988，GB/T 812—1988 和 GB/T 858—1988

续表

固定方法	简　　图	特　　点
圆锥面		能消除轴与轮毂间的径向间隙，装拆较方便，可兼作周向固定，能承受冲击载荷。多用于轴端零件固定，常与轴端压板或螺母联合使用，使零件获得双向轴向固定
轴端挡圈		适用于固定轴端零件，可承受剧烈振动和冲击载荷。 螺栓紧固轴端挡圈的结构尺寸见 GB/T 892—1986

2. 轴上零件的周向固定

为了传递转矩，防止零件与轴产生相对转动，轴上零件与轴必须有可靠的周向固定。固定方法要根据载荷的大小和性质、轮毂与轴的对中要求和重要性等因素来确定。如齿轮与轴多采用平键连接；在重载、冲击或振动情况下，可采用过盈配合加键连接；在传递转矩较大，轴上零件需做轴向移动或对中要求较高的情况下，可采用花键连接；轻载或不重要的情况下可采用销连接或紧定螺钉连接等。其具体结构可参考本章第五节。

四、具有良好的制造和装配工艺性

1. 制造工艺性要求

（1）需要磨削或切制螺纹的轴段应留有砂轮越程槽或螺纹退刀槽，如图 14－11 所示。

（2）一根轴上的圆角和倒角尺寸最好一致(结构尺寸见表 14－4)，以便减少刀具数目和加工时的换刀次数。

（3）若同一根轴上各轴段直径相差不大，则各轴段上键槽尺寸规格应尽可能相同并符合键的标准，同时所有键槽应设置在轴的同一母线上。

（4）为了便于轴在加工过程中各工序的定位，轴的两端面上应作出中心孔。中心孔的结构尺寸可参阅有关设计手册。

表 14－4　轴环与轴肩尺寸 b、h、R 及零件孔端圆角半径 R_1 和倒角 C_1　　mm

轴径 d	>10～18	>18～30	>30～50	>50～80	>80～100
R	0.8	1.0	1.6	2.0	2.5
R_1 或 C_1	1.6	2.0	3.0	4.0	5.0
h_{min}	2	2.5	3.5	4.5	5.5
b	$b \approx 1.4h$				

2. 装配工艺性要求

（1）为了保证轴上零件装拆顺利，轴的结构应采用阶梯形。轴的台阶数应尽可能少，轴肩高度应尽可能小，以减少加工，降低成本。

（2）合理选择不同轴段的配合性质、加工精度和表面粗糙度。为便于装卸，有时也可在同一名义轴径下取不同轴径偏差和不同粗糙度来区分同一轴段上的表面，如图 14－12 所示。

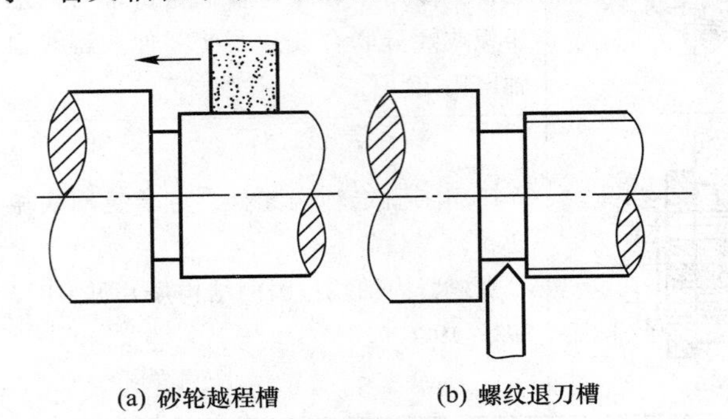

(a) 砂轮越程槽　　(b) 螺纹退刀槽

图 14－11　砂轮越程槽和螺纹退刀槽

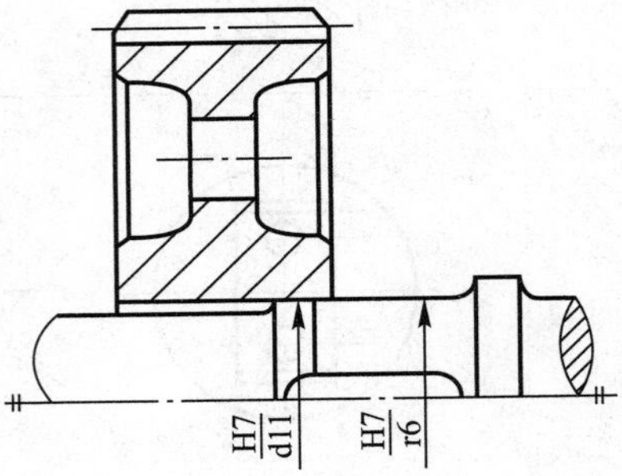

图 14－12　采用不同的尺寸公差，方便装配

（3）轴端、轴头和轴颈的端部都应有倒角，以便装配和保证安全。对过盈配合表面的压入端，最好加工成导向锥面（图 14－13），以便装配时压入零件。

（4）为了便于拆卸滚动轴承，轴肩高度一般应小于轴承内圈高度。若因结构上的原因轴肩高度超出允许值时，可利用锥面过渡，如图 14－14 所示。

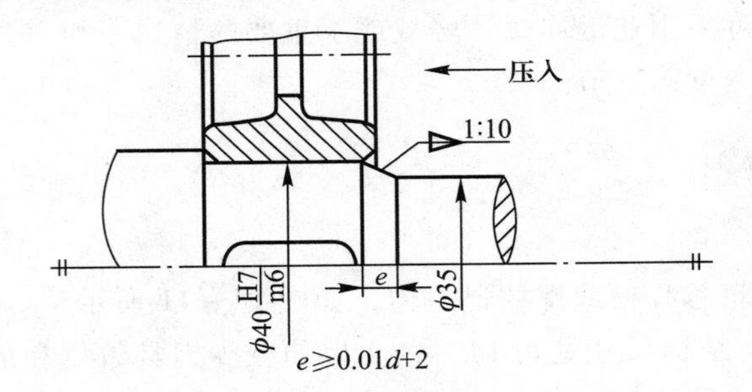

图 14－13　过盈配合连接及其工艺结构

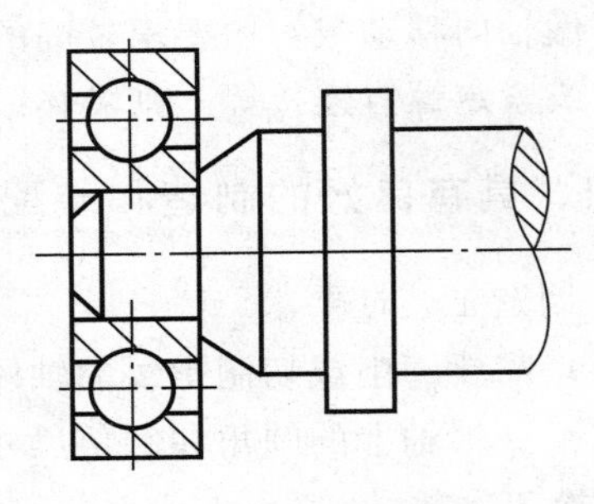

图 14－14　轴肩的锥面过渡

五、提高轴的强度与刚度的措施

1. 改善轴的受力情况

在传递功率不变时，改善轴的受力情况，可显著提高轴的强度和刚度。这可从以下几个方面考虑。

（1）轴上受力较大的零件应尽可能装在靠近轴承处以减小弯矩值。

（2）合理布置轴上传动零件的位置，减小轴的受载。如将输入轮 1 从图 14－15a 所示位置改变为图 14－15b 所示位置，则轴所受的最大转矩将由（$T_2+T_3+T_4$）降低为（T_3+T_4）。

（3）改进轴上零件的结构，以减小轴上的载荷。通过改进轴上零件的结构也可减小轴上的载荷。例如，图 14－16 所示起重机卷筒的两种安装方案中，图 14－16a 所示的方案是大齿轮和卷筒连在一起，转矩经大齿轮直接传给卷筒，卷筒轴只受弯矩而不受扭矩；图 14－16b 所示的方案是大齿轮将转矩通过轴传到卷筒，因而卷筒轴既受弯矩又受扭矩。在同样的载荷 $\boldsymbol{F}$ 作用下，前者中轴的直径显然可比后者中轴的直径小一些。

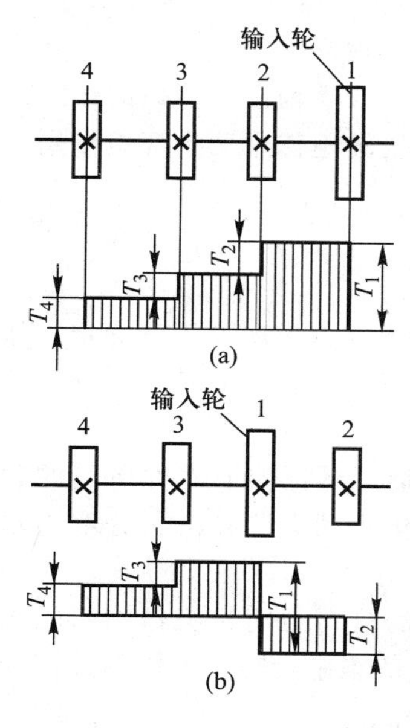

图 14－15　轴上零件的合理布置

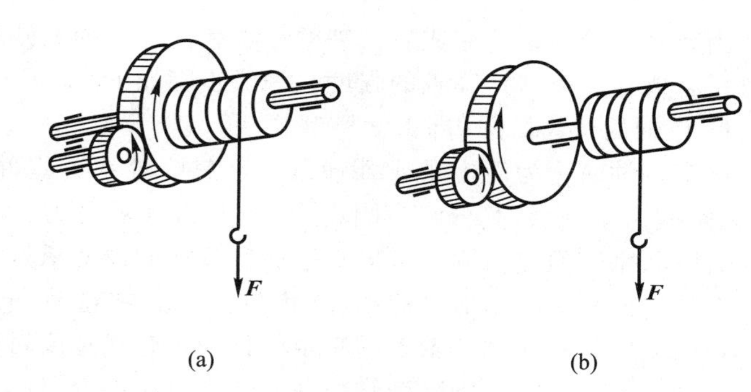

图 14－16　起重机卷筒

2. 改善轴的结构，减小应力集中

应力集中常常是产生疲劳裂纹的根源，为了减小应力集中，设计时应注意以下几个方面。

（1）阶梯轴相邻段的直径不宜相差太大。

（2）轴肩处的过渡圆角应尽可能大些。若轴肩处过渡圆角半径受结构限制难以增大，则可改用凹切圆角或过渡肩环结构形式，如图 14－17 所示。

（3）结构上应尽量减少应力集中源，轴上开设的孔、槽、切口和凹坑等都是应力集中源，应尽量避免。无法避免时，应将孔、槽边缘倒圆。

（4）合理选择键连接。花键连接应力集中低于平键，普通平键中 B 型键应力集中低于 A 型键。

（5）减小轴与零件过盈连接的应力集中。可采用增大配合处轴径和车制减载槽(图 14－18)等措施。

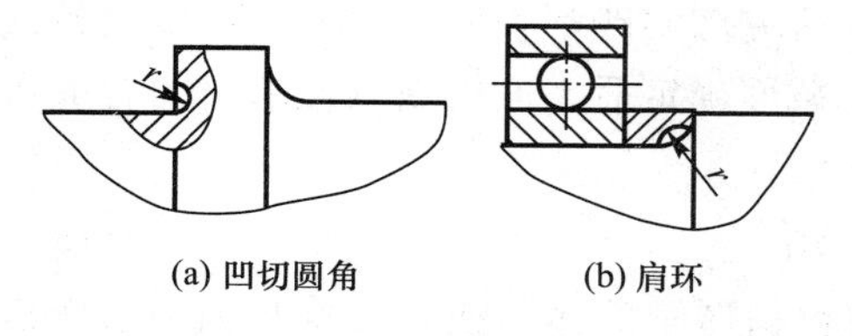

(a) 凹切圆角　　(b) 肩环

图 14－17　轴肩过渡结构

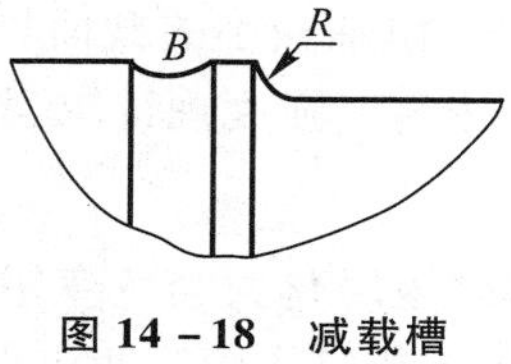

B　R

图 14－18　减载槽

3. 提高轴的表面质量

加工和装配时，总会在轴的表面留下刀痕和划伤等微细裂纹，从而引起应力集中。由于轴的表面总是处于最大应力状态，故消除或减少表面应力集中源，就可显著提高轴的疲劳强度。

主要措施有：①适当降低轴表面的粗糙度值；②强化轴的表面，如辗压、喷丸、渗碳淬火、渗氮或高频淬火等。

第四节　轴的强度计算

轴的强度计算应根据轴的具体受载情况采取相应的计算方法。传动轴仅受转矩的作用，按扭转强度计算；心轴仅受弯矩的作用，按弯曲强度计算；转轴既受转矩作用又受弯矩作用，一般按弯扭合成强度计算。

一、按弯扭合成强度计算

当转轴的结构设计完成后，轴的形状和尺寸、轴上外载荷和支反力作用点均已确定，即可按弯扭合成强度条件计算轴的强度。一般步骤如下。

1. 作轴的计算简图(即力学模型)

通常将轴简化为简支梁或外伸梁，且忽略轴系各零件的质量，再将轴上零件所受的载荷(若为空间力系,应将其分解为圆周力、径向力和轴向力)全部转化到轴上。并将其分解为水平面受力图和垂直面受力图，求出水平面和垂直面内支承点的支反力。

在计算简图中，一般将传动件(齿轮、带轮、链轮等)传给轴的分布力简化为作用于轮缘宽度中点的集中力；作用在轴上的转矩简化为过轮毂宽度对称中点的集中转矩。若轴的外伸端安装的是带轮或链轮，则轴除受转矩外，还受由压轴力引起的弯矩。

支反力的位置由支承形式确定，滚动轴承参阅本书第十二章的有关说明。对于滑动轴承(图 14－19)，当 $l/d \leqslant 1$ 时，取 $e=0.5l$；当 $l/d>1$ 时，取 $e=0.5d$，但不应小于$(0.25\sim0.35)l$。

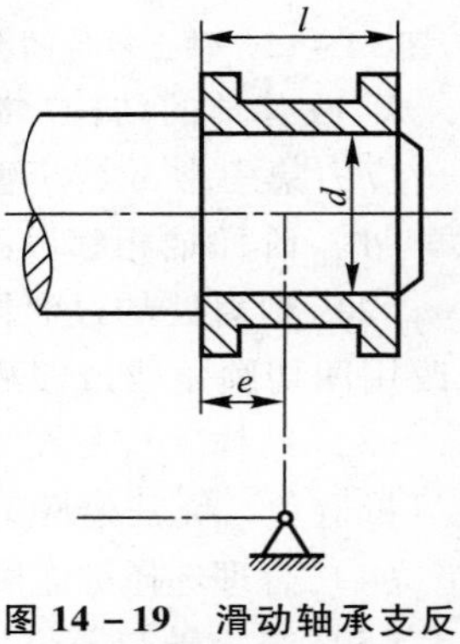

2. 作弯矩图

分别作出水平面弯矩图 M_{H} 和垂直面弯矩图 M_{V}。然后由式(14－3)计算出合成弯矩，并绘制合成弯矩图 M。

$$M=\sqrt{M_{\mathrm{H}}^{2}+M_{\mathrm{V}}^{2}} \qquad (14-3)$$

3. 作扭矩图

根据轴所受的转矩 T 作出扭矩图。

图 14－19　滑动轴承支反力作用点的位置

4. 判断危险截面，计算当量弯矩

轴的危险截面一般按合成弯矩图进行判断。理论研究和实践都表明，轴上弯矩最大的截面以及弯矩次大，但轴径小的截面均为危险截面。危险截面确定后，应根据以上求出的合成弯矩 M 和转矩 T，按第三强度理论求当量弯矩 M_{e} 为

$$M_{\mathrm{e}}=\sqrt{M^{2}+(\alpha T)^{2}} \qquad (14-4)$$

式中，α 是将转矩转化为当量弯矩的校正系数，其值根据转矩的性质而定。这是因为由弯矩产生的弯曲应力 σ 是对称循环变应力，而由扭矩产生的扭转切应力 τ 则通常不是对称循环变应力。考虑到两者循环特性的不同，故引入校正系数 α，当扭转切应力为静应力时，$\alpha=[\sigma_{-1\mathrm{b}}]/[\sigma_{+1\mathrm{b}}]\approx0.3$；当扭转切应力为脉动循环变应力时，$\alpha=[\sigma_{-1\mathrm{b}}]/[\sigma_{0\mathrm{b}}]\approx0.6$；当扭转切应力为对称循环变应力时，$\alpha=1$。

5. 轴的强度计算

当轴危险截面的当量弯矩求出后，即可按弯扭合成强度对轴进行强度计算，校核公式为

$$\sigma_e = \frac{M_e}{W} = \frac{\sqrt{M^2 + (\alpha T)^2}}{W} \leqslant [\sigma_b] \tag{14-5}$$

式中，W 为轴的抗弯截面系数，对于直径为 d 的实心圆轴，$W \approx 0.1d^3$，带键槽轴和花键轴的 W 可查机械设计手册；$[\sigma_b]$ 为轴的许用弯曲应力，根据循环特性分别为 $[\sigma_{-1b}]$、$[\sigma_{0b}]$ 及 $[\sigma_{+1b}]$。

由式(14－5)可得实心轴直径的设计公式为

$$d \geqslant \sqrt[3]{\frac{M_e}{0.1[\sigma_b]}} \tag{14-6}$$

心轴的强度校核可看成是上述情况的一个特例，即用式(14－5)时，取 $T=0$，$M_e = M$。对于转动心轴，弯矩在轴截面产生对称循环变应力；对于固定心轴，考虑起动和停车等影响，可以认为是脉动循环变应力。

二、轴的刚度计算

轴的刚度不足，工作时将产生过大的弯曲和扭转变形，就会影响轴上零件的正常工作，甚至会影响机器的工作性能。如安装齿轮轴段的变形超过一定限度，就会影响齿轮的正常啮合，使齿轮沿齿宽和齿高方向接触不良，造成载荷集中，降低了重合度。切削机床主轴的刚度不够，会影响机床的加工精度。所以对于有刚度要求的轴，必须进行刚度的校核计算。

1. 轴的弯曲刚度校核计算

利用材料力学中的公式和方法计算出轴的挠度 y 和转角 θ，并满足下式：

$$y \leqslant [y], \quad \theta \leqslant [\theta]$$

式中许用挠度 $[y]$ 和许用转角 $[\theta]$ 在一般机械中的规定值见表 14－5。

表 14－5　轴的许用变形量

变形种类		应用场合	许用值	变形种类		应用场合	许用值
弯曲变形	许用挠度 $[y]$	一般用途的轴	$(0.000\,3 \sim 0.000\,5)l$	弯曲变形	许用转角 $[\theta]$	滑动轴承	0.001 rad
		刚度要求较高的轴	$\leqslant 0.000\,2l$			深沟球轴承	0.005 rad
		安装齿轮的轴	$(0.01 \sim 0.03)m_n$			调心球轴承	0.05 rad
		安装蜗轮的轴	$(0.02 \sim 0.05)\,m$			圆柱滚子轴承	0.002 5 rad
		感应电动机轴	$\leqslant 0.01\Delta$			圆锥滚子轴承	0.001 6 rad
		l 为支承间跨距； m_n 为齿轮法向模数； m 为蜗轮端面模数； Δ 为电动机定子与转子间的间隙				安装齿轮处的截面	0.001 rad
				扭转变形	许用扭转角 $[\varphi]$	一般传动	0.5°～1°/m
						较精密传动	0.25°～0.5°/m
						重要传动	0.25°/m

2. 轴的扭转刚度校核计算

利用材料力学的公式和方法计算轴单位长度上的扭转角，并且满足：

$$\varphi \leqslant [\varphi]$$

式中，$[\varphi]$为单位长度上的许用扭转角，对于一般传动，其值见表 14－5。

三、轴的设计步骤

轴的设计步骤大致如下。

（1）合理选择轴的材料及热处理方法；

（2）按轴的扭转强度估算轴的最小轴径（或用类比方法确定）；

（3）进行轴的结构设计；

（4）校核轴的强度及其他必要的校核计算；

（5）绘制轴的零件工作图。

四、轴的使用与维护

轴若使用不当，没有良好的维护，就会影响其正常工作，甚至产生意外损坏，降低轴的使用寿命。因此，轴的正确使用和良好维护，对轴的正常工作及保证轴的疲劳寿命有着重要的意义。

1. 轴的使用

（1）安装时，要严格按照轴上零件的先后顺序进行，注意保证安装精度。对于过盈配合的轴段要采用专门工具进行装配，以免破坏其表面质量。

（2）安装结束后，要严格检查轴在机器中的位置以及轴上零件的位置，并将其调整到最佳工作位置，同时轴承的游隙也要按工作要求进行调整。

（3）在工作中，必须严格按照操作规程进行，尽量使轴避免承受过量载荷和冲击载荷，并保证润滑，从而保证轴的疲劳强度。

2. 轴的维护

在工作过程中，对于轴的维护应重点注意以下 3 个方面：

（1）认真检查轴和轴上零件的完好程度，若发现问题应及时维修或更换。轴的维修部位主要是轴颈及轴端。对精度要求较高的轴，在磨损量较小时，可采用电镀法或热喷涂（或喷焊）法进行修复。轴上花键或键槽损伤，可以用气焊或堆焊修复，然后再铣出花键或键槽。也可将原键槽焊补后再铣制新键槽。

（2）认真检查轴及轴上主要传动零件工作位置的准确性和轴承的游隙变化并及时调整。

（3）轴上的传动零件（如齿轮、链轮等）和轴承必须保证良好的润滑。应当根据季节和工作地点的变化，按规定选用润滑剂并定期加注。对润滑油要及时检查和补充，必要时更换。

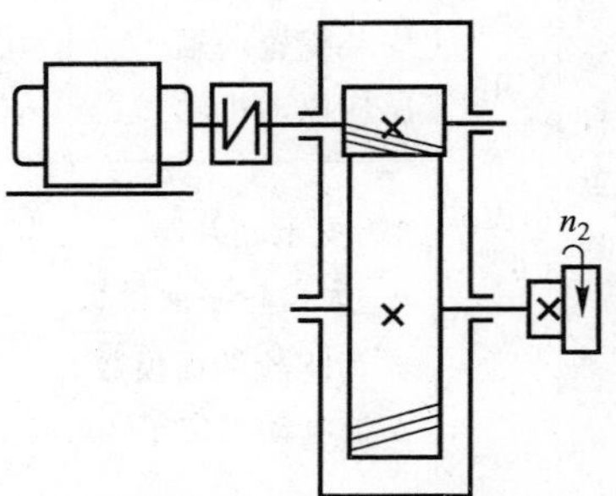

图 14－20　单级齿轮减速器简图

例 14－1　设计皮带运输机减速器的主动轴（图 14－20）。已知传递的功率 $P=13$ kW，转速 $n=200$ r/min，齿轮的齿宽为

100 mm，齿数 $z=40$，模数 $m_n=5$ mm，螺旋角 $\beta=9°22'$，轴端装有联轴器，工作时为单向转动。

解 轴的受力分析及弯矩、扭矩见图 14－21。设计的计算项目、计算内容及计算结果列表进行。

计算项目	计算内容	计算结果
1. 选择轴的材料，确定许用应力	选择轴的材料为 45 钢，调质处理。由表 14－1 查得 $[\sigma_{-1b}]=59$ MPa	$[\sigma_{-1b}]=59$ MPa
2. 计算轴的载荷	轴所传递的转矩为 $T=9.55\times10^6\dfrac{P}{n}=9.55\times10^6\dfrac{13\ \text{kW}}{200\ \text{r/min}}=620\ 750\ \text{N}\cdot\text{mm}$ 作用在齿轮上的力为 $F_t=\dfrac{2T}{d}=\dfrac{2T}{zm_n/\cos\beta}=\dfrac{2\times620\ 750}{40\times5/\cos9°22'}\ \text{N}=6\ 125\ \text{N}$ $F_r=F_t\dfrac{\tan\alpha_n}{\cos\beta}=6\ 125\times\dfrac{\tan20°}{\cos9°22'}\ \text{N}=2\ 259\ \text{N}$ $F_a=F_t\tan\beta=6\ 125\tan9°22'\ \text{N}=1\ 010\ \text{N}$ 圆周力 F_t、径向力 F_r 及轴向力 F_a 的方向如图 14－21 所示	$T=620\ 750\ \text{N}\cdot\text{mm}$ $F_t=6\ 125$ N $F_r=2\ 259$ N $F_a=1\ 010$ N
3. 初步估算轴的最小直径，选取联轴器	安装联轴器处轴的直径 $d_Ⅰ$（图 14－21a）为轴的最小直径。根据表 14－2，$A=107\sim118$，按式（14－2）得 $d_Ⅰ=A\sqrt[3]{\dfrac{P}{n}}=(107\sim118)\sqrt[3]{\dfrac{13}{200}}\ \text{mm}=43.02\sim47.44\ \text{mm}$ 考虑到轴上有键槽削弱，轴径须加大 3%～5%，取为 44.31～49.81 mm。为了使所选轴径与联轴器的孔径相适应，需同时选取联轴器。 按扭矩 $T=620\ 750\ \text{N}\cdot\text{mm}$ 查手册，选用 LX3 型弹性柱销联轴器，其半联轴器的孔径 $d_2=48$ mm，故取 $d_Ⅰ=48$ mm	$d_Ⅰ=48$ mm
4. 轴的结构设计： （1）拟定轴上零件的装配方案； （2）根据轴向定位的要求确定轴的各段直径和长度	轴上的大部分零件包括齿轮、套筒、左端轴承和轴承端盖及联轴器依次由左端装配，仅右端轴承和轴承端盖由右端装配。 轴的各段直径和长度见图 14－21a。 ① 装联轴器段：由第 3 步已确定 $d_Ⅰ=48$ mm，查手册知 LX3 型弹性柱销联轴器与轴配合部分的长度 $L_1=84$ mm，为保证轴端挡圈压紧联轴器，$l_Ⅰ$应比 L_1 略小，故取 $l_Ⅰ=82$ mm。 ② 装左轴承端盖段：联轴器右端用轴肩定位，故取 $d_Ⅱ=55$ mm［取定位轴肩高 $h=(0.07\sim0.1)d_Ⅰ$］。轴段Ⅱ的长度由轴承端盖宽度及其固定螺钉的装拆空间要求决定，取 $l_Ⅱ=40$ mm	$l_Ⅰ=82$ mm $d_Ⅱ=55$ mm $l_Ⅱ=40$ mm

计算项目	计算内容	计算结果
	③ 装左轴承段：这段轴径由滚动轴承的内圈孔来决定。根据斜齿轮有轴向力及 $d_{Ⅱ}=55$ mm，选角接触球轴承 7312CJ，其尺寸为 $d\times D\times B=60\times130\times31$，故取 $d_{Ⅲ}=60$ mm，轴段Ⅲ的长度由滚动轴承宽度 B、轴承内侧与箱体内壁距离 $s=5\sim10$ mm、齿轮端面与箱体内壁之间的距离 $a=10\sim20$ mm 及大齿轮轮毂与其装配轴段的长度差等尺寸决定，$l_{Ⅲ}=B+s+a+2=(31+5+20+2)$ mm $=58$ mm。	$d_{Ⅲ}=60$ mm $l_{Ⅲ}=58$ mm
	④ 装齿轮段：考虑齿轮装拆方便，取 $d_{Ⅳ}=65$ mm，为保证套筒紧靠齿轮左端使齿轮轴向固定，$l_{Ⅳ}$ 略小于齿轮宽度，取 $l_{Ⅳ}=98$ mm。	$d_{Ⅳ}=65$ mm $l_{Ⅳ}=98$ mm
	⑤ 轴环段：齿轮右端用轴环定位，按设计手册推荐轴环高度 $h=(0.07\sim0.1)d=(0.07\sim0.1)\times65=(4.55\sim6.5)$ mm，取 $h=6.5$ mm，故轴环直径 $d_{Ⅴ}=d_{Ⅳ}+2h=(65+2\times6.5)$ mm $=78$ mm，轴环宽度一般为高度的 1.4 倍，取 $l_{Ⅴ}=10$ mm。	$d_{Ⅴ}=78$ mm $l_{Ⅴ}=10$ mm
	⑥ 装右轴承段：该段取与轴段Ⅲ相同的直径，即 $d_{Ⅵ}=60$ mm。由于齿轮相对于轴承对称布置，故该段的长度可由下式计算 $l_{Ⅵ}=a+s-b$(轴环宽度)$+B=(20+5-10+31)$ mm $=46$ mm。	$d_{Ⅵ}=60$ mm $l_{Ⅵ}=46$ mm
(3) 轴上零件的周向固定；	齿轮、半联轴器与轴的周向固定均采用平键连接。同时为了保证齿轮与轴有良好的对中性，采用 H7/r6 的配合，半联轴器与轴的配合为 H7/k6，滚动轴承与轴的配合为 H7/k6。	
(4) 定出轴肩处的圆角半径 R 的值	轴肩处的圆角半径 R 的值见图 14－21a。轴端倒角取 $C2$	
5. 校核轴的强度：		
(1) 作轴的计算简图；	由轴的结构简图(图 14－21a)，可确定出轴承支点跨距 $L_2=L_3=80.4$ mm，悬臂 $L_1=105.6$ mm。由此可画出轴的计算简图，如图 14－21b 所示。	$L_2=L_3=80.4$ mm $L_1=105.6$ mm
(2) 计算支反力，作弯矩图	① 作水平面内弯矩图 M_H(图 14－21d) 水平面支反力为(图 14－21c) $R_{BH}=R_{DH}=\frac{F_t}{2}=\frac{6\ 125}{2}=3\ 062.5$ N 截面 C 处弯矩为 $M_{CH}=R_{BH}\times L_2=3\ 062.5\text{ N}\times80.4\text{ mm}=246\ 225\text{ N}\cdot\text{mm}$	$R_{BH}=R_{DH}=3\ 062.5$ N $M_{CH}=246\ 225$ N·mm

续表

计算项目	计算内容	计算结果
	② 作铅垂面内弯矩图 M_V(图 14－21f)	
	垂直面支反力为(图 14－21e)	
	$R_{DV}=\dfrac{F_r\times L_2-F_a\times\dfrac{d}{2}}{L_2+L_3}$	
	$=\dfrac{2\ 259\times 80.4-\dfrac{1\ 010}{2}\times\dfrac{40\times 5}{\cos 9°22'}}{80.4+80.4}\ N=493\ N$	$R_{DV}=493\ N$
	$R_{BV}=F_r-R_{DV}=(2\ 259-493)\ N=1\ 766\ N$	$R_{BV}=1\ 766\ N$
	截面 C 左边弯矩为	
	$M_{CV1}=R_{BV}\times L_2=1\ 766\ N\times 80.4\ mm=141\ 986\ N\cdot mm$	$M_{CV1}=141\ 986\ N\cdot mm$
	截面 C 右边弯矩为	
	$M_{CV2}=R_{DV}\times L_3=493\ N\times 80.4\ mm=39\ 637\ N\cdot mm$	$M_{CV2}=39\ 637\ N\cdot mm$
	③ 作合成弯矩图(图 14－21g)	
	截面 C 左边为	
	$M_{C1}=\sqrt{M_{CH}^2+M_{CV1}^2}=\sqrt{246\ 225^2+141\ 986^2}\ N\cdot mm$ $=284\ 230\ N\cdot mm$	$M_{C1}=284\ 230\ N\cdot mm$
	截面 C 右边为	
	$M_{C2}=\sqrt{M_{CH}^2+M_{CV2}^2}=\sqrt{246\ 225^2+39\ 637^2}\ N\cdot mm$ $=249\ 395\ N\cdot mm$	$M_{C2}=249\ 395\ N\cdot mm$
(3) 作扭矩图	扭矩图见图 14－21h。 扭矩 $T=620\ 750\ N\cdot mm$	$T=620\ 750\ N\cdot mm$
(4) 判断危险截面，计算当量弯矩	从图 14－21g 可见截面 C 处弯矩最大，该截面为危险截面。 因为工作时为单向转动，扭转切应力为脉动循环变应力，故取修正系数 $\alpha\approx 0.6$，则截面 C 的当量弯矩为 $M_e=\sqrt{M_{C1}^2+(\alpha T)^2}=\sqrt{284\ 230^2+(0.6\times 620\ 750)^2}\ N\cdot mm$ $=468\ 514\ N\cdot mm$	$M_e=468\ 514\ N\cdot mm$
(5) 校核轴的强度	由式(14－5)可得 $\sigma_e=\dfrac{M_e}{W}=\dfrac{M_e}{0.1d^3}=\dfrac{468\ 514}{0.1\times 65^3}\ MPa=17.06\ MPa$ 因 $\sigma_e<[\sigma_{-1b}]=59\ MPa$，故截面 C 的强度足够	$\sigma_e=17.06\ MPa$ $\sigma_e<[\sigma_{-1b}]$
6. 绘制轴的零件工作图		见图 14－22

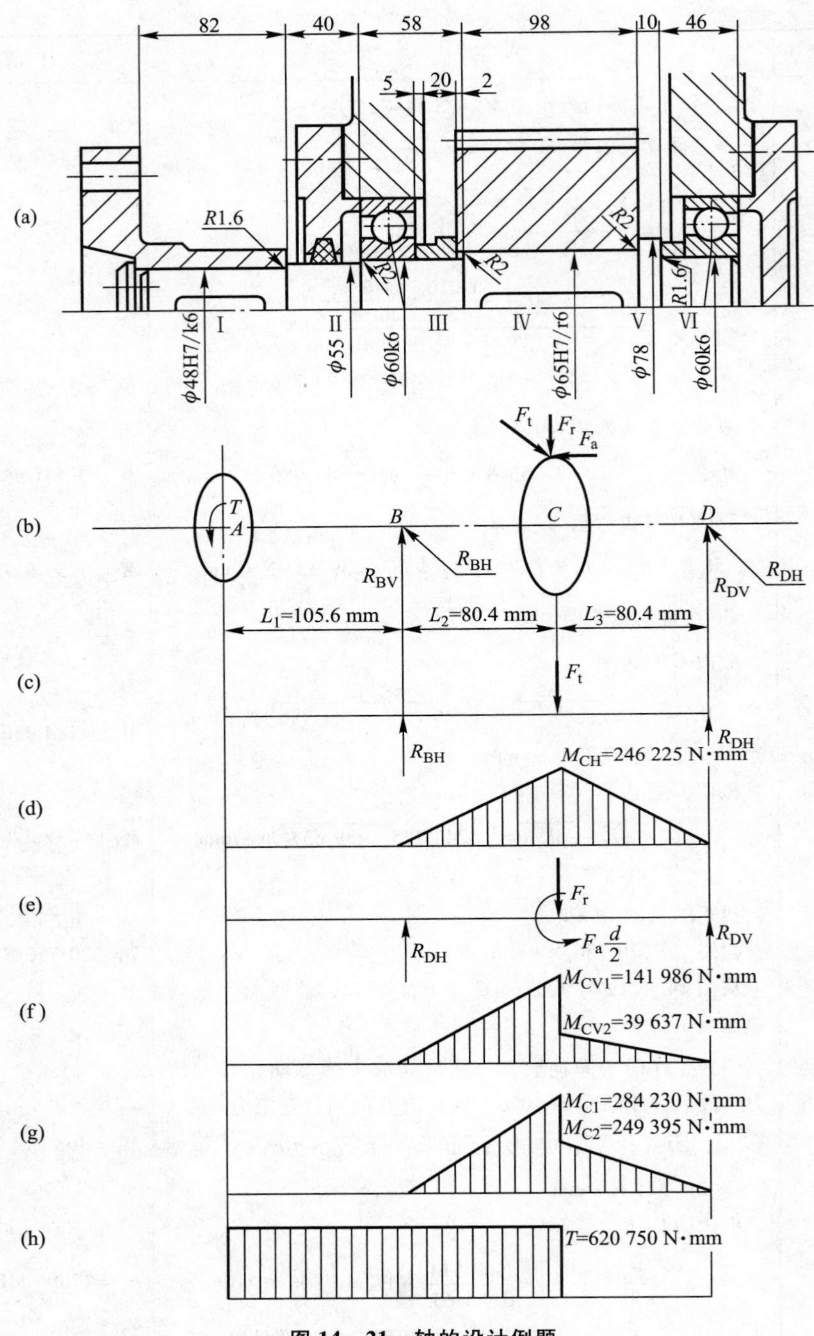

图 14－21 轴的设计例题

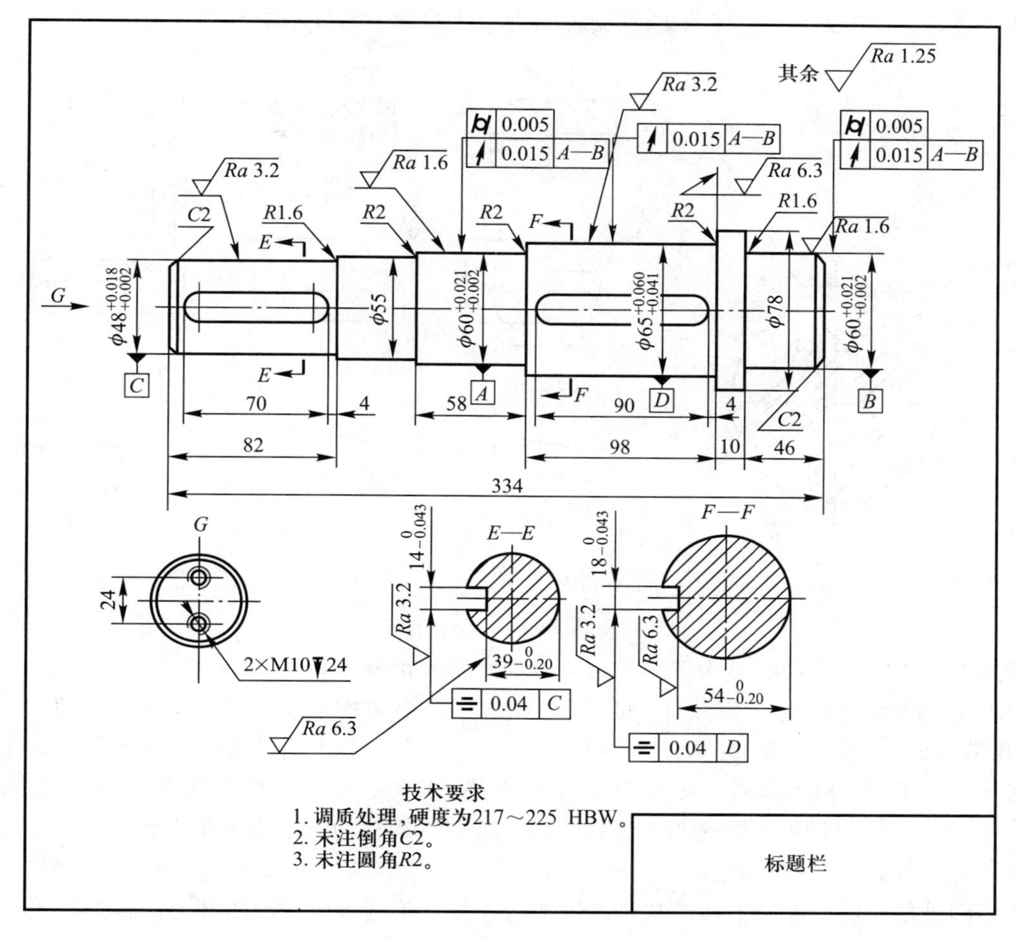

图 14－22　轴的零件工作图

第五节　轴毂连接

轴与传动零件的轮毂之间的连接称为轴毂连接。其主要功能是实现轴上零件的周向固定并传递转矩，有些还能实现轴上零件的轴向固定或移动。轴毂连接的形式很多，有键连接、花键连接和销连接等，下面分别进行介绍。

一、键连接的类型、特点和应用

键是标准件，其结构简单，装拆方便，工作可靠，故键连接是应用最广的一种轴毂连接。键连接按键的形状不同可分为平键连接、半圆键连接、楔键连接和切向键连接等几种类型。

1. 平键连接

如图 14－23 所示，平键的工作面为其两个侧面，上表面与轮毂键槽底面之间留有间隙。工作时靠轴上键槽、键及轮毂键槽的侧面相互挤压来传递运动和转矩。平键连接的结构简单，装拆方便，对中性好，应用最广，但它不能承受轴向力，故对轴上零件不能起到轴向固定的作用。

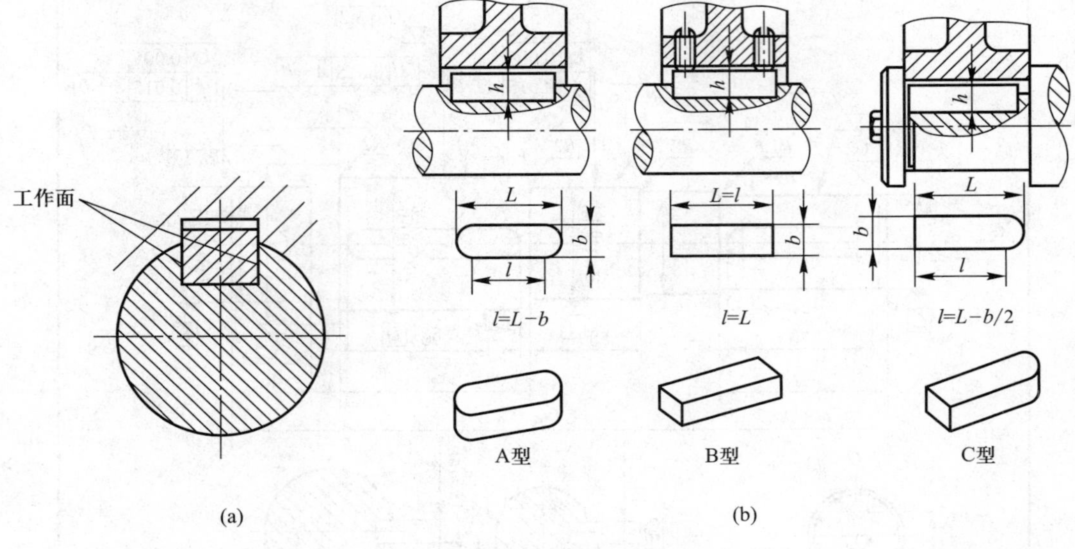

图 14－23　平键连接

按用途的不同，平键可分为普通平键、导向平键和滑键 3 种：

（1）普通平键。普通平键用于静连接。根据其端部结构形状的不同，分为圆头（A 型）、方头（B 型）和单圆头（C 型）键 3 种，如图 14－23b 所示。采用 A 型键和 C 型键时，轴上键槽用指状铣刀加工（图 14－24a），键在轴上的轴向固定良好，但轴上键槽端部的应力集中较大。采用 B 型键时，轴上键槽用盘铣刀加工（图 14－24b），键槽两端的应力集中较小，但键在轴上的轴向固定不好；当键的尺寸较大时需用紧定螺钉把它压紧在轴上的键槽中。A 型键和 B 型键多用于中间轴段，C 型键用于轴端与轮毂键槽的连接。轮毂键槽一般用插刀或拉刀加工。

（2）导向平键。导向平键用于轮毂需作轴向移动的动连接。导向平键较长，需用螺钉将键紧固在轴槽上，为了便于拆卸，在键的中部常设有起键螺纹孔，如图 14－25 所示。导向平键适用于轴上零件轴向移动量不大的场合，如变速箱中的滑移齿轮。

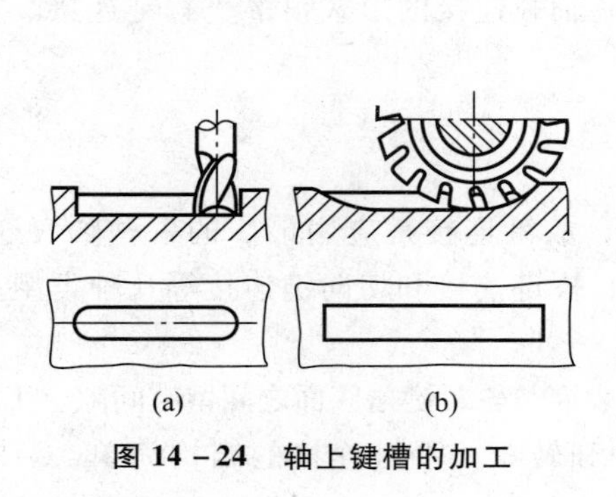

图 14－24　轴上键槽的加工

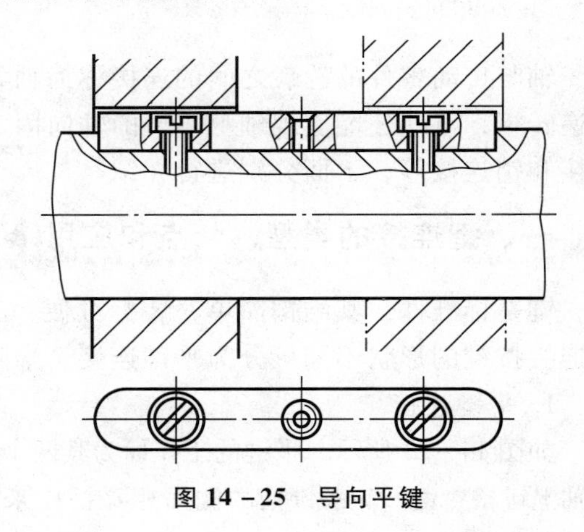

图 14－25　导向平键

（3）滑键。滑键也用于动连接，其结构如图 14－26 所示。这种连接是将滑键固定在轴上零件的轮毂中，并随同零件在轴上的键槽中滑移。适用于轴上零件滑移距离较大的场合，如台钻主轴与带轮的连接等。

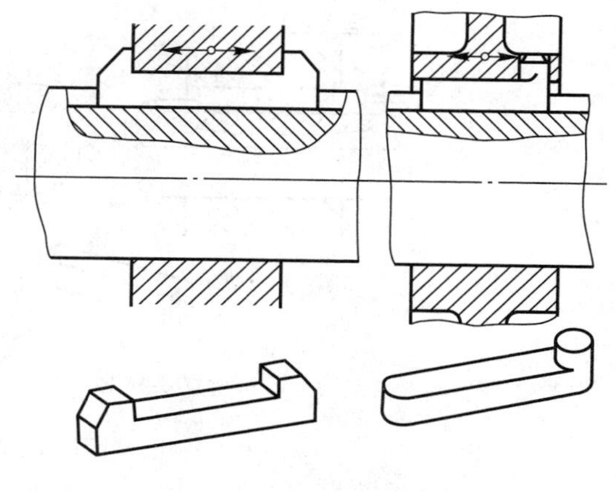

图 14－26 滑键连接

2. 半圆键连接

如图 14－27 所示，半圆键连接靠键的两个侧面传递转矩。轴上键槽用尺寸与半圆键相同的盘铣刀加工，因而键在轴槽中能绕其几何中心摆动，以适应轮毂中键槽由于加工误差所造成的斜度。半圆键连接的优点是轴槽的加工工艺性好，装配方便，但键槽较深，对轴的强度削弱较大。一般只宜用于轻载，尤其适用于锥形轴端与轮毂的连接。

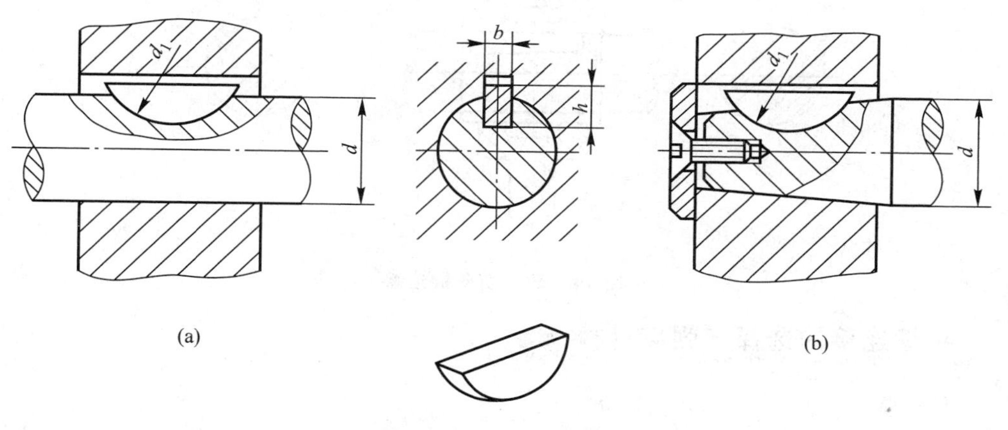

图 14－27 半圆键连接

3. 楔键连接

楔键连接用于静连接，可分为普通楔键(图 14－28a)和钩头楔键(图 14－28b)两种。楔键的上表面和与它配合的轮毂槽底面均有 1∶100 的斜度，键的上下两面为工作面，键的两侧面与键槽都留有间隙。工作时，靠键的楔紧作用传递转矩，同时还可承受单方向的轴向载荷。但在打紧键时破坏了轴与轮毂的对中性，另外在振动、冲击和承受变载荷时易产生松动。故楔键连接仅适用于对传动精度要求不高、低速和平稳的场合。钩头楔键的钩头是供拆卸键用的，为了防止工作时发生事故，钩头部分应加防护罩。

4. 切向键连接

如图 14－29 所示，切向键是由一对斜度为 1∶100 的楔键组成。装配时两键的斜面相互贴合，共同楔紧在轴毂之间。其工作原理与楔键相同，依靠键的楔紧作用传递转矩。传递单向转矩只需一对切向键(图 14－29a)，若要传递双向转矩，则需要装两对互成 120°～135°的切向键(图 14－29b)。切向键仅用于载荷较大且对中性要求不高的场合。

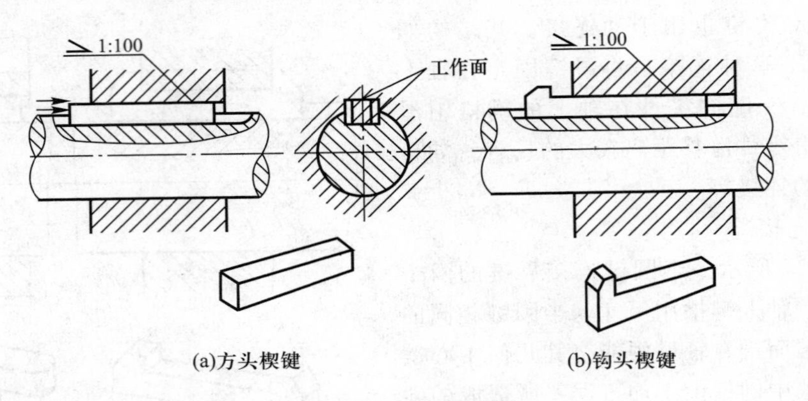

图 14－28　楔键连接

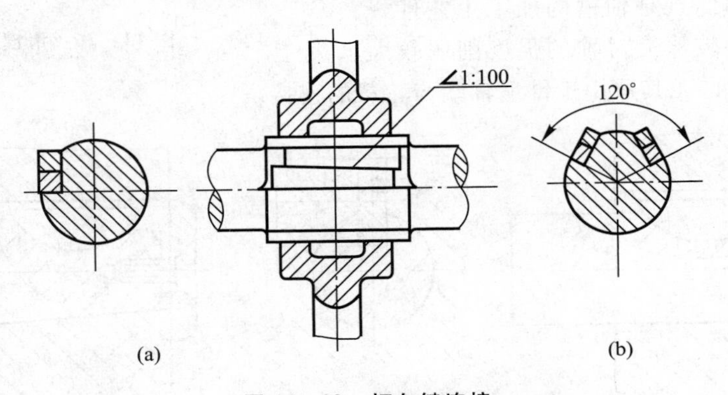

图 14－29　切向键连接

二、平键连接的选择与强度计算

1. 类型选择

键的类型应根据具体的工作要求和使用条件而定，如对中性要求、传递转矩的大小、轮毂是否沿轴向滑移及滑移的距离大小，以及键在轴上的位置等。

2. 尺寸选择

（1）根据轴的直径 d 从标准（见表 14－6 或有关手册）中选取平键的宽度 b 和高度 h；

（2）键长 L 根据轮毂宽度 B 确定，一般 $L=B-(5\sim10)$ mm，并须符合标准中规定的长度系列，见表 14－6。

3. 强度校核

平键连接工作时的受力情况如图 14－30 所示，键的侧面受挤压，a—a 截面受剪切。实践证明，普通平键连接的主要失效形式是键、轴和轮毂中强度较弱的工作表面被压溃，而导向平键和滑键连接的主要失效形式是工作面的过度磨损。因此，对普通平键只需校核其挤压强度，而对导向平键和滑键则通过限制其压强来控制磨损。强度条件分别为

$$\sigma_p=\frac{2T}{dkl}\leqslant[\sigma_p] \tag{14-7}$$

$$p=\frac{2T}{dkl}\leqslant[p] \qquad (14-8)$$

式中，T 为传递的转矩，单位为 N·mm；d 为轴的直径，单位为 mm；k 为键与轮毂的接触高度，$k\approx h/2$，单位为 mm；l 为键的工作长度，单位为 mm，A 型键 $l=L-b$，B 型键 $l=L$，C 型键 $l=L-0.5b$；$[\sigma_p]$为较弱材料的许用挤压应力，单位为 MPa，其值见表 14-7；$[p]$为许用压强，单位为 MPa，其值见表 14-7。

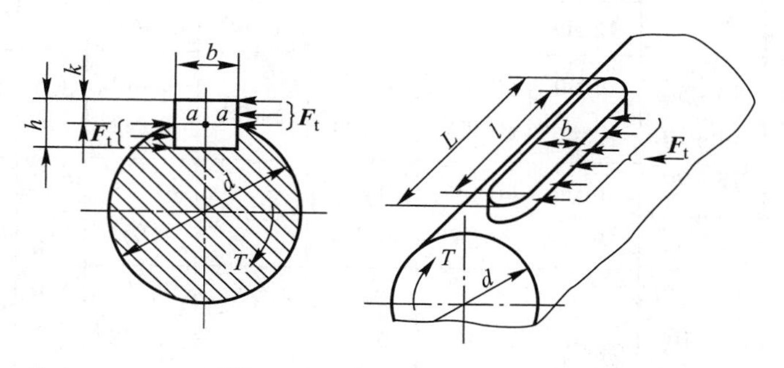

图 14-30　平键连接受力情况

表 14-6　普通平键和键槽的尺寸

mm

键和键槽的截面尺寸（GB/T 1095—2003）

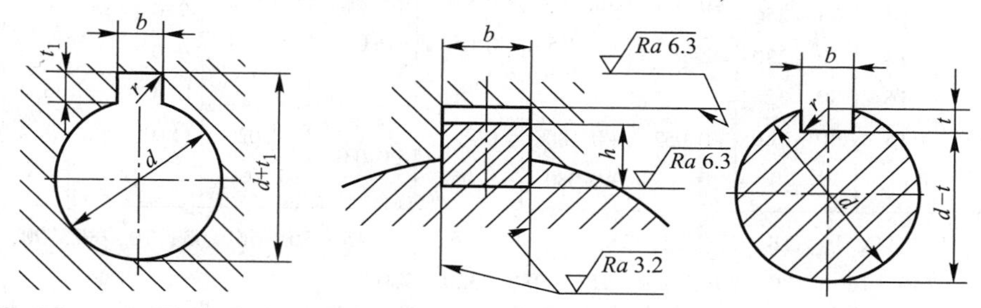

普通平键的型式与尺寸（GB/T 1096—2003）

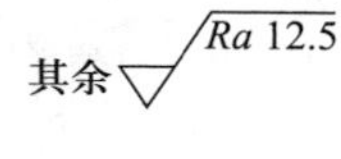

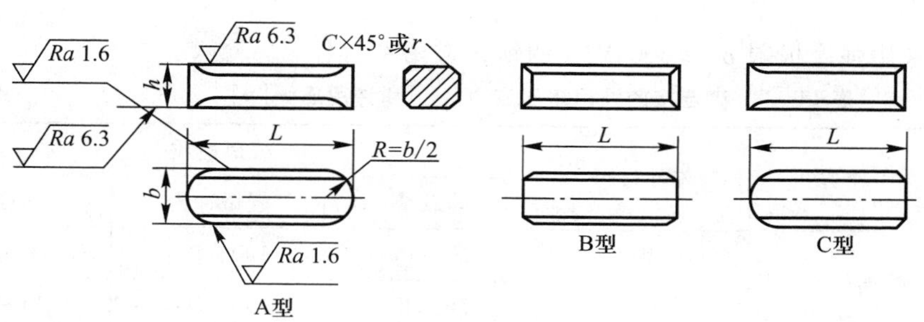

标记示例：圆头普通平键（A 型），$b=28$ mm，$h=16$ mm，$L=110$ mm：键 28×110　GB/T 1096—2003

方头普通平键（B 型），$b=16$ mm，$h=10$ mm，$L=100$ mm：键 B16×100　GB/T 1096—2003

单圆头普通平键（C 型），$b=22$ mm，$h=14$ mm，$L=100$ mm：键 C22×100　GB/T 1096—2003

续表

轴径 d	键 b (h9)	键 h (h11)	键 L (h14)	键槽 宽度极限偏差 较松连接 轴 H9	较松连接 毂 D10	一般连接 轴 N9	一般连接 毂 js9	较紧连接 轴毂 P9	t 尺寸	t 偏差	t_1 尺寸	t_1 偏差	半径 r
>12~17	5	5	10~56	+0.030 0	+0.078 +0.030	0 −0.030	±0.015	−0.012 −0.042	3.0	+0.1 0	2.3	+0.1 0	0.16 ~ 0.25
>17~22	6	6	14~70						3.5		2.8		
>22~30	8	7	18~90	+0.036 0	+0.048 +0.040	0 −0.036	±0.018	−0.015 −0.051	4.0	+0.2 0	3.3	+0.2 0	
>30~38	10	8	22~110						5.0		3.3		0.25 ~ 0.4
>38~44	12	8	28~140	+0.043 0	+0.120 +0.050	0 −0.043	±0.0215	−0.018 −0.061	5.0		3.3		
>44~50	14	9	36~160						5.5		3.8		
>50~58	16	10	45~180						6.0		4.3		
>58~65	18	11	50~200						7.0		4.4		
>65~75	20	12	56~220	+0.052 0	+0.149 +0.065	0 −0.052	±0.026	−0.022 −0.074	7.5		4.9		0.4 ~ 0.6
>75~85	22	14	63~250						9.0		5.4		
>85~95	25	14	70~280						9.0		5.4		
>95~110	28	16	80~320						10.0		6.4		
>110~130	32	18	90~360	+0.062 0	+0.180 +0.080	0 −0.062	±0.031	−0.026 −0.080	11.0		7.4		
L 系列	10, 12, 14, 16, 18, 20, 22, 25, 28, 32, 36, 40, 45, 50, 56, 63, 70, 80, 90, 100, 110, 125, 140, 160, 180, 200, 220, 250, 280, 320, 360												

注：1. 轴径小于 12 mm 或大于 130 mm 的键尺寸可查有关手册。

2. 在工作图中，轴槽深用 t 或 $(d-t)$ 标注，毂槽深用 t_1 或 $(d+t_1)$ 标注。但 $(d-t)$ 的偏差应取负号。

平键材料一般采用强度极限 $\sigma_b \geqslant 600$ MPa 的钢，常用 45 钢。

表 14-7　键连接的许用挤压应力 $[\sigma_p]$ 和许用压强 $[p]$　　MPa

许用值	连接工作方式	零件材料	载荷性质 静载荷	载荷性质 轻微冲击	载荷性质 冲击
$[\sigma_p]$	静连接	钢	120~150	100~120	60~90
		铸铁	70~80	50~60	30~45
$[p]$	动连接	钢	50	40	30

注：如与键有相对滑动的被连接件表面经过淬火，则动连接的许用压强 $[p]$ 可提高 2~3 倍。

若校核结果表明连接的强度不够，则可以采取以下措施：

（1）适当增大键和轮毂的长度，但键长不宜超过 2.5d，否则载荷沿键长的分布将很不均匀。

（2）用两个键相隔 180°布置，考虑到载荷在两个键上分布的不均匀性，双键连接的强度只按 1.5 个键计算。

例 14－2 试选择例 14－1 中主动轴上齿轮和轴的平键连接，并校核其强度。齿轮材料为锻钢，载荷有轻微冲击。

解 （1）选择键的类型

为保证齿轮传动啮合良好，要求轮毂对中性好，故选 A 型普通平键。

（2）选择键的尺寸

根据轴直径 $d=65$ mm 和轮毂宽度 100 mm，从表 14－6 查得键的截面尺寸为 $b=18$ mm，$h=11$ mm，$L=90$ mm。

（3）强度校核

$$\sigma_p=\frac{2T}{dkl}\leqslant[\sigma_p]$$

$$k=\frac{h}{2}=5.5\ \text{mm}$$

$$l=L-b=(90-18)\ \text{mm}=72\ \text{mm}$$

由例 14－1 知 $T=620\ 750\ \text{N}\cdot\text{mm}$，查表 14－7 的许用应力 $[\sigma_p]=(100\sim120)$ MPa，则

$$\sigma_p=\frac{2\times620\ 750}{65\times5.5\times72}\ \text{MPa}=48.2\ \text{MPa}<[\sigma_p]$$

因此，挤压强度满足要求。

三、花键连接的特点和类型

花键连接由具有周向均匀分布的多个键齿的花键轴（外花键）和具有同样键齿槽（内花键）的轮毂组成，如图 14－31 所示。工作时依靠齿侧的挤压传递转矩，因花键连接键齿多，所以承载能力强；由于齿槽浅，故应力集中小，对轴削弱小，且对中性和导向性均较好；但需专用设备加工，所以成本较高。花键连接适用于载荷较大，定心精度要求较高的静连接或动连接中。

花键已标准化，按其齿形不同，可分为矩形花键、渐开线花键两大类。花键的尺寸、公差和配合可查有关设计手册。外花键和内花键通常用强度极限不低于 600 MPa 的钢制造，且常经热处理（特别是在载荷作用下需频繁移动的花键连接）以获得足够的硬度和耐磨性。

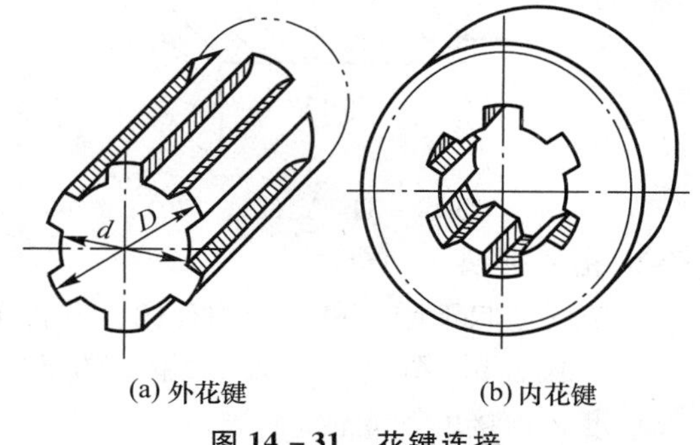

图 14－31 花键连接

1. 矩形花键连接

如图 14－32 所示，该键的形状为矩形，易于

加工，且可用磨削的方法获得较高的精度，应用最广。矩形花键按齿高尺寸不同，分为轻系列和中系列两种。轻系列承载能力小，适用于载荷不大的静连接；中系列承载能力较大，适用于中等载荷或零件只在空载时移动的动连接。矩形花键的定心方式为小径定心，即外花键和内花键的小径为配合面，定心精度高，稳定性好。

2. 渐开线花键连接

渐开线花键的齿廓为压力角 $\alpha = 30°$或 $45°$的渐开线，如图 14－33 所示。与矩形花键相比，渐开线花键齿根较厚，齿根圆角较大，应力集中小，承载能力大，寿命长；其加工方法与齿轮加工相同，工艺性较好，易获得较高的精度和互换性。渐开线花键的定心方式为齿形定心，定心精度高，且可自动定心。所以渐开线花键连接一般用于载荷较大，定心精度要求较高以及尺寸较大的连接。

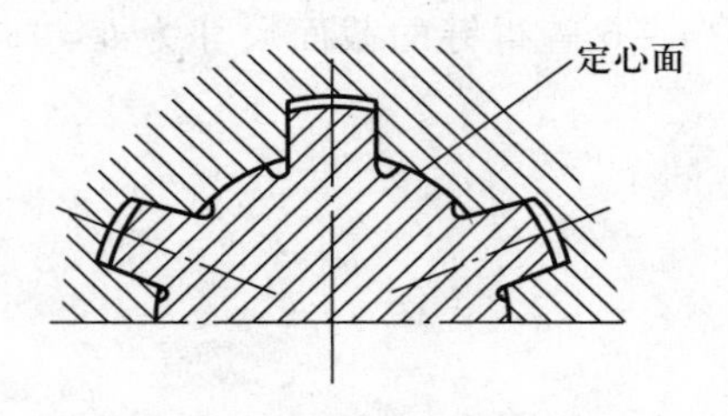

图 14－32　矩形花键连接及定心方式

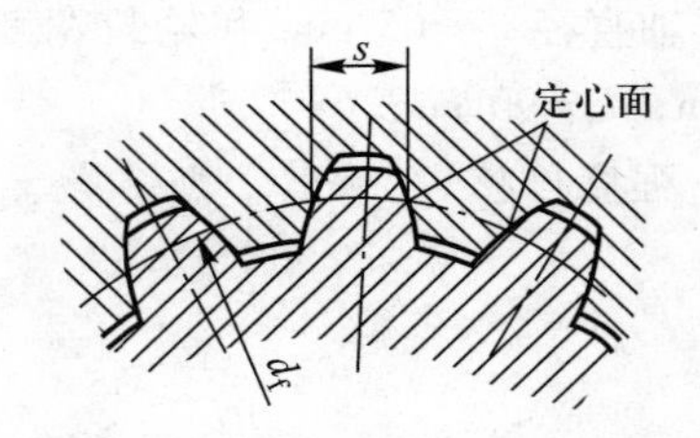

图 14－33　渐开线花键及定心方式

四、销连接的作用与类型

1. 销的作用

销是标准件，通常用于固定零件之间的相对位置，称为定位销(图 14－34)。它是组合加工和装配时的重要辅助零件，同一定位面上至少需用两个定位销定位；也有用于轴毂或其他零件的连接，称为连接销(图 14－35)，可传递不大的载荷；还可作为安全装置中的过载剪断元件，称为安全销(图 14－36)。

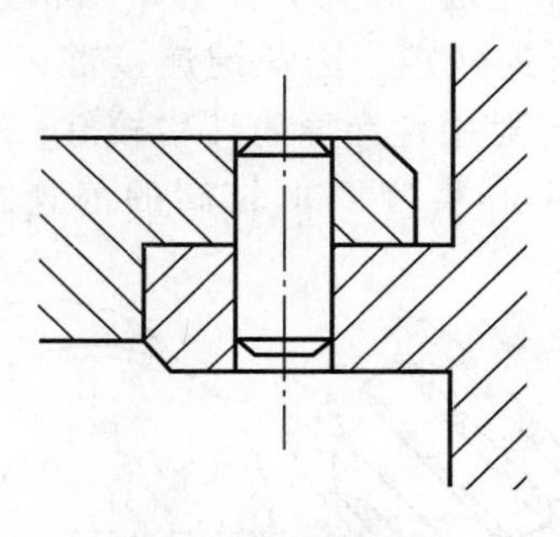

图 14－34　定位销

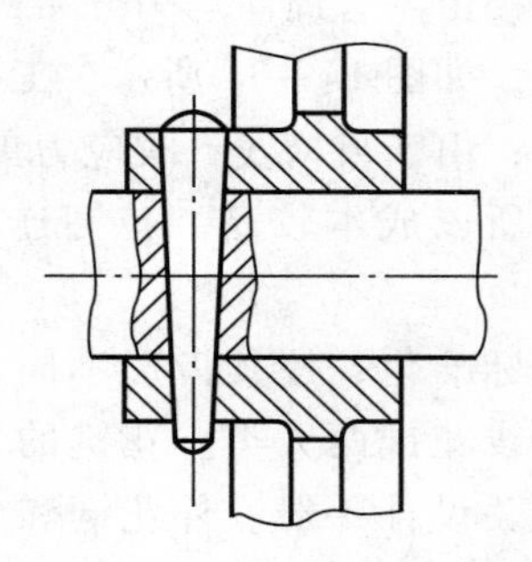

图 14－35　连接销

2. 销的类型

按销的形状不同，可分为圆柱销、圆锥销和开口销等。

(1) 圆柱销(图 14－34)。靠微量的过盈配合固定在孔中，它不宜经常装拆，否则会降低定位精度和连接的紧固性。

（2）圆锥销（图 14－37a）。具有 1∶50 的锥度，小头直径为标准值。圆锥销安装方便，且多次装拆对定位精度的影响也不大，应用较广。开尾圆锥销（图 14－37b）适用于有冲击、振动的场合。端部带螺纹的圆锥销（图 14－37c、d）可用于盲孔或拆卸困难的场合。

销的材料多采用强度极限不低于 500～600 MPa 的碳素钢（如 35、45 钢）制造。

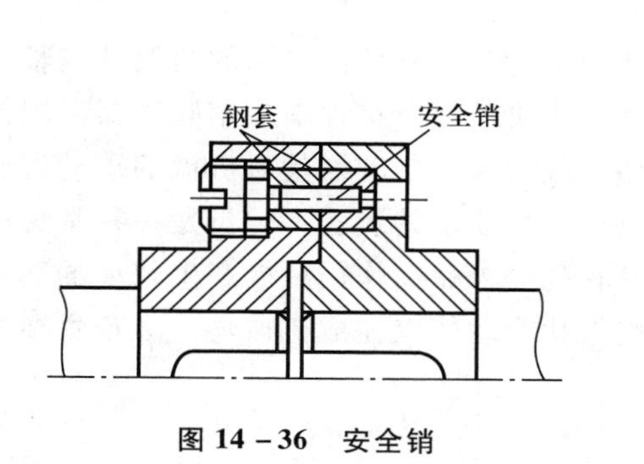

图 14－36　安全销

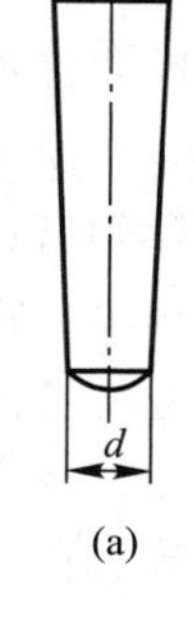

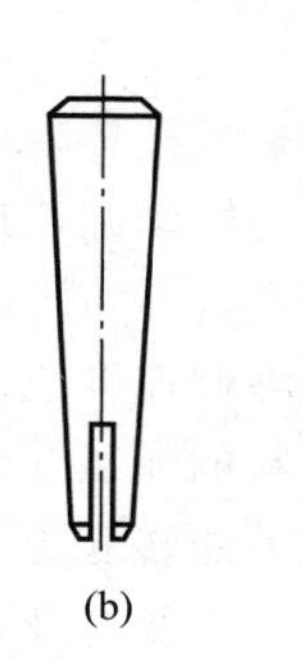

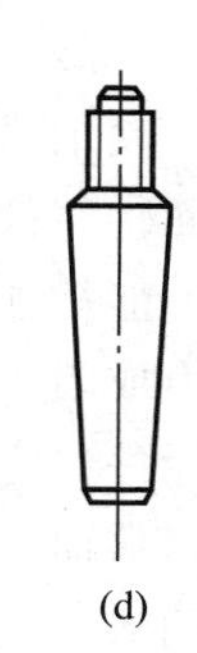

图 14－37　圆锥销

习　题

14－1　注出图 14－38 中轴及齿轮各部分结构要素的尺寸：（1）R' = ______，h' = ______；（2）d = ______，R'' = ______，h'' = ______；（3）C_1 = ______。

14－2　指出图 14－39 中轴的结构设计错误，并改正。

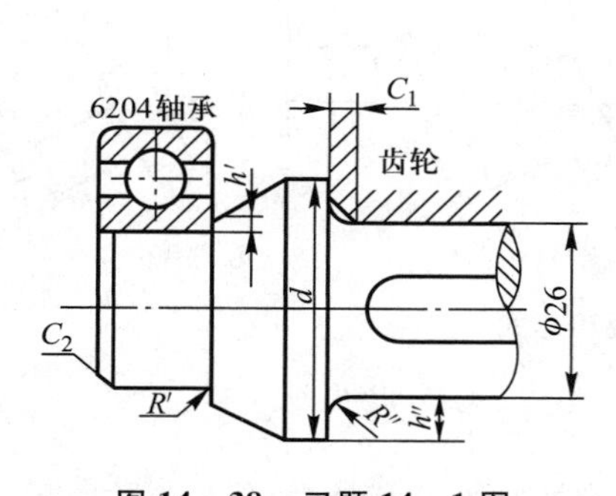

图 14－38　习题 14－1 图

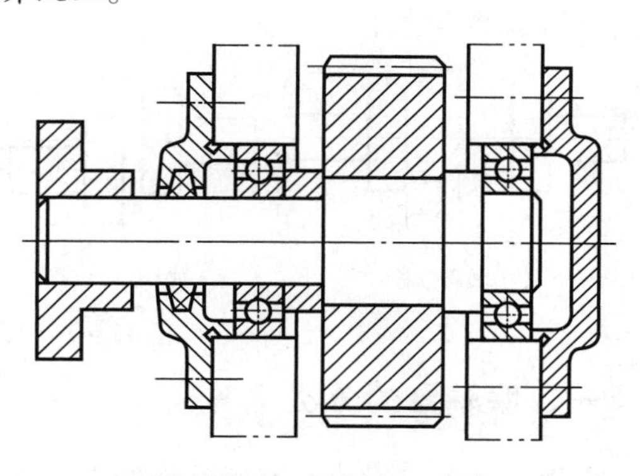

图 14－39　习题 14－2 图

14－3　指出图 14－40 所示轴的结构设计有哪些不合理的地方，并画出改正后轴的结构图。

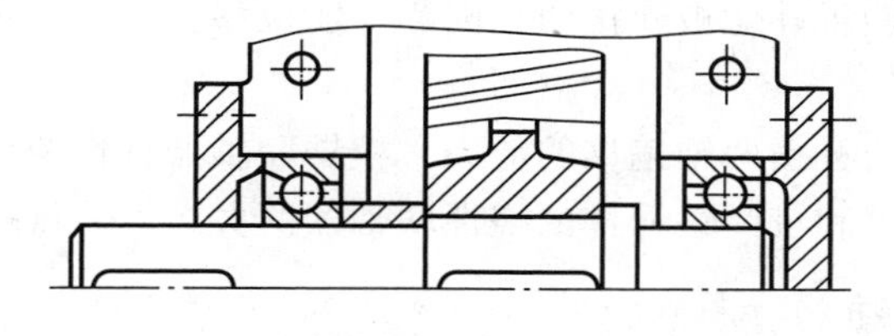

图 14－40　习题 14－3 图

第十五章　联轴器、离合器、制动器与弹簧

联轴器与离合器是机械传动中常用的部件，主要用来连接不同部件之间的两根轴或轴与其他回转零件，使其一起转动并传递转矩。所不同的是，在机械运转过程中，用联轴器实现的连接不能被断开，而用离合器实现的连接则可以随时断开或接合。制动器是对机械的运动件施加阻力或阻力矩，使其降低速度或停止运动，以满足机械工作要求的装置。弹簧是一种常见的弹性元件，它是利用材料的弹性和结构上的特点，使其在受到外载荷作用后能产生较大的弹性变形，从而将机械能或动能转变为变形能，或将变形能转化为动能以完成机械功。本章主要介绍它们的结构、性能、适用场合及选择等方面的内容。

第一节　联轴器

用联轴器连接的两轴，由于制造和安装误差、受载后的变形以及温度变化等因素的影响，往往不能保证严格的对中，两轴间会产生一定程度的相对位移或偏斜，如图 15－1 所示。所以，联轴器除了能传递所需的转矩外，还应具有补偿两轴间的相对位移或偏斜、减振与缓和冲击及保护机器等性能。

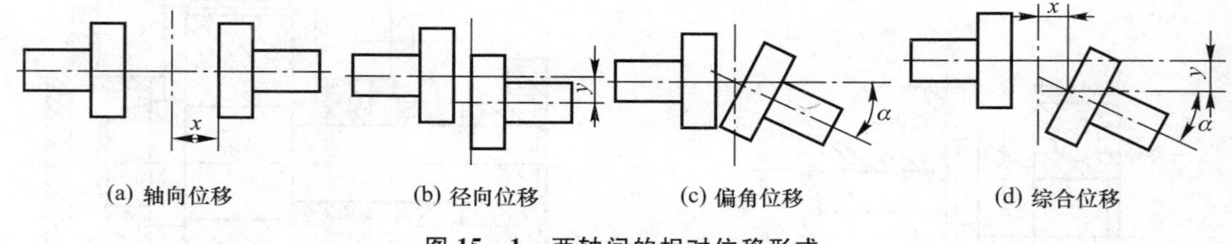

图 15－1　两轴间的相对位移形式

一、联轴器的分类

根据对各种相对位移有无补偿能力，联轴器可分为刚性联轴器和挠性联轴器两大类：

1. 刚性联轴器

这种联轴器全部由刚性零件组成，没有缓冲减振能力，故适用于载荷平稳或有轻微冲击的两轴连接。还可以根据它能否补偿被连接两轴间的可能位移，分为固定式和可移式两类。

2. 挠性联轴器

这种联轴器具有一定的补偿两轴偏移的能力，根据联轴器补偿两轴位移方法的不同，可分为无弹性元件的挠性联轴器和有弹性元件的挠性联轴器两类。

二、固定式刚性联轴器

固定式刚性联轴器中，所有零件相对所连接的两轴是固定不动的，因此无法自动适应轴线

的偏移情况。这类联轴器要求所连接两轴的轴线对中准确，且适合于工作中轴线不会发生相对位移的两轴连接。

固定式刚性联轴器按其结构不同分为凸缘联轴器、套筒联轴器和夹壳联轴器等，其中凸缘联轴器应用最为广泛。

1. 凸缘联轴器

凸缘联轴器由两个带凸缘的半联轴器和连接螺栓组成，如图 15－2 所示。凸缘联轴器有两种对中方式：一种是用两个半联轴器上的凸肩和凹槽相配合对中，其对中精度高，工作中靠预紧普通螺栓在两个半联轴器的接触面间产生的摩擦力来传递转矩，如图 15－2a 所示；另一种是采用铰制孔用螺栓对中，工作中靠螺栓杆的挤压和剪切来传递转矩，因而其传递转矩的能力较大，如图 15－2b 所示。

制造凸缘联轴器的材料可采用 35、45 钢或 ZG310～570，当外缘圆周速度 $v \leq 30$ m/s 时可采用 HT200。

凸缘联轴器结构简单，成本低，可传递较大的转矩，常用于载荷平稳，两轴间对中较好的场合。

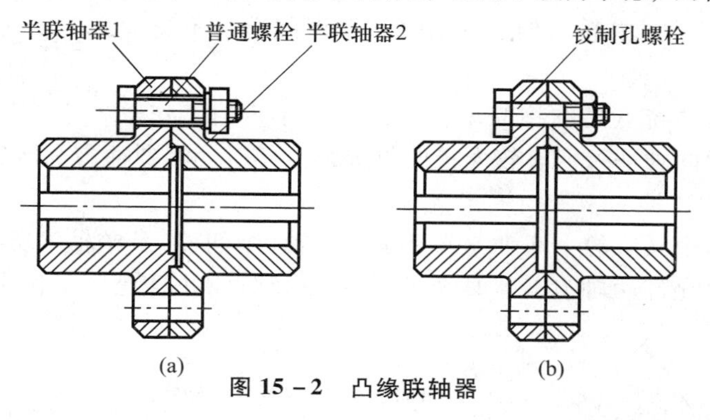

图 15－2 凸缘联轴器

2. 套筒联轴器

套筒联轴器是以一共用套筒采用销、键或过盈配合等连接方式与两轴相连接，如图 15－3 所示。套筒联轴器结构简单紧凑，组成零件少，但装拆不方便，轴需作轴向移动。套筒联轴器常用于径向尺寸受限制的小功率传动中。

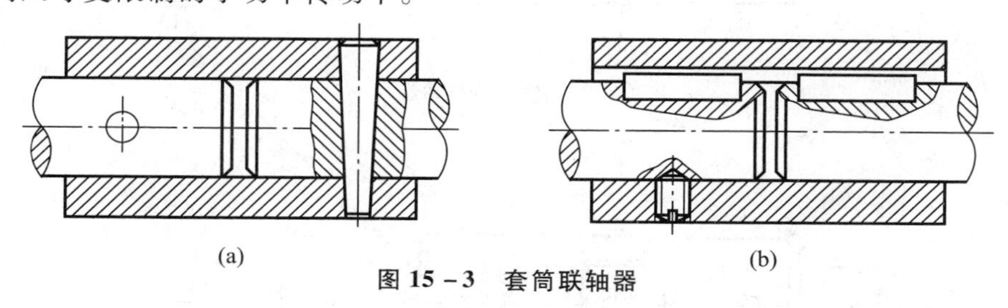

图 15－3 套筒联轴器

三、可移式刚性联轴器

可移式刚性联轴器的组成元件都是刚性的，元件间具有相对可移性，因而可以补偿两轴间的偏移，但因无弹性元件，故不能缓冲减振。常用的可移式刚性联轴器有：十字滑块联轴器、万向联轴器和齿式联轴器等。

1. 十字滑块联轴器

十字滑块联轴器是由两个端面上开有凹槽的半联轴器 1、3 和一个两面带有凸牙的十字滑块 2 所组成，如图 15－4 所示。安装时十字滑块两面的凸牙分别嵌入两半联轴器的凹槽中，工作中靠凹槽和凸牙的相互嵌合传递转矩。因为凸牙可以在凹槽中滑动，故可补偿安装及运转中两轴间的偏移。

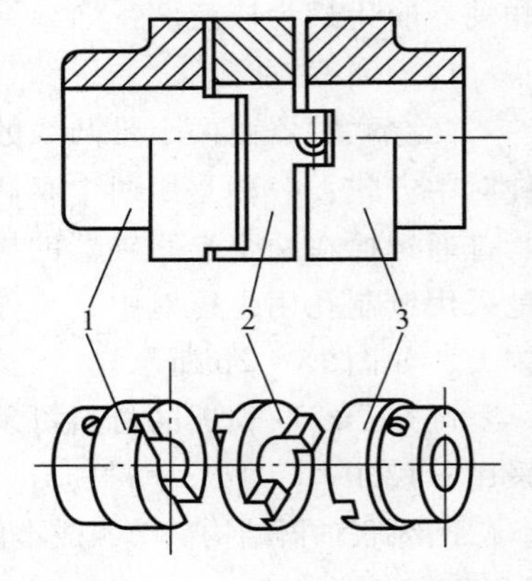

图 15－4 十字滑块联轴器

1、3—半联轴器；2—十字滑块

由于十字滑块与两个半联轴器组成移动副，不会发生相对转动，所以工作时主动轴与从动轴的角速度相等。当联轴器在两轴间有偏移的情况下工作时，十字滑块会产生较大的离心惯性力，从而加大动载荷和磨损，使用时应从十字滑块的油孔中注油进行润滑。

两个半联轴器和十字滑块的常用材料为 45 钢，工作表面须经热处理以提高硬度。要求较低时也可用 Q275 钢制造，不进行热处理。

十字滑块联轴器的特点是结构简单，径向尺寸小，但工作面易磨损，一般用于两轴平行但有较大径向位移，工作时无剧烈冲击和转速不高的场合。

2. 万向联轴器

万向联轴器由两个叉形的半联轴器、一个十字轴(中间件)及销轴等所组成，如图 15－5 所示。这种联轴器可以允许两轴有较大的夹角(40°～45°)，并且允许工作中两轴间夹角发生变

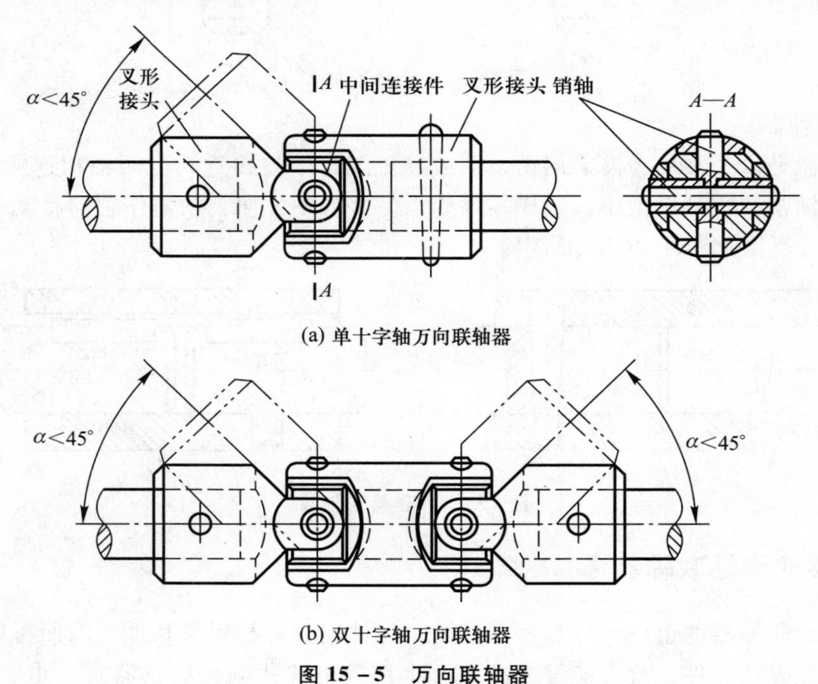

图 15－5 万向联轴器

化。单万向联轴器(图 15 - 5a)的主要缺点是：主、从动轴角速度不同步。当主动轴以等角速度 ω_1 回转时，从动轴的角速度 ω_2 在一定范围内作周期性变化，因而在传动中将引起附加动载荷。为消除这一缺点，常将万向联轴器成对使用，制成双十字轴万向联轴器(图 15 - 5b)。但在安装时应保证中间轴上两端的叉形接头在同一平面内，且应使主、从动轴与中间轴的夹角相等，这样才能保证 $\omega_1 = \omega_2$。

万向联轴器中的主要零件常用 40Cr 或 40CrNi 钢制造，并进行热处理，以使结构紧凑和耐磨性高。万向联轴器结构简单，维护方便，能补偿较大的综合位移，且传递转矩较大，所以在汽车和机床等机械中应用广泛。

3. 齿式联轴器

齿式联轴器(图 15 - 6a)具有良好的补偿性，在允许有综合位移的联轴器中是最具有代表性的一种。它由带外齿的两个内套筒和带有内齿的两个外套筒所组成，其中两个内套筒通过键分别同两轴连接，两个外套筒用螺栓连接。内、外套筒上的轮齿齿数相等，相互啮合的轮齿齿廓为渐开线，压力角为 20°。齿式联轴器工作时，依靠内、外轮齿的啮合来传递转矩。由于半联轴器的外齿齿顶加工成球面(球心位于联轴器轴线上)，齿侧制成鼓形(图 15 - 6b)，且与内齿啮合后具有适当的顶隙和侧隙，从而使它具有良好的补偿两轴作任何方向位移的能力(图 15 - 6c)。为了减少在补偿位移时齿面间的磨损，可通过注油孔定期向壳体内注入润滑油。

齿式联轴器的内、外套筒一般采用 42CrMo 钢制造，轮齿应经热处理。由于有较多的齿同时工作，所以承载能力大，结构较紧凑，可在高速重载下可靠地工作。常用于正反转变化多，启动频繁的场合。但结构复杂，质量较大，制造成本高，一般多用于重型机械。

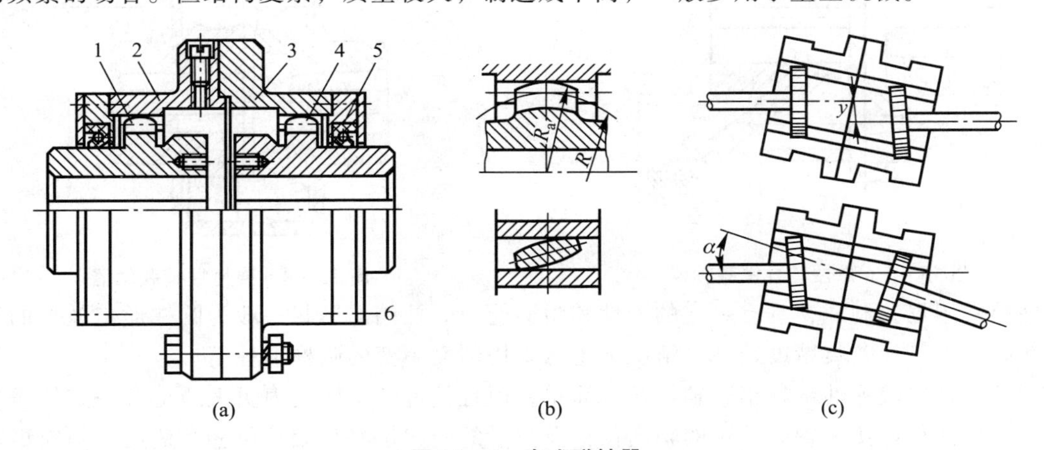

图 15 - 6 齿式联轴器

1、4—内套筒；2、3—外套筒；5—密封圈；6—螺栓

四、弹性联轴器

弹性联轴器依靠弹性元件的弹性变形来补偿两轴轴线的相对偏移，而且可以缓冲减振，改善轴和支承的工作条件，降低联轴器所受的瞬时过载，故弹性联轴器广泛用于经常正反转、起动频繁的场合。

弹性元件的材料有金属和非金属两种。金属弹性元件的特点是：强度高，尺寸小，承载能力大，寿命长；其性能受工作环境影响小。非金属弹性元件常用橡胶、尼龙和工程塑料等制成，其特点是：质量轻，价格较低，缓冲减振性能较好；但它的强度较低，承载能力较小，易老化，寿命短，性能受环境影响较大，使用范围受到一定限制。弹性联轴器类型很多，下面仅介绍两种非金属元件弹性联轴器。

1. 弹性套柱销联轴器

弹性套柱销联轴器(图 15－7)的结构与凸缘联轴器的结构相似，只是用套有弹性套的柱销代替了连接螺栓。半联轴器与轴配合的孔可作成圆柱形或圆锥形。

半联轴器的常用材料为 HT200，有时也用 ZG310～570，柱销材料多用 45 钢，弹性套采用耐油橡胶制成。

弹性套柱销联轴器制造容易，装拆方便，成本较低，但弹性套易磨损，寿命较短，主要适用于起动频繁、需正反转的中、小功率场合。

2. 弹性柱销联轴器

这种联轴器是用弹性柱销将两个半联轴器连接起来，如图 15－8 所示。工作时转矩是通过半联轴器、柱销而传到从动轴上的。为了防止柱销脱落，在半联轴器的外侧设置有固定挡板。

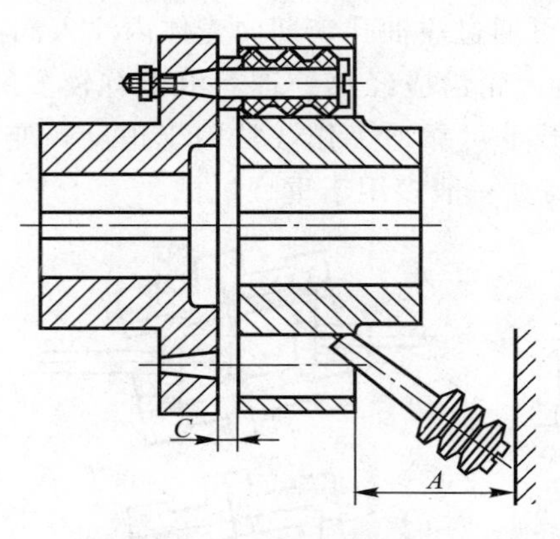

图 15－7 弹性套柱销联轴器

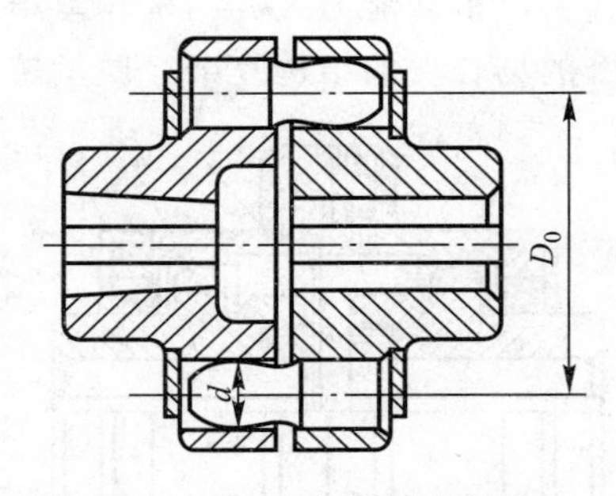

图 15－8 弹性柱销联轴器

柱销常用尼龙制成，具有一定的弹性和耐磨能力。柱销的形状一般为圆柱形与鼓形的组合体，在载荷平稳、安装精度较高的情况下也可采用剖面不变的圆柱形柱销。

这种联轴器较弹性套柱销联轴器结构简单，而且传递转矩的能力更大，也有一定的缓冲吸振能力，允许被连接两轴有一定的轴向位移及少量的径向位移和偏角位移，适用于轴向窜动较大、正反转变化较多和起动频繁的场合。由于尼龙柱销对温度较敏感，因此使用温度应控制在－20～70℃。

五、联轴器的选择

由于常用联轴器多数已经标准化和规格化，因此设计时主要是确定联轴器的类型和型号。

1. 联轴器的类型选择

联轴器类型主要是根据机器的工作特点和性能要求，并结合联轴器的性能等进行合理的选择。一般对低速、刚性大的短轴，可选用固定式刚性联轴器；对低速、刚性小的长轴，则宜选用可移式刚性联轴器，以补偿长轴的安装误差及轴的变形；对传递转矩较大的重型机械可选用齿式联轴器；对高速且有冲击振动的轴，应选用弹性联轴器；对轴线相交的两轴，则宜选用万向联轴器。

2. 联轴器的型号选择

在确定类型的基础上，可根据传递转矩、转速、轴的结构形式及尺寸等要求，确定联轴器的型号和结构尺寸，并保证所选型号的许用转矩 T_n 不小于其计算转矩 T_c。联轴器的计算转矩按下式计算

$$T_c = KT \leqslant T_n \tag{15-1}$$

式中，T 为名义转矩，即为克服连续作用的额定载荷和摩擦阻力所需的工作转矩，单位为 N·m；K 为工作情况系数，用以考虑机器起动时的附加动载荷和使用中可能出现的过载现象，K 值见表 15-1。

所选联轴器的许用转速也应大于所连接轴的实际转速。此外，联轴器所连两轴的轴径可不相同，但所选联轴器的孔径、长度及结构形式应分别与主、从动轴相适应。

表 15-1 联轴器的工作情况系数 K

工作机		原动机			
分类	工作情况及举例	电动机、汽轮机	四缸和四缸以上内燃机	双缸内燃机	单缸内燃机
Ⅰ	转矩变化很小，如发电机、小型通风机和小型离心泵	1.3	1.5	1.8	2.2
Ⅱ	转矩变化小，如透平压缩机、木工机械和运输机	1.5	1.7	2.0	2.4
Ⅲ	转矩变化中等，如搅拌机、增压泵和冲床	1.7	1.9	2.2	2.6
Ⅳ	转矩变化和冲击载荷中等，如织布机、水泥搅拌机和拖拉机	1.9	2.1	2.4	2.8
Ⅴ	转矩变化和冲击载荷大，如造纸机械、挖掘机、起重机和碎石机	2.3	2.5	2.8	3.2
Ⅵ	转矩变化大并有极强烈冲击载荷，如压延机械、无飞轮的活塞泵和重型初轧机	3.1	3.3	3.6	4.0

例 15-1 电动机经减速器驱动水泥搅拌机工作。已知电动机的功率 $P=11$ kW，转速 $n=970$ r/min，电动机轴的直径和减速器输入轴的直径均为 42 mm，试选择电动机与减速器之间的

联轴器。

解 (1) 选择类型：

为了缓和冲击和减轻振动，选用弹性套柱销联轴器。

(2) 计算转矩：

$$T=9\ 550\times\frac{P}{n}=9\ 550\times\frac{11}{970}\ \mathrm{N\cdot m}=108\mathrm{N\cdot m}$$

由表 15-1 查得，工作机为水泥搅拌机时工作情况系数 $K=1.9$，

故得计算转矩 $T_c=KT=1.9\times108\ \mathrm{N\cdot m}=205\ \mathrm{N\cdot m}$

(3) 确定型号：

由设计手册选取弹性套柱销联轴器 LT6。它的公称转矩（即许用转矩）为 250 N · m，半联轴器材料为钢时，许用转速为 3 800 r/min，允许的孔径在 32 ~ 42 mm。故所选联轴器合适。

六、联轴器的安装与维护

为了保证联轴器正常运转，达到预定的工作性能和使用寿命，在安装联轴器时，必须进行适当的调整，以使联轴器所连的两轴具有较高的同轴度。即使是对具有补偿性能的可移式联轴器，也应进行调整以减小相对位移量，将相对位移量控制在该联轴器正常运转所允许的范围内。对于应用在高速旋转机械上的联轴器，一般在制造厂都做过动平衡试验，试验合格后画上各部件之间互相配合方位的标记。在装配时必须按制造厂给定的标记组装，否则很可能发生由于联轴器的动平衡不好引起机组振动。总之，联轴器的正确安装能改善设备的运行情况，减少设备的振动，延长联轴器的使用寿命。

第二节 离合器

离合器也是一种常用的轴系部件，用来实现机器工作时能随时使两轴接合或分离。

一、离合器的分类

离合器的种类较多，可以从不同的角度进行分类。根据实现离合动作的方式不同，分为操纵离合器和自动离合器两大类。操纵离合器的操纵方式有机械、电磁、气动和液动等，因此又有所谓机械操纵离合器、电磁操纵离合器、气压操纵离合器和液压操纵离合器等。自动离合器不需要专门的操纵装置，它依靠一定的工作原理来自动离合。根据工作原理不同，又有离心离合器和超越离合器等。采用自动离合器可使机器操纵过程简化，有利于减轻操作者的体力劳动，并可以提高机器工作效率和安全程度。

无论是操纵离合器还是自动离合器，在结构上都离不开接合元件。按照接合元件工作原理的不同，其类型主要有嵌入式和摩擦式两种。嵌入式离合器结构简单，传递转矩大，主、从动轴可同步转动，尺寸紧凑但接合时有刚性冲击，只能在静止或极低的转速下接合。摩擦式离合器离、合较平稳，过载时可自行打滑，但主、从动轴不能严格同步，接合时产生摩擦热，摩擦元件易损坏。

二、牙嵌离合器

图 15 - 9 所示的操纵式牙嵌离合器，主要由端面具有若干嵌牙的两个半离合器组成。其中半离合器 1 固定在主动轴上，另一半离合器 2 用导向平键(或花键)与从动轴相连，并可由操纵机构的滑环 4 使其作轴向移动，以实现离合器的离合。为了使两个半离合器能够对中，在主动轴端的半离合器上固定有对中环 3，从动轴可在对中环内自由转动。

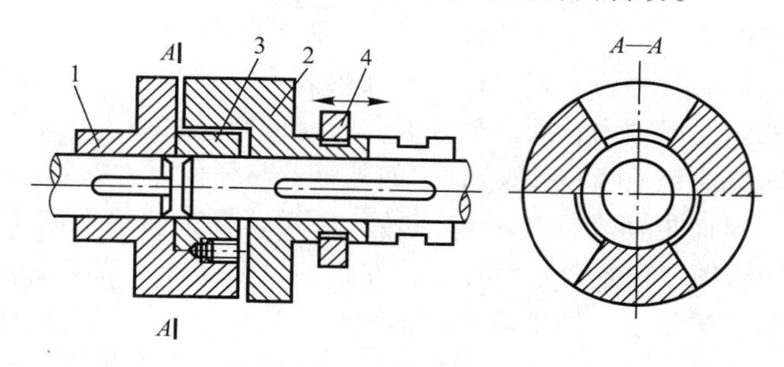

图 15 - 9　牙嵌离合器

1、2—半离合器；3—对中环；4—操纵机构

牙嵌离合器是靠牙的相互嵌合来传递转矩的，常用的牙型有三角形、矩形、梯形和锯齿形，如图 15 - 10 所示。矩形牙制造容易，无轴向分力，但接合与分离较困难，一般只用于不常离合的传动中，且需在静止或极低的转速下接合。三角形牙强度较弱，主要用于小转矩的低速离合器。梯形牙强度高，能传递较大的转矩，并能自动补偿牙的磨损与牙侧间隙，从而减小冲击，其应用较广泛。锯齿形牙只能传递单向转矩，因为若用倾角大的一面工作时，会因牙与牙之间产生很大的轴向力而迫使离合器分离。牙嵌离合器的牙数一般取为 3 ~ 60 个。

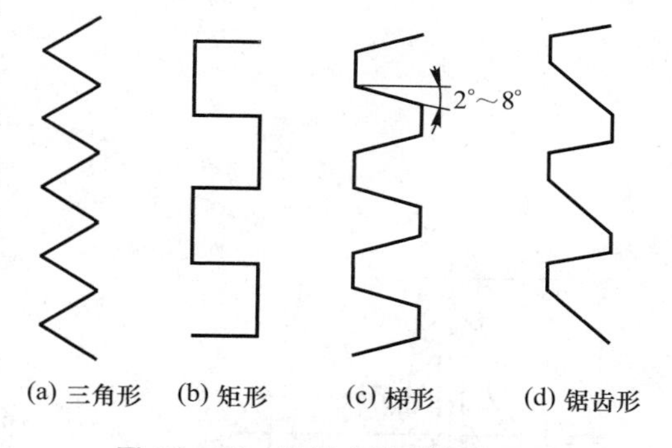

图 15 - 10　牙嵌式离合器的牙型

牙嵌离合器的材料常用低碳钢表面渗碳淬火，硬度为 56 ~ 62 HRC，或用中碳钢表面淬火，硬度为 48 ~ 54 HRC。对不重要的传动也可用 HT200 制造。

牙嵌离合器结构简单、尺寸紧凑、工作可靠、承载能力大和传动准确，但在运转时接合有冲击，容易打坏牙，故只能在低速或静止状态下接合。

三、摩擦离合器

摩擦离合器是利用接触面间的摩擦力来传递运动和转矩的，摩擦离合器可分为单片式和多片式。

1. 单片式摩擦离合器

图 15 - 11 所示为单片式摩擦离合器，它是利用两圆盘 1、2 相互压紧或松开，使摩擦力产生或消失，以实现两轴的连接或分离。其中圆盘 1 用普通平键固定在主动轴上，圆盘 2 可以沿

导向平键在从动轴上滑动，移动滑环 3 可使两圆盘接合或分离，工作时轴向压力 $\boldsymbol{F}_a$ 使两圆盘的工作表面产生摩擦力。摩擦离合器在正常的接合过程中，从动轴转速从零逐渐加速到与主动轴同转速，因而两摩擦面间不可避免地会发生相对滑动，引起摩擦片的磨损和发热。

单片式摩擦离合器结构简单，但径向尺寸较大，只能传递不大的转矩，多用于转矩在 2 000 N · m 以下的轻型机械中。

2. 多片式摩擦离合器

为了提高传递转矩的能力，通常采用图 15－12 所示的多片式摩擦离合器。图中主动轴 1 与外壳 2 相连接，从动轴 3 与套筒 4 相连接。外壳内装有一组外摩擦片 5(图 15－12b)，它的外缘凸齿插入外壳 2 的纵向凹槽内，因而随外壳 2 一起回转，它的内孔不与任何零件接触。套筒 4 上装有另一组内摩擦片 6(图 15－12c)，它的外缘不与任何零件接触，而内孔凸齿与套筒 4 上的纵向凹槽相连接，因而带动套筒 4 一起回转。这样，就有两组形状不同的摩擦片相间组合，如图 15－12a 所示。图中位置表示滑环 7 向左移动，使杠杆 8 绕支点顺时针转动，通过压板 9 将两组摩擦片压紧，于是主动轴带动从动轴转动，离合器处于接合状态。若将滑环 7 向右移动，杠杆 8 下面弹簧的弹力将使其绕支点逆时针方向摆动，两组摩擦片松开，于是主动轴与从动轴脱开，离合器处于分离状态。若把图 15－12c 中的摩擦片改用图 15－12d 中的形状，则分离时摩擦片能自行弹开。另外，调节螺母 10 用来调整摩擦片间的压力。

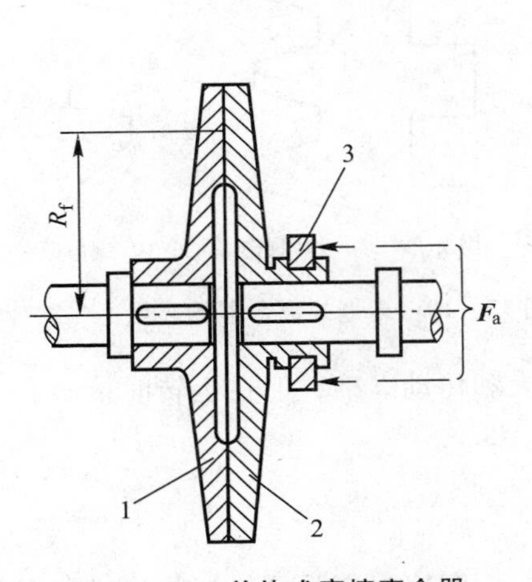

图 15－11　单片式摩擦离合器

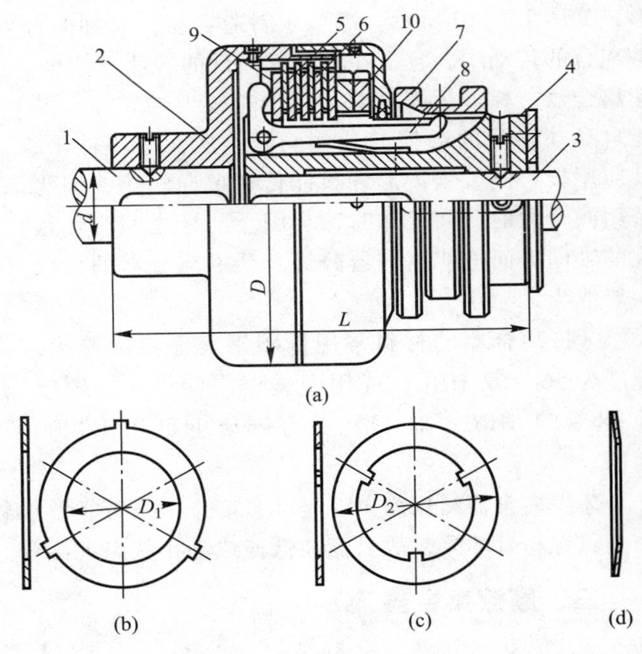

图 15－12　多片式摩擦离合器

1—主动轴；2—外壳；3—从动轴；4—套筒；5—外摩擦片；6—内摩擦片；7—滑环；8—杠杆；9—压板；10—调节螺母

摩擦片材料常用淬火钢片或压制石棉片。摩擦片数目多，可以增大所传递的转矩，但片数过多，将使各层间压力分布不均匀，影响离合器分离动作的灵活性，所以一般不超过 12 ~ 15 片。

多片式摩擦离合器离、合的两轴，能在任何转速下接合及分离，离、合过程平稳，过载时会发生打滑以保护其他零件，适用范围大。但结构复杂，成本较高，产生滑动时两轴不能同步转动。

四、安全离合器

图 15－13 所示为剪切或安全离合器，其中销钉的尺寸由强度决定。利用这种离合器可以防止机器过载时重要的零件遭到损坏。为了加强剪断销钉的效果，常在销钉孔中紧配一硬质钢套。由于更换销钉需消耗一定的时间，所以不宜用在经常发生过载的地方。

五、超越离合器

图 15－14 所示为精密机械中常用的滚柱超越离合器。它由外环、星轮、滚柱和弹簧顶杆等组成。当星轮为主动件并顺时针回转时，滚柱被摩擦力带动而楔紧在槽的窄狭部分，从而带动外环一起旋转，离合器处于接合状态。当星轮反向旋转时，滚柱则滚到槽的宽敞部分，从动外环不再随星轮回转，离合器处于分离状态。

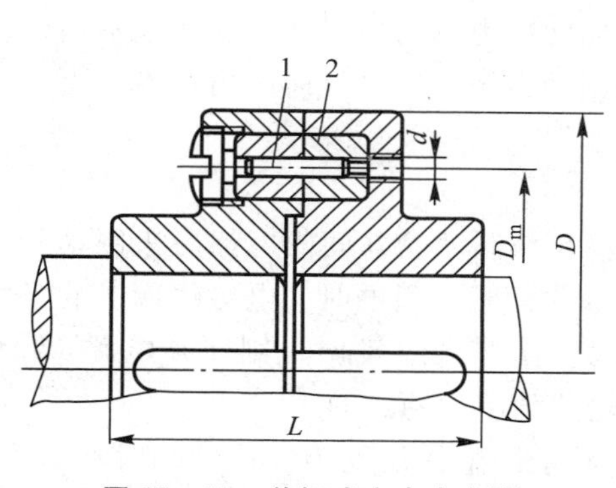

图 15－13 剪切式安全离合器

1—销钉；2—硬质钢套

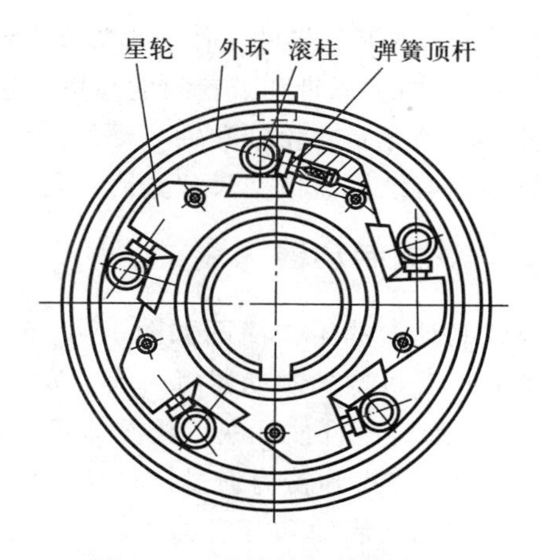

图 15－14 滚柱超越离合器

假如星轮和外环分别从两条运动链同时获得相同转向（如均为顺时针转动），并且外环转速较大时，离合器处于分离状态，即从动件的转速超过主动件时，不能带动主动件回转，这种现象称为超越作用。滚柱离合器工作时没有噪声，宜用于高速传动，但制造精度要求较高。

六、离合器的使用与维护

（1）应定期检查离合器操纵杆的行程，主、从动片之间的间隙，摩擦片的磨损程度，必要时予以调整或更换。

（2）片式摩擦离合器工作时，不得有打滑或分离不彻底现象，否则不仅将加速摩擦片磨损，降低使用寿命，还可能导致其他事故。打滑的主要原因是作用在摩擦片上的正压力不足，摩擦表面粘有油污，摩擦片过分磨损及变形过大等；分离不彻底的主要原因有主、从动片之间分离间隙过小，主、从动片翘曲变形，回位弹簧失效等。因此需经常检查，并及时修理和排除。

(3) 定向离合器应密封严实，不得有漏油现象，否则会磨损过大，温度太高，损坏滚柱、星轮或外壳等。在运行中，如有异常响声应及时停车检查。

第三节　制动器

制动器是利用摩擦力来降低机械运转速度或迫使其停止运转的装置。多数常用制动器已经标准化和系列化。制动器的种类很多，按制动零件的结构特征分，有带式、块式和盘式制动器，前述单片式摩擦离合器的从动轴固定即为典型的圆盘制动器。按工作状态分，有常闭式和常开式制动器。前者经常处于紧闸状态，施加外力时才能解除制动，如提升机构中的制动器；后者经常处于松闸状态，施加外力时才能制动，如多数车辆中的制动器。制动器通常装在机构中转速较高的轴上，这样所需制动力矩和制动器尺寸可以小一些。下面简单介绍几种典型的制动器。

一、带式制动器

常见的带式制动器的工作原理如图 15 - 15 所示，当施加外力 Q 时，利用杠杆 3 收紧闸带 2 而抱住制动轮 1，靠带和带轮间的摩擦力达到制动的目的。

带式制动器制动轮轴和轴承受的力大，带与制动轮间压力不均匀，从而磨损也不均匀，且带易断裂，但结构简单、尺寸紧凑，可以产生较大的制动力矩，所以目前应用较多。

二、块式制动器

块式制动器的工作简图如图 15 - 16 所示，靠瓦块 5 与制动轮 6 间的摩擦力来制动。当用作起重机提升机构的制动器时，为了安全起见，设计成常闭式。通电时，电磁线圈 1 的吸力吸住衔铁 2，通过杠杆使瓦块 5 松开，机器便能自由运转。当需要制动时，则断开电源，线圈 1 释放衔铁 2，依靠弹簧力通过杠杆使瓦块 5 抱紧制动轮达到制动的目的。

块式制动器制动和开启迅速、尺寸小、质量轻，易于调整瓦块间隙，但制动时冲击力大，电能消耗也大，不宜用于制动力矩大和需要频繁制动的场合。

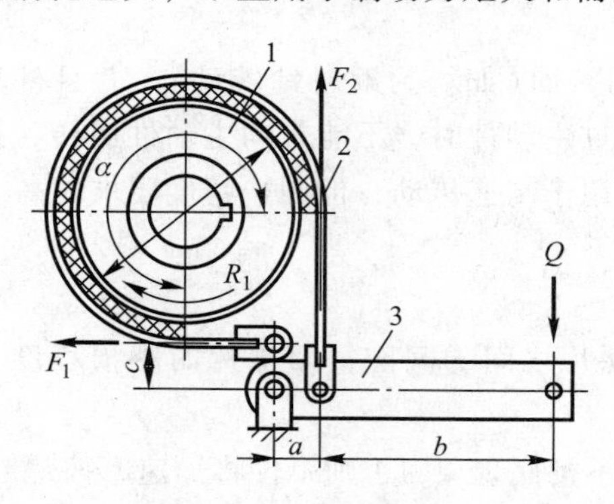

图 15 - 15　带式制动器

1—制动轮；2—闸带；3—杠杆

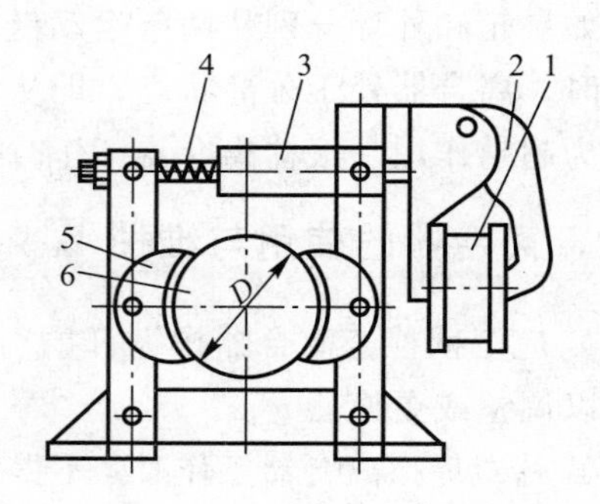

图 15 - 16　块式制动器

1—电磁线圈；2—衔铁；3、4—弹簧；

5—瓦块；6—制动轮

三、内涨式制动器

图 15－17 所示为内涨式制动器的工作简图。两个制动蹄 2、7 分别通过两个销钉 1、8 与机架铰接，制动蹄表面装有摩擦片 3，制动轮与需要制动的轴固连。当压力油进入液压缸 4 后，推动左右两个活塞克服弹簧 5 的拉力使制动蹄 2、7 分别与制动轮 6 相互压紧，从而达到制动目的。油路卸压后，弹簧 5 使两制动蹄与制动轮分离松闸。

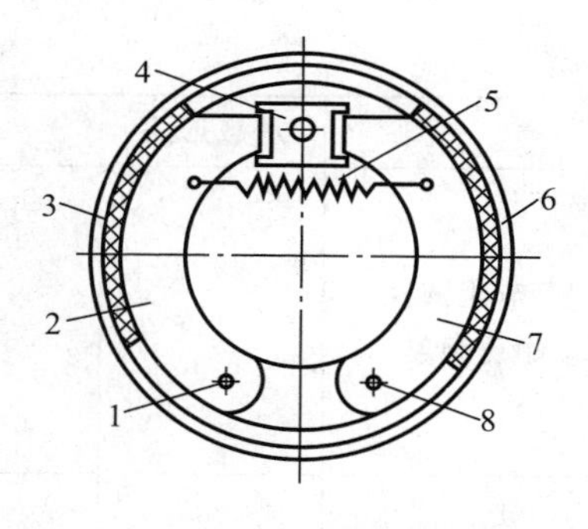

图 15－17　内涨式制动器

1、8—销钉；2、7—制动蹄；3—摩擦片；4—液压缸；5—弹簧；6—制动轮

这种制动器结构紧凑，散热条件、密封性和刚性均好，广泛应用于各种车辆以及结构尺寸受到限制的机械中。

第四节　弹簧

一、弹簧的功用、类型和材料

1. 弹簧的主要功用

（1）控制运动：如内燃机中的阀门弹簧及棘轮机构中的复位弹簧等。

（2）储存能量：如钟表的发条。

（3）吸收振动和冲击能量：如车辆中的缓冲弹簧及联轴器中的吸振弹簧等。

（4）测量力的大小：如测力扳手和弹簧秤中的弹簧等。

2. 弹簧的类型、特点和应用

弹簧的类型按照受力的性质可分为拉伸弹簧、压缩弹簧、扭转弹簧和弯曲弹簧 4 种。按照弹簧的形状可分为螺旋弹簧、环形弹簧、板弹簧和盘簧等基本形式。弹簧的基本类型见表 15－2。

表 15－2　弹簧的基本类型、特点和应用

类　型	承载形式	简　图	特点和应用
等节距圆柱螺旋弹簧	拉伸		结构简单，制造方便。属于线性变化弹簧，工作时承受拉力，能承受的载荷和变化范围都比较广，应用最广
	压缩		工作时承受压力，特点和应用与圆柱螺旋拉伸弹簧相同

续表

类　型	承载形式	简　图	特点和应用
等节距圆柱螺旋弹簧	扭转		工作时承受转矩，主要用于压紧、储能或传递转矩
圆锥形螺旋弹簧	压缩		结构紧凑，稳定性好，属于非线性变化弹簧，刚性随载荷的变化而变化，防振能力强。多用于承受较大载荷和需要减振的场合
环形弹簧	压缩		可承受较大的压力，属于非线性变化弹簧，常用于重型设备，如机动车辆、锻压设备和起重机械中的缓冲装备
蝶形弹簧	压缩		结构简单，制造维修方便，刚度大，可承受较大压力，属于非线性变化弹簧。缓冲和吸振能力较强，常用于重型机械的缓冲和减振装置
盘弹簧	扭转		工作时承受转矩，且能储存较大的能量。常用于钟表及仪表中的储能装置
板弹簧	弯曲		工作时承受弯矩，属于非线性变化弹簧。变形大，吸振能力强，主要用于各种车辆的缓冲和减振装置

3. 弹簧的材料及许用应力

由于弹簧是一种弹性元件，要承受冲击和变载荷作用，因此对弹簧材料的要求是：具有较高的弹性极限、疲劳极限、冲击韧性和良好的热处理性能。

弹簧的常用材料有优质碳素钢、合金钢、不锈钢及橡胶等，软木、空气也可做弹簧材料。对于弹簧材料的选择，应考虑弹簧的载荷性质、应力大小、尺寸规格、工作条件和重要程度，以及经济性的要求。如碳素钢的价格较低，常用于制造尺寸较小的一般用途的弹簧；而硅锰钢及铬钒钢常用于制造承受冲击载荷的弹簧；在变载荷作用下的弹簧适宜用铬钢；对弹簧有特殊要求时，必须选用具有特殊性质的材料，如要求具有防腐蚀、防磁等特性时，应选用不锈钢或有色金属。表 15－3 为几种常用弹簧材料的使用性能和许用应力。弹簧按其受力循环次数 N 的多少分为 3 类：Ⅰ类弹簧 $N>10^6$ 次或重要弹簧；Ⅱ类弹簧 $N=10^3\sim10^6$ 次或承受冲击载荷的弹簧；Ⅲ类弹簧 $N<10^3$ 次，基本为静力载荷的弹簧。碳素弹簧钢丝按用途分为 B、C、D 三级，分别用于低、中、高应力的 3 种情况。碳素弹簧钢丝的许用应力与弹簧的类别、级别及弹簧钢丝的直径有关。碳素弹簧钢丝的抗拉强度 σ_b 见表 15－4。

表 15－3　常用弹簧材料及其许用应力

材料及代号	许用切应力 $[\tau]$/MPa			许用弯曲应力 $[\sigma_b]$/ MPa		切变模量 G/ MPa	弹性模量 E/ MPa	推荐硬度 /HRC
	Ⅰ类弹簧	Ⅱ类弹簧	Ⅲ类弹簧	Ⅱ类弹簧	Ⅲ类弹簧			
碳素弹簧钢丝 B、C、D 级	$0.3\sigma_b$	$0.4\sigma_b$	$0.5\sigma_b$	$0.5\sigma_b$	$0.625\sigma_b$	$0.5\leqslant d\leqslant4$ 83 000 ~ 80 000 $d>4$ 80 000	$0.5\leqslant d\leqslant4$ 207 500 ~ 205 000 $d>4$ 200 000	—
65Mn								
60Si2Mn 60Si2MnA	480	640	800	800	1 000	80 000	200 000	45 ~ 50
50CrVA	450	600	750	750	940			
不锈钢丝 1Cr18Ni9 1Cr18Ni9Ti	330	440	550	550	690	73 000	197 000	

注：1. 表中的许用切应力为压缩弹簧的许用值，拉伸弹簧的许用切应力为压缩弹簧的 80%。

2. 经强压处理的弹簧，其许用应力可增大 25%。

表 15－4　碳素弹簧钢丝的抗拉强度极限 σ_b　　MPa

弹簧直径 d/mm	B 级低应力弹簧	C 级中应力弹簧	D 级高应力弹簧
1	1 660	1 960	2 300
1.2	1 620	1 910	2 250
1.4	1 620	1 860	2 150
1.6	1 570	1 830	2 110
1.8	1 520	1 760	2 010
2.0	1 470	1 710	1 910
2.2	1 420	1 660	1 810

续表

弹簧直径 d/mm	B 级低应力弹簧	C 级中应力弹簧	D 级高应力弹簧
2.5	1 420	1 660	1 760
2.8	1 370	1 620	1 710
3.0	1 370	1 570	1 710
3.2 ~ 3.5	1 320	1 570	1 660
4 ~ 4.5	1 320	1 520	1 620
5	1 320	1 470	1 570
5.5	1 270	1 470	1 570
6	1 220	1 420	1 520
6.3	1 220	1 420	
7 ~ 8	1 170	1 370	

注：1. 表中 σ_b 值均为下限值，单位为 MPa。

2. 表中弹簧直径为弹簧直径系列中的一部分。

3. 弹簧在高温下工作时，材料的 σ_b 值随温度升高而下降。

二、圆柱螺旋弹簧的几何参数和特性曲线

1. 圆柱螺旋弹簧的基本结构

圆柱螺旋弹簧一般由工作圈和端部组成，拉伸弹簧一般是由工作圈并紧形成，圆柱形螺旋弹簧的结构不同在于其端面具有不同的型式。圆柱形压缩弹簧按其端部结构不同分为 YⅠ、YⅡ、YⅢ三种型式，如图 15 - 18 所示。YⅠ、YⅡ两种称为接触型，其两端圈并紧，并紧端圈只起支撑作用，不参与变形，称为死圈，死圈的圈数与端部结构型式有关。并紧端圈磨平的弹簧其端面与弹簧轴线能保持垂直，且与支撑座接触性好。端圈磨平部分不少于 3/4 圈（常取 3/4 圈），弹簧钢丝端头厚度一般不小于 $d/8$（常取 $d/4$）。YⅢ型的两端圈不并紧，称为开口型弹簧，这种弹簧结构简单，制造容易，一般用于不太重要的弹簧。

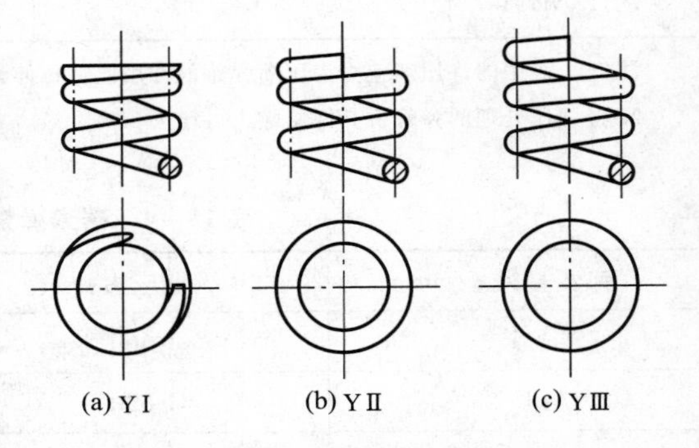

图 15 - 18　圆柱形压缩弹簧的端部结构

圆柱形拉伸弹簧空载时，各圈应相互并拢。另外，为了节省轴向工作空间，并保证弹簧在空载时各圈相互压紧，常在卷绕的过程中，同时使弹簧丝绕其本身的轴线产生扭转。这样制造的弹簧，各圈相互间具有一定的压紧力，弹簧丝中也产生了一定的预应力，故称为有预应力的拉伸弹簧。拉伸弹簧的端部制有挂钩，以便安装和加载。常用的钩环有 LⅠ和 LⅡ两种

(图 15－19)，钩环用弹簧丝末端部分弯曲制成，制造简单。钩环内侧因剧烈弯曲产生很大的应力，成为拉伸弹簧的薄弱环节，因此钩环只宜用于弹簧钢丝直径 $d \leqslant 10$ mm 的弹簧上。LⅦ和 LⅧ型的钩环结构可以避免上述缺点，适用于受力较大的场合。

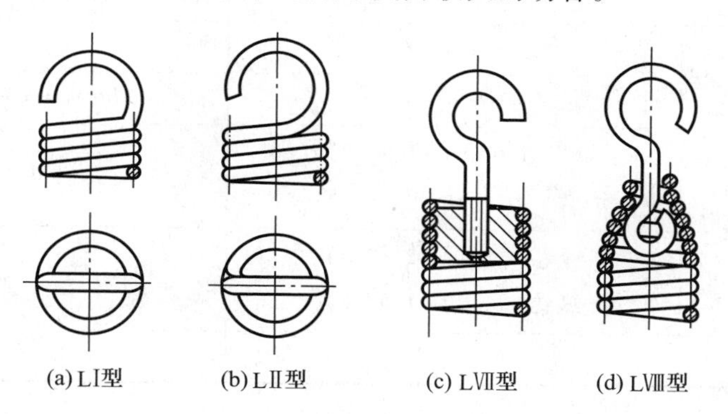

图 15－19　圆柱拉伸弹簧的端部结构

2. 圆柱螺旋弹簧的基本参数

圆柱形压缩(拉伸)螺旋弹簧的结构参数如图 15－20 所示，它们之间的几何关系见表 15－5。

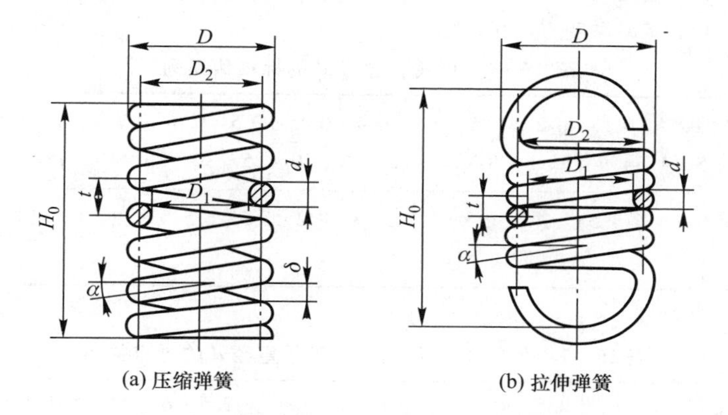

图 15－20　圆柱螺旋弹簧的结构参数

表 15－5　圆柱形压缩和拉伸螺旋弹簧的结构参数

参数名称及代号	压缩弹簧	拉伸弹簧
弹簧丝直径 d		
弹簧中径 D_2	$D_2 = Cd$	
弹簧内径 D_1	$D_1 = D_2 - d$	
弹簧外径 D	$D = D_2 + d$	
旋绕比(弹簧指数)C	$C = D_2/d$	
螺旋升角 α	$\alpha = \arctan[t/(\pi D_2)]$，一般取 $\alpha = 5° \sim 9°$	
节距 t	$t \approx (0.3 \sim 0.5) D_2$	$t \approx d$

续表

参数名称及代号	压缩弹簧	拉伸弹簧
轴向间隙 δ	$\delta = t - d$	
最小间隙 δ_1	$\delta_1 \geqslant 0.1d$	
弹簧丝展开长度 L	$L = \pi D_2 n_1 / \cos\alpha$	$L \approx \pi D_2 n$ + 钩环展开长度
弹簧自由高度 H_0（弹簧有效圈数为 n）	磨平 $H_0 \approx nt + (1.5 \sim 2)d$ 不磨平 $H_0 \approx nt + (3 \sim 3.5)d$	$H_0 = nd$ + 钩环轴向长度
总圈数 n_1	冷卷 $n_1 = n + (2 \sim 2.5)$ 热卷 $n_1 = n + (1.5 \sim 2)$	$n_1 = n$
高径比 b	$b = H_0 / D_2$	

螺旋弹簧结构参数中，弹簧钢丝直径 d、弹簧中径 D_2、有效圈数 n 和自由高度 H_0 是弹簧的基本参数。国标规定有 d、D_2 和 n 的系列值，H_0 有推荐系列值。表 15－6 是弹簧丝直径 d 的标准系列，选取 d 时应优先选取第一系列。旋绕比 C 一般取 4～16，常取 5～8。常用 C 值及其与弹簧丝 d 之间的对应关系见表 15－7。

表 15－6　弹簧丝直径 *d* 的标准值系列

第一系列	0.1　0.12　0.14　0.16　0.2　0.25　0.3　0.4　0.45　0.5　0.6　0.7　0.8　0.9　1　1.2　1.6　2　2.5　3　3.5　4　4.5　5　6　8　10　12　16　20　25　30　35　40　45　50　60　70　80
第二系列	0.55　0.65　1.4　(1.5)　2.2　2.8　3.2　3.8　4.2　5.5　6.5　7　9　11　14　18　22　28　32　38　42　55　65

表 15－7　旋绕比 *C* 及其与弹簧丝直径 *d* 的对应关系

d/mm	0.2～0.4	0.5～1	1.1～2.2	2.5～6	7～16	≥18
C	7～14	5～12	5～10	4～9	4～8	4～6

3. 圆柱螺旋弹簧的特性曲线

弹簧承受的载荷 F 与弹簧轴向变形 λ 之间的关系曲线称为弹簧的特性曲线，弹簧的特性曲线是检验和试验时的重要依据之一。图 15－21 所示为圆柱形压缩弹簧的特性曲线，图中 F_1 称为弹簧的最小载荷，一般是在安装时预加上的，以使弹簧的位置稳定；F_2 为弹簧承受的最大工作载荷，F_2 的取值一般根据机器的工作条件和结构要求确定；F_{lim} 为弹簧能够承受的极限载荷，F_{lim} 作用时，弹簧丝中的应力达到材料的屈服点 τ_s。设计弹簧时应取 $F_2 \leqslant 0.8F_{lim}$；$F_1 = (0.1 \sim 0.5)F_2$。图中 F_1、F_2、F_{lim} 各力作用时相应的弹簧高度为 H_1、H_2、H_{lim}，对应变形量为 λ_1、λ_2、λ_{lim}。$\lambda_2 - \lambda_1 = h$，称为弹簧的工作行程。

圆柱形拉伸弹簧的特性曲线如图 15－22 所示。拉伸弹簧的特性曲线分为有预拉力和无预拉力两种。无预拉力的拉伸弹簧的特性曲线与压缩弹簧的相似，如图 15－22b 所示。拉伸弹簧的预拉力 F_0 是在卷制时形成的弹簧丝之间的压力，故 F_0 也称为初拉力。有预拉力 F_0 的拉伸弹簧承受载荷后，只有当载荷大于 F_0 时弹簧才开始伸长，所以特性曲线的表示应如图 15－22c 所示。预拉力 F_0 的大小与弹簧丝直径 d 有关，当 $d \leqslant 5$ mm 时，取 $F_0 \approx F_{\lim}/3$；当 $d > 5$ mm 时，取 $F_0 \approx F_{\lim}/4$。

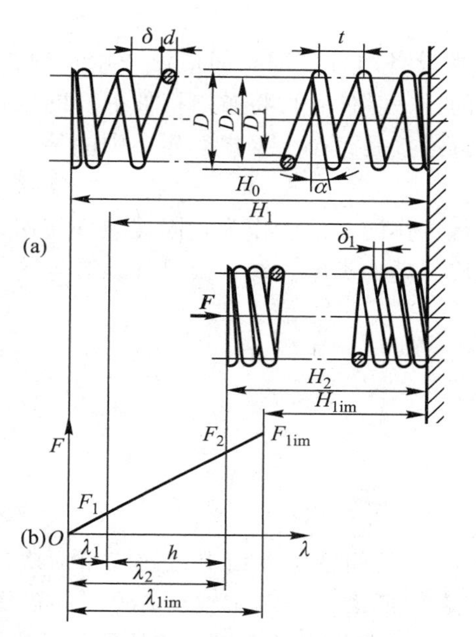

图 15－21　圆柱形压缩弹簧的特性曲线

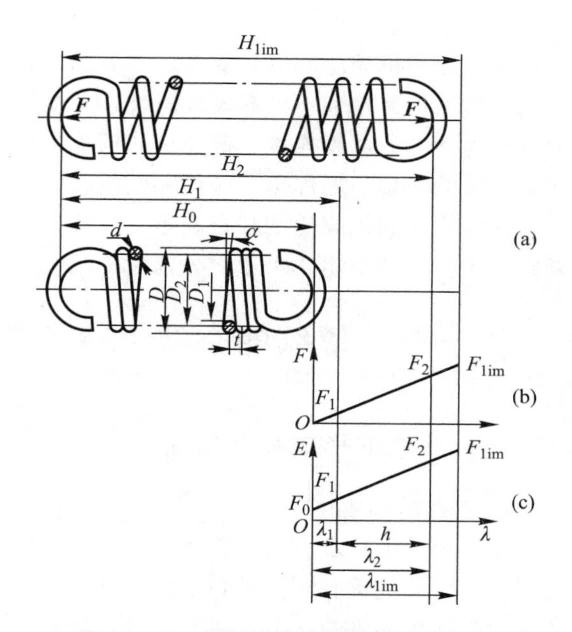

图 15－22　圆柱形拉伸弹簧的特性曲线

习　题

15－1　试比较刚性联轴器、无弹性元件挠性联轴器和有弹性元件挠性联轴器各有何优缺点？各适用于什么场合？

15－2　牙嵌离合器和摩擦式离合器各有何优缺点？各适用于什么场合？

15－3　某电动机与油泵之间用弹性套柱销联轴器连接，功率 $P=4$ kW，转速 $n=960$ r/min，轴伸直径 $d=32$ mm，试确定该联轴器的型号。

15－4　有一齿轮减速器的输入轴与电动机相连接的联轴器。已知电动机的型号为 Y200L－6，传递功率 $P=22$ kW，电动机转速 $n=970$ r/min，电动机轴外伸端直径 $d_1=55$ mm，减速器的输入轴径 $d_2=50$ mm，工作机为链式输送机，输送机工作时起动频繁并有轻微冲击。试选择联轴器的类型和型号。

15－5　设计一圆柱形压缩螺旋弹簧，$F_2=1\ 000$ N，$\lambda_2=35$ mm，要求弹簧自由高度 H_0 在 120 mm 左右。载荷为Ⅱ类，使用条件一般。

15－6　设计一圆柱形拉伸螺旋弹簧，当 $F_2=400$ N，$F_1=200$ N 时，$\lambda_2=30$ mm，$\lambda_1=20$ mm。该弹簧工作时载荷平稳，$N<10^3$ 次。

第十六章　螺纹连接与螺旋传动

为了便于机械的制造、安装、维修和运输，在机械设备的各零部件间广泛采用各种连接。连接分为可拆连接和不可拆连接两类，不损坏连接中的任一零件就可将被连接件拆开的连接称为可拆连接，如螺纹连接、键连接和销连接等。不可拆连接是指至少要损坏连接中的某一部分才能拆开的连接，如焊接、铆接和粘接等。

螺纹连接和螺旋传动都是利用具有螺纹的零件进行工作的，前者作为紧固连接件使用，后者则作为传动件使用。本章将分别讨论螺纹连接和螺旋传动的类型、结构及设计计算等。

第一节　螺纹的类型、特点和应用

一、螺纹的形成和类型

1. 螺纹的形成

如图 16－1 所示，将一直角三角形 abc 绕在直径为 d_2 的圆柱体表面上，使三角形底边 ab 与圆柱体的底边重合，则三角形的斜边 amc 在圆柱体表面形成一条螺旋线 am_1c_1。三角形 abc 的斜边与底边的夹角 λ 称为螺纹升角。若取一平面图形，使其平面始终通过圆柱体的轴线并沿着螺旋线运动，则这个平面图形在空间形成一个螺旋形体，称为螺纹。

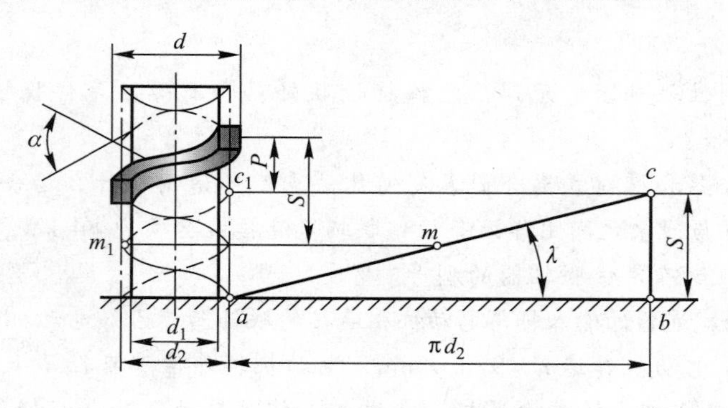

图 16－1　螺纹的形成

2. 螺纹的类型

螺纹轴向剖面的形状称为牙型。按牙型不同，螺纹可分为普通螺纹、管螺纹、矩形螺纹、梯形螺纹和锯齿形螺纹等，如图 16－2 所示。其中普通螺纹和管螺纹主要用于连接，其余三种则主要用于传动，除矩形螺纹外，其他螺纹都已标准化。

按螺旋线绕行的方向不同，螺纹可分为左旋螺纹和右旋螺纹，如图 16－3 所示。一般多用

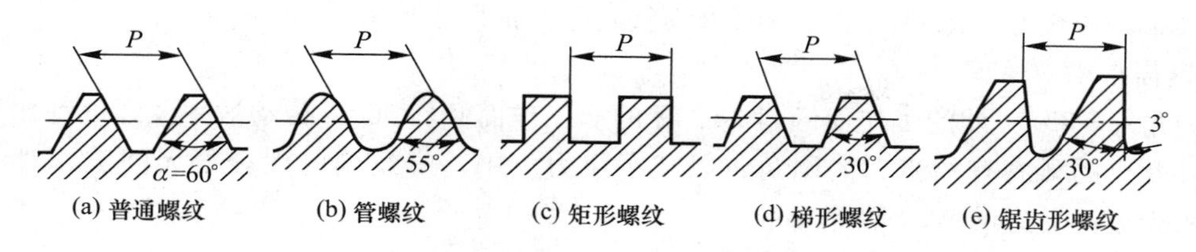

图 16－2 常用螺纹的牙型

右旋螺纹，特殊需要时可采用左旋螺纹。

按螺纹的线数(头数)，可分为单线螺纹和多线螺纹，如图 16－4 所示。连接螺纹要求具有自锁性，多用单线螺纹；传动螺纹要求传动效率高，多用双线或三线螺纹。为制造方便起见，螺纹一般不超过四线。

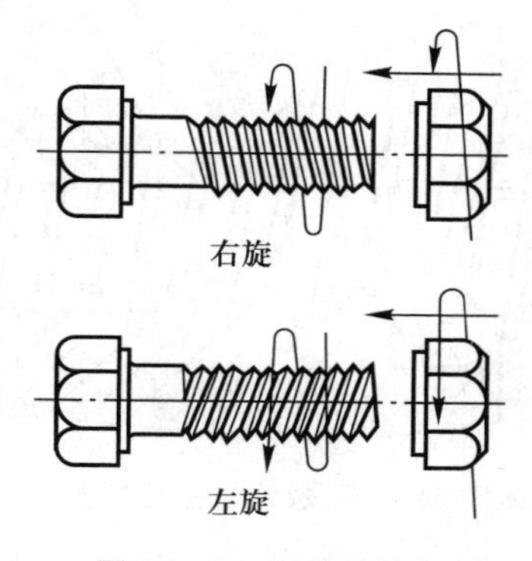

图 16－3 螺纹的旋向

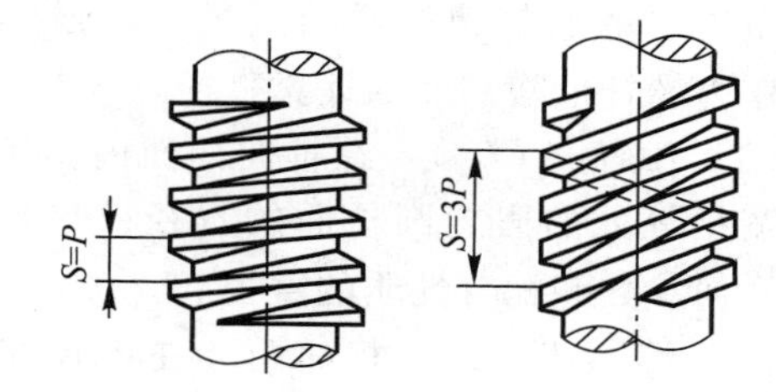

图 16－4 单线螺纹和多线螺纹

二、常用螺纹的特点和应用

螺纹是螺纹连接和螺旋传动的关键部分，现将机械中几种常用螺纹的特点和应用分述如下。

1. 普通螺纹

普通螺纹即米制三角形螺纹，牙型角 $\alpha=60°$，当量摩擦系数大，自锁性能好，常用于连接。同一公称直径按螺距的大小不同分为粗牙和细牙两种，螺距最大的一种是粗牙，其余的均为细牙。一般连接多用粗牙螺纹。细牙螺纹的牙浅、升角小、自锁性能好，多用于薄壁零件或细小零件，以及受冲击、振动和变载荷的连接中，也可用作微调机构的调整螺纹。

2. 管螺纹

最常用的管螺纹是英制细牙三角形螺纹，牙型角 $\alpha=55°$，牙顶有较大的圆角，内、外螺纹旋合后牙型间无径向间隙，公称直径近似为管子的内径。多用于有紧密性要求的管件连接。

3. 矩形螺纹

牙型为正方形，牙型角 $\alpha=0°$。传动效率高，牙根强度弱，精加工困难，对中精度低，常用于传动。

4. 梯形螺纹

牙型为等腰梯形，牙型角 $\alpha=30°$。其传动效率略低于矩形螺纹，但工艺性好，牙根强度高，螺纹副对中性好，采用剖分螺母时可调整间隙，常用于传动。

5. 锯齿形螺纹

牙型角 $\alpha=33°$，牙的工作面倾斜 3°，牙的非工作面倾斜 30°。传动效率及强度都比梯形螺纹高，外螺纹的牙底有相当大的圆角，以减小应力集中。螺纹副的大径处无间隙，对中性良好，多用于单向受力的传动螺纹。

三、螺纹的主要参数

螺纹副由外螺纹和内螺纹相互旋合组成。现以普通螺纹为例说明螺纹的主要参数，如图 16－5 所示。

(1) 大径 $d(D)$：与外螺纹牙顶或内螺纹牙底相重合的假想圆柱面的直径，在标准中用作螺纹的公称直径。

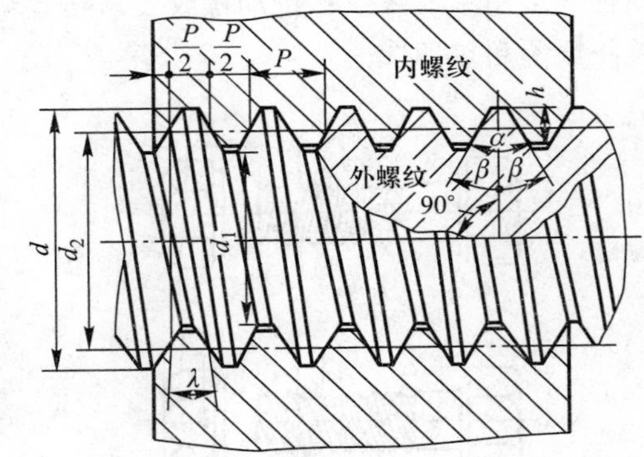

图 16－5 螺纹的主要参数

(2) 小径 $d_1(D_1)$：与外螺纹牙底或内螺纹牙顶相重合的假想圆柱面的直径，在强度计算中常作为螺杆危险剖面的计算直径。

(3) 中径 $d_2(D_2)$：在轴向剖面内，牙厚与牙槽宽相等处的假想圆柱面的直径，它是确定螺纹几何参数和配合性质的直径。

(4) 螺距 P：螺纹相邻两牙在中径线上对应两点间的轴向距离。

(5) 导程 S：同一条螺旋线上相邻两牙在中径线上对应两点间的轴向距离。单线螺纹 $S=P$，多线螺纹 $S=nP$。

(6) 螺纹升角 λ：在中径圆柱面上，螺旋线的切线与垂直于螺纹轴线平面间的夹角。

$$\tan\lambda=\frac{S}{\pi d_2}=\frac{nP}{\pi d_2} \tag{16-1}$$

(7) 牙型角 α：在轴剖面内，螺纹牙型两侧边的夹角。

(8) 牙型斜角 β：轴向剖面内，螺纹牙型侧边与螺纹轴线垂线间的夹角，对三角形和梯形等对称牙型，$\beta=\alpha/2$。

(9) 螺纹接触高度 h：内外螺纹相互旋合后螺纹接触面的径向距离，常用作螺纹工作高度。

第二节 螺纹连接的基本类型及预紧和防松

一、螺纹连接的基本类型

螺纹连接的基本类型有螺栓连接、双头螺柱连接、螺钉连接及紧定螺钉连接 4 种。各类螺纹连接的结构、特点和应用见表 16－1。

表 16－1　螺纹连接的主要类型及特点和应用

类型		结　构	主要尺寸关系	特点和应用
螺栓连接	普通螺栓连接	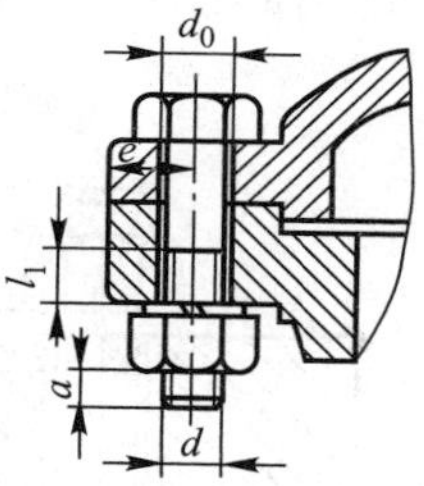	螺纹留余长度 l_1 普通螺栓连接： 静载荷 $l_1 \geqslant (0.3 \sim 0.5)d$ 变载荷 $l_1 \geqslant 0.75d$ 冲击载荷或弯曲载荷 $l_1 \geqslant d$ 配合螺栓连接： l_1 尽可能小 螺纹伸出长度： $a \approx (0.2 \sim 0.3)d$ 螺栓轴线到被连接件边缘的距离： $e = d + (3 \sim 6)$ mm 通孔直径 $d_0 \approx 1.1d$	无需在被连接件上切制螺纹，故使用不受被连接件材料的限制 构造简单，装拆方便，损坏后容易更换，应用最广。用于通孔场合，被连接件两边需有足够装配空间 配合螺栓连接的螺栓杆与孔多采用基孔制过渡配合（H7/m6、H7/n6）
	配合螺栓连接	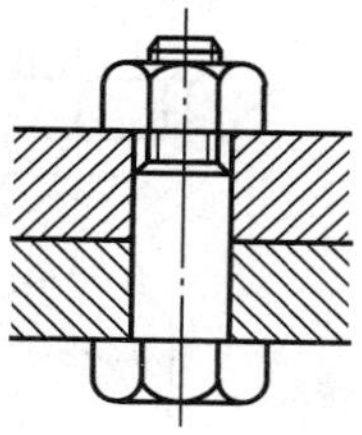		
双头螺柱连接		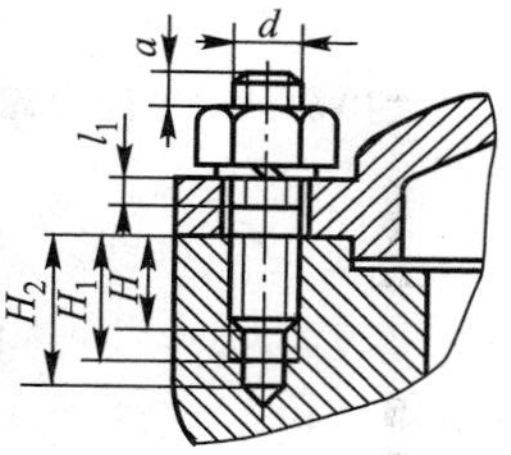	座端拧入深度 H 当螺纹孔材料为： 钢或青铜时，$H \approx d$ 铸铁时，$H \approx (1.25 \sim 1.5)d$ 铝合金时，$H \approx (1.5 \sim 2.5)d$ 螺纹孔深度 H_1 $H_1 \approx H + (2 \sim 2.5)p$ 钻孔深度 H_2 $H_2 \approx H_1 + (0.5 \sim 1.0)d$ 图中 l_1、a、e 值同螺栓连接 通孔直径 $d_0 \approx 1.1d$	双头螺柱的座端旋入并紧定在被连接件之一的螺纹孔中。用于不能用螺栓连接且被连接件需要经常装拆的场合
螺钉连接		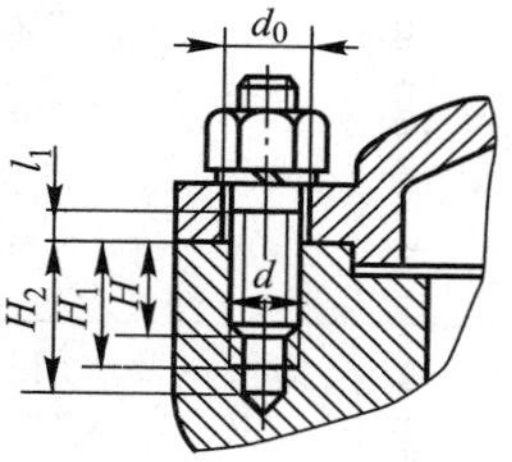		应用与双头螺栓连接相似，但不宜用于经常装拆的场合，以免损坏被连接件上的螺纹孔。由于不用螺母，结构上比双头螺柱连接简单、紧凑
紧定螺钉连接		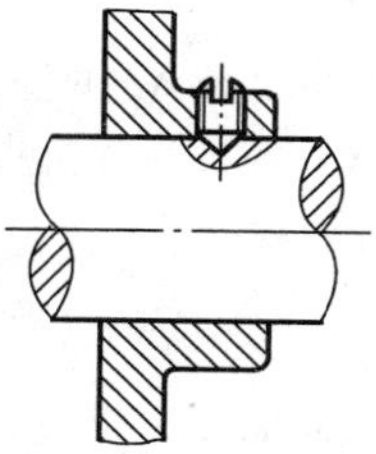	—	紧定螺钉旋入被连接件之一的螺纹孔中，其末端顶住另一被连接件表面的凹坑中，以固定两个零件的相对位置，并可传递不大的力或转矩

螺纹连接除上述4种基本类型外，还有一些特殊结构的连接。如装在机器或大型零部件顶盖或外壳上起吊用的吊环螺钉连接，如图16－6所示；用于固定机座或机架的地脚螺栓连接，如图16－7所示；用于工装设备（机床工作台等）中的T形槽螺栓连接，如图16－8所示。

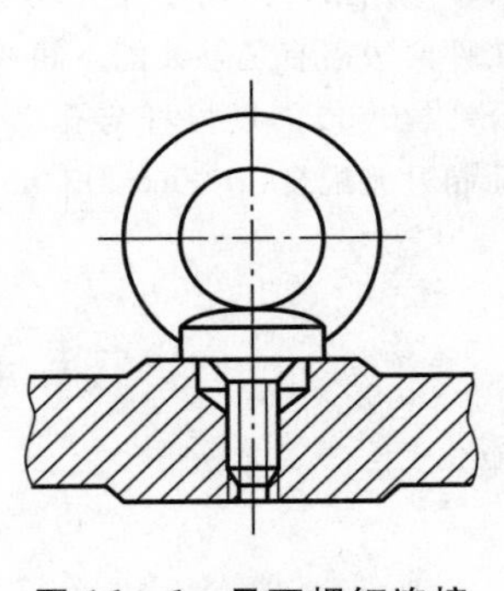

图16－6 吊环螺钉连接

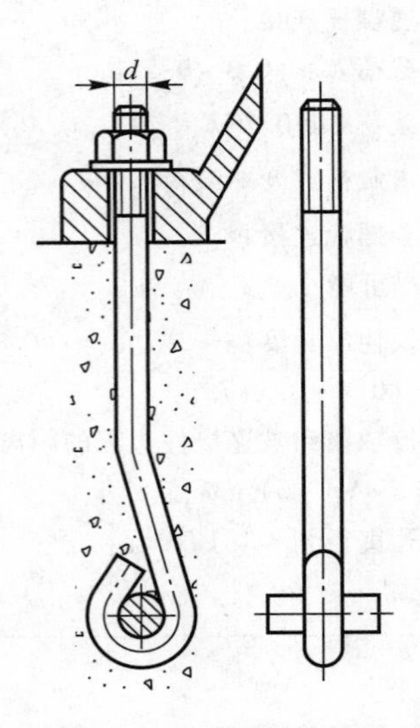

图16－7 地脚螺栓连接

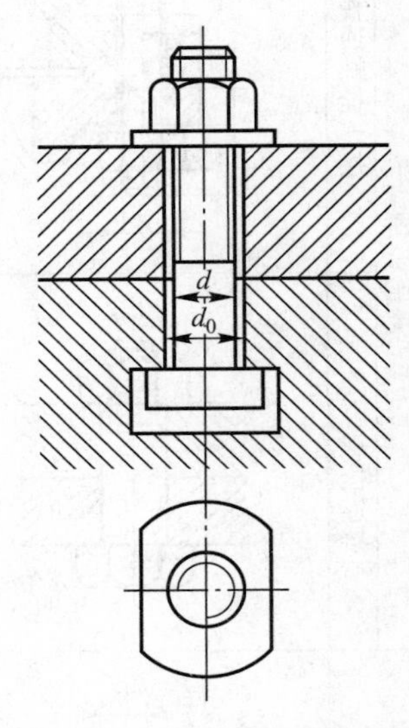

图16－8 T形槽螺栓连接

二、常用标准螺纹连接件

螺纹连接件的类型很多，在机械制造中常见的螺纹连接件有螺栓、双头螺柱、螺钉、紧定螺钉、螺母、垫圈以及防松零件等。因其结构和尺寸已标准化，设计时可根据标准选用。其常用品种、结构特点及应用见表16－2。

根据国家标准规定螺纹连接件分A、B、C三个精度等级。A级精度最高，用于要求配合精确、防止振动等重要连接；B级精度次之，多用于受载较大且经常装拆、调整或承受变载的连接；C级精度多用于一般的连接。

表16－2 常用标准螺纹连接件

类 型	图 例	结构特点及应用
六角头螺栓	15°～30°　r　辗制末端　d_a　d_s　d　l_s　l_g　(b)　k　l　e　s	螺栓精度分A、B、C三级，通常多用C级。杆部可以是全螺纹或一段螺纹

续表

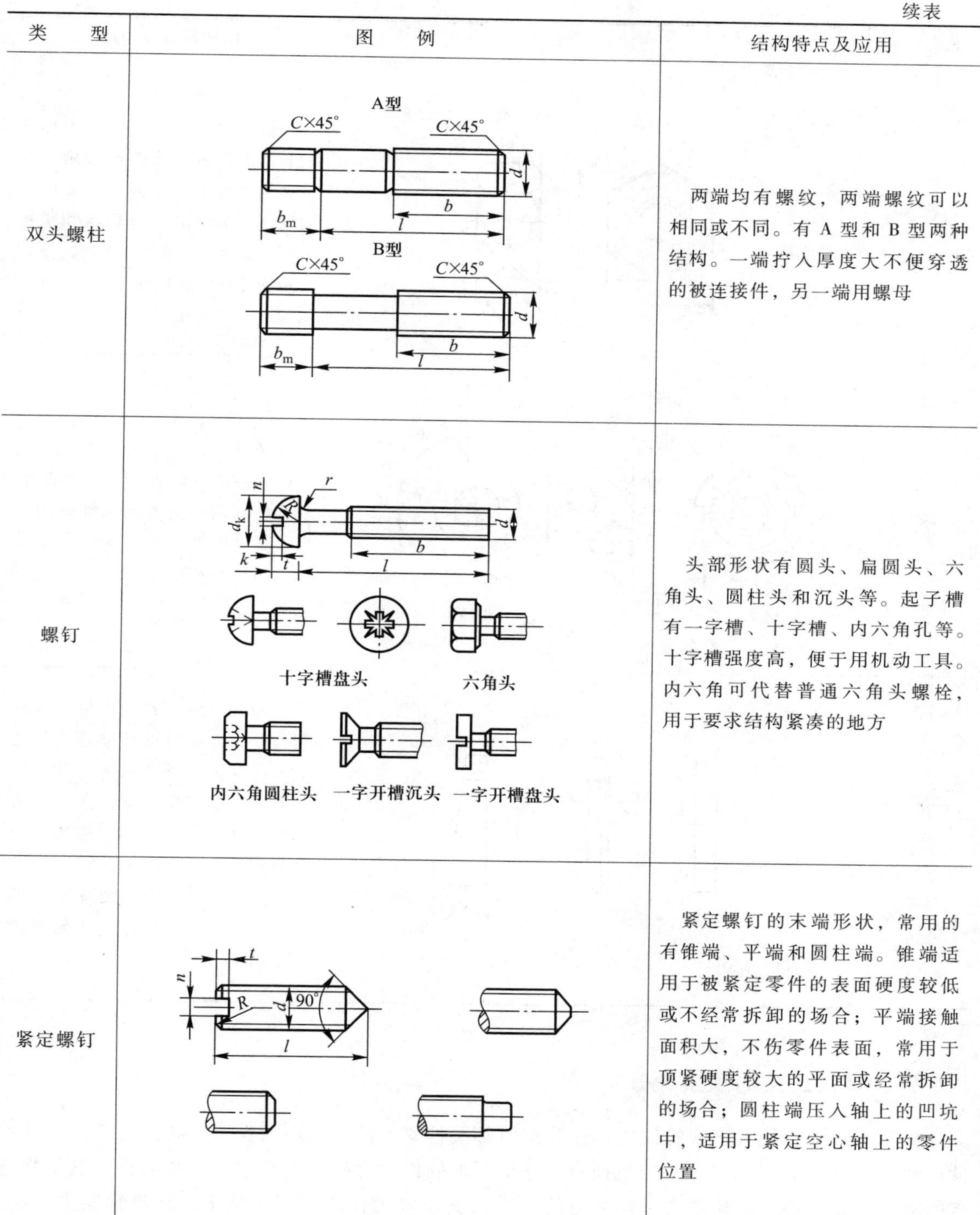

类　　型	图　　例	结构特点及应用
双头螺柱		两端均有螺纹，两端螺纹可以相同或不同。有A型和B型两种结构。一端拧入厚度大不便穿透的被连接件，另一端用螺母
螺钉		头部形状有圆头、扁圆头、六角头、圆柱头和沉头等。起子槽有一字槽、十字槽、内六角孔等。十字槽强度高，便于用机动工具。内六角可代替普通六角头螺栓，用于要求结构紧凑的地方
紧定螺钉		紧定螺钉的末端形状，常用的有锥端、平端和圆柱端。锥端适用于被紧定零件的表面硬度较低或不经常拆卸的场合；平端接触面积大，不伤零件表面，常用于顶紧硬度较大的平面或经常拆卸的场合；圆柱端压入轴上的凹坑中，适用于紧定空心轴上的零件位置

续表

类型	图例	结构特点及应用
六角螺母	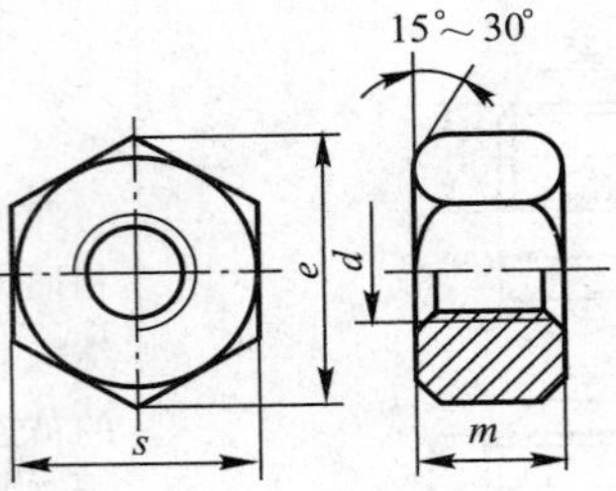	根据螺母厚度不同，分为标准的和薄的两种。薄螺母常用于受剪力的螺栓上或空间尺寸受限制的场合。螺母的制造精度和螺栓相同，分为A、B、C三级，分别与相同级别的螺栓配用
圆螺母	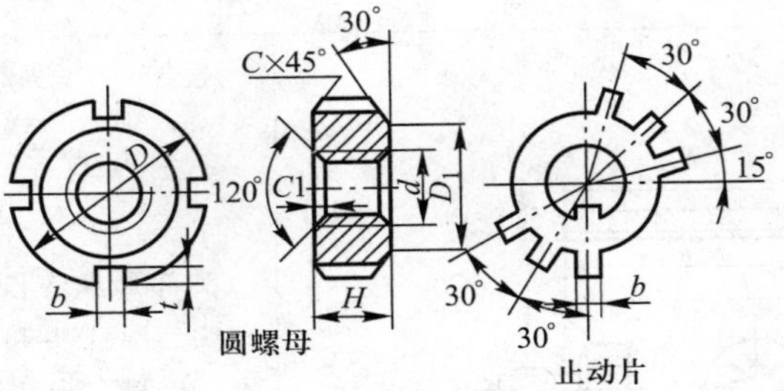 圆螺母　止动片	圆螺母常与止退垫圈配用，装配时将垫圈内舌插入轴上的槽内，而将垫圈的外舌嵌入圆螺母的槽内，螺母即被锁紧。常作为滚动轴承的轴向固定用
垫圈	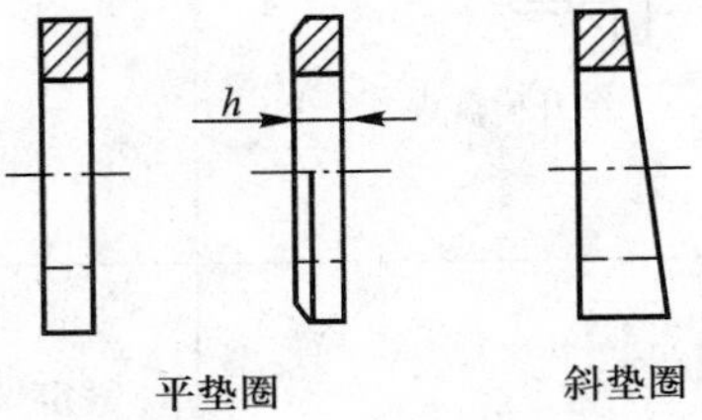 平垫圈　斜垫圈	垫圈是螺纹连接中不可缺少的附件，放置在螺母和被连接件之间，起保护支承表面等作用。平垫圈按加工精度不同，分为A级和C级两种。用于同一螺纹直径的垫圈又分为特大、普通和小的4种规格，特大垫圈主要在铁木结构上使用。斜垫圈只用于倾斜的支承面上

三、螺纹连接的预紧

工程实际中，绝大多数螺纹连接在装配时都要拧紧，使连接在承受工作载荷之前，各连接件已预先受到了力的作用，此即为预紧。这个预加的作用力称为预紧力。预紧的目的是增强连接的刚性、紧密性及防松能力。预紧力的大小根据连接工作的需要而确定，如果预紧力过小，则会使连接不可靠；如果预紧力过大，又会导致连接过载甚至连接件被拉断。对于一般的连接，可凭经验来控制预紧力的大小，但对重要的连接就要严格控制其预紧力。

1. 拧紧力矩

装配时预紧力的大小是通过拧紧力矩来控制的，故应找出预紧力与拧紧力矩之间的关系。在拧紧螺母时(图 16－9)，拧紧力矩 T 等于螺纹副间的摩擦阻力矩 T_1 和螺母环形支承面上的摩擦阻力矩 T_2 之和。由分析可知，对于 M10～M68 的粗牙普通钢制螺栓，拧紧时采用标准扳手，在螺纹副中无润滑时，有

$$T = T_1 + T_2 \approx 0.2F_0 d \qquad (16-2)$$

式中，F_0 为预紧力，单位为 N；d 为螺纹的公称直径，单位为 mm。

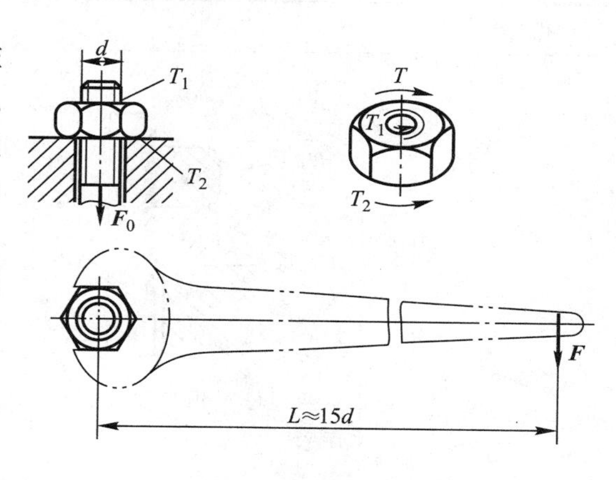

图 16－9　拧紧螺母时的拧紧力矩

2. 预紧力的控制

在工程实际中，常用测力矩扳手(图 16－10a)或定力矩扳手(图 16－10b)来控制拧紧力矩，从而控制预紧力。此外，对于大直径的螺栓连接，可用测量螺栓伸长量的方法来控制预紧力。

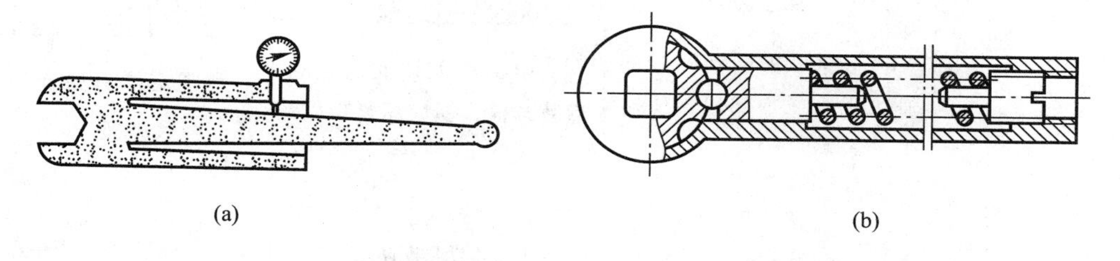

图 16－10　测力矩扳手和定力矩扳手

四、螺纹连接的防松

连接螺纹都能满足自锁条件，因为标准的连接螺纹升角 $\lambda = 1.5° \sim 3.5°$，小于当量摩擦角；且螺母、螺栓头部支承面处的摩擦也能起防松作用，故在静载荷下，螺纹连接不会自动松脱。但在冲击、振动或变载荷的作用下，或当温度变化很大时，螺纹副间的摩擦力会出现减小或瞬时消失的现象，这种现象多次重复就会使连接松脱。所以在设计时，必须采用有效的防松措施。

防松的根本问题是防止螺纹连接间的相对转动。防松的方法很多，按其工作原理，可分为摩擦防松、机械防松和永久止动 3 类。常用的防松方法见表 16－3。

表 16-3 常用的防松方法

防松原理		防松方法		
摩擦防松：使螺纹副中产生附加压力，从而始终有摩擦力矩存在，防止螺母相对螺栓转动	轴向压紧	对顶螺母 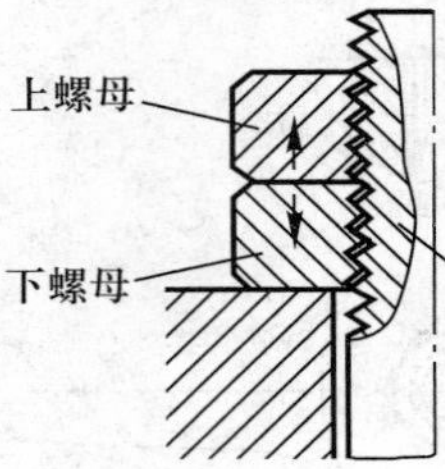 上螺母 下螺母 螺栓 两螺母对顶拧紧使螺纹压紧	弹簧垫圈 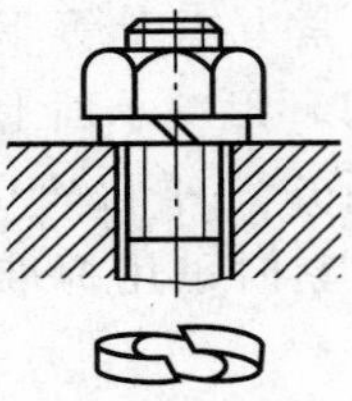 利用垫圈弹性变形使螺纹压紧	开缝螺母 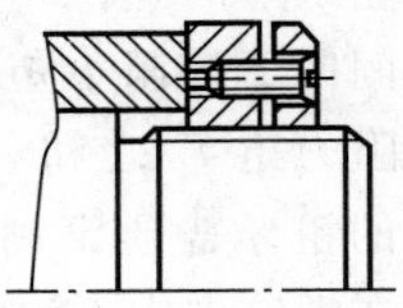 利用小螺钉拧紧螺母上的开缝压紧螺纹
	径向压紧	锁紧螺母 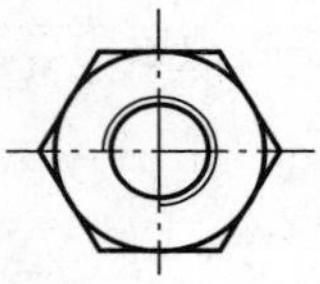 利用螺母末端椭圆口的弹性变形箍紧螺栓，横向压紧螺纹	尼龙圈锁紧螺母 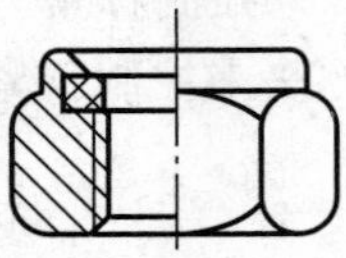 利用螺母末端的尼龙圈箍紧螺栓，横向压紧螺纹	紧定螺钉固定 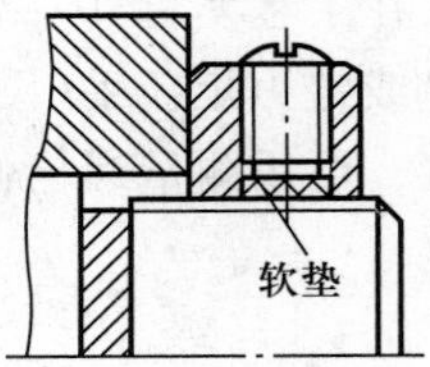 软垫 用紧定螺钉径向顶紧螺纹，为避免损坏螺纹可加软垫
机械防松：利用一些简单的金属止动件直接防止螺纹副的相对转动		开口销防松 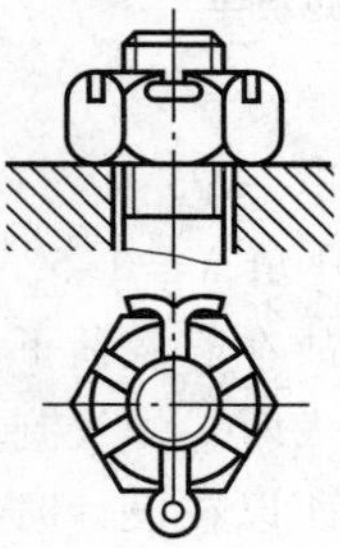	止动垫圈防松 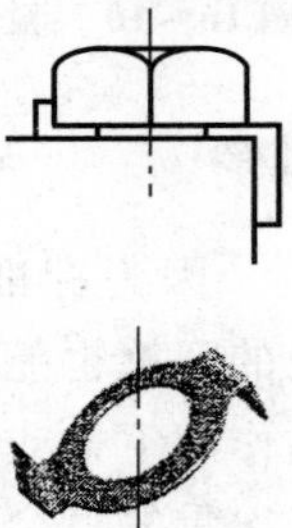	圆螺母用带翅垫片 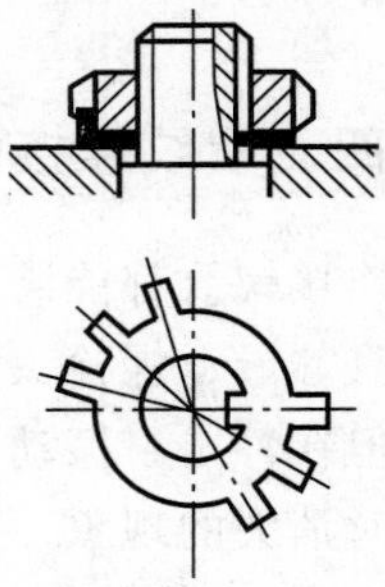
		金属丝防松 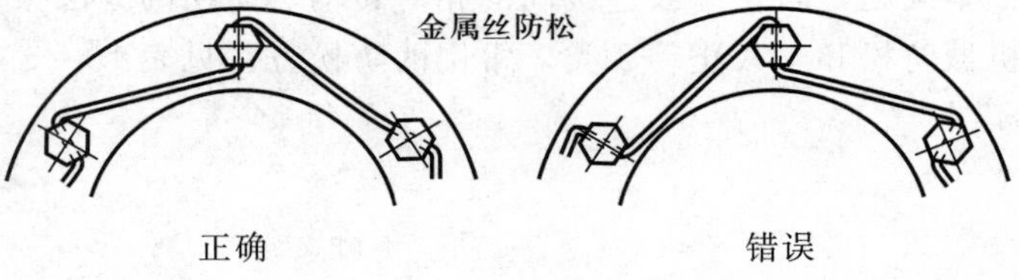 正确	错误	

续表

防松原理	防松方法
永久止动：螺母拧紧后破坏螺纹副使螺母不能转动，但除粘合法外，利用其余永久止动方法防松的螺纹副拆卸困难	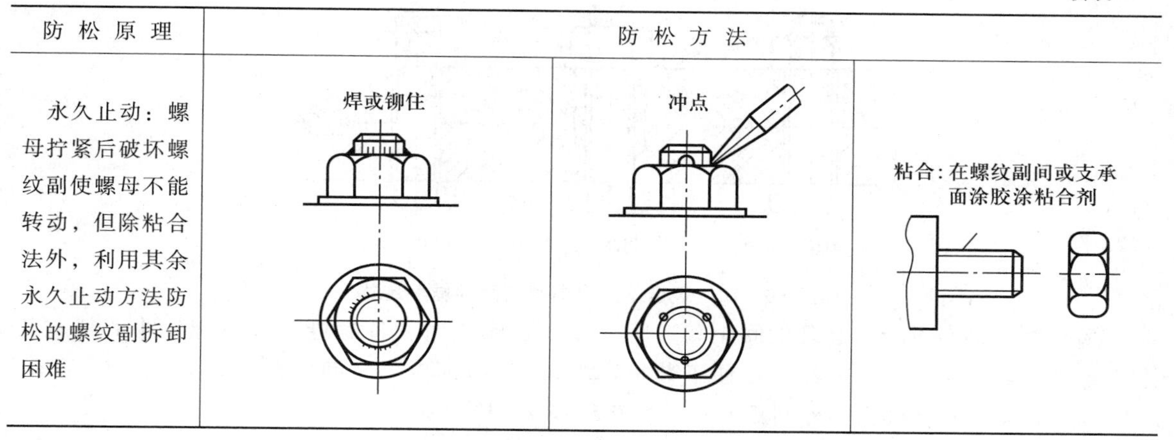

第三节　螺栓组的结构设计和受力分析

在工程实际中，多数螺纹连接件一般都是成组使用的，其中螺栓组连接最具有典型性。下面讨论螺栓组连接的设计问题，其基本结论也适用于双头螺柱组连接和螺钉组连接。

螺栓组连接的设计包括：结构设计、受力分析和强度校核等内容。

一、螺栓组连接的结构设计

螺栓组连接的结构设计主要是选择合适的连接接合面的几何形状和螺栓的布置形式，确定螺栓的数目，选择防松装置等，以便使各螺栓和连接结合面间受力均匀，且便于加工和装配。因此，设计时应综合考虑以下几个方面：

（1）连接结合面应尽量设计成轴对称的简单几何形状(图 16－11)，这样可使螺栓组的几何中心与接合面的形心重合，保证接合面受力比较均匀，同时也便于加工和装配。

（2）螺栓的布置应使螺栓的受力合理。传递旋转力矩或翻转力矩的螺栓组连接，应使螺栓位置适当靠近接合面的边缘，以减小螺栓的受力；对于铰制孔用螺栓，不要在平行于工作载荷的方向上成排地布置 8 个以上的螺栓，以避免螺栓受力不均；对于承受较大横向载荷的普通螺栓连接，应采用销、套筒和键等抗剪零件来承受横向载荷(图 16－12)，以减小螺栓的预紧力及结构尺寸。

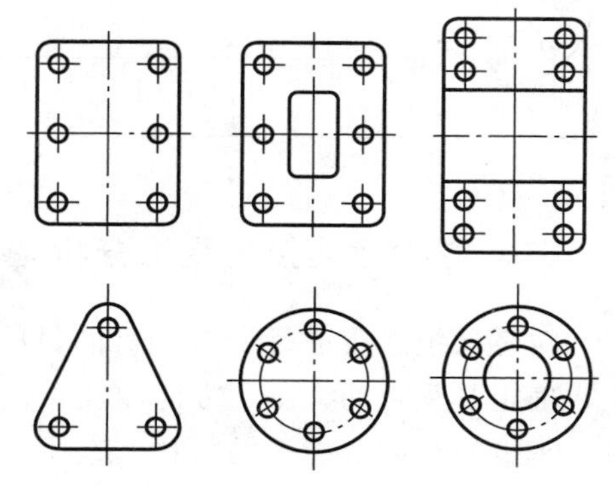

图 16－11　连接接合面常用的形状

（3）分布在同一圆周上的螺栓，通常取 3、4、6、8 等易于等分的数目，以便钻孔时分度和划线。同一螺栓组中各螺栓的材料、直径和长度均应相同。

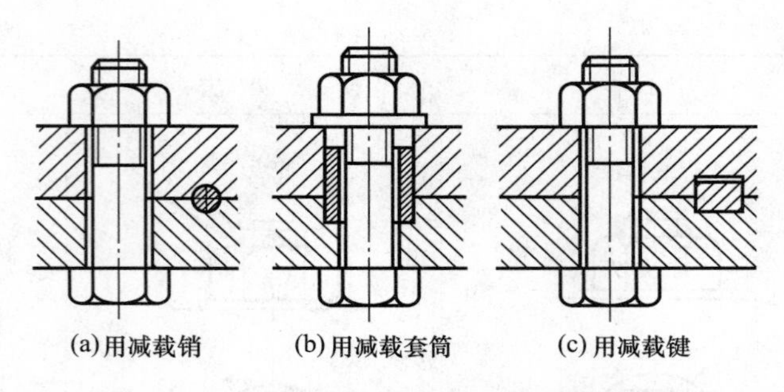

图 16－12 螺栓承受横向载荷时的减载装置

（4）螺栓的布置应有合理的间距和边距。在布置螺栓时，各螺栓间以及螺栓中心线与机体壁之间应留有扳手操作空间，以便于装拆（图 16－13），扳手空间的尺寸可查阅有关手册。对压力容器等紧密连接，螺栓间距 t 不得大于表 16－4 给出的值。

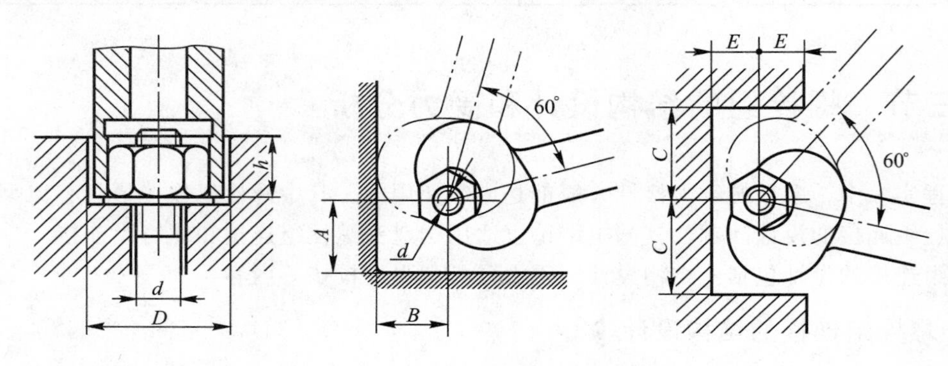

图 16－13 扳手空间

表 16－4 紧密连接的螺栓间距 t

	工作压力/MPa					
	≤1.6	1.6～4	4～10	10～16	16～20	20～30
	t/mm					
	$7d$	$4.5d$	$4.5d$	$4d$	$3.5d$	$3d$

二、螺栓组连接的受力分析

对螺栓组连接进行受力分析的目的，是根据连接的结构和受载情况，找出受力最大的螺栓，确定其受力的大小、方向和性质，以便对其进行强度计算。为了简化计算，通常作如下假设：①螺栓组内各螺栓的材料、直径、长度和预紧力均相同；②受载后连接接合面仍保持为平面；③被连接件为刚体；④螺栓的变形在弹性范围内。下面分析 4 种典型受载情况下的螺栓组连接。

1. 受横向载荷的螺栓组连接

如图 16－14 所示，横向载荷 $\boldsymbol{F}_w$ 通过螺栓组中心并与螺栓轴线垂直，载荷可通过两种不同的方式传递。

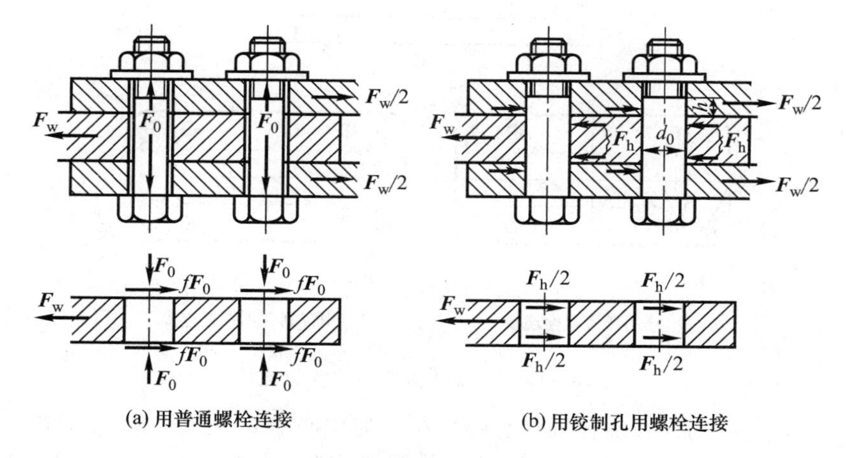

(a) 用普通螺栓连接　(b) 用铰制孔用螺栓连接

图 16－14　受横向载荷的螺栓组连接

（1）用普通螺栓连接时（图 16－14a），螺栓只受预紧力 $\boldsymbol{F}_0$ 作用，横向载荷 $\boldsymbol{F}_w$ 靠连接预紧后在接合面上产生的摩擦力来传递。假设各螺栓连接接合面的摩擦力相等并集中在螺栓中心处，由连接件的平衡条件可得每个螺栓所需的预紧力 $\boldsymbol{F}_0$ 为

$$F_0 \geqslant \frac{k_n F_w}{fzm} \tag{16-3}$$

式中，f 为接合面间的摩擦系数，对于钢或铸铁件 $f=0.10\sim0.16$，钢结构件 $f=0.30\sim0.35$；k_n 为可靠性系数，一般取 $k_n=1.1\sim1.3$；m 为接合面数目；z 为螺栓数目。

（2）用铰制孔用螺栓连接时（图 16－14b），靠螺栓受剪和螺栓与被连接件相互挤压时的变形来传递载荷。此时螺栓所需预紧力不大，可不考虑。假设螺栓所受的横向载荷为 $\boldsymbol{F}_w$，则每个螺栓所受的工作剪力为

$$F_h = \frac{F_w}{z} \tag{16-4}$$

2. 受旋转力矩的螺栓组连接

如图 16－15 所示，在旋转力矩 T 的作用下，底板有绕螺栓组几何中心轴线 $O-O$ 旋转的趋势，仍可有两种不同的载荷传递方式。

（1）用普通螺栓连接时（图 16－15a），靠连接预紧后在接合面内产生的摩擦力矩抵抗旋转力矩 T。假设各螺栓的预紧力均为 $\boldsymbol{F}_0$，且摩擦力集中在各螺栓的中心处，与螺栓中心至底板旋转中心 O 的连线垂直。根据底板的力矩平衡条件，则有

$$fF_0r_1+fF_0r_2+\cdots+fF_0r_z \geqslant k_nT$$

于是可得各螺栓的预紧力为

$$F_0 \geqslant \frac{k_nT}{f(r_1+r_2+\cdots+r_z)} \tag{16-5}$$

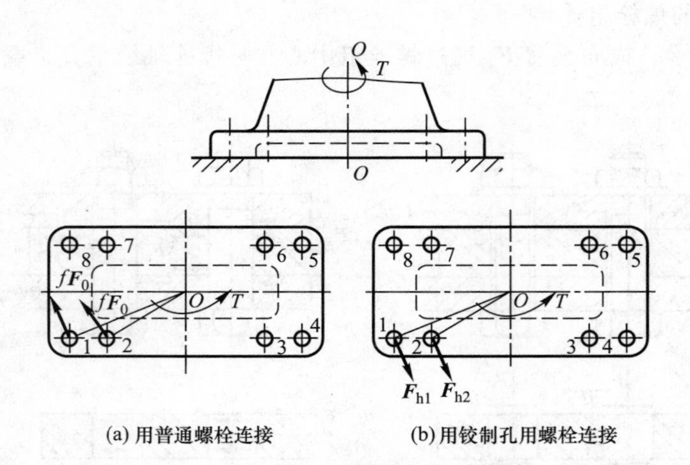

(a) 用普通螺栓连接　　(b) 用铰制孔用螺栓连接

图 16－15　受旋转力矩的螺栓组连接

式中，r_1、r_2、…、r_z 分别为各螺栓轴线至螺栓组几何中心 O 的距离；k_n、f 同前。

（2）用铰制孔用螺栓连接时（图 16－15b），各螺栓靠剪切和挤压抵抗旋转力矩 T。设各螺栓受剪力为 $\boldsymbol{F}_{h1}$、$\boldsymbol{F}_{h2}$、…、$\boldsymbol{F}_{hz}$，根据底板的力矩平衡条件可得

$$F_{h1}r_1 + F_{h2}r_2 + \cdots + F_{hz}r_z = T \tag{16-6}$$

根据螺栓的变形协调条件，各螺栓的剪切变形量与螺栓中心到底板旋转中心的距离成正比。由于各螺栓的剪切刚度相同，则各螺栓受到的剪力也与此距离成正比，所以距底板旋转中心最远的螺栓所受剪力最大，即

$$\frac{F_{h1}}{r_1} = \frac{F_{h2}}{r_2} = \cdots = \frac{F_{hmax}}{r_{max}} \tag{16-7}$$

联立式（16－6）与式（16－7），可得受力最大螺栓的工作剪力 F_{hmax} 为

$$F_{hmax} = \frac{Tr_{max}}{r_1^2 + r_2^2 + \cdots + r_z^2} \tag{16-8}$$

3. 受轴向载荷的螺栓组连接

图 16－16 所示为受轴向载荷 $\boldsymbol{F}_w$ 的气缸盖螺栓组连接，载荷 $\boldsymbol{F}_w$ 作用于螺栓组的对称中心，设螺栓的数目为 z，各螺栓所受到的工作载荷 $\boldsymbol{F}$ 相同，即

$$F = \frac{F_w}{z} \tag{16-9}$$

4. 受翻转力矩的螺栓组连接

图 16－17 所示为受翻转力矩的螺栓组连接。设翻转力矩 M 作用在通过 $x-x$ 轴的纵向对称平面内。假设底板为刚体而基础为弹性体，此时在 M 的作用下，底板有绕接合面对称轴 $O-O$ 翻转的趋势。轴线左侧的螺栓将进一步被拉伸，轴向拉力增大；$O-O$ 轴线右侧的基础被进一步压缩，螺栓被放松，螺栓预紧力减小。

由底板的力矩平衡条件可得

$$F_1l_1 + F_2l_2 + \cdots + F_zl_z = M \tag{16-10}$$

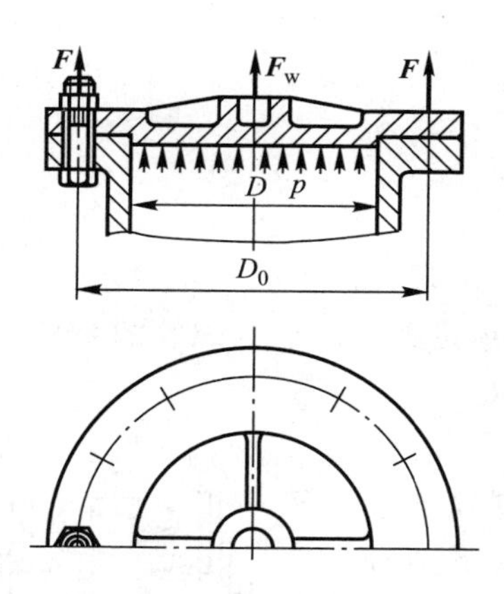

图 16-16　受轴向载荷的螺栓组连接

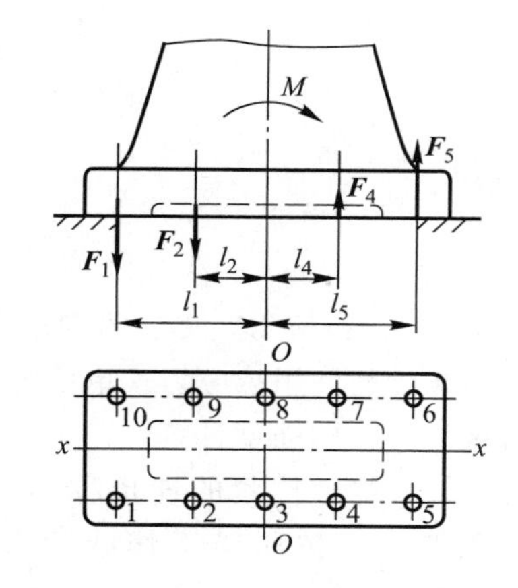

图 16-17　受翻转力矩的螺栓组连接

因螺栓拉伸刚度相同，根据变形协调条件，可知螺栓的工作拉力与其轴线到对称轴 $O-O$ 的距离成正比，在 $O-O$ 轴线左侧距轴线最远的螺栓所受工作拉力最大，即

$$\frac{F_1}{l_1}=\frac{F_2}{l_2}=\cdots=\frac{F_{max}}{l_{max}} \tag{16-11}$$

联立式(16-10)与式(16-11)可得最大工作拉力为

$$F_{max}=\frac{Ml_{max}}{l_1^2+l_2^2+\cdots+l_z^2} \tag{16-12}$$

在实际使用中，不论螺栓组连接的受力状态如何复杂，都可利用静力分析方法将复杂的受力状态简化成以上简单的受力状态。再将其计算结果进行矢量叠加，即可得到各螺栓的总工作载荷。

第四节　单个螺栓连接的强度计算

在对螺栓组连接进行受力分析，找出受力最大的螺栓并确定其所受载荷后，还必须对其进行必要的强度计算。对于普通螺栓连接，螺栓工作时主要受轴向拉力作用，其主要失效形式是螺栓杆螺纹部分的塑性变形和断裂，因而其设计准则是保证螺栓有足够的抗拉强度；对于铰制孔用螺栓，螺栓工作时主要受横向力作用，其主要失效形式是螺栓杆与孔壁间的挤压破坏或螺栓杆的剪切破坏，因而其设计准则是保证连接的挤压强度和螺栓杆的抗剪强度。

由于螺纹各部分尺寸基本上是根据等强度原则确定的。所以，螺栓连接的强度计算主要是确定螺纹小径 d_1，再根据 d_1 查标准选定螺纹大径 d 及螺距 P。

一、普通螺栓连接的强度计算

1. 松螺栓连接的强度计算

装配时无预紧力，只承受工作拉力，图 16-18 所示起重吊钩尾部的螺纹连接就是松连接的典型实例，应按纯拉伸建立强度条件，即

$$\sigma = \frac{F}{\frac{\pi}{4}d_1^2} \leqslant [\sigma] \tag{16-13}$$

设计公式为

$$d_1 \geqslant \sqrt{\frac{4F}{\pi[\sigma]}} \tag{16-14}$$

式中，σ 为螺栓的拉应力，单位为 MPa；F 为轴向载荷，单位为 N；d_1 为螺纹的小径，单位为 mm；$[\sigma]$为螺栓的许用拉应力，单位为 MPa，其值见表 16－9。

2. 紧螺栓连接的强度计算

装配时需将螺母拧紧的连接称为紧螺栓连接。紧螺栓连接工作时有预紧力，按所受工作载荷方向的不同分为以下两种情况。

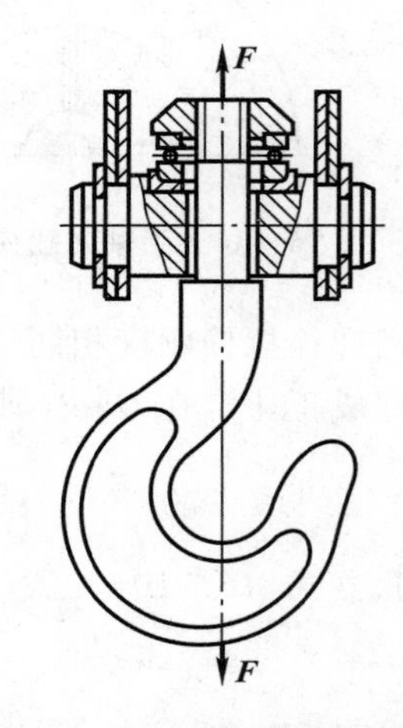

图 16－18　吊钩的螺纹连接

(1) 受横向工作载荷的紧螺栓连接。在螺栓组连接受横向载荷(图 16－14a)或旋转力矩(图 16－15a)作用时，工作中各螺栓只受预紧力 $\boldsymbol{F}_0$ 作用。但在拧紧螺母时，在螺母间还会产生摩擦力矩 T_1(图 16－9)，使螺栓发生扭转变形。所以螺栓内除了 $\boldsymbol{F}_0$ 产生的拉应力 σ 外，还存在 T_1 产生的扭转切应力 τ_T，因此螺栓同时承受拉伸和扭转的复合作用，但在计算时可只按拉伸强度计算，而用将螺栓拉力增大 30% 的方法来考虑扭转的影响。

对常用的 M10～M68 普通钢制螺栓，取 $\tau_T \approx 0.5\sigma$。按第四强度理论建立的强度条件为

$$\sigma_{ca} = \sqrt{\sigma^2 + 3\tau_T^2} = \sqrt{\sigma^2 + 3(0.5\sigma)^2} \approx 1.3\sigma \leqslant [\sigma]$$

即为

$$\sigma_{ca} = \frac{1.3F_0}{\frac{\pi}{4}d_1^2} \leqslant [\sigma] \tag{16-15}$$

设计公式为

$$d_1 \geqslant \sqrt{\frac{4 \times 1.3F_0}{\pi[\sigma]}} \tag{16-16}$$

式中，σ_{ca}为螺栓的当量拉应力，单位为 MPa；$[\sigma]$为紧连接螺栓的许用拉应力，单位为 MPa，其值见表 16－9。

(2) 受轴向工作载荷的紧螺栓连接。螺栓受轴向工作载荷的情况很多，如气缸盖螺栓连接(图 16－16)。图 16－19 为气缸盖螺栓组中一个螺栓连接的受力与变形情况。假定所有零件材料都服从胡克定律，零件中的最大工作应力没超过比例极限。图 16－19a 表示螺栓未被拧紧时，螺栓与被连接件皆不受力；图 16－19b 表示螺栓被拧紧后，螺栓受预紧拉力 $\boldsymbol{F}_0$，而被连接件则受预紧压力 $\boldsymbol{F}_0$ 的作用，且产生压缩变形 δ_1；图 16－19c 为气缸内已通入气体，此时螺栓又受到轴向工作载荷 $\boldsymbol{F}$ 的作用，由于螺栓中总拉力 $\boldsymbol{F}_\Sigma$ 增大，螺栓比预紧状态时增加伸长变

形 δ_2，被连接件也要回弹变形 δ_2。为了保证被连接件之间的气密性，应有 $\delta_2<\delta_1$。由于被连接件压缩变形量减小，可知此时之压紧力(称为剩余预紧力) $F_0'<F_0$。由此可知，螺栓受轴向工作载荷 $\boldsymbol{F}$ 后，螺栓中总拉力 $\boldsymbol{F}_\Sigma$ 为工作拉力 $\boldsymbol{F}$ 与剩余预紧力 $\boldsymbol{F}_0'$ 之和，即

$$F_\Sigma = F + F_0' \tag{16-17}$$

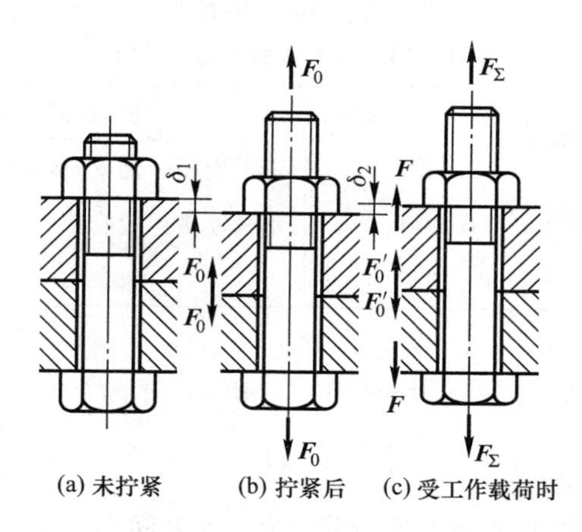

图 16-19　螺栓和被连接件的受力和变形

剩余预紧力 $\boldsymbol{F}_0'$ 对保证连接的紧密性具有重要意义。若预紧力过小或工作拉力过大，会使剩余预紧力 $\boldsymbol{F}_0'$ 趋于零，即意味着接合面出现缝隙，这是不允许的。表 16-5 给出了剩余预紧力的取值范围。

表 16-5　剩余预紧力 F_0' 的取值范围

连 接 情 况		F_0'
紧密连接		$F_0'=(1.5\sim1.8)F$
紧固连接	工作拉力基本不变化	$F_0'=(0.2\sim0.6)F$
	工作拉力显著变化	$F_0'=(0.6\sim1.0)F$
地脚螺栓连接		$F_0'\geqslant F$

由表 16-5 选取 $\boldsymbol{F}_0'$ 后，用式(16-17)计算出螺栓总拉力 $\boldsymbol{F}_\Sigma$，参照式(16-15)可得受轴向工作载荷的紧螺栓连接强度校核公式为

$$\sigma_{ca} = \frac{1.3F_\Sigma}{\frac{\pi}{4}d_1^2} \leqslant [\sigma] \tag{16-18}$$

设计公式为

$$d_1 \geqslant \sqrt{\frac{4\times1.3F_\Sigma}{\pi[\sigma]}} \tag{16-19}$$

根据螺栓受工作载荷 $\boldsymbol{F}$ 的伸长增量与被连接件回弹变形量相等的关系(其值均为 δ_2)，可

导出预紧力 F_0 与剩余预紧力 F'_0 的关系式为

$$F_0 = F'_0 + (1 - K_C)F \tag{16-20}$$

式中，$K_C = \dfrac{C_1}{C_1 + C_2}$，$C_1$ 为螺栓刚度(力与变形之比)，C_2 为被连接件刚度。K_C 为相对刚性系数，其值与螺栓和被连接件的材料、结构及连接中垫片性质等有关，设计时查表 16－6。

表 16－6　相对刚性系数 K_C 值

连接形式	K_C	连接形式	K_C
连杆螺栓	0.2	钢板连接＋铜皮石棉垫	0.8
钢板连接＋金属垫(或无垫)	0.2～0.3	钢板连接＋橡胶垫	0.9
钢板连接＋皮革垫	0.7		

将式(16－20)代入式(16－17)，得

$$F_{\Sigma} = F + F'_0 = F + F_0 - (1 - K_C)F = F_0 + K_C F = F_0 + \frac{C_1}{C_1 + C_2}F \tag{16-21}$$

由上式可知，当螺栓承受的轴向工作载荷在 0～F 之间变化时，螺栓中总拉力的变化范围是 $F_0 \sim F_{\Sigma}$。由(16－21)式可知，减小螺栓刚度 C_1 或增大被连接件刚度 C_2，均可降低相对刚性系数 K_C 值。从而可缩小螺栓总拉力的变化范围，提高螺栓承受变载荷时的疲劳强度。

二、铰制孔用螺栓连接的强度计算

铰制孔用螺栓连接在装配时螺栓杆与孔壁间采用过渡配合，无间隙，螺母不必拧得很紧，如图 16－20 所示。这种连接在工作时主要承受横向载荷，螺栓在连接接合面处受剪，并与被连接件孔壁互相挤压。所以设计时应分别计算其抗剪强度和挤压强度。

螺栓杆的抗剪强度条件为

$$\tau = \frac{F_h}{m\dfrac{\pi}{4}d_0^2} \leqslant [\tau] \tag{16-22}$$

螺栓杆与孔壁的挤压强度条件为

$$\sigma_p = \frac{F_h}{d_0 h_{min}} \leqslant [\sigma_p] \tag{16-23}$$

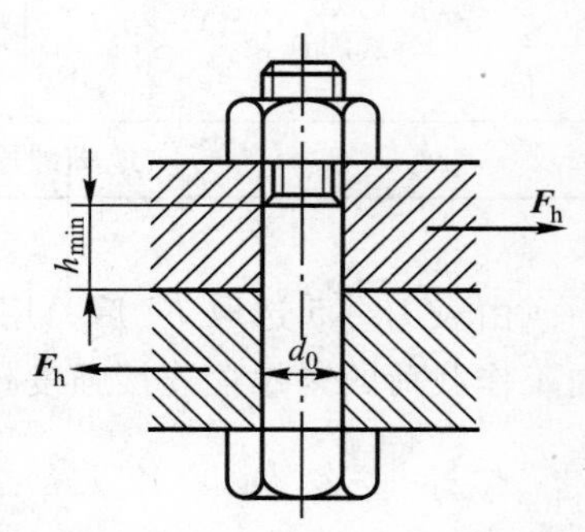

图 16－20　铰制孔用螺栓连接

式中，F_h 为螺栓所受的工作剪力，单位为 N；m 为螺栓受剪面数；d_0 为螺栓杆受剪面直径，单位为 mm；h_{min} 为螺栓杆与孔壁间的最小接触高度，单位为 mm；$[\tau]$ 为螺栓材料的许用切应力，单位为 MPa，见表 16－9；$[\sigma_p]$ 为螺栓或孔壁材料的许用挤压应力，单位为 MPa，见表 16－9。

第五节　螺纹连接件的材料和许用应力

一、螺纹连接件常用材料

螺纹连接件的常用材料是低碳钢和中碳钢，如 Q215、Q235、10、35 和 45 钢等。对于承受冲击、振动或变载荷的螺纹连接可用合金钢，如 20Cr、40Cr 和 30CrMnSi 等。普通垫圈一般采用低碳钢，弹簧垫圈采用 65Mn。对于一般机械设计，螺纹连接件的常用材料及其力学性能见表 16－7。

表 16－7　螺纹连接件的常用材料及其力学性能　　MPa

材　料	抗拉强度 σ_b/MPa	屈服极限 σ_s/MPa	疲劳极限/MPa	
			弯曲 σ_{-1}	拉压 σ_{-1}
10	340～420	210	160～220	120～150
Q215	340～420	220	—	—
Q235	410～470	240	170～220	120～160
35	540	320	220～300	170～220
45	610	360	250～340	190～250
40Cr	750～1 000	650～900	320～440	240～340

国家标准规定，螺纹连接件按材料的力学性能分级，对于重要的或有特殊要求的螺纹连接件，才允许采用高强度级别的材料。螺栓、螺钉、双头螺柱及相配螺母的性能等级和推荐材料见表 16－8。

表 16－8　螺纹连接件的性能等级及推荐材料

螺栓、双头螺柱、螺钉	性能等级	3.6	4.6	4.8	5.6	5.8	6.8	8.8	9.8	10.9	12.9
	推荐材料	Q215 10 钢	Q235 15 钢	Q235 15 钢	25 35 钢	Q235 35 钢	45 钢	45 钢	35 钢 45 钢	40Cr 15MnVB	30CrMnSi 15MnVB
相配螺母	性能等级	4（d＞M16） 5（d≤M16）			5	5	6	8 或 9 （M16＜d≤M39）	9（d≤M16）	10	12（d≤M39）
	推荐材料	Q215 10 钢	Q215 10 钢	Q215 10 钢	Q215 10 钢	Q215 10 钢	Q235 10 钢	35 钢	35 钢	40Cr 15MnVB	30CrMnSi 15MnVB

注：1. 螺栓、双头螺柱、螺钉的性能等级代号中，点前数字为 $\sigma_{bmin}/100$，点前后数相乘的 10 倍为 σ_{smin} 值，如表中的"5.8"表示 $\sigma_{bmin}=500$ MPa，$\sigma_{smin}=400$ MPa；螺母性能等级代号为 $\sigma_{bmin}/100$。

2. 同一材料通过不同工艺可制成不同等级的连接件。

3. 大于 8.8 级的连接件材料要经淬火并回火。

选择材料时，应使螺母材料的强度低于螺栓材料的强度级别，以减少磨损及避免螺旋副咬死，同时更换螺母比较方便。

二、螺纹连接的许用应力

螺栓的许用应力与材料、制造工艺、载荷性质、装配方法以及结构尺寸等有关。一般查表 16－9 确定。由表 16－10 可知，当不控制预紧力时，螺栓直径越小所取安全系数越大。这是因为小直径螺栓拧紧时容易过载而断裂，为安全起见，将其安全系数适当定的高些。设计计算时，由于螺栓直径 d 和许用应力$[\sigma]$均未知，需采用试算法，即先初定一螺栓直径 d，选取相应的安全系数 S 求出$[\sigma]$，若由强度公式求得的直径 d 与原初定值相符，则计算有效。否则，应重定螺栓直径 d，再进行计算，直至合乎要求。

表 16－9　螺纹连接的许用应力和安全系数

连接情况	受载情况	许用应力$[\sigma]$和安全系数 S
松连接	轴向静载荷	$[\sigma]=\frac{\sigma_s}{S}$。$S=1.2\sim1.7$(未淬火钢取小值)
紧连接	轴向静载荷 横向静载荷	$[\sigma]=\frac{\sigma_s}{S}$。控制预紧力时 $S=1.2\sim1.5$；不控制预紧力时，S 查表 16－8
铰制孔用螺栓连接	横向静载荷	$[\tau]=\sigma_s/2.5$。被连接件为钢时，$[\sigma_p]=\sigma_s/1.25$；被连接件为铸铁时，$[\sigma_p]=\sigma_b/(2\sim2.5)$
	横向变载荷	$[\tau]=\sigma_s/(3.5\sim5)$ $[\sigma_p]$按静载荷的$[\sigma_p]$值降低 20%～30% 计算

表 16－10　不控制预紧力时紧螺栓连接的安全系数 S

材　料	静载荷			变载荷	
	M6～M16	M16～M30	M30～M60	M6～M16	M16～M30
碳素钢	4～3	3～2	2～1.3	10～6.5	6.5
合金钢	5～4	4～2.5	2.5	7.5～5	5

例 16－1　如图 16－21 所示，矩形钢板用 4 个螺栓固定在 250 mm 宽的槽钢上，受悬臂载荷 $F=16$ kN，试求：(1)用铰制孔用螺栓连接，求受载最大的螺栓所受的横向剪力；(2)用普通螺栓连接，求螺栓所需的预紧力。设摩擦系数 $f=0.3$，可靠性系数 $k_n=1.1$。

解　为了简化计算，将力 $\boldsymbol{F}$ 向接合面形心平移，可得

横向力为　$F=16$ kN，旋转力矩为 $T=425F=425\times16\ \text{kN}\cdot\text{mm}=6.8\times10^3\ \text{kN}\cdot\text{mm}$

(1) 用铰制孔用螺栓连接

由 F 引起的剪力　$$\frac{F}{4}=\frac{16}{4}\ \text{kN}=4\ \text{kN}$$

由 T 引起的剪力　$$F_T=\frac{Tr}{4r^2}=\frac{T}{4r}=\frac{6.8\times10^3}{4\times96}\ \text{kN}=17.7\ \text{kN}$$

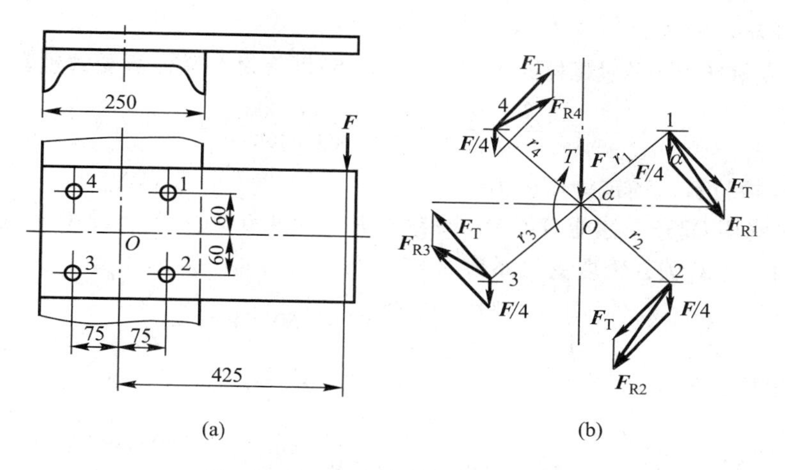

图 16－21 用螺栓连接的矩形钢板

其中
$$r_1 = r_2 = r_3 = r_4 = r = \sqrt{60^2 + 75^2}\ \text{mm} = 96\ \text{mm}$$

图 16－21b 所示的合成剪力图表明，1、2 螺栓受力最大。图中 $\alpha = \arctan\dfrac{60}{75} = 38.66°$

$$F_{\text{Rmax}} = F_{\text{R1}} = F_{\text{R2}} = \sqrt{\left(\frac{F}{4}\right)^2 + F_{\text{T}}^2 + 2\left(\frac{F}{4}\right)(F_{\text{T}})\cos\alpha}$$
$$= \sqrt{4^2 + 17.7^2 + 2\times4\times17.7\times\cos 38.66°}\ \text{kN} = 21\ \text{kN}$$

（2）用普通螺栓连接

螺栓的受力分析同上，1、2 螺栓传递的横向载荷最大，$F_{\text{R1}} = F_{\text{R2}} = 21$ kN，每个螺栓仅受预紧力，根据螺栓 1 或 2 求预紧力 F_0 如下：

$$fF_0 m \geqslant k_{\text{n}} F_{\text{R1}}$$
$$F_0 \geqslant \frac{k_{\text{n}} F_{\text{R1}}}{fm} = \frac{1.1\times21}{0.3\times1}\ \text{kN} = 77\ \text{kN}$$

由此可知：用铰制孔用螺栓连接，1、2 螺栓受力最大，$F_{\text{R1}} = F_{\text{R2}} = 21$ kN；用普通螺栓连接，螺栓所需预紧力 $F_0 = 77$ kN。

例 16－2 如图 16－22 所示，钢制凸缘联轴器用均布在直径 $D_0 = 250$ mm 圆周上的 z 个螺栓将两个半凸缘联轴器紧固在一起，凸缘厚度均为 $b = 30$ mm。联轴器需要传递的转矩 $T = 10^6$ N · mm，结合面间摩擦系数 $f = 0.15$，可靠性系数 $k_{\text{n}} = 1.2$。试求：(1)若采用 6 个普通螺栓连接，计算所需螺栓直径；(2)若采用与上相同公称直径的 3 个铰制孔用螺栓连接，强度是否满足要求？

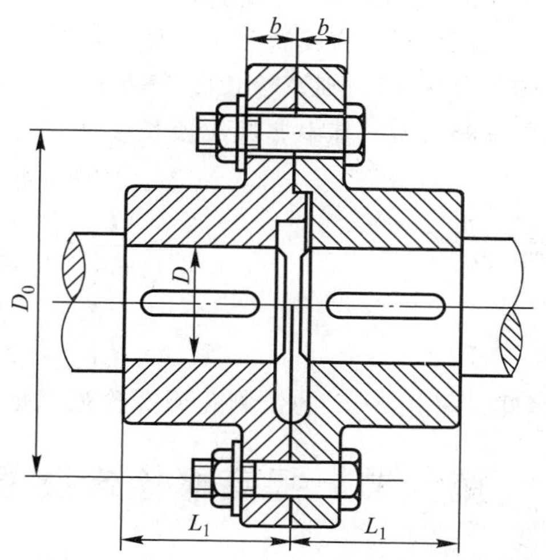

图 16－22 凸缘联轴器中的螺栓连接

解 1. 求普通螺栓直径

（1）求螺栓所受预紧力。

该连接属于受旋转力矩的紧螺栓连接，由式(16－5)可得每个螺栓所受的预紧力为

$$F_0 \geqslant \frac{k_n T}{f(r_1 + r_2 + \cdots + r_z)} = \frac{1.2 \times 1\ 000\ 000}{0.15 \times 6 \times 125}\ \text{N} = 10\ 667\ \text{N}$$

（2）选择螺栓材料，确定许用应力。

由表16－8选用Q235，性能等级为4.6级，其 $\sigma_b = 400$ MPa，$\sigma_s = 240$ MPa。由表16－10，当不控制预紧力时，对碳素钢取安全系数 $S = 4$，则

$$[\sigma] = \frac{\sigma_s}{S} = \frac{240}{4}\ \text{MPa} = 60\ \text{MPa}$$

（3）计算螺栓直径。

由式(16－16)，$d_1 \geqslant \sqrt{\dfrac{4 \times 1.3 F_0}{\pi[\sigma]}} = \sqrt{\dfrac{5.2 \times 10\ 667}{3.14 \times 60}}\ \text{mm} = 17.159\ \text{mm}$

查普通螺纹基本尺寸，取 $d = 20$ mm，$d_1 = 17.294$ mm，螺距 $P = 2.5$ mm。

2. 校核铰制孔用螺栓强度

（1）求每个螺栓所受的工作剪力。

由式(16－8)

$$F_h = \frac{Tr}{r_1^2 + r_2^2 + \cdots + r_z^2} = \frac{2T}{D_0 z} = 2\ 667\ \text{N}$$

（2）选择螺栓材料，确定许用应力。

由表16－8选用Q235，性能等级为4.6级，其 $\sigma_b = 400$ MPa，$\sigma_s = 240$ MPa，由表16－9，可得

$$[\tau] = \frac{\sigma_s}{2.5} = \frac{240}{2.5}\ \text{MPa} = 96\ \text{MPa}$$

$$[\sigma_p] = \frac{\sigma_s}{1.25} = \frac{240}{1.25}\ \text{MPa} = 192\ \text{MPa}$$

（3）校核螺栓强度。

对于M20的铰制孔用螺栓，由标准中查得 $d_0 = 21$ mm，螺母厚度 $m = 18$ mm，取螺纹伸出长度 $a = 0.3d$，则螺栓长度 $l = b + b + m + a = (30 + 30 + 18 + 0.3 \times 20)$ mm $= 84$ mm，取公称长度 $l = 85$ mm。其中非螺纹段长度可查得为53 mm，由分析可知

$$h_{min} = 53\ \text{mm} - b = (53 - 30)\ \text{mm} = 23\ \text{mm}$$

则

$$\tau = \frac{4F_h}{\pi d_0^2} = \frac{4 \times 2\ 667}{3.14 \times 21^2}\ \text{MPa} = 7.7\ \text{MPa} < [\tau]$$

$$\sigma_p = \frac{F_h}{d_0 h_{min}} = \frac{2\ 667}{21 \times 23}\ \text{MPa} = 5.5\ \text{MPa} < [\sigma_p]$$

因此，采用 $z = 3$ 的铰制孔用螺栓强度足够。

第六节　提高螺栓连接强度的措施

由前面分析可知，螺栓连接的强度主要取决于螺栓的强度。影响螺栓强度的因素很多，主

要有螺纹牙的载荷分布、应力变化幅度、应力集中、附加应力和制造工艺等。下面来分析这些因素对螺栓强度的影响及提高强度的措施。

一、改善螺纹牙间的载荷分布

即使是制造和装配精确的螺栓和螺母，传力时其旋合各圈螺纹牙的受力也是不均匀的。图 16－23a 所示的受拉螺栓和受压螺母组合，螺栓杆的受力自下而上由 $\boldsymbol{F}$ 递减为零，并通过螺纹牙传给了螺母；螺母体压力则自上而下由零递增为 $\boldsymbol{F}$。螺栓受拉，螺距增大；而螺母受压，螺距减小。

由螺纹牙、螺栓杆和螺母的变形协调条件可知，这种螺纹螺距变化差主要靠旋合各圈螺纹牙的变形来补偿。由图可知，从传力算起的第一圈螺纹变形最大，因而受力也最大，以后各圈递减。旋合圈数越多，受力不均匀程度也就越显著(图 16－23b)，实验证明第 8～10 圈以后，螺纹牙几乎不受力。因此，采用加厚螺母以增加旋合圈数的方法，对提高螺栓强度并没有多大作用。

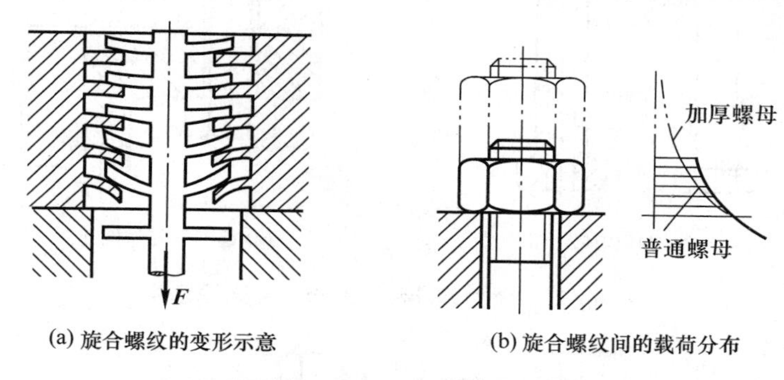

(a) 旋合螺纹的变形示意　　(b) 旋合螺纹间的载荷分布

图 16－23　旋合螺纹的受力和变形

为了使螺纹牙受力比较均匀，可用下述方法改进螺母结构：①采用悬置螺母(图 16－24a)，使螺栓、螺母都受拉伸，减小螺距变化差，使螺纹牙上载荷分配趋于均匀；②采用内斜螺母(图 16－24b)，螺母有 10°～15°的内斜角，可减小原受力大的螺纹牙的刚度而把力分移到原受力小的螺纹牙上，使载荷分布趋于均匀；③采用环槽螺母(图 16－24c)，环槽螺母的作用与悬置螺母相似，其均布载荷的效果不及悬置螺母。由于这些特制的螺母成本较高，一般只在重要的场合使用。

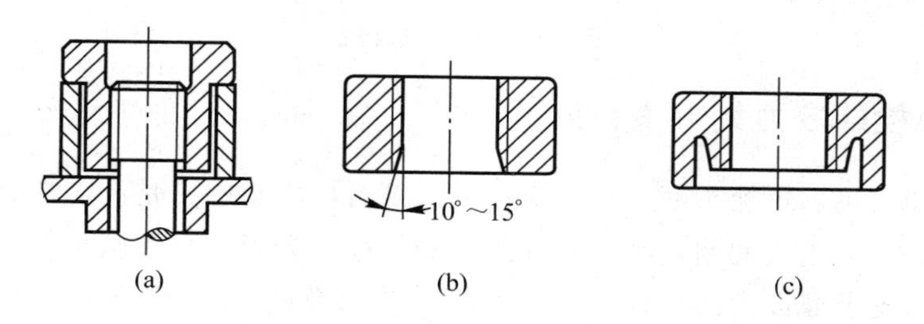

(a)　(b)　(c)

图 16－24　均载螺母结构

二、减小螺栓的应力变化幅度

对于受变载荷作用的螺栓，当其最大应力不变时，应力幅愈小就愈不容易发生疲劳破坏。减小螺栓刚度或增大被连接件刚度，均能在保持工作载荷不变的前提下使应力幅降低，从而提高疲劳强度。但由前面分析可知，剩余预紧力将相应减小，所以还应适当增大预紧力，保证连接的紧密性。

为了减小螺栓刚度，可适当增加螺栓的长度，采用减小螺栓光杆部分直径的方法或采用空心杆结构——柔性螺栓(图 16－25a)，以增大螺栓柔度；也可在螺母下面装弹性元件(图 16－25b)，其效果与采用空心杆相似。为了增大被连接件刚度，除了从被连接件的结构和尺寸上考虑外，可采用刚性较大的垫片。对有紧密性要求的连接，可采用 O 形密封圈密封而不用软垫片密封(图 16－26)。

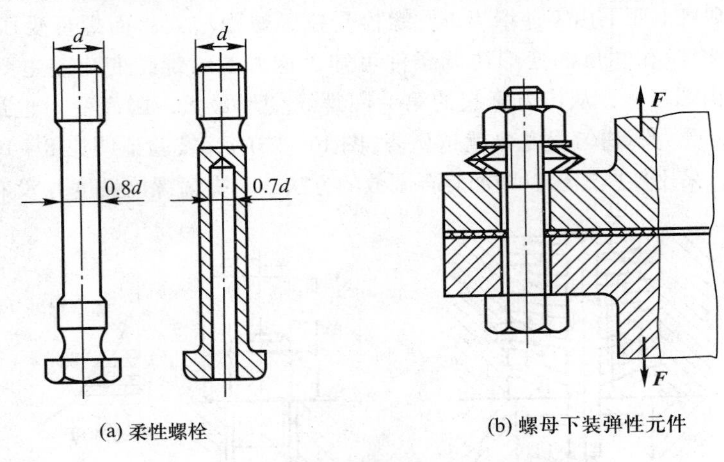

图 16－25　柔性螺栓和在螺母下装弹性元件

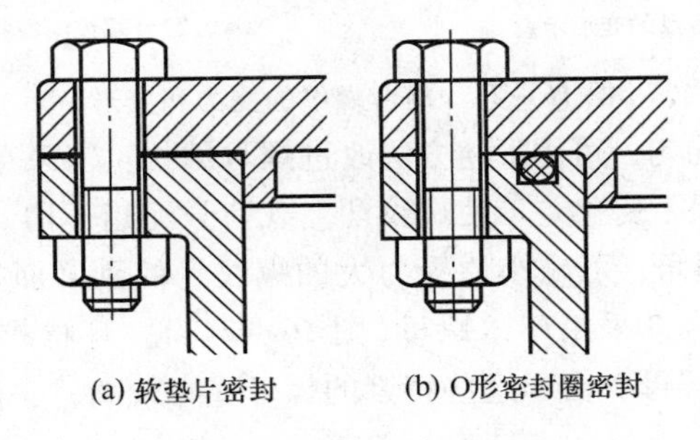

图 16－26　气缸密封

三、减小螺栓的应力集中

螺纹的牙根和收尾、螺栓头部与栓杆交接处，都有应力集中，是产生断裂的危险部位。为了减小应力集中，可采用大的圆角半径和卸载结构，如在牙根处加大圆角半径，在螺纹收尾处用退刀槽，在螺母支承面以内的栓杆上有余留螺纹，以及图 16－27 所示减小螺栓头部与栓杆交接处应力集中的几种方法，都有良好的效果。

四、避免附加弯曲应力

由于支承面不平、被连接件刚度小或使用钩头螺栓等原因，会使螺栓承受偏心载荷，从而使螺栓杆中产生很大的附加弯曲应力。为了减小附加弯曲应力，要从工艺和结构上采取措施。

如在工艺上保证被连接件、螺母和螺栓头部的支承面平整，并与螺栓轴线垂直；对于在粗糙表面上安装的螺栓，应制成凸台或沉头座（图 16－28）；必要时配置斜面垫圈（图 16－29a）、球面垫圈（图 16－29b）或采用带有腰环的螺栓（图 16－29c）。

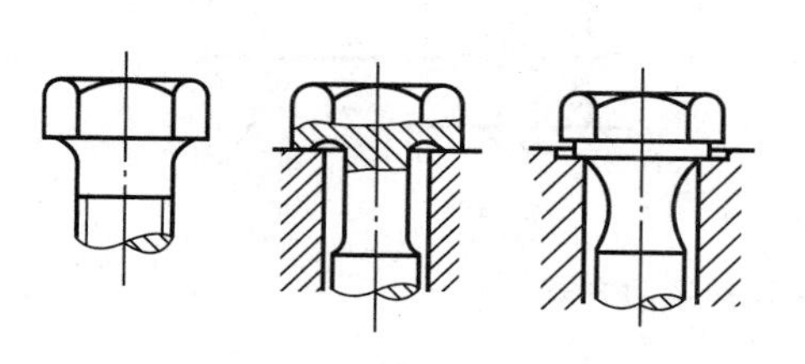

图 16－27　减小螺栓头部应力集中的结构

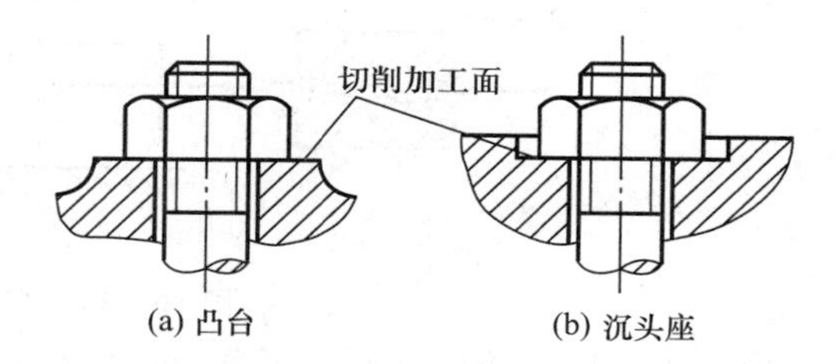

图 16－28　凸台和沉头座

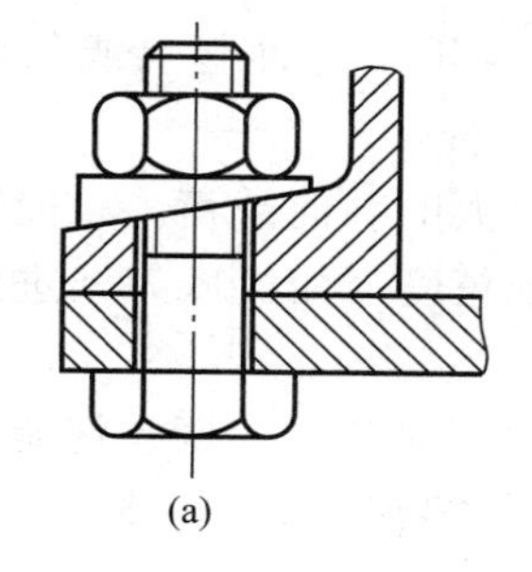

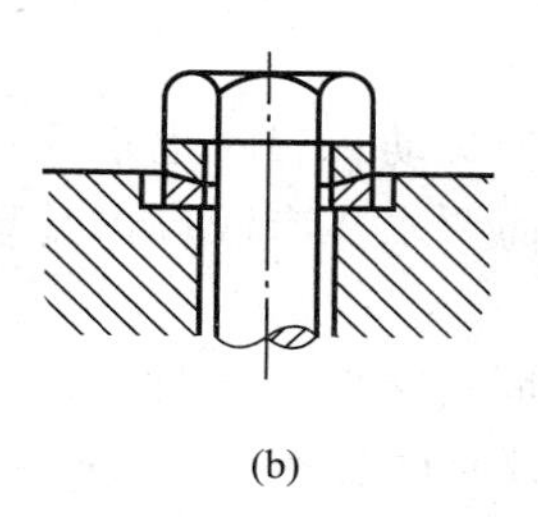

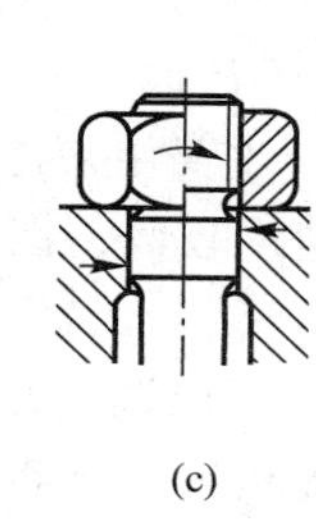

图 16－29　避免附加弯曲应力的措施

五、采用合理的制造工艺

采用冷镦工艺加工螺栓头部和滚压工艺辗制螺纹，可使螺栓内部金属纤维流线的走向合理且不被切断，并具有冷作硬化效果，其疲劳强度比车制螺栓高 30% ～40%。若滚压螺纹在热处理后进行，其疲劳强度可提高更多。此外，对螺栓进行渗碳、氮化、氰化及喷丸等表面处理，也能有效地提高其疲劳强度。

第七节　螺旋传动

螺旋传动由螺杆和螺母组成，主要用来将旋转运动变换成直线运动，同时传递运动和动力，也可用于调整零件的相互位置。螺旋传动按其螺旋副摩擦性质的不同，可分为滑动螺旋传动和滚动螺旋传动。滑动螺旋结构简单，制造方便，易于自锁，但其摩擦阻力大，传动效率低，低速时有爬行。滚动螺旋摩擦阻力小，传动效率高，低速时无爬行，可获得很高的定位精度，但结构复杂，抗冲击性能较差，不具有自锁性。下面分别进行介绍。

一、滑动螺旋传动简介

1. 螺旋传动的类型和应用

根据螺杆和螺母的相对运动关系，将常用螺旋传动的运动形式分为两种：①螺杆转动，螺母直线移动(图 16－30a)，多用于机床的进给机构中；②螺母固定，螺杆转动并移动(图 16－30b)，多用于螺旋压力机或螺旋起重器中。

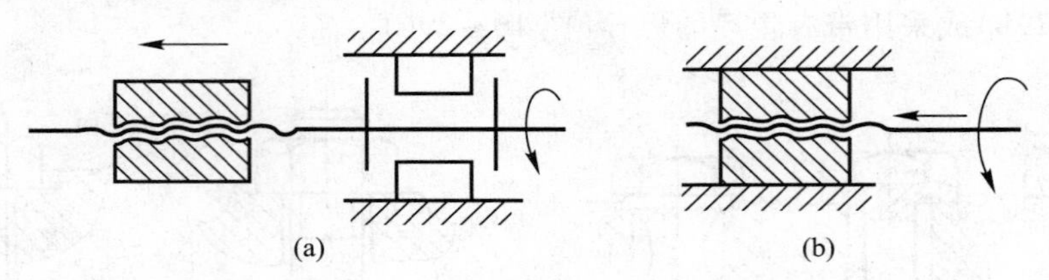

图 16－30　螺旋传动的运动方式

螺旋传动按其用途不同，可分为 3 种类型：

(1) 传力螺旋。以传递动力为主，要求以较小的扭矩产生较大的轴向力。一般为间歇工作，速度不高且要求具有自琐性。这种螺旋传动广泛应用于各种起重或加压装置中，如图 16－31a 所示的螺旋千斤顶。

(2) 传导螺旋。主要用来传递运动，有时也承受较大的轴向载荷。一般要求在较长时间内连续工作，工作速度较高，因而要求具有较高的传动精度。如机床刀架进给机构中的螺旋(图 16－31b)等。

(3) 调整螺旋。用以调整并固定零件或部件之间的相对位置。调整螺旋不经常转动，一般在空载下调整。如机床、仪器及测试装置中的微调机构螺旋，图 16－31c 所示为量具的测量螺旋。

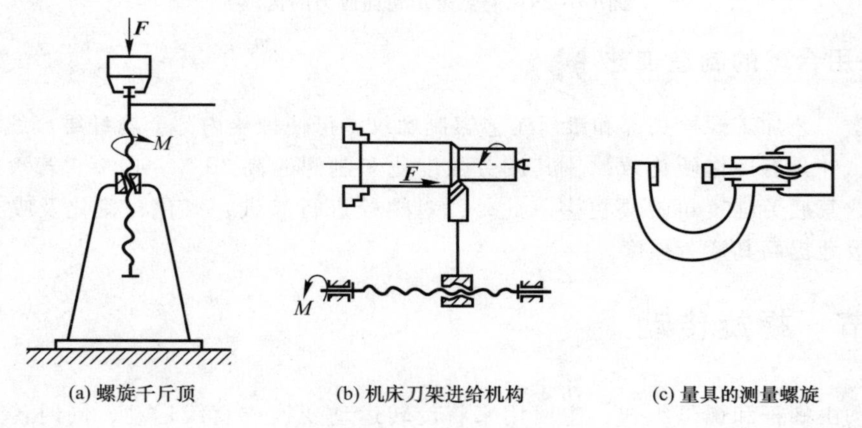

(a) 螺旋千斤顶　(b) 机床刀架进给机构　(c) 量具的测量螺旋

图 16－31　螺旋机构

在调整螺旋中，有时要求当主动件转动时，从动件作微量移动(如镗刀杆微调装置)，此时可采用差动螺旋。图 16－32 所示为差动螺旋工作原理图，其中螺杆 1 的 A 段导程为 S_A，B 段导程为 S_B，$S_A > S_B$。当两段螺旋的旋向相同时，若拧动螺杆 1 转过 φ 角，螺杆 1 相对于螺母 3 前移 $L_A = S_A\varphi/2\pi$，则螺母 2 相对螺杆 1 后移 $L_B = S_B\varphi/2\pi$，因此螺母 2 相对螺母 3 前移的距离 L 为

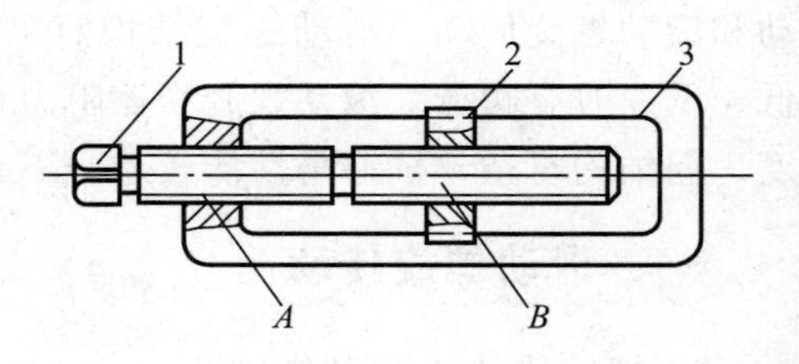

图 16－32　微调差动螺旋

$$L = L_A - L_B = (S_A - S_B)\frac{\varphi}{2\pi}$$

当 S_A 与 S_B 相差很小时，可使 L 很小，从而达到微调目的。反之，若 A、B 两段螺旋的旋向相反，则有

$$L = (S_A + S_B)\frac{\varphi}{2\pi}$$

于是螺母 2 作快速移动。

这些螺旋传动一般采用梯形螺纹，单向受力传动时可采用锯齿形螺纹，次要场合则可采用矩形螺纹。螺旋传动的主要特点是：结构简单，便于制造，运转平稳无噪声，易于实现自锁，但传动效率低、摩擦和磨损较大。

2. 滑动螺旋的结构与材料

（1）螺杆结构。

传动螺旋通常采用牙型为矩形、梯形或锯齿形的右旋螺纹。特殊情况下也采用左旋螺纹，如为了操作习惯，车床横向进给丝杠螺纹即采用左旋螺纹。

（2）螺母结构。

① 整体螺母：如图 16－33 所示，不能调整间隙，只能用于轻载且精度要求较低的场合。

② 组合螺母：如图 16－34 所示，通过拧紧螺钉 2 驱使楔块 3 将其两侧螺母拧紧，以便减少间隙，提高传动精度。

③ 对开螺母：如图 16－35 所示，这种螺母便于操作，一般用于车床溜板箱的螺旋传动中。

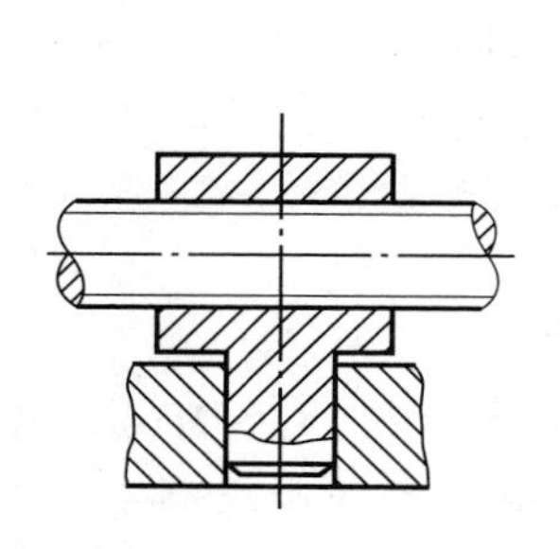

图 16－33　整体螺母

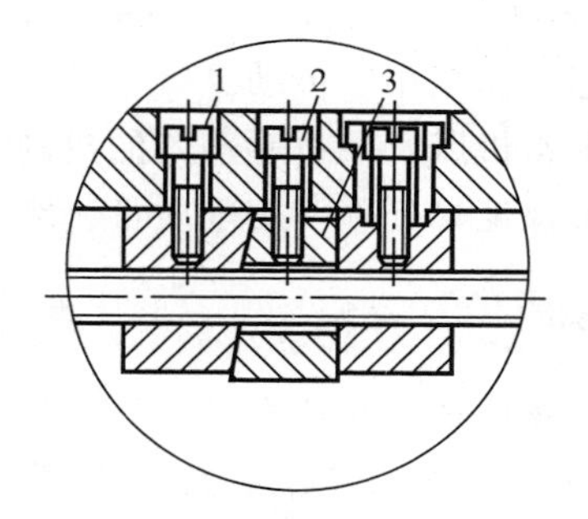

图 16－34　组合螺母

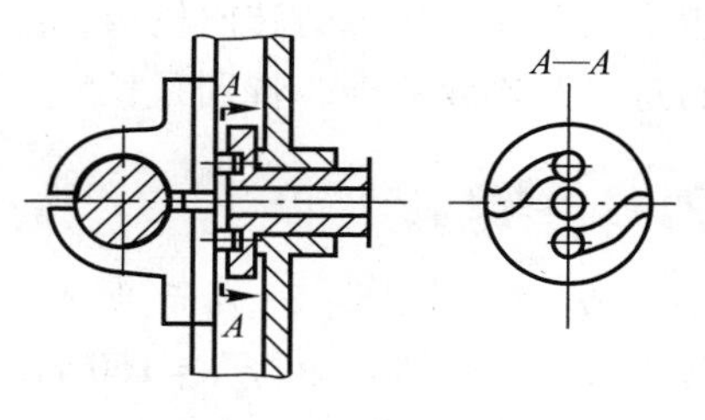

图 16－35　对开螺母

（3）螺杆材料。

螺杆材料应具有较高的强度、耐磨性和良好的加工性。不经热处理的螺杆，一般可选用 45、50、Y40Mn 等钢，用于受力不大、转速较低的传动。对于重载、转速较高的重要传动，要求耐磨性高，需进行热处理，可选用 T12、65Mn、40Cr 或 20CrMnTi 等钢。对于精密的传导螺旋，螺杆热处理后还要求有较好的尺寸稳定性，可选用 9Mn2V、CrWMn 或 38CrMoAl 钢。

（4）螺母材料。

螺母材料除要求具有足够的强度外，与螺杆配合后还应具有较低的摩擦系数和较高的耐磨性。对一般传动，可选用铸造青铜 ZCuSn10P1 或 ZCuSn5Pb5Zn5；低速、重载时可选用高强度

铸造青铜 ZCuAl10Fe3、ZCuAl10Fe3Mn2 或铸造黄铜 ZCuZn25Al6Fe3Mn3；重载调整螺旋的螺母可选用 35 钢或球墨铸铁；低速轻载时也可选用耐磨铸铁。

二、滚动螺旋传动简介

滚动螺旋传动是在具有螺旋槽的螺杆和螺母之间，连续填装滚珠作为滚动体的螺旋传动。

滚动螺旋传动的结构形式很多，其工作原理如图 16－36 所示。螺纹凹处做成滚珠滚道的形状，螺母螺纹的出口和进口用导路连起来，当螺杆或螺母回转时，滚珠一个接一个沿螺纹滚动，经导路出而复入，如此循环下去。滚珠循环方式分为外循环和内循环两类。图 16－36 为外循环式，其导路为一导管。图 16－37 为内循环式，其导路为反向器，每圈螺纹有一个反向器，其上滚珠只在本圈内运动。从流畅性来看，两种方式都很好，外循环式加工方便，但径向尺寸较大。

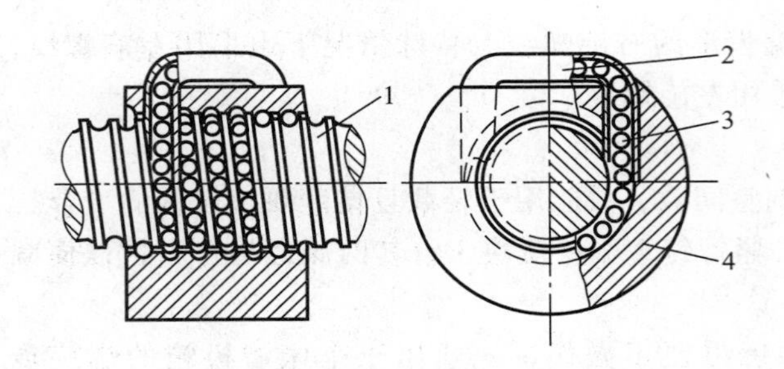

图 16－36　外循环式滚珠螺旋传动

1—螺杆；2—导管（回程通道）；3—滚珠；4—螺母

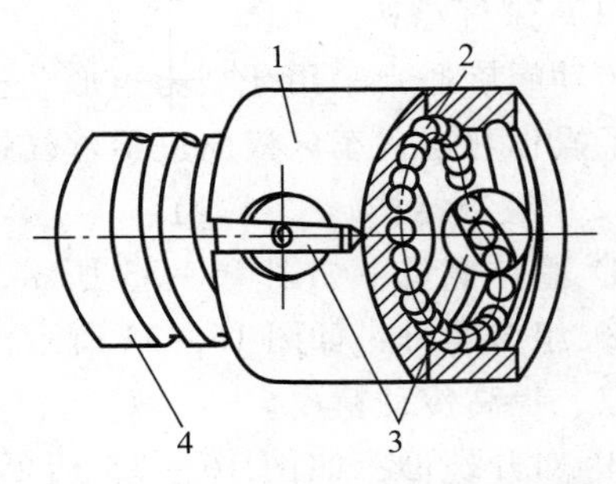

图 16－37　内循环式滚珠螺旋传动

1—螺母；2—滚珠；3—反向器；4—螺杆

滚珠螺旋传动具有传动效率高、起动力矩小、传动灵敏、工作平稳和寿命长等特点，故多用于汽车和拖拉机的转向机构，数控精密机床及飞机起落架的控制机构中。这种传动的缺点是制造工艺比较复杂，特别是长螺杆更难保证热处理及磨削质量，刚性及抗振性较差。

习　题

16－1　图 16－38 所示为一由 4 个螺栓组成的承受横向载荷的螺栓组连接。4 个 M16 的普通螺栓，其许用应力 $[\sigma]=160$ MPa，接合面间的摩擦系数 $f=0.15$，求该螺栓组所能承受的横向载荷 F_w。

16－2　图 16－39 所示为一凸缘联轴器，用于连接带式运输机的轴。已知两个半联轴器接合面间摩擦系数 $f=0.15$，联轴器用 4 个普通螺栓连接，配置螺栓的圆周直径 $D_0=125$ mm，传递转矩 $T=200$ N · m，试确定螺栓的直径。

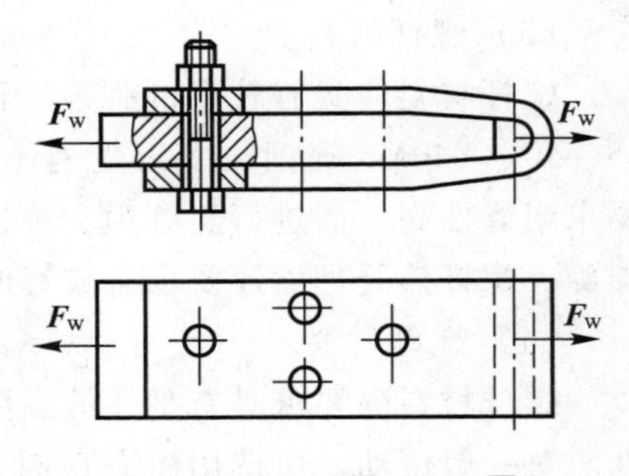

图 16－38　习题 16－1 图

16－3　如图 16－16 所示的气缸盖螺栓连接，已知气缸内径 $D=200$ mm，螺栓分布圆直径 $D_0=250$ mm，气缸内气体工作压力 $p=1$ MPa，缸盖和缸体之间采用橡胶密封。为保证连接有较高的紧密性，要求当 $p\leqslant1.6$ MPa 时，

螺栓间距 $t \leqslant 7\ d$，试确定螺栓数目 z 和公称直径 d。

16－4　圆盘锯如图 16－40 所示，靠拧紧螺母使两圆盘夹紧圆锯片。锯片直径 $D=600$ mm，圆盘平均直径 $D_1=200$ mm，圆盘与锯片间摩擦系数 $f=0.15$，切削力 $F=400$ N。求轴端螺纹直径。轴的材料为 45 钢，可靠性系数 $k_n=1.2$。

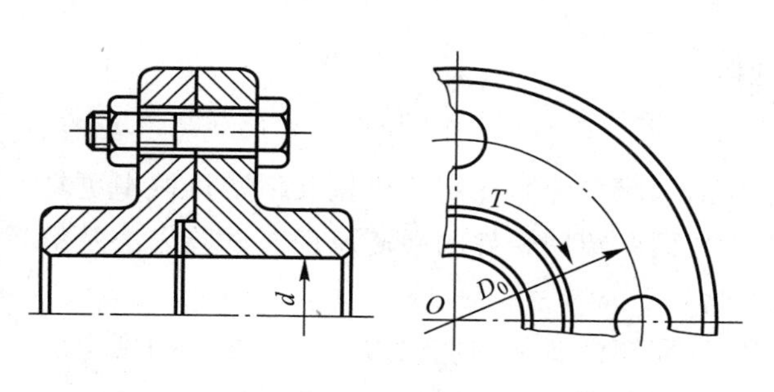

图 16－39　习题 16－2 图

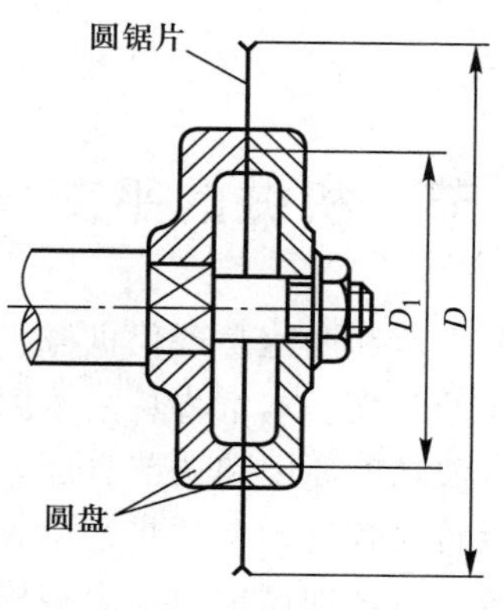

图 16－40　习题 16－4 图

第十七章　机械运转的平衡与调速

第一节　机械的平衡与调速概述

机械的平衡和调速是现代机械工程中十分重要的课题，尤其在高速机械及精密机械中更具有特别重要的意义。本章将从基本原理和基本方法方面介绍回转件的平衡原理、试验方法及机械产生速度波动的原因和调节方法。

机械运转时各运动构件将产生大小及方向均发生周期性变化的惯性力，这将在运动副中引起附加动压力，增加摩擦力而影响构件的强度。这些周期性变化的惯性力会使机械的构件和基础产生振动，从而降低机器的工作精度、机械效率及可靠性，缩短机器的使用寿命。尤其当振动频率接近系统的固有频率时会引起共振，造成重大损失。因此必须合理地分配构件的质量，以消除或减少动压力，这就是机械的平衡问题。由于回转件不平衡质量的分布情况不同，因而引起的不平衡主要分为静不平衡和动不平衡两类，可分别采用不同的方法进行平衡。

机械运转时，由于动能的变化会引起机械运转速度的波动，这也将在运动副中产生附加动压力，使机械的工作效率和可靠性降低，严重影响机械的强度和寿命，降低机械的精度和工艺性能，使产品质量下降。例如，机床主轴速度波动会降低零件的加工质量；发电机主轴速度波动会引起电压波动等。因此对机械系统过大的速度波动必须进行调节，使其限制在允许的范围内，保证机械具有良好的工况，这就是机械的调速问题。机械的速度波动分为周期性速度波动和非周期性速度波动两类，可分别采用不同的方法进行调节。

第二节　回转件的静平衡计算

一、回转件的静平衡计算

由于转子的质量分布不均匀或有安装误差等，将产生偏心质量。对于轴向宽度小(轴向长度与外径的比值 $L/D\leqslant 0.2$)的回转件，如砂轮、飞轮、盘形凸轮等，可以将偏心质量看作分布在同一回转面内。当回转件以角速度 ω 转动时，各质量产生的离心惯性力构成一个相交于转动中心的平面汇交力系，若该力系的合力不等于零，则该回转件不平衡。由平面汇交力系的平衡条件可知，若欲使其平衡，应在同一回转面内增加或减少一个平衡质量，使其产生的离心惯性力 $\boldsymbol{F}_b$ 与原有各偏心质量产生的离心惯性力的矢量和 $\sum \boldsymbol{F}_i$ 等于零，即

$$\boldsymbol{F} = \sum \boldsymbol{F}_i + \boldsymbol{F}_b = 0$$

上式可改写成
$$me\omega^2 = \sum m_i \boldsymbol{r}_i \omega^2 + m_b \boldsymbol{r}_b \omega^2 = 0$$
消去公因子 ω^2，可得
$$\sum m_i \boldsymbol{r}_i + m_b \boldsymbol{r}_b = 0 \qquad (17-1)$$
式中，m_i、$\boldsymbol{r}_i$分别为回转平面内各偏心质量及其向径；m_b、$\boldsymbol{r}_b$分别为平衡质量及其向径；m、$\boldsymbol{e}$分别为构件的总质量及其向径。$m\boldsymbol{r}$ 称为质径积，即为质量与其质心向径的乘积，它为矢量，相对表达了各质量在同一转速下产生的离心惯性力的大小和方向。当 $\boldsymbol{e}=0$，即总质量的质心与回转轴线重合时，构件对回转轴线的静力矩等于0，称为静平衡。可见机械系统处于静平衡的条件是所有质径积的矢量和等于0。

图 17－1a 所示的盘形转子，已知同一回转平面内的不平衡质量为 m_1、m_2和 m_3，它们质心的向径分别为 $\boldsymbol{r}_1$、$\boldsymbol{r}_2$和 $\boldsymbol{r}_3$，则有
$$\sum m_i \boldsymbol{r}_i = m_1 \boldsymbol{r}_1 + m_2 \boldsymbol{r}_2 + m_3 \boldsymbol{r}_3$$
代入式(17－1)可得
$$m_1 \boldsymbol{r}_1 + m_2 \boldsymbol{r}_2 + m_3 \boldsymbol{r}_3 + m_b \boldsymbol{r}_b = 0$$
此矢量方程式中只有 $m_b \boldsymbol{r}_b$未知，故可用图解法进行求解。

如图 17－1b 所示，根据任一已知质径积选定比例尺 $\mu_W = m_i r_i / W_i$(kg · mm/mm)，按向径 $\boldsymbol{r}_1$、$\boldsymbol{r}_2$和 $\boldsymbol{r}_3$的方向分别作矢量 $\boldsymbol{W}_1$、$\boldsymbol{W}_2$和 $\boldsymbol{W}_3$，使其依次首尾相接，最后封闭图形的矢量 $\boldsymbol{W}_b$即代表了所求的平衡质径积 $m_b \boldsymbol{r}_b$。其大小为 $m_b r_b = \mu_W W_b$，方向为 $\boldsymbol{W}_b$的指向。

根据结构特点选定合适的 $\boldsymbol{r}_b$，即可求出 m_b。然后沿 $\boldsymbol{r}_b$的方向上在半径为 $\boldsymbol{r}_b$的位置处加上一个质量 m_b，就可使回转件得到平衡。也可以在 $\boldsymbol{r}_b$的相反方向上去掉一个质量 m_c，使 $m_c \boldsymbol{r}_c = -m_b \boldsymbol{r}_b$。如果结构上允许，尽量将 $\boldsymbol{r}_b$选得大些以减小 m_b，避免总质量增加过多。

如果结构上不允许在所需平衡的回转面内增、减平衡质量，如图 17－2 所示的单缸曲轴，则可另选两个校正平面Ⅰ和Ⅱ，在这两个平面内增加平衡质量，使回转件得到平衡。

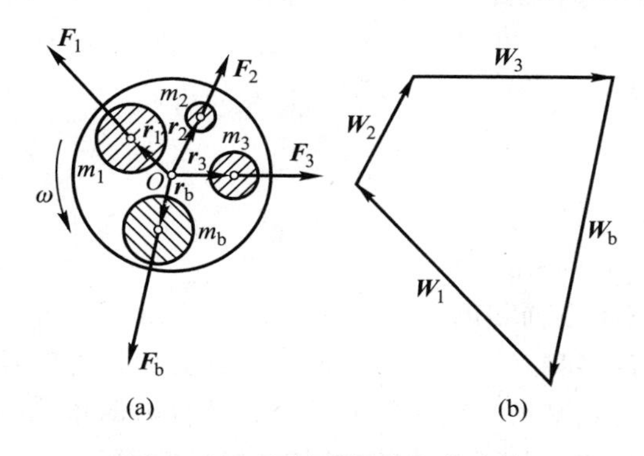

图 17－1　回转件的静平衡计算

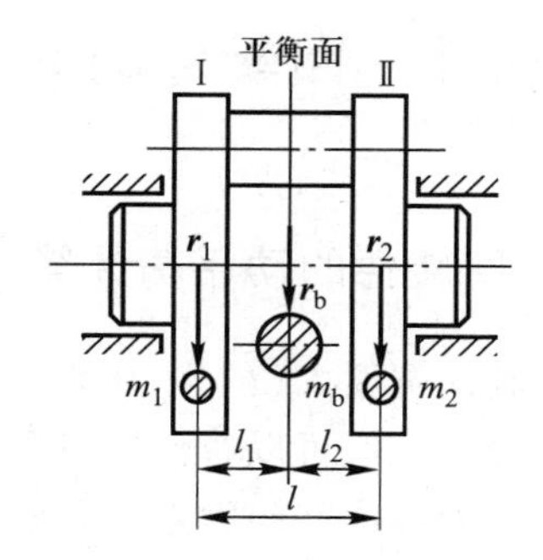

图 17－2　单缸曲轴的静平衡

根据工程力学的平行力系合成原理可得
$$\left.\begin{aligned} m_1 r_1 &= \frac{l_2}{l} m_b r_b \\ m_2 r_2 &= \frac{l_1}{l} m_b r_b \end{aligned}\right\} \qquad (17-2)$$

当选定回转半径 r_1 和 r_2 后，就可求出应加质量 m_1 和 m_2。

二、回转件的静平衡试验

经过平衡计算后加上平衡质量的回转件，理论上已经实现了完全的平衡。但由于制造、安装误差及材质不均匀等原因，实际上达不到预期的平衡要求。这种不平衡，在设计时无法用计算的方法加以消除，只能借助于平衡试验的方法来解决，使其达到预定的平衡精度。

静平衡试验的实质是设法使回转件的质心与回转轴心重合，静平衡试验一般在静平衡架上进行，如图 17－3 所示。将需要平衡的回转件放在两个相互平行的刀口形导轨上，若回转件的质心不在回转轴线上，则回转件将在重力矩的作用下发生滚动，当停止滚动时质心必在正下方。这时在质心位置的正对方用橡皮泥加一平衡质量，然后继续做试验，并逐步调整橡皮泥的大小与方位，直至该回转件在任意位置均能保持静止为止。此时回转件的总质心已位于回转轴线上，回转件达到静平衡。根据最后橡皮泥的质量与位置，在构件相应位置上增加(或减少)相同质量的材料，使构件达到静平衡。这种刀口式静平衡架结构简单、可靠，平衡精度也较高，但安装调整要求较高，其缺点是不能用于平衡两端轴径不等的回转件。

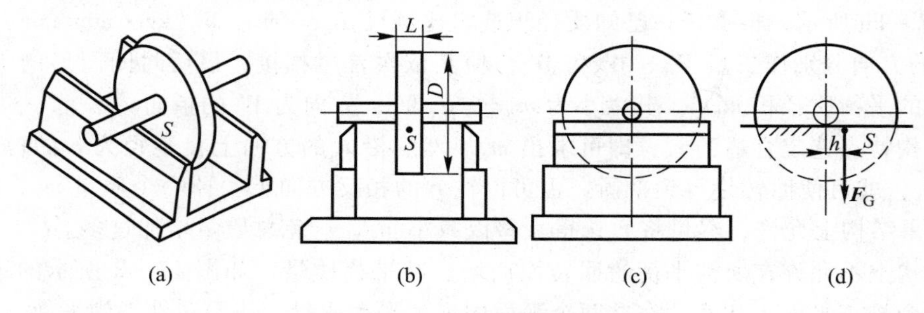

图 17－3 刀口式静平衡架

第三节 回转件的动平衡计算

一、回转件的动平衡计算

对于轴向宽度大($L/D>0.2$)的回转件，如机床主轴和电动机转子等，其质量不是分布在同一回转面内，但可以看作分布在垂直于轴线的许多相互平行的回转面内，这类回转件转动时产生的离心力构成空间力系。要使这个空间力系达到平衡，就必须使其合力及合力偶矩均等于零。因此只在某一回转面内加平衡质量的静平衡方法，并不能使其在回转时得到平衡。

下面分析各偏心质量位于若干个平行平面内的回转件的平衡计算方法。为了解决此类转子的动平衡问题，可在转子上适当位置事先选定两校正平面，然后将各不平衡质量产生的离心惯性力分解到两个校正平面内，则原各不平衡质量产生的离心惯性力所组成的空间力系即可转化为在两校正平面内的平面汇交力系，而此两平面汇交力系的平衡问题，即为前述质量分布在同一回转面内的静平衡计算问题。由此可见，此类转子的动平衡计算问题可转化为两校正平面内的静平衡计算问题解决。平衡质量的具体计算如下：

图 17－4 所示的转子，在回转平面 1、2、3 内有偏心质量 m_1、m_2、m_3，其向径分别为 $\boldsymbol{r}_1$、$\boldsymbol{r}_2$、$\boldsymbol{r}_3$。根据研究可知，当向径不变时，某平面内的质量 m_i 可由任选的两个平行平面 T' 与 T'' 内的两个质量 m_i' 与 m_i'' 代替，且 m_i' 与 m_i'' 处于回转轴线与 m_i 的质心组成的平面内。当转子绕轴线回转时，离心惯性力 $\boldsymbol{F}_1$、$\boldsymbol{F}_2$、$\boldsymbol{F}_3$ 组成一个空间力系。现选定两个校正平面 T'、T''，将 m_1、m_2、m_3 向该两平面分解可得：

$$\left.\begin{aligned} m_1' &= \frac{l_1''}{l}m_1, \quad m_2' = \frac{l_2''}{l}m_2, \quad m_3' = \frac{l_3''}{l}m_3 \\ m_1'' &= \frac{l_1'}{l}m_1, \quad m_2'' = \frac{l_2'}{l}m_2, \quad m_3'' = \frac{l_3'}{l}m_3 \end{aligned}\right\}$$

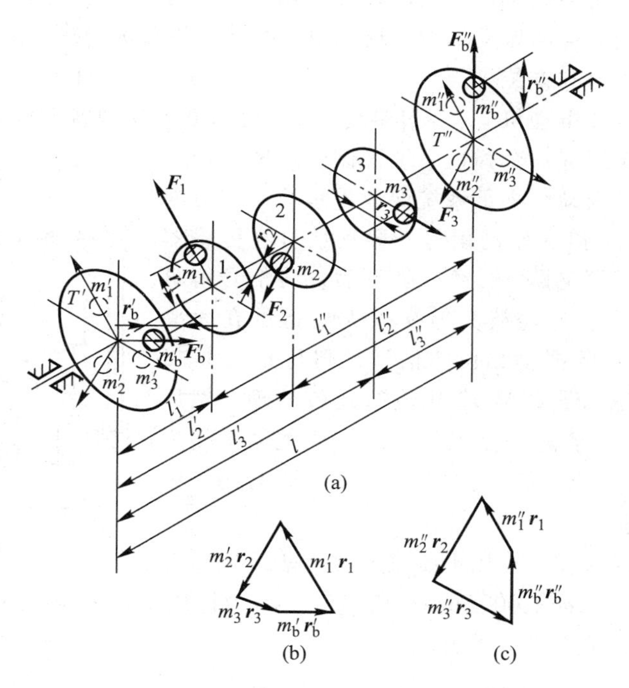

图 17－4　回转件的动平衡计算

这样可以认为转子的偏心质量集中在 T' 和 T'' 两个回转平面内。对于校正平面 T'，由式(17－1)可得平衡方程为

$$m_1'\boldsymbol{r}_1 + m_2'\boldsymbol{r}_2 + m_3'\boldsymbol{r}_3 + m_b'\boldsymbol{r}_b' = 0$$

作出矢量图(图 17－4b)，求出 $m_b'\boldsymbol{r}_b'$。只要选定 $\boldsymbol{r}_b'$，便可确定 m_b'。

同理，对于平面 T'' 可得：

$$m_1''\boldsymbol{r}_1 + m_2''\boldsymbol{r}_2 + m_3''\boldsymbol{r}_3 + m_b''\boldsymbol{r}_b'' = 0$$

作出矢量图(图 17－4c)，求出 $m_b''\boldsymbol{r}_b''$。只要选定 $\boldsymbol{r}_b''$，便可确定 m_b''。

由上述分析可知，任何一个回转件，不管它的不平衡质量实际分布如何，都可以向两个任意选定的平衡平面内分解，在这两个平面内各加上一个平衡质量就可以使该回转件达到平衡。

这种使惯性力的合力及合力偶矩同时为零的平衡称为动平衡。由此可见，至少要有两个平衡平面才能使转子达到动平衡。

显然动平衡条件中包含了静平衡条件，所以经过动平衡的回转件一定是静平衡的，但静平衡的回转件不一定是动平衡的。

二、回转件的动平衡试验

动平衡试验的实质是在任意选定的两个平衡平面内，分别加一适当的平衡质量，使回转件达到平衡。回转件的动平衡试验在动平衡试验机上进行，图 17－5 所示为一电测动平衡试验机的原理示意图，它由驱动系统、试件支承系统和不平衡质量测量系统 3 个主要部分组成。其测试原理是：当安装在动平衡试验机上的回转件转动时，因离心力的作用，使支承发生振动，因此可利用测振传感器将拾得的振动信号，通过电子线路加以放大处理，最后显示出被测转子的不平衡质量质径积的大小和方位。

其驱动系统采用变速电动机 1，经过带传动 2，借助万向联轴器 3 驱动试件 4。试件的支承系统由支承座和弹簧 5 组成一个弹性系统，试件旋转时产生的不平衡惯性力使支承振动，支承系统保证支承按一定方向振动，以便传感器 6、7 拾取振动信号。振动信号经传感器输入到测量装置中的解算电路 8，经 8 处理后，将信号解算得到不平衡质径积的大小，经放大器 9 放大后指示在表头 10 上。不平衡质量引起的振动相位的信号，则与光电头 11 采集的基准信号同时输入鉴相器 12 中进行比较处理，然后在表头 13 中指示出此不平衡质径积的相位。这类动平衡机灵敏度较高，能使试件达到相当高的平衡精度，通常用于中小型转子的动平衡试验。

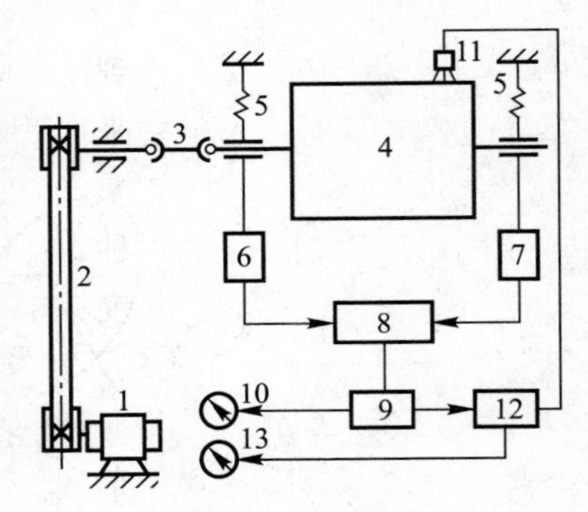

图 17－5 电测动平衡试验机的原理示意图

对于经过平衡的回转件，可用平衡精度 A 来表示回转件平衡的优良程度。$A=[e]\omega/1\ 000(\mathrm{mm/s})$，其中 $[e]$ 为许用质心偏距（μm），ω 为回转角速度。典型回转件的精度等级可查有关手册。

第四节 机器速度波动的调节

机械是在外力作用下运转的，作用在机器上的外力有驱动力和阻力。所谓驱动力，乃是驱使主动件运动的力，驱动力所作的功称为驱动功；所谓阻力，乃是阻止主动件运动的力，阻力分为工作阻力和有害阻力，克服阻力所消耗的功称为阻力功。如果工作中驱动功与阻力功时时相等，则机械的主轴将保持匀速运转。但大多数机械运转时，在某段时间内其驱动功与阻力功并不相等。当驱动功大于阻力功时，出现盈功，盈功转化为动能，促使机械动能增加、转速加快；当驱动功小于阻力功时，出现亏功，亏功导致机械动能减少、转速变慢。故知外力对机械所作功的增减，导致了机械所具有的动能增减，从而使主轴的角速度发生变化，形成了机械运转时的速度波动。下面通过机器的运转过程进行分析。

一、机器速度波动的原因及类型

机械从开始运动到停止运动的整个过程称为机械运转的全过程，机器从起动到停止一般经过以下 3 个阶段，如图 17－6 所示。

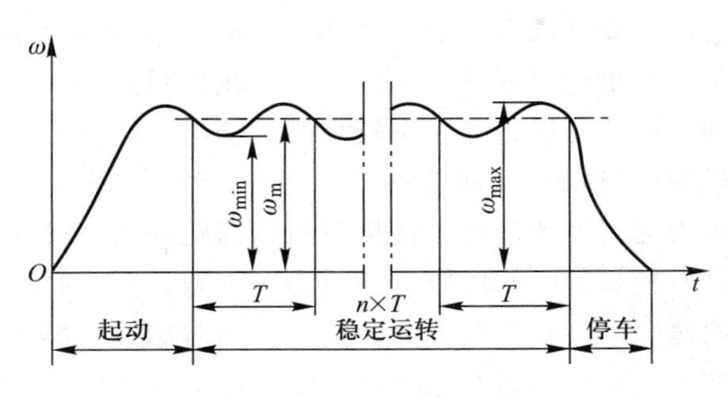

图 17－6　机器的运转过程

1. 起动阶段

机器从静止状态起动到开始稳定运转的过程称为起动阶段。在起动阶段中驱动功大于阻力功，驱动功的剩余部分用来增加机器的动能，因此在起动阶段机器主轴作加速运动。

2. 稳定运转阶段

机器起动后，随着各种阻力的出现，使得阻力功增加，当驱动功与阻力功相等时，机器的动能不再增加，机器的速度保持等速或绕某一速度作周期性波动。这一阶段称为机器的稳定运转阶段。

3. 停车阶段

当撤去驱动力开始停车时，机器的驱动功变为零。此时机器凭借稳定运转时具有的动能克服阻力做功，机器的动能逐渐减少，主轴转速逐渐下降。当储存的动能全部耗尽时机器完全停止运转。

可见，机器运转时其驱动功与阻力功并不是在每一瞬时都相等的。由能量守恒定律可知，在任一时间间隔内驱动功与阻力功之差应等于该时间间隔内机器动能的变化，即

$$W_{ed} - W_{er} = E_2 - E_1 = \Delta E \tag{17-3}$$

式中，W_{ed}和 W_{er}分别为任意时间间隔内的驱动功和阻力功；E_2 和 E_1 分别为该时间间隔开始时和终止时机器的动能。

大多数机器在稳定运转阶段的速度并不是恒定的。机器主轴的速度从某一值开始又回复到这一值的变化过程，称为一个运动循环，其所对应的时间 T 称为运动周期。因此在一个整周期内，其起始和结束时的动能没有增减，驱动功与阻力功是相等的。但在一个周期内的某段时间中，驱动功不一定等于阻力功，因此机器的动能要发生变化，机器的速度也会发生波动，到一个运动周期完成后速度又回到原来的值，这种速度波动称为周期性速度波动。

周期性速度波动可采用有足够大转动惯量的飞轮加以调节。当驱动功大于阻力功时，机械系统的运转速度升高，但由于飞轮的惯性，将阻止系统运转速度升高，这时飞轮的动能增加，相当于一部分多余的功以动能的形式储存起来，从而使机器的速度增幅不大；当驱动功小于阻

力功时，系统的运转速度降低，由于飞轮的惯性，又将释放储存的动能以阻止系统的运转速度降低，从而使机器的速度减幅不大。这样就降低了机器速度波动的幅度，适当设计飞轮的转动惯量可把周期性速度波动限制在允许的范围内。此外，由于飞轮能够利用储存的能量克服短时过载，故在确定原动机功率时，只需考虑它的平均功率，而不必考虑高峰负荷所需的瞬时最大功率。如有一压力机，在没有安装飞轮时，需要 600 kW 的电动机才能满足高峰扭矩的需要，而装上飞轮后，则只需 50 kW 的电动机即可满足需要。由此可见，安装飞轮不仅可以避免机械运转速度发生过大的波动，而且可以选择功率较小的电动机。这就是某些载荷大而集中，且对运转均匀性要求不高的机械(如破碎机、冲压机)需要安装飞轮的原因。

如果驱动力或工作阻力无规律地变化，使机器运转速度的波动没有一定的规律，则称为非周期性速度波动。如在一段较长的时间内驱动功总是大于阻力功，机器的速度将持续上升，直到超过机器所允许的极限速度而导致机器损坏；反之若驱动功总是小于阻力功，则机器的速度将不断下降直至停车。如汽轮发电机组在供气量不变而用电量突然增减时，就会出现上述两种情况。这种速度波动是随机的、不规则的，没有一定的周期，因此不能用飞轮来调节，必须采用调速器。

二、周期性速度波动的调节

1. 平均角速度和不均匀系数

周期性运转的机器在一个周期内主轴的角速度是绕某一角速度变化的。其平均角速度 ω_m 为

$$\omega_m = \frac{\omega_{max} + \omega_{min}}{2} \tag{17-4}$$

式中，ω_{max}、ω_{min} 分别为一个周期内主轴的最大角速度和最小角速度。工程上往往用角速度波动幅度与平均角速度的比值来衡量机器运转的不均匀程度，这个比值称为机械运转的不均匀系数 δ，即

$$\delta = \frac{\omega_{max} - \omega_{min}}{\omega_m} \tag{17-5}$$

由上式可知，当 ω_m 一定时，δ 越小则 ω_{max} 与 ω_{min} 之差越小，表示机械运转越均匀，运转的平稳性越好。不同机械其运转平稳性的要求也不同，也就有不同的许用不均匀系数 $[\delta]$，表 17-1 列出了一些机械的许用不均匀系数 $[\delta]$ 的值。为了使所设计机械的速度不均匀系数不超过许用值，则应满足条件 $\delta \leqslant [\delta]$。

表 17-1 机械运转的许用不均匀系数 $[\delta]$ 值

名　称	$[\delta]$	名　称	$[\delta]$
破碎机	0.10～0.20	造纸机、织布机	0.02～0.025
冲床和剪床	0.05～0.15	内燃机、压缩机	0.006 7～0.012 5
轧钢机	0.04～0.1	直流发电机	0.005～0.01
泵	0.03～0.2	交流发电机	0.003～0.005
农业机械	0.02～0.2	航空发动机	小于 0.005

若已知机械的 ω_m 和 δ 值，可由式(17－4)和式(17－5)求得最大角速度 ω_{max} 和最小角速度 ω_{min}，即

$$\omega_{max}=\omega_m\left(1+\frac{\delta}{2}\right),\quad \omega_{min}=\omega_m\left(1-\frac{\delta}{2}\right)$$

由此可得

$$\omega_{max}^2-\omega_{min}^2=2\delta\omega_m^2 \tag{17-6}$$

2. 飞轮转动惯量的计算方法

飞轮设计的基本问题是根据机械主轴实际的平均角速度 ω_m 和许用不均匀系数 $[\delta]$，按功能原理确定飞轮的转动惯量 J_F。

在一般机械中，飞轮以外构件的转动惯量与飞轮相比都非常小，故可近似认为飞轮的动能就是整个机械的动能。当飞轮处于最大角速度 ω_{max} 时，具有最大动能 E_{max}；当其处在最小角速度 ω_{min} 时，具有最小动能 E_{min}。则在一个运动循环中动能的最大变化量可用 $E_{max}-E_{min}$ 来表示，其值等于同一时间间隔内等效驱动力矩所作的功与等效阻力矩所作的功的最大差值，此最大差值称为最大盈亏功，用 W_{max} 表示。于是可得

$$W_{max}=E_{max}-E_{min}=\frac{1}{2}J_F(\omega_{max}^2-\omega_{min}^2)=J_F\omega_m^2\delta$$

式中，W_{max} 为最大盈亏功；J_F 为飞轮的转动惯量，单位为 $kg\cdot m^2$；$\omega_m=\pi n/30$，n 为飞轮转速，单位为 r/min。

由此可得

$$J_F=\frac{W_{max}}{\omega_m^2\delta}=\frac{900W_{max}}{\pi^2n^2\delta} \tag{17-7}$$

由上式可见，确定飞轮转动惯量的关键是确定最大盈亏功 W_{max}。而功的变化为 $\Delta W=\int_0^{\varphi}(M_{ed}-M_{er})d\varphi$，等号右边表示等效驱动力矩曲线与等效阻力矩曲线之间所夹的面积，如图 17－7a 所示的阴影面积。

图 17－7 所示为机械在平稳运转一个周期内驱动力矩 M_{ed} 和阻力矩 M_{er} 的变化曲线。$M_{ed}(\varphi)$ 和 $M_{er}(\varphi)$ 所包围阴影面积的大小，反映了相应转角区段上驱动力矩功和阻力矩功差值的大小。如在区段 (φ_b,φ_c) 中驱动力矩功大于阻力矩功，称为盈功；反之在区段 (φ_c,φ_d) 中阻力矩功大于驱动力矩功，称为亏功。

由于功在一个周期范围内的变化 ΔW 是两条曲线所夹的面积之差，即周期内所有正负面积的累计代数差。因此，图 17－7b 中的 ΔW 曲线上各点的坐标值是表示在这个坐标点以前的力矩曲线上所有正负面积的代数和。有些机械系统中的等效力矩曲线，在一个整周期内可能有几个正负峰值，其功的变化曲线也将有几个正负峰值，而最大盈亏功 W_{max} 则应取 ΔW 曲线上正峰值与负峰值之差。求得最大盈亏功后，可按式(17－7)计算出飞轮的转动惯量，然后可按照转动惯量的计算公式求出飞轮的主要尺寸。另外，由式(17－7)可知，飞轮转动惯量的大小与飞轮轴转速的平方成反比，因此飞轮应安装在转速较高的轴上，通常都安装在机器的主轴上。

例 17－1 某机组作用在主轴上的阻力矩变化曲线 $M_{er}-\varphi$ 如图 17－8 所示。已知主轴上的驱动力矩 M_{ed} 为常数，主轴平均角速度 $\omega_m=25$ rad/s，机械运转速度不均匀系数 $\delta=0.02$。试

求：(1)驱动力矩 M_{ed}；(2)最大盈亏功 W_{max}；(3)安装在主轴上的飞轮转动惯量 J_F。

解 (1) 求驱动力矩 M_{ed}。

由于给定 M_{ed}为常数，故 $M_{ed}-\varphi$ 为一水平直线。在一个运动循环中驱动力矩所作的功为 $2\pi M_{ed}$，它应当等于一个运动循环中阻力矩所作的功，即

$$2\pi M_{ed}=(100\times 2\pi+400+\pi/4\times 2)\ \text{N}\cdot\text{m}$$

计算可得 $M_{ed}=200\ \text{N}\cdot\text{m}$，由此可作出 $M_{ed}-\varphi$ 的水平直线。

(2) 求最大盈亏功 W_{max}。

图 17-8a 中，b、c、d、e 是 $M_{ed}-\varphi$ 和 $M_{er}-\varphi$ 曲线的交点。将各区间 $M_{ed}-\varphi$ 与 $M_{er}-\varphi$ 所包围的面积区分为盈功和亏功，然后根据各区间盈亏功的数值大小按比例作能量指示图如下：首先自 a 向上作 $\overrightarrow{ab}$ 表示 ab 区间的盈功，$W_1=100\times\pi/2\ \text{N}\cdot\text{m}$；然后，向下作 $\overrightarrow{bc}$ 表示 bc 区间的亏功，$W_2=300\times\pi/4\ \text{N}\cdot\text{m}$；依次类推，直到画完最后一个封闭矢量 $\overrightarrow{ea}$，如图 17-8b 所示。由图可知，be 区间出现最大盈亏功，其绝对值为

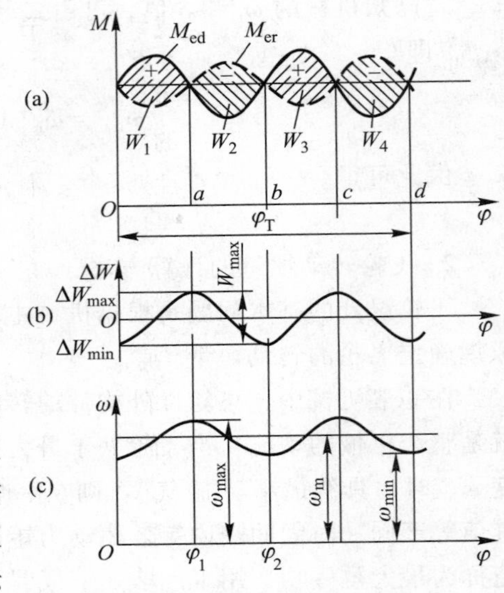

图 17-7 最大盈亏功的确定

$$W_{max}=|-W_2+W_3-W_4|=\left|-300\times\frac{\pi}{4}+100\times\frac{\pi}{2}-300\times\frac{\pi}{4}\right|\ \text{N}\cdot\text{m}=314.16\ \text{N}\cdot\text{m}$$

(3) 求安装在主轴上的飞轮转动惯量。

由式(17-7)可得

$$J_F=\frac{W_{max}}{\omega_m^2\delta}=\frac{314.16}{25^2\times 0.02}\ \text{kg}\cdot\text{m}^2=25.13\ \text{kg}\cdot\text{m}^2$$

飞轮的结构一般采用实心式或轮辐式，具体尺寸可见相关标准或多学时的机械原理教材。

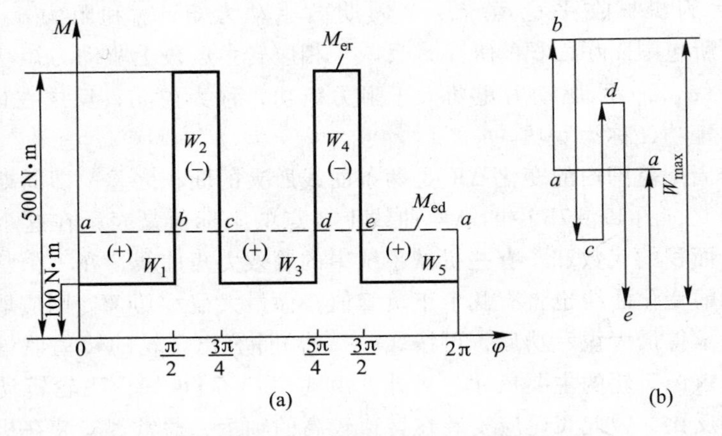

图 17-8 确定机械系统最大盈亏功的能量指示图法

三、非周期性速度波动的调节

如前所述，非周期性速度波动是不规则的，这种速度波动不能依靠飞轮来进行调节。这是因为这种波动无一定周期，持续的增速或减速，将使飞轮失去调节功能，因此必须采用调速器来调节。调速器是调节机器的非周期性速度波动使之进入新的稳定运转状态的装置，一般采用反馈控制的方法，使驱动功与阻力功随时保持新的平衡，达到稳定运转。

调速器的种类很多，图 17－9 所示为机械式离心调速器，它是利用重球 K 的离心力的变化来进行非周期性速度波动调节的。当负荷突然减小时，原动机和工作机的转速升高，通过齿轮传动使调速器主轴的转速随着升高。此时，重球 K 因离心力增大而向外运动，套筒 N 上升，并通过连杆机构使节流阀 G 关小，从而减少进气量，使原动机转速稳定；反之，当负载突然增加时，主轴转速降低，重球下落，通过套筒和连杆机构使节流阀 G 开大，增加进气量，使驱动功与阻力功达到新的平衡，以保持原动机稳定运转。

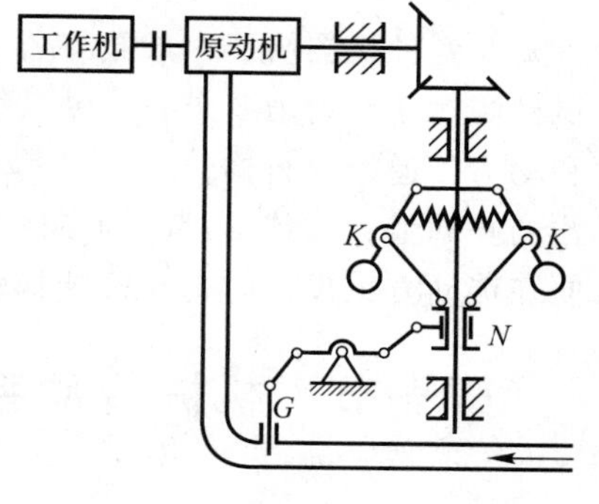

图 17－9　机械式离心调速器

机械式离心调速器结构简单、成本低廉且工作可靠，在内燃机等机械上得到了广泛应用。现代机器大多用电子调速装置，辅以计算机控制，实现自动控制及调速。

习　题

17－1　机械平衡的目的是什么？刚性回转件的平衡有哪几种情况？如何计算？

17－2　为什么设计时进行了平衡计算，在构件制成后还要进行平衡试验？

17－3　周期性速度波动与非周期性速度波动的特点各是什么？各用什么方法来调节？

17－4　试述安装飞轮的目的和作用，一般情况下飞轮安装于机械的何处？为什么？

17－5　如图 17－10 所示，盘形回转体上存在 4 个偏置质量。已知 $m_1 = 10$ kg，$m_2 = 15$ kg，$m_3 = 15$ kg，$m_4 = 10$ kg；$r_1 = 50$ mm，$r_2 = 100$ mm，$r_3 = 75$ mm，$r_4 = 50$ mm。设所有不平衡质量分布在同一回转平面内，求在什么方位上加多大的平衡质径积才能达到平衡？

17－6　如图 17－11 所示，高速水泵的凸轮轴是由 3 个互相错开 120°的偏心轮组成，每个偏心轮的质量为 0.4 kg，其偏心距为 12.7 mm。设在平衡平面 T' 和 T'' 内各装一个平衡质量 m_b' 和 m_b'' 使之平衡，其向径的大小均为 10 mm，其他尺寸如图所示(单位为 mm)，试求 m'_b 和 m''_b 的大小和方位。

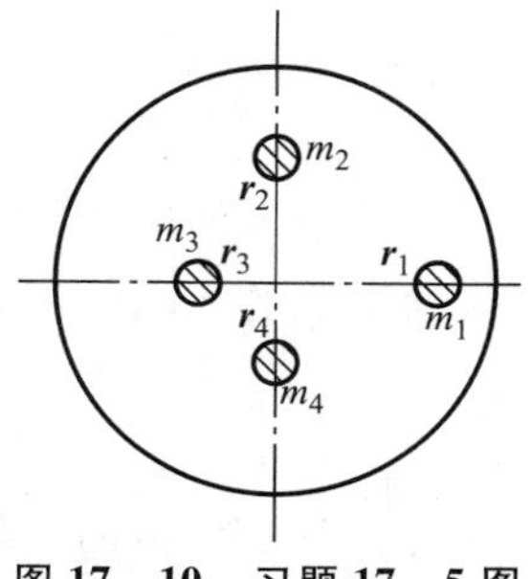

图 17－10　习题 17－5 图

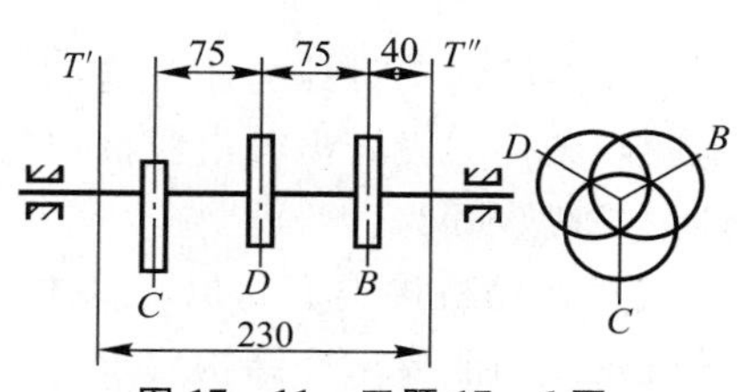

图 17－11　习题 17－6 图

第十八章　机械传动系统设计

在各种机器中，一般是将若干个机构根据需要组合起来，构成一个机械传动系统，以满足机械的运动和动力要求。传动系统位于原动机和执行构件之间，其基本任务是将原动机的运动和动力传递给执行构件，满足其不同的运动形式及运动规律。本章将在前面已经介绍的传动机构的基础上，从传动设计的整体角度出发，介绍各种传动机构的工作特性、参数及选择等，以便在传动方案设计时，正确选择传动机构的类型，形成合理的机械传动系统运动方案。

第一节　机械传动系统设计概述

一、机械传动系统的基本功用

现代生产中使用的的工作机基本上都由电动机来驱动。在电动机与工作机之间以及在工作机内部，通常装置有各种传动机构，其形式有机械的、液压的和气动的等多种。其中最常见的为机械传动和液压传动。

机械传动的优点是，实现回转运动的结构简单；机械故障一般容易发现；传动比较为准确，实现定比传动较为方便等，故机械传动应用最广。机械传动系统的基本功用主要是：

（1）把原动机输出的速度降低或者增高，以适合工作机的需要；

（2）实现变速传动，以满足工作机经常变速的要求；

（3）把原动机输出的转矩，变换为工作机所需要的转矩或力；

（4）把原动机输出的等速旋转运动，转变为工作机所要求的、速度按某种规律变化的旋转或其他类型的运动；

（5）实现由一个或多个原动机驱动若干个相同或不同速度的工作机；

（6）由于受机体外形、尺寸的限制，或者为了安全和操作方便，工作机不宜与原动机直接连接时，也需要用传动装置来连接。

二、机械传动系统设计的一般步骤

机械传动系统运动设计的任务是：根据要设计机器的生产任务及给定的运动、动力性能要求和其他限制条件，设计出各组成机构的运动简图和整个机械传动系统的运动简图。机械传动系统设计的一般步骤为：

（1）选择传动机构类型和拟定总体布置方案。

根据机器的功能要求、结构要求、工艺性能及其他限制性条件，确定机器的工作原理，选择传动系统所需的传动机构类型，并拟定从原动机到工作机之间的总体布置方案。

（2）确定传动系统的总传动比并分配总传动比。

对于传动系统来说，其输入转速 n_d 为原动机的额定转速，而它的输出转速 n_r 为工作机所要求的工作转速，则传动系统的总传动比为 $i = n_d / n_r$。根据传动方案设计的要求，将总传动比分配到各级传动中。

（3）计算机械传动系统的性能参数。

性能参数的计算，主要包括动力计算和效率计算等，这是传动方案优劣的重要指标，也是各级传动强度计算的依据。

（4）确定传动装置的主要几何尺寸。

通过各级传动的强度分析，结构设计和几何尺寸计算，确定其基本参数和主要几何尺寸，如齿轮传动的齿数、模数、齿宽和中心距等。

（5）绘制机械传动系统的运动简图。

（6）绘制传动部件和总体的装配图。

第二节 机械传动机构的选择与组合

一、机械传动机构的选择

机械传动系统位于原动机与执行机构之间，在整个机械系统中起着实现变速、变换运动形式和传递功率等作用。因此，单独选用某一种机构往往难以实现，必须将若干种传动机构根据需要进行组合，形成一个机械传动系统。

当工作原理选定后，就需要正确地选择和设计实现它的机构组合。机械传动机构的类型很多，各种传动形式均有其优缺点。因此，传动机构类型的选择和组合是一个比较复杂的问题，设计时除了满足基本使用要求外，还需考虑机器的成本、外廓尺寸、重量和机械效率等。因此需要在广泛调研并全面分析比较各类传动机构的基础上，才能进行合理地选择。在进行具体的机构选择和设计时，应综合考虑以下各种基本要求：

（1）实现运动形式的变换。原动机输出轴的运动形式多为匀速回转运动，而执行机构所要求的运动形式却是多种多样的。传动机构可以把匀速回转运动转变为诸如移动、摆动、间歇运动或平面复杂运动等各种运动形式。表 18－1 列出了实现各种运动形式变换的常用机构，供设计时参考。

表 18－1 实现各种运动形式变换的常用机构

运动形式变换				基本机构
原动运动	从动运动			
连续回转	连续回转	变向	平行轴	圆柱齿轮机构、带机构和链机构等
			相交轴	锥齿轮机构等
			交错轴	蜗杆蜗轮机构、螺旋齿轮机构和半交叉式带轮机构等
		变速		齿轮机构、带轮机构、链轮机构、轮系和谐波传动等

续表

运动形式变换			基本机构
原动运动	从动运动		
连续回转	间歇回转		棘轮机构、槽轮机构、不完全齿轮机构和凸轮间歇机构等
	往复运动	往复摆动	曲柄摇杆机构、摆动导杆机构和摆动从动件凸轮机构等
		往复移动	曲柄滑块机构、移动导杆机构、定块机构、正弦机构、直动从动件凸轮机构、齿轮齿条机构和螺旋机构等
摆动	摆动		齿轮机构和双摇杆机构
	移动		齿轮齿条机构和摆杆滑块机构

（2）实现运动速度的变化。通常原动件转速很高，而工作机构速度较低，并且在不同的工况下要求获得不同的速度。当需要获得较大的定传动比时，可以将多级齿轮传动、带传动、蜗杆传动和链传动等组合起来，以满足速度变化的要求。当工作机构的运转速度需要进行调节时，齿轮变速器传动机构则是一种经济的实现方案。

（3）实现运动的合成与分解。在有些机器中，有时需把两种运动合成为一种运动（如范成法加工斜齿轮）；在另一些机器中，又需要将一种运动分解为两种运动（如汽车后桥的差速器）。这就需要利用差动轮系等两自由度机构来实现运动的合成与分解。

（4）满足运动和动力特性要求。为了合理地选择传动机构的类型，应对各种传动机构及其运动和动力特性等有所了解。在此基础上选择几个不同的方案进行比较，最后确定出比较合理的传动机构。表 18－2 列出了几种常用机构的运动及动力特性，供选用时参考。

表 18－2　常用机构的运动及动力特性

机构类型	运动及动力特性
连杆机构	可以输出多种运动，实现一定轨迹、位置要求。运动副为面接触，故承载能力大，但动平衡困难，不适用于高速
凸轮机构	可以输出任意运动规律的移动和摆动，但行程不大。运动副为滚动兼滑动的高副，故不适用于重载
齿轮机构	圆形齿轮实现定传动比传动，非圆形齿轮实现变传动比传动。功率和转速范围都很大，传动比准确可靠
螺旋机构	输出移动或转动，实现微动、增力和定位等功能。工作平稳，精度高，但效率低，易磨损
棘轮机构	输出间歇运动，并且行程可调；但工作时冲击、噪声较大，只适用于低速、轻载
槽轮机构	输出间歇运动，转位平稳；有柔性冲击，不适用于高速
带传动	中心距变化范围较广。结构简单，具有吸振特点，无噪声，传动平稳。过载打滑，可起安全装置作用
链传动	中心距变化范围较广。平均传动比准确，瞬时传动比不准确，比带传动承载能力大，传动工作时动载荷及噪声较大，在冲击振动情况下工作时寿命较短

（5）实现轴线位置变换的要求。对于平行轴之间的传动，宜采用圆柱齿轮传动、带传动或链传动；对于相交轴之间的传动，可采用锥齿轮或圆锥摩擦轮传动；对于交错轴之间的传动，可采用蜗杆传动或交错轴斜齿轮传动。两轴相距较远时可采用带传动或链传动；反之，可采用齿轮传动。

（6）获得较大的机械效益。根据一定功率下减速增矩的原理，通过减速传动机构可以实现用较小驱动转矩来产生较大的输出转矩，即获得较大的机械效益。因为在一个传动系统中，输出转矩 T_2 与输入转矩 T_1 的关系为 $T_2 = T_1 i_{12} \eta$。由于减速传动时 $i_{12} > 1$，因此通过减速传动可以实现用较小驱动转矩来产生较大的输出转矩，即可达到减速增矩目的。

二、传动机构的组合方式

1. 基本机构和组合机构

一部机器可能是多种机构的组合体，也可能是一个最基本的机构，如电动机。前面所介绍的常用机构，如连杆机构、凸轮机构、齿轮机构、棘轮机构、槽轮机构、螺旋机构、带机构以及链机构等，这些机构以独立的形式出现，能够单独实现运动和动力的传递，称为基本机构。

实际上，机器对运动形式的要求通常都是比较复杂的，由于单一基本机构本身所固有的局限性，往往难以满足设计要求，因而常把各种基本机构进行适当的组合，使其优势互补，从而形成结构简单、性能良好的机构组合系统，称为组合机构。

2. 常见的机构组合方式

机构的组合方式有多种，常见的有串联式、并联式、反馈式以及复合式等。在机构的组合系统中，单个基本机构称为组合机构的子机构。组合机构可以由同一类型的基本机构组成，也可由不同类型的基本机构组成。下面仅对一些比较简单的组合机构进行简要的介绍，以便对机构的组合方法有所了解。

（1）串联式组合。在机构组合系统中，若前一级子机构的输出构件即为后一级子机构的输入构件，则这种组合方式称为串联式组合。

图 18－1a 所示为书籍打包机的送书机构，它是由凸轮机构（构件 1－2－3－5，即子机构Ⅰ）和摇杆滑块机构（构件 3－4－5－6，即子机构Ⅱ）组成的组合机构。具有曲线凹槽的盘型凸轮 1 等速回转时，通过嵌入凹槽内的滚子从动件 2，带动摇杆滑块机构的摇杆 3 按凸轮机构给定的规律摆动，再通过摇杆滑块机构的放大，实现较大的滑块位移，推动书堆进入包装位置。凸轮继续回转时，滑块有一停止期（凸轮机构从动件处于远休止位置）。包装完毕后，再进入下一个送书运动循环。这种运动规律，用连杆机构是难以实现的，而单一的凸轮机构若要实现较大推程，又会使机构过于庞大。利用凸轮－连杆机构的串联组合就可以实现运动的放大和机构优势的互补。图 18－1b 所示为这种组合机构的方框图。

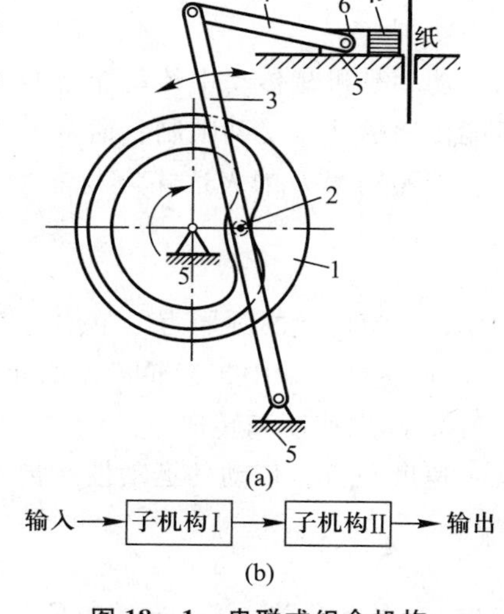

图 18－1　串联式组合机构

（2）并联式组合。在机构组合系统中，若干子机构共用同一个输入构件，而它们的输出运动又同时输入给一个多自由度的子机构，从而形成一个自由度为1的机构系统。这种组合方式称为并联式组合。

图18－2a所示为双色胶版印刷机中的接纸机构。图中凸轮1、1′为同一构件，当其转动时，同时带动四杆机构$ABCD$（子机构Ⅰ）和四杆机构$GHKM$（子机构Ⅱ）运动，而这两个四杆机构的输出运动又同时传给五杆机构$DEFNM$（子机构Ⅲ），从而使连杆9上的点P描绘出所要求的运动轨迹。图18－2b所示为这种机构的方框图。

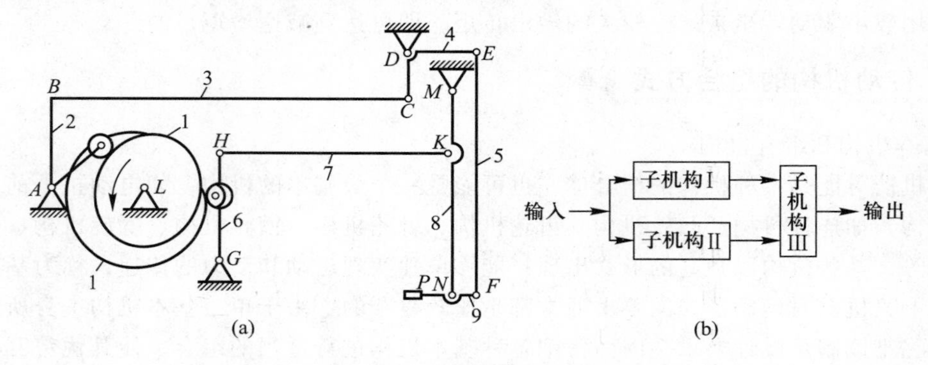

图18－2　并联式组合机构

有关反馈式、复合式等机构组合方式及组合机构的知识，可参看有关机械创新设计书籍。

第三节　机械传动的特性和参数

机械传动是用各种型式的机构来传递运动和动力的，其性能指标有两类：一是运动特性，通常用转速、传动比和变速范围等参数来表示；二是动力特性，通常用功率、转矩和效率等参数来表示。

1. 功率

功率是机械传动中传动能力的主要指标。蜗杆传动由于摩擦产生的热量大和传动效率低，所能传递的功率受到限制，通常$P \leqslant 200$ kW。

传递功率P的表达式为

$$P=\frac{Fv}{1\ 000} \qquad (18-1)$$

式中，F为传递的圆周力，单位为N；v为圆周速度，单位为m/s；P为传递的功率，单位为kW。在各种传动中，齿轮传动所允许的圆周力范围最大，传递转矩T的范围也是最大的。

2. 圆周速度和转速

速度是机械传动的运动性能指标。圆周速度v与转速n以及轮的参考圆直径d的关系为

$$v=\frac{\pi dn}{60\times 1\ 000} \qquad (18-2)$$

式中，v的单位为m/s；n的单位为r/min；d的单位为mm。

在其他条件相同的情况下，提高圆周速度可以减小传动的外廓尺寸。因此，在较高的速度下进行传动是有利的。对于挠性传动，限制速度的原因是离心力作用，它在挠性件中会引起附加载荷，并且减小其有效拉力；对于啮合传动，限制速度的主要原因是啮合元件进入和退出啮合时产生的附加作用力，它的增大会使所传递的有效力减小。

为了获得大的圆周速度，需要提高主动件的转速或增大其直径。但是，直径增大会使传动的外廓尺寸变大。因此，为了维持高的圆周速度，主要是提高转速。旋转速度的最大值受到啮合元件进入和退出啮合时的允许冲击力、振动及摩擦功等因素的限制。齿轮的最大转速为 $n=(1\sim1.5)\times10^5$ r/min，V 带传动的带轮转速最大值为 $n=(8\sim12)\times10^3$ r/min。

传递的功率与转矩、转速的关系为：

$$T=9\ 550\frac{P}{n} \tag{18-3}$$

式中，T 为传递的转矩，单位为 N · m；P 为传递的功率，单位为 kW；n 为转速，单位为 r/min。

3. 传动比

传动比反映了机械传动增速或减速的能力。一般情况下，传动装置均为减速传动。在摩擦传动中，V 带传动可达到的传动比最大，平带传动次之；在啮合传动中，蜗杆传动可达到的传动比最大，其次是齿轮传动和链传动。

4. 功率损耗和传动效率

传动效率的高低表明机械驱动功率的有效利用程度，是反映传动装置性能指标的重要参数之一，传动效率越高，则传动中能量损耗越少。机械传动效率低，不仅功率损失大，而且损耗的功率往往会产生大量的热量，必须采取散热措施。传动装置的功率损耗主要是由摩擦引起的。因此为了提高传动装置的效率，就必须采取措施减少传动中的摩擦。

5. 外廓尺寸和重量

传动装置的尺寸与中心距 a、传动比 i、轮直径 d 及轮宽 b 有关，其中影响最大的参数是中心距 a。在传递的功率 P 与传动比 i 相同，并且都采用常用材料制造的情况下，不同形式传动的大致尺寸如图 18 - 3 所示。挠性传动的外廓尺寸较大，啮合传动中的直接接触传动外廓尺寸较小。传动装置的外廓尺寸及重量的大小，通常以单位传递功率所占用的体积及重量来衡量。

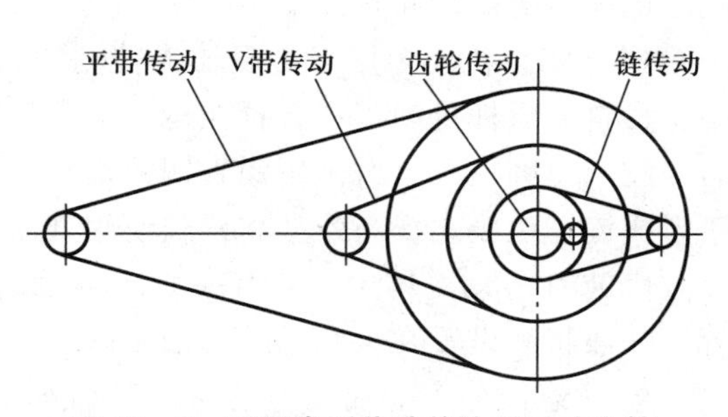

图 18 - 3　不同类型传动的外形尺寸比较

第四节　机械传动系统运动方案的拟定

机械传动系统运动方案的拟定，是机械传动系统设计中最具创造性的工作。机构选型的内容，则正是方案拟定中最主要的任务。然而，拟定机械传动系统运动方案的内容丰富，需要考虑的问题是多方面的。下面就这些方面的问题作进一步的分析，以提供一些常见的原则和基本思路，供拟定机械传动系统运动方案时参考。

1. 合理设计传动路线，简化传动环节

在保证机器实现预期功能的条件下，应尽量简化和缩短传动路线，即简化传动环节(运动链)。这不仅是机构选型时应考虑的问题，而且更是拟定机械传动系统整个运动方案时必须考虑的问题。因为传动环节愈简短，组成机器的机构和零件的数目就愈少，制造和装配费用就越低，降低了机器成本；同时减少了传动环节，将降低能量损耗，减少运动链累积误差，从而有利于提高机械效率和传动精度。减小原动机轴与机器末端输出轴之间的转速差，采用几个原动机分别驱动各执行构件运动链，均能使传动环节简化。

2. 合理安排传动系统中机构的排列顺序

在多级传动中，各类传动机构的布置顺序，不仅影响传动的平稳性和传动效率，而且对整个传动系统的结构尺寸也有很大的影响。因此，应根据各类传动机构的特点，合理布置，使各类传动机构得以充分发挥其优点，以便于简化传动环节，减少传动系统外廓尺寸和重量，提高机械传动效率和传动精度。

从总体上讲，执行机构应布置在传动系统整个运动链的末端，传动机构则应布置在与原动机轴相连的运动链的前端。通常一个运动链中只有一个执行机构，但其传动机构却可能由几个机构组成。传动机构中各机构的排列顺序应遵循一定的规律，一般应考虑以下几点：

(1) 带传动及其他摩擦传动宜布置在运动链的最前端(高速级)，以求减小外廓尺寸和重量，并有利于发挥其传动平稳、缓冲吸振和过载保护的特点。链传动和开式齿轮传动则宜布置在运动链中紧靠执行机构一端(低速级)，以求运动尽可能平稳和延长使用寿命。

(2) 斜齿轮传动的平稳性比直齿轮传动好，因此应布置在直齿轮传动之前端，相对多用于高速级；又因其承载能力高且有轴向力，多组成人字齿轮用于重型机械中的低速级。

(3) 大尺寸的锥齿轮加工制造比较困难，因此应布置在运动链前端并限制其传动比，以减小锥齿轮的模数和直径。

(4) 蜗杆传动多用于实现较大传动比，而传递功率不大的场合。对采用铝青铜或铸铁作蜗轮材料的蜗杆传动，应布置在运动链靠执行机构一端(低速级)，以减小齿面相对滑对速度，防止胶合与磨损等；对采用锡青铜为蜗轮材料的蜗杆传动，最好布置在运动链的高速级，以利于形成润滑油膜，提高效率和延长使用寿命，并可减小蜗轮尺寸，节省有色金属。

(5) 在传动系统中，若有改变运动形式的机构，如连杆机构、凸轮机构或间歇运动机构等，一般将其设置在传动系统的最后一级。

3. 注意区分主、辅运动链并合理安排功率传递顺序

当机械传动系统中同时有几个运动链时，应分清主、辅运动链并优先设计主运动链运动方案，然后再设计各辅助运动链的运动方案，以有利于理清设计思路，提高设计效率。

机械传动系统中功率传递的顺序，一般依据“前大后小”的原则，即原动机先传动消耗功率较大的执行机构，后传动消耗功率小的执行机构。以便有利于减小传递功率的损失和减小传动件的尺寸，如机床总是先传动主运动系统，再传动进给系统。

4. 合理分配各级传动比

根据原动机的输出转速和执行机构的输入转速，可求出传动机构的总传动比。而传动机构通常包括若干个机构，这就存在一个合理分配各级传动比的问题。具体分配传动比时应考虑以

下原则：①各级传动的传动比应在常用的取值范围内选取；②各级传动件应尺寸协调，结构匀称合理，传动件之间不应发生干涉碰撞；③整个传动机构应结构紧凑、外廓尺寸小、重量轻，并有利于采取合理的润滑、密封措施；④对多级同类传动，如多级齿轮传动和多级蜗杆传动等，一般应遵循“前大后小”的传动比分配原则。

图 18－4 给出了总传动比和总中心距不变条件下，两级齿轮传动的两种传动比分配方案的设计结果。由图可知，按高速级传动比 $i_1=5.51$、低速级传动比 $i_2=3.63\,(i_2<i_1)$ 进行设计，该两级齿轮传动的外廓尺寸明显较小，而且两个大齿轮尺寸相差较合适，浸油深度也合理（图中双点画线 b 表示该方案润滑油油面）。图中另一方案（$i_2'>i_1'$）则显然不合适。

5. 注意提高机械传动效率

机械传动系统的总效率显然与组成该系统的各机构的传动效率有关。而且，对大多数机器来说，其总效率通常等于机器中各级传动的分效率的连乘积。因此，缩短运动传递路线及尽力提高各级传动的效率，都是不可忽视的工作。尤其是传递功率较大时，机构效率应作为选择机构类型和设计传动方案的主要依据。

通常减速比很大的机构，如螺旋机构、蜗杆传动等，效率均较低。因此，如果必须选用时，应注意恰当地选择其基本参数，以保证较高的传动效率。

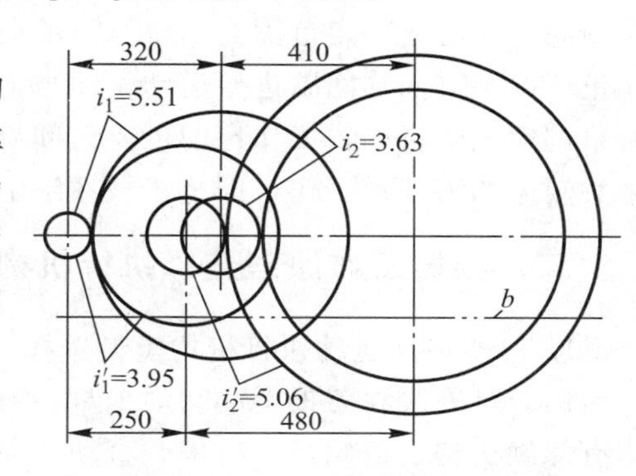

图 18－4　两种传动比分配方案的比较

第五节　机械传动系统方案设计实例

机械传动系统方案设计是一项创造性的工作，无成规可循。现以牛头刨床为例，说明机械传动系统方案设计的一般思路和方法，以帮助读者初步建立机械传动系统设计的完整概念。

图 18－5 所示为牛头刨床的外观图。图中滑枕 3 沿机身 5 上的水平导轨作往复直线运动，滑枕的前端装有刀架 2。横梁 7 可沿床身的垂直导轨移动，工作台 1 可在横梁的导轨上作水平

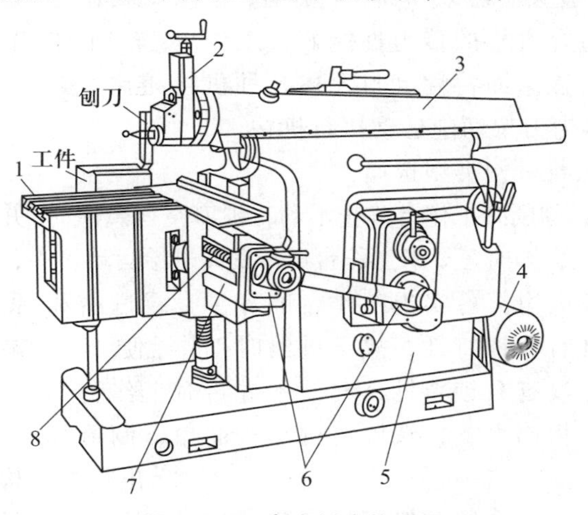

图 18－5　牛头刨床外观图

方向的进给运动。6 为工作台横向进给机构，通过丝杠 8 实现进给运动。滑枕的往复运动和工作台的进给运动通过电动机 4 来驱动。

一、根据机器功能要求确定其工作原理

牛头刨床的功能是切削加工长度较大的平面。其工作原理是：刨刀作往复纵向刨削和退刀运动；同时，工作台带动工件作间歇横向进给运动。当刨刀刨削时工作台静止不动，而退刀时工作台作横向进给，从而实现对工件平面的切削加工。

为了提高加工表面的质量，刨削时装有刨刀的刀架应速度均匀，同时每次工作台的进给量应相同，并能在一定范围内调整。为了提高生产率，刀架应有空程急回特性；同时工作台应能作正反两个方向的间歇进给运动，即当工件表面被刨削一层后，调整刨刀下移一个切削深度，简单调整进给机构，工作台即可反向间歇进给。如此往复，直至达到要求。由以上分析可知，牛头刨床的刀架和工作台即是机械系统中的两个执行构件。

二、根据工作原理选择执行机构的类型

1. 刀架切削运动执行机构类型选择

刨刀是安装在刀架上的切削工具，刀架的运动为往复直线运动。可选作实现刀架运动的机构有螺旋机构、齿轮齿条机构、直动从动件盘形凸轮机构、曲柄滑块机构及摆动导杆与摆动滑块组合机构等。

通过分析可知，螺旋机构、齿轮齿条机构虽然工作行程速度均匀，但必须有换向和变速机构，才能使刀架往复运动并具有空程急回特性，且两端冲击大；直动从动件盘形凸轮机构虽容易满足刀架工作行程速度均匀和空程急回特性的运动要求，但高副机构力的传递能力差，易磨损；曲柄滑块机构虽传力性能好，且偏置有急回特性，但其工作行程速度不均匀。以上机构都不是理想的刀架切削运动执行机构。

图 18－6 所示为摆动导杆与摆动滑块串联组合机构，当曲柄 2 等速回转时，导杆 4 往复摆动，摇块 1 绕 O_1 摆动，滑块 5 则作往复直线运动。这种低副组合机构的传力性能好，工作可靠，工作行程速度较为均匀，有空程急回特性。与上述几种机构相比，具有明显的优势，故可选定为刀架切削运动执行机构。

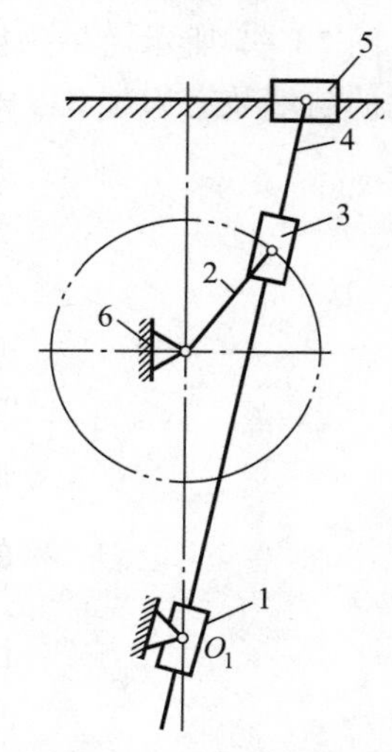

图 18－6 摆动导杆与摆动滑块组合机构

2. 工作台进给运动执行机构类型选择

工作台的进给运动为：刨削时工作台静止不动，刨刀空程急回时工作台作等量直线进给运动，同时还要求工作台可作反向进给运动。

螺旋机构和齿轮齿条机构都可实现工作台的等量直线进给和反向进给。但螺旋机构具有自锁特性，故不进给时工作台会自行锁定不动。齿轮齿条机构没有自锁特性，要使不进给时工作台不动，必须另设定位机构。相比之下，螺旋机构结构简单，制造容易，所以应优先选用。

螺旋机构虽可直线进给并自锁，但要做到间歇进给、正反向

进给和进给量可调整，必须选择能满足以上要求的间歇运动机构来驱动螺旋机构。可供选择的间歇机构有槽轮机构和棘轮机构等。槽轮机构虽能实现间歇回转运动，但槽轮机构每次转过的角度不能调节，故不宜采用。棘轮机构能够实现间歇回转运动，且转角大小可根据需要调节，双向式棘轮机构可实现正反转驱动螺旋机构，因而棘轮机构是可供选用的理想机构。

改变棘轮机构的动停时间之比，可选用一曲柄长度可调节的曲柄摇杆机构与双向式棘轮机构串联起来，组成一组合机构。如图 18－7 所示，通过转动螺杆 1 改变曲柄的长度 r 来改变摇杆 3 的摆角大小，从而达到棘轮转角的改变。当棘爪 4 翻转到双点画线位置时，棘轮将作反向间歇运动，工作台即反向进给。最后的进给机构方案应是一个螺旋机构——双向式棘轮机构和曲柄摇杆机构的串联式组合机构。

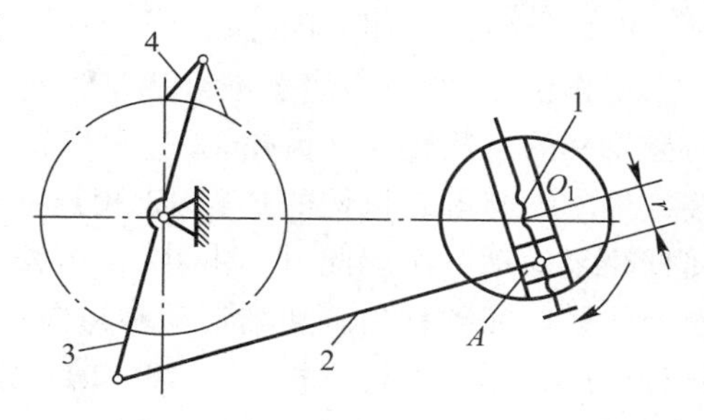

图 18－7　可改变棘轮转角的组合机构

三、确定牛头刨床中原动机的类型

按照拟定的牛头刨床工作原理，在可选择的原动机中，交流异步电动机最为适宜，可满足回转运动的要求，且价格低廉、运行可靠和使用维护方便。由于在牛头刨床的机械传动系统中有两个运动链，一是传动刨头作往复直线运动的主运动链，另一为传动工作台作间歇直线进给运动的辅助运动链，因此为了实现牛头刨床刨刀运动与工作台运动的协调配合，两个运动链应共用一台电动机。

四、机械传动系统运动方案的拟定

为了把原动机的运动和动力传递给工作机构，需要根据牛头刨床的工作特性和原动机的特性，来选择适当的传动机构类型。显然，电动机的转速较高，而刨刀运动执行机构的原动件曲柄和工作台运动执行机构的原动件曲柄所要求的转速较低。因此，整个传动系统的总传动比较大。根据所需要的传动比初估值，并考虑各类传动机构的单级传动比值，传动系统选用带轮机构和传动比恒定、结构紧凑、效率高的齿轮机构组成。

对于刨刀动作与工作台动作的协调配合，由于在一个工作循环中，刀架运动执行机构的原动件曲柄轴和工作台送进机构的原动件曲柄轴都回转一周，所以这两根曲柄轴之间须用一对齿数相同的齿轮连接起来，以使两曲柄轴以相同的转速等速回转，从而使刀架和工作台作协调配合，实现刨削平面的切削加工。这样就初步完成了牛头刨床的机械传动系统运动方案设计。

五、绘制牛头刨床的机构运动简图

图 18－8 所示为根据上述分析选定具体机构后，绘出的牛头刨床的机械传动系统运动方案图——机构运动简图。

电动机 1 经 V 带传动机构 2 和齿轮变速机构 3 带动齿轮 4 作连续转动，齿轮 4 与大齿轮 5 相啮合，驱使大齿轮 5 连续转动。大齿轮 5 上装有用销轴连接的滑块 8，它一面可绕销轴转动，同时又可在导杆 21 的导槽中滑动。导杆的下部与另一滑块 6 相连接，而滑块 6 可绕机架 7 上的销轴转动。大齿轮 5 转动时便可通过滑块 8 带动导杆往复摆动。导杆的上端用销轴与滑枕 24 相连，刀架 17 固定在滑枕的前端用来安装刨刀，随同滑枕一起运动。这样，当导杆往复摆动时，即可驱使刨刀作切削运动。

工作台 15 的横向间歇进给运动，是通过齿轮 9 与齿轮 22 的啮合传动来实现的。齿轮 22 与齿轮 9 的齿数相等，齿轮 22 与大齿轮 5 固连在一起。连杆 11 的一端通过销轴与齿轮 9 相连接，另一端与棘轮机构的摇杆 12 相连接。这样，当大齿轮 5 转一周时，齿轮 9 也转过一周，摇杆往复摆动一次。此时，由棘爪 14 拨动棘轮 13 与横向进给丝杠一起间歇转动，从而实现工作台的横向间歇移动。切削运动和横向进给运动协调配合，以保证横向进给运动在刨刀非切削行程中进行。锥齿轮机构 23、18 和 16 分别用来转动丝杠 19、20 和 10，以改变滑枕的行程、调整滑枕与机架的相对位置，并调整工作台的高度。

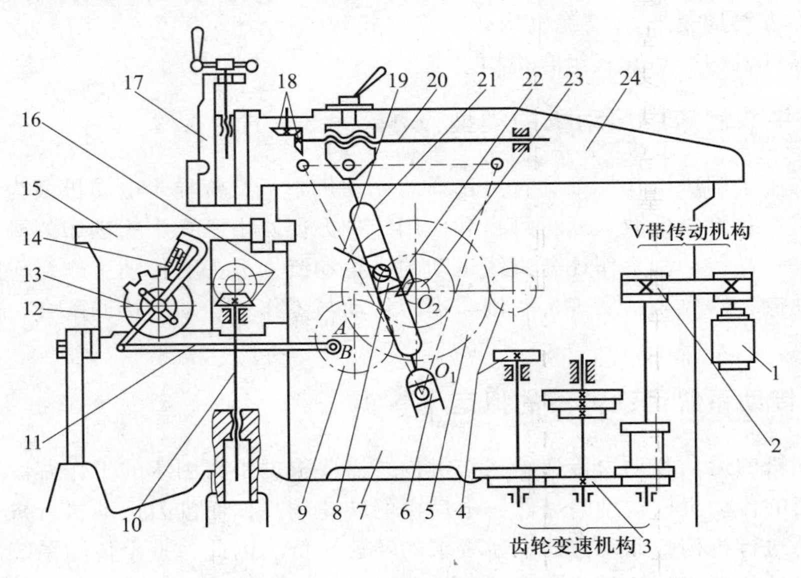

图 18-8 牛头刨床机构运动简图

1—电动机；2—V 带传动机构；3—齿轮变速机构；4、9、22—齿轮；5—大齿轮；6、8—滑块；7—机架；10、19、20—丝杠；11—连杆；12—摇杆；13—棘轮；14—棘爪；15—工作台；16、18、23—锥齿轮机构；17—刀架；21—导杆；24—滑枕

习 题

18-1 简述机械传动系统的功用及其设计的一般步骤。

18-2 选择传动机构类型时应考虑哪些主要因素？

18-3 简述拟定机械传动系统运动方案时的基本原则和思路。

参考文献

[1] 邓昭铭. 机械设计基础 [M]. 2 版. 北京：高等教育出版社，2000.
[2] 陈立德. 机械设计基础 [M]. 3 版. 北京：高等教育出版社，2007.
[3] 李威. 机械设计基础 [M]. 北京：机械工业出版社，2010.
[4] 张建中. 机械设计基础 [M]. 北京：高等教育出版社，2007.
[5] 张久成. 机械设计基础 [M]. 2 版. 北京：机械工业出版社，2008.
[6] 柴鹏飞. 机械设计基础 [M]. 北京：机械工业出版社，2007.
[7] 石固欧. 机械设计基础 [M]. 2 版. 北京：高等教育出版社，2008.
[8] 李业农. 机械设计基础 [M]. 北京：高等教育出版社，2010.
[9] 季明善. 机械设计基础 [M]. 北京：高等教育出版社，2005.
[10] 张 莹. 机械设计基础 [M]. 北京：机械工业出版社，1997.
[11] 徐锦康. 机械设计 [M]. 北京：机械工业出版社，1998.
[12] 马永林. 机械原理 [M]. 北京：高等教育出版社，1992.
[13] 郑志祥. 机械零件 [M]. 2 版. 北京：高等教育出版社，2000.
[14] 罗玉福. 机械设计基础 [M]. 2 版. 大连：大连理工大学出版社，2007.
[15] 刘赛堂. 机械设计基础 [M]. 北京：科学出版社，2010.
[16] 黄晓荣. 机械设计基础 [M]. 北京：中国电力出版社，2005.
[17] 胡家秀. 机械设计基础 [M]. 北京：机械工业出版社，2008.
[18] 陈庭吉. 机械设计基础 [M]. 北京：机械工业出版社，2005.
[19] 隋明阳. 机械设计基础 [M]. 2 版. 北京：机械工业出版社，2011.
[20] 黄森彬. 机械设计基础 [M]. 北京：机械工业出版社，2008.
[21] 闵小琪. 机械设计基础 [M]. 北京：机械工业出版社，2010.
[22] 庞兴华. 机械设计基础 [M]. 北京：机械工业出版社，2009.
[23] 徐起贺. 现代机械原理 [M]. 西安：陕西科学技术出版社，2004.
[24] 徐钢涛. 机械设计基础 [M]. 北京：高等教育出版社，2007.
[25] 朱理. 机械原理 [M]. 北京：高等教育出版社，2004.
[26] 徐锦康. 机械设计 [M]. 北京：高等教育出版社，2004.
[27] 范顺成. 机械设计基础 [M]. 北京：机械工业出版社，2010.
[28] 朱东华. 机械设计基础 [M]. 2 版. 北京：机械工业出版社，2010.
[29] 吴克坚. 机械设计 [M]. 北京：高等教育出版社，2003.
[30] 濮良贵. 机械设计 [M]. 7 版. 北京：高等教育出版社，2001.